Steuerung stochastischer Prozesse

Mathematische Lehrbücher und Monographien
Herausgegeben von der Akademie der Wissenschaften der DDR
Institut für Mathematik

II. Abteilung
Mathematische Monographien
Band 62

Steuerung stochastischer Prozesse

von A. Hahnewald-Busch, G. Maibaum, H.-O. Müller, P. H. Müller,
P. Neumann und V. Nollau

Steuerung stochastischer Prozesse

Herausgegeben von
P. Heinz Müller und Volker Nollau

Mit 1 Abbildung

Akademie-Verlag · Berlin
1984

Verfasser:

Dr. rer. nat. Andreas Hahnewald-Busch
Dr. rer. nat. Dr. paed. Gert Maibaum
Dr. rer. nat. Hans-Otfried Müller
Prof. Dr. rer. nat. habil. P. Heinz Müller
Dr. rer. nat. Peter Neumann
Doz. Dr. sc. nat. Volker Nollau

Technische Universität Dresden
Sektion Mathematik

ISSN 0076-5430

Erschienen im Akademie-Verlag, DDR-1086 Berlin, Leipziger Straße 3—4

Printed in the German Democratic Republic
Lizenznummer: 202 · 100/485/84
Gesamtherstellung: VEB Druckerei „Thomas Müntzer", 5820 Bad Langensalza
Lektor: Dr. Reinhard Höppner
Einband und Schutzumschlag: Dietmar Kunz
LSV 1075
Bestellnummer: 762 522 7 (6461)
04800

Vorwort

Ausgehend von den grundlegenden Ideen von R. Bellman [1] zur dynamischen Optimierung einerseits und von L. S. Pontrjagin [1] zur Prozeßsteuerung andererseits, hat die Theorie der Steuerung stochastischer Prozesse eine starke Entwicklung erfahren. Hierfür gaben konkrete praktische Probleme wesentlichen Anlaß, und der Ausbau der Theorie hat darüber hinaus in den letzten Jahren zu vielfältigen weiteren und wichtigen Anwendungen geführt. Die zugehörige Literatur zur Steuerung stochastischer Prozesse, und zwar sowohl mit diskretem Zeitparameter — in diesem Fall spricht man auch von stochastischen Entscheidungsprozessen — als auch mit stetigem Zeitparameter, hat inzwischen einen beträchtlichen Umfang angenommen.

Zu den grundlegenden Beiträgen auf dem Gebiet der stochastischen Entscheidungsprozesse zählen die Arbeiten von R. Bellman and S. Dreyfuss [1], D. Blackwell [1], E. B. Dynkin [3] sowie von R. A. Howard [1], von denen wesentliche Impulse zu weiteren Untersuchungen ausgingen. Diese führten zum Beispiel zu praktikablen Algorithmen für die Bestimmung optimaler Wertfunktionen und Strategien (White [1], Hastings [1], Schweitzer [2]), zur Untersuchung von markowschen Entscheidungsprozessen mit unbeschränkten Kostenfunktionen (Wessels [1]), zur Behandlung von gesteuerten semimarkowschen Prozessen (Jewell [1], [2]) sowie zum Studium von Zusammenhängen zwischen markowschen Entscheidungsprozessen und Potentialtheorie (Hordijk [1]). Die systematischen Untersuchungen nichtmarkowscher Entscheidungsprozesse durch K. Hinderer [1] führten zu einer Reihe weiterführender Betrachtungen, wie z.B. zur Diskontierung, zur Abschätzung der optimalen Wertfunktion und zu Stop-Steuerproblemen. Die analytische Formulierung von Steuerproblemen erfolgt entweder auf der Grundlage steuerbarer Bewegungsgleichungen (vgl. z.B. Bertsekas [3]) mit stochastischen Einflüssen oder mittels steuerbarer stochastischer Übergangsgesetze; wir haben hier den letztgenannten Zugang gewählt.

Parallel verlief die Entwicklung der Theorie des optimalen Stoppens stochastischer Prozesse, deren Ergebnisse in enger Beziehung zur Theorie der Steuerung stochastischer Prozesse stehen. Wesentliche Beiträge zum Problem des optimalen Stoppens wurden u. a. von J. L. Snell [1], Y. S. Chow und H. Robbins [1] sowie von A. N. Schirjajew [2], [3] erbracht.

Für die Entwicklung der Theorie der Steuerung zeitstetiger stochastischer Prozesse sind insbesondere die Arbeiten von W. H. Fleming [1], H. J. Kushner [2], N. W. Krylow [1] und P. Mandl [3] von Bedeutung. Die dabei verwendeten mathematischen Methoden unterscheiden sich wesentlich von denen des zeitdiskreten Falles. Eine besondere Rolle spielen Modelle, die durch stochastische Differentialgleichungen vom Ito-Typ (vgl. z.B. Gichman/Skorochod [3]) beschrieben werden. Anfänglich standen Fragen angepaßter stochastischer Modelle, Untersuchungen zur Existenz optimaler Strategien sowie deren Charakterisierung — speziell bei linearen Systemen mit quadratischer Zielfunktion — im Vordergrund. Diesen folgten Überlegungen zur Behandlung allgemeinerer — insbesondere nichtlinearer — Modelle und zur approximativen Lösung von Aufgaben der optimalen Steuerung mit stetiger Zeit.

Zur Steuerung stochastischer Prozesse ist in den letzten Jahren eine Reihe von wichtigen Monographien erschienen, dabei mit unterschiedlichen Schwerpunkten und vorwiegend in englischer und russischer Sprache; neben den bereits oben erwähnten sei hier noch besonders auf die Bücher von M. Aoki [2], K. Åström [1], H. Mine und S. Osaki [1], E. B. Dynkin und A. A. Juschkewitsch [2] sowie I. I. Gichman und A. W. Skorochod [4] verwiesen. Darüber hinaus werden innerhalb der einzelnen Kapitel spezifische und ergänzende Literaturhinweise gegeben.

Das vorliegende Buch verfolgt das Ziel, anhand einiger typischer Problemstellungen eine Einführung in die Theorie der Steuerung stochastischer Prozesse zu geben. Dabei soll durch Einbeziehung wesentlicher Resultate ein gewisser Überblick über diese Theorie vermittelt werden. Die erforderliche Auswahl ist natürlich auch durch die Interessengebiete sowie durch einschlägige Vorlesungen der einzelnen Autoren bestimmt.

Kapitel 1 behandelt unter verhältnismäßig allgemeinen Voraussetzungen zeitdiskrete stochastische Steuerprobleme mit abzählbarem Zustandsraum. Ausgangspunkt sind hierfür die grundlegenden Beiträge von K. Hinderer [1], wobei jedoch unterschiedliche Klassen zulässiger Strategien zugelassen werden.

Im Kapitel 2 werden markowsche Entscheidungsprozesse betrachtet. Hierbei werden sowohl endlichstufige als auch unendlichstufige Modelle mit abzählbarem Zustandsraum einschließlich von Diskontierungen behandelt. Neben Aussagen zur Existenz optimaler Strategien finden Belange der numerischen Auswertung Beachtung. Bei der Behandlung des wichtigen Falles der Durchschnittsoptimalität erfolgt eine Beschränkung auf Modelle mit ergodischen Markow-Ketten; Verallgemeinerungen für den nichtergodischen Fall finden sich im folgenden Kapitel. In den Kapiteln 2, 3 und 5 wird versucht, durch Bezugnahme auf das in Kapitel 1 eingeführte allgemeine stochastische Entscheidungsmodell zu einer weitgehend einheitlichen Darstellung zu gelangen.

Das Kapitel 3 beinhaltet Modelle zur Steuerung semimarkowscher Prozesse, wobei die Betrachtungen auf den Fall endlicher Zustandsräume beschränkt wurden. Es wurde angestrebt, insbesondere die Beziehungen zu markowschen Entscheidungsprozessen darzustellen und Algorithmen zur Bestimmung optimaler Strategien — auch im nichtergodischen Fall — anzugeben. Von der Aufgabenstellung her nehmen die semimarkowschen Entscheidungsmodelle eine Zwischenstellung zu der im folgenden Kapitel betrachteten Steuerung zeitstetiger stochastischer Prozesse ein.

Im 4. Kapitel sind die zugrundeliegenden Modelle — in Verallgemeinerung der klassischen Variationsrechnung — itosche stochastische Differentialgleichungen als Bewegungsgleichungen und zugehörige integrale Zielfunktionale. Hierbei werden sowohl die bellmansche Gleichung der dynamischen Optimierung als auch ein stochastisches Maximumprinzip im Sinne von Pontrjagin — insbesondere für den linearen Regulator — dargestellt und einige mit der unvollständigen Beobachtbarkeit verbundene Fragen diskutiert.

Das Kapitel 5 bezieht sich auf Probleme des optimalen Stoppens stochastischer Prozesse, insbesondere bei homogenen Markow-Ketten. Dabei wird zunächst eine Einordnung des optimalen Stoppens in ein allgemeines stochastisches Entscheidungsmodell vorgenommen, wie es im Kapitel 1 behandelt wird. Die Untersuchungen in diesem 5. Kapitel stützen sich wesentlich auf die Vorgehensweise von Schirjajew mittels der Theorie der exzessiven Majoranten. Als ein Beispiel für das optimale Stoppen wird das Problem der besten Wahl behandelt, das darüber hinaus eine eigenständige Bedeutung besitzt.

Für die Lektüre dieses Buches wird mathematisches Grundwissen einschließlich Kenntnisse aus der Wahrscheinlichkeitstheorie vorausgesetzt. In einem Anhang sind in knapper Form wesentliche Aussagen zusammengestellt, die im Buch häufig in Anspruch genommen werden oder für die Darstellung von Bedeutung sind. Hinsichtlich der Terminologie schließen wir uns insgesamt dem im gleichen Verlag erschienenen „Lexikon der Stochastik“ an.

Jedes Kapitel ist in Abschnitte und gegebenenfalls auch Unterabschnitte unterteilt. Sätze, Lemmata, Folgerungen usw. sowie Formeln werden in den Abschnitten durchnumeriert, wobei bei Formelverweisen innerhalb desselben Abschnittes dessen Nummernangabe unterbleibt. Die zitierte Literatur befindet sich für alle Kapitel und den Anhang in alphabetischer Reihenfolge am Ende des Buches.

Die Autoren dieses Buches sind für kritische Hinweise und Bemerkungen aus dem Leserkreis dankbar.

Schließlich möchten wir dem Akademie-Verlag, besonders dem verantwortlichen Lektor dieses Buches, Herrn Dr. R. Höppner, für angenehme Zusammenarbeit, für Geduld und verständnisvolles Eingehen auf unsere Wünsche danken.

Die Autoren

Inhaltsverzeichnis

1. Steuerung zeitdiskreter stochastischer Prozesse

Das Gebiet der Steuerung zeitdiskreter stochastischer Prozesse hat in neuerer Zeit durch Beiträge zahlreicher namhafter Wissenschaftler eine weitgehend abgerundete theoretische Fundierung gefunden. Besondere Erwähnung verdienen für den Inhalt des ersten Kapitels die Arbeiten von K. Hinderer und seiner Schule. Die Forschung zu dieser vielseitigen Thematik entwickelte sich naturgemäß in verschiedene Richtungen, wobei beispielsweise auf die allgemeinen Modelle von M. Schäl hingewiesen sei, die überdies stochastische Spiele einschließen, welche aber nicht Gegenstand unserer Betrachtungen sind.

Das erste Kapitel soll mit der Vermittlung allgemeiner Begriffe der Steuerungstheorie eine generelle Grundlage dieser Monographie darstellen. Das bisher betrachtete Modell ist hinsichtlich der Mengen zulässiger Strategien so weit gefaßt, um daraus wesentliche Aussagen auch in Kapitel 2 über markowsche Entscheidungsprozesse und in Kapitel 5 über Stopprobleme unmittelbar übernehmen zu können.

1.1. Grundmodell eines diskreten dynamischen Systems

Wir formulieren zunächst ein verhältnismäßig einfaches Modell eines dynamischen Systems, dem folgende anschauliche Vorstellung zugrunde liegt: Es erfolge zu diskreten Zeitpunkten der Ablauf eines Systems, wobei in jedem dieser Zeitpunkte jeweils einer von verschiedenen möglichen Zuständen angenommen wird. Die Aufeinanderfolge der Zustände vollziehe sich nach einem Bewegungsgesetz, wonach zu jedem Zeitpunkt in Abhängigkeit vom bisherigen Ablauf der nächste Zustand zufällig gemäß einer Wahrscheinlichkeitsverteilung eintritt. Dieses zufällige Übergangsverhalten sei durch eine Steuerung variierbar. Außerdem treten beim Ablauf Kosten auf, die sowohl von den im Ablauf eintretenden Zuständen als auch von den vorgenommenen Steuerungen abhängen. Es wird nun eine Steuerung derart angestrebt, daß eine diese Kosten bewertende Zielgröße minimal ausfällt.

Auf diesem Modell werden im weiteren verschiedene Verallgemeinerungen aufgebaut. Eine mathematische Erfassung dieses Vorganges wird in geeigneter Weise durch den Begriff des *steuerbaren stochastischen Prozesses* ermöglicht. In diesem ersten Abschnitt definieren wir wesentliche Grundbegriffe, formulieren die Aufgabenstellung und führen eine Anzahl benutzter Bezeichnungen ein.

1.1.1. Formulierung des Grundmodells

Wir beginnen mit einer Aufstellung der das Grundmodell charakterisierenden Größen.

Zeitbereich T_N

$$T_N = \begin{cases} \{0, 1, \dots, N\} & \text{für } N < \infty, \\ \{0, 1, \dots\} & \text{für } N = \infty; \end{cases}$$

N heißt Anzahl der *Stufen* (bzw. *Takte, Schritte*) oder auch *Horizont*.

Zustandsmenge $\mathcal{S}$

$\mathcal{S}$ wird als nichtleer und abzählbar vorausgesetzt; die Elemente von $\mathcal{S}$ werden durch s bzw. s_n gekennzeichnet.

Entscheidungsmenge $\mathcal{D}$

$\mathcal{D}$ wird als nichtleer vorausgesetzt; die Elemente von $\mathcal{D}$ werden durch d bzw. d_n gekennzeichnet.

Das $(2n + 1)$-Tupel $h_n := (s_0, d_0, s_1, d_1, \dots, d_{n-1}, s_n)$ heißt *n-Vergangenheit*, das aus $(2n + 1)$ Faktoren bestehende Produkt $\mathcal{H}_n := \mathcal{S} \times \mathcal{D} \times \mathcal{S} \times \dots \times \mathcal{S} \times \mathcal{D} \times \mathcal{S}$, $n = 0, 1, 2, \dots$, heißt *Menge der n-Vergangenheiten.*[1])

Anfangsverteilung p_0

$p_0(\cdot)$ ist eine Wahrscheinlichkeitsverteilung auf $\mathcal{S}$.

Bewegungsgesetz $\mathfrak{p} = (p_n)_{n=1,2\,\dots}$

p_n ist eine Wahrscheinlichkeitsverteilung der Form $p_n(\cdot \mid h, d)$, $h \in \mathcal{H}_{n-1}$, $d \in \mathcal{D}$ auf $\mathcal{S}$.

Kostenstruktur $\mathfrak{k} = (k_n)_{n=0,1,2\,\dots}$

k_n bezeichnet eine sog. *Kostenfunktion* $k_n \mid \mathcal{H}_n \to \mathbb{R}$.

Strategie $\vartheta = (\delta_n)_{n=0,1,2,\dots}$

δ_n bezeichnet hierbei eine sog. *Entscheidungsfunktion* (zum Zeitpunkt n) $\delta_n \mid \mathcal{H}_n \to \mathcal{D}$, $0 \leqq n < N$. (Wir bemerken, daß eine Entscheidungsfunktion δ_N nicht definiert ist.)

Menge der zulässigen Strategien Θ, $\vartheta \in \Theta$.

Das vorangehend definierte Modell ist bezüglich des Zeitbereichs (und der Zustandsmenge) *diskret*, mittels Strategien *steuerbar*, hinsichtlich des Bewegungsgesetzes *stochastisch* und durch die Kostenstruktur *bewertet*. Wir sprechen in diesem Fall von einem (diskreten stochastischen) *dynamischen System*, und wir kennzeichnen es symbolisch durch DS: $(N, \mathcal{S}, \mathcal{D}, p_0, \mathfrak{p}, \mathfrak{k}, \Theta)$.

Den Ablauf in einem solchen System DS können wir nun folgendermaßen interpretieren: Zu Beginn liegt ein Anfangszustand vor, der entsprechend der Verteilung p_0 realisiert wurde. Hat sich bis zum Zeitpunkt n die durch die n-Vergangenheit h_n beschriebene Aufeinanderfolge von Zuständen und Entscheidungen realisiert und erfolgt die Steuerung mittels der Strategie $\vartheta = (\delta_k)$ (aus der Menge Θ), so wird mit $\delta_n(h_n) = d_n$ die im Zeitpunkt n fällige Entscheidung (eindeutig) bestimmt, und es realisiert sich der nächste Zustand s_{n+1} gemäß der Verteilung $p_{n+1}(\cdot \mid h_n, d_n)$. Dabei entstehen bis zum Zeitpunkt n die sog. *kumulativen Kosten* $k_n(h_n)$.

[1]) Die Bezeichnungen $n = 0, 1, 2, \dots$ oder $n \geqq 0$ (bzw. $n = 1, 2, \dots$ oder $n \geqq 1$) bedeuten $n \in T_N$ (bzw. $n \in T_N \setminus \{0\}$) und werden sowohl für $N < \infty$ als auch $N = \infty$ verwendet.

1.1.2. Bezeichnungen

Jeden Vektor der Form $\mathfrak{s}_n := (s_0, s_1, \dots, s_n)$, $\mathfrak{s}_n \in \mathcal{S}^{n+1}$, bezeichnen wir als eine *Zustands-n-Vergangenheit*. Für $N = \infty$ gilt hierbei $\mathfrak{s}_N := (s_0, s_1, \dots)$. Ist $h_n = (s_0, d_0, \dots, d_{n-1}, s_n)$ eine n-Vergangenheit, so heißt der aus den in h_n auftretenden Zuständen $s_0, \dots, s_n$ gebildete (Teil-)Vektor $\mathfrak{s}_n(h_n) := (s_0, \dots, s_n)$ die *Zustands-n-Vergangenheit bezüglich* h_n und $a_k h_n := (s_0, d_0, \dots, d_{k-1}, s_k)$, $0 \leqq k \leqq n$, der *k-Abschnitt* von h_n. Entsprechend wird für eine Zustands-n-Vergangenheit $\mathfrak{s}_n = (s_0, \dots, s_k, \dots, s_n)$ der k-Abschnitt $a_k\mathfrak{s}_n := (s_0, \dots, s_k)$ gebildet; unmittelbar versteht sich die Zusammensetzung $h_{n+1} = (h_n, d_n, s_{n+1})$. Jede im folgenden betrachtete Strategie soll stets als ein Element der durch das Modell vorgegebenen Menge Θ der zulässigen Strategien verstanden werden, auch wenn dies nicht ausdrücklich vermerkt ist.

Die n-Vergangenheit $h_n = (s_0, d_0, \dots, d_{n-1}, s_n)$ und die Strategie $\vartheta = (\delta_k)$ heißen *miteinander verträglich* — in Zeichen $h_n \sim \vartheta$ oder $\vartheta \sim h_n$ —, wenn $\delta_k(a_k h_n) = d_k$ für alle $k = 0, 1, \dots, n-1$ gilt. Es bezeichne $\mathcal{H}_n(\vartheta) := \{h_n \in \mathcal{H}_n : h_n \sim \vartheta\}$, $n = 0, 1, \dots$, die Menge aller n-Vergangenheiten, die mit ϑ verträglich sind. Wir beachten, daß $\mathcal{H}_0(\vartheta) = \mathcal{S}$ de facto nicht von ϑ abhängt. Dabei ist es für die Definition einer Strategie $\vartheta = (\delta_n)_{n=0,1,\dots}$ offenbar genügend und vielfach auch nur sinnvoll, die Entscheidungsfunktionen δ_n auf den Mengen $\mathcal{H}_n(\vartheta)$ festzulegen, die sich mit $\mathcal{H}_0(\vartheta) = \mathcal{S}$ für $n \geqq 1$ rekursiv gemäß $\mathcal{H}_{n+1}(\vartheta) = \{h_{n+1} = (h_n, d_n, s_{n+1}) : h_n \in \mathcal{H}_n(\vartheta), d_n = \delta_n(h_n), s_{n+1} \in \mathcal{S}\}$ ergeben.

Eine entsprechend eingeschränkte Definitionsmöglichkeit besteht übrigens auch für die Folge $(p_n)_{n=1,2,\dots}$ der Wahrscheinlichkeitsverteilungen im Bewegungsgesetz.

Zu gegebenen $\mathfrak{s}_n = (s_0, s_1, \dots, s_{n-1}, s_n)$ und $\vartheta = (\delta_k)$ läßt sich nach der Vorgehensweise $d_0 = \delta_0(s_0)$, $d_1 = \delta_1(s_0, \delta_0(s_0), s_1)$, $\dots$, $d_{n-1} = \delta_{n-1}(s_0, \delta_0(s_0), \dots, s_{n-1})$ (eindeutig) eine n-Vergangenheit $(s_0, d_0, s_1, \dots, d_{n-1}, s_n)$ bilden. Diese ist also durch die Beziehungen $h_n \sim \vartheta$, $\mathfrak{s}_n = \mathfrak{s}_n(h_n)$, $\delta_k(a_k h_n) = d_k$ für $0 \leqq k \leqq n-1$ bestimmt und wird durch $h_n^\vartheta(\mathfrak{s}_n)$ gekennzeichnet.

Wir setzen mit $\vartheta = (\delta_k)$ für $n = 1, 2, \dots$

$$p_{n,\vartheta}(\cdot \mid \mathfrak{s}_{n-1}) := p_n(\cdot \mid h_{n-1}^\vartheta(\mathfrak{s}_{n-1}), \delta_{n-1}(h_{n-1}^\vartheta(\mathfrak{s}_{n-1}))) \tag{1}$$

und

$$k_{n,\vartheta}(\mathfrak{s}_n) := k_n(h_n^\vartheta(\mathfrak{s}_n)) \,. \tag{1'}$$

Wegen der vorausgesetzten Abzählbarkeit von $\mathcal{S}$ erweisen sich für jedes $\vartheta \in \Theta$ die Funktionen $\mathfrak{s}_{n-1} \to p_{n,\vartheta}(s \mid \mathfrak{s}_{n-1})$ für festes $s \in \mathcal{S}$ und $\mathfrak{s}_n \to k_{n,\vartheta}(\mathfrak{s}_n)$, $n = 1, 2, \dots$, als $[\mathfrak{P}(\mathcal{S}), \mathfrak{B}^1]$-meßbar.

1.1.3. Einführung eines gesteuerten stochastischen Prozesses

Für jedes $\vartheta \in \Theta$ existiert (nach dem Satz von Ionescu-Tulcea, s. A. 2.2.) ein stochastischer Prozeß $(X_n)_{n=0,1,\dots}$, auf einem Wahrscheinlichkeitsraum $[\Omega, \mathfrak{F}, \mathsf{P}_\vartheta]$, wobei $\Omega = \mathop{\times}\limits_0^N \mathcal{S}$, $\mathfrak{F} = \bigotimes\limits_0^N \mathfrak{P}(\mathcal{S})$, $X_n(\omega) = s_n$ für $\omega = (s_0, s_1, \dots) \in \Omega$ gilt und das Wahrscheinlichkeitsmaß P_ϑ durch

$$\begin{aligned} &\mathsf{P}_\vartheta(X_0 = s_0) := p_0(s_0),\ s_0 \in \mathcal{S}\,, \\ &\mathsf{P}_\vartheta(X_n = s_n \mid X_0 = s_0, \dots, X_{n-1} = s_{n-1}) := p_{n,\vartheta}(s_n \mid \mathfrak{s}_{n-1})\,, \\ &(s_0, s_1, \dots, s_{n-1}) = \mathfrak{s}_{n-1} \in \mathcal{S}^n\,, \qquad n = 1, 2, \dots\,, \end{aligned} \tag{2}$$

definiert ist. Mit der Bezeichnung $\mathfrak{S}_n = (X_0, X_1, \dots, X_n)$ für die zufällige n-Vergangenheit des Prozesses gilt die für die Definition von P_ϑ zu (2) äquivalente Beziehung

$$\mathsf{P}_\vartheta(\mathfrak{S}_n = \mathfrak{s}_n) = p_0(s_0) \prod_{\nu=1}^{n} p_{\nu,\vartheta}(s_\nu \mid \mathfrak{s}_{\nu-1}),\ \mathfrak{s}_n = (s_0, s_1, \dots, s_n)\,,$$

$$\mathfrak{s}_\nu = a_\nu \mathfrak{s}_n\,, \qquad 1 \leqq \nu \leqq n\,. \tag{2'}$$

$X_\vartheta = \{(X_n)_{n=0,1,\dots} \mid [\Omega, \mathfrak{F}, \mathsf{P}_\vartheta]\}$ heißt der mittels ϑ *gesteuerte stochastische Prozeß*. Formel (2′) entnehmen wir folgenden im weiteren mehrfach benutzten Sachverhalt: *Stimmen zwei Strategien $\vartheta = (\delta_k)$ und $\vartheta' = (\delta'_k)$ bis zum Zeitpunkt $n-1$ überein, d. h. gilt $\delta_k = \delta'_k$ für $k = 0, \dots, n-1$, so sind die Wahrscheinlichkeitsmaße P_ϑ und $\mathsf{P}_{\vartheta'}$ auf der von $\mathfrak{S}_n = (X_0, X_1, \dots, X_n)$ erzeugten Teil-σ-Algebra von $\mathfrak{F}$ identisch.*

Wir schließen noch einige Bezeichnungen an. Die Zustands-n-Vergangenheit $\mathfrak{s}_n$ heißt *bezüglich der Strategie ϑ wesentlich*, wenn $\mathsf{P}_\vartheta(\mathfrak{S}_n = \mathfrak{s}_n) > 0$ gilt. Entsprechend heißt die n-Vergangenheit h_n bezüglich der Strategie ϑ wesentlich, wenn mit $\mathfrak{s}_n = \mathfrak{s}_n(h_n)$ die Beziehung $\mathsf{P}_\vartheta(\mathfrak{S}_n = \mathfrak{s}_n) > 0$ gilt. Offenbar ist eine bezüglich ϑ wesentliche n-Vergangenheit mit ϑ verträglich (vgl. Bezeichnungen 1.1.2).

Es bezeichnen für $n = 0, 1, \dots$

$\{\mathcal{S}^{n+1}\}^+(\vartheta)$ die Menge aller bezüglich ϑ wesentlichen Zustands-n-Vergangenheiten,
$\mathcal{H}_n^+(\vartheta)$ die Menge aller bezüglich ϑ wesentlichen n-Vergangenheiten,
$\Theta_n^+(h_n)$ bzw. $\Theta_n^+(\mathfrak{s}_n)$ die Menge aller Strategien, für welche h_n bzw. $\mathfrak{s}_n$ wesentlich ist.

Die n-Vergangenheit h_n bzw. Zustands-n-Vergangenheit $\mathfrak{s}_n$ heißt *wesentlich* schlechthin, wenn $\Theta^+(h_n) \neq \emptyset$ bzw. $\Theta^+(\mathfrak{s}_n) \neq \emptyset$ gilt, und $\{\mathcal{S}^{n+1}\}^+$ bzw. $\mathcal{H}_n^+$ bezeichnen die Menge aller wesentlichen Zustands-n-Vergangenheiten bzw. n-Vergangenheiten; also gilt z.B.

$$\mathcal{H}_n^+ := \{h_n \in \mathcal{H}_n\colon (\exists \vartheta \in \Theta\colon h_n \in \mathcal{H}_n^+(\vartheta))\}\,.$$

Wir vermerken noch, daß es bei der Definition einer Strategie ϑ (s. 1.1) offenbar genügen würde, die zugehörigen Entscheidungsfunktionen auf den Mengen $\mathcal{H}_n^+(\vartheta)$ der bezüglich ϑ wesentlichen n-Vergangenheiten festzulegen.

Durch $D_n = \delta_n(h_n^\vartheta(\mathfrak{S}_n))$ wird für jede Strategie ϑ auf $[\Omega, \mathfrak{F}, \mathsf{P}_\vartheta]$ der sog. *Strategie-Prozeß* oder *Prozeß der Entscheidungen* $D = (D_n)$, $n = 0, 1, \dots$, mit dem Bildraum $[\mathcal{D}, \mathfrak{P}(\mathcal{D})]$ erklärt. Hierbei beachten wir, daß für die durch $\mathfrak{s}_n \to \delta_n(h_n^\vartheta(\mathfrak{s}_n))$ gegebenen Funktionen von $\mathcal{S}^{n+1}$ in $\mathcal{D}$, $n = 0, 1, \dots$, das Urbild jeder Teilmenge $A \subset \mathcal{D}$ ein Element von $\bigotimes_0^n \mathfrak{P}(\mathcal{S})$ ist, die Funktionen $\mathfrak{s}_n \to \delta_n(h_n^\vartheta(\mathfrak{s}_n))$ also $[\bigotimes_0^n \mathfrak{P}(\mathcal{S}), \mathfrak{P}(\mathcal{D})]$-meßbar sind.

Wir definieren noch die zufälligen n-Vergangenheiten $H_n := (X_0, D_0, X_1, \dots, D_{n-1}, X_n)$, $n = 0, 1, \dots$. Die Verträglichkeit $\vartheta \sim H_n$ der Strategie ϑ mit der zufälligen n-Vergangenheit H_n definieren wir entsprechend der in 1.1.2 eingeführten Bezeichnung durch $\vartheta \sim H_n(\omega)$ für P_ϑ-fast alle $\omega \in \Omega$. Unmittelbar verstehen sich auch die Symbole $\mathfrak{S}_n(H_n)$ und $H_n^\vartheta(\mathfrak{S}_n)$ für $\vartheta \sim H_n$. Weiter bezeichnet $H_\infty := (X_0, D_0, \dots, X_n, D_n, \dots)$, und $\vartheta \sim H_\infty$ bedeutet $\vartheta \sim a_n H_\infty := (X_0, D_0, \dots, D_{n-1}, X_n)$ für alle $n \geqq 0$.

1.1.4. Aufgabenstellung

Für die in (1′) eingeführten Funktionen $k_{n,\vartheta}$, $n = 1, 2, \dots$, ergeben sich (auf Grund der vorliegenden Meßbarkeit, vgl. 1.1.2) in Abhängigkeit von der zufälligen n-Vergangenheit $\mathfrak{S}_n$ bzw. $H_n = h_n^{\vartheta}(\mathfrak{S}_n)$ durch

$$k_n(H_n) = k_{n,\vartheta}(\mathfrak{S}_n) =: K_{n,\vartheta} \tag{3}$$

zufällige kumulative Kosten im Zeitpunkt n, $n = 1, 2, \ldots$. Für $N = \infty$ gebrauchen wir noch die speziellen Bezeichnungen

$$\mathfrak{S}_\infty := (X_0, X_1, \ldots, X_n, \ldots), \qquad a_n\mathfrak{S}_\infty := (X_0, X_1, \ldots, X_n),$$
$$h_\infty := (s_0, d_0, s_1, d_1, \ldots, s_n, d_n, \ldots), \qquad a_n h_\infty := (s_0, d_0, \ldots, d_{n-1}, s_n)$$

und betrachten die Größen

$$k_\infty(h_\infty) := \overline{\lim_{n\to\infty}}\, k_n(a_n h_\infty) \quad \text{bzw.} \quad K_{\infty,\vartheta} := \overline{\lim_{n\to\infty}}\, k_{n,\vartheta}(a_n\mathfrak{S}_\infty) . \tag{3'}$$

Weiter definieren wir die *Zielfunktion*

$$v_\vartheta = \begin{cases} \mathsf{E}(K_{\infty,\vartheta}) & \text{für } N < \infty , \\ \overline{\lim\limits_{n\to\infty}}\, \mathsf{E}_\vartheta(K_{n,\vartheta}) & \text{für } N = \infty , \end{cases} \qquad \vartheta \in \Theta . \tag{4}$$

Hierbei ist bezüglich der zufälligen kumulativen Kosten für jedes $\vartheta \in \Theta$ die Existenz der betrachteten Erwartungswerte vorausgesetzt.[1])

Entsprechend der Zielstellung, durch geeignete Wahl von ϑ, $\vartheta \in \Theta$, einen möglichst kleinen Wert von v_ϑ zu erzielen, definieren wir

$$v^* = \inf_{\vartheta\in\Theta} v_\vartheta \tag{5}$$

und nennen eine Strategie ϑ^*, $\vartheta^* \in \Theta$, *optimal,* falls

$$v_{\vartheta^*} = v^* \tag{6}$$

gilt. Für $\varepsilon > 0$ heißt ϑ_ε eine *ε-optimale* Strategie, falls

$$-\infty < v_{\vartheta_\varepsilon} \leqq v^* + \varepsilon . \tag{6'}$$

Bemerkung. Negative Kostenwerte können wir als Gewinn interpretieren. Allgemein ergibt sich durch unmittelbare Übertragung der im Aspekt entgegengesetzte Fall, daß die Größen k_n anstelle von Kosten die Bedeutung von (kumulativen) Gewinnerträgen haben. In diesem Fall betrachtet man in (5) anstelle des Infimums das Supremum der Werte v_ϑ, $\vartheta \in \Theta$, welche dann die mittleren Gesamterträge beinhalten.

1.1.5. Definition von Kostengrößen

Wir definieren durch

$$c_n(h_n) := k_n(h_n) - k_{n-1}(a_{n-1}h_n) , \qquad n = 1, 2, \ldots , \qquad k_0 :\equiv 0 , \tag{7}$$

Schrittkosten (im Zeitpunkt n): $c_n \mid \mathcal{H}_n \to \mathbb{R}^1$, $n = 1, 2, \ldots$, und bezüglich einer N-Vergangenheit h_N, welche also den gesamten Prozeßablauf beinhaltet, durch

$$r_n(h_N) := k_N(h_N) - k_{n-1}(a_{n-1}h_N) , \qquad n = 1, 2, \ldots , \tag{8}$$

Restkosten ab n: $r_n \mid \mathcal{H}_N \to \mathbb{R}^1$, $n = 1, 2, \ldots$.
Es folgt für $n = 1, 2, \ldots$

$$c_n(a_n h_N) = r_n(h_N) - r_{n+1}(h_N) \tag{9}$$

[1]) Die Bildung des Erwartungswertes E_ϑ versteht sich bezüglich des Maßes P_ϑ. Entsprechende Bezeichnungen werden auch bezüglich anderer Maße im folgenden verwendet.

und (in vereinfachter Schreibweise)

$$k_n = \sum_{\nu=1}^{n} c_\nu\,, \quad r_n = \sum_{\nu \geqq n} c_\nu\,, \quad k_N = k_{n-1} + c_n + r_{n+1}\,, \quad k_0 := 0\,,$$
$$r_{N+1} = 0\,. \tag{10}$$

Bemerkung. Die Gleichungen (10) zeigen, daß die Kostenstruktur unseres Grundmodells durch eine additive Kostenfunktion definiert ist: Anstelle der Folge $(k_n)_{n=1,2,\ldots}$ kann auch die Folge $(c_n)_{n=1,2,\ldots}$ der Schrittkosten vorgegeben sein, woraus sich die (kumulativen) Kosten k_n, $n = 1, 2, \ldots$, durch Addition ergeben. Wichtig ist die Feststellung, daß die Vorgabe einer Restkostenfolge $r_n \mid \mathscr{H}_N \to \bar{R}^1$, $n = 1, 2, \ldots$, im allgemeinen auf nichtadditive Kostenstrukturen führt, indem die durch $r_n(h_N) - r_{n+1}(h_N) =: c'_n(h_N)$ definierten Funktionen c'_n, $n = 1, 2, \ldots$, welche ja die Schrittkosten ergeben müßten (vgl. (9)), als Definitionsbereich im allgemeinen $\mathscr{H}_N$ und nicht notwendig speziell $\mathscr{H}_n$ besitzen. Ein Beispiel hierfür ist durch $r_n(h_N) = \max\{s_k, k \geqq n\}$, $n = 1, 2, \ldots$, gegeben.

Dynamische Systeme mit nichtadditiver Kostenstruktur besitzen gegenüber dem additiven Fall zur Zeit eine weit weniger entwickelte Theorie und werden in diesem Buche nicht betrachtet. Beiträge zum nichtadditiven Fall findet der Leser z.B. bei Mitten [1], Denardo [1] und Sniedovich [1].

Für eine beliebige vorgegebene Strategie ϑ und eine Zustandsvergangenheit $\mathfrak{s}_n$ bzw. $\mathfrak{s}_N$ bezeichnen wir mittels des Zusammenhanges $h_n = h_n^\vartheta(\mathfrak{s}_n)$ bzw. $h_N = h_N^\vartheta(\mathfrak{s}_N)$ für $n = 1, 2, \ldots$ (vgl. (7) und (1'))

$$c_{n,\vartheta}(\mathfrak{s}_n) := c_n(h_n) \quad \text{bzw.} \quad r_{n,\vartheta}(\mathfrak{s}_N) := r_n(h_N) \tag{11}$$

und damit weiter die zufälligen Schritt- bzw. Restkosten

$$C_{n,\vartheta} \mid \mathfrak{S}_n \to c_{n,\vartheta}(\mathfrak{S}_n) \quad \text{bzw.} \quad R_{n,\vartheta} \mid \mathfrak{S}_N \to r_{n,\vartheta}(\mathfrak{S}_N)\,. \tag{11'}$$

Als *mittlere Schrittkosten* bezeichnen wir für $n = 0, 1, 2, \ldots$ (vgl. (1), (11), (11'))

$$\mathsf{E}_\vartheta(C_{n+1,\vartheta} \mid \mathfrak{S}_n = \mathfrak{s}_n) = \sum_s p_{n+1,\vartheta}(s \mid \mathfrak{s}_n)\, c_{n+1,\vartheta}(\mathfrak{s}_n, s) =: \gamma_{n,\vartheta}(\mathfrak{s}_n)\,. \tag{12}$$

Mit $\vartheta = (\delta_k) \sim h_n$, $\mathfrak{s}_n = \mathfrak{s}_n(h_n)$ und $d_n = \delta_n(h_n)$ gilt für $n = 0, 1, 2, \ldots$ (vgl. (1), (11))

$$\gamma_{n,\vartheta}(\mathfrak{s}_n) = \sum_s p_{n+1}(s \mid h_n, d_n)\, c_{n+1}(h_n, d_n, s) =: \gamma_n(h_n, d_n)\,. \tag{12'}$$

Weiter definieren wir im Fall der im folgenden stets vorausgesetzten Existenz von $\mathsf{E}_\vartheta(R_{n+1}, \vartheta)$ die (bedingten) *mittleren Restkosten* ab n, $n = 0, 1, 2, \ldots$, unter der Hypothese $\mathfrak{S}_n$ bei Steuerung mittels der Strategie ϑ gemäß

$$V_{n,\vartheta} := \mathsf{E}_\vartheta(R_{n+1,\vartheta} \mid \mathfrak{S}_n) \tag{13}$$

mit den Realisierungen

$$v_{n,\vartheta}(\mathfrak{s}_n) := \mathsf{E}_\vartheta(R_{n+1,\vartheta} \mid \mathfrak{S}_n = \mathfrak{s}_n)\,. \tag{13'}$$

Im Fall $N < \infty$ definieren wir noch mit der in (10) getroffenen Festsetzung $r_{N+1} = 0$

$$v_{N,\vartheta}(\mathfrak{s}_N) := 0 \quad \text{für alle} \quad \mathfrak{s}_N \in \mathscr{S}^{N+1}\,, \qquad \vartheta \in \Theta\,. \tag{13''}$$

Für $\vartheta \sim h_n$, $\mathfrak{s}_n = \mathfrak{s}_n(h_n)$ bezeichnen wir (im Hinblick auf einen später gesondert diskutierten Spezialfall bezüglich der Menge Θ zulässiger Strategien)

$$v_{n,\vartheta}(\mathfrak{s}_n) =: w_{n,\vartheta}(h_n)\,. \tag{14}$$

Für die *mittleren Gesamtkosten* bei Anwendung der Strategie ϑ folgt unter Beachtung von (4), (8), (3), (11') und (13)

$$v_\vartheta = \mathsf{E}_\vartheta(K_{n,\vartheta}) + \mathsf{E}_\vartheta(V_{n,\vartheta})\,, \qquad n \geqq 0\,; \tag{15}$$

speziell gilt für $n = 0$ gemäß (13') und der Festsetzung $k_0 \equiv 0$

$$v_\vartheta = \sum_s p_0(s)\, \mathsf{E}_\vartheta(R_{1,\vartheta} \mid X_0 = s) = \sum_s p_0(s)\, v_{0,\vartheta}(s)\,. \tag{16}$$

1.2. Voraussetzungen

In diesem Abschnitt werden hinreichende Bedingungen für die Existenz der im Abschnitt 1.1 eingeführten Kostengrößen angegeben. Außerdem formulieren wir bezüglich der Menge der zulässigen Strategien, die in Abschnitt 1.1 zunächst ohne weitere Kennzeichnung eingeführt wurde, einige spezifische Eigenschaften.

1.2.1. Bezeichnungen. Für eine auf einer beliebigen Menge E definierte reellwertige Funktion $f \mid E \to \mathbb{R}^1$ betrachten wir die Norm $\|f\| = \sup_{x \in E} |f(x)|$. f^+ bzw. f^- bedeuten den Positiv- bzw. den Negativteil von f: $f^+ = \sup(f, 0)$ bzw. $f^- = \sup(-f, 0)$, so daß also $f = f^+ - f^-$ und $|f| = f^+ + f^-$ gilt. Für eine Folge $F = (f_n)$ von Funktionen $f_n \mid E \to \mathbb{R}^1$, $n = 0, 1, \ldots$, soll durch die Symbole (F^+), (F^-) bzw. (F) die Gültigkeit von $\sum_n \|f_n^+\| < \infty$, $\sum_n \|f_n^-\| < \infty$ bzw. $\sum_n \|f_n\| < \infty$ gekennzeichnet werden, in der Literatur auch wesentlich negativer, wesentlich positiver bzw. Konvergenzfall genannt.

Diese Konvergenzeigenschaften interessieren insbesondere für die oben eingeführten Folgen $(c_n) =: c$, $(c_{n,\vartheta}) =: c_\vartheta$, $(\gamma_{n,\vartheta}) =: \gamma_\vartheta$ und $(\gamma_n) =: \gamma$; vgl. (1.1.7), (1.1.11), (1.1.12), (1.1.12'). Zu einer Folge $F = (f_n)$ bezeichnen wir noch $|F| := (|f_n|)$.

1.2.2. Folgerung. Es ergeben sich unschwer folgende Implikationen: $(c^+) \Rightarrow (\gamma^+)$, $(c^-) \Rightarrow (\gamma^-)$, $(|c|) \Rightarrow (|\gamma|)$; $(c_\vartheta^+) \Rightarrow (\gamma_\vartheta^+)$, $(c_\vartheta^-) \Rightarrow (\gamma_\vartheta^-)$, $(|c_\vartheta|) \Rightarrow (|\gamma_\vartheta|)$. (c_ϑ^+), (c_ϑ^-) bzw. $(|c_\vartheta|)$ implizieren P_ϑ-f.s. die Existenz und gleichmäßige Beschränktheit von $K_{N,\vartheta}^+$, $K_{N,\vartheta}^-$ bzw. $K_{N,\vartheta}$ (vgl. (1.1.3), (1.1.3')).

Aus (γ^+), (γ^-) und $(|\gamma|)$ (und entsprechend (γ_ϑ^+), (γ_ϑ^-) bzw. $(|\gamma_\vartheta|)$) folgen Existenz und gleichmäßige Beschränktheit von $w_{n,\vartheta}^+$, $w_{n,\vartheta}^-$ bzw. $|w_{n,\vartheta}|$ (und entsprechend $V_{n,\vartheta}^+$, $V_{n,\vartheta}^-$ bzw. $|V_{n,\vartheta}|$ P_ϑ-f.s.); vgl. (1.1.12), (1.1.12'), (1.1.13), (1.1.14).

In dem besonders einfachen, in den Anwendungen aber häufigem Fall, daß die Mengen $\mathcal{S}$ und $\mathcal{D}$ endlich sind sowie auch $N < \infty$ gilt, ist die Existenz (sowie auch gleichmäßige Beschränktheit) aller vorangehend betrachteten Kostengrößen gesichert.

1.2.3. Bezeichnungen. a) Für eine Strategie $\vartheta = (\delta_k)$, $\vartheta \in \Theta$, und $0 \leqq m \leqq n < N$ bezeichne $\vartheta_{[m,n]}$ den Abschnitt $(\delta_m, \delta_{m+1}, \ldots, \delta_n)$.

b) $\Theta_n(\vartheta)$ bezeichne für $n \geqq 0$ die Menge aller zulässigen Strategien, die bis n mit ϑ übereinstimmen: $\Theta_n(\vartheta) = \{\eta \in \Theta : \eta_{[0,n]} = \vartheta_{[0,n]}\}$. Die Elemente von $\Theta_n(\vartheta)$ nennen wir auch *$(n+1)$-Fortsetzungen von ϑ*. Außerdem definieren wir noch $\Theta_{-1}(\vartheta) := \Theta$ für beliebiges $\vartheta \in \Theta$.

c) Ausgehend von $V_{n,\eta} = \mathsf{E}_\eta(R_{n+1,\eta} \mid \mathfrak{S}_n)$, vgl. (1.1.13), betrachten wir für $\vartheta \in \Theta$ und $n \geqq 0$ die Zufallsgrößen (s. A. 1.2.3)

$$V_{\vartheta|n}^* := \inf_{\eta \in \Theta_{n-1}(\vartheta)} V_{n,\eta}\,;$$

dabei setzen wir für $n = 0$ wegen $\Theta_{-1}(\vartheta) = \Theta$ speziell (1)

$$V_{\vartheta,0}^* = \inf_{\eta \in \Theta} V_{0,\eta} =: V_0^*\,.$$

Wir beachten, daß auf Grund der Bemerkung im Anschluß an Formel (1.1.2′) die Maße P_η für $\eta \in \Theta_{n-1}(\vartheta)$ auf der von $\mathfrak{S}_n$ erzeugten σ-Algebra sämtlich (mit P_ϑ) übereinstimmen. Speziell ist $V^*_{\vartheta|0}$ von ϑ de facto unabhängig, indem hierbei von P_ϑ lediglich die Anfangsverteilung p_0 (s. (1.1.1)) eingeht.

Zur Kennzeichnung der Realisierungen schreiben wir für ein $\omega, \omega \in \Omega$, mit $a_n \omega = \mathfrak{s}_n$ für $n \geqq 0$ (vgl. 1.1.2) anstelle $V^*_{\vartheta|n}(\omega)$ auch $v^*_{\vartheta|n}(\mathfrak{s}_n)$, und es folgt definitionsgemäß (vgl. (1.1.13′))

$$\left.\begin{aligned} &v^*_{\vartheta|n}(\mathfrak{s}_n) = \inf_{\eta \in \Theta_{n-1}(\vartheta)} v_{n,\eta}(\mathfrak{s}_n) \quad \text{für} \quad \mathsf{P}_\vartheta(\mathfrak{S}_n = \mathfrak{s}_n) > 0 \\ &\text{und speziell für } n = 0 \\ &v^*_{\vartheta|0}(s_0) = v^*_0(s_0) = \inf_{\eta \in \Theta} v_{0,\eta}(s_0) \quad \text{für} \quad p_0(s_0) > 0\,. \end{aligned}\right\} \tag{1'}$$

Wir setzen noch $v^*_{\vartheta|n}(\mathfrak{s}_n) := 0$ für $\mathsf{P}_\vartheta(\mathfrak{S}_n = \mathfrak{s}_n) = 0$ und somit $v^*_0(s_0) := 0$ speziell für $p_0(s_0) = 0$.

1.2.4. Definition. a) Es seien $\vartheta \in \Theta$, $n \geqq 0$, und $\mathfrak{s}_n \in \{\mathscr{S}^{n+1}\}^+(\vartheta)$, und es bezeichne

$$\mathscr{S}^+_{n+1}(\vartheta, \mathfrak{s}_n) := \{s \in \mathscr{S}\colon p_{n+1,\vartheta}(s \mid \mathfrak{s}_n) > 0\}\,.$$

Existiert dann stets, d. h. für jede Wahl der voranstehenden Größen und zu beliebigem positivem ε sowie für je zwei Strategien $\vartheta_1, \vartheta_2 \in \Theta_n(\vartheta)$ eine Strategie $\vartheta' \in \Theta_n(\vartheta)$ mit

$$v_{n+1,\vartheta'}(\mathfrak{s}_n, s) \leqq \min\{v_{n+1,\vartheta_1}(\mathfrak{s}_n, s), v_{n+1,\vartheta_2}(\mathfrak{s}_n, s)\} + \varepsilon \;\forall s \in \mathscr{S}^+_{n+1}(\vartheta, \mathfrak{s}_n)\,,$$

so heißt Θ *schwach vollständig (bezüglich paarweiser Dominierbarkeit)*; wir kennzeichnen diese Eigenschaft symbolisch durch (V'_p).

Existiert für je zwei Strategien $\vartheta_1, \vartheta_2 \in \Theta_n(\vartheta)$ stets eine Strategie $\vartheta' \in \Theta_n(\vartheta)$ mit

$$v_{n+1,\vartheta'}(\mathfrak{s}_n, s) \leqq \min\{v_{n+1,\vartheta_1}(\mathfrak{s}_n, s), v_{n+1,\vartheta_2}(\mathfrak{s}_n, s)\} \;\forall s \in \mathscr{S}^+_{n+1}(\vartheta, \mathfrak{s}_n)\,,$$

so heißt Θ *vollständig (bezüglich paarweiser Dominierbarkeit)*; symbolische Kennzeichnung (V_p).

b) Die Menge Θ der zulässigen Strategien heißt *stark vollständig (bezüglich gleichmäßig optimaler Fortsetzung)*, falls zu jedem $n \geqq 0$ und jedem $\vartheta \in \Theta$ eine Strategie $\vartheta^{*n} \in \Theta_{n-1}(\vartheta)$ existiert, so daß $v_{n,\vartheta^{*n}}(\mathfrak{s}_n) = v^*_{\vartheta|n}(\mathfrak{s}_n)$ für jede bezüglich ϑ wesentliche Zustands-n-Vergangenheit $\mathfrak{s}_n$ gilt; symbolische Kennzeichnung (V_gl). Im Fall $n \geqq 1$ nennen wir ϑ^{*n} eine *(gleichmäßig) optimale n-Fortsetzung* von ϑ. Im Fall $n = 0$ gilt nach (1′) $v_{0,\vartheta^{*0}}(s_0) = v^*_0(s_0)$ für alle s_0 mit $p_0(s_0) > 0$, und somit besitzt ϑ^{*0} nach (1.1.16) und (1.1.5) die Bedeutung einer optimalen Strategie.

Mit den eingeführten symbolischen Kennzeichnungen ergibt sich unmittelbar, daß (V_gl) die Gültigkeit von (V_p) und (V_p) die Gültigkeit von (V'_p) nach sich zieht.

1.2.5. Folgerung. *Es sei die Menge Θ der zulässigen Strategien schwach vollständig (s. Definition 1.2.4a)). Dann gibt es zu jedem $\varepsilon > 0$, jeder Strategie $\vartheta \in \Theta$ und zu jeder bezüglich ϑ wesentlichen Zustands-n-Vergangenheit $\mathfrak{s}_n$, $n \geqq 0$, eine Strategie $\eta \in \Theta_n(\vartheta)$ mit*

$$\mathsf{E}_\vartheta(V_{n+1,\eta} \mid \mathfrak{S}_n = \mathfrak{s}_n) \leqq \mathsf{E}_\vartheta(V^*_{\vartheta|n+1} \mid \mathfrak{S}_n = \mathfrak{s}_n) + \varepsilon\,. \tag{2}$$

Beweis: Zu jeder bezüglich einer Strategie $\vartheta \in \Theta$ wesentlichen Zustands-n-Vergangenheit $\mathfrak{s}_n$, also $\mathfrak{s}_n \in \{\mathscr{S}^{n+1}\}^+(\vartheta)$, $n \geqq 0$, gibt es offenbar eine abzählbare Menge $T_{\vartheta,n}(\mathfrak{s}_n) \in \Theta_{n-1}(\vartheta)$ mit $\inf_{\eta \in T_{\vartheta,n}(\mathfrak{s}_n)} v_{n,\eta}(\mathfrak{s}_n) = v^*_{\vartheta|n}(\mathfrak{s}_n)$. Wegen der Abzählbarkeit von $\mathscr{S}$ sind auch $\mathscr{S}^{n+1}$ und somit auch die Teilmenge $\{\mathscr{S}^{n+1}\}^+(\vartheta)$ von $\mathscr{S}^{n+1}$ sowie weiter $\bigcup_{\mathfrak{s}_n \in \{\mathscr{S}^{n+1}\}^+(\vartheta)} T_{\vartheta,n}(\mathfrak{s}_n) =: T_{\vartheta,n}$ abzählbar, und es gilt P_ϑ-f.s. die Gleichung

$$V^*_{\vartheta|n} = \inf_{\eta \in T_{\vartheta,n}} V_{n,\eta}\,.$$

Es bezeichne nun $T_{\vartheta,n+1} =: (\hat{\eta}_k)_{k=1,2,\ldots}$ eine nach der vorangehenden Überlegung existierende abzählbare Teilmenge von $\Theta_n(\vartheta)$ mit $V^*_{\vartheta|n+1} = \inf_{\hat{\eta} \in T_{\vartheta,n+1}} V_{n+1,\hat{\eta}}$ P_ϑ-f.s. Weiter sei $\mathscr{S}' := \{s \in \mathscr{S}: p_{n+1,\vartheta}(s \mid \mathfrak{s}_n) > 0\} = \mathscr{S}^+_{n+1}(\vartheta, \mathfrak{s}_n)$, und wir schreiben abkürzend noch $V_{n+1,\eta} =: V_\eta$, $V^*_{\vartheta|n+1} =: V^*_\vartheta$, $v_{n+1,\eta}(\mathfrak{s}_n, s) =: v_\eta(\mathfrak{s}_n, s)$ sowie $v^*_{\vartheta|n+1}(\mathfrak{s}_n, s) =: v^*_\vartheta(\mathfrak{s}_n, s)$. Zu vorgegebenem $\varepsilon > 0$ definieren wir nun, ausgehend von $\eta_1 := \hat{\eta}_1$, auf Grund der schwachen Vollständigkeit von Θ eine Folge $(\eta_k)_{k=1,2,\ldots}$ mit $\eta_k \in \Theta_n(\vartheta)$ gemäß

$$v_{\eta_j}(\mathfrak{s}_n, s) \leqq \min\{v_{\hat{\eta}_j}(\mathfrak{s}_n, s)\,,\ v_{\eta_{j-1}}(\mathfrak{s}_n, s)\} + \varepsilon_j\,, \qquad s \in \mathscr{S}'\,, \qquad j \geqq 2\,,$$

wobei $\varepsilon_j = \varepsilon/2^j$. Mit $\min\{v_{\hat{\eta}_1}(\mathfrak{s}_n, s), \ldots, v_{\hat{\eta}_j}(\mathfrak{s}_n, s)\} =: \varphi_j(\mathfrak{s}_n, s)$ folgt

$$v_{\eta_j}(\mathfrak{s}_n, s) \leqq \varphi_j(\mathfrak{s}_n, s) + \varepsilon_2 + \ldots + \varepsilon_j \leqq \varphi_j(\mathfrak{s}_n, s) + \varepsilon/2\,, \qquad s \in \mathscr{S}'\,. \qquad (*)$$

Da nach Definition von $(\hat{\eta}_k)_{k=1,2,\ldots}$ die Folge $\big(\varphi_j(\mathfrak{s}_n, s)\big)_{j=1,2,\ldots}$ für jedes $s \in \mathscr{S}'$ antiton gegen $v^*_\vartheta(\mathfrak{s}_n, s)$ konvergiert, gibt es nach einem bekannten Integralsatz einen Index j_0, so daß mit $\mathfrak{S}_{n+1} = (X_0, \ldots, X_{n+1})$ und $\varphi_{j_0}(\mathfrak{S}_{n+1}) = \Phi_{j_0}$

$$\mathsf{E}_\vartheta(\Phi_{j_0} \mid \mathfrak{S}_n = \mathfrak{s}_n) \leqq \mathsf{E}_\vartheta(V^*_\vartheta \mid \mathfrak{S}_n = \mathfrak{s}_n) + \varepsilon/2 \qquad (**)$$

gilt. Also folgt nach (*) und (**) $\mathsf{E}_\vartheta(V_{\eta_{j_0}} \mid \mathfrak{S}_n = \mathfrak{s}_n) \leqq \mathsf{E}_\vartheta(V^*_\vartheta \mid \mathfrak{S}_n = \mathfrak{s}_n) + \varepsilon$, woraus sich mit $\eta_{j_0} =: \eta$ die Aussage ergibt. ∎

Im Hinblick auf die später zu beweisende Optimalitätsgleichung (1.4.1) nehmen wir noch eine Umformung von (2) vor. Für $\eta \in \Theta_n(\vartheta)$ gilt $p_{n+1,\vartheta}(s \mid \mathfrak{s}_n) = p_{n+1,\eta}(s \mid \mathfrak{s}_n)$, und wegen $\mathsf{P}_\vartheta(X_{n+1} = s \mid \mathfrak{S}_n = \mathfrak{s}_n) = p_{n+1,\vartheta}(s \mid \mathfrak{s}_n)$ (s. (1.1.2)) folgt weiter

$$\mathsf{E}_\vartheta(V_{n+1,\eta} \mid \mathfrak{S}_n = \mathfrak{s}_n) = \sum_s v_{n+1,\eta}(\mathfrak{s}_n, s)\, p_{n+1,\eta}(s \mid \mathfrak{s}_n)$$

und entsprechend

$$\mathsf{E}_\vartheta(V^*_{\vartheta|n+1} \mid \mathfrak{S}_n = \mathfrak{s}_n) = \sum_s v^*_{\vartheta|n+1}(\mathfrak{s}_n, s)\, p_{n+1,\eta}(s \mid \mathfrak{s}_n)\,.$$

Somit ist (2) äquivalent zu

$$\sum_s v_{n+1,\eta}(\mathfrak{s}_n, s)\, p_{n+1,\eta}(s \mid \mathfrak{s}_n) \leqq \sum_s v^*_{\vartheta|n+1}(\mathfrak{s}_n, s)\, p_{n+1,\eta}(s \mid \mathfrak{s}_n) + \varepsilon\,. \qquad (2')$$

1.2.6. Definition. Bezüglich einer vorgegebenen Menge Θ zulässiger Strategien führen wir für $n \geqq 0$ folgende Mengen ein:

$$E_n := \{\zeta \mid \mathscr{H}_n \to \mathscr{D}: \exists \vartheta = (\delta_k) \in \Theta \quad \text{mit} \quad \zeta = \delta_n\}\,, \qquad (3)$$

Menge aller zulässigen Entscheidungsfunktionen im Zeitpunkt n;

$$\mathscr{D}_n(h) := \{d \in \mathscr{D}: \exists \zeta \in E_n \quad \text{mit} \quad \zeta(h) = d\}\,, \qquad h \in \mathscr{H}_n\,, \qquad (4)$$

zulässige Entscheidungsmenge im Zeitpunkt n bei vorliegender n-Vergangenheit h;

$$\Delta_n := \{\zeta \mid \mathscr{H}_n \to \mathscr{D}: \zeta(h) \in \mathscr{D}_n(h),\, h \in \mathscr{H}_n\}\,, \qquad (5)$$

Menge aller Funktionen auf $\mathscr{H}_n$ mit Werten in den jeweils zulässigen Entscheidungsmengen.

Offenbar gilt $E_n \subset \Delta_n$, und somit folgt

$$\Theta \subset \mathop{\times}_{0 \leqq n < N} E_n \subset \mathop{\times}_{0 \leqq n < N} \Delta_n\,. \qquad (6)$$

Wir nennen nun Θ (bezüglich der zugehörigen Mengen von Entscheidungsfunktionen) *kombinierbar*, falls

$$\Theta = \mathop{\times}_{0 \leqq n < N} E_n\,, \qquad (7)$$

komplett, falls

$$E_n = \Delta_n\,, \qquad n \geqq 0\,, \tag{8}$$

und *maximal*, falls Θ kombinierbar und komplett ist, also

$$\Theta = \mathop{\times}_{0 \leqq n < N} \Delta_n \tag{9}$$

gilt.

Bei einem kombinierbaren Θ können also die zugehörigen Strategien durch willkürliche Zusammensetzung von Entscheidungsfunktionen $\delta_n \in E_n$ zu den einzelnen Zeitpunkten $n = 0, 1, \ldots$ gebildet werden. Sind weiter $\vartheta^1 = (\delta_k^1)$ und $\vartheta^2 = (\delta_k^2)$ zwei Strategien einer beliebigen Menge Θ zulässiger Strategien, so bezeichne $\vartheta^1_{(n]}\vartheta^2$ diejenige durch Zusammensetzung aus ϑ^1 und ϑ^2 gebildete Strategie $\vartheta = (\delta_k)$, für welche

$$\delta_k = \begin{cases} \delta_k^1\,, & \text{falls } k \leqq n\,,\\ \delta_k^2\,, & \text{falls } k > n\,, \end{cases}$$

gilt. Nach (7) ist nun Θ genau dann kombinierbar, wenn Θ mit je zwei Strategien ϑ^1 und ϑ^2 aus Θ und für beliebiges $n \geqq 0$ auch die Strategie $\vartheta^1_{(n]}\vartheta^2$ enthält.

Bei einer kompletten Menge zulässiger Strategien werden zu jedem Zeitpunkt $n \geqq 0$ sämtliche Funktionen auf $\mathscr{H}_n$ mit Werten in $\mathscr{D}_n(h)$, $h \in \mathscr{H}_n$, als Entscheidungsfunktionen verwendet, jedoch braucht — im Unterschied zu einem kombinierbaren Θ — nicht jede mögliche Kombination (δ_n) von Entscheidungsfunktionen δ_n, $n \geqq 0$, als Strategie zulässig zu sein.

Ein verhältnismäßig einfacher und dabei den realen Verhältnissen vielfach angepaßter Fall liegt bei einer maximalen Menge zulässiger Strategien vor. So wird es sich z.B. in Kapitel 2 über markowsche Entscheidungsmodelle ausschließlich um solche Strategiemengen handeln.

Die folgenden Beispiele sollen zeigen, daß die in (6) auftretenden Inklusionen nicht allgemein durch Gleichungen ersetzt werden können.

a) Es sei $N = 2$, $\mathscr{S}$ bzw. $\mathscr{D}$ bezeichnen die Zustands- bzw. Entscheidungsmenge und Δ_0 bzw. Δ_1 die Mengen aller Funktionen von $\mathscr{H}_0$ bzw. $\mathscr{H}_1$ in $\mathscr{D}$. Für ein $\tilde{\delta} \in \Delta_1$ sei $\tilde{\Delta}_1 := \Delta_1 \setminus \{\tilde{\delta}\}$. Dann ist die Strategienmenge $\Theta := \Delta_0 \times \tilde{\Delta}_1$ kombinierbar, aber nicht komplett.

b) Es sei $\Theta = (\Delta_0' \times \Delta_1') \cup (\Delta_0'' \times \Delta_1'')$, wobei $\Delta_i = \Delta_i' \cup \Delta_i''$, $\Delta_i' \cap \Delta_i'' = \emptyset$, $\Delta_i' \neq \emptyset$, $\Delta_i'' \neq \emptyset$, $i = 1, 2$, gelten soll. Θ ist offensichtlich komplett, wegen $(\Delta_0' \times \Delta_1'') \cap \Theta = (\Delta_0'' \times \Delta_1') \cap \Theta = \emptyset$ aber nicht kombinierbar.

Zu nicht kombinierbaren Strategienmengen gelangt man z.B. auch dadurch, daß aus Strategienmengen einzelne Strategien entfernt werden.

Im Zusammenhang mit Abschnitt 1.5 betrachten wir noch das folgende Beispiel. Im Grundmodell (1.1.1) sei $N = \infty$ und $\mathscr{D} = \{0, 1\}$. Eine Strategie $\vartheta = (\delta_k)$ sei zulässig, gehöre also zu Θ, wenn für alle $\omega \in \Omega$ eine natürliche Zahl $n < \infty$ mit $\delta_n(a_n\omega) = 1$ existiert. Für $k \in \mathbb{N}_0$ und $h_k \in \mathscr{H}_k$ gelte $\mathscr{D}_k(h_k) = \{0, 1\}$. Somit ist jede Strategie $\vartheta = (\delta_k)$, für welche für beliebiges $\omega \in \Omega$ und jedes $n \in \mathbb{N}_0$ stets $\delta_n\big(h_n(a_n\omega)\big) = 0$ gilt, in $\mathop{\times}\limits_{0 \leqq n < N} \Delta_n$, nach Voraussetzung nicht aber in Θ enthalten. Also ist Θ nicht kombinierbar.

In der Literatur (vgl. z.B. Hinderer [1]) werden Mengen zulässiger Strategien häufig auch in der Weise eingeführt, daß primär für jeden Zeitpunkt n, $n \geqq 0$, in Abhängigkeit von jeder n-Vergangenheit h die Menge der zulässigen Entscheidungen gegeben ist. Wir bezeichnen eine solche Menge wieder mit $\mathscr{D}_n(h)$, beachten aber, daß zunächst Strategien bzw. Entscheidungsfunktionen nicht vorliegen. Sodann führen wir für $n \geqq 0$ die Gesamtheit aller Funktionen δ_n mit $\delta_n(h) \in \mathcal{D}_n(h)$ für $h \in \mathcal{H}_n$ als Menge Δ_n der zulässigen Entscheidungsfunktionen im Zeitpunkt n ein. Definieren wir nun die Menge der zulässigen Strategien durch

$$\Theta = \bigtimes_{0 \leqq n < N} \Delta_n , \quad \text{d. h.} \quad \Theta = \{\vartheta = (\delta_n) : \delta_n \in \Delta_n, n \geqq 0\} ,$$

so ist diese Menge nach (9) per definitionem maximal.

Es sei F eine beliebige Funktion von $\mathcal{D}$ in $\mathbb{R}$. Für ein $n \geqq 0$, $h \in \mathcal{H}_n$, $\vartheta \in \Theta$ mit $\vartheta \sim h$ betrachten wir

$$\inf_{\eta = (\zeta_k) \in \Theta_{n-1}(\vartheta)} F(\zeta_n(h)) =: F^* . \tag{10}$$

Ist Θ kombinierbar, dann gilt nach (7)

$$F^* = \inf_{\zeta_n \in E_n} F(\zeta_n(h)) , \tag{11}$$

und falls Θ maximal ist, folgt nach (9)

$$F^* = \inf_{d \in \mathcal{D}_n(h)} F(d) . \tag{12}$$

Die voranstehenden Gleichungen besagen, daß die in (10) formulierte Infimumbildung, die sich über alle Strategien erstreckt, welche n-Fortsetzungen von ϑ sind, im Fall eines kombinierbaren Θ auf eine Variation über die Entscheidungsfunktionen von E_n und im Fall eines maximalen Θ auf eine Variation über die Entscheidungen der Menge $\mathcal{D}_n(h)$ zurückgeführt werden kann. Von diesem Sachverhalt werden wir im folgenden — z.B. im Zusammenhang mit der Optimalitätsgleichung in Abschnitt 1.4 — wesentlich Gebrauch machen.

1.2.7. Behauptung. *Es seien h_n eine n-Vergangenheit und ϑ eine Strategie aus Θ mit $\vartheta \sim h_n$. Ist Θ kombinierbar, so folgt für $w_{n,\eta}(h_n) = \mathsf{E}_\eta(R_{n+1,\eta} \mid \mathfrak{S}_n = \mathfrak{s}_n)$ mit $h_n = h_n^\eta(\mathfrak{s}_n)$ (vgl. (1.1.13') und (1.1.14))*

$$\inf_{\eta \in \Theta_{n-1}(\vartheta)} w_{n,\eta}(h_n) = \inf_{\eta \sim h_n} w_{n,\eta}(h_n) . \tag{13}$$

Beweis: Wir setzen $\inf_{\eta \in \Theta_{n-1}(\vartheta)} w_{n,\eta}(h_n) =: A$, $\inf_{\eta \sim h_n} w_{n,\eta}(h_n) =: B$.

a) Wegen $\eta \in \Theta_{n-1}(\vartheta) \Rightarrow \eta \sim h_n$ folgt sofort $A \geqq B$.

b) Zu jedem $\varepsilon > 0$ existiert ein $\eta' \sim h_n$ mit $w_{n,\eta'}(h_n) < B + \varepsilon$. Da Θ nach Voraussetzung kombinierbar ist, gehört auch $\vartheta_{(n-1]}\eta' =: \vartheta'$ zu Θ, wobei offenbar $\vartheta' \in \Theta_{n-1}(\vartheta)$ und also auch $\vartheta' \sim h_n$ gilt. Somit folgt wegen $h_n := h_n^\vartheta(\mathfrak{s}_n) = h_n^{\eta'}(\mathfrak{s}_n) = h_n^{\vartheta'}(\mathfrak{s}_n)$ die Gleichung $R_{n+1,\vartheta'} = R_{n+1,\eta'}$ fast sicher bezüglich der Maße $\mathsf{P}_{\vartheta'}$ und $\mathsf{P}_{\eta'}$. Weiter gilt

$$w_{n,\vartheta'}(h_n) = \mathsf{E}_{\vartheta'}(R_{n+1,\vartheta'} \mid \mathfrak{S}_n = \mathfrak{s}_n) = \mathsf{E}_{\eta'}(R_{n+1,\eta'} \mid \mathfrak{S}_n = \mathfrak{s}_n) = w_{n,\eta'}(h_n) ,$$

da die Bildung der bedingten Erwartungswerte sich nicht auf den Zeitabschnitt bis n bezieht, die Strategien ϑ' und η' ab dann aber übereinstimmen. Also folgt $w_{n,\vartheta'}(h_n) < B + \varepsilon$ für beliebiges $\varepsilon > 0$ und somit auch $A \leqq B$.

a) und b) ergeben zusammen die Behauptung. ∎

Wir bezeichnen noch für $h_n \in \mathcal{H}_n$

$$\inf_{\eta \sim h_n} w_{n,\eta}(h_n) =: w_n^*(h_n) . \tag{14}$$

1.2.8. Folgerung. *Ist Θ maximal, dann ist Θ schwach vollständig (bezüglich paarweiser Dominierbarkeit).*

Beweis: Es seien $\vartheta = (\delta_k) \in \Theta$, $n \geqq 0$, $\mathfrak{s}_n \in \{\mathcal{S}^{n+1}\}^+(\vartheta)$ sowie $\vartheta_1 = (\delta_k^1) \in \Theta_n(\vartheta)$ und $\vartheta_2 = (\delta_k^2) \in \Theta_n(\vartheta)$ beliebig vorgegeben. Da Θ nach Voraussetzung maximal ist, enthält Θ die Strategie $\vartheta' = (\delta_k')$, definiert durch $\delta_k' = \delta_k$ für $k \leqq n$, und für $k \geqq n+1$

$$\delta_k'(h^{\vartheta'}(\mathfrak{s}_k)) = \begin{cases} \delta_k^1(h^{\vartheta_1}(\mathfrak{s}_k)), & \text{falls } v_{n+1,\vartheta_1}(\mathfrak{s}_n, s) \leqq v_{n+1,\vartheta_2}(\mathfrak{s}_n, s)\,, \\ \delta_k^2(h^{\vartheta_2}(\mathfrak{s}_k)), & \text{falls } v_{n+1,\vartheta_1}(\mathfrak{s}_n, s) > v_{n+1,\vartheta_2}(\mathfrak{s}_n, s)\,, \end{cases}$$

wobei $a_{n+1}\mathfrak{s}_k = (\mathfrak{s}_{n,s})$ gilt. Hieraus folgt nun speziell für $s \in \mathcal{S}$ mit $p_{n+1,\vartheta}(s|\mathfrak{s}_n) > 0$ die Beziehung

$$v_{n+1,\vartheta'}(\mathfrak{s}_n, s) \leqq \min\left\{v_{n+1,\vartheta_1}(\mathfrak{s}_n, s), v_{n+1,\vartheta_2}(\mathfrak{s}_n, s)\right\},$$

woraus sich die behauptete Aussage ergibt. ▮

Ganz entsprechend kann überdies gezeigt werden, daß eine kombinierbare Strategiemenge Θ auch schwach vollständig bezüglich gleichmäßiger Minimierung ist.

1.3. Rekursionsformel

Wir leiten zunächst eine einfache Beziehung zwischen den mittleren Restkosten (1.1.13′) für zwei aufeinanderfolgende Zeitpunkte her, welche Ausgangspunkt für weitere Betrachtungen ist. Unter Beachtung der Formeln (1.1.9), (1.1.11), (1.1.12), (1.1.13) folgen wegen

$$R_{n+1,\vartheta} = C_{n+1,\vartheta} + R_{n+2,\vartheta}$$

und

$$\begin{aligned} \mathsf{E}_\vartheta(R_{n+2,\vartheta} \mid \mathfrak{S}_n = \mathfrak{s}_n) &= \mathsf{E}_\vartheta(\mathsf{E}_\vartheta(R_{n+2,\vartheta} \mid \mathfrak{S}_{n+1}) \mid \mathfrak{S}_n = \mathfrak{s}_n) \\ &= \mathsf{E}_\vartheta(V_{n+1,\vartheta} \mid \mathfrak{S}_n = \mathfrak{s}_n) \end{aligned}$$

für $n = 0, 1, \ldots$ die Gleichungen

$$\begin{aligned} v_{n,\vartheta}(\mathfrak{s}_n) &= \mathsf{E}_\vartheta(R_{n+1,\vartheta} \mid \mathfrak{S}_n = \mathfrak{s}_n) \\ &= \mathsf{E}_\vartheta(C_{n+1,\vartheta} + R_{n+2,\vartheta} \mid \mathfrak{S}_n = \mathfrak{s}_n) \\ &= \mathsf{E}_\vartheta(C_{n+1,\vartheta} \mid \mathfrak{S}_n = \mathfrak{s}_n) + \mathsf{E}_\vartheta(R_{n+2,\vartheta} \mid \mathfrak{S}_n = \mathfrak{s}_n) \\ &= \mathsf{E}_\vartheta(C_{n+1,\vartheta} \mid \mathfrak{S}_n = \mathfrak{s}_n) + \mathsf{E}_\vartheta(V_{n+1,\vartheta} \mid \mathfrak{S}_n = \mathfrak{s}_n)\,. \end{aligned} \tag{1}$$

Nun gilt (vgl. (1.1.2))

$$\mathsf{E}_\vartheta(V_{n+1,\vartheta} \mid \mathfrak{S}_n = \mathfrak{s}_n) = \sum_s p_{n+1,\vartheta}(s \mid \mathfrak{s}_n)\, v_{n+1,\vartheta}(\mathfrak{s}_n, s)\,.$$

o mit folgt aus (1) unter Beachtung von (1.1.12) die *Rekursionsformel*

$$v_{n,\vartheta}(\mathfrak{s}_n) = \sum_s p_{n+1,\vartheta}(s \mid \mathfrak{s}_n)\,[c_{n+1,\vartheta}(\mathfrak{s}_n, s) + v_{n+1,\vartheta}(\mathfrak{s}_n, s)]\,, \qquad n = 0, 1, 2, \ldots\,. \tag{2}$$

Für $\vartheta = (\delta_k) \sim h_n$, $\mathfrak{s}_n = \mathfrak{s}_n(h_n)$ ergibt sich mit (1.1.1), (1.1.12), (1.1.12′) und (1.1.14) nach (2) die folgende Form der Rekursionsformel

$$w_{n,\vartheta}(h_n) = \gamma_n(h_n, d_n) + \sum_s p_{n+1}(s \mid h_n, d_n)\, w_{n+1,\vartheta}(h_n, d_n, s)\,,$$
$$h_n \in \mathcal{H}_n\,, \qquad \delta_n(h_n) = d_n\,, \qquad n = 0, 1, 2, \ldots\,. \tag{3}$$

Die durch (2) bzw. (3) gegebene Rekursionsformel bringt also den einfachen, aber grundlegenden Sachverhalt zum Ausdruck, daß sich die mittleren Restkosten ab einem Zeitpunkt additiv aus den nächstanfallenden mittleren Schrittkosten und den (gemäß den Übergangswahrscheinlichkeiten gemittelten) mittleren Restkosten ab dem folgenden Zeitpunkt zusammensetzen.

1.3.1. Folgerung. *Aus* (2) *erhalten wir unter Beachtung von* (1.1.12) *und Bezeichnung* 1.2.1

$$-\|\gamma_{n,\vartheta}^{-}\| - \|v_{n+1,\vartheta}^{-}\| \leqq v_{n,\vartheta}(\mathfrak{s}_n) \leqq \|\gamma_{n,\vartheta}^{+}\| + \|v_{n+1,\vartheta}^{+}\|$$

und weiter (mittels Induktion)

$$-\sum_{k \geqq n} \|\gamma_{k,\vartheta}^{-}\| \leqq v_{n,\vartheta}(\mathfrak{s}_n) \leqq \sum_{k \geqq n} \|\gamma_{k,\vartheta}^{+}\| \tag{4}$$

für alle $\mathfrak{s}_n \in \mathcal{S}^{n+1}$.

Es bezeichne $\widehat{B}_n$ die Menge aller nach oben beschränkten Funktionen von $\mathcal{S}^n$ in $\mathbb{R}^1$. Für $\vartheta \in \Theta$ und $n = 0, 1, 2, \ldots$ werden die Operatoren $L_{n+1,\vartheta} \mid \widehat{B}_{n+2} \to \widehat{B}_{n+1}$ definiert durch

$$(L_{n+1,\vartheta}v)(\mathfrak{s}_n) := \sum_{s} p_{n+1,\vartheta}(s \mid \mathfrak{s}_n)\,[c_{n+1,\vartheta}(\mathfrak{s}_n, s) + v(\mathfrak{s}_n, s)]\,, \tag{5}$$

$$\mathfrak{s}_n \in \mathcal{S}^{n+1}\,, \qquad v \in \widehat{B}_{n+2}\,.$$

Damit ergibt sich für die Rekursionsformel (2) die Darstellung

$$v_{n,\vartheta}(\mathfrak{s}_n) = (L_{n+1,\vartheta}v_{n+1,\vartheta})(\mathfrak{s}_n)\,, \qquad n = 0, 1, 2, \ldots\,. \tag{6}$$

Mit der für $\widehat{B}_{n+2}$ üblichen Halbordnung, wonach $v_1 \leqq v_2$ die Gültigkeit von $v_1(\mathfrak{s}_{n+1}) \leqq v_2(\mathfrak{s}_{n+1})$ für alle $\mathfrak{s}_{n+1} \in \mathcal{S}^{n+2}$ bedeutet, folgt die Implikation

$$v_1 \leqq v_2 \Rightarrow L_{n+1,\vartheta}v_1 \leqq L_{n+1,\vartheta}v_2\,, \qquad \vartheta \in \Theta\,, \tag{7}$$

d. h., $L_{n+1,\vartheta}$ ist ein isotoner Operator. Für $v \in \widehat{B}_{n+2}$ und eine beliebige Konstante c, $c \in \mathbb{R}^1$, gilt

$$L_{n+1,\vartheta}(v + c\mathbf{1}) = L_{n+1,\vartheta}v + c\mathbf{1}\,.^{1)} \tag{8}$$

Wir definieren durch

$$L_{1,\vartheta}L_{2,\vartheta} \ldots L_{n,\vartheta}v =: L_{[1,n],\vartheta}v$$

Operatoren

$$L_{[1,n],\vartheta} \mid \widehat{B}_{n+1} \to \widehat{B}_1\,, \qquad n = 1, 2, \ldots\,. \tag{9}$$

Damit ergibt sich (durch rückschreitende Induktion) aus (6)

$$v_{0,\vartheta}(s) = (L_{[1,n],\vartheta}v_{n,\vartheta})(s)\,, \qquad n = 1, 2, \ldots\,. \tag{10}$$

Wir führen noch die im weiteren verwendete Bezeichnung

$$L_{[n,m],\vartheta} := L_{n,\vartheta}L_{n+1,\vartheta} \ldots L_{m,\vartheta}, \qquad n < m, \tag{11}$$

ein.

1.4. Optimalitätsgleichung

Die Rekursionsformel (1.3.2) besitzt besondere Bedeutung für eine optimale Strategie, wobei wir die sich hierbei ergebende Beziehung eine Optimalitätsgleichung nennen. Wir beweisen hierzu in diesem Abschnitt eine Verallgemeinerung, wobei einerseits die Existenz optimaler Strategien nicht gefordert wird und — in Erweiterung zu den für die Anwendungen natürlichen und in erster Linie interessierenden Situationen — auch gewisse Fälle unendlicher mittlerer Restkosten in die Betrachtungen einbezogen werden.

---

1) **1** bezeichnet diejenige Funktion, die identisch gleich 1 ist.

1.4.1. Satz. *Es seien ϑ eine zulässige Strategie und $\mathfrak{z}_n$ eine bezüglich ϑ wesentliche Zustands-n-Vergangenheit,* $n \geqq 0$ (s. Abschnitt 1.1.3). *Wir setzen voraus, daß Θ schwach vollständig (s. Definition* 1.2.4. a)) *und außerdem die Bedingung* (B): $v^*_{\vartheta|n+1}(\mathfrak{z}_n, s) > -\infty$ *für alle s mit* $p_{n+1,\vartheta}(s \mid \mathfrak{z}_n) > 0$ *erfüllt ist. Dann gilt die Optimalitätsgleichung (s. Bezeichnungen* 1.2.3)

$$v^*_{\vartheta|n}(\mathfrak{z}_n) = \inf_{\eta \in \Theta_{n-1}(\vartheta)} \{\sum_s p_{n+1,\eta}(s \mid \mathfrak{z}_n)\,[c_{n+1,\eta}(\mathfrak{z}_n, s) + v^*_{\eta|n+1}(\mathfrak{z}_n, s)]\}\,,$$
$$n = 0, 1, 2, \ldots . \tag{1}$$

(Wir beachten hierbei die in den Bezeichnungen 1.2.3 getroffene Festsetzung $\Theta_{-1}(\vartheta) := \Theta$.)

Beweis: a) Für eine beliebige Strategie $\vartheta' \in \Theta_{n-1}(\vartheta)$, $n \geqq 0$, gilt unter Beachtung der Rekursionsformel (1.3.2)

$$\begin{aligned} v_{n,\vartheta'}(\mathfrak{z}_n) &= \sum_s p_{n+1,\vartheta'}(s \mid \mathfrak{z}_n)\,[c_{n+1,\vartheta'}(\mathfrak{z}_n, s) + v_{n+1,\vartheta'}(\mathfrak{z}_n, s)] \\ &\geqq \sum_s p_{n+1,\vartheta'}(s \mid \mathfrak{z}_n)\,[c_{n+1,\vartheta'}(\mathfrak{z}_n, s) + v^*_{\vartheta'|n+1}(\mathfrak{z}_n, s)] \\ &\geqq \inf_{\eta \in \Theta_{n-1}(\vartheta)} \{\sum_s p_{n+1,\eta}(s \mid \mathfrak{z}_n)\,[c_{n+1,\eta}(\mathfrak{z}_n, s) + v^*_{\eta|n+1}(\mathfrak{z}_n, s)]\}\,. \end{aligned} \tag{*}$$

b) Gilt $v^*_{\vartheta|n}(\mathfrak{z}_n) = -\infty$, dann gibt es zu jedem positiven M eine Strategie $\vartheta' \in \Theta_{n-1}(\vartheta)$ mit $v_{n,\vartheta'}(\mathfrak{z}_n) < -M$, so daß mit (*)

$$-M > \inf_{\eta \in \Theta_{n-1}(\vartheta)} \{\sum_s p_{n+1,\eta}(s \mid \mathfrak{z}_n)\,[c_{n+1,\eta}(\mathfrak{z}_n, s) + v^*_{\eta|n+1}(\mathfrak{z}_n, s)]\}$$

folgt. Hieraus ergibt sich unmittelbar die Gültigkeit von (1).

c₁) Es sei $v^*_{\vartheta|n}(\mathfrak{z}_n) > -\infty$. Dann gibt es zu beliebigem positiven ε eine Strategie $\vartheta' \in \Theta_{n-1}(\vartheta)$ mit

$$v_{n,\vartheta'}(\mathfrak{z}_n) < v^*_{\vartheta|n}(\mathfrak{z}_n) + \varepsilon,$$

so daß wegen (*)

$$v^*_{\vartheta|n}(\mathfrak{z}_n) + \varepsilon > \inf_{\eta \in \Theta_{n-1}(\vartheta)} \{\sum p_{n+1,\eta}(s \mid \mathfrak{z}_n)\,[c_{n+1,\eta}(\mathfrak{z}_n, s) + v^*_{\eta|n+1}(\mathfrak{z}_n, s)]\}$$

folgt.

c₂) Nach Folgerung 1.2.5 existiert zu jedem $\eta \in \Theta_{n-1}(\vartheta)$ und beliebigem positivem ε eine Strategie $\eta' \in \Theta_n(\eta)$, so daß gemäß (1.2.2')

$$\sum_s p_{n+1,\eta'}(s \mid \mathfrak{z}_n) v_{n+1,\eta'}(\mathfrak{z}_n, s) \leqq \sum_s p_{n+1,\eta'}(s \mid \mathfrak{z}_n)\, v^*_{\eta|n+1}(\mathfrak{z}_n, s) + \varepsilon$$

gilt. Hieraus folgt nach der Rekursionsformel (1.3.2) und unter Beachtung der Gleichungen $p_{n+1,\eta}(s \mid \mathfrak{z}_n) = p_{n+1,\eta}(s \mid \mathfrak{z}_n)$ und $c_{n+1,\eta'}(\mathfrak{z}_n, s) = c_{n+1,\eta}(\mathfrak{z}_n, s)$

$$\begin{aligned} v^*_{\vartheta|n}(\mathfrak{z}_n) &\leqq v_{n,\eta'}(\mathfrak{z}_n) \\ &= \sum_s p_{n+1,\eta'}(s \mid \mathfrak{z}_n)\,[c_{n+1,\eta'}(\mathfrak{z}_n, s) + v_{n+1,\eta'}(\mathfrak{z}_n, s)] \\ &\leqq \sum_s p_{n+1,\eta}(s \mid \mathfrak{z}_n)\,[c_{n+1,\eta}(\mathfrak{z}_n, s) + v^*_{\eta|n+1}(\mathfrak{z}_n, s)] + \varepsilon \end{aligned}$$

für jedes $\eta \in \Theta_{n-1}(\vartheta)$, also auch

$$v^*_{\vartheta|n}(\mathfrak{z}_n) \leqq \inf_{\eta \in \Theta_{n-1}(\vartheta)} \{\sum_s p_{n+1,\eta}(s \mid \mathfrak{z}_n)\,[c_{n+1,\eta}(\mathfrak{z}_n, s) + v^*_{\eta|n+1}(\mathfrak{z}_n, s)]\} + \varepsilon\,.$$

Da ε in c₁) und c₂) eine beliebige positive Zahl ist, folgt die Behauptung. ∎

Wir folgern die spezielle Form der Optimalitätsgleichungen für den Fall, daß die Menge $\mathfrak{N}$ der zulässigen Strategien kombinierbar bzw. maximal ist (vgl. 1.2.6). Zunächst gilt für $\eta = (\beta_k)$ nach (1.1.1), (1.1.11)

$$p_{n+1,\eta}(s \mid \mathfrak{s}_n) = p_{n+1}\big(s \mid h_n, \beta_n(h_n)\big)\,,$$

$$c_{n+1,\eta}(\mathfrak{s}_n, s) = c_{n+1}\big(h_n, \beta_n(h_n), s\big)$$

mit

$$h_n = h_n^\eta(\mathfrak{s}_n),\ \mathfrak{s}_n \in \mathscr{S}^{n+1},\ n \geqq 0,\ s \in \mathscr{S},$$

und weiter für kombinierbares Θ (vgl. (1.1.14), (1.2.13) und (1.2.14))

$$v^*_{\eta|n+1}(\mathfrak{s}_n, s) = w^*_{n+1}\big(h_n, \beta_n(h_n), s\big)\,.$$

Also ergibt sich aus (1) nach (1.2.7) für $n = 0, 1, \ldots$ und jede wesentliche n-Vergangenheit h_n (vgl. 1.1.3) für eine kombinierbare Menge Θ zulässiger Strategien die Optimalitätsgleichung

$$w^*_n(h_n) = \inf_{\beta_n \in E_n} \{\sum_s p_{n+1}\big(s \mid h_n, \beta_n(h_n)\big) \big[c_{n+1}\big(h_n, \beta_n(h_n), s\big) + w^*_{n+1}(h_n, \beta_n(h_n), s)\big]\}\,. \tag{2}$$

Ist Θ überdies maximal, so folgt nach (1.2.5) und (1.2.7) aus (2)

$$w^*_n(h_n) = \inf_{d \in \mathfrak{D}_n(h_n)} \{\sum_s p_{n+1}(s \mid h_n, d)\, [c_{n+1}(h_n, d, s) + w^*_{n+1}(h_n, d, s)]\}\,. \tag{3}$$

1.5. Optimalitätsprinzip

Das Optimalitätsprinzip geht auf R. Bellman (1961) zurück und bezieht sich auf die Fragestellung, inwieweit eine Strategie, die von irgendeinem während des Ablaufs erreichten Zwischenzustand bis zum Prozeßende optimal ist, auch ab jedem darauf möglichen späteren Zustand eine optimale Strategie für den noch verbleibenden Steuerbereich ergibt.

Wir beginnen mit der folgenden grundsätzlichen Aussage (vgl. Rishel [1]).

1.5.1. Satz. *Für beliebige $\vartheta \in \Theta$ und $0 \leqq n \leqq m$ gilt*

$$V_{n,\vartheta} - \mathsf{E}_\vartheta(V_{m,\vartheta} \mid \mathfrak{S}_n) \geqq V^*_{\vartheta|n} - \mathsf{E}_\vartheta(V^*_{\vartheta|m} \mid \mathfrak{S}_n) \qquad \mathsf{P}_\vartheta\text{-}f.s.\,, \tag{1}$$

wobei $V^*_{\vartheta|m} > -\infty$ P_ϑ-f.s. vorausgesetzt sei.

Bemerkung. Die linke Seite von (1) stellt die (bedingten) mittleren Kosten im Zeitintervall $(n, m]$ unter der (zufälligen) Zustands-n-Vergangenheit $\mathfrak{S}_n$ bei Steuerung mittels der Strategie ϑ dar (vgl. (1.1.3), (1.1.11') und (1.1.13)); eine entsprechende Bedeutung besitzt die rechte Seite von (1), indem hierbei die ab den Zeitpunkten n bzw. m optimal erreichbaren Werte bezüglich Steuerungen, die Fortsetzungen der Strategie ϑ sind, betrachtet werden (vgl. auch Bezeichnungen 1.2.3.c)).

Beweis: Zu einer bezüglich der Strategie ϑ wesentlichen Zustands-n-Vergangenheit $\mathfrak{s}_n$, für welche also $\mathsf{P}_\vartheta(\mathfrak{S}_n = \mathfrak{s}_n) > 0$ gilt, betrachten wir die (abzählbare) Menge $\mathscr{S}^{m+1}(\mathfrak{s}_n) := \{\mathfrak{s}_m \in \mathscr{S}^{m+1} : a_n\mathfrak{s}_m = \mathfrak{s}_n\}$ (vgl. Bezeichnungen 1.1.2), wofür bei Indizierung der Elemente auch $\mathscr{S}^{m+1}(\mathfrak{s}_n) = \{\mathfrak{s}^j_m : j \in J\}$ geschrieben werden kann. Dann existiert zu jedem positiven ε und zu jedem $\mathfrak{s}^j_m$ aus $\mathscr{S}^{m+1}(\mathfrak{s}_n)$ eine Strategie ϑ^j_ε aus $\Theta_{m-1}(\vartheta)$ mit $v^*_{\vartheta|m}(\mathfrak{s}^j_m) \geqq v_{m,\vartheta^j_\varepsilon}(\mathfrak{s}^j_m) - \varepsilon$ (vgl. Bezeichnungen 1.2.3). Im folgenden machen wir nun wiederholt von der Tatsache Gebrauch, daß ϑ und ϑ^j_ε auf dem Zeitabschnitt $[0, m-1]$ und somit P_ϑ und $\mathsf{P}_{\vartheta_\varepsilon^j}$ auf $\sigma(\mathfrak{S}_m)$ übereinstimmen (vgl. die Bemerkungen in 1.1.3). Wegen $V^*_{\vartheta|n} \leqq V_{n,\vartheta_\varepsilon^j}$ P_ϑ-f.s., gilt

$$\mathsf{E}_\vartheta(V^*_{\vartheta|n} \mid \mathfrak{S}_n = \mathfrak{s}_n) \leqq \mathsf{E}_\vartheta(V_{n,\vartheta_\varepsilon^j} \mid \mathfrak{S}_n = \mathfrak{s}_n)$$

und damit auch

$$\mathsf{E}_{\vartheta_\varepsilon^j}(V^*_{\vartheta|n} \mid \mathfrak{S}_n = \mathfrak{s}_n) \leqq \mathsf{E}_{\vartheta_\varepsilon^j}(V_{n,\vartheta_\varepsilon^j} \mid \mathfrak{S}_n = \mathfrak{s}_n)\,.$$

Somit folgt für alle $j \in J$

$$\mathsf{E}_{\vartheta_\varepsilon^j}(V^*_{\vartheta|n} \mid \mathfrak{S}_n = \mathfrak{s}_n) - \mathsf{E}_{\vartheta_\varepsilon^j}(V^*_{\vartheta|m} \mid \mathfrak{S}_m = \mathfrak{s}_m^j)$$
$$\leqq \mathsf{E}_{\vartheta_\varepsilon^j}(V_{n,\vartheta_\varepsilon^j} \mid \mathfrak{S}_n = \mathfrak{s}_n) - \mathsf{E}_{\vartheta_\varepsilon^j}(V_{m,\vartheta_\varepsilon^j} \mid \mathfrak{S}_m = \mathfrak{s}_m^j) + \varepsilon\,. \qquad (2)$$

In der wegen $\sigma(\mathfrak{S}_m) \supset \sigma(\mathfrak{S}_n)$ gültigen Gleichung (vgl. (1.1.15))

$$\mathsf{E}_\vartheta(V_{n,\vartheta} \mid \mathfrak{S}_n = \mathfrak{s}_n) - \mathsf{E}_\vartheta(V_{m,\vartheta} \mid \mathfrak{S}_m = \mathfrak{s}_m^j) = \mathsf{E}_\vartheta[(K_m^\vartheta - K_n^\vartheta) \mid \mathfrak{S}_m = \mathfrak{s}_m^j)]$$

hängt der auf der rechten Seite stehende Ausdruck bezüglich der Strategie ersichtlich nur vom Abschnitt $\vartheta_{[0,m-1]}$ ab. Also gilt

$$\mathsf{E}_{\vartheta_\varepsilon^j}(V_{n,\vartheta_\varepsilon^j} \mid \mathfrak{S}_n = \mathfrak{s}_n) - \mathsf{E}_{\vartheta_\varepsilon^j}(V_{m,\vartheta_\varepsilon^j} \mid \mathfrak{S}_m = \mathfrak{s}_m^j)$$
$$= \mathsf{E}_\vartheta(V_{n,\vartheta} \mid \mathfrak{S}_n = \mathfrak{s}_n) - \mathsf{E}_\vartheta(V_{m,\vartheta} \mid \mathfrak{S}_m = \mathfrak{s}_m^j)\,. \qquad (3)$$

Da $V^*_{\vartheta|n}$ und $V^*_{\vartheta|m}$ bezüglich $\sigma(\mathfrak{S}_m)$ meßbar sind, folgt entsprechend

$$\left.\begin{aligned}\mathsf{E}_{\vartheta_\varepsilon^j}(V^*_{\vartheta|n} \mid \mathfrak{S}_n = \mathfrak{s}_n) &= \mathsf{E}_\vartheta(V^*_{\vartheta|n} \mid \mathfrak{S}_n = \mathfrak{s}_n)\,,\\ \mathsf{E}_{\vartheta_\varepsilon^j}(V^*_{\vartheta|m} \mid \mathfrak{S}_m = \mathfrak{s}_m^j) &= \mathsf{E}_\vartheta(V^*_{\vartheta|m} \mid \mathfrak{S}_m = \mathfrak{s}_m^j)\,.\end{aligned}\right\} \qquad (4)$$

Aus (2) ergibt sich unter Beachtung von (3) und (4)

$$\mathsf{E}_\vartheta(V^*_{\vartheta|n} \mid \mathfrak{S}_n = \mathfrak{s}_n) - \mathsf{E}_\vartheta(V^*_{\vartheta|m} \mid \mathfrak{S}_m = \mathfrak{s}_m^j)$$
$$\leqq \mathsf{E}_\vartheta(V_{n,\vartheta} \mid \mathfrak{S}_n = \mathfrak{s}_n) - \mathsf{E}_\vartheta(V^j_{m,\vartheta} \mid \mathfrak{S}_m = \mathfrak{s}_m^j) + \varepsilon$$

und hieraus durch Multiplikation mit $\mathsf{P}_\vartheta(\mathfrak{S}_m = \mathfrak{s}_m^j)$ und Summation über j wegen

$\mathsf{P}_\vartheta(\mathfrak{S}_m = \mathfrak{s}_m^j) = \mathsf{P}_\vartheta(\mathfrak{S}_m = \mathfrak{s}_m^j, \mathfrak{S}_n = \mathfrak{s}_n)$ und $\mathsf{E}_\vartheta(V^*_{\vartheta|n} \mid \mathfrak{S}_n = \mathfrak{s}_n) = v^*_{\vartheta|n}(\mathfrak{s}_n)$
für $\mathsf{P}_\vartheta(\mathfrak{S}_n = \mathfrak{s}_n) > 0$

$$v^*_{\vartheta|n}(\mathfrak{s}_n) - \mathsf{E}_\vartheta(V^*_{\vartheta|m} \mid \mathfrak{S}_n = \mathfrak{s}_n) \leqq v_{n,\vartheta}(\mathfrak{s}_n) - \mathsf{E}_\vartheta(V_{m,\vartheta} \mid \mathfrak{S}_n = \mathfrak{s}_n) + \varepsilon\,,$$

woraus die Gültigkeit von (1) folgt. ▮

Wir entnehmen nun Satz 1.5.1 die folgende das Optimalitätsprinzip betreffende Aussage; bezüglich des hierbei verwendeten Begriffes der optimalen Fortsetzung einer Strategie verweisen wir auf Definition 1.2.3. b).

1.5.2. Satz (*Optimalitätsprinzip*). *Eine optimale n-Fortsetzung ϑ^{*n} einer beliebigen Strategie ϑ, $\vartheta \in \Theta$, ist auch eine optimale m-Fortsetzung von ϑ für jedes m mit $0 \leqq n < m < N$, d. h., es gilt*

$$V^*_{\vartheta^{*n}|m} = V_{m,\vartheta^{*n}} \qquad \mathsf{P}_{\vartheta^{*n}}\text{-}f.s. \qquad (5)$$

Beweis: Da nach (1.2.1)

$$V^*_{\vartheta^{*n}|m} \leqq V_{m,\vartheta^{*n}} \qquad \mathsf{P}_{\vartheta^{*n}}\text{-f.s.} \qquad (6)$$

gilt, können wir uns im weiteren auf den Fall $V^*_{\vartheta^{*n}|m} > -\infty$ $\mathsf{P}_{\vartheta^{*n}}$-f.s. beziehen. Damit gilt nach (1) für $\vartheta = \vartheta^{*n}$ wegen $V_{n,\vartheta^{*n}} = V_{\vartheta^{*n}|n}$ $\mathsf{P}_{\vartheta^{*n}}$-f.s.,

$$\mathsf{E}_{\vartheta^{*n}}(V^*_{\vartheta^{*n}|m} - V_{m,\vartheta^{*n}} \mid \mathfrak{S}_n) \geqq 0 \qquad \mathsf{P}_{\vartheta^{*n}}\text{-f.s.} \qquad (7)$$

(Hierbei bedeuten definitionsgemäß

$V_{m,\vartheta^{*n}}$: mittlere Restkosten ab Zeitpunkt m bezüglich einer Strategie, die ab n, $n < m$, optimal ist,

$V_{\vartheta^{*n}|m}$: minimale mittlere Restkosten ab Zeitpunkt m bezüglich der Menge derjenigen Strategien, die bis $m - 1$ mit ϑ^{*n} — einer ab n optimalen Strategie — übereinstimmen.)

Somit ergibt (6) zusammen mit (7) die behauptete Gleichheit (5); s. auch A. 1.3.10. (3).∎

1.5.3. Folgerung. *Sind die Strategien von Θ maximal (vgl.* 1.2.6), *dann läßt sich das durch Gleichung* (5) *gegebene Optimalitätsprinzip unter Verwendung der Bezeichnungen* (1.1.14) *und* (1.2.14) *folgendermaßen formulieren: Ist ϑ^{*n} eine ab n optimale Strategie, dann gilt für alle* $0 \leqq n < m < N$:

$$w^*_m(h_m) = w_{m,\vartheta^{*n}}(h_m)\,, \qquad h_m \in \mathcal{H}^+_m(\vartheta^{*n})\,. \tag{8}$$

(Das in 1.1.3 eingeführte Symbol $\mathcal{H}^+_m(\vartheta)$ kennzeichnet die Menge aller bezüglich ϑ wesentlichen m-Vergangenheiten.)

1.6. Optimalitätskriterien und dynamische Optimierung

Die folgenden Aussagen beziehen sich auf den Zusammenhang zwischen der Optimalität einer Strategie (s. 1.1.4.) und der Optimalitätsgleichung (s. 1.4.).

1.6.1. Optimalitätskriterien

Zu vorgegebenen n, $n \geqq 0$, und ϑ sei ϑ^n eine n-Fortsetzung von ϑ: $\vartheta^n \in \Theta_{n-1}(\vartheta)$, s. Bezeichnungen 1.2.3.b). Wir sagen, die Strategie ϑ^n genügt dem System der Optimalitätsgleichungen ab dem Zeitpunkt n, wenn für alle $m \geqq n$ und alle bezüglich ϑ^n wesentlichen $\mathfrak{s}_m \in \mathcal{S}^{m+1}$ die Gleichung

$$v^*_{\vartheta^n|m}(\mathfrak{s}_m) = \sum_s p_{m+1,\vartheta^n}(s \mid \mathfrak{s}_m)\,[c_{m+1,\vartheta^n}(\mathfrak{s}_m, s) + v^*_{\vartheta^n|m+1}(\mathfrak{s}_m, s)] \tag{1}$$

erfüllt ist (vgl. (1.4.1)).

In dem wichtigen Spezialfall $n = 0$ — wir sagen hierbei kürzer: die Strategie ϑ^0 genügt dem System der Optimalitätsgleichungen — ist in Übereinstimmung mit der bereits früher getroffenen Definition $\Theta_{-1} := \Theta$ die sich daraus ergebende (Fortsetzungs-)Bedingung $\vartheta^0 \in \Theta$ trivialerweise erfüllt, und es gilt speziell für $m = 0$

$$v^*_0(s_0) = \sum_s p_{1,\vartheta^0}(s \mid s_0)\,[c_{1,\vartheta^0}(s_0, s) + v^*_{\vartheta^0|1}(s_0, s)] \tag{1'}$$

für alle $s_0 \in \mathcal{S}$ mit $p_0(s_0) > 0$.

Wir formulieren den Sachverhalt speziell für den Fall, daß die Menge Θ der zulässigen Strategien maximal ist (s. 1.2.6). Dann genügt — unter Beachtung der Beziehungen (1.2.13) und (1.2.14) — zu vorgegebenem h_m, $h_m \in \mathcal{H}_m$, eine Strategie ϑ^n mit $\vartheta^n \sim h_m$ dem System der Optimalitätsgleichungen ab $m \geqq n$, wenn für alle $0 \leqq n \leqq m$

$$w^*_m(h_m) = \sum_s p_{m+1}(s \mid h_m, d_m)\,[c_{m+1}(h_m, d_m, s) + w^*_{m+1}(h_m, d_m, s)] \tag{1''}$$

mit $d_m = \delta^n_m(h_m)$, $\vartheta^n = (\delta^n_k)$ gilt.

1.6.1. Behauptung. *Zu einer beliebigen zulässigen Strategie ϑ und für beliebiges festes n mit $0 \leqq n < N - 1$ genüge die n-Fortsetzung ϑ^n von ϑ (s. Bezeichnungen 1.2.3.b)) dem System der Optimalitätsgleichungen ab dem Zeitpunkt n. Dann gilt für alle bezüglich ϑ^n wesentlichen $\mathfrak{z}_n \in \mathscr{S}^{n+1}$ und alle m mit $n < m < N - 1$*

$$v_{n,\vartheta^n}(\mathfrak{z}_n) - v^*_{\vartheta^n|n}(\mathfrak{z}_n) = \mathsf{E}_{\vartheta^n}(V_{m,\vartheta^n} - V^*_{\vartheta^n|m} \mid \mathfrak{S}_n = \mathfrak{z}_n]; \tag{2}$$

d. h., genügt eine Strategie ab einem Zeitpunkt n den Optimalitätsgleichungen, so unterscheiden sich auch zu allen folgenden Zeitpunkten die (bedingten) mittleren Restkosten bezüglich dieser Strategie von den optimalen um den zum Zeitpunkt n vorliegenden Differenzwert.

Beweis: Mit (1.3.2) und (1.3.11) folgt unmittelbar

$$v_{n,\vartheta^n}(\mathfrak{z}_n) = (L_{[n+1,m],\vartheta^n} v_{m,\vartheta^n})(\mathfrak{z}_n), \tag{*}$$

sowie nach Voraussetzung

$$v^*_{\vartheta^n|n}(\mathfrak{z}_n) = (L_{[n+1,m],\vartheta^n} v^*_{\vartheta^n|m}(\mathfrak{z}_n). \tag{**}$$

Unter Beachtung von (1.1.13), (1.1.13′) und (1.2.1), (1.2.1′) gilt

$$v_{m,\vartheta^n}(\mathfrak{z}_m) - v^*_{\vartheta^n|m}(\mathfrak{z}_m) = \mathsf{E}_{\vartheta^n}[V_{m,\vartheta^n} - V^*_{\vartheta^n|m} \mid \mathfrak{S}_m = \mathfrak{z}_m]. \tag{***}$$

Weiter folgt (vgl. (1.1.13′) und (1.3.5), (1.3.2), (1.3.1), (1.3.6))

$$\begin{aligned}&(L_{m,\vartheta^n} v_{m,\vartheta^n})(\mathfrak{z}_{m-1}) - (L_{m,\vartheta^n} v^*_{\vartheta^n|m})(\mathfrak{z}_{m-1})\\ &= \mathsf{E}_{\vartheta^n}[R_{m,\vartheta^n} \mid \mathfrak{S}_{m-1} = \mathfrak{z}_{m-1}] - \mathsf{E}_{\vartheta^n}[\inf_{\eta \in \Theta_{m-1}(\vartheta^n)} \mathsf{E}_\eta(R_{m,\eta} \mid \mathfrak{S}_m) \mid \mathfrak{S}_{m-1} = \mathfrak{z}_{m-1}].\end{aligned}$$

Wegen $R_{m,\vartheta} = C_{m,\vartheta} + R_{m+1,\vartheta}$ und der Gleichheit der Schrittkosten $C_{m,\vartheta}$ in den beiden Gliedern der voranstehenden Differenz folgt weiter

$$\begin{aligned}&(L_{m,\vartheta^n} v_{m,\vartheta^n})(\mathfrak{z}_{m-1}) - (L_{m,\vartheta^n} v^*_{\vartheta^n|m})(\mathfrak{z}_{m-1}) =\\ &= \mathsf{E}_{\vartheta^n}[R_{m+1,\vartheta^n} \mid \mathfrak{S}_{m-1} = \mathfrak{z}_{m-1}] - \mathsf{E}_{\vartheta^n}[\inf_{\eta \in \Theta_{m-1}(\vartheta^n)} \mathsf{E}_\eta(R_{m+1,\eta} \mid \mathfrak{S}_m) \mid \mathfrak{S}_{m-1} = \mathfrak{z}_{m-1}]\\ &= \mathsf{E}_{\vartheta^n}[V_{m,\vartheta^n} - V^*_{\vartheta^n|m} \mid \mathfrak{S}_{m-1} = \mathfrak{z}_{m-1}].\end{aligned}$$

Durch Vergleich mit (***), rückschreitende Induktion sowie unter Beachtung von (*) und (**) erhalten wir schließlich mit

$$\begin{aligned}v_{n,\vartheta^n}(\mathfrak{z}_n) - v^*_{\vartheta^n|n}(\mathfrak{z}_n) &= (L_{[n+1,m],\vartheta^n} v_{m,\vartheta^n})(\mathfrak{z}_n) - (L_{[n+1,m],\vartheta^n} v^*_{\vartheta^n|m})(\mathfrak{z}_n)\\ &= \mathsf{E}_{\vartheta^n}[V_{m,\vartheta^n} - V^*_{\vartheta^n|m} \mid \mathfrak{S}_n = \mathfrak{z}_n]\end{aligned}$$

die Behauptung. ∎

1.6.2. Folgerung. *Die Strategie ϑ^n sei eine n-Fortsetzung der Strategie ϑ, $\vartheta^n \in \Theta_{n-1}(\vartheta)$, die dem System der Optimalitätsgleichungen ab dem Zeitpunkt n genügt. Außerdem gelte*

$$\mathsf{E}_{\vartheta^n}[V_{m,\vartheta^n} - V^*_{\vartheta^n|m} \mid \mathfrak{S}_n = \mathfrak{z}_n] \xrightarrow[m\to\infty]{} 0$$

für alle bezüglich ϑ wesentlichen Zustands-n-Vergangenheiten $\mathfrak{z}_n$. Dann ist ϑ^n eine optimale n-Fortsetzung von ϑ (vgl. Definition 1.2.3.b)).

1.6.3. Behauptung. *Ist ϑ^{*n} eine optimale n-Fortsetzung von ϑ, (s. Definition 1.2.4.b)), dann genügt ϑ^{*n} dem System der Optimalitätsgleichungen ab dem Zeitpunkt n.*

Beweis: Nach dem Optimalitätsprinzip (Satz 1.5.2) gilt $v^*_{\vartheta^{*n}|m}(\mathfrak{z}_m) = v_{m,\vartheta^{*n}}(\mathfrak{z}_m)$ für alle $m \geqq n$ und alle bezüglich ϑ^{*n} wesentlichen $\mathfrak{z}_m \in \mathscr{S}^{m+1}$. Also folgt nach Rekursionsformel (1.3.2)

$$v^*_{\vartheta^{*n}|m} = v_{m,\vartheta^{*n}}(\mathfrak{s}_m) = \sum_s p_{m+1,\vartheta^{*n}}(s \mid \mathfrak{s}_m)\,[c_{m+1,\vartheta^{*n}}(\mathfrak{s}_m, s) +$$

$$+ v_{m+1,\vartheta^{*n}}(\mathfrak{s}_m, s)] = \sum_s p_{m+1,\vartheta^{*n}}(s \mid \mathfrak{s}_m)\,[c_{m+1,\vartheta^{*n}}(\mathfrak{s}_m, s) + v^*_{\vartheta^{*n}|m+1}(\mathfrak{s}_m, s)]\,. \blacksquare$$

1.6.4. Folgerung. *Jede optimale Strategie genügt dem System der Optimalitätsgleichungen (ab $n = 0$).*

Besondere Bedeutung besitzt in Folgerung 1.6.2 der Fall $n = 0$.

1.6.5. Behauptung. *ϑ^0 erfülle das System der Optimalitätsgleichungen. Im Fall $N = \infty$ gelte außerdem für alle $s \in \mathcal{S}$ mit $p_0(s) > 0$*

$$\mathsf{E}_{\vartheta^0}[V_{m,\vartheta^0} - V^*_{\vartheta^0|m} \mid X_0 = s] \xrightarrow[m\to\infty]{} 0\,. \tag{B}$$

Dann ist ϑ^0 optimal.

Beweis: Nach Behauptung 1.6.3 gilt im Fall $N < \infty$ wegen (1.1.13''), (1.2.1) und im Fall $N = \infty$ wegen (B) die Gleichung $v_{0,\vartheta^0}(s) = v^*_0(s)$ für alle $s \in \mathcal{S}$ mit $p_0(s) > 0$.

Weiter gilt unter Beachtung der Formeln (1.1.5) und (1.1.16)

$$v^* = \inf_{\vartheta\in\Theta} \sum_s p_0(s)\, v_{0,\vartheta}(s) \geqq \sum_s p_0(s)\,\big(\inf_{\vartheta\in\Theta} v_{0,\vartheta}(s)\big) = \sum_s p_0(s)\, v^*_0(s)$$

$$= \sum_s p_0(s)\, v_{0,\vartheta^0}(s) = v_{\vartheta^0}\,.$$

Wegen $v^* \leqq v_\vartheta$ für alle $\vartheta \in \Theta$ folgt somit $v^* = v_{\vartheta^0}$, d. h., ϑ^0 ist optimal. ∎

Erfüllt die Strategie ϑ^0 das System der Optimalitätsgleichungen, so folgt aus (2) sowie (1.1.13), (1.1.10), (1.1.12) für $0 \leqq m < N$

$$v_{0,\vartheta^0}(s) = v^*_0(s_0) = \mathsf{E}_{\vartheta^0}[V_{m,\vartheta^0} - V^*_{\vartheta^0|m} \mid X_0 = s]$$

$$\leqq v^*_0(s_0) + 2 \sum_{n\geqq m} \|\gamma^+_n\|\,.$$

Hieraus ergibt sich unmittelbar die

1.6.6. Folgerung. *ϑ^0 erfülle das System der Optimalitätsgleichungen. Dann ist für die Optimalität von ϑ^0 im Fall $N = \infty$ jede der folgenden Bedingungen hinreichend:*

a) $\sum_{n=1}^{\infty} \|\gamma^+_n\| < \infty\,,$

b) $\sum_{n=1}^{\infty} \|c^+_n\| < \infty$

(vgl. Bezeichnungen 1.2.1 und Folgerung 1.2.2).

1.6.2. Dynamische Optimierung

Die folgenden Betrachtungen beziehen sich auf den Fall $N < \infty$. Dann ist nach Folgerung 1.6.4 und Behauptung 1.6.5 eine Strategie genau dann optimal, wenn sie das System der Optimalitätsgleichungen erfüllt. Weiter gilt für eine optimale Strategie ϑ^* nach dem Optimalitätsprinzip (s. (1.5.5)) $v^*_{\vartheta^{*n}|n}(\mathfrak{s}_n) = v_{n,\vartheta^*}(\mathfrak{s}_n)$ für jede bezüglich ϑ^* wesentliche Zustands-n-Vergangenheit $\mathfrak{s}_n$ und $n = 0, 1, \dots, N-1$. Also folgt nach (1) und (1.3.6)

$$v_{n,\vartheta^*}(\mathfrak{s}_n) = (L_{n+1,\vartheta^*} v_{n+1,\vartheta^*})(\mathfrak{s}_n)\,, \qquad n = 0, 1, \dots, N-1; \tag{3}$$

dabei gilt $v_{N,\vartheta}(\mathfrak{s}_N) = 0$ für alle $\mathfrak{s}_N \in \mathcal{S}^{N+1}$, $\vartheta \in \Theta$ (vgl. (1.1.13'')). Es bezeichne nun Θ^*_n für $n = 0, 1, \dots, N-1$ die Menge aller gleichmäßig optimalen n-Fortsetzungen,

d. h., Θ_n^* ist diejenige Teilmenge aller zulässigen Strategien ϑ^{*n}, zu denen es eine Strategie $\vartheta \in \Theta$ gibt, so daß ϑ^{*n} eine gleichmäßig optimale n-Fortsetzung von ϑ ist (vgl. Definition 1.2.4.b)). Dabei kennzeichnet $\Theta_0^* =: \Theta^*$ die Menge der optimalen Strategien. Auf Grund des Optimalitätsprinzips gilt $\Theta_n^* \subset \Theta_{n+1}^*$ für $n = 0, 1, \ldots, N-2$. Wir nehmen jetzt an, daß Θ vollständig im Sinne von Definition 1.2.4.b) ist. Dann existiert also zu jedem $n \in \{0, \ldots, N-1\}$ und zu jeder Strategie $\vartheta \in \Theta$ eine gleichmäßig optimale n-Fortsetzung ϑ^{*n} von ϑ, so daß $v_{n,\vartheta^{*n}}(\mathfrak{s}_n) = v^*_{\vartheta|n}(\mathfrak{s}_n)$ für jede bezüglich ϑ wesentliche Zustands-n-Vergangenheit $\mathfrak{s}_n$ gilt. Jedes solche ϑ^{*n} genügt nach Behauptung 1.6.3 dem System der Optimalitätsgleichungen ab Zeitpunkt n. Auf Grund dessen ergibt sich nun eine rekursive Konstruktion des Mengensystems $\Theta_{N-1}^*, \Theta_{N-2}^*, \ldots, \Theta_1^*, \Theta_0^*$ in folgender Weise.

$n = N - 1$.

Für festes $\vartheta \in \Theta$ und ausgehend von allen bezüglich ϑ wesentlichen Zustands-$(N-1)$-Vergangenheiten $\mathfrak{s}_{N-1}$ bestimmt sich jede optimale Fortsetzung ϑ^{*N-1} aus

$$\begin{aligned} v_{N-1,\vartheta^{*N-1}}(\mathfrak{s}_{N-1}) &= \sum_s p_{N,\vartheta^{*N-1}}(s \mid \mathfrak{s}_{N-1})\, c_{N,\vartheta^{*N-1}}(\mathfrak{s}_{N-1}, s) \\ &= \min_{\eta \in \Theta_{N-2}(\vartheta)} \Big\{ \sum_s p_{N,\eta}(s \mid \mathfrak{s}_{N-1})\, c_{N,\eta}(\mathfrak{s}_{N-1}, s) \Big\}, \end{aligned} \tag{4}$$

und danach ergibt sich durch Variation von $\vartheta \in \Theta$ die Menge Θ_{N-1}^*.

$n: 0 \leqq n \leqq N-2$.

Für festes $\vartheta \in \Theta$ und ausgehend von allen bezüglich ϑ wesentlichen Zustands-n-Vergangenheiten $\mathfrak{s}_n$ bestimmt sich jede optimale Fortsetzung ϑ^{*n} (nach (1)) aus

$$\begin{aligned} v_{n,\vartheta^{*n}}(\mathfrak{s}_n) &= \sum_s p_{n+1,\vartheta^{*n}}(s \mid \mathfrak{s}_n)\, [c_{n+1,\vartheta^{*n}}(\mathfrak{s}_n, s) + v^*_{\vartheta^{*n}|n+1}(\mathfrak{s}_n, s)] \\ &= \min_{\eta \in \Theta_{n-1}(\vartheta)} \Big\{ \sum_s p_{n+1,\eta}(s \mid \mathfrak{s}_n)\, [c_{n+1,\eta}(\mathfrak{s}_n, s) + v^*_{\eta|n+1}(\mathfrak{s}_n, s)] \Big\}, \end{aligned} \tag{4'}$$

und danach ergibt sich durch Variation von $\vartheta \in \Theta$ die Menge Θ_n^*.

Diese sog. „Rückwärtstechnik", die vom Zeitindex $N-1$ rückschreitend zum Index 0 führt und mit $\Theta_0^* = \Theta^*$ die Menge der optimalen Strategien ergibt, kennzeichnet das Verfahren der (*stochastischen*) *dynamischen Optimierung*. Eine praktische Anwendbarkeit dieses Algorithmus ist nur in hinreichend einfachen Spezialfällen zu erwarten. Wir formulieren die (4) und (4') entsprechenden Bestimmungsgleichungen unter den speziellen Voraussetzungen, daß die Menge Θ der zulässigen Strategien maximal ist (vgl. 1.2.6) und die Mengen $\mathscr{S}$ und $\mathscr{D}_n(h_n)$ der Zustände bzw. Entscheidungen endlich sind (vgl. hierzu (1.4.3) und (1'')). Da in diesem Fall Minimierungen über endlichen Mengen vorzunehmen sind, ist die Existenz optimaler Fortsetzungen und somit speziell einer optimalen Strategie gesichert.

$n = N - 1$.

Für festes $h_{N-1} \in \mathscr{H}_{N-1}$ ist jede Lösung d_{N-1}^* von

$$\begin{aligned} &\sum_s p_N(s \mid h_{N-1}, d_{N-1}^*)\, c_N(h_{N-1}, d_{N-1}^*, s) \\ &= \min_{d \in \mathscr{D}_{N-1}(h_{N-1})} \Big\{ \sum_s p_N(s \mid h_{N-1}, d)\, c_N(h_{N-1}, d, s) \Big\} \end{aligned} \tag{5}$$

eine minimierende Entscheidung, wobei

$$w_{N-1}^*(h_{N-1}) = \sum_s p_N(s \mid h_{N-1}, d_{N-1}^*)\, c_N(h_{N-1}, d_{N-1}^*, s)$$

gilt, und durch Variieren von $h_{N-1} \in \mathscr{H}_{N-1}$ ergibt sich eine optimale Entscheidungsfunktion δ_{N-1}^* mit $\delta_{N-1}^*(h_{N-1}) = d_{N-1}^*$.

$n: 0 \leqq n \leqq N-2$.

Für festes $h_n \in \mathcal{H}_n$ ist jede Lösung d_n^* von

$$\sum_s p_{n+1}(s \mid h_n, d_n^*) \, [c_{n+1}(h_n, d_n^*, s) + w_{n+1}^*(h_n, d_n^*, s)]$$
$$= \min_{d \in \mathcal{D}_n(h_n)} \{\sum_s p_{n+1}(s \mid h_n, d) \, [c_{n+1}(h_n, d, s) + w_{n+1}^*(h_n, d, s)]\} \qquad (5')$$

eine minimierende Entscheidung, wobei

$$w_n^*(h_n) = \sum_s p_{n+1}(s \mid h_n, d_n^*) \, [c_{n+1}(h_n, d_n^*, s) + w_{n+1}^*(h_n, d_n^*, s)]$$

gilt, und durch Variieren von $h_n \in \mathcal{H}_n$ ergibt sich eine optimale Entscheidungsfunktion δ_n^* mit $\delta_n^*(h_n) = d_n^*$. Mit $\vartheta^* := (\delta_0^*, \delta_1^*, \ldots, \delta_{N-1}^*)$ ist somit eine optimale Strategie bestimmt.

Der durch (5), (5′) beschriebene Algorithmus ist auf Grund der speziellen Voraussetzung über die zulässigen Strategienmengen gegenüber dem von (4), (4′) erheblich einfacher, indem die Minimierungen über Entscheidungen und nicht über Strategien erfolgen und außerdem die minimalen mittleren Restkosten ab dem folgenden Zeitindex strategieunabhängige Funktionen sind. Eine Abhängigkeit dieser Restkosten besteht allerdings noch von der gesamten n-Vergangenheit. Ein praktisch verwendbares Lösungsverfahren ist die dynamische Optimierung eigentlich erst im später betrachteten Spezialfall eines markowschen Entscheidungsprozesses (s. 2.2.2), bei welchem die Optimierung ab jedem beliebigen Zeitpunkt über das restliche Zeitintervall unabhängig vom vorangehenden Ablauf möglich ist.

1.7. Randomisierte Strategien

In der Definition des Grundmodells (1.1.1) können die Elemente von Θ in genauerer Charakterisierung als sog. *reine* oder *determinierte Strategien* bezeichnet werden, da für jede Strategie $\vartheta = (\delta_n) \in \Theta$ und jeder damit verträglichen n-Vergangenheit h_n die nächstfolgende Entscheidung $\delta_n(h_n) = d_n$ eindeutig bestimmt ist. Wir betrachten in diesem Abschnitt allgemeiner sog. *gemischte* oder *randomisierte Strategien,* bei welchen sich eine Entscheidung als Realisierung einer Zufallsvariablen ergibt, und wir gehen insbesondere der Frage nach, inwieweit eine Hinzunahme von gemischten zu reinen Strategien bessere Resultate bei der Optimierung der Zielfunktion (vgl. (1.1.4), (1.1.5)) ergeben kann. Wir werden hierbei Begriffe des Grundmodells soweit wie möglich übernehmen, wobei einfach vorzunehmende Modifikationen dem Leser überlassen werden. Zur Vermeidung einer komplizierten analytischen Darstellung treffen wir innerhalb dieses Abschnittes die Voraussetzung, daß die Entscheidungsmenge $\mathcal{D}$ *abzählbar* ist.

1.7.1. Formulierung des Modells

1.7.1. Definition. Eine für jedes $h \in \mathcal{H}_n$ definierte Wahrscheinlichkeitsverteilung ϱ_n auf $\mathcal{D}$ heißt *randomisierte Entscheidungsfunktion* (zum Zeitpunkt n). Mit der Bezeichnung $\varrho_n = \varrho_n(\cdot \mid h)$ gilt also $\varrho_n(\cdot \mid h) \geqq 0$ und $\sum_{d \in \mathcal{D}} \varrho_n(d \mid h) = 1$, $h \in \mathcal{H}_n$, $n \geqq 0$.

Unter einer *randomisierten Strategie* ϱ verstehen wir eine Folge $(\varrho_n)_{n=0,1,\ldots}$ von randomisierten Entscheidungsfunktionen: $\varrho = (\varrho_n)_{n=0,1,\ldots}$. Θ^{r} bezeichnet die für ein betrachtetes Modell in Frage kommende Menge der *zulässigen randomisierten Strategien.* $\varrho = (\varrho_n) \in \Theta^{\mathrm{r}}$ heißt *reine Strategie,* falls alle $\varrho_n(\cdot \mid h)$, $h \in \mathcal{H}_n$, $n = 0, 1, \ldots$, Einpunktverteilungen sind. Durch Einführung der Entscheidungsfunktionen $\delta_n \mid \mathcal{H}_n \to \mathcal{D}$ mit $\delta_n(h) = d$ für $\varrho_n(d \mid h) = 1$ ist somit eine reine Strategie ϱ durch die Folge $(\delta_n)_{n=0,1,\ldots} =: \vartheta$ gegeben, woraus sich eine Übereinstimmung mit dem in Abschnitt 1.1.1 eingeführten Strategiebegriff ergibt. Dementsprechend kennzeichnen wir die Teilmenge der in Θ^r enthaltenen reinen Strategien mit Θ. Wir bemerken, daß eine randomisierte Entscheidungsfunktion ϱ_n im allgemeinen von der gesamten n-Vergangenheit abhängt, also auch explizit von den realisierten Entscheidungen, die ja bei einer reinen Strategie durch die Zustandsvergangenheiten eindeutig festgelegt sind.

1.7.2. Bezeichnungen. Für jede randomisierte Strategie $\varrho \in \Theta^r$ führen wir für $n = 0, 1, \ldots$ die Mengen $\mathcal{H}_n^+(\varrho)$ und $\mathcal{D}_n^+(h; \varrho)$ der für ϱ *wesentlichen n-Vergangenheiten* bzw. *wesentlichen Entscheidungen* bezüglich der n-Vergangenheit $h \in \mathcal{H}_n^+(\varrho)$ gemäß folgender (induktiven) Definition ein: Ausgehend von $\mathcal{H}_0^+(\varrho) := \{s \in \mathcal{S}: p_0(s) > 0\}$ gelte für $n \geqq 0$

$$\mathcal{D}_n^+(h; \varrho) = \{d \in \mathcal{D}: \varrho_n(d \mid h) > 0 \,, h \in \mathcal{H}_n^+(\varrho)\}$$

und

$$\mathcal{H}_{n+1}^+(\varrho) = \{h = (h', d, s) \in \mathcal{H}_{n+1}: p_{n+1}(s \mid h', d) > 0, d \in \mathcal{D}_n^+(h; \varrho), h' \in \mathcal{H}_n^+(\varrho)\} \,.$$

Wir vermerken, daß es bei der Definition einer randomisierten Strategie ϱ offenbar genügen würde, die zugehörigen randomisierten Entscheidungsfunktionen auf den Mengen $\mathcal{H}_n^+(\varrho)$ der bezüglich ϱ wesentlichen n-Vergangenheiten festzulegen. (Vgl. den entsprechenden Hinweis am Ende von 1.1.3.)

1.7.3. Definition. Die Menge Θ^r der zulässigen Strategien bzw. die Strategien von Θ^r heißen *konzentrierbar*, wenn für beliebige $\varrho = (\varrho_n) \in \Theta^r$, $k \geqq 0$, $h' \in \mathcal{H}_k^+(\varrho)$ und $d' \in \mathcal{D}_k^+(h'; \varrho)$ die Strategie $\varrho' = (\varrho_n')$ mit $\varrho_k'(d' \mid h') = 1$, $\varrho_k'(\cdot \mid h) = \varrho_k(\cdot \mid h)$ für $h \in \mathcal{H}_k^+(\varrho) \setminus \{h'\}$ und $\varrho_n' = \varrho_n$ für $n \neq k$ ebenfalls in Θ^r enthalten ist; dabei gilt $\mathcal{H}_n^+(\varrho') = \mathcal{H}_n^+(\varrho)$ für $n \leqq k$ und $\mathcal{H}_n^+(\varrho') = \{h \in \mathcal{H}_n^+(\varrho): a_{k+1}h = (h', d', s), s \in \mathcal{S}\}$ für $n > k$. Wir schreiben für ϱ_k' (in Übereinstimmung mit der Symbolik für reine Strategien) auch δ_k mit $\delta_k(h') = d'$, und wir sagen, daß ϱ' aus ϱ durch *Konzentrierung* hervorgegangen ist.

Es bezeichne Θ_k^r die Vervollständigung einer vorgegebenen Menge Θ^r randomisierter Strategien durch Konzentrierung — d. h., Θ_k^r ist diejenige kleinste Obermenge von Θ^r, die konzentrierbar ist —, und weiter sei $\bar{\Theta}^r$ diejenige minimale Erweiterung von Θ_k^r, die jede reine Strategie ϑ enthält, so daß es zu jedem n mit $0 \leqq n < N$ eine Strategie aus Θ_k^r gibt, die bis n mit ϑ übereinstimmt (vgl. 1.2.3.b)). Θ bzw. $\bar{\Theta}$ sollen die Mengen der in Θ^r bzw. $\bar{\Theta}^r$ enthaltenen reinen Strategien kennzeichnen; offenbar gilt $\Theta \subset \bar{\Theta}$.

Im folgenden werden insbesondere auch *kombinierbare* Mengen Θ^r zulässiger randomisierter Strategien betrachtet. Dies soll entsprechend der in 1.2.6 gegebenen Definition besagen, daß mit je zwei Strategien $\varrho' = (\varrho_n')$, $\varrho'' = (\varrho_n'')$ aus Θ^r und für jedes $n \geqq 0$ auch die durch Zusammensetzung gebildete Strategie $\varrho'_{(n)}\varrho'' =: \varrho, \varrho = (\varrho_n)$, bei welcher $\varrho_k = \varrho_k'$ für $k \leqq n$ und $\varrho_k = \varrho_k''$ für $k > n$ gilt, in Θ^r enthalten ist.

Ist Θ^r sowohl konzentrierbar als auch kombinierbar, so gilt offenbar $\bar{\Theta} = \Theta$.

Die *Definition eines gesteuerten stochastischen Prozesses* im Fall randomisierter Strategien erfolgt in Analogie zum Vorgehen bei reinen Strategien (vgl. 1.1.3). Wir gehen aus von der Grundmenge $\Omega := \mathcal{S} \times \mathcal{D} \times \mathcal{S} \times \mathcal{D} \times \ldots$ — bestehend aus $2N + 1$ Faktoren — und der σ-Algebra $\mathfrak{F} = \mathfrak{P}(\mathcal{S}) \otimes \mathfrak{P}(\mathcal{D}) \otimes \mathfrak{P}(\mathcal{S}) \otimes \mathfrak{P}(\mathcal{D}) \otimes \ldots$. Weiter definieren wir $X_n(\omega) := s_n$, $D_n(\omega) := d_n$ für $\omega = (s_0, d_0, s_1, d_1, \ldots, s_n, d_n, \ldots) \in \Omega$

und $H_n(\omega) = h_n = a_n\omega = (s_0, d_0, \dots, d_{n-1}, s_n)$; $n = 0, 1, 2, \dots$ (vgl. Bezeichnungen 1.1.2). Zu jedem $\varrho \in \Theta^r$ existiert (wiederum nach dem Satz von Ionescu-Tulcea A 2.2) ein Wahrscheinlichkeitsmaß P_ϱ auf $[\Omega, \mathfrak{F}]$ mit den Eigenschaften

$$\mathsf{P}_\varrho(X_0 = s) = p_0(s)\,, \qquad s \in \mathcal{S}\,, \tag{1}$$

$$\mathsf{P}_\varrho(D_n = d \mid H_n = h) = \begin{cases} \varrho_n(d \mid h) & \text{für} \quad h \in \mathcal{H}_n^+(\varrho)\,, \\ 0 & \text{sonst}\,, \end{cases} \qquad d \in \mathcal{D}\,, \tag{2}$$

$$\mathsf{P}_\varrho(X_{n+1} = s \mid H_n = h, D_n = d) = \begin{cases} p_{n+1}(s \mid h, d)\,, & \text{falls} \quad h \in \mathcal{H}_n^+(\varrho)\,;\ d \in \mathcal{D}_n^+(h_n; \varrho)\,, \\ 0 & \text{sonst}\,, \end{cases} \qquad s \in \mathcal{S}\,, \tag{3}$$

wobei die Gleichungen (1), (2) und (3) äquivalent zu

$$\mathsf{P}_\varrho(H_n = h) = p_0(s_0) \prod_{\nu=0}^{n-1} \varrho_\nu(d_\nu \mid h_\nu)\, p_{\nu+1}(s_{\nu+1} \mid h_\nu, d_\nu)\,, \tag{4}$$
$$h \in \mathcal{H}_n\,, \qquad h_\nu = a_\nu h\,, \qquad 0 \leqq \nu \leqq n-1\,, \qquad n = 1, 2, \dots,$$

sind. Analog zu der im Anschluß an Formel (1.1.2′) bezüglich des Maßes P_δ getroffenen Feststellungen besteht auch für das Maß P_ϱ folgender Sachverhalt: *Stimmen zwei (randomisierte) Strategien $\varrho = (\varrho_n)$ und $\varrho' = (\varrho_n')$ bis zum Zeitpunkt $n-1$ überein, d. h., gilt $\varrho_k = \varrho_k'$ für $k = 0, 1, \dots, n-1$, so sind die Wahrscheinlichkeitsmaße P_ϱ und $\mathsf{P}_{\varrho'}$ auf der von $\mathfrak{S}_n = (X_0, X_1, \dots, X_n)$ erzeugten Teil-σ-Algebra von $\mathfrak{F}$ identisch.* Weiterhin überlegt man sich unschwer, daß eine n-Vergangenheit h genau dann wesentlich für die Strategie ϱ ist, wenn $\mathsf{P}_\varrho(H_n = h) > 0$ gilt. Analog soll auch im Fall $\mathsf{P}_\varrho(H_n = h, D_n = d) > 0$ von einem wesentlichen Ereignis gesprochen werden, und auf die Betrachtung solcher wesentlicher Ereignisse können wir uns an sich beschränken.

1.7.2. Aufgabenstellung

Ausgehend von den Formeln (1.1.3), (1.1.3′) und (1.1.11′) erklären wir für eine Strategie $\varrho \in \Theta^r$ und mit dem dadurch gegebenen Maß P_ϱ durch $k_n(H_n) =: K_n$, $c_n(H_n) =: C_n$ und $r_n(H_n) =: R_n$ für $n = 1, 2, \dots$ zufällige kumulative Kosten, Schrittkosten und Restkosten.[1]) Damit definieren wir entsprechend (1.1.13), (1.1.13′) und (1.1.16) (vgl. auch (1.1.14)) für $n \geqq 0$ — im Fall der Existenz, z.B. für $\sum \|c_n^+\| < \infty$ — (vgl. Bezeichnungen 1.2.1)

$$\widetilde{W}_{n,\varrho} = \mathsf{E}_\varrho(R_{n+1} \mid H_n)\,, \qquad \widetilde{w}_{n,\varrho}(h_n) = \mathsf{E}_\varrho(R_{n+1} \mid H_n = h_n) \tag{5}$$

und

$$\widetilde{w}_\varrho = \sum_s p_0(s)\, \widetilde{w}_{0,\varrho}(s)\,. \tag{6}$$

$\Theta_n^r(\varrho)$ kennzeichne analog zur Bezeichnung 1.2.3.b) die Menge aller (randomisierten) Strategien, die bis zum Zeitpunkt n, $n \geqq 0$, mit der (randomisierten) Strategie ϱ übereinstimmen. Entsprechend Bezeichnung 1.2.3.c) und (1.1.5) betrachten wir

$$\widetilde{w}_{\varrho|n}^*(h_n) = \inf_{\eta \in \Theta_{n-1}^r(\varrho)} \widetilde{w}_{n,\eta}(h_n)\,, \qquad n = 0, 1, 2, \dots, \qquad (\Theta_{-1}^r(\varrho) := \Theta^r)\,, \qquad h_n \in \mathcal{H}_n\,,$$

speziell

$$\widetilde{w}_{\varrho|0}^*(s_0) = \inf_{\eta \in \Theta^r} \widetilde{w}_{0,\eta}(s_0) =: \widetilde{w}_0^*(s_0)\,, \tag{7}$$

[1]) Auf eine explizite Kennzeichnung der durch die Strategie ϱ und damit das Maß P_ϱ definierten Verteilungen der Zufallsgrößen — etwa in der Form $K_{n,\varrho}$, $C_{n,\varrho}$ und $R_{n,\varrho}$ — können wir zur Vereinfachung der Bezeichnungen verzichten.

und

$$\tilde{w}^* = \inf_{\varrho \in \Theta^r} w_\varrho .$$

Gemäß der Zielstellung, durch geeignete Wahl einer Strategie die mittleren Gesamtkosten zu minimieren, nennen wir eine randomisierte Strategie ϱ^* optimal, wenn $\tilde{w}_{\varrho^*} = \tilde{w}^*$ gilt (vgl. (1.1.5), (1.1.6)). Mittels randomisierter Strategien können erwartungsgemäß echt kleinere minimale mittlere Gesamtkosten erzielt werden als durch reine Strategien. Wir betrachten hierzu das folgende Beispiel (s. Hinderer [1]).

Es sei $N = 1$, es handle sich also um einen Prozeß mit einem Schritt zwischen den Zeitpunkten 0 und 1. Die (Einschritt)-Kosten seien durch $k_1(s_0, d_0)$, also speziell unabhängig vom Zustand im Zeitpunkt 1, gegeben; dabei sei $-\infty < k_1$, und für ein $\bar{s}_0 \in \mathcal{S}$ sei $k_1(\bar{s}_0, \cdot)$ unbeschränkt, d. h., es existiere bei unendlicher Entscheidungsmenge $\mathcal{D}$ eine Folge $(d_m)_{m=0,1,\ldots}$, $d_m \in \mathcal{D}$, mit $k_1(\bar{s}_0, d_m) \to -\infty$. Außerdem gelte $p_0(\bar{s}_0) = 1$. Auf Grund der vorliegenden speziellen Voraussetzungen — jede Strategie besteht aus nur einer Entscheidungsfunktion, welche lediglich von dem festen Startpunkt s_0 abhängt — kann die Menge der zulässigen reinen Strategien Θ mit der Entscheidungsmenge $\mathcal{D}$ direkt identifiziert werden. Θ^r bestehe nun aus der Menge aller Wahrscheinlichkeitsverteilungen auf $\mathcal{D}$. Somit folgt

$$\tilde{w}^* = \tilde{w}_0^*(\bar{s}_0) \leqq \inf_{\vartheta \in \Theta} \tilde{w}_{0,\vartheta}(\bar{s}_0) = \inf_{\vartheta \in \Theta} \mathsf{E}_\vartheta K_1 = \inf_{d \in \mathcal{D}} k_1(\bar{s}_0, d) = -\infty .$$

Dabei gilt

$$k_1(\bar{s}_0, \delta_0(\bar{s}_0)) > -\infty \quad \text{für jede Strategie} \quad \vartheta = (\delta_0) \in \Theta . \tag{*}$$

Bezüglich der Folge (d_m) setzen wir noch o.B.d.A. $k_1(\bar{s}_0, d_m) \leqq -m$ voraus und betrachten die durch $\varrho_0(d_m \mid \bar{s}_0) := (1/m^2)(6/\pi^2)$, $m = 1, 2, \ldots$, definierte Strategie $\varrho = (\varrho_0) \in \Theta^r$. Dann gilt

$$\mathsf{E}_\varrho K_1 = \sum_{m=1}^{\infty} \varrho_0(d_m \mid \bar{s}_0)\, k_1(\bar{s}_0, d_m) \leqq -\frac{6}{\pi^2} \sum_{m=1}^{\infty} \frac{1}{m} = -\infty . \tag{**}$$

(*) und (**) bestätigen die vor dem Beispiel getroffene Aussage. Im voranstehenden Beispiel ist die Unbeschränktheit von k_1 und somit die Beziehung $\inf_{\vartheta \in \Theta} v_{0,\vartheta} = -\infty$ wesentlich (vgl. (1.1.13'), (1.1.16)). Gilt nämlich $k_1(\bar{s}_0, d) \geqq M > -\infty$ für alle $d \in \mathcal{D}$, dann folgt unmittelbar auch $\mathsf{E}_\varrho K_1 \geqq M$ für alle $\varrho \in \Theta^r$, d. h., es existiert kein $\varrho \in \Theta^r$ mit $\mathsf{E}_\varrho K_1 < M$.

1.7.3. Rekursionsformel

In einfacher Verallgemeinerung von (1.3.3) ergibt sich im vorliegenden Fall randomisierter Strategien eine Rekursionsformel für die mittleren Restkosten bezüglich zweier aufeinanderfolgender Zeitpunkte. Hierzu verwenden wir die Bezeichnungen (vgl. (1.1.12), (1.1.12'))

$$\begin{aligned} \tilde{\gamma}_{n,\varrho}(h_n) &:= \mathsf{E}_\varrho(C_{n+1} \mid H_n = h_n) , \\ \gamma_{n,\varrho}(h_n, d_n) &:= \mathsf{E}_\varrho(C_{n+1} \mid H_n = h_n, D_n = d_n) , \end{aligned} \tag{8}$$

wobei

$$\tilde{\gamma}_{n,\varrho}(h_n) = \sum_d \varrho_n(d \mid h_n) \sum_s p_{n+1}(s \mid h_n, d)\, c_{n+1}(h_n, d, s) = \sum_d \varrho_n(d \mid h_n)\, \gamma_{n,\varrho}(h_n, d) \tag{9}$$

gilt. Analog zu den Überlegungen in 1.3.1, insbesondere Formel (1.3.1), erhalten wir

$$\tilde{w}_{n,\varrho}(h_n) = \mathsf{E}_\varrho(R_{n+1} \mid H_n = h_n) = \mathsf{E}_\varrho(C_{n+1} \mid H_n = h_n) + \mathsf{E}_\varrho(R_{n+2} \mid H_n = h_n) \tag{10}$$

und (vgl. (5))

$$\mathsf{E}_\varrho(R_{n+2} \mid H_n = h_n) = \mathsf{E}_\varrho[\mathsf{E}_\varrho(R_{n+2} \mid H_{n+1}) \mid H_n = h_n] = \mathsf{E}_\varrho[\tilde{W}_{n+1,\varrho} \mid H_n = h_n]$$

$$= \sum_d \varrho_n(d \mid h_n) \sum_s p_{n+1}(s \mid h_n, d)\, \tilde{w}_{n+1,\varrho}(h_n, d, s)\,. \tag{11}$$

Damit ergibt sich für $\varrho = (\varrho_n) \in \Theta^r$, $h_n \in \mathscr{H}_n^+(\varrho)$, $n \geqq 0$, nach (10), (9) und (11) die Rekursionsformel

$$\tilde{w}_{n,\varrho}(h_n) = \sum_s \sum_d p_{n+1}(s \mid h_n, d)\, \varrho_n(d \mid h_n)\, [c_{n+1}(h_n, d, s) + \tilde{w}_{n+1,\varrho}(h_n, d, s)]$$

$$= \sum_d \varrho_n(d \mid h_n)\, [\gamma_{n,\varrho}(h_n, d) + \sum_s p_{n+1}(s \mid h_n, d)\, \tilde{w}_{n+1,\varrho}(h_n, d, s)]\,. \tag{12}$$

1.7.4. Optimalitätsgleichung

Die Aufstellung einer Optimalitätsgleichung erfolgt ebenfalls in Analogie zum Vorgehen in Abschnitt 1.4. Dazu ist es zunächst erforderlich, eine für Mengen zulässiger randomisierter Strategien geeignete Voraussetzung hinsichtlich ihrer Vollständigkeit zu formulieren. Wir benutzen hierfür die folgende Bedingung, die gegenüber der in Definition 1.2.4.a) gegebenen etwas stärker ist (vgl. auch Formel (1.2.2′) in Folgerung 1.2.5). Es sei ε eine beliebige positive Zahl. Existiert zu jeder zulässigen randomisierten Strategie ϱ und zu jeder bezüglich ϱ wesentlichen n-Vergangenheit h_n, $n \geqq 0$, eine Strategie $\varrho' \in \Theta_n^r(\varrho)$ — d. h., ϱ' stimmt mit ϱ bis einschließlich des Zeitpunktes n überein —, so daß im Fall $\tilde{w}^*_{\varrho|n+1}(h_n, d, s) > -\infty$ die Ungleichung $\tilde{w}_{n+1,\varrho'}(h_n, d, s) \leqq \tilde{w}^*_{\varrho|n+1}(h_n, d, s) + \varepsilon$ für alle $d \in \mathscr{D}$ mit $\varrho_n(d \mid h_n) > 0$ und für alle $s \in \mathscr{S}$ mit $p_{n+1}(s \mid h_n, d) > 0$ gilt, so heißt Θ^r *quasivollständig* (bezüglich gleichmäßig optimaler Fortsetzung).

Es gilt nun der folgende

1.7.4. Satz. *Es seien $\varrho = (\varrho_k)$ eine zulässige randomisierte Strategie und h_n, $n \geqq 0$, eine bezüglich ϱ wesentliche n-Vergangenheit. Wir setzen voraus, daß Θ^r quasivollständig, konzentrierbar und weiter die Bedingung* (B): *$\tilde{w}^*_{\varrho|n+1}(h_n, d, s) > -\infty$ für alle d und s mit $\varrho_n(d \mid h_n) > 0$ und $p_{n+1}(s \mid h_n, d) > 0$ erfüllt ist. Dann gilt — hinsichtlich der Bezeichnungen vgl. die Formeln* (7) *und* (8) *— die Optimalitätsgleichung*

$$\tilde{w}^*_{\varrho|n}(h_n) = \inf_{\eta \in \Theta^r_{n-1}(\varrho),\, \eta = (\zeta_n),\, \zeta_n(d|h_n) = 1} \{\gamma_{n,\eta}(h_n, d) + \sum_s p_{n+1}(s \mid h_n, d)\, \tilde{w}^*_{\eta|n+1}(h_n, d, s)\}\,. \tag{13}$$

Die Bildung des Infimums erstreckt sich hierbei über jede Strategie $\eta = (\zeta_n)$, die eine n-Fortsetzung von ϱ ist, also $\eta \in \Theta^r_{n-1}(\varrho)$, und für welche die Entscheidungsfunktion ζ_n im Zeitpunkt n durch eine Einpunktverteilung gegeben ist; d bezeichnet die auf Grund der n-Vergangenheit h_n eindeutig bestimmte Entscheidung.

Der Beweis erfolgt ganz entsprechend zu den Unterteilungen in 1.4.1, wobei wir von der Rekursionsformel (12) ausgehen.

a) Für eine beliebige Strategie $\varrho' = (\varrho_n) \in \Theta^{\mathrm{r}}_{n-1}(\varrho)$ gilt nach (12) und auf Grund der Konzentrierbarkeit von Θ^{r}

$$\begin{aligned}
\tilde{w}_{n,\varrho'}(h_n) &= \sum_{d \in \mathcal{D}^+_n(h_n,\varrho')} \varrho_n'(d \mid h_n)\,[\gamma_{n,\varrho'}(h_n, d) + \sum_s p_{n+1}(s \mid h_n, d)\, \tilde{w}_{n+1,\varrho'}(h_n, d, s)] \\
&\geqq \sum_{d \in \mathcal{D}^+_n(h_n,\varrho')} \varrho_n'(d \mid h_n)\,[\gamma_{n,\varrho'}(h_n, d) + \sum_s p_{n+1}(s \mid h_n, d)\, \tilde{w}^*_{\varrho'|n+1}(h_n, d, s)] \\
&\geqq \inf_{d \in \mathcal{D}^+_n(h_n,\varrho')} [\gamma_{n,\varrho'}(h_n, d) + \sum_s p_{n+1}(s \mid h_n, d)\, \tilde{w}^*_{\varrho'|n+1}(h_n, d, s)] \\
&\geqq \inf_{\substack{\eta \in \Theta^{\mathrm{r}}_{n-1}(\varrho) \\ \eta = (\zeta_n),\, \zeta_n(d|h_n) = 1}} [\gamma_{n,\eta}(h_n, d) + \sum_s p_{n+1}(s \mid h_n, d)\, \tilde{w}^*_{\eta|n+1}(h_n, d, s)]\,. \qquad (*)
\end{aligned}$$

b) Gilt $\tilde{w}^*_{\varrho|n}(h_n) = -\infty$, dann gibt es zu jedem positiven M eine Strategie $\varrho' \in \Theta^{\mathrm{r}}_{n-1}(\varrho)$ mit $\tilde{w}_{n,\varrho'}(h_n) < -M$, so daß wegen (*)

$$-M > \inf_{\substack{\eta \in \Theta^{\mathrm{r}}_{n-1}(\varrho) \\ \eta = (\zeta_n),\, \zeta_n(d|h_n) = 1}} \{\gamma_{n,\eta}(h_n, d) + \sum_s p_{n+1}(s \mid h_n, d)\, \tilde{w}^*_{\eta|n+1}(h_n, d, s)\}$$

folgt. Hieraus ergibt sich inmittelbar die Gültigkeit von (13).

c₁) Es sei $\tilde{w}^*_{\varrho|n}(h_n) > -\infty$. Dann gibt es zu beliebigem positivem ε eine Strategie $\varrho' \in \Theta^{\mathrm{r}}_{n-1}(\varrho)$ mit $\tilde{w}_{n,\varrho'}(h_n) < \tilde{w}^*_{\varrho|n}(h_n) + \varepsilon$, so daß auf Grund von (*)

$$\tilde{w}^*_{\varrho|n}(h_n) + \varepsilon > \inf_{\substack{\eta \in \Theta^{\mathrm{r}}_{n-1}(\varrho) \\ \eta = (\zeta_n),\, \zeta_n(d|h_n) = 1}} \{\gamma_{n,\eta}(h_n, d) + \sum_s p_{n+1}(s \mid h_n, d)\, \tilde{w}^*_{\eta|n+1}(h_n, d, s)\}$$

folgt.

c₂) Wegen der Quasivollständigkeit von Θ^{r} und der Bedingung (B) existiert zu jedem $\eta = (\zeta_k) \in \Theta^{\mathrm{r}}_{n-1}(\varrho)$ und beliebigem positivem ε eine Strategie $\eta' = (\zeta_k') \in \Theta^{\mathrm{r}}_n(\eta)$, so daß $\tilde{w}_{n+1,\eta'}(h_n, d, s) \leqq \tilde{w}^*_{\eta|n+1}(h_n, d, s) + \varepsilon$ für alle d und s mit $d \in \mathcal{D}^+_n(h_n, \eta)$ und $p_{n+1}(s \mid h_n, d) > 0$ gilt. Hieraus folgt — wiederum wegen (12) und unter Beachtung von $\zeta_n = \zeta_n'$ —

$$\begin{aligned}
\tilde{w}^*_{\varrho|n}(h_n) &\leqq \tilde{w}_{n,\eta'}(h_n) \\
&= \sum_{d \in \mathcal{D}^+_n(h_n,\eta')} \zeta_n(d \mid h_n)\,\{\gamma_{n,\eta'}(h_n, d) + \sum_s p_{n+1}(s \mid h_n, d)\, \tilde{w}_{n+1,\eta'}(h_n, d, s)\} \\
&\leqq \sum_{d \in \mathcal{D}^+_n(h_n,\eta)} \zeta_n(d \mid h_n)\,\{\gamma_{n,\eta}(h_n, d) + \sum_s p_{n+1}(s \mid h_n, d)\, \tilde{w}^*_{\eta|n+1}(h_n, d, s)\} + \varepsilon
\end{aligned}$$

für jedes $\eta \in \Theta^{\mathrm{r}}_{n-1}(\varrho)$, wegen der vorausgesetzten Konzentrierbarkeit also auch

$$\tilde{w}^*_{\varrho|n}(h_n) \leqq \inf_{\substack{\eta \in \Theta^{\mathrm{r}}_{n-1}(\varrho) \\ \eta = (\zeta_n),\, \zeta_n(d|h_n) = 1}} \{\gamma_{n,\eta}(h_n, d) + \sum_s p_{n+1}(s \mid h_n, d)\, \tilde{w}^*_{\eta|n+1}(h_n, d, s)\} + \varepsilon\,.$$

Da ε in c₁) und c₂) als beliebige positive Zahl vorausgesetzt ist, folgt die Behauptung. ∎

1.7.5. Über die Hinlänglichkeit der Benutzung reiner Strategien

Ausgehend von der Optimalitätsgleichung (13) kann — unter den dafür getroffenen Voraussetzungen — die Gleichung

$$\inf_{\varrho \in \Theta^{\mathrm{r}}} \tilde{w}_{0,\varrho}(s_0) = \inf_{\vartheta \in \bar{\Theta}} w_{0,\vartheta}(s_0) \qquad (14)$$

für alle s_0 mit $p_0(s_0) > 0$ gefolgert werden, die besagt, daß das Infimum $\widetilde{w}_0^*(s_0) = \inf_{\varrho \in \overline{\Theta}^r} \widetilde{w}_{0,\varrho}(s_0)$ auch innerhalb der Menge $\overline{\Theta}$ der in $\overline{\Theta}^r$ enthaltenen reinen Strategien erreicht wird. Auf einen Beweis soll insbesondere wegen der weitergehenden Aussage des folgenden Satzes verzichtet werden. Dabei wollen wir jedoch zur Vereinfachung annehmen, daß die Strategien von Θ^r kombinierbar sind; s. Definition 1.7.3.

1.7.5. Satz. *Die Strategien von Θ^r seien kombinierbar* (*vgl. Definition* 1.7.3), *und es sei die Voraussetzung*

$$\sum_{n=0}^{\infty} \|\gamma_n^-\| < \infty \quad mit \quad \|\gamma_n^-\| = \sup_{\varrho \in \Theta^r} \|\gamma_{n,\varrho}^-\| \tag{15}$$

— *vgl.* (8) *und die Bezeichnungen* 1.2.1 — *erfüllt. Dann existiert zu jeder Strategie $\varrho \in \Theta^r$ eine reine Strategie $\vartheta \in \overline{\Theta} \subset \overline{\Theta}^r$, so daß für alle $n \geqq 0$ die Aussagen*

a) *aus $h \in \mathcal{H}_n^+(\varrho)$ folgt $\vartheta \sim h$,*

b) $\widetilde{w}_{n,\vartheta}(h) \leqq \widetilde{w}_{n,\varrho}(h)$, $h \in \mathcal{H}_n^+(\varrho)$,

c) $\widetilde{w}_\vartheta \leqq \widetilde{w}_\varrho$

gelten.

Beweis (vgl. Strauch [1], Hinderer [1]). Der Beweisgedanke stützt sich in erster Linie auf den plausiblen Sachverhalt, daß der Schwerpunkt einer im Endlichen gelegenen Massenverteilung auf einer Geraden nicht außerhalb ihrer (endlichen) Grenzen gelegen sein kann.

Für $\varrho \in \Theta^r$, $h \in \mathcal{H}_k^+(\varrho)$ und $d \in \mathcal{D}_k^+(h, \varrho)$, $k \geqq 0$, betrachten wir

$$\widetilde{v}_{k,\varrho}(h, d) := \mathsf{E}_\varrho(R_{k+1} \mid H_k = h \,, D_k = d)\,. \tag{16}$$

Unmittelbar folgt mit $\varrho = (\varrho_k)$ (vgl. (5))

$$\widetilde{w}_{k,\varrho}(h) = \sum_d \varrho_k(d, h)\, \widetilde{v}_{k,\varrho}(h, d)\,. \tag{17}$$

Wegen der Voraussetzung (15) (vgl. auch (12)) gibt es eine Konstante L, so daß

$$\widetilde{w}_{k,\varrho}(h) \geqq -L > -\infty$$

gilt. Hieraus folgt die Existenz einer Entscheidung $\hat{d}_k \in \mathcal{D}_k^+(h, \varrho)$ mit

$$\widetilde{v}_{k,\varrho}(h, \hat{d}_k) \leqq \widetilde{w}_{k,\varrho}(h)\,. \tag{18}$$

Es sei $\hat{\vartheta} = (\hat{\delta}_k)$ eine solche reine Strategie, so daß für $h \in \mathcal{H}_n^+(\varrho)$ die Beziehungen $\hat{\vartheta} \sim h$ und $\hat{\delta}_k(h) = \hat{d}_k$ für alle $h \in \mathcal{H}_k^+(\varrho)$ mit $k \geqq n$ gelten. Wegen der vorausgesetzten Kombinierbarkeit von Θ^r ist $\hat{\vartheta}$ in $\overline{\Theta}$ und die durch Zusammensetzung gebildete Strategie $\hat{\vartheta}_{(k]}\varrho$, welche bis k mit $\hat{\vartheta}$ übereinstimmt und ab $k+1$ von ϱ fortgesetzt wird, in $\overline{\Theta}^r$ enthalten.

Aus (18) ergibt sich für $h \in \mathcal{H}_n^+(\varrho)$

$$\widetilde{w}_{n,\hat{\vartheta}_{(n]}\varrho}(h) = \widetilde{v}_{n,\varrho}\big(h, \hat{\delta}_n(h)\big) \leqq \widetilde{w}_{n,\varrho}(h)\,. \tag{19}$$

Nach (17) und (18) folgt

$$\widetilde{w}_{n+1,\hat{\vartheta}_{(n]}\varrho}(h, \hat{d}_n, s) \geqq \widetilde{v}_{n+1,\hat{\vartheta}_{(n]}\varrho}(h, \hat{d}_n, s, \hat{d}_{n+1}) = \widetilde{w}_{n+1,\hat{\vartheta}_{(n+1]}\varrho}(h, \hat{d}_n, s)\,, \quad s \in \mathcal{S}\,,$$

und damit nach (12)

$$\tilde{w}_{n,\hat{\vartheta}(n]\varrho}(h) = \gamma_{n,\hat{\vartheta}(n]\varrho}(h, \hat{d}_n) + \sum_s p_{n+1}(s \mid h, \hat{d}_n)\, \tilde{w}_{n+1,\hat{\vartheta}(n]\varrho}(h, \hat{d}_n, s)$$

$$\geqq \gamma_{n,\hat{\vartheta}(n]\varrho}(h, \hat{d}_n) + \sum_s p_{n+1}(s \mid h, \hat{d}_n)\, \tilde{w}_{n+1,\hat{\vartheta}(n+1]\varrho}(h, \hat{d}_{n+1}, s) = \tilde{w}_{n,\hat{\vartheta}(n+1]\varrho}(h)\,,$$

woraus mittels Induktion weiter

$$\tilde{w}_{n,\hat{\vartheta}(n]\varrho}(h) \geqq \tilde{w}_{n,\hat{\vartheta}(k]\varrho}(h)\,, \qquad k \geqq n\,, \tag{20}$$

folgt. Nun gilt mit $\tilde{w}_{(n,k],\varrho}(h) := \mathsf{E}_\varrho[(K_k - K_n) \mid H_n = h]$, $k \geqq n$, und $\eta := \vartheta_{(k]}\varrho$

$$\tilde{w}_{n,\eta}(h) = \tilde{w}_{(n,k+1],\eta}(h) + \mathsf{E}_\eta(R_{k+2} \mid H_n = h)\,.$$

Nach Voraussetzung (15) folgt hieraus

$$\varliminf_{k\to\infty} \tilde{w}_{n,\hat{\vartheta}(k]\varrho}(h) \geqq \varliminf_{k\to\infty} \tilde{w}_{(n,k+1],\hat{\vartheta}}(h) = \tilde{w}_{n,\hat{\vartheta}}(h)\,,$$

woraus sich nach (19) und (20) mit $\tilde{w}_{n,\hat{\vartheta}}(h) \leqq \tilde{w}_{n,\varrho}(h)$, $h \in \mathcal{H}_n^+(\varrho)$ für $\vartheta = \hat{\vartheta}$ die Aussage b) ergibt. Die Gültigkeit der Implikation a), d. h. $h \in \mathcal{H}_n^+(\varrho) \Rightarrow \hat{\vartheta} \sim h$, wurde bereits innerhalb des Beweises festgestellt. Für $n = 0$ erhält man aus b) und (6) unmittelbar die Aussage c). ∎

Bemerkungen. 1. Ist außer den in Satz 1.7.5 angegebenen Voraussetzungen die Menge Θ^{r} der zulässigen Strategien kombinierbar, so gilt für die durch a), b) und c) gekennzeichnete Strategie $\hat{\vartheta}$ die Beziehung $\hat{\vartheta} \in \Theta \subset \Theta^{\mathrm{r}}$; vgl. die Feststellung am Ende von Definition 1.7.3.

2. Die für die Gültigkeit des Satzes 1.7.5 angegebene Voraussetzung (15) ist verhältnismäßig stark einschränkend und kann z. B. durch die folgende, mit (V) bezeichnete schwächere hinreichende Bedingung ersetzt werden.
Hierzu bezeichne $\Theta^{\mathrm{r}}[\varrho]$ zu gegebenem $\varrho \in \Theta^{\mathrm{r}}$ die Menge aller derjenigen Strategien aus Θ^{r}, deren wesentliche Trajektorien $\omega \in \Omega$ auch für ϱ wesentlich sind:

$$\Theta^{\mathrm{r}}[\varrho] = \{\eta \in \Theta^{\mathrm{r}} : \forall \omega \in \Omega \forall k \geqq 0 \ \big(\mathsf{P}_\eta(H_k = a_k\omega) > 0 \Rightarrow \mathsf{P}_\varrho(H_k = a_k\omega) > 0\big)\}\,.$$

Unmittelbar folgt, daß z. B. jede aus einer (randomisierten) Strategie ϱ durch Konzentrierung hervorgehende Strategie zu $\Theta^{\mathrm{r}}[\varrho]$ gehört. Wir sagen nun, es ist die *Voraussetzung* (V) *erfüllt,* wenn für alle $\varrho \in \Theta^{\mathrm{r}}$ und alle $h_k \in \mathcal{H}_k^+(\varrho)$ die Beziehung $\big(\mathsf{E}_\eta(R_{n+1} \mid H_k = h_k)\big)^- \underset{n\to\infty}{\longrightarrow} 0$ gleichmäßig für alle $\eta \in \Theta^{\mathrm{r}}[\varrho]$ mit $h_k \in \mathcal{H}_k^+(\eta)$ gilt.

3. Die Aussage des vorangehenden Satzes bleibt gültig, wenn anstelle der Kombinierbarkeit von Θ^{r} die folgende Forderung einer Konzentrierbarkeit von Θ^{r}, die gegenüber der in Definition 1.7.3 gegebenen eine Verschärfung darstellt, vorausgesetzt wird. Es bezeichne ψ eine Funktion, die jedem $\varrho \in \Theta^{\mathrm{r}}$, jedem $n \geqq 0$ und jedem $h \in \mathcal{H}_n^+(\varrho)$ eine Entscheidung $d \in \psi(\varrho, n, h) \in \mathcal{D}_n^+(h, \varrho)$ zuordnet. Weiter sei $\vartheta_\psi = (\delta_{n,\psi})$ diejenige reine Strategie, für welche $\delta_{n,\psi}(h) = d$ mit $d = \psi(\varrho, n, h)$ gilt. Ψ bezeichne noch die Menge aller dieser Funktionen ψ. Die Konzentrierbarkeitsforderung besteht nun darin, daß $\{\vartheta_\psi : \psi \in \Psi\} \subset \Theta \subset \Theta^{\mathrm{r}}$ gelten soll.

1.8. Bayessche dynamische Systeme

1.8.1. Modell und Aufgabenstellung

Ausgangspunkt für die Überlegungen in diesem Abschnitt bildet wiederum ein Grundmodell eines dynamischen Systems gemäß Abschnitt 1.1.1 — betrachtet werden also auch nur reine Strategien —, wobei bezüglich des Bewegungsgesetzes jetzt aber lediglich bekannt sei, daß es Element einer Familie $\mathscr{P} = \{\mathfrak{p}^\alpha = (p_n^\alpha)_{n=1,2,\ldots} : \alpha \in A\}$ von Bewegungsgesetzen ist. Dabei bezeichnet A eine nichtleere Indexmenge. Für jedes $\alpha \in A$ liegt somit ein dynamisches System $(N, \mathscr{S}, \mathscr{D}, p_0, \mathfrak{p}^\alpha, \mathfrak{k}, \Theta)$ im Sinne von Abschnitt 1.1.1 vor.

Entsprechend 1.1.3 erfolgt für jedes $\alpha \in A$ die Definition eines Wahrscheinlichkeitsraumes $[\Omega, \mathfrak{F}, \mathsf{P}_\vartheta^\alpha]$ mit $\vartheta \in \Theta$ und eines gesteuerten stochastischen Prozesses X_ϑ^α, wobei — unter sinngemäßer Übertragung der obigen Bezeichnungen — nach (1.1.2) und (1.1.2')

$$\mathsf{P}_\vartheta^\alpha(X_n = s_n \mid X_0 = s_0, \ldots, X_{n-1} = s_{n-1}) = p_{n,\vartheta}^\alpha(s_n \mid \mathfrak{s}_{n-1}) \tag{1}$$

$$(s_0, s_1, \ldots, s_{n-1}) = \mathfrak{s}_{n-1} \in \mathscr{S}^n, \qquad s_n \in \mathscr{S}, \qquad n = 1, 2, \ldots,$$

bzw.

$$\mathsf{P}_\vartheta^\alpha(\mathfrak{S}_n = \mathfrak{s}_n) = p_0(s_0) \prod_{\nu=1}^{n} p_{\nu,\vartheta}^\alpha(s_\nu \mid \mathfrak{s}_{\nu-1}), \qquad \mathfrak{s}_n = (s_0, s_1, \ldots, s_n), \tag{1'}$$

$$\mathfrak{s}_\nu = a_\nu \mathfrak{s}_n, \qquad 1 \leqq \nu \leqq n,$$

sowie $\mathsf{P}_\vartheta^\alpha(X_0 = s_0) = p_0(s_0), \alpha \in A$, gilt.

Die weitere Behandlung der vorliegenden Problemstellung basiert auf dem Vorgehen von Bayes, und wir werden deswegen von einem *bayesschen dynamischen System* — bezeichnet mit BDS — sprechen. Wir gehen demnach davon aus, daß A mit einer σ-Algebra $\mathfrak{A}$ von Teilmengen von A versehen ist und durch eine A-priori-Verteilung π auf dem meßbaren Raum $[A, \mathfrak{A}]$ eine Kenntnis über den Parameter α gegeben ist. Die Wahrscheinlichkeitsverteilungen p_n^α setzen wir für das Weitere als $[\mathfrak{A}, \mathfrak{B}^1]$-meßbar voraus.

Wir definieren nun (unter Voraussetzung der Existenz der auftretenden Größen) für $\alpha \in A$ und $\vartheta \in \Theta$

$$v_\vartheta^\alpha := \mathsf{E}_\vartheta^\alpha(K_{N,\vartheta}), \quad \text{für} \quad N < \infty \text{ bzw. } \overline{\lim_{n\to\infty}}\, \mathsf{E}_\vartheta^\alpha(K_{n,\vartheta}) \text{ für } N = \infty \tag{2}$$

vgl. (1.1.4), [1]) und

$$v_\vartheta := \int_A v_\vartheta^\alpha \pi(\mathrm{d}\alpha). \tag{3}$$

(Die Größen v_ϑ^α und v_ϑ existieren z.B. im Fall der Quasiintegrierbarkeit (s. Definition A. 1.3.8) von $K_{N,\vartheta}$ bezüglich $\mathsf{P}_\vartheta^\alpha$ und von v_ϑ^α bezüglich π.)

Zur weiteren Behandlung des Problems betrachten wir den meßbaren Raum $[\hat{\Omega}, \hat{\mathfrak{F}}]$ mit $\hat{\Omega} = A \times \Omega, \hat{\mathfrak{F}} = \mathfrak{A} \otimes \mathfrak{F}$ und die durch

$$\hat{\mathsf{P}}_\vartheta(M \times (\mathfrak{S}_n = \mathfrak{s}_n)) := \int_M \mathsf{P}_\vartheta^\alpha(\mathfrak{S}_n = \mathfrak{s}_n)\, \pi(\mathrm{d}\alpha), \quad M \in \mathfrak{A}, \quad \mathfrak{s}_n \in \mathscr{S}^{n+1}, \quad \vartheta \in \Theta, \tag{4}$$

definierte Verteilung auf $[\hat{\Omega}, \hat{\mathfrak{F}}]$. Es folgt

$$\hat{\mathsf{P}}_\vartheta(M \times \Omega) = \int_M \mathsf{P}_\vartheta^\alpha(\mathfrak{S}_n \in \mathscr{S}^{n+1})\, \pi(\mathrm{d}\alpha) = \int_M 1 \cdot \pi(\mathrm{d}\alpha) = \pi(M), \qquad M \in \mathfrak{A}, \tag{5}$$

und

$$\hat{\mathsf{P}}_\vartheta(A \times (\mathfrak{S}_n = \mathfrak{s}_n)) = \int_A \mathsf{P}_\vartheta^\alpha(\mathfrak{S}_n = \mathfrak{s}_n)\, \pi(\mathrm{d}\alpha) =: \mathsf{P}_\vartheta(\mathfrak{S}_n = \mathfrak{s}_n), \quad \mathfrak{s}_n \in \mathscr{S}^{n+1}. \tag{6}$$

---

[1]) Die Bildung des Erwartungswertes $\mathsf{E}_\vartheta^\alpha$ versteht sich bezüglich des Maßes $\mathsf{P}_\vartheta^\alpha$.

P_ϑ ist ein Maß auf $[\Omega, \mathfrak{F}]$, das wir als Mischung der Maße $\mathsf{P}_\vartheta^\alpha$ mittels der A-priori-Verteilung π interpretieren können. Es gilt

$$v_\vartheta = \mathsf{E}_\vartheta K_N^\vartheta, \qquad \vartheta \in \Theta.^{1)} \tag{7}$$

Eine Strategie ϑ^*, $\vartheta^* \in \Theta$, heißt *optimal*, wenn

$$v_{\vartheta^*} = \inf_{\vartheta \in \Theta} v_\vartheta \tag{8}$$

gilt (vgl. (1.1.5), (1.1.6)).

1.8.2. Reduktion auf das Grundmodell

Mit den Formeln (7) und (8) ist die Aufgabenstellung für das vorliegende bayessche dynamische System gekennzeichnet. Um Aussagen zu gewinnen, wie sie für das dynamische System von Abschnitt 1.1 hergeleitet wurden — insbesondere hinsichtlich optimaler Entscheidungen im Prozeßablauf — bedarf es zur Vervollständigung der Bestimmungsstücke des Grundmodells der Definition eines zum Maße P_ϑ passenden Bewegungsgesetzes. Hierfür übernehmen wir ohne nochmalige Erklärung die in den vorangehenden Abschnitten eingeführten Bezeichnungen. Wir beginnen mit folgender

1.8.1. Definition. Für eine bezüglich P_ϑ wesentliche Zustands-n-Vergangenheit $\mathfrak{s}_n$, für welche also (vgl. (6)) $\mathsf{P}_\vartheta(\mathfrak{S}_n = \mathfrak{s}_n) = \int_A \mathsf{P}_\vartheta^\alpha(\mathfrak{S}_n = \mathfrak{s}_n)\, \pi(\mathrm{d}\alpha) > 0$ gilt, sei (vgl. (4))

$$\pi_{n,\vartheta}(M \mid \mathfrak{s}_n) := \hat{\mathsf{P}}_\vartheta(M \times \Omega \mid A \times (\mathfrak{S}_n = \mathfrak{s}_n)) = \frac{\int_M \mathsf{P}_\vartheta^\alpha(\mathfrak{S}_n = \mathfrak{s}_n)\pi(\mathrm{d}\alpha)}{\int_A \mathsf{P}_\vartheta^\alpha(\mathfrak{S}_n = \mathfrak{s}_n)\, \pi(\mathrm{d}\alpha)}, \tag{9}$$
$$M \in \mathfrak{A}, \qquad n = 0, 1, 2, \ldots;$$

im Fall $\mathsf{P}_\vartheta(\mathfrak{S}_n = \mathfrak{s}_n) = 0$ setzen wir $\pi_{n,\vartheta}(\cdot \mid \mathfrak{s}_n) = 0$. Wir gebrauchen im weiteren für $\vartheta \sim h_n$ und $\mathfrak{s}_n = \mathfrak{s}_n(h_n)$ noch die Bezeichnung

$$\pi_n(M \mid h_n) := \pi_{n,\vartheta}(M \mid \mathfrak{s}_n), \qquad M \in \mathfrak{A}, \qquad n = 1, 2, \ldots. \tag{9'}$$

Wie man leicht sieht, gilt $\pi_0 = \pi$. $\pi_n(\cdot \mid h_n)$ bedeutet für $n \geqq 1$ die A-posteriori-Verteilung auf $[A, \mathfrak{A}]$ unter h_n. Die Funktion

$$\beta \to \mathsf{P}_\vartheta^\beta(\mathfrak{S}_n = \mathfrak{s}_n) / \int_A \mathsf{P}_\vartheta^\alpha(\mathfrak{S}_n = \mathfrak{s}_n)\, \pi(\mathrm{d}\alpha), \qquad \beta \in A, \tag{10}$$

stellt nach (9) (für jede bezüglich P_ϑ wesentliche Zustands-n-Vergangenheit $\mathfrak{s}_n$) die Radon-Nikodym-Dichte von π_n bezüglich π dar; (vgl. A. 1.3.15).

Die A-posteriori-Wahrscheinlichkeit π_{n+1} ergibt sich bei vorliegendem π_n nach der Rekursionsbeziehung

$$\pi_{n+1}(M \mid h_n, d_n, s_{n+1}) = \frac{\int_M p_{n+1}^\alpha(s_{n+1} \mid h_n, d_n)\, \pi_n(\mathrm{d}\alpha \mid h_n)}{\int_A p_{n+1}^\alpha(s_{n+1} \mid h_n, d_n)\, \pi_n(\mathrm{d}\alpha \mid h_n)}, \quad M \in \mathfrak{A}, \tag{11}$$

für $h_n \in \mathcal{H}_n$, $d_n \in \mathcal{D}_n(h_n)$ und $\int_A p_{n+1}^\alpha(s_{n+1} \mid h_n, d_n)\, \pi_n(\mathrm{d}\alpha \mid h_n) > 0$, $n = 0, 1, \ldots$.

Die Gültigkeit von (11) ergibt sich mit (10) unmittelbar wegen

$$\mathsf{P}_\vartheta^\alpha(\mathfrak{S}_{n+1} = \mathfrak{s}_{n+1}) = \mathsf{P}_\vartheta^\alpha(\mathfrak{S}_n = \mathfrak{s}_n)\, p_{n+1}^\alpha(s_{n+1} \mid h_n, d_n)$$

bei

$$\mathfrak{s}_n = \mathfrak{s}_n(h_n), \qquad \mathfrak{s}_{n+1} = (\mathfrak{s}_n, s_{n+1}), \qquad \vartheta = (\delta_k) \sim h_n, \qquad \delta_n(h_n) = d_n.$$

[1]) Vgl. die Fußnote auf S. 41.

Wir führen nun im Fall $\pi_{n-1}(\cdot \mid h_{n-1}) \not\equiv 0$ Übergangswahrscheinlichkeiten auf $\mathscr{S}$ ein gemäß folgender Definition:

$$\begin{aligned} &p_n(s \mid h_{n-1}, d_{n-1}) := \int_A p_n^\alpha(s \mid h_{n-1}, d_{n-1})\, \pi_{n-1}(\mathrm{d}\alpha \mid h_{n-1}), \\ &p_{n,\vartheta}(s \mid \mathfrak{s}_{n-1}) := p_n(s \mid h_{n-1}, d_{n-1}), \qquad \vartheta \sim h_{n-1}, \mathfrak{s}_{n-1} = \mathfrak{s}_{n-1}(h_{n-1}), \\ &n = 1, 2, \dots . \end{aligned} \tag{12}$$

1.8.2. Behauptung. *Es gilt für* $n = 0, 1, 2, \dots$ *(mit der Festsetzung* $\prod_{\nu=1}^{0} \dots := 1$*), vgl.* (6),

$$\mathsf{P}_\vartheta(\mathfrak{S}_n = \mathfrak{s}_n) = p_0(s_0) \prod_{\nu=1}^{n} p_{\nu,\vartheta}(s_\nu \mid a_{\nu-1}\mathfrak{s}_n), \tag{13}$$

und somit in äquivalenter Weise

$$\mathsf{P}_\vartheta(X_n = s_n \mid \mathfrak{S}_{n-1} = \mathfrak{s}_{n-1}) = p_{n,\vartheta}(s_n \mid \mathfrak{s}_{n-1}), \qquad n = 1, 2, \dots, \tag{13'}$$

$$\mathsf{P}_\vartheta(X_0 = s_0) = p_0(s_0). \tag{13''}$$

(Hierbei ist p_0 die mit dem bayesschen dynamischen System vorgegebene Anfangsverteilung, vgl. (1')).

Beweis (durch Induktion): Wegen $\mathsf{P}_\vartheta^\alpha(X_0 = s_0) = p_0(s_0)$ für alle $\vartheta \in \Theta$ und $\alpha \in A$ (vgl. (1')) ist die Aussage für $n = 0$ trivial.

Ist die Aussage für ein beliebiges $n \geqq 0$ gültig, dann folgt mit $\mathfrak{s}_{n+1} = (\mathfrak{s}_n, s_{n+1})$ nach (6) und auf Grund der Beziehung $p_{n+1,\vartheta}^\alpha(s_{n+1} \mid \mathfrak{s}_n) = p_{n+1}^\alpha(s_{n+1} \mid h_n, d_n)$ (vgl. (1.1.1)) sowie wegen (1), (1'), (10), (9') und (12)

$$\begin{aligned} \mathsf{P}_\vartheta(\mathfrak{S}_{n+1} = \mathfrak{s}_{n+1}) &= \int_A \mathsf{P}_\vartheta^\alpha(\mathfrak{S}_{n+1} = \mathfrak{s}_{n+1})\, \pi(\mathrm{d}\alpha) \\ &= \int_A p_{n+1}^\alpha(s_{n+1} \mid h_n, d_n)\, \mathsf{P}_\vartheta^\alpha(\mathfrak{S}_n = \mathfrak{s}_n)\, \pi(\mathrm{d}\alpha) \\ &= \mathsf{P}_\vartheta(\mathfrak{S}_n = \mathfrak{s}_n) \int_A p_{n+1}^\alpha(s_{n+1} \mid h_n, d_n)\, \pi_n(\mathrm{d}\alpha \mid h_n) \\ &= \mathsf{P}_\vartheta(\mathfrak{S}_n = \mathfrak{s}_n)\, p_{n+1,\vartheta}(s_{n+1} \mid \mathfrak{s}_n) = p_0(s_0) \prod_{\nu=1}^{n+1} p_{\nu,\vartheta}(s_\nu \mid \mathfrak{s}_{\nu-1}). \end{aligned}$$

(Im Fall $n = 0$ ist $\pi_0(\cdot \mid h_0) \equiv \pi_0(\cdot)$ zu setzen).
Die letzte Gleichung ergibt sich aus der Induktionsvoraussetzung. Damit ist die Behauptung bewiesen. ∎

Bemerkung. Ausgehend von den gegebenen Wahrscheinlichkeitsmaßen $\mathsf{P}_\vartheta^\alpha$, $\alpha \in A$, $\vartheta \in \Theta$ und π gelangen wir also zu P_ϑ, $\vartheta \in \Theta$, auf zwei Wegen, die wir schematisch unter Angabe der zugehörigen Formeln folgendermaßen kennzeichnen können:

$$(\mathsf{P}_\vartheta^\alpha, \pi) \overset{(4)}{\to} \hat{\mathsf{P}}_\vartheta \overset{(6)}{\to} \mathsf{P}_\vartheta,$$

$$(\mathsf{P}_\vartheta^\alpha, \pi) \overset{(9)}{\to} (\pi_{n,\vartheta}), \qquad (p_n^\alpha, \pi_{n,\vartheta}) \xrightarrow{(12)} (p_{n,\vartheta}) \xrightarrow{(13)} \mathsf{P}_\vartheta .$$

Dementsprechend gilt also nach (1'), (6) bzw. (13)

$$\begin{aligned} \mathsf{P}_\vartheta(\mathfrak{S}_n = \mathfrak{s}_n) &= \int_A \Big[p_0(s_0) \prod_{\nu=1}^{n} p_\nu^\alpha(s_\nu \mid h_{\nu-1}, d_{\nu-1})\Big]\, \pi(\mathrm{d}\alpha) = \int_A \mathsf{P}_\vartheta^\alpha(\mathfrak{S}_n = \mathfrak{s}_n)\, \pi(\mathrm{d}\alpha) \\ &= p_0(s_0) \prod_{\nu=1}^{n} \Big[\int_A p_\nu^\alpha(s_\nu \mid h_{\nu-1}, d_{\nu-1})\, \pi_{\nu-1}(\mathrm{d}\alpha \mid h_{\nu-1})\Big], \qquad n = 1, 2, \dots, \end{aligned}$$

d. h., die Mittelung der absoluten Verteilungen mit der A-priori-Wahrscheinlichkeit einerseits und der Übergang von den mit den A-posteriori-Wahrscheinlichkeiten gemittelten bedingten Verteilungen zur absoluten Verteilung andererseits führen im Ergebnis zu derselben Verteilung.

Auf Grund von Formel (13) liefert die durch (12) definierte Folge $\mathfrak{p} := (p_n)_{n=1,2,\dots}$ das Bewegungsgesetz eines dynamischen Systems mit dem gesteuerten stochastischen Prozeß $X_\vartheta = \{(X_n)_{n=0,1,2,\dots} \mid [\Omega, \mathfrak{F}, \mathsf{P}_\vartheta]\}$. Damit ist die Zurückführung des bayesschen dynamischen Systems auf ein Grundmodell $(N, \mathcal{S}, \mathcal{D}, p_0, \mathfrak{p}, \mathfrak{k}, \Theta)$ im Sinne von Abschnitt 1.1 erfolgt. Hiernach können die in den vorangehenden Abschnitten gewonnenen Aussagen auf das bayessche dynamische System unmittelbar übertragen werden.

1.9. Dynamische Systeme bei unvollständiger Beobachtung

Im folgenden betrachten wir eine weitere Verallgemeinerung der in Abschnitt 1.1 behandelten Problemstellung, indem wir jetzt annehmen, daß der zu steuernde Prozeß nicht vollständig beobachtbar ist, sondern neben einer beobachtbaren noch eine unbeobachtbare Komponente besitzt. Beiträge zu dieser Problematik stammen u. a. von Dynkin [3], Aoki [1], Schirjajew [1] und Hinderer [1]. Die folgende Darstellung baut weitgehend auf dem Vorgehen in Abschnitt 1.1 auf, so daß verschiedentlich Bezeichnungen und Formulierungen ohne weiteres übernommen werden können.

1.9.1. Modell

Zeitbereich T_N

$$T_N = \begin{cases} \{0, 1, \dots, N\} & \text{für } N < \infty\,, \\ \{0, 1, \dots\} & \text{für } N = \infty\,. \end{cases}$$

Zustandsmenge $\tilde{\mathcal{S}} = \mathcal{S} \times \mathcal{U}$

$\mathcal{S}$: Menge der *beobachtbaren Komponente*, $s \in \mathcal{S}$,
$\mathcal{U}$: Menge der *unbeobachtbaren Komponente*, $u \in \mathcal{U}$,
$\mathcal{S}$ und $\mathcal{U}$ werden als nichtleer und abzählbar vorausgesetzt.

Entscheidungsmenge $\mathcal{D}$

$\mathcal{D}$ wird als nichtleer vorausgesetzt; die Elemente von $\mathcal{D}$ werden mit d gekennzeichnet.

Es bezeichnet $\tilde{h}_n = (s_0, u_0, d_0, \dots, d_{n-1}, s_n, u_n)$ eine *n-Vergangenheit* und $\tilde{\mathcal{H}}_n$ die Menge der n-Vergangenheiten. $h_n = (s_0, d_0, \dots, d_{n-1}, s_n) \in \mathcal{H}_n$ ist eine *beobachtbare n-Vergangenheit* und $\mathfrak{u}_n = (u_0, u_1, \dots, u_n) \in \mathcal{U}^{n+1}$ eine *n-Vergangenheit* der *unbeobachtbaren Zustände.*

Anfangsverteilung $\tilde{p}_0$

$\tilde{p}_0(\cdot\,,\cdot)$ ist eine Wahrscheinlichkeitsverteilung auf $\mathcal{S} \times \mathcal{U} = \tilde{\mathcal{S}}$

Bewegungsgesetz $\mathfrak{p} = (\tilde{p}_n)_{n=1,2,\dots}$[1])

$\tilde{p}_n$ ist eine Wahrscheinlichkeitsverteilung der Form

$\tilde{p}_n(\cdot\,,\cdot \mid h_{n-1}, \mathfrak{u}_{n-1}, d_{n-1}),\quad h_{n-1} \in \mathcal{H}_{n-1}\,,\quad \mathfrak{u}_{n-1} \in \mathcal{U}^n\,,\quad d_{n-1} \in \mathcal{D}$ auf $\tilde{\mathcal{S}}$.

---

[1]) Vgl. Fußnote Seite 14.

Kostenstruktur $\tilde{\mathfrak{k}} = (\tilde{k}_n)_{n=1,2,\dots}$

$\tilde{k}_n$ bezeichnet eine sog. (*kumulative*) *Kostenfunktion* $\tilde{k}_n \mid \tilde{\mathcal{H}}_n \to \mathbb{R}$. Im Fall $N = \infty$ definieren wir für $\tilde{h}_\infty = (s_0, u_0, d_0, \dots, d_{n-1}, s_n, u_n, \dots)$ mit $a_n\tilde{h}_\infty = (s_0, u_0, d_0, \dots, d_{n-1}, s_n, u_n)$ den Wert

$$\tilde{k}_\infty(\tilde{h}_\infty) = \overline{\lim_{n\to\infty}}\, \tilde{k}_n(a_n\tilde{h}_\infty) .$$

Strategie $\vartheta = (\delta_n)_{n=0,1,2,\dots}$

δ_n bezeichnet eine *Entscheidungsfunktion* (zum Zeitpunkt n)

$$\delta_n \mid \mathcal{H}_n \to \mathcal{D}, \qquad 0 \leqq n < N .$$

Hierbei wird dem der Realität entsprechenden Sachverhalt Rechnung getragen, daß Entscheidungen nur auf Grund der beobachtbaren Vergangenheiten getroffen werden können.

Menge der zulässigen Strategien Θ, $\vartheta \in \Theta$.

Indem für δ_n die gleichen Abhängigkeiten wie im Grundmodell 1.1.1 vorliegen, ergibt sich eine sinngemäße Übernahme z.B. des Begriffs der „Verträglichkeit" von Strategien und beobachtbaren Vergangenheiten mit der Kennzeichnung $\vartheta \sim h_n$ (s. 1.1.2). Das durch $(N, \tilde{\mathcal{S}}, \mathcal{D}, \tilde{p}_0, \tilde{\mathfrak{p}}, \tilde{\mathfrak{k}}, \Theta)$ vorangehend gekennzeichnete Modell bezeichnen wir als ein *dynamisches System bei unvollständiger Beobachtung* (DSu).

Ist die Menge $\mathcal{U}$ der unbeobachtbaren Komponente speziell einelementig, so ergibt sich der in Abschnitt 1.1 betrachtete Fall eines vollständig beobachtbaren Prozesses. Andererseits ist das Modell für ein dynamisches System bei unvollständiger Beobachtung ein Spezialfall eines Grundmodells (im Sinne von Abschnitt 1.1.1), bei welchem die Zustände aus zwei Komponenten bestehen und die zulässigen Strategien von einer dieser Komponenten nicht abhängen. Auf diesen Zusammenhang wird sich die in Abschnitt 1.9.4 vorgenommene Reduktion des Systems DSu auf ein Grundmodell DS stützen.

1.9.2. Einführung eines gesteuerten stochastischen Prozesses

Die Einführung eines gesteuerten stochastischen Prozesses erfolgt in unmittelbarer Analogie zum Vorgehen in 1.1.3. Für $\tilde{\Omega} = \tilde{\mathcal{S}} \times \tilde{\mathcal{S}} \times \dots$ mit $\tilde{\omega} = \big((s_0, u_0), (s_1, u_1), \dots, (s_n, u_n), \dots\big) \in \tilde{\Omega}$ und $\tilde{\mathfrak{F}} = \mathfrak{P}(\tilde{\mathcal{S}}) \otimes \mathfrak{P}(\tilde{\mathcal{S}}) \otimes \dots$ definieren wir durch die Koordinatenvariablen $X_n(\tilde{\omega}) := s_n$, $Y_n(\tilde{\omega}) := u_n$, $n = 0, 1, \dots$, die Prozesse $X := (X_n)$ bzw. $Y := (Y_n)$ der beobachtbaren bzw. unbeobachtbaren Komponente und durch $\tilde{X}_n(\tilde{\omega}) = (s_n, u_n)$, $n = 0, 1, \dots$, einen gesteuerten stochastischen Prozeß $\tilde{X} := (\tilde{X}_n)$ auf dem Wahrscheinlichkeitsraum $[\tilde{\Omega}, \tilde{\mathfrak{F}}, \tilde{\mathsf{P}}_\vartheta]$. Dabei gelten mit $\mathfrak{S}_n := (X_0, X_1, \dots, X_n)$ und $\mathfrak{U}_n := (Y_0, Y_1, \dots, Y_n)$ sowie mit der Bezeichnung (vgl. (1.1.1))

$$\tilde{p}_{n,\vartheta}(s, u \mid \mathfrak{s}_{n-1}, \mathfrak{u}_{n-1}) := \tilde{p}_n(s, u \mid h_{n-1}, \mathfrak{u}_{n-1}, d_{n-1}), \qquad n = 1, 2, \dots \tag{1}$$

für $\vartheta = (\delta_k) \sim h_{n-1}$, $\mathfrak{s}_{n-1} = \mathfrak{s}_{n-1}(h_{n-1})$, $\delta_{n-1}(h_{n-1}) = n - 1$ die zueinander äquivalenten Beziehungen (vgl. (1.1.2) und (1.1.3))

$$\tilde{\mathsf{P}}_\vartheta(X_0 = s_0, Y_0 = u_0) = \tilde{p}_0(s_0, u_0) , \tag{2}$$

$$\begin{aligned}
&\tilde{\mathsf{P}}_\vartheta(\tilde{X}_n = (s, u) \mid \tilde{X}_0 = (s_0, u_0), \dots, \tilde{X}_{n-1} = (s_{n-1}, u_{n-1})\big) \\
&= \tilde{\mathsf{P}}_\vartheta(\tilde{X}_n = (s, u) \mid \mathfrak{S}_{n-1} = \mathfrak{s}_{n-1}, \mathfrak{U}_{n-1} = \mathfrak{u}_{n-1}) \\
&= \tilde{p}_{n,\vartheta}(s, u \mid \mathfrak{s}_{n-1}, \mathfrak{u}_{n-1}) , \qquad n = 1, 2, \dots ,
\end{aligned}$$

und

$$\tilde{\mathsf{P}}_\vartheta(\mathfrak{S}_n = \mathfrak{s}_n, \mathfrak{U}_n = \mathfrak{u}_n) = \tilde{p}_0(s_0, u_0) \prod_{\nu=1}^{n} \tilde{p}_{\nu,\vartheta}(s_\nu, u_\nu \mid \mathfrak{s}_{\nu-1}, \mathfrak{u}_{\nu-1}) , \tag{2'}$$

$$n = 1, 2, \ldots, \mathfrak{s}_{\nu-1} = a_{\nu-1}\mathfrak{s}_n , \qquad \mathfrak{u}_{\nu-1} = a_{\nu-1}\mathfrak{u}_n , \qquad 1 \leqq \nu \leqq n .$$

Entsprechend 1.1.2 verwenden wir bei $\vartheta = (\delta_k) \sim h_n$, $\mathfrak{s}_n = \mathfrak{s}_n(h_n)$, $\mathfrak{u}_n = \mathfrak{u}_n(\tilde{h}_n)$ die Kennzeichnung von $\tilde{h}_n$ auf Grund von $\mathfrak{s}_n$, $\mathfrak{u}_n$ und ϑ durch $\tilde{h}_n^\vartheta(\mathfrak{s}_n, \mathfrak{u}_n)$ sowie von h_n auf Grund von $\mathfrak{s}_n$ und ϑ durch $h_n^\vartheta(\mathfrak{s}_n)$. Wie im Grundmodell (vgl. 1.1.3) wird durch $\delta_n(h_n^\vartheta(\mathfrak{S}_n)) =: D_n$, $n \geqq 0$, mit $D := (D_n)$ der zugehörige *Strategie-Prozeß* definiert. Da die Entscheidungsfunktionen δ_n, $n = 0, 1, \ldots$, von der unbeobachtbaren Komponente unabhängig sind, kann als zugrundeliegender Wahrscheinlichkeitsraum für den Strategieprozeß anstelle von $[\tilde{\Omega}, \tilde{\mathfrak{F}}, \tilde{\mathsf{P}}_\vartheta]$ auch einfacher $[\Omega, \mathfrak{F}, \mathsf{P}_\vartheta]$ betrachtet werden, wobei $\Omega = \mathcal{S} \times \mathcal{S} \times \ldots$ und $\mathfrak{F} = \mathfrak{P}(\mathcal{S}) \otimes \mathfrak{P}(\mathcal{S}) \otimes \ldots$ gilt und das Maß P_ϑ durch $\mathsf{P}_\vartheta(A) = \tilde{\mathsf{P}}_\vartheta(A \times \mathcal{U})$, $A \in \mathfrak{F}$, erklärt ist.
Wir verwenden noch die Bezeichnungen

$$\tilde{H}_n := (X_0, Y_0, D_0, X_1, D_1, \ldots, D_{n-1}, X_n, Y_n) ,$$

$$H_n := (X_0, D_0, X_1, D_1, \ldots, D_{n-1}, X_n) .$$

Bei $\vartheta \sim H_n$, d. h. $\vartheta \sim H_n(\omega)$ für P_ϑ-fast alle ω schreiben wir auch

$$\tilde{H}_n = \tilde{H}_n^\vartheta(\mathfrak{S}_n, \mathfrak{U}_n) \quad \text{und} \quad H_n = H_n^\vartheta(\mathfrak{S}_n) ,$$

$$\tilde{H}_\infty := (X_0, Y_0, D_0, \ldots, X_n, Y_n, D_n, \ldots) .$$

$\vartheta \sim \tilde{H}_\infty$ bedeutet $\vartheta \sim a_n\tilde{H}_\infty$ für alle $n \geqq 0$ (vgl. 1.1.4).

1.9.3. Aufgabenstellung

Entsprechend (1.1.3) betrachten wir für $\vartheta \sim H_n$, $n \geqq 1$, die zufälligen Kosten

$$\tilde{k}_n(\tilde{H}_n) = k_{n,\vartheta}(\mathfrak{S}_n, \mathfrak{U}_n) =: \tilde{K}_{n,\vartheta} . \tag{3}$$

Im Fall $N = \infty$ definieren wir für $\vartheta \sim \tilde{H}_\infty$ (vgl. (1.1.3'))

$$\tilde{K}_{\infty,\vartheta} := \overline{\lim_{n\to\infty}} \, \tilde{k}_n(a_n\tilde{H}_\infty) . \tag{3'}$$

Die Aufgabe besteht nun in der Minimierung der *Zielfunktion*

$$\tilde{v}_\vartheta = \tilde{\mathsf{E}}_\vartheta(\tilde{K}_{N,\vartheta})^{1)} . \tag{4}$$

Wir betrachten hierzu

$$\tilde{v}^* := \inf_{\vartheta \in \Theta} \tilde{v}_\vartheta \tag{5}$$

und nennen eine Strategie $\vartheta^* \in \Theta$ *optimal*, wenn $\tilde{v}^* = \tilde{v}_{\vartheta^*} \leqq \tilde{v}_\vartheta$ für alle $\vartheta \in \Theta$ gilt (vgl. (1.1.5), (1.1.6)).

1.9.4. Reduktion auf ein Grundmodell

Die Behandlung des vorangehend beschriebenen Modells DSu erfolgt analog zum Modell BDS (Abschnitt 1.8) durch Reduktion auf ein Grundmodell (Abschnitt 1.1). Indem zwar die kumulativen Kostenfunktion, nicht aber die Entscheidungsfunktionen

[1]) Die Bildung des Erwartungswertes $\tilde{\mathsf{E}}_\vartheta(\cdot)$ versteht sich bezüglich des Maßes $\tilde{\mathsf{P}}_\vartheta$.

von der unbeobachtbaren Komponente des Prozesses abhängen, ist es möglich, bei Kenntnis der bedingten Wahrscheinlichkeiten $\tilde{\mathsf{P}}_\vartheta(\mathfrak{U}_n = \mathfrak{u}_n \mid \mathfrak{S}_n = \mathfrak{s}_n)$ ein auf die beobachtbare Komponente bezogenes — also vollständig beobachtbares — Grundmodell zu bilden, dessen Zielfunktion mit der des (nicht vollständig beobachtbaren) Ausgangsmodell in Abhängigkeit von der Strategie ϑ in den Werten übereinstimmt. Hierfür definieren wir Anfangsverteilung (6), Bewegungsgesetz (7), (7') und (kumulative) Kostenfunktionen (8), (8'), (8'') gemäß

$$\tilde{p}_0(s) := \tilde{\mathsf{P}}_\vartheta(X_0 = s) = \sum_u \tilde{p}_0(s, u)\,, \tag{6}$$

$$p_{n,\vartheta}(s \mid \mathfrak{s}_{n-1}) := \begin{cases} \tilde{\mathsf{P}}_\vartheta(X_n = s \mid \mathfrak{S}_{n-1} = \mathfrak{s}_{n-1})\,, & \text{falls } \tilde{\mathsf{P}}_\vartheta(\mathfrak{S}_{n-1} = \mathfrak{s}_{n-1}) > 0\,, \\ 0\,, & \text{falls } \tilde{\mathsf{P}}_\vartheta(\mathfrak{S}_{n-1} = \mathfrak{s}_{n-1}) = 0\,, \end{cases} \tag{7}$$

$$p_n(s \mid h_{n-1}, d) := p_{n,\vartheta}(s \mid \mathfrak{s}_{n-1})\,, \quad \vartheta = (\delta_k) \sim h_{n-1}\,, \quad h_{n-1} = h_{n-1}^{\vartheta}(\mathfrak{s}_{n-1})\,,$$
$$d = \delta_{n-1}(h_{n-1}) \tag{7'}$$

$$K_{n,\vartheta} := \tilde{\mathsf{E}}_\vartheta(\tilde{K}_{n,\vartheta} \mid \mathfrak{S}_n)\,, \tag{8}$$

$$k_{n,\vartheta}(\mathfrak{s}_n) := \tilde{\mathsf{E}}_\vartheta(\tilde{K}_{n,\vartheta} \mid \mathfrak{S}_n = \mathfrak{s}_n) = \sum_{\mathfrak{u}_n} \tilde{k}_{n,\vartheta}(\mathfrak{s}_n, \mathfrak{u}_n)\, \tilde{\mathsf{P}}_\vartheta(\mathfrak{U}_n = \mathfrak{u}_n \mid \mathfrak{S}_n = \mathfrak{s}_n)\,,$$
$$k_n(h_n) := k_{n,\vartheta}(\mathfrak{s}_n)\,, \quad \vartheta = (\delta_k) \sim h_n\,, \quad h_n = h_n^{\vartheta}(\mathfrak{s}_n)\,, \tag{8'}$$

und im Fall $N = \infty$ (vgl. (3'))

$$K_{\infty,\vartheta} := \overline{\lim_{n\to\infty}}\, \tilde{\mathsf{E}}_\vartheta(\tilde{K}_{n,\vartheta} \mid a_n \mathfrak{S}_\infty)\,. \tag{8''}$$

Damit ist (mittels $\tilde{\mathsf{P}}_\vartheta$) ein Grundmodell $(N, \mathscr{S}, \mathscr{D}, p_0, (p_n), (k_n), \Theta)$ definiert, das durch DSü gekennzeichnet werden soll. Wir stellen nun im folgenden einen direkten formelmäßigen Zusammenhang zwischen den Bewegungsgesetzen und den Zielfunktionen der beiden Modelle DSu und DSü her. Hierfür gehen wir von der bedingten Wahrscheinlichkeit für die unbeobachtbare n-Vergangenheit bei bekannter beobachtbarer n-Vergangenheit aus:

$$\tilde{q}_{n,\vartheta}(\mathfrak{u}_n \mid \mathfrak{s}_n) := \begin{cases} \tilde{\mathsf{P}}_\vartheta(\mathfrak{U}_n = \mathfrak{u}_n \mid \mathfrak{S}_n = \mathfrak{s}_n)\,, & \text{falls } \tilde{\mathsf{P}}_\vartheta(\mathfrak{S}_n = \mathfrak{s}_n) > 0\,, \\ 0\,, & \text{falls } \tilde{\mathsf{P}}_\vartheta(\mathfrak{S}_n = \mathfrak{s}_n) = 0\,, \end{cases} \tag{9}$$

$$\tilde{q}_n(\mathfrak{u}_n \mid h_n) := \tilde{q}_{n,\vartheta}(\mathfrak{u}_n \mid \mathfrak{s}_n)\,, \quad \vartheta \sim h_n\,, \quad h_n = h_n^{\vartheta}(\mathfrak{s}_n)\,, \quad n = 0, 1, \ldots\,. \tag{9'}$$

Offenbar ist

$$\tilde{q}_0(u \mid s) = \frac{\tilde{p}_0(s, u)}{p_0(s)} \quad \text{für} \quad p_0(s) > 0\,, \quad \tilde{q}_0(u \mid s) = 0 \quad \text{für} \quad p_0(s) = 0\,. \tag{10}$$

Auf Grund elementarer Formeln gilt

$$\tilde{\mathsf{P}}_\vartheta(\mathfrak{U}_n = \mathfrak{u}_n \mid \mathfrak{S}_n = \mathfrak{s}_n)$$
$$= \tilde{\mathsf{P}}_\vartheta(\mathfrak{U}_n = \mathfrak{u}_n\,, X_n = s_n \mid \mathfrak{S}_{n-1} = \mathfrak{s}_{n-1}) \,/\, \tilde{\mathsf{P}}_\vartheta(X_n = s_n \mid \mathfrak{S}_{n-1} = \mathfrak{s}_{n-1})\,,$$

$$\tilde{\mathsf{P}}_\vartheta(\mathfrak{U}_n = \mathfrak{u}_n, X_n = s_n \mid \mathfrak{S}_{n-1} = \mathfrak{s}_{n-1}) = \tilde{\mathsf{P}}_\vartheta(\mathfrak{U}_n = \mathfrak{u}_n, X_n = s_n \mid$$
$$\mathfrak{S}_{n-1} = \mathfrak{s}_{n-1}\,, \mathfrak{U}_{n-1} = \mathfrak{u}_{n-1})\, \tilde{\mathsf{P}}_\vartheta(\mathfrak{U}_{n-1} = \mathfrak{u}_{n-1} \mid \mathfrak{S}_{n-1} = \mathfrak{s}_{n-1})\,,$$

$$\tilde{\mathsf{P}}_\vartheta(X_n = s_n \mid \mathfrak{S}_{n-1} = \mathfrak{s}_{n-1}) = \sum_{\mathfrak{u}_n} \tilde{\mathsf{P}}_\vartheta(\mathfrak{U}_n = \mathfrak{u}_n, X_n = s_n \mid \mathfrak{S}_{n-1} = \mathfrak{s}_{n-1})\,.$$

Hieraus ergibt sich für $h_{n-1} \in \mathcal{H}_{n-1}, d \in \mathcal{D}, s \in \mathcal{S}, \mathfrak{u}_{n-1} \in \mathcal{U}^n$, $u \in \mathcal{U}$ im Fall $p_n(s \mid h_{n-1}, d) > 0$ die *Rekursionsbeziehung*

$$\tilde{q}_n(\mathfrak{u}_{n-1}, u \mid h_{n-1}, d, s) = \frac{\tilde{q}_{n-1}(\mathfrak{u}_{n-1} \mid h_{n-1})\, \tilde{p}_n(s, u \mid h_{n-1}, \mathfrak{u}_{n-1}, d)}{\sum\limits_{\mathfrak{u}'_{n-1}} \tilde{q}_{n-1}(\mathfrak{u}'_{n-1} \mid h_{n-1}) \left(\sum\limits_{u'} \tilde{p}_n(s, u' \mid h_{n-1}, \mathfrak{u}'_{n-1}, d)\right)}, \tag{11}$$

$n = 1, 2, \dots$.

Unter Beachtung von

$$\tilde{\mathsf{P}}_\vartheta(X_n = s \mid \mathfrak{S}_{n-1} = \mathfrak{s}_{n-1}) = \sum_{\mathfrak{u}_{n-1}} \tilde{\mathsf{P}}_\vartheta(\mathfrak{U}_{n-1} = \mathfrak{u}_{n-1} \mid \mathfrak{S}_{n-1} = \mathfrak{s}_{n-1}) \times$$
$$\times \left(\sum_u \tilde{\mathsf{P}}_\vartheta(X_n = s, Y_n = u \mid \mathfrak{S}_{n-1} = \mathfrak{s}_{n-1}, \ \mathfrak{U}_{n-1} = \mathfrak{u}_{n-1})\right)$$

gelten somit nach (7) bzw. (7′) die Darstellungen

$$p_{n,\vartheta}(s \mid \mathfrak{s}_{n-1}) = \sum_{\mathfrak{u}_{n-1}} \tilde{q}_{n-1,\vartheta}(\mathfrak{u}_{n-1} \mid \mathfrak{s}_{n-1}) \left(\sum_u \tilde{p}_{n,\vartheta}(s, u \mid \mathfrak{s}_{n-1}, \mathfrak{u}_{n-1})\right) \tag{12}$$

bzw. für $\vartheta \sim h_{n-1}$ und $h_{n-1} = h^\vartheta_{n-1}(\mathfrak{s}_{n-1})$

$$p_n(s \mid h_{n-1}, d) = \sum_{\mathfrak{u}_{n-1}} \tilde{q}_{n-1}(\mathfrak{u}_{n-1} \mid h_{n-1}) \left(\sum_u \tilde{p}_n(s, u \mid h_{n-1}, \mathfrak{u}_{n-1}, d)\right) \tag{12'}$$

sowie

$$k_{n,\vartheta}(\mathfrak{s}_n) = \sum_{\mathfrak{u}_n} \tilde{q}_{n,\vartheta}(\mathfrak{u}_n \mid \mathfrak{s}_n)\, \tilde{k}_{n,\vartheta}(\mathfrak{s}_n, \mathfrak{u}_n), \qquad \mathfrak{s}_n \in \mathcal{S}^{n+1}, \tag{13}$$

bzw. für $\vartheta \sim h_n$ und $h_n = h^\vartheta_n(\mathfrak{s}_n)$

$$k_n(h_n) = \sum_{\mathfrak{u}_n} \tilde{q}_n(\mathfrak{u}_n \mid h_n)\, \tilde{k}_n(h_n, \mathfrak{u}_n), \qquad h_n \in \mathcal{H}_n, \tag{13'}$$

$n = 1, 2, \dots$.

Entsprechend den Überlegungen für das Grundmodell (vgl. 1.1.3) existiert zu jeder Strategie $\vartheta \in \Theta$ ein gesteuerter stochastischer Prozeß X'_ϑ über einem Wahrscheinlichkeitsraum $[\Omega, \mathfrak{F}, \mathsf{P}'_\vartheta]$ mit $\Omega = \mathop{\times}\limits_0^N \mathcal{S}, \mathfrak{F} = \bigotimes\limits_0^N \mathfrak{P}(\mathcal{S})$, wobei für $\omega = (s_0, s_0, \dots) \in \Omega$ der Zusammenhang $X'_n(\omega) = s_n$ besteht. Dabei gilt für $n = 1, 2, \dots$ (vgl. (1.1.2))

$$\mathsf{P}'_\vartheta(X'_n = s \mid \mathfrak{S}'_{n-1} = \mathfrak{s}_{n-1}) = p_{n,\vartheta}(s \mid \mathfrak{s}_{n-1}), \qquad \mathfrak{S}'_{n-1} = (X'_0, X'_1, \dots, X'_{n-1}),$$
$$\mathfrak{s}_{n-1} \in \mathcal{S}^n,$$

und wegen (7) auch

$$\mathsf{P}'_\vartheta(X'_n = s \mid \mathfrak{S}'_{n-1} = \mathfrak{s}_{n-1}) = \tilde{\mathsf{P}}_\vartheta(X_n = s \mid \mathfrak{S}_{n-1} = \mathfrak{s}_{n-1}),$$

woraus in Verbindung mit $\mathsf{P}'_\vartheta(X'_0 = s_0) = \tilde{\mathsf{P}}_\vartheta(X_0 = s_0)$ (vgl. (6)) die Beziehung

$$\mathsf{P}'_\vartheta(\mathfrak{S}'_n = \mathfrak{s}_n) = \tilde{\mathsf{P}}_\vartheta(\mathfrak{S}_n = \mathfrak{s}_n), \qquad \mathfrak{s}_n \in \mathcal{S}^{n+1}, \tag{14}$$

folgt. Damit gilt für $m \geqq n \geqq 0$ unter Beachtung von (8) und (14)

$$\tilde{\mathsf{E}}_\vartheta(\tilde{K}_{m,\vartheta} \mid \mathfrak{S}_n) = \tilde{\mathsf{E}}_\vartheta[(\tilde{\mathsf{E}}_\vartheta(\tilde{K}_{m,\vartheta} \mid \mathfrak{S}_m)) \mid \mathfrak{S}_n] = \tilde{\mathsf{E}}_\vartheta(K_{m,\vartheta} \mid \mathfrak{S}_n) = \mathsf{E}'_\vartheta(K_{m,\vartheta} \mid \mathfrak{S}'_n)^{1)} \tag{15}$$

und somit speziell für $m = N$ (vgl. (3′) und (8″))

$$\tilde{\mathsf{E}}_\vartheta(\tilde{K}_{N,\vartheta} \mid \mathfrak{S}_n = \mathfrak{s}_n) = \mathsf{E}'_\vartheta(K_{N,\vartheta} \mid \mathfrak{S}'_n = \mathfrak{s}_n). \tag{15'}$$

Mit $\tilde{K}_{0,\vartheta} := K_{0,\vartheta} = 0$ und den Bezeichnungen (vgl. 1.1.5)

$$\tilde{K}_{N,\vartheta} - \tilde{K}_{n,\vartheta} =: \tilde{R}_{n+1,\vartheta}, \qquad K_{N,\vartheta} - K_{n,\vartheta} =: R_{n+1,\vartheta}, \qquad n \geqq 0,$$

[1]) Die Bildung des Erwartungswertes $\mathsf{E}'_\vartheta(\cdot)$ versteht sich bezüglich des Maßes P'_ϑ.

folgt demnach auf Grund von (15) und (15′) für $n \geqq 0$ und $\mathfrak{s}_n \in \mathscr{S}^{n+1}$

$$\tilde{v}_{n,\vartheta}(\mathfrak{s}_n) := \tilde{\mathsf{E}}_\vartheta(\tilde{R}_{n+1,\vartheta} \mid \mathfrak{S}_n = \mathfrak{s}_n) = \mathsf{E}'_\vartheta(R_{n+1,\vartheta} \mid \mathfrak{S}'_n = \mathfrak{s}_n) =: v_{n,\vartheta}(\mathfrak{s}_n) \tag{16}$$

und (vgl. (4) und (6))

$$\tilde{v}_\vartheta = \sum_{s,u} \tilde{p}_0(s, u)\, \tilde{\mathsf{E}}_\vartheta(\tilde{R}_{1,\vartheta} \mid X_0 = s) = \sum_{s,u} \tilde{p}_0(s, u)\, \mathsf{E}'_\vartheta(R_{1,\vartheta} \mid X'_0 = s) =$$

$$= \sum_s p_0(s)\, v_{0,\vartheta}(s) = v_\vartheta\,. \tag{16'}$$

Also gilt

$$\tilde{v}^* = \inf_{\vartheta \in \Theta} \tilde{v}_\vartheta = \inf_{\vartheta \in \Theta} v_\vartheta = v^* \tag{17}$$

sowie (vgl. Bezeichnungen 1.2.3.c))

$$\tilde{v}^*_{\vartheta|n}(\mathfrak{s}_n) =: \inf_{\eta \in \Theta_{n-1}(\vartheta)} \tilde{v}_{n,\eta}(\mathfrak{s}_n) = \inf_{\eta \in \Theta_{n-1}(\vartheta)} v_{n,\eta}(\mathfrak{s}_n) = v^*_{\vartheta|n}(\mathfrak{s}_n)\,. \tag{18}$$

Hieraus ergibt sich die Gleichheit minimaler Rest- und Gesamtkosten (vgl. (1.1.16)) sowie optimaler Strategien für die Modelle DSu: $(N, \tilde{\mathscr{S}}, \mathscr{D}, \tilde{p}_0, \tilde{\mathfrak{p}}, \tilde{\mathfrak{k}}, \Theta)$ und DSū: $(N, \mathscr{S}, \mathscr{D}, p_0, (p_n), (k_n), \Theta)$ (vgl. (6), (12′), (13)), womit die Zurückführung eines Modells DSu mit unvollständiger Beobachtbarkeit auf ein Grundmodell mit vollständiger Beobachtbarkeit (im Sinne von Abschnitt 1.1) vollzogen ist.

1.10. Ein allgemeines Modell eines diskreten dynamischen Systems (bayessches dynamisches System bei unvollständigen Beobachtungen)

Wir untersuchen jetzt den allgemeinen Fall, in welchem die in den Abschnitten 1.8 und 1.9 einzeln behandelten verallgemeinerten Problemstellungen zum Grundmodell von Abschnitt 1.1 vorliegen, d. h., wir betrachten das Modell eines diskreten dynamischen Systems, bei welchem anstelle eines bekannten Bewegungsgesetzes eine Familie von Bewegungsgesetzen, versehen mit einer A-priori-Verteilung, gegeben ist und der zu steuernde Prozeß nur teilweise beobachtet werden kann. Auch hier soll eine Reduktion auf das Grundmodell im Sinne von Abschnitt 1.1 erfolgen, wodurch eine Übertragung der dort abgeleiteten Aussagen ermöglicht wird. In der folgenden Darstellung werden wir die Überlegungen aus den Abschnitten 1.8 und 1.9 weitgehend übernehmen, wobei einfach zu sehende Modifikationen dem Leser überlassen werden dürfen.

1.10.1. Modell und Aufgabenstellung

Zeitbereich T_N

$$T_N = \begin{cases} \{0, 1, \dots, N\} & \text{für } N < \infty\,, \\ \{0, 1, \dots\} & \text{für } N = \infty\,. \end{cases}$$

Zustandsmenge $\tilde{\mathscr{S}} = \mathscr{S} \times \mathscr{U}$

$\mathscr{S}$: Menge der *beobachtbaren Komponente*, $s \in \mathscr{S}$,

$\mathscr{U}$: Menge der *unbeobachtbaren Komponente*, $u \in \mathscr{U}$,

$\mathscr{S}$ und $\mathscr{U}$ werden als abzählbar und nichtleer vorausgesetzt; somit ist auch $\tilde{\mathscr{S}}$ nichtleer und abzählbar.

Entscheidungsmenge $\mathcal{D}$

$\mathcal{D}$ wird als nichtleer vorausgesetzt; die Elemente von $\mathcal{D}$ werden mit d gekennzeichnet.

Es bezeichnet $\tilde{h}_n = (s_0, u_0, d_0, \dots, d_{n-1}, s_n, u_n) \in \tilde{\mathcal{H}}_n$ eine *n-Vergangenheit* und $h_n = (s_0, d_0, \dots, d_{n-1}, s_n) \in \mathcal{H}_n$ eine *beobachtbare n-Vergangenheit.* $\mathfrak{s}_n = (s_0, s_1, \dots, s_n) \in \mathcal{S}^{n+1}$ ist eine *n-Vergangenheit der beobachtbaren Zustände* und $\mathfrak{u}_n = (u_0, u_1, \dots, u_n) \in \mathcal{U}^{n+1}$.

Anfangsverteilung $\tilde{p}_0$

$\tilde{p}_0(.\,,.)$ ist eine Wahrscheinlichkeitsverteilung auf $\mathcal{S} \times \mathcal{U} = \tilde{\mathcal{S}}$.

Bewegungsgesetz $\tilde{\mathfrak{p}}_A = (\tilde{p}_n^\alpha)_{n=1,2,\dots}$

$\tilde{p}_n^\alpha$ bedeutet für jedes $\alpha \in A$ eine Wahrscheinlichkeitsverteilung der Form

$$\tilde{p}_n^\alpha(.\,,.\mid h_{n-1}, \mathfrak{u}_{n-1}, d_{n-1}), \qquad h_{n-1} \in \mathcal{H}_{n-1}, \qquad \mathfrak{u}_{n-1} \in \mathcal{U}^n, \qquad d_{n-1} \in \mathcal{D}$$

auf $\tilde{\mathcal{S}}$.

A-priori-Verteilung π auf $[A, \mathfrak{A}]$

$\mathfrak{A}$ ist eine im Zusammenhang mit π vorgegebene σ-Algebra von A.

Kostenstruktur $\tilde{\mathfrak{k}} = (\tilde{k}_n)_{n=1,2,\dots}$

$\tilde{k}_n$ bezeichnet eine sog. (kumulative) Kostenfunktion $\tilde{k}_n \mid \tilde{\mathcal{H}}_n \to \mathbb{R}$. Im Fall $N = \infty$ definieren wir für $\tilde{h}_\infty = (s_0, u_0, d_0, \dots, d_{n-1}, s_n, u_n, \dots)$ mit $a_n\tilde{h}_\infty = (s_0, u_0, d_0, \dots, d_{n-1}, s_n, u_n)$ den Wert $\tilde{k}_\infty(\tilde{h}_\infty) := \varliminf_{n\to\infty} k_n(a_n\tilde{h}_\infty)$.

Strategie $\vartheta = (\delta_n)_{n=0,1,2,\dots}$

δ_n bezeichnet eine *Entscheidungsfunktion* (zum Zeitpunkt n)

$$\delta_n \mid \mathcal{H}_n \to \mathcal{D}, \quad \text{d. h.} \quad h_n \to \delta_n(h_n) = d_n, \qquad 0 \leqq n < N.$$

Menge der zulässigen Strategien Θ, $\vartheta \in \Theta$.

Mit den vorangehend aufgeführten Größen $(N, \tilde{\mathcal{S}}, \mathcal{D}, A, \pi, \tilde{p}_0, \tilde{\mathfrak{p}}_A, \tilde{\mathfrak{k}}, \Theta)$ wird ein *bayessches dynamisches System bei unvollständiger Beobachtung* — Bezeichnung: BDSu — definiert.

Eine Vielzahl von Bezeichnungen und Begriffen, z.B. die Verträglichkeit $\vartheta \sim h_n$ einer Strategie ϑ mit einer beobachtbaren n-Vergangenheit h_n, kann ohne weitere Erklärung vom Grundmodell (Abschnitt 1.1, vgl. auch die Abschnitte 1.8 und 1.9) übernommen werden. Für jedes $\alpha \in A$ liegt ein System DSu im Sinne von Abschnitt 1.9 vor. Also existiert für jedes $\alpha \in A$ und zu jedem $\vartheta \in \Theta$ ein Maß $\tilde{\mathsf{P}}_\vartheta^\alpha$ auf dem meßbaren Raum $[\tilde{\Omega}, \tilde{\mathfrak{F}}]$ mit $\tilde{\Omega} = \bigotimes_0^N \tilde{\mathcal{S}}$ und $\tilde{\mathfrak{F}} = \bigtimes_0^N \mathfrak{P}(\tilde{\mathcal{S}})$. Durch $\tilde{X}_n(\tilde{\omega}) = (s_n, u_n)$, $n = 0, 1, \dots$, $\tilde{\omega} \in \tilde{\Omega}$, wird auf dem Wahrscheinlichkeitsraum $[\tilde{\Omega}, \tilde{\mathfrak{F}}, \tilde{\mathsf{P}}_\vartheta^\alpha]$ ein stochastischer Prozeß $\tilde{X} = (\tilde{X}_n)$ mit $\tilde{X}_n = (X_n, Y_n)$, $n = 0, 1, \dots$, definiert. Wir kennzeichnen noch die Komponentenprozesse $X = (X_n)_{n=0,1,\dots}$, $Y = (Y_n)_{n=0,1,\dots}$ mit $X_n(\tilde{\omega}) = s_n$, $Y_n(\tilde{\omega}) = u_n$, $\tilde{\omega} \in \tilde{\Omega}$, sowie die (zufälligen) Zustands-n-Vergangenheiten $\mathfrak{S}_n := (X_0, \dots, X_n)$, $\mathfrak{U}_n = (Y_0, \dots, Y_n)$. Der Zusammenhang zwischen dem Prozeß $\tilde{X}$ einerseits und der

Anfangsverteilung sowie dem Bewegungsgesetz des Modells andererseits ist durch die zueinander äquivalenten Beziehungen

$$\tilde{\mathsf{P}}^\alpha_\vartheta(X_0 = s_0, Y_0 = u_0) = \tilde{p}_0(s_0, u_0)\,, \tag{1}$$

$$\tilde{\mathsf{P}}^\alpha_\vartheta(X_{n+1} = s_{n+1}, Y_{n+1} = u_{n+1} \mid \mathfrak{S}_n = \mathfrak{s}_n, \mathfrak{U}_n = \mathfrak{u}_n)$$
$$= \tilde{p}^\alpha_{n+1}(s_{n+1}, u_{n+1} \mid h_n, \mathfrak{u}_n, d_n) =: p^\alpha_{n+1,\vartheta}(s_{n+1}, u_{n+1} \mid \mathfrak{s}_n, \mathfrak{u}_n)$$

mit

$$\vartheta \sim h_n\,, \qquad \mathfrak{s}_n = \mathfrak{s}_n(h_n)\,, \qquad d_n = \delta_n(h_n)\,, \qquad \vartheta = (\delta_k)$$

und

$$\tilde{\mathsf{P}}^\alpha_\vartheta(\mathfrak{S}_{n+1} = \mathfrak{s}_{n+1}, \mathfrak{U}_{n+1} = \mathfrak{u}_{n+1}) = \tilde{p}_0(s_0, u_0) \prod_{\nu=0}^{n} \tilde{p}^\alpha_{\nu,\vartheta}(s_{\nu+1}, u_{\nu+1} \mid \mathfrak{s}_\nu, \mathfrak{u}_\nu) \tag{1'}$$

mit

$$\mathfrak{s}_\nu = a_\nu \mathfrak{s}_{n+1}\,, \qquad \mathfrak{u}_\nu = a_\nu \mathfrak{u}_{n+1}\,, \qquad 0 \leqq \nu \leqq n\,,$$

gegeben. Gemäß (1.9.4) erhalten wir für jedes $\alpha \in A$ das zugehörige Zielfunktional

$$\tilde{v}^\alpha_\vartheta := \tilde{\mathsf{E}}^\alpha_\vartheta(\tilde{K}_{N,\vartheta}) = \int_{\tilde{\Omega}} \tilde{K}_{N,\vartheta}(\tilde{\omega})\, \tilde{\mathsf{P}}^\alpha_\vartheta(d\tilde{\omega})\,. \tag{2}$$

Entsprechend dem Vorgehen nach Bayes (vgl. 1.8.1) bilden wir mittels der A-priori-Verteilung das π-Mittel der Gesamtkosten

$$\bar{v}_\vartheta := \int_A \tilde{v}^\alpha_\vartheta \pi(d\alpha) = \int_A \Big[\int_{\tilde{\Omega}} \tilde{K}_{N,\vartheta}(\tilde{\omega})\, \tilde{\mathsf{P}}^\alpha_\vartheta(d\tilde{\omega})\Big]\, \pi(d\alpha)\,. \tag{3}$$

(Für die Existenz dieser Größe ist offenbar die $[\mathfrak{B}^1, \mathfrak{A}]$-Meßbarkeit der Wahrscheinlichkeitsverteilungen $\tilde{p}^\alpha_n, \alpha \in A$, erforderlich; vgl. (1.8.3) sowie auch die dort anschließende Bemerkung.)

Für die weitere Durchführung bilden wir (vgl. 1.8.1) den Wahrscheinlichkeitsraum $[A \times \tilde{\Omega}, \mathfrak{A} \otimes \tilde{\mathfrak{F}}, \mathsf{P}_\vartheta]$, wobei das Maß P_ϑ durch

$$\mathsf{P}_\vartheta(M \times \tilde{F}) = \int_M \tilde{\mathsf{P}}^\alpha_\vartheta(\tilde{F})\, \pi(d\alpha)\,, \qquad M \in \mathfrak{A}\,, \qquad \tilde{F} \in \tilde{\mathfrak{F}}\,, \tag{4}$$

definiert wird. Hieraus ergeben sich die Randverteilungen

$$\mathsf{P}_\vartheta(M \times \tilde{\Omega}) = \int_M \tilde{\mathsf{P}}^\alpha_\vartheta(\tilde{\Omega})\, \pi(d\alpha) = \pi(M)\,, \qquad M \in \mathfrak{A}\,, \tag{5}$$

und

$$\mathsf{P}_\vartheta(A \times \tilde{F}) = \int_A \tilde{\mathsf{P}}^\alpha_\vartheta(\tilde{F})\, \pi(d\alpha) =: \bar{\mathsf{P}}_\vartheta(\tilde{F})\,, \qquad \tilde{F} \in \tilde{\mathfrak{F}}\,. \tag{6}$$

Hierbei hat das mit $\bar{\mathsf{P}}_\vartheta$ bezeichnete Maß die Bedeutung der Mischung der Maße $\tilde{\mathsf{P}}^\alpha_\vartheta$ mittels der A-priori-Verteilung π. Es gilt mit (3)

$$\bar{v}_\vartheta = \bar{\mathsf{E}}_\vartheta(K_{N,\vartheta}) = \int_{\tilde{\Omega}} \tilde{K}_{N,\vartheta}(\tilde{\omega})\, \bar{\mathsf{P}}_\vartheta(d\tilde{\omega})\,. \tag{7}$$

Die Aufgabe besteht nun in der Minimierung der Zielfunktion $\bar{v}_\vartheta$. Hierzu betrachten wir

$$\bar{v}^* := \inf_{\vartheta \in \Theta} \bar{v}_\vartheta\,, \tag{8}$$

und wir nennen eine Strategie $\vartheta^* \in \Theta$ *optimal*, wenn

$$\bar{v}^* = \bar{v}_{\vartheta^*} \tag{9}$$

gilt.

1.10.2. Reduktion auf ein Grundmodell

Den Überlegungen sowohl von Abschnitt 1.8 als auch Abschnitt 1.9 folgend, führen wir eine Reduktion des Modells BDSu auf ein Grundmodell DS im Sinne von Abschnitt 1.1 durch, das als Zustandsmenge die Menge $\mathcal{S}$ der beobachtbaren Komponente des Prozesses und eine zu (7) gleichwertige Zielfunktion besitzt. Und zwar definieren wir folgende Größen eines Grundmodells:

Anfangsverteilung

$$\vec{p}_0(s) := \bar{\mathbf{P}}_\vartheta(X_0 = s) = \sum_u \tilde{p}_0(s, u)\,, \qquad s \in \mathcal{S}; \quad \text{vgl. (6), (1)}\,. \tag{10}$$

Bewegungsgesetz

$$\vec{p}_{n+1,\vartheta}(s_{n+1} \mid \mathfrak{s}_n) := \bar{\mathbf{P}}_\vartheta(X_{n+1} = s_{n+1} \mid \mathfrak{S}_n = \mathfrak{s}_n)\,, \qquad n \in \mathbb{N}_0\,. \tag{11}$$

kumulative Kosten

$$\bar{K}'_{n,\vartheta} := \bar{\mathbf{E}}_\vartheta(\tilde{K}_{n,\vartheta} \mid \mathfrak{S}_n)\,, \qquad n = 1, 2, \ldots\,, \quad \text{vgl. (7)}\,, \tag{12}$$

$$\bar{k}'_{n,\vartheta}(\mathfrak{s}_n) := \bar{\mathbf{E}}_\vartheta(\tilde{K}_{n,\vartheta} \mid \mathfrak{S}_n = \mathfrak{s}_n)\,, \quad \bar{k}'_n(h_n) := \bar{k}_{n,\vartheta}(\mathfrak{s}_n)\,, \quad h_n = h_n^\vartheta(\mathfrak{s}_n)\,, \quad \mathfrak{s}_n \in \mathcal{S}^{n+1}\,, \tag{1.2'}$$

vgl. (1.1').

Es folgt für $m > n$ $\bar{\mathbf{P}}_\vartheta$-f.s.

$$\bar{\mathbf{E}}_\vartheta[\bar{K}'_{m,\vartheta} \mid \mathfrak{S}_n] = \bar{\mathbf{E}}_\vartheta[\tilde{K}_{m,\vartheta} \mid \mathfrak{S}_n]\,,$$

$$\bar{\mathbf{E}}_\vartheta[\bar{K}'_{N,\vartheta} - \bar{K}'_{n,\vartheta} \mid \mathfrak{S}_n] = \bar{\mathbf{E}}_\vartheta[\tilde{K}_{N,\vartheta} - \tilde{K}_{n,\vartheta} \mid \mathfrak{S}_n]\,,$$

also (wegen (6), vgl. (1.1.8), (1.1.11'))

$$\bar{V}_{n,\vartheta} := \bar{\mathbf{E}}_\vartheta[\bar{R}'_{n+1,\vartheta} \mid \mathfrak{S}_n] = \bar{\mathbf{E}}_\vartheta[\tilde{R}_{n+1,\vartheta} \mid \mathfrak{S}_n] = \tilde{V}_{n,\vartheta}\,, \qquad n = 0, 1, \ldots\,, \tag{13}$$

bzw. für $\bar{\mathbf{P}}_\vartheta(\mathfrak{S}_n = \mathfrak{s}_n) > 0$ mit $\bar{v}'_{n,\vartheta}(\mathfrak{s}_n) = \bar{\mathbf{E}}_\vartheta[\bar{R}'_{n+1,\vartheta} \mid \mathfrak{S}_n = \mathfrak{s}_n]$ sowie $\bar{v}'_{n,\vartheta}(\mathfrak{s}_n) = \bar{\mathbf{E}}_\vartheta[\tilde{R}_{n+1,\vartheta} \mid \mathfrak{S}_n = \mathfrak{s}_n)$ (vgl. (1.13'))

$$\bar{v}'_{n,\vartheta}(\mathfrak{s}_n) = \tilde{v}_{n,\vartheta}(\mathfrak{s}_n)\,, \qquad n = 0, 1, \ldots\,.$$

Die anschließenden Betrachtungen haben zum Ziel, das in (11) eingeführte Bewegungsgesetz durch das Bewegungsgesetz $\tilde{\mathfrak{p}}_A$ des Modells BDSu formelmäßig auszudrücken. Es gilt

$$\begin{aligned}\bar{\mathbf{P}}_\vartheta&(X_{n+1} = s_{n+1} \mid \mathfrak{S}_n = \mathfrak{s}_n)\\ &= \sum_{\mathfrak{u}_n} \bar{\mathbf{P}}_\vartheta(X_{n+1} = s_{n+1} \mid \mathfrak{S}_n = \mathfrak{s}_n, \mathfrak{U}_n = \mathfrak{u}_n)\, \bar{\mathbf{P}}_\vartheta(\mathfrak{U}_n = \mathfrak{u}_n \mid \mathfrak{S}_n = \mathfrak{s}_n)\end{aligned} \tag{14}$$

sowie

$$\begin{aligned}\bar{\mathbf{P}}_\vartheta&(X_{n+1} = s_{n+1} \mid \mathfrak{S}_n = \mathfrak{s}_n, \mathfrak{U}_n = \mathfrak{u}_n)\\ &= \int_A \tilde{\mathbf{P}}^\alpha_\vartheta(X_{n+1} = s_{n+1} \mid \mathfrak{S}_n = \mathfrak{s}_n, \mathfrak{U}_n = \mathfrak{u}_n)\, \mathbf{P}_\vartheta(d\alpha \times \tilde{\Omega} \mid A \times (\mathfrak{S}_n = \mathfrak{s}_n, \mathfrak{U}_n = \mathfrak{u}_n))\end{aligned} \tag{15}$$

und weiter

$$\bar{\mathbf{P}}_\vartheta(\mathfrak{U}_n = \mathfrak{u}_n \mid \mathfrak{S}_n = \mathfrak{s}_n) = \int_A \tilde{q}^\alpha_{n,\vartheta}(\mathfrak{u}_n \mid \mathfrak{s}_n)\, \mathbf{P}_\vartheta(d\alpha \times \tilde{\Omega} \mid A \times (\mathfrak{S}_n = \mathfrak{s}_n))\,, \tag{16}$$

wobei mit $\vartheta \sim h_n$, $\mathfrak{s}_n = \mathfrak{s}_n(h_n)$

$$\tilde{q}^\alpha_{n,\vartheta}(\mathfrak{u}_n \mid \mathfrak{s}_n) = \tilde{q}^\alpha_n(\mathfrak{u}_n \mid h_n) = \tilde{\mathbf{P}}^\alpha_\vartheta(\mathfrak{U}_n = \mathfrak{u}_n \mid \mathfrak{S}_n = \mathfrak{s}_n) \tag{17}$$

analog zu (1.9.9), (1.9.9′) und (1.9.11) rekursiv definiert ist durch

$$\tilde{q}_n^\alpha(\mathfrak{u}_{n-1}, u \mid h_{n-1}, d, s) = \frac{\tilde{q}_{n-1}^\alpha(\mathfrak{u}_{n-1} \mid h_{n-1}) \cdot \tilde{p}_n^\alpha(s, u \mid h_{n-1}, \mathfrak{u}_{n-1}, d)}{\sum\limits_{\mathfrak{u}'_{n-1}} \tilde{q}_{n-1}^\alpha(\mathfrak{u}'_{n-1} \mid h_{n-1}) \left(\sum\limits_{u'} \tilde{p}_n^\alpha(s, u' \mid h_{n-1}, \mathfrak{u}'_{n-1}, d)\right)} . \tag{17'}$$

Falls der Nenner gleich Null ist, wird $\tilde{q}_n^\alpha(\mathfrak{u}_{n-1}, u \mid h_{n-1}, d, s) = 0$ gesetzt. Speziell folgt (vgl. (1.9.10))

$$\tilde{q}_0(u \mid s) = \begin{cases} \dfrac{\tilde{p}_0(s, u)}{p_0'(s)} & \text{für} \quad p_0'(s) > 0 , \\ 0 & \text{für} \quad p_0'(s) = 0 . \end{cases} \tag{18}$$

Analog (1.8.10) bezeichnen wir für $n = 0, 1, \ldots$

$$\mathbf{P}_\vartheta(M \times \tilde{\Omega} \mid A \times (\mathfrak{S}_n = \mathfrak{s}_n, \mathfrak{U}_n = \mathfrak{u}_n)) = \frac{\int\limits_M \tilde{\mathsf{P}}_\vartheta^\alpha(\mathfrak{S}_n = \mathfrak{s}_n, \mathfrak{U}_n = \mathfrak{u}_n)\, \pi(d\alpha)}{\int\limits_A \tilde{\mathsf{P}}_\vartheta^\alpha(\mathfrak{S}_n = \mathfrak{s}_n, \mathfrak{U}_n = \mathfrak{u}_n)\, \pi(d\alpha)}$$

$$=: \pi_{n,\vartheta}(M \mid \mathfrak{s}_n, \mathfrak{u}_n) , \tag{19}$$

$$\pi_n(M \mid h_n, \mathfrak{u}_n) := \pi_{n,\vartheta}(M \mid \mathfrak{s}_n, \mathfrak{u}_n) \quad \text{für} \quad \vartheta \sim h_n , \qquad \mathfrak{s}_n = \mathfrak{s}_n(h_n) \tag{19'}$$

und

$$\mathbf{P}_\vartheta(M \times \tilde{\Omega} \mid A \times (\mathfrak{S}_n = \mathfrak{s}_n)) = \frac{\int\limits_M \tilde{\mathsf{P}}_\vartheta^\alpha(\mathfrak{S}_n = \mathfrak{s}_n)\, \pi(d\alpha)}{\int\limits_A \tilde{\mathsf{P}}_\vartheta^\alpha(\mathfrak{S}_n = \mathfrak{s}_n)\, \pi(d\alpha)} =: \pi_{n,\vartheta}(M \mid \mathfrak{s}_n) , \tag{20}$$

$$\pi_n(M \mid h_n) := \pi_{n,\vartheta}(M \mid \mathfrak{s}_n) \quad \text{für} \quad \vartheta_n \sim h_n , \qquad \mathfrak{s}_n = \mathfrak{s}_n(h_n) , \tag{20'}$$

wiederum im Fall positiver Nenner; anderenfalls setzen wir die eingeführten Wahrscheinlichkeiten gleich Null.

Für die bedingten Verteilungen $\pi_n(\cdot \mid h_n, \mathfrak{u}_n)$ und $\pi_n(\cdot \mid h_n)$, die für $n = 1, 2, \ldots$ die Bedeutung von A-posteriori-Verteilungen bezüglich des Parameters α haben, lassen sich analog zu (1.8.11) Rekursionsformeln aufstellen. Unter Beachtung von (1) und (19) ergibt sich für (15)

$$\begin{aligned} \overline{\mathbf{P}}_\vartheta(X_{n+1} &= s_{n+1} \mid \mathfrak{S}_n = \mathfrak{s}_n, \mathfrak{U}_n = \mathfrak{u}_n) \\ &= \sum_u \int_A \tilde{p}_{n+1,\vartheta}^\alpha(s_{n+1}, u \mid \mathfrak{s}_n, \mathfrak{u}_n)\, \pi_{n,\vartheta}(d\alpha \mid \mathfrak{s}_n, \mathfrak{u}_n) \\ &= \sum_u \overline{p}_{n+1,\vartheta}(s_{n+1}, u \mid \mathfrak{s}_n, \mathfrak{u}_n) \end{aligned} \tag{21}$$

mit

$$\overline{p}_{n+1,\vartheta}(s_{n+1}, u_{n+1} \mid \mathfrak{s}_n, \mathfrak{u}_n) = \int_A \tilde{p}_{n+1,\vartheta}^\alpha(s_{n+1}, u_{n+1} \mid \mathfrak{s}_n, \mathfrak{u}_n)\, \pi_{n,\vartheta}(d\alpha \mid \mathfrak{s}_n, \mathfrak{u}_n)$$

und nach (16) und (20)

$$\overline{\mathbf{P}}_\vartheta(\mathfrak{U}_n = \mathfrak{u}_n \mid \mathfrak{S}_n = \mathfrak{s}_n) = \int_A \tilde{q}_{n,\vartheta}^\alpha(\mathfrak{u}_n \mid \mathfrak{s}_n)\, \pi_{n,\vartheta}(d\alpha \mid \mathfrak{S}_n = \mathfrak{s}_n) =: \overline{q}_{n,\vartheta}(\mathfrak{u}_n \mid \mathfrak{s}_n) . \tag{22}$$

Nach (11), (21) und (22) ergibt sich schließlich

$$\overline{p}'_{n+1,\vartheta}(s_{n+1} \mid \mathfrak{s}_n) = \sum_{\mathfrak{u}_n, u_{n+1}} \overline{p}_{n+1,\vartheta}(s_{n+1}, u_{n+1} \mid \mathfrak{s}_n, \mathfrak{u}_n)\, \overline{q}_{n,\vartheta}(\mathfrak{u}_n \mid \mathfrak{s}_n) . \tag{23}$$

Für $\vartheta \sim h_n$, $\mathfrak{s}_n = \mathfrak{s}_n(h_n)$ setzen wir noch

$$\overline{p}'_{n+1,\vartheta}(s_{n+1} \mid \mathfrak{s}_n) =: \overline{p}'_{n+1}(s_{n+1} \mid h_n, d_n) . \tag{23'}$$

Weiter bezeichnen wir $\bar{\mathfrak{k}}' := (\bar{k}'_n)_{n=1,2,\ldots}$, $\bar{\mathfrak{p}}' := (\overline{p}'_n)_{n=1,2,\ldots}$ und der Einheitlichkeit wegen noch $\overline{p}'_0 := p'_0$ (vgl. (12′), (23′) und (10)). Damit ist das Modell BDSu:

$(N, \tilde{\mathscr{S}}, \mathscr{D}, A, \pi, \tilde{p}_0, \tilde{\mathfrak{p}}_A, \tilde{\mathfrak{k}}, \Theta)$ auf ein Grundmodell DS: $(\mathrm{N}, \mathscr{S}, \mathscr{D}, \bar{p}'_0, \bar{\mathfrak{p}}', \bar{\mathfrak{k}}', \Theta)$ zurückgeführt, dessen Kenngrößen sich aus denen des Modells BDSu bestimmen lassen. Da die Wertfunktionen beider Systeme übereinstimmen (vgl. (13′)), lassen sich die für das Grundmodell DS abgeleiteten Aussagen nun ohne weiteres auch auf das allgemeine Modell BDSu übertragen.

1.10.3. Optimalitätsgleichung

Die Übertragung der Aussagen vom Grundmodell DS auf ein Modell BDSu entsprechend der vorangehend vorgenommenen Reduktion soll am Beispiel der Optimalitätsgleichung demonstriert werden. Hierzu benötigen wir die Schrittkosten (vgl. (1.1.7), (1.1.11))

$$\tilde{c}_n(\tilde{h}_n) = \tilde{k}_n(\tilde{h}_n) - \tilde{k}_{n-1}(a_{n-1}\ \tilde{h}_n)\,, \quad \tilde{c}_n(\tilde{h}_n) =: \tilde{c}_{n,\vartheta}(\mathfrak{s}_n, \mathfrak{u}_n) \quad \text{mit} \quad h_n = h_n^\vartheta(\mathfrak{s}_n)\,, \tag{24}$$

$n = 1, 2, \ldots, \tilde{k}_0 := 0$, und beachten, daß $\tilde{h}_n$ durch h_n und $\mathfrak{u}_n$ gegeben ist. Mit den zufälligen Schrittkosten $\tilde{C}_{n,\vartheta}$, $n = 1, 2, \ldots$, betrachten wir weiter

$$\tilde{\mathbf{E}}'_\vartheta(\tilde{C}_{n+1,\vartheta} \mid \mathfrak{S}_{n+1} = \mathfrak{s}_{n+1}) =: \bar{c}'_{n+1,\vartheta}(\mathfrak{s}_{n+1})\,, \tag{25}$$

$$\bar{c}'_{n+1}(h_{n+1}) := \bar{c}'_{n+1,\vartheta}(\mathfrak{s}_{n+1}) \quad \text{für} \quad h_{n+1} \sim \vartheta\,, \qquad \mathfrak{s}_{n+1} = \mathfrak{s}_{n+1}(h_{n+1})\,. \tag{25'}$$

Es gilt

$$\bar{\mathbf{E}}_\vartheta(C_{n+1,\vartheta} \mid \mathfrak{S}_n = \mathfrak{s}_n) = \sum_{s_{n+1}} \bar{\mathrm{E}}^*_\vartheta(\tilde{C}_{n+1,\vartheta} \mid \mathfrak{S}_n = \mathfrak{s}_n, X_{n+1} = s_{n+1}) \times \bar{\mathbf{P}}_\vartheta(X_{n+1} = s_{n+1} \mid \mathfrak{S}_n = \mathfrak{s}_n)\,,$$

also nach (25) und (11)

$$\bar{\mathbf{E}}_\vartheta(\tilde{C}_{n+1,\vartheta} \mid \mathfrak{S}_n = \mathfrak{s}_n) = \sum_{s_{n+1}} \bar{c}'_{n+1,\vartheta}(\mathfrak{s}_n, s_{n+1})\, \bar{p}'_{n+1,\vartheta}(s_{n+1} \mid \mathfrak{s}_n)\,. \tag{26}$$

Mit $\tilde{v}^*_{\vartheta|n}(\mathfrak{s}_n) = \inf\limits_{\eta \in \Theta_{n-1}(\vartheta)} \tilde{v}_{n,\eta}(\mathfrak{s}_n)$ (vgl. (13), (13′) und Bezeichnungen 1.2.3.c)) ergibt sich nun nach (1.4.1) die *Optimalitätsgleichung*

$$\tilde{v}^*_{\vartheta|n}(\mathfrak{s}_n) = \inf_{\eta \in \Theta_{n-1}(\vartheta)} \{\sum_{s_{n+1}} \bar{p}'_{n+1,\eta}(s_{n+1} \mid \mathfrak{s}_n)\, [\bar{c}'_{n+1,\eta}(\mathfrak{s}_n, s_{n+1}) + \tilde{v}^*_{\eta|n+1}(\mathfrak{s}_n, s_{n+1})]\}\,,$$
$$n = 0, 1, 2, \ldots\,. \tag{27}$$

Nun gilt nach (25)

$$\bar{c}'_{n+1,\vartheta}(\mathfrak{s}_n, s_{n+1}) = \sum_{\mathfrak{u}_{n+1}} \tilde{c}_{n+1,\vartheta}((\mathfrak{s}_n, s_{n+1}), \mathfrak{u}_{n+1})\, \bar{\mathbf{P}}_\vartheta(\mathfrak{U}_{n+1} = \mathfrak{u}_{n+1} \mid \mathfrak{S}_{n+1} = (\mathfrak{s}_n, s_{n+1}))\,.$$

Also ergibt sich für (27) in ausführlicher Schreibweise nach (23) und (22)

$$\tilde{v}^*_{\vartheta|n}(\mathfrak{s}_n) = \inf_{\eta \in \Theta_{n-1}(\vartheta)} \{\sum_{s_{n+1}} (\sum_{u_{n+1}, \mathfrak{u}_n} (\int_A \tilde{p}^\alpha_{n+1,\eta}(s_{n+1}, u_{n+1} \mid \mathfrak{s}_n, \mathfrak{u}_n)\, \pi_{n,\eta}(d\alpha \mid \mathfrak{s}_n, \mathfrak{u}_n))$$
$$\times [\sum_{\mathfrak{u}_{n+1}} \tilde{c}_{n+1,\eta}((\mathfrak{s}_n, s_{n+1}), \mathfrak{u}_{n+1}) \int_A \tilde{q}^\alpha_{n+1,\eta}(\mathfrak{u}_{n+1} \mid (\mathfrak{s}_n, s_{n+1}))\, \pi_{n+1,\eta}$$
$$\times (d\alpha \mid \mathfrak{S}_{n+1} = (\mathfrak{s}_n, s_{n+1})) + \tilde{v}^*_{\eta|n+1}(\mathfrak{s}_n, s_{n+1})]\}\,; \tag{28}$$

dabei sind die Größen $\tilde{q}^\alpha_{n+1,\eta}$ und $\pi_{n,\eta}$ durch (17) bzw. (20) definiert und können beim Prozeßablauf rekursiv berechnet werden. Hierbei ist für die Gültigkeit der Optimalitätsgleichung (27) bzw. (28) die schwache Vollständigkeit der Menge Θ der zulässigen Strategien (s. Definition (1.2.4.a)) hinreichend.

2. Markowsche Entscheidungsprozesse

2.1. Modell

Im Kapitel 1 wurden dynamische Systeme mit allgemeinen Abhängigkeitsbeziehungen betrachtet. Eine konkrete Behandlung stellt sich jedoch häufig als sehr kompliziert oder zumindest recht aufwendig heraus. Deshalb gewinnen Modelle an Bedeutung, für welche einerseits im Hinblick auf die Auswertbarkeit diese Abhängigkeitsbeziehungen eingeschränkt werden, die aber andererseits die Beschreibung einer hinreichend umfassenden Aufgabenklasse zulassen. Vor allem zählen dazu die markowschen Entscheidungsprozesse, denen wir uns in diesem Kapitel zuwenden wollen.

Für die im weiteren betrachteten Problemstellungen wird das dynamische System

$$\text{MDS:} \quad (N, \mathcal{S}, (\mathcal{D}_k), (p_{k+1}), (\gamma_k), V_N, \beta) \tag{1}$$

zugrunde gelegt. Dabei haben die einzelnen Bestimmungsstücke folgende Bedeutung (vgl. auch Abschnitt 1.1.1)

N: Anzahl der Stufen (Schritte, Takte); auch Horizont genannt ($N \leqq \infty$);

$\mathcal{S}$: abzählbarer Zustandsraum. $\mathcal{S} := \{1, 2, ...\}$;

$\mathcal{D}_k$: Familie von zulässigen abzählbaren Entscheidungsräumen

$$\mathcal{D}_k = (\mathcal{D}_k(i))_{i \in \mathcal{S}}, \qquad 0 \leqq k < N .$$

p_{k+1}: markowsches Bewegungsgesetz. Für jedes k, $0 \leqq k < N$, jedes $i \in \mathcal{S}$ und jedes $d \in \mathcal{D}_k(i)$ wird durch $p_{k+1}(\cdot \mid i, d)$ eine Wahrscheinlichkeitsverteilung auf $\mathcal{S}$ festgelegt. $p_{k+1}(j \mid i, d)$ ist dabei als die Wahrscheinlichkeit interpretierbar, ausgehend vom Zustand $i \in \mathcal{S}$ in der k-ten Stufe unter Verwendung der Enstcheidung $d \in \mathcal{D}_k(i)$ den Zustand $j \in \mathcal{S}$ in der $(k + 1)$-ten Stufe zu erreichen.

γ_k: Schrittkosten[1]). Jedem k, $0 \leqq k < N$, jedem $i \in \mathcal{S}$ und jedem $d \in \mathcal{D}_k(i)$ wird durch γ_k eine reelle Zahl zugeordnet. $\gamma_k(i, d)$ ist dabei als die in der Stufe k im Zustand i bei gewählter Entscheidung d entstehenden Kosten interpretierbar.

V_N: terminale Kosten. Jedem Zustand $i \in \mathcal{S}$ wird durch V_N eine reelle Zahl zugeordnet. Der Wert $V_N(i)$ istdabei als die zum Endzeitpunkt N ($< \infty$) entstehenden Kosten interpretierbar. Im Falle $N = \infty$ setzen wir $V_N(i) = 0$, $i \in \mathcal{S}$.

β: Diskontfaktor, $\beta \in (0, \infty)$. β ermöglicht eine stufenabhängige Bewertung der Kosten.

---

[1]) Die hier verwendeten Schrittkosten entsprechen den im Kapitel 1 eingeführten mittleren Schrittkosten (1.1.12).

Das dynamische System MDS wollen wir als *stationär* bezeichnen, falls für alle k, l mit $0 \leqq k, l < N$ die Beziehungen $p_{k+1} = p_{l+1} =: p$, $\gamma_k = \gamma_l =: \gamma$ sowie $\mathcal{D}_k(i) = \mathcal{D}_l(i) =: \mathcal{D}(i)$, $i \in \mathcal{S}$, gelten. In einem solchen dynamischen System, bezeichnet durch $(N, \mathcal{S}, \mathcal{D}, p, \gamma, V_N, \beta)$, sind also sämtliche Bestimmungsstücke taktunabhängig.

Wir wollen in diesem Kapitel auf die Betrachtung randomisierter Strategien (vgl. Abschnitt 1.7) verzichten; für Modelle mit randomisierten Strategien ist eine analoge Vorgehensweise möglich, und die wesentlichen Aussagen lassen sich problemlos übertragen. Wir setzen voraus, daß die zulässige Strategienmenge Θ maximal ist (vgl. (1.2.6)). Dementsprechend sind die Mengen Δ_k zulässiger Entscheidungsfunktionen festgelegt (vgl. (1.2.5)). Da also Θ durch $\mathcal{S}$ und $(\mathcal{D}_k)$ bestimmt ist, wird die Strategienmenge nicht explizit im dynamischen System ausgewiesen.

Zu jeder Strategie $\vartheta \in \Theta$ und jedem Anfangszustand $i \in \mathcal{S}$ existiert nach Abschnitt 1.1.3 ein stochastischer Prozeß (X_k) mit dem Wahrscheinlichkeitsmaß $\mathsf{P}_{i,\vartheta}$, indem wir als Anfangsverteilung p_0 die auf dem Anfangszustand i konzentrierte Einpunktverteilung wählen. Die Gesamtheit dieser Prozesse für alle $i \in \mathcal{S}$ und $\vartheta \in \Theta$ wird üblicherweise als *markowscher Entscheidungsprozeß* bezeichnet. Dabei sei erwähnt, daß auf Grund der für die Strategien $\vartheta \in \Theta$ zugelassenen allgemeinen Abhängigkeitsbeziehungen die durch $\mathsf{P}_{i,\vartheta}$ beschriebenen Prozesse nicht notwendig die Markow-Eigenschaft besitzen. Es zeigt sich allerdings, daß in einer Vielzahl von interessierenden Fällen durch geeignete Forderungen an die Strategien lediglich Abhängigkeiten vom markowschen Typ vorliegen.

Führen wir nun zwei Strategieklassen ein:

2.1.1. Definition. Eine Strategie $\vartheta \in \Theta$ mit $\vartheta = (\delta_k)$, $0 \leqq k < N$, heißt (nichtrandomisierte) *Markow-Strategie*, wenn für alle k und beliebige $h_k, h_k' \in \mathcal{H}_k$ mit

$$h_k = (h_{k-1}, d_{k-1}, i)\,, \qquad h_k' = (h_{k-1}', d_{k-1}', i)\,,$$

$$\delta_{k-1}(h_{k-1}) = d_{k-1}\,, \qquad \delta_{k-1}(h_{k-1}') = d_{k-1}'$$

die Beziehung $\delta_k(h_k) = \delta_k(h_k')$ gilt.

Wir bezeichnen Entscheidungsfunktionen mit der in der in 2.1.1 angegebenen Eigenschaft als *markowsch* und die Menge all dieser Funktionen mit Δ_k^{M}. Unter Θ_{M} wollen wir die Menge der Markow-Strategien (aus Θ) verstehen.

Da für markowsche Entscheidungsfunktionen δ_k lediglich der Zustand i in der Stufe k von Bedeutung ist, werden wir solche δ_k im weiteren als Abbildungen aus dem Zustandsraum $\mathcal{S}$ mit Werten $\delta_k(i)$ im Entscheidungsraum $\mathcal{D}_k(i)$ verstehen und also (h_{k-1}, d_{k-1}) unterdrücken. Dementsprechend verstehen wir unter Δ_k^{M} die Menge dieser Abbildungen in der Stufe k.

2.1.2. Definition. Eine Markow-Strategie $\vartheta = (\delta_k) \in \Theta_{\mathrm{M}}$, $0 \leqq k < N$, heißt *stationäre Strategie*, wenn für alle k, l mit $0 \leqq k, l < N$ die Beziehung

$$\delta_k(i) = \delta_l(i) =: \delta(i)\,, \qquad i \in \mathcal{S}\,,$$

gilt. Die Menge der entsprechenden Entscheidungsfunktionen wird durch Δ^{S}, die Menge der stationären Strategien (aus Θ) durch Θ_{S} gekennzeichnet.

Dabei gilt insbesondere die Darstellung $\Delta^{\mathrm{S}} = \bigcap_{0 \leqq k < N} \Delta_k^{\mathrm{M}}$. Zur Vereinfachung wollen wir im weiteren stationäre Strategien durch $\vartheta = \delta^N$ (im Falle von $N = \infty$ somit durch $\vartheta = \delta^\infty$) symbolisieren.

Für markowsche (und insbesondere stationäre) Strategien gilt folgende Aussage.

2.1.3. Lemma. *Für jedes $\vartheta \in \Theta_M$ und jeden Anfangszustand $i_0 \in \mathcal{S}$ ist der zugehörige Prozeß (X_k) markowsch.*

Beweis: Mit $h_k = (i_0, d_0, i_1, \ldots, d_{k-1}, i_k) \in \mathcal{H}_k$, $0 < k < N$, folgt nach dem Konstruktionsprinzip aus Kapitel 1 unter Zuhilfenahme des Bewegungsgesetzes aus (1)

$$\begin{aligned} \mathsf{P}_{i_0,\vartheta}(X_{k+1} = i \mid H_k = h_k) &= p_{k+1}\big(i \mid i_k, \delta_k(h_k)\big) \\ &= p_{k+1}\big(i \mid i_k, \delta_k(i_k)\big) \\ &= \mathsf{P}_{i_0,\vartheta}(X_{k+1} = i \mid X_k = i_k) \,. \ \blacksquare \end{aligned}$$

Da die numerische Behandlung markowscher Prozesse relativ einfach ist, wird folglich Modellen mit markowschen (und insbesondere stationären) Strategien besondere Beachtung geschenkt.

Wenden wir uns an dieser Stelle der Struktur der Strategienmengen Θ_M und Θ_S zu. Dabei stellt sich die für Θ vorausgesetzte Maximalität (vgl. Abschnitt 1.2) für markowsche und stationäre Strategien wie folgt dar. Es gilt

$$\Theta_M = \mathop{\times}_{0 \leq k < N} \Delta_k^M ,$$

und darüber hinaus existiert in jeder Stufe k zu jeder beliebigen „Entscheidungskombination" $(d_1, d_2, \ldots, d_l, \ldots)$ mit $d_1 \in \mathcal{D}_k(1)$, $d_2 \in \mathcal{D}_k(2), \ldots, d_l \in \mathcal{D}_k(l), \ldots$ eine Entscheidungsfunktion $\delta_k \in \Delta_k^M$ mit

$$\delta_k(1) = d_1 , \qquad \delta_k(2) = d_2, \ldots, \delta_k(l) = d_l, \ldots .$$

Für stationäre Strategien gilt

$$\Theta_S = \{\vartheta = \delta^N\colon \delta \in \Delta^S\} ,$$

und für jede Kombination $(d_1, d_2, \ldots, d_l, \ldots)$ mit

$$d_1 \in \mathcal{D}(1) , \qquad d_2 \in \mathcal{D}(2), \ldots, d_l \in \mathcal{D}(l) , \ldots ,$$

$$\mathcal{D}(i) = \bigcap_{0 \leq k < N} \mathcal{D}_k(i) , \qquad i \in \mathcal{S} ,$$

existiert eine Entscheidungsfunktion $\delta \in \Delta^S$ mit

$$\delta(1) = d_1 , \qquad \delta(2) = d_2, \ldots, \delta(l) = d_l, \ldots .$$

Im weiteren werden wir folgende drei Problemkreise näher betrachten:

- Endlichstufige inhomogene Entscheidungsprozesse,
- Unendlichstufige homogene diskontierte Entscheidungsprozesse,
- Unendlichstufige homogene undiskontierte Entscheidungsprozesse.

Dabei werden lediglich ausgewählte Ergebnisse dargestellt; ggf. werden Beweise auch unter Hinweis auf geeignete Literaturstellen unterlassen. Umfassendere Darstellungen finden sich in den Monographien von Howard [1], Hordijk [1], Derman [3], Mine/Osaki [1] und White [4]. Ausgehend von den in der Literatur untersuchten Optimalitätskriterien (siehe z. B. Howard [1], Blackwell [1], Veinott [2], Quelle [1], Jaquette [1]) wenden wir uns im weiteren zwei wichtigen Fällen zu, den mittleren Gesamtverlust sowie den mittleren Verlust pro Stufe betreffend. Bei der numerischen Behandlung erfolgt eine Konzentration auf Verfahren der Strategieiteration sowie der sukzessiven Approximation der Wertfunktion. Für Untersuchungen zu Lösungsmöglichkeiten auf der Grundlage der linearen Optimierung (als weiterer wesentlicher Lösungsmethode) sei auf Manne [1], Mine/Osaki [1], Derman [3] und insbesondere Heilmann [1] verwiesen.

2.2. Endlichstufige markowsche Entscheidungsprozesse

2.2.1. Existenzaussagen für optimale Strategien

Wir wollen uns in diesem Abschnitt mit Entscheidungsprozessen bei endlichem Horizont beschäftigen. Dabei folgen wir der zunehmend an Interesse gewinnenden Betrachtungsweise, daß fast alle praktischen Probleme durch endlichstufige Aufgabenstellungen beschreibbar sind und demzufolge unendlichstufige Modelle lediglich approximierenden Charakter tragen, aber häufig einfacher zu behandeln sind.

Betrachten wir das im voranstehenden Abschnitt eingeführte dynamische System MDS: $(N, \mathcal{S}, (\mathcal{D}_k), (p_{k+1}), (\gamma_k), V_N, \beta)$ mit den dort erklärten Bestimmungsstücken, wobei jetzt speziell $N < \infty$ gilt.

Auf der Grundlage dieses Systems läßt sich unter Einbeziehung der Menge Θ der zulässigen Strategien für jeden Anfangszustand $i \in S$ eine Familie (nicht notwendig markowscher) Prozesse $(X_k)_{k=0,\dots,N}$ angeben, die den Zustand im Takt k beschreiben. Zur Bewertung der jeweilig betrachteten Strategie $\vartheta \in \Theta$ führen wir folgende Größen ein.

2.2.1. Definition. a) Die Größe

$$V_{k,\vartheta}(h_k) := \mathsf{E}_{i,\vartheta}\Big[\sum_{t=k}^{N-1} \beta^t \gamma_t(X_t, \delta_t(H_t)) + \beta^N V_N(X_N) \mid H_k = h_k\Big]^{1)} \tag{1}$$

heißt *mittlere Restkosten ab Stufe* k für die Strategie $\vartheta = (\delta_t)$, $0 \leqq t \leqq N$, wobei $0 \leqq k < N$, $\vartheta \in \Theta$, $h_k = (i, \delta_0(i), \dots, \delta_{k-1}(h_{k-1}), i_k) \in \mathcal{H}_k$ gilt; H_k bezeichnet dabei die zufällige k-Vergangenheit[2]). Insbesondere heißt $V_{0,\vartheta}(i)$, $i \in \mathcal{S}$, der *mittlere Gesamtverlust*.

b) Die Größe

$$V_k^*(h_k) := \inf_{\vartheta \in \Theta} V_{k,\vartheta}(h_k) \tag{2}$$

heißt *minimale mittlere Restkosten ab Stufe k*, wobei $0 \leqq k < N$, $h_k \in \mathcal{H}_k$ gilt. Insbesondere heißt $V_0^*(i)$, $i \in \mathcal{S}$, der *minimale mittlere Gesamtverlust*.

c) Eine Strategie $\vartheta^* \in \Theta$ heißt *optimal*, falls für alle $i \in \mathcal{S}$

$$V_{0,\vartheta^*}(i) = V_0^*(i)$$

gilt.[3])

d) Für $\varepsilon > 0$ heißt eine Strategie $\vartheta \in \Theta$ *ε-optimal*, falls für alle $i \in \mathcal{S}$

$$V_{0,\vartheta}(i) \leqq V_0^*(i) + \varepsilon$$

gilt.

Für die weiteren Betrachtungen ist die Endlichkeit der soeben eingeführten Restkosten von zentraler Bedeutung. Dafür wollen wir die folgende Beschränktheitsforderung angeben.

---

[1]) Unter $\mathsf{E}_{i,\vartheta}$ verstehen wir den zu $\mathsf{P}_{i,\vartheta}$ gehörigen Erwartungswertoperator.

[2]) Zur Struktur der k-Vergangenheit h_k sowie der zufälligen k-Vergangenheit H_k vgl. Abschnitt 1.1.1 und 1.1.3.

[3]) Wir beachten, daß bei dieser Definition der Optimalität im Unterschied zu Kapitel 1 (siehe (1.1.5), (1.1.6)) eine Mittelung der Gesamtverluste entsprechend einer Anfangsverteilung (vgl. (1.1.16)) unterbleibt.

(B 1) Es existiere eine Konstante $M_0 < \infty$, so daß für alle k mit $0 \leqq k < N$, für alle $i \in \mathcal{S}$ und für alle $d \in \mathcal{D}_k(i)$

$$|\gamma_k(i, d)| \leqq M_0\,, \qquad |V_N(i)| \leqq M_0 \tag{3}$$

gilt.

Dabei sei bemerkt, daß im Falle endlicher Zustands- und Entscheidungsräume diese Bedingung stets erfüllt ist. Für die Restkosten ergibt sich damit folgende Abschätzung.

2.2.2. Lemma. *Es gelte* (B 1). *Dann folgt für beliebige* k, $0 \leqq k < N$, *beliebige* $\vartheta \in \Theta$ *und beliebige* $h_k \in \mathcal{H}_k$

$$|V_{k,\vartheta}(h_k)| \leqq M_0 \sum_{t=k}^{N} \beta^t$$

und also

$$|V_k^*(h_k)| \leqq M_0 \sum_{t=k}^{N} \beta^t\,.$$

Insbesondere gilt

$$|V_0^*(i)| \leqq M_0 \sum_{t=0}^{N} \beta^t\,, \qquad i \in \mathcal{S}\,.$$

Die Gültigkeit dieser Aussage erhält man unmittelbar durch Einsetzen der Ungleichungen (3) in die entsprechenden Beziehungen von Definition 2.2.1.

Eine Abschwächung der Forderung nach Beschränktheit von γ_k und V_N wurde von Wessels [1] (vgl. auch Lippman [2], Hinderer [2]) angegeben. Dabei erfolgt eine verknüpfte Betrachtung von Kostenstruktur und Prozeßverhalten in Abhängigkeit von der Strategie ϑ, und es wird gefordert, daß die Wahrscheinlichkeit für Zustände $i \in \mathcal{S}$ mit betragsmäßig großen Werten $\gamma_k(i, \cdot)$ sowie $V_N(i)$ hinreichend klein ist. Zur Formulierung dieses Sachverhaltes wird dort eine spezielle gewichtete Norm eingeführt. Wir wollen für den Abschnitt 2.2 generell die Gültigkeit von (B 1) voraussetzen.

Wenden wir uns jetzt der Frage nach Existenz optimaler Strategien und dabei insbesondere markowscher oder stationärer Strategien zu. Schon ein einfaches Beispiel von Blackwell [1] zeigt, daß nicht notwendig eine optimale Strategie existiert.

2.2.3. Beispiel. Betrachten wir das stationäre MDS mit

(a) $N < \infty$ beliebig,

(b) $\mathcal{S} = \{1\}$,

(c) $\mathcal{D}(1) = \{1, 2, \dots\}$,

(d) $p(1 \mid 1, d) = 1$ für jedes $d \in \mathcal{D}(1)$,

(e) $\gamma(1, d) = (d + 1)/d$ für jedes $d \in \mathcal{D}(1)$,

(f) $V_N(1) = 0$,

(g) $\beta = 1$.

Nach (1) gilt für beliebige $\vartheta = (\delta_k)$, $0 \leqq k < N$, mit $\delta_k(h_k) = d_k$, $h_k = (1, d_0, 1, d_1, \dots, d_{k-1}, 1)$ für den mittleren Gesamtverlust

$$V_{0,\vartheta}(1) = \sum_{k=0}^{N-1} \frac{d_k + 1}{d_k}\,.$$

Somit ergibt sich $V_{0,\vartheta}(1) > N$, aber $V_0^*(1) = N$.

Dies legt einerseits die Frage nach hinreichenden Bedingungen für die Existenz optimaler Strategien nahe. Andererseits gewinnen Untersuchungen zur Existenz von ε-optimalen Strategien (für beliebige $\varepsilon > 0$), welche markowsch oder gar stationär sind, an Interesse. Dazu wollen wir folgende wichtige Aussage angeben.

2.2.4. Satz. a) *Für eine beliebige Strategie $\vartheta \in \Theta$ und beliebige $\varepsilon > 0$ existiert eine Markow-Strategie $\tilde{\vartheta} \in \Theta_{\mathrm{M}}$ derart, daß für alle $i \in \mathcal{S}$*

$$V_{0,\tilde{\vartheta}}(i) \leqq V_{0,\vartheta}(i) + \varepsilon$$

gilt.

b) *Zu jedem $\varepsilon > 0$ existiert eine ε-optimale Markow-Strategie $\vartheta^{\varepsilon} \in \Theta_{\mathrm{M}}$; es gibt also für jedes $\varepsilon > 0$ ein ϑ^{ε} derart, daß für alle $i \in \mathcal{S}$*

$$V_{0,\vartheta^{\varepsilon}}(i) \leqq V_0^*(i) + \varepsilon$$

gilt.

c) *Für alle $i \in \mathcal{S}$ gilt*

$$\inf_{\vartheta \in \Theta} V_{\vartheta}(i) = \inf_{\tilde{\vartheta} \in \Theta_{\mathrm{M}}} V_{0,\tilde{\vartheta}}(i)$$

und damit

$$\inf_{\tilde{\vartheta} \in \Theta_{\mathrm{M}}} V_{0,\tilde{\vartheta}}(i) = V_0^*(i) \,. \tag{4}$$

Der Beweis wird aus Zweckmäßigkeitsgründen im Zusammenhang mit dem Beweis von Satz 2.3.4 erbracht. Es sei bemerkt, daß die Aussagen von Satz 2.2.4 weiterhin gültig bleiben, wenn anstelle der hier betrachteten Menge reiner Strategien eine umfassendere Klasse randomisierter Strategien für das dynamische System MDS zugelassen wird. Insbesondere sind dann die nach Satz 2.2.4.b) existierenden ε-optimalen Markow-Strategien nichtrandomisiert.

In unseren weiteren Untersuchungen wollen wir uns auf Markow-Strategien konzentrieren und also Entscheidungsprobleme betrachten, welche (sowohl in Strategie als auch Übergangsverhalten und Kostenstruktur) markowsch sind. Für diese Problemklasse erweist es sich, daß die Restkosten $V_{k,\vartheta}(h_k)$ sowie $V_k^*(h_k)$ lediglich vom Zustand $i_k \in \mathcal{S}$ in der Stufe k abhängig sind.

2.2.5. Lemma. *Für jede Markow-Strategie $\vartheta \in \Theta_{\mathrm{M}}$ gilt mit den k-Vergangenheiten $h_k, h_k' \in \mathcal{H}_k$, $0 \leqq k < N$, bei*

$$h_k = (h_{k-1}, d_{k-1}, i_k) \quad \textit{und} \quad h_k' = (h_{k-1}', d_{k-1}', i_k)$$

für die mittleren Restkosten ab Stufe k

$$V_{k,\vartheta}(h_k) = V_{k,\vartheta}(h_k') \,.$$

Beweis: Wir wollen diese Aussage durch rekursive Induktion zeigen. Mit $h_t = (i, \delta_0(i), \ldots, \delta_{t-1}(i_{t-1}), i_t)$, $0 \leqq t \leqq N$, ergibt sich für $t = N - 1$

$$\begin{aligned} V_{N-1,\vartheta}(h_{N-1}) &= \mathsf{E}_{i,\vartheta}[\beta^{N-1}\gamma_{N-1}(X_{N-1}, \delta_{N-1}(X_{N-1})) + \\ &\quad + \beta^N V_N(X_N) \mid H_{N-1} = h_{N-1}] \\ &= \beta^{N-1}\gamma_{N-1}(i_{N-1}, \delta_{N-1}(i_{N-1})) + \\ &\quad + \beta^N \sum_{l \in \mathcal{S}} \mathsf{P}_{i,\vartheta}(X_N = l \mid H_{N-1} = h_{N-1}) \, V_N(l) \\ &= \beta^{N-1}\gamma_{N-1}(i_{N-1}, \delta_{N-1}(i_{N-1})) + \\ &\quad + \beta^N \sum_{l \in \mathcal{S}} p_N(l \mid i_{N-1}, \delta_{N-1}(i_{N-1})) \, V_N(l) \,. \end{aligned}$$

Ausgehend von der $(N-1)$-Vergangenheit h'_{N-1} erhält man durch analoge Rechnung denselben Wert und also

$$V_{N-1,\vartheta}(h_{N-1}) = V_{N-1,\vartheta}(h'_{N-1}) \,.$$

Nehmen wir nun an, daß die Aussage für $n = k + 1$ gilt, so folgt für $n = k$

$$V_{k,\vartheta}(h_k) = \beta^k \gamma_k(i_k, \delta_k(i_k)) + \sum_{l \in \mathcal{S}} \mathsf{P}_{i,\vartheta}(X_{k+1} = l \mid H_k = h_k)\, V_{k+1,\vartheta}(h_k, \delta_k(i_k), l)$$
$$= \beta^k \gamma_k(i_k, \delta_k(i_k)) + \sum_{l \in \mathcal{S}} p_{k+1}(l \mid i_k, \delta_k(i_k))\, V_{k+1,\vartheta}(h_k, \delta_k(i_k), l) \,.$$

Wegen der vorausgesetzten Gültigkeit von

$$V_{k+1,\vartheta}(h_{k+1}) = V_{k+1,\vartheta}(h'_{k+1})$$

erhält man für die k-Vergangenheit h'_k denselben Wert und also

$$V_{k,\vartheta}(h_k) = V_{k,\vartheta}(h'_k) \,. \;\blacksquare$$

Da also die Funktionen $V_{k,\vartheta}$ und somit auch V^*_k für Markow-Strategien nicht explizit von der Vorgeschichte bis zur Stufe $k - 1$ abhängig sind, wollen wir im weiteren $V_{k,\vartheta}$ sowie V^*_k als Abbildungen aus dem Zustandsraum $\mathcal{S}$ mit Werten $V_{k,\vartheta}(i)$ sowie $V^*_k(i)$, $i \in \mathcal{S}$, in der Menge der reellen Zahlen verstehen.

Wir wollen jetzt die Klasse der stationären Strategien näher betrachten. Dabei zeigt sich, daß hierbei eine zur Aussage von Satz (2.2.4.c) entsprechende Beziehung, d. h.

$$\inf_{\vartheta \in \Theta_M} V_{0,\vartheta}(i) = \inf_{\vartheta \in \Theta_S} V_{0,\vartheta}(i) \,, \qquad i \in \mathcal{S} \,,$$

nicht notwendig gilt.

Für ein nichtstationäres MDS lassen sich leicht Beispiele angeben, in denen sich Markow-Strategien den stationären Strategien überlegen zeigen. Wählt man z. B. $\mathcal{D}_k(i) \neq \emptyset$ für alle k und alle $i \in \mathcal{S}$ und $\mathcal{D}_m(i) \cap \mathcal{D}_n(i) = \emptyset$, $0 \leqq m < n < N$. Dann existieren zwar Markow-Strategien, jedoch wegen $\Delta^s = \emptyset$ keine stationären Strategien. Für ein stationäres MDS sei das folgende Beispiel angegeben.

2.2.6. Beispiel. Betrachten wir das stationäre MDS mit

$$N = 2 \,,$$
$$\mathcal{S} = \{1, 2\} \,,$$
$$\mathcal{D}(1) = \mathcal{D}(2) = \{a, b\} \,,$$
$$p(1 \mid 1, a) = p(2 \mid 2, a) = p(2 \mid 1, b) = p(1 \mid 2, b) = 1$$

(und also

$$p(1 \mid 2, a) = p(2 \mid 1, a) = p(1 \mid 1, b) = p(2 \mid 2, b) = 0) \,,$$
$$\gamma(1, a) = \gamma(1, b) = 2 \,, \qquad \gamma(2, a) = 1 \,, \qquad \gamma(2, b) = 0 \,,$$
$$V_N(i) = 0 \,, \qquad i \in \mathcal{S} \,,$$
$$\beta = 1 \,.$$

Dann gilt

$$V^*_0(1) = V_{0,\vartheta^*_1}(1) = V_{0,\vartheta^*_2}(1) = 2 \,,$$
$$V^*_0(2) = V_{0,\vartheta^*_1}(2) = V_{0,\vartheta^*_2}(2) = 1$$

mit

$$\vartheta_1^* = (\delta_0^{*\prime}, \delta_1^{*\prime}), \quad \vartheta_2^* = (\delta_0^{*\prime\prime}, \delta_1^{*\prime\prime})$$

und

$$\delta_0^{*\prime}(1) = b, \quad \delta_1^{*\prime}(1) = a, \quad \delta_0^{*\prime}(2) = a, \quad \delta_1^{*\prime}(2) = b$$

sowie

$$\delta_0^{*\prime\prime}(1) = b, \quad \delta_1^{*\prime\prime}(1) = b, \quad \delta_0^{*\prime\prime}(2) = a, \quad \delta_1^{*\prime\prime}(2) = b.$$

Die (vier möglichen) stationären Strategien $\vartheta^1, \dots, \vartheta^4$ liefern die mittleren Gesamtverluste

$$V_{0,\vartheta^1}(1) = 4, \quad V_{0,\vartheta^2}(1) = 4, \quad V_{0,\vartheta^3}(1) = 3, \quad V_{0,\vartheta^4}(1) = 2,$$

$$V_{0,\vartheta^1}(2) = 2, \quad V_{0,\vartheta^2}(2) = 2, \quad V_{0,\vartheta^3}(2) = 2, \quad V_{0,\vartheta^4}(2) = 2.$$

Es existiert also für jede stationäre Strategie ϑ^j mindestens ein $i \in \mathscr{S}$ derart, daß

$$V_{0,\vartheta^j}(i) \geqq V_0^*(i) + 1, \quad j = 1, \dots, 4,$$

gilt.[1])

Aus diesem Beispiel ist darüber hinaus ersichtlich, daß für beliebige $\varepsilon > 0$ nicht notwendig eine ε-optimale stationäre Strategie existiert.[2]) Offensichtlich gibt es nämlich für $\varepsilon < 1$ in obigem Beispiel keine solche stationäre Strategie.

Abschließend wollen wir eine Besonderheit optimaler Strategien erwähnen. Bei der Betrachtung stationärer MDS ergeben sich für größere Horizonte N häufig optimale Strategien ϑ^* der Form

$$\vartheta^* = (\underbrace{\delta^*, \dots, \delta^*}_{(n_0+1)-\text{mal}}, \delta_{n_0+1}^*, \delta_{n_0+2}^*, \dots, \delta_{N-1}^*).$$

Diese Strategie ist also „teilweise stationär", nämlich in den Stufen $0, 1, \dots, n_0$. Es zeigt sich, daß dieses n_0 des öfteren relativ groß ist und somit auch der „Stationaritätsanteil" in ϑ^*. Die Kenntnis dieser Stufe n_0 hat für die — im folgenden beschriebene — Lösungstechnik für endlichstufige markowsche Entscheidungsprozesse eine erhebliche Einsparung an Rechenaufwand zur Folge. Shapiro [1] sowie Hinderer/Hübner [1] zeigen für endliche Zustands- und Entscheidungsräume die Existenz eines solchen Stationaritätspunktes oder turnpikes und geben darüber hinaus Abschätzungen für diese Stufe an. Dies erfolgt mit Hilfe eines zugehörigen unendlichstufigen markowschen Entscheidungsprozesses (hier aber lediglich für $\beta < 1$ dargestellt). Wir wenden uns deshalb dieser Frage erst in Abschnitt 2.3.3 (unendlichstufige diskontierte markowsche Entscheidungsprozesse) zu.

2.2.2. Dynamische Optimierung als numerische Lösungsmethode

In diesem Abschnitt wollen wir uns mit der *dynamischen Optimierung* — einem von Bellman [1] angegebenen Verfahren zur Bestimmung der mittleren Gesamtverluste $V_{0,\vartheta}(i)$, $i \in \mathscr{S}$, für beliebige $\vartheta \in \Theta_M$ sowie des minimalen mittleren Gesamtverlustes $V_0^*(i)$, $i \in \mathscr{S}$ — beschäftigen. Dabei können im Falle der Existenz optimaler Strategien diese im gleichen Rechengang erhalten werden. Um die Darstellung dieser (rekursiven)

---

[1]) Es sei bemerkt, daß für den Nachweis der Nichtstationarität der optimalen Strategien die Verteilungen $p(\cdot \mid 1, a)$ sowie $p(\cdot \mid 1, b)$ ohne Belang sind.

[2]) Dies ist insofern bemerkenswert, da für unendlichstufige diskontierte markowsche Entscheidungsprozesse stets ε-optimale stationäre Strategien ($\varepsilon > 0$, bel.) existieren (siehe Folgerung 2.3.8).

Technik zu erleichtern, führen wir die Matrix $P_{k+1}^{\delta_k}$ der Übergangswahrscheinlichkeiten $p_{k+1}(j \mid i, \delta_k(i))$, $i, j \in \mathcal{S}$, $\delta_k \in \Delta_k^M$ sowie den Vektor $\gamma_k^{\delta_k}$ der Schrittkosten $\gamma_k(i, \delta_k(i))$, $i \in \mathcal{S}$, $\delta_k \in \Delta_k^M$, $0 \leqq k < N$, ein. Wir bezeichnen mit $B(\mathcal{S})$ den Raum der beschränkten reellwertigen Vektoren mit der Norm $\|u\| = \sup_{i \in \mathcal{S}} |u(i)|$, $u \in B(\mathcal{S})$. Weiter wollen wir für $u, v \in B(\mathcal{S})$ unter $u \geqq v$ die Beziehung $u(i) \geqq v(i)$ für alle $i \in \mathcal{S}$ und unter $u > v$ die Beziehung $u \geqq v$ mit $u(i) > v(i)$ für mindestens ein $i \in \mathcal{S}$ verstehen.

Führen wir nun zwei in den Darstellungen zur markowschen Entscheidungsprozessen übliche Operatoren ein, wobei an die Gültigkeit der Beschränktheitsforderung (B 1) erinnert sei.

2.2.7. Definition. a) Für beliebige $\delta_k \in \Delta_k^M$, $0 \leqq k < N$, bezeichne $L_k^{\delta_k}$ die durch

$$L_k^{\delta_k} u := \gamma_k^{\delta_k} + \beta P_{k+1}^{\delta_k} u \,, \qquad u \in B(\mathcal{S})^{1)} \,, \tag{5}$$

gegebene Abbildung von $B(\mathcal{S})$ in sich.

b) Für $0 \leqq k < N$ bezeichne U_k die durch

$$(U_k u)(i) := \inf_{\delta_k(i) \in \mathfrak{D}_k(i)} (L_k^{\delta_k} u)(i) \,, \qquad u \in B(\mathcal{S}) \,, \qquad i \in \mathcal{S} \,, \tag{6}$$

gegebene Abbildung von $B(\mathcal{S})$ in sich.

Für jedes $i \in \mathcal{S}$ gilt also

$$(L_k^{\delta_k} u)(i) = \gamma_k(i, \delta_k(i)) + \beta \sum_{j \in \mathcal{S}} p_{k+1}(j \mid i, \delta_k(i))\, u(j) \,,$$

$$u \in B(\mathcal{S}) \,, \qquad \delta_k \in \Delta_k^M \,, \qquad 0 \leqq k < N \,,$$

und wegen der Maximalität der Strategienmenge Θ

$$(U_k u)(i) = \inf_{d \in \mathfrak{D}_k(i)} \{\gamma_k(i, d) + \beta \sum_{j \in \mathcal{S}} p_{k+1}(j \mid i, d)\, u(j)\} \,.$$

Für die soeben eingeführten Operatoren gelten folgende einfache Beziehungen.

2.2.8. Lemma. a) *Für jedes k, $0 \leqq k < N$, und jedes $\delta_k \in \Delta_k^M$ sind die Operatoren $L_k^{\delta_k}$ und U_k isoton. Es folgen aus $u > v$ die Beziehungen*

$$L_k^{\delta_k} u \geqq L_k^{\delta_k} v \quad \textit{sowie} \quad U_k u \geqq U_k v \qquad (u, v \in B(\mathcal{S})) \,. \tag{7}$$

b) *Für jedes k, $0 \leqq k < N$, und jedes $\delta_k \in \Delta_k^M$ gilt mit $c \in \mathbb{R}^1$*

$$L_k^{\delta_k}(u + c\mathbf{1}) = L_k^{\delta_k} u + \beta c \mathbf{1}$$

sowie (8)

$$U_k(u + c\mathbf{1}) = U_k u + \beta c \mathbf{1} \,, \qquad u \in B(\mathcal{S}), \mathbf{1} = (1, 1, \ldots)^{\mathrm{T}} \in B(\mathcal{S}) \,.$$

c) *In einem stationären MDS gilt für jedes $\delta \in \Delta^S$ und $0 \leqq k, l < N$*

$$L_k^{\delta} = L_l^{\delta} =: L^{\delta} \quad \textit{sowie} \quad U_k = U_l =: U \,. \tag{9}$$

Die Gültigkeit von a) und b) ergibt sich aus Definition 2.2.7, die Beziehungen von Teil c) leiten sich aus der Definition eines stationären MDS ab.

Die soeben angegebenen Operatoren wollen wir zur Darstellung der schrittweisen rekursiven Lösung der Aufgabe

$$V_{0,\vartheta} \xrightarrow[\vartheta \in \Theta_M]{} \min!$$

---

[1]) Der Operator $L_k^{\delta_k}$ stellt dabei eine Spezialisierung des Operators $L_{n,\vartheta}$ (vgl. (1.3.5)) dar.

verwenden. Für dieses Vorgehen, von BELLMANN [1] als „Rückwärtstechnik der dynamischen Optimierung" eingeführt, werden die folgenden Funktionen erklärt.

2.2.9. Definition. Es gelte für $k = N$

$$v_N^* := V_N\,, \quad \text{d. h.} \quad v_N^*(i) = V_N(i) \quad \text{für} \quad i \in \mathcal{S}$$

sowie rekursiv für $k = N-1, N-2, \dots, 0$

$$v_k^{\delta_k} = L_k^{\delta_k} v_{k+1}^* = \gamma_k^{\delta_k} + \beta P_{k+1}^{\delta_k} v_{k+1}^*\,, \qquad \delta_k \in \Delta_k^{\mathrm{M}}\,, \tag{10}$$

mit

$$v_k^d(i) := v_k^{\delta_k}(i) = \gamma_k\big(i, \delta_k(i)\big) + \beta \sum_{j\in\mathcal{S}} p_{k+1}\big(j \mid i, \delta_k(i)\big)\, v_{k+1}^*(j)$$

für $d = \delta_k(i)$, $i \in \mathcal{S}$, $\delta_k(i) \in \mathcal{D}_k(i)$ und

$$v_k^* := U_k v_{k+1}^*$$

mit

$$v_k^*(i) = \inf_{d\in\mathcal{D}_k(i)} \{\gamma_k(i, d) + \beta \sum_{j\in\mathcal{S}} p_{k+1}(j \mid i, d)\, v_{k+1}^*(j)\}\,. \tag{11}$$

Dabei werden $v_k^{\delta_k}$ als *Wertfunktion* und v_k^* als *minimale Wertfunktion* bezeichnet. Die schrittweise Ermittlung der Werte $v_k^*(i)$, $i \in \mathcal{S}$, für $k = N, N-1, \dots, 0$ wird *Rückwärtstechnik der dynamischen Optimierung* genannt.

Falls für $i \in \mathcal{S}$ ein Minimum in (11) existiert, so erhält man (mindestens) eine minimierende Entscheidung $d^* \in \mathcal{D}_k(i)$, und es gilt

$$v_k^*(i) = v_k^{d^*}(i)\,.$$

Falls für sämtliche $i \in \mathcal{S}$ in (11) ein Minimum existiert, so ergibt sich die Existenz (mindestens) einer minimierenden Entscheidungsfunktion $\delta_k^* \in \Delta_k^{\mathrm{M}}$, und es gilt

$$v_k^* = v_k^{\delta_k^*}\,.$$

Sollte dies für alle k mit $0 \leq k < N$ gelten, läßt sich durch

$$\vartheta^* = (\delta_0^*, \delta_1^*, \dots, \delta_{N-1}^*) \tag{12}$$

eine minimierende Strategie $\vartheta^* \in \Theta_{\mathrm{M}}$ angeben.

Von besonderem Interesse ist nun der Zusammenhang zwischen den soeben eingeführten Wertfunktionen und den Gesamtverlusten.

2.2.10. Satz. a) *Für beliebige* $\vartheta = (\delta_0, \delta_1, \dots, \delta_{N-1}) \in \Theta_{\mathrm{M}}$ *und jedes* $i \in \mathcal{S}$ *gilt*

$$V_{0,\vartheta}(i) = (L_0^{\delta_0} L_1^{\delta_1} \dots L_{N-1}^{\delta_{N-1}} V_N)\,(i)\,. \tag{13}$$

b) *Für jedes* $i \in \mathcal{S}$ *gilt*

$$V_0^*(i) = (U_0 U_1 \dots U_{N-1} V_N)\,(i) \tag{14}$$

und somit $V_0^* = v_0^*$.

c) *Eine Strategie* $\vartheta^* = (\delta_0^*, \delta_1^*, \dots, \delta_{N-1}^*) \in \Theta_{\mathrm{M}}$ *ist genau dann optimal, falls für alle k die Beziehung*

$$v_k^* = v_k^{\delta_k^*}$$

gilt.

Beweis: a) Für $\vartheta = (\delta_0, \delta_1, \dots, \delta_{N-1}) \in \Theta_{\mathrm{M}}$ gilt nach (1)

$$V_{0,\vartheta}(i) = \mathsf{E}_{i,\vartheta}\Big(\sum_{t=0}^{N-1} \beta^t \gamma_t(X_t, \delta_t(X_t)) + \beta^N V_N(X_N)\Big)$$

$$= \gamma_0\big(i, \delta_0(i)\big) + \sum_{t=1}^{N-1} \beta^t \mathsf{E}_{i,\vartheta}\gamma_t\big(X_t, \delta_t(X_t)\big) + \beta^N \mathsf{E}_{i,\vartheta} V_N(X_N)\,.$$

Für beliebige t mit $1 \leqq t < N$ ergibt sich nach der Chapman-Kolmogorow-Gleichung

$$\mathsf{E}_{i,\vartheta}\big(\gamma_t(X_t, \delta_t(X_t))\big) = \sum_{j\in\mathcal{S}} \mathsf{P}_{i,\vartheta}(X_t = j)\, \gamma_t\big(j, \delta_t(j)\big) = (P_1^{\delta_0}P_2^{\delta_1} \dots P_t^{\delta_{t-1}}\gamma_t^{\delta_t})\,(i)$$

und damit

$$\begin{aligned}
V_{0,\vartheta}(i) &= \gamma_0\big(i, \delta_0(i)\big) + \sum_{t=1}^{N-1} \beta^t (P_1^{\delta_0}P_2^{\delta_1} \dots P_t^{\delta_{t-1}}\gamma_t^{\delta_t})\,(i) + \beta^N (P_1^{\delta_0} \dots P_N^{\delta_{N-1}} V_N)\,(i) \\
&= \gamma_0\big(i, \delta_0(i)\big) + \sum_{t=1}^{N-2} \beta^t (P_1^{\delta_0}P_2^{\delta_1} \dots P_t^{\delta_{t-1}}\gamma_t^{\delta_t})\,(i) \\
&\quad + \beta^{N-1}\big(P_1^{\delta_0}P_2^{\delta_1} \dots P_{N-1}^{\delta_{N-2}}(\gamma_{N-1}^{\delta_{N-1}} + \beta P_N^{\delta_{N-1}} V_N)\big)\,(i) \\
&= \gamma_0\big(i, \delta_0(i)\big) + \sum_{t=1}^{N-2} \beta^t (P_1^{\delta_0}P_2^{\delta_1} \dots P_t^{\delta_{t-1}}\gamma_t^{\delta_t})\,(i) \\
&\quad + \beta^{N-1}(P_1^{\delta_0}P_2^{\delta_1} \dots P_{N-1}^{\delta_{N-2}} L_{N-1}^{\delta_{N-1}} V_N)\,(i)\,. \qquad (15)
\end{aligned}$$

Durch weiteren Abbau dieser Summe erhält man a).

b) Es gilt nach (2) mit $\vartheta = (\delta_0, \delta_1, \dots, \delta_{N-1})$

$$\begin{aligned}
V_0^*(i) &= \inf_{\vartheta\in\Theta_{\mathrm{M}}} V_{0,\vartheta}(i) \\
&= \inf_{(\delta_0,\delta_1,\dots,\delta_{N-1})} \Big\{\gamma_0(i, \delta_0(i)) + \sum_{t=1}^{N-2} \beta^t (P_1^{\delta_0}P_2^{\delta_1} \dots P_t^{\delta_{t-1}}\gamma_t^{\delta_t})\,(i) \\
&\qquad + (P_1^{\delta_0}P_2^{\delta_1} \dots P_{N-1}^{\delta_{N-2}} \beta^{N-1} L_{N-1}^{\delta_{N-1}} V_N)\,(i)\Big\} \\
&= \inf_{(\delta_0,\dots,\delta_{N-2})} \Big\{\gamma_0(i, \delta_0(i)) + \sum_{t=1}^{N-2} \beta^t (P_1^{\delta_0}P_2^{\delta_1} \dots P_t^{\delta_{t-1}}\gamma_t^{\delta_t})\,(i) \\
&\qquad + (P_1^{\delta_0}P_2^{\delta_1} \dots P_{N-1}^{\delta_{N-2}} \beta^{N-1} \inf_{\delta_{N-1}\in\Delta_{N-1}^{\mathrm{M}}} L_{N-1}^{\delta_{N-1}} V_N)\,(i)\Big\} \\
&= \inf_{(\delta_0,\dots,\delta_{N-2})} \Big\{\gamma_0(i, \delta_0(i)) + \sum_{t=1}^{N-2} \beta^t (P_1^{\delta_0}P_2^{\delta_1} \dots P_t^{\delta_{t-1}}\gamma_t^{\delta_t})\,(i) \\
&\qquad + (P_1^{\delta_0}P_2^{\delta_1} \dots P_{N-1}^{\delta_{N-2}} \beta^{N-1} U_{N-1} V_N)\,(i)\Big\}\,.
\end{aligned}$$

Durch weiteren Abbau dieser Summe erhält man b).

c) Nehmen wir an, es gelte für die Strategie $\vartheta^* = (\delta_0^*, \delta_1^*, \dots, \delta_{N-1}^*)$

$$v_k^* = v_k^{\delta_k^*} \quad \text{für} \quad 0 \leqq k < N\,,$$

so ergibt sich aus a) und b) für jedes $i \in \mathcal{S}$

$$\begin{aligned}
V_{0,\vartheta^*}(i) &= (L_0^{\delta_0^*} L_1^{\delta_1^*} \dots L_{N-1}^{\delta_{N-1}^*} V_N)\,(i) \\
&= (\inf_{\delta\in\Delta_0^{\mathrm{M}}} L_0^\delta \inf_{\delta\in\Delta_1^{\mathrm{M}}} L_1^\delta \dots \inf_{\delta\in\Delta_{N-1}^{\mathrm{M}}} L_{N-1}^\delta V_N)(i) \\
&= (U_0 U_1 \dots U_{N-1} V_N)\,(i) \\
&= V_0^*(i)\,.
\end{aligned}$$

Also ist ϑ^* optimal. Analog ergibt sich bei Optimalität von $\vartheta^* = (\delta_0^*, \delta_1^*, \dots, \delta_{N-1}^*)$ die Beziehung $v_k^* = v_k^{\delta_k^*}$ für alle k. ∎

Aus Teil c) des Satzes folgt darüber hinaus, daß bei Anwendung der Rückwärtstechnik (10), (11) simultan zum minimalen mittleren Gesamtverlust die Menge aller optimalen Strategien $\Theta_{\mathrm{M}}^{\mathrm{opt}}$ mit $\Theta_{\mathrm{M}}^{\mathrm{opt}} := \{\vartheta = (\delta_0, \delta_1, \dots, \delta_{N-1}) \in \Theta_{\mathrm{M}}: v_k^{\delta_k} = v_k^* \text{ für alle } k\}$ erhalten werden kann.

Unter Verwendung der Funktionen $v_k^{\delta_k}$, v_k^* läßt sich für jedes $i \in \mathcal{S}$ das N-dimensionale Optimierungsproblem

$$V_{0,\vartheta}(i) \xrightarrow[\vartheta\in\Theta_{\mathrm{M}}]{} \min!$$

auf N eindimensionale Optimierungsprobleme

$$v_k^d(i) \underset{d \in \mathcal{D}_k(i)}{\longrightarrow} \min!\,, \qquad i \in \mathcal{S}\,, \qquad k = N-1\,,\quad N-2, \ldots, 0\,,$$

zurückführen.

Diese lassen sich rekursiv — bei Stufe $N - 1$ beginnend — lösen. Eine konkrete numerische Behandlung dieser Probleme erfordert jedoch — abgesehen von speziell strukturierten markowschen Entscheidungsprozessen — endliche Zustands- und Entscheidungsmengen. Im Hinblick auf eine solche Behandlung wollen wir folgende Vereinbarung treffen.

(B2) Der Zustandsraum $\mathcal{S}$ und die Entscheidungsräume $\mathcal{D}_k(i)$ enthalten nur endlich viele Elemente, und es gelte $\mathcal{S} = \{1, \ldots, q\}$.

Damit ergibt sich folgende

2.2.11. Bemerkung. Es gelte (B2). Dann existiert (mindestens) eine optimale Markow-Strategie ϑ^*, so daß für alle $i \in \mathcal{S}$

$$V_{0,\vartheta^*}(i) = V_0^*(i)$$

gilt.

Im Ablaufplan 2.2.1 wollen wir die prinzipielle Vorgehensweise der Rückwärtstechnik der dynamischen Optimierung darstellen, wobei die Gültigkeit von (B2) vorausgesetzt wird.

Es sei bemerkt, daß die Endlichkeit von Zustands- und Entscheidungsräumen zwar die Existenz einer optimalen (Markow-)Strategie sichert, jedoch i. allg. noch nicht die praktische Realisierung dieser Rekursionstechnik ermöglicht, da dies entscheidend

Ablaufplan 2.2.1

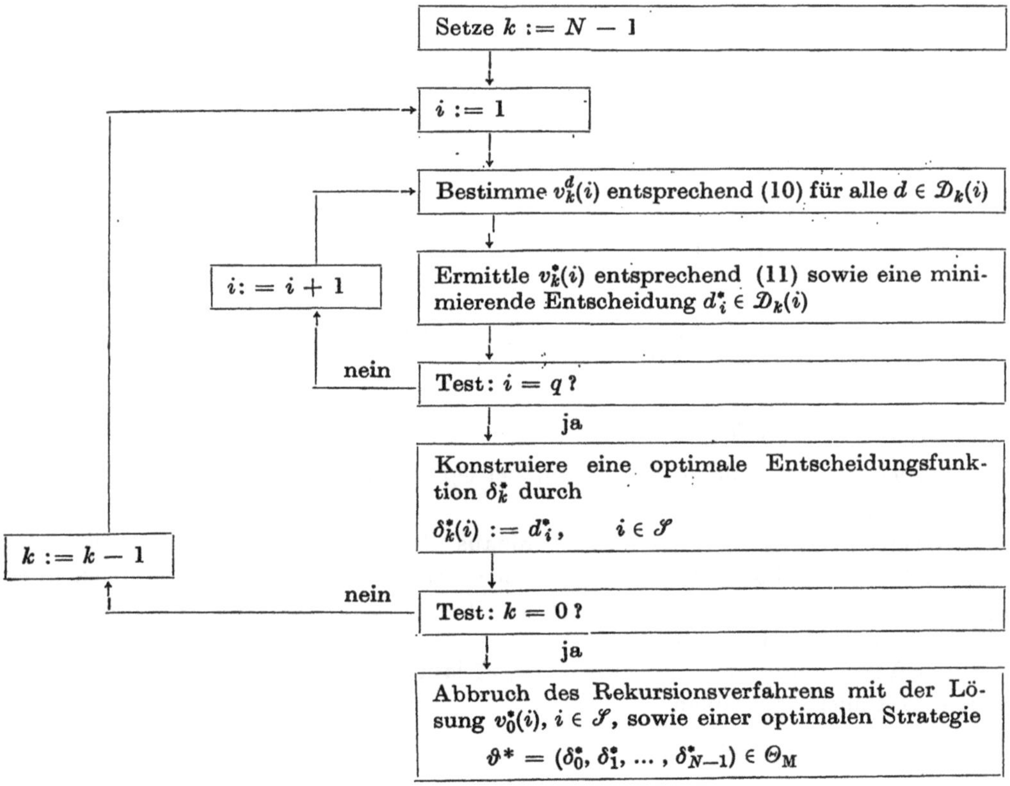

von der Anzahl der Zustände und der Entscheidungen bestimmt wird. Darüber hinaus ist bei nichtstationärem MDS der benötigte Speicherplatzbedarf in einer Rechenanlage erheblich. Im Abschnitt 2.2.4 werden deshalb approximative Lösungsverfahren für große oder sogar abzählbare Zustands- und Entscheidungsräume dargestellt.

2.2.3. Schranken für die Wertfunktion und Elimination nichtoptimaler Entscheidungen

Die numerische Behandlung eines endlichstufigen markowschen Entscheidungsprozesses mittels der Rückwärtstechnik der dynamischen Optimierung kann mit erheblichem Rechenaufwand verbunden sein. Dementsprechend werden Abschätzungen der Wertfunktion im Hinblick auf einen vorzeitigen Abbruch der Rekursionsrechnung mit hinreichend guten Näherungen besondere Beachtung geschenkt. Gleichzeitig gewinnen Methoden zur Elimination nichtminimierender Entscheidungen im Hinblick auf eine Aufwandsverminderung bei der Rekursionsrechnung an Interesse.

Wir legen in diesem Abschnitt ein stationäres MDS zugrunde.

In einer Arbeit von Hinderer [3] werden Abschätzungen der Wertfunktion endlichstufiger markowscher Entscheidungsprozesse unter zwei prinzipiellen Gesichtspunkten angegeben. Einerseits erfolgt eine Abschätzung der minimalen Wertfunktion v_k^* (vgl. (11)) mittels der minimalen Wertfunktion eines entsprechenden unendlichstufigen markowschen Entscheidungsprozesses. Andererseits wird, ausgehend von den bis zur Stufe k gewonnenen minimalen Wertfunktionen v_k^*, durch Extrapolation auf das Verhalten der Wertfunktionen zukünftiger Berechnungsstufen geschlossen.

Im folgenden wollen wir eine auf Hinderer [3] und Porteus [1] zurückgehende Abschätzung angeben, welche durch Extrapolation erhalten wird. Dazu setzen wir die Gültigkeit von (B 2) und also von (B 1) voraus. Dann gilt

2.2.12. Satz. *Für beliebige $i \in \mathcal{S}$ und k, l mit $0 \leqq k < l < N$ gilt*

$$\Big(\sum_{t=1}^{l-k} \beta^t\Big) \min_{j\in\mathcal{S}} \big(v_l^*(j) - v_{l+1}^*(j)\big) \leqq v_k^*(i) - v_l^*(i) \leqq \Big(\sum_{t=1}^{l-k} \beta^t\Big) \max_{j\in\mathcal{S}} \big(v_l^*(j) - v_{l+1}^*(j)\big)\,. \tag{16}$$

Dem Beweis dieser Aussage stellen wir das folgende Lemma voran.

2.2.13. Lemma (Hinderer [3]). *Für beliebige $u, w \in B(\mathcal{S})$*[1]) *und jedes n mit $0 < n < N$ gilt*

$$\beta^n \min_{j\in\mathcal{S}} \big(u(j) - w(j)\big) \leqq (U^n u)\,(i) - (U^n w)\,(i) \leqq \beta^n \max_{j\in\mathcal{S}} \big(u(j) - w(j)\big)\,. \tag{17}$$

Beweis: Wegen $u(i) - w(i) \leqq \max_{j\in\mathcal{S}} \big(u(j) - w(j)\big)$ für jedes $i \in \mathcal{S}$ folgt

$$u(i) \leqq w(i) + \max_{j\in\mathcal{S}} \big(u(j) - w(j)\big)\,.$$

Auf Grund der Monotonie von U (vgl. Lemma 2.2.8) ergibt sich

$$\begin{aligned}(Uu)\,(i) &\leqq \big(U(w(i) + \max_{j\in\mathcal{S}} (u(j) - w(j)))\,\mathbf{1}\big)\,(i)\\ &= (Uw)\,(i) + \beta \max_{j\in\mathcal{S}} \big(u(j) - w(j)\big)\,.\end{aligned} \tag{18}$$

[1]) Dabei stellt $B(\mathcal{S})$ hier auf Grund von (B 2) den Raum der reellwertigen q-dimensionalen Vektoren dar.

Durch n-malige Anwendung von U auf die Ungleichung (18) erhält man den rechtsstehenden Teil der Ungleichungskette (17) und in analoger Weise den linksstehenden Teil. ▮

Wenden wir uns Satz 2.2.12 zu.

Beweis von Satz 2.2.12: Es gilt für jedes $i \in \mathcal{S}$ und $k < l$

$$v_k^*(i) - v_l^*(i) = \sum_{t=1}^{l-k} \left(v_{k+t-1}^*(i) - v_{k+t}^*(i)\right).$$

Betrachten wir zuerst die rechtsstehende Ungleichung in (16), so erhält man unter Beachtung der vorausgesetzten Stationarität des dynamischen Systems und somit der Gültigkeit von $U_k = U$ für alle k mit (11) und (17)

$$\sum_{t=1}^{l-k} \left(v_{k+t-1}^*(i) - v_{k+t}^*(i)\right) = \sum_{t=1}^{l-k} \left((U^t v_l^*)(i) - (U^t v_{l+1}^*)(i)\right)$$
$$\leqq \left(\sum_{t=1}^{l-k} \beta^t\right) \max_{j \in \mathcal{S}} \left(v_l^*(j) - v_{l+1}^*(j)\right).$$

In analoger Weise ergibt sich die linksstehende Ungleichung in (16). ▮

Die Struktur der Abschätzung (16) erweist sich als grundlegend für eine Reihe weiterer Schranken, welche von HINDERER [3] angegeben und hinsichtlich ihrer Güte untersucht wurden. Weitere Abschätzungen können aus den von WHITE [2] zusammengestellten Schrankenfunktionen gewonnen werden.

Zur Vorbereitung auf die nachfolgend beschriebene Elimination nichtminimierender Entscheidungen wollen wir eine Folgerung des soeben bewiesenen Satzes angeben.

2.2.14. Folgerung. *Sei*

$$\varphi(k) := \beta\left(\max_{j \in \mathcal{S}} (v_k^*(j) - v_{k+1}^*(j)) - \min_{j \in \mathcal{S}} (v_k^*(j) - v_{k+1}^*(j))\right) \tag{19}$$

für $0 \leqq k < N$. *Dann gilt* $\varphi(k) \leqq \beta\varphi(k+1)$ *für* $0 \leqq k < N - 1$.

Beweis: Für $l = k + 1$ erhält man aus (16) für jedes $i \in \mathcal{S}$

$$\beta \min_{j \in \mathcal{S}} \left(v_{k+1}^*(j) - v_{k+2}^*(j)\right) \leqq v_k^*(i) - v_{k+1}^*(i) \leqq \beta \max_{j \in \mathcal{S}} \left(v_{k+1}^*(j) - v_{k+2}^*(j)\right).$$

Insbesondere gilt

$$\beta \min_{j \in \mathcal{S}} \left(v_{k+1}^*(j) - v_{k+2}^*(j)\right) \leqq \min_{j \in \mathcal{S}} \left(v_k^*(j) - v_{k+1}^*(j)\right)$$

sowie

$$\max_{j \in \mathcal{S}} \left(v_k^*(j) - v_{k+1}^*(j)\right) \leqq \beta \max_{j \in \mathcal{S}} \left(v_{k+1}^*(j) - v_{k+2}^*(j)\right).$$

Damit ergibt sich

$$\varphi(k) = \beta\left(\max_{j \in \mathcal{S}} (v_k^*(j) - v_{k+1}^*(j)) - \min_{j \in \mathcal{S}} (v_k^*(j) - v_{k+1}^*(j))\right)$$
$$\leqq \beta\left(\beta \max_{j \in \mathcal{S}} (v_{k+1}^*(j) - v_{k+2}^*(j)) - \beta \min_{j \in \mathcal{S}} (v_{k+1}^*(j) - v_{k+2}^*(j))\right) = \beta\varphi(k+1). \; ▮$$

Aufbauend auf derartigen Abschätzungen wurden Methoden entwickelt, welche eine Reduzierung des Aufwandes in den einzelnen Berechnungsstufen der Rückwärtstechnik zum Ziel haben. Dabei werden — ausgehend von der Stufe k $(0 < k < N)$ — solche Entscheidungen $d \in \mathcal{D}(i)$, für welche bis zur Stufe $m < k$ die Beziehung $v_l^d(i) > v_l^*(i)$, $m \leqq l < k$, gesichert werden kann, in diesen Stufen nicht betrachtet.

Wenden wir uns einem solchen Eliminationsverfahren (häufig auch Suboptimalitätstest genannt) von HASTINGS/VAN NUNEN [1] zu. Dabei werden wir von den grundsätzlichen Ideen dieser Methode auch in den Abschnitten 2.3 und 2.4 Gebrauch machen.

Führen wir jetzt die Größe

$$T^d(i; k, m) := v_k^d(i) - v_k^*(i) - \varphi(k) \sum_{l=0}^{k-m-1} \beta^l \tag{20}$$

mit $i \in \mathcal{S}$, $d \in \mathcal{D}(i)$ und $0 \leqq m < k < N$ ein. Mit Hilfe dieser Größe werden wir eine Eliminationsregel für nichtminimierende Entscheidungen ableiten. Diese stützt sich auf die folgende Abschätzung

2.2.15. Lemma. *Für jedes $i \in \mathcal{S}$, $d \in \mathcal{D}(i)$ und $0 \leqq m < k < N$ gilt*

$$v_m^d(i) - v_m^*(i) \geqq T^d(i; k, m) .$$

Beweis: Es seien $i \in \mathcal{S}$ und $m < k$ fest gewählt. Weiter bezeichne $d' \in \mathcal{D}(i)$ eine minimierende Entscheidung in der Stufe $m + 1$ für den Zustand i, es gilt also für d' die Beziehung $v_{m+1}^{d'}(i) = v_{m+1}^*(i)$. Dann gilt für jedes $d \in \mathcal{D}(i)$

$$\begin{aligned} v_m^d(i) - v_m^*(i) &= v_m^d(i) - v_{m+1}^d(i) + v_{m+1}^d(i) - v_{m+1}^*(i) + v_{m+1}^*(i) - v_m^*(i) \\ &= \left(v_{m+1}^d(i) - v_{m+1}^*(i)\right) + \left(v_m^d(i) - v_{m+1}^d(i)\right) - \left(v_m^*(i) - v_{m+1}^{d'}(i)\right). \end{aligned}$$

Ersetzen wir jetzt $v_m^*(i)$ durch $v_m^{d'}(i)$, so folgt

$$\begin{aligned} & v_m^d(i) - v_m^*(i) \\ & \geqq v_{m+1}^d(i) - v_{m+1}^*(i) + \beta \sum_{j\in\mathcal{S}} p(j \mid i, d) \left[v_{m+1}^*(j) - v_{m+2}^*(j)\right] \\ & \qquad - \beta \sum_{j\in\mathcal{S}} p(j \mid i, d') \left[v_{m+1}^*(j) - v_{m+2}^*(j)\right] \\ & \geqq v_{m+1}^d(i) - v_{m+1}^*(i) + \beta \min_{j\in\mathcal{S}} \left(v_{m+1}^*(j) - v_{m+2}^*(j)\right) \\ & \qquad - \beta \max_{j\in\mathcal{S}} \left(v_{m+1}^*(j) - v_{m+2}^*(j)\right) \\ & = v_{m+1}^d(i) - v_{m+1}^*(i) - \varphi(m + 1) . \end{aligned}$$

Durch fortlaufende Anwendung dieser Abschätzung erhält man

$$v_m^d(i) - v_m^*(i) \geqq v_k^d(i) - v_k^*(i) - \sum_{l=m+1}^{k} \varphi(l) .$$

Nach Folgerung 2.2.14 ergibt sich

$$\sum_{l=m+1}^{k} \varphi(l) \leqq \beta^{k-m-1}\varphi(k) + \beta^{k-m-2}\varphi(k) + \dots + \varphi(k) = \varphi(k) \sum_{l=0}^{k-m-1} \beta^l .$$

Damit folgt

$$v_m^d(i) - v_m^*(i) \geqq v_k^d(i) - v_k^*(i) - \varphi(k) \sum_{l=0}^{k-m-1} \beta^l = T^d(i; k, m) . \blacksquare$$

T^d stellt also eine untere Schranke für die Differenz $v_m^d(i) - v_m^*(i)$ dar. Besonders vorteilhaft ist dabei, daß lediglich Werte der Stufen k und $k + 1$ (vgl. Definition von $\varphi(k)$, (19)) aus der Rückwärtsrechnung verwendet werden. Darüber hinaus läßt sich folgende Aussage ableiten.

2.2.16. Folgerung. *Es seien $i \in \mathcal{S}$, $d \in \mathcal{D}(i)$ und $0 \leqq m < k < N$. Dann folgt aus $T^d(i; k, m) > 0$, daß die Entscheidung d für den Zustand i in den Stufen l $(m \leqq l < k)$ nichtminimierend ist.*

Ablaufplan 2.2.2

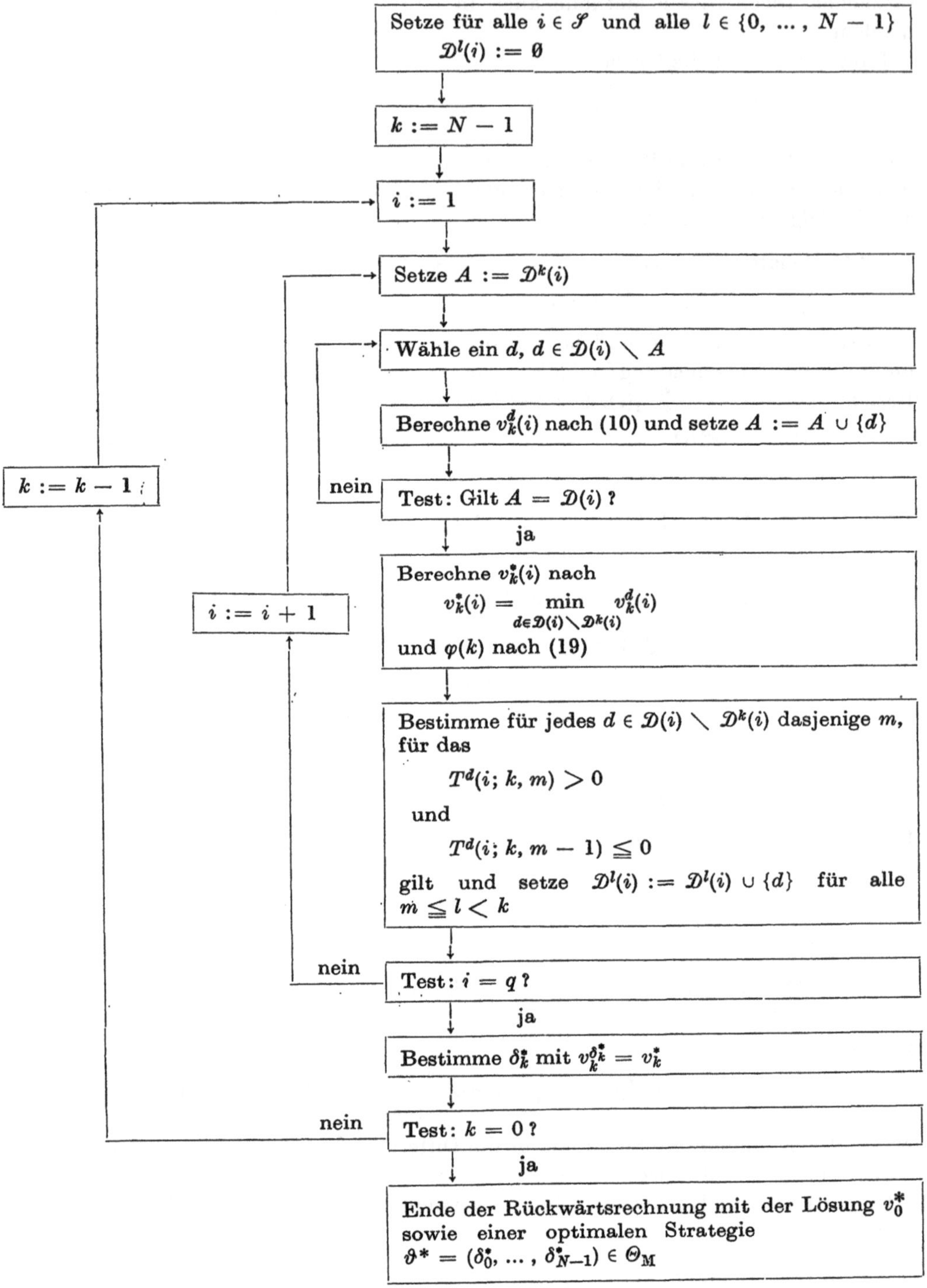

Beweis: Es ergibt sich für $m \leqq l < k$ wegen $\varphi(l) \geqq 0$ die Beziehung $T^d(i; k, m) \leqq T^d(i; k, l)$ und somit

$$0 < T^d(i; k, m) \leqq T^d(i; k, l) \leqq v_l^d(i) - v_l^*(i) . \blacksquare$$

Diese Folgerung beinhaltet offensichtlich eine Regel zur zeitweiligen Elimination nichtminimierender Entscheidungen. Beziehen wir das sich ergebende Eliminationsverfahren in die Rückwärtstechnik der dynamischen Optimierung ein, so läßt sich der Algorithmus durch den Ablaufplan 2.2.2 beschreiben. Dabei wird in jeder Stufe k, $0 < k < N$, ausgehend von jedem Zustand $i \in \mathscr{S}$ für jede Entscheidung $d \in \mathscr{D}(i)$ diejenige Stufe m bestimmt, bis zu welcher die Entscheidung d nichtminimierend ist. Falls bereits für die Stufe $m = k - 1$ die Beziehung $T^d(i; k, k-1) \leqq 0$ gilt, so ist die Entscheidung in der weiteren Rückwärtsrechnung zu belassen.

Im Ablaufplan 2.2.2 wollen wir die Mengen der Entscheidungen, die im bisherigen Verfahren für die k-te Stufe als nichtminimierend erkannt worden sind, mit $\mathscr{D}^k(i)$ bezeichnen.

2.2.4. Approximative Lösung mittels Vergröberung des Zustandsraumes

Die numerische Behandlung endlichstufiger markowscher Entscheidungsprozesse mittels der Rückwärtstechnik der dynamischen Optimierung erfordert die Endlichkeit von Zustands- und Entscheidungsräumen. Darüber hinaus sind für eine solche Auswertung Speicherplatzkapazität und Rechenzeitfonds von Bedeutung. Deshalb gewinnen Verfahren an Interesse, welche für reduzierte Anzahlen von Zuständen oder Entscheidungen die minimalen Wertfunktionen v_k^*, $0 \leqq k \leqq N$, approximieren.

Wir wollen hier für abzählbaren Zustandsraum eine solche Möglichkeit angehen (vgl. Hahnewald-Busch/Nollau [1]). Dabei wird anstelle der Originalaufgabe, beschrieben durch das gegebene MDS, eine Ersatzaufgabe betrachtet. Der zugehörige Zustandsraum enthält dann nur endlich viele Elemente, welche durch disjunkte Zerlegung des originalen Zustandsraumes $\mathscr{S}$ bestimmt werden. Dabei ist die Anzahl der Zustände der Ersatzaufgabe unter dem Gesichtspunkt der praktischen Anwendbarkeit festzulegen.

Durch eine Abschätzung der Wertfunktionendifferenz von Original- und Ersatzaufgabe lassen sich Aussagen über das Approximationsverhalten treffen. Bei geeigneter „Verfeinerung" der Zerlegung von $\mathscr{S}$ kann eine solche Folge von Ersatzaufgaben konstruiert werden, daß die Folge der zugehörigen minimalen Wertfunktionen (in einem noch zu präzisierenden Sinne) gegen die jeweilige minimale Wertfunktion der Originalaufgabe konvergiert.

Betrachten wir das dynamische System

$$\text{MDS}: (N, \mathscr{S}, (\mathscr{D}_k), (p_{k+1}), (\gamma_k), V_N, \beta)$$

mit abzählbarem Zustandsraum $\mathscr{S}$ und endlichen Entscheidungsräumen $\mathscr{D}_k(i)$. Speziell sind dabei die Kostenfunktionen γ_k durch

$$\gamma_k(i, d) := \sum_{j \in \mathscr{S}} p_{k+1}(j \mid i, d)\, c_{k+1}(i, j, d)\,, \tag{21}$$
$$0 \leqq k < N\,, \qquad i \in \mathscr{S}\,, \qquad d \in \mathscr{D}_k(i)$$

gegeben, wobei c_{k+1} jedem $i, j \in \mathscr{S}$ und jedem $d \in \mathscr{D}_k(i)$ eine reelle Zahl zuordnet. Die Werte $c_{k+1}(i, j, d)$ lassen sich als Kosten interpretieren, welche beim Übergang vom in der k-ten Stufe vorliegenden Zustand $i \in \mathscr{S}$ in den Zustand $j \in \mathscr{S}$ unter Verwendung der Entscheidung $d \in \mathcal{D}_k(i)$ entstehen. Weiterhin gelte $\mathcal{D}_k(i) = \mathcal{D}_k(j)$ für alle $i, j \in \mathcal{S}$, $0 \leqq k < N$. Wir fordern (in Analogie zu (B1)) die Beschränktheit dieser Funktionen c_{k+1} durch

(B1') Es existiere eine Konstante M_0, so daß für alle k, $0 \leqq k < N$, für alle $i, j \in \mathcal{S}$ und für alle $d \in \mathcal{D}_k(i)$ die Beziehungen

$$|c_{k+1}(i, j, d)| \leqq M_0 , \qquad |V_N(i)| \leqq M_0$$

gelten.

Führen wir jetzt im Hinblick auf eine sich anschließende Konvergenzbetrachtung der Folge minimaler Wertfunktionen sowie eine algorithmische Lösung des Approximationsproblems eine Folge von Ersatzaufgaben ein. Jede dieser Aufgaben wird durch ein dynamisches System

$$\text{MDS}(n)\colon (N, \mathcal{S}_n, (\mathcal{D}_k), (p_{k+1,n}), (\gamma_{k,n}), V_{N,n}, \beta) , \qquad n \in \mathbb{N} ,$$

beschrieben.

Die Bestimmungsstücke dieses Systems werden dabei aus MDS durch eine geeignete Transformation gewonnen. Dieses erfolgt mit Hilfe eines Maßes π auf $\mathfrak{P}(\mathcal{S})$ mit $\pi(\mathcal{S}) < \infty$ und $\pi(\{i\}) > 0$ für alle $i \in \mathcal{S}$. Durch dieses Maß wird eine „Bewertung" der Zustände $i \in \mathcal{S}$ vorgenommen.

Damit wollen wir folgendes MDS(n) einführen:

N: Anzahl der Stufen . (22)

$\mathcal{S}_n$: endlicher Zustandsraum mit $\mathcal{S}_n := \{x_1, \ldots, x_{q_n}\}$, $x_l \in \mathfrak{P}(\mathcal{S})$ und

$$x_l \cap x_m = \emptyset \quad \text{für} \quad l \neq m \quad \text{sowie} \quad \bigcup_{l=1}^{q_n} x_l = \mathcal{S} .$$

$\mathcal{D}_k$: Familie zulässiger endlicher Entscheidungsräume aus MDS .

$p_{k+1,n}$: markowsches Bewegungsgesetz, bestimmt durch

$$p_{k+1,n}(y \mid x, d) := \frac{1}{\pi(x)} \sum_{i \in x} \pi(\{i\}) \sum_{j \in y} p_{k+1}(j \mid i, d)$$

mit $x, y \in \mathcal{S}_n$, $d \in \mathcal{D}_k$, $0 \leqq k < N$.[1])

$\gamma_{k,n}$: Schrittkosten, bestimmt durch

$$\gamma_{k,n}(x, d) := \sum_{y \in \mathcal{S}_n} p_{k+1,n}(y \mid x, d)\, c_{k+1,n}(x, y, d)$$

$$c_{k+1,n}(x, y, d) := \begin{cases} \dfrac{1}{\pi(x_y^d)} \displaystyle\sum_{i \in x_y^d} \frac{\pi(\{i\})}{p_{k+1,n}(y \mid \{i\}, d)} \sum_{j \in y} p_{k+1}(j \mid i, d)\, c_{k+1}(i, j, d) , & \text{falls } x_y^d \neq \emptyset , \\ 0 & \text{sonst} , \end{cases}$$

und

$$x_y^d := \{i \in x\colon p_{k+1,n}(y \mid \{i\}, d) > 0\} , \qquad x, y \in \mathcal{S}_n , \qquad d \in \mathcal{D}_k .$$

---

[1]) Offensichtlich gilt $\sum_{y \in \mathcal{S}_n} p_{k+1,n}(y \mid x, d) = 1$ und $p_{k+1,n}(y \mid x, d) \geqq 0$ für $x, y \in \mathcal{S}_n$, $d \in \mathcal{D}_k$.

$V_{N,n}$: terminale Kosten, bestimmt durch

$$V_{N,n}(x) := \frac{1}{\pi(x)} \sum_{i \in x} \pi(\{i\}) \, V_N(i) \,, \qquad x \in \mathcal{S}_n \,.$$

β: Diskontfaktor.

Nach Abschnitt 2.1 existiert für jede Strategie ϑ aus der Strategienmenge Θ und zu jedem Anfangszustand $x \in \mathcal{S}_n$ ein stochastischer Prozeß (X_t) mit dem Wahrscheinlichkeitsmaß $\mathsf{P}_{x,\vartheta}$.

Um eine Bewertung der Approximationsgenauigkeit über die minimalen Wertfunktionen vornehmen zu können, führen wir für MDS(n) in Analogie zu (10), (11) Wertfunktionen $v_{k,n}^d$ und $v_{k,n}^*$ ein. Für $k = N$ sei

$$v_{N,n}^*(x) := V_{N,n}(x) \,, \qquad x \in \mathcal{S}_n \,,$$

für $k = N-1, N-2, \ldots, 0$ rekursiv

$$v_{k,n}^d(x) := \gamma_{k,n}(x, d) + \beta \sum_{y \in \mathcal{S}_n} p_{k+1,n}(y \mid x, d) \, v_{k+1,n}^*(y)$$

sowie (23)

$$v_{k,n}^*(x) := \min_{d \in \mathcal{D}_k} v_{k,n}^d(x) \,, \qquad x \in \mathcal{S}_n \,,$$

gegeben.

Zur Einschätzung der Approximationsgüte konstruieren wir „flankierende dynamische Systeme“

$$\underline{\mathrm{MDS}}(n) = (N, \mathcal{S}_n, (\mathcal{D}_k), (\underline{p}_{k+1,n}), (\underline{\gamma}_{k,n}), \underline{V}_{N,n}, \beta) \,,$$

$$\overline{\mathrm{MDS}}(n) = (N, \mathcal{S}_n, (\mathcal{D}_k), (\overline{p}_{k+1,n}), (\overline{\gamma}_{k,n}), \overline{V}_{N,n}, \beta)$$

mit

$$\underline{p}_{k+1,n}(y \mid x, d) := \inf_{i \in x} \inf_{j \in y} p_{k+1}(j \mid i, d) \,,$$

$$\overline{p}_{k+1,n}(y \mid x, d) := \sup_{i \in x} \sum_{j \in y} p_{k+1}(j \mid i, d)$$[1]

sowie

$$\underline{\gamma}_{k,n}(x, d) := \sum_{y \in \mathcal{S}_n} \underline{p}_{k+1,n}(y \mid x, d) \, \underline{c}_{k+1,n}(x, y, d)$$

für $\underline{c}_{k+1,n}(x, y, d) := \inf_{i \in x} \inf_{j \in y} c_{k+1}(i, j, d)$ und

$$\overline{\gamma}_{k,n}(x, d) := \sum_{y \in \mathcal{S}_n} \overline{p}_{k+1,n}(y \mid x, d) \, \overline{c}_{k+1,n}(x, y, d)$$

für $\overline{c}_{k+1,n}(x, y, d) := \sup_{i \in x} \sup_{j \in y} c_{k+1}(i, j, d)$ sowie

$$\underline{V}_{N,n}(x) := \inf_{i \in x} V_N(i) \,,$$

$$\overline{V}_{N,n}(x) := \sup_{i \in x} V_N(i) \,,$$

$x, y \in \mathcal{S}_n$, $d \in \mathcal{D}_k$, $0 \leq k < N$. Die Bestimmungsstücke N, $\mathcal{S}_n$, $\mathcal{D}_k$ sowie β werden aus dem System MDS(n) übernommen.

Unter Zuhilfenahme der zu diesen „flankierenden dynamischen Systemen“ gehörigen minimalen Wertfunktionen $\underline{v}_{k,n}^*$, $\overline{v}_{k,n}^*$ (konstruiert analog zu (23)) läßt sich folgende

---

[1]) Es gilt $\sum_{y \in \mathcal{S}_n} \underline{p}_{k+1,n}(y \mid x, d) \leq 1$ und $\sum_{y \in \mathcal{S}_n} \overline{p}_{k+1,n}(y \mid x, d) \geq 1$ für $x \in \mathcal{S}_n$, $d \in \mathcal{D}_k$.

Abschätzung für die minimalen Wertfunktionen von Original- und Ersatzaufgabe angeben.

2.2.17. Lemma. *Für jedes k, $0 \leqq k < N$, und alle $x \in \mathcal{S}_n$, $i \in x$ gilt*

a) $\underline{v}^*_{k,n}(x) \leqq v^*_{k,n}(x) \leqq \overline{v}^*_{k,n}(x)$,

b) $\underline{v}^*_{k,n}(x) \leqq v^*_k(i) \leqq \overline{v}^*_{k,n}(x)$.

Der Beweis dieser Aussage ergibt sich unmittelbar aus der Struktur der Systeme $\overline{\mathrm{MDS}}(n)$ und $\underline{\mathrm{MDS}}(n)$ bezüglich $\mathrm{MDS}(n)$ sowie MDS.

Aus der Struktur ist darüber hinaus ersichtlich, daß die Differenz $\max\limits_{x \in \mathcal{S}_n} \left(\overline{v}^*_{k,n}(x) - \underline{v}^*_{k,n}(x)\right)$ nur für spezielle Systeme effektiv zur Abschätzung der Approximationsgenauigkeit verwendet werden kann.

Wenden wir uns jetzt dem Verhalten der dynamischen Systeme $\mathrm{MDS}(n)$, $\underline{\mathrm{MDS}}(n)$ und $\overline{\mathrm{MDS}}(n)$ für $n \to \infty$ zu. Besonders interessiert dies für die Folgen minimaler Wertfunktionen

$$(v^*_{k,n})_{n \in N}\,, \quad (\underline{v}^*_{k,n})_{n \in N} \text{ und } (\overline{v}^*_{k,n})_{n \in N}\,, \quad 0 \leqq k < N\,.$$

Da die Definitionsbereiche dieser Funktionen variieren, erweist sich für Konvergenzbetrachtungen der Begriff der stetigen Konvergenz (vgl. Caratheodory [1]) als angepaßt.

2.2.18. Definition. Eine Folge $(F_n)_{n \in N}$ reellwertiger Funktionen $F_n\colon x \to F_n(x)$ für $x \in \mathcal{S}_n$ heißt *stetig konvergent* gegen eine reellwertige Funktion $f\colon i \to f(i)$ für $i \in \mathcal{S}$, falls für jede Folge $(x_n)_{n \in N}$, $x_n \in \mathcal{S}_n$, mit $\lim\limits_{n \to \infty} x_n = \{i\}$ die Beziehung

$$\lim_{n \to \infty} F_n(x_n) = f(i)$$

folgt.

Damit können wir die folgende Konvergenzaussage formulieren:

2.2.19. Satz. *Gegeben sei ein System* MDS *das die Bedingung* (B 1′) *erfüllt. Die Folge* $(\mathcal{S}_n)_{n \in N}$ *der Zustandsräume von* $\mathrm{MDS}(n)$ *genüge der Bedingung, daß für jedes* $i \in \mathcal{S}$ *ein* $n_0(i)$ *existiert, so daß* $\{i\} \in \mathcal{S}_n$ *für alle* $n \geqq n_0(i)$ *gilt.*

Dann konvergieren für jedes k die Folgen $(v^*_{k,n})$, $(\underline{v}^*_{k,n})$, $(\overline{v}^*_{k,n})$ stetig gegen v^*_k.

Beweis: Nach Voraussetzung gilt für jedes $i \in \mathcal{S}$ und $d \in \mathcal{D}_{N-1}$ die Beziehung $v^d_{N-1,n}(x) = v^d_{N-1,n}(\{i\})$ bei $i \in x$, $x \in \mathcal{S}_n$, $n \geqq n_0(i)$. Mit $B_n := \{\{i\} : i \in \mathcal{S},\ \{i\} \in \mathcal{S}_n\}$ gilt dann für $n \geqq n_0(i)$

$$\begin{aligned} v^d_{N-1,n}(\{i\}) &= \sum_{y \in \mathcal{S}_n} p_{N,n}(y \mid \{i\}, d)\left(c_{N,n}(\{i\}, y, d) + \beta v^*_{N,n}(y)\right) \\ &= \sum_{\{j\} \in B_n} p_{N,n}(\{j\} \mid \{i\}, d)\left(c_{N,n}(\{i\}, \{j\}, d) + \beta v^*_{N,n}(\{j\})\right) \\ &\quad + \sum_{y \in \mathcal{S}_n \setminus B_n} p_{N,n}(y \mid \{i\}, d)\left(c_{N,n}(\{i\}, y, d) + \beta v^*_{N,n}(y)\right). \end{aligned} \tag{24}$$

Offensichtlich gilt nach (22)

$$p_{N,n}(\{j\} \mid \{i\}, d) = p_N(j \mid i, d)\,,$$

$$c_{N,n}(\{i\}, \{j\}, d) = c_N(i, j, d)$$

und

$$V_{N,n}(\{j\}) = V_N(j)\,.$$

Betrachten wir die letzte Summe in (24), so erhalten wir unter Verwendung der zu B_n gehörigen Menge

$$\tilde{B}_n := \{i \in \mathcal{S}: \{i\} \in \mathcal{S}_n\}$$

wegen (B 1′)

$$\begin{aligned}
&\Big|\sum_{y\in\mathcal{S}_n\setminus B_n} p_{N,n}(y \mid \{i\}, d)\,\big(c_{N,n}(\{i\}, y, d) + \beta v^*_{N,n}(y)\big)\Big| \\
&\leqq \max_{y\in\mathcal{S}_n} |c_{N,n}(\{i\}, y, d) + \beta v^*_{N,n}(y)| \sum_{y\in\mathcal{S}_n\setminus B_n} p_{N,n}(y \mid \{i\}, d) \\
&\leqq M_0(1+\beta) \sum_{y\in\mathcal{S}_n\setminus B_n} \sum_{j\in y} p_N(j \mid i, d) \\
&= M_0(1+\beta) \sum_{j\in\mathcal{S}\setminus\tilde{B}_n} p_N(j \mid i, d)\,.
\end{aligned}$$

Wegen $\lim\limits_{n\to\infty} \tilde{B}_n = \mathcal{S}$ existiert für beliebiges $\eta > 0$ ein $m_0 = m_0(\eta)$, so daß für alle $n \geqq m_0$ die Beziehung $\sum\limits_{j\in\mathcal{S}\setminus\tilde{B}_n} p_N(j \mid i, d) < \eta$ gilt. Damit ergibt sich für $n \geqq \max\{n_0(i), m_0(\eta)\}$ sofort

$$\begin{aligned}
&|v^d_{N-1,n}(\{i\}) - v^d_{N-1}(i)| \\
&= \Big|\sum_{y\in\mathcal{S}_n\setminus B_n} p_{N,n}(y \mid \{i\}, d)\,\big(c_{N,n}(\{i\}, y, d) + \beta v^*_{N,n}(y)\big) \\
&\quad - \sum_{j\in\mathcal{S}\setminus\tilde{B}_n} p_N(j \mid i, d)\,\big(c_N(i, j, d) + \beta v^*_N(j)\big)\Big| \\
&< 2M_0(1+\beta)\,\eta\,.
\end{aligned}$$

Damit folgt $v^d_{N-1,n}(\{i\}) \to v^d_{N-1}(i)$ für $n \to \infty$ und auf Grund der Endlichkeit von $\mathcal{D}_{N-1}$ die entsprechende Konvergenz für $v^*_{N-1,n}(\{i\})$. In analoger Weise — unter Benutzung bereits gewonnener Abschätzungen — erhält man die Konvergenzaussagen für die Stufen $N-2, N-3, \ldots, 0$.

Die Aussagen für die Folgen $(\bar{v}^*_{k,n})_{n\in N}$ sowie $(\underline{v}^*_{k,n})_{n\in N}$ ergeben sich entsprechend. ∎

2.3. Unendlichstufige diskontierte markowsche Entscheidungsprozesse

2.3.1. Existenzaussagen für optimale Strategien

In diesem Abschnitt wollen wir uns markowschen Entscheidungsproblemen mit unendlichem Horizont zuwenden. Dabei gehen wir von einem dynamischen System MDS (vgl. Abschnitt 2.1) aus, in welchem speziell $0 \leqq \beta < 1$ vorausgesetzt wird. Wir sprechen dann von *diskontierten* markowschen Entscheidungsproblemen.[1]) Für deren Betrachtung legen wir das stationäre dynamische System MDS: $(N, \mathcal{S}, \mathcal{D}, p, \gamma, V_N, \beta)$ mit $0 \leqq \beta < 1$ sowie $N = \infty$ und damit $V_N(i) = 0$ für alle $i \in \mathcal{S}$ zugrunde. Die Menge der zulässigen Strategien Θ sei (wie generell in diesem Kapitel) maximal (vgl. (1.2.9)) und somit durch $\mathcal{S}$ und $\mathcal{D}$ bestimmt.

[1]) Im Falle $\beta > 1$ liegen sogenannte „inflationäre" markowsche Entscheidungsprobleme vor (vgl. z.B. Hübner [3], Hinderer/Hübner [1]); diese sind jedoch nur unter Zusatzforderungen an Bewegungsgesetz und Kostenstruktur mit dem diesem Abschnitt zugrundeliegenden Kalkül behandelbar. Eine spezielle Behandlung von markowschen Entscheidungsproblemen mit $\beta = 1$ wird in Abschnitt 2.4 vorgenommen.

Damit können wir analog zu Abschnitt 2.1 mit Hilfe des dynamischen Systems für jeden Anfangszustand $i \in \mathcal{S}$ und jede Strategie $\vartheta \in \Theta$ entsprechend dem Satz von Ionescu-Tulcea ein Maß $\mathsf{P}_{i,\vartheta}$ konstruieren und dadurch einen (nicht notwendig markowschen) Prozeß $(X_t)_{t=0,1,\ldots}$ einführen. Zur Bewertung der Strategien $\vartheta \in \Theta$ wollen wir — analog zu Definition 2.2.1. — folgende Größen angeben.

2.3.1. Definition. a) Die Größe

$$V_\vartheta(i) := \mathsf{E}_{i,\vartheta}\Big[\sum_{t=0}^{\infty} \beta^t \gamma\big(X_t, \delta_t(H_t)\big)\Big]^{1)} \tag{1}$$

heißt *mittlerer Gesamtverlust* für den Anfangszustand $i \in \mathcal{S}$, und die Strategie $\vartheta = (\delta_k) \in \Theta$; H_t bezeichnet dabei die zufällige t-Vergangenheit (vgl. Abschnitt 1.1.1).

b) Die Größe

$$V^*(i) := \inf_{\vartheta \in \Theta} V_\vartheta(i)\,, \qquad i \in \mathcal{S}\,, \tag{2}$$

heißt *minimaler mittlerer Gesamtverlust* für den Anfangszustand $i \in \mathcal{S}$.

c) Eine Strategie $\vartheta^* \in \Theta$ heißt *optimal*, falls für alle $i \in \mathcal{S}$

$$V_{\vartheta^*}(i) = V^*(i)$$

gilt.[2])

d) Für $\varepsilon > 0$ heißt eine Strategie $\vartheta \in \Theta$ *ε-optimal*, falls für alle $i \in \mathcal{S}$

$$V_\vartheta(i) \leqq V^*(i) + \varepsilon$$

gilt.

Innerhalb der Betrachtungen zu markowschen Entscheidungsproblemen nimmt dieses (klassische) Problem der Kostenabwertung bei fortschreitendem Taktindex (vgl. die Struktur von (1)) sowohl aus theoretischer als auch aus praktischer Sicht einen breiten Raum ein. Ausführliche Darstellungen dazu finden sich bereits bei Howard [1] sowie in den fundamentalen Arbeiten von Blackwell [1], [2]. (Vgl. darüber hinaus z.B. Derman [3], Ross [2], Mine/Osaki [1], Kushner [4], Bertsekas/Shreve [1].)

Wenden wir uns den Gesamtverlusten V_ϑ, $\vartheta \in \Theta$, und V^* zu. Dazu führen wir folgende Bedingung ein.

(B 1) Es existiere eine Konstante M_0, so daß für alle $i \in \mathcal{S}$ und $d \in \mathcal{D}(i)$ die Beziehung

$$|\gamma(i, d)| \leqq M_0 \tag{3}$$

gilt.

Im Falle endlicher Zustands- und Entscheidungsräume ist die Funktion γ natürlich beschränkt.

Unter Benutzung von (B 1) ergibt sich aus (1)

2.3.2. Folgerung. *Für alle $i \in \mathcal{S}$, $\vartheta \in \Theta$ gilt*

$$|V_\vartheta(i)| \leqq M_0(1 - \beta)^{-1}$$

und damit (4)

$$|V^*(i)| \leqq M_0(1 - \beta)^{-1}\,.$$

---

1) Unter $\mathsf{E}_{i,\vartheta}$ wollen wir den zum Maß $\mathsf{P}_{i,\vartheta}$ gehörigen Erwartungswertoperator verstehen.

2) Wir beachten, daß bei dieser Definition der Optimalität im Unterschied zu Kapitel 1 (vgl. (1.1.5), (1.1.16)) eine Mittelung der Gesamtverluste entsprechend einer Anfangsverteilung unterbleibt.

Folgerung 2.3.2 läßt sich auch unter schwächeren Bedingungen als (B 1) zeigen; häufig werden dazu spezielle Voraussetzungen bezüglich der Verlustfunktion getroffen (vgl. z.B. LIPPMAN [2], WESSELS [1], VAN NUNEN [1]). Wir wollen für die weiteren Betrachtungen dieses Abschnittes die Gültigkeit von (B 1) voraussetzen.

Wenden wir uns nun der Frage der Existenz optimaler und dabei insbesondere markowscher und stationärer Strategien zu. Schon ein einfaches Beispiel (vgl. BLACKWELL [2]) zeigt, daß nicht notwendig eine optimale Strategie existieren muß.

2.3.3. Beispiel. Betrachten wir ein diesem Abschnitt zugrundeliegendes stationäres MDS, wobei speziell $\mathcal{S} = \{1\}$, $\mathcal{D}(1) = \{1, 2, \dots\}$, $p(1 \mid 1, d) = 1$ für alle $d \in \mathcal{D}(1)$ sowie $\gamma(1, d) = (d + 1)/d$ für jedes $d \in \mathcal{D}(1)$ gelten. Dann erhält man für eine beliebige Strategie $\vartheta = (\delta_k)$ mit $\delta_k(h_k) = d_k$ bei $h_k = (1, d_0, 1, \dots, d_{k-1})$ nach (1)

$$V_\vartheta(1) = \sum_{t=0}^{\infty} \beta^t (d_t + 1)/d_t$$

und also $V_\vartheta(1) > 1/(1 - \beta)$. Andererseits folgt sofort mit (2) $V^*(1) = 1/(1 - \beta)$ und damit $V_\vartheta(1) > V^*(1)$ für jedes $\vartheta \in \Theta$. ∎

Dies legt die Frage nach hinreichenden Bedingungen für die Existenz optimaler Strategien nahe. Darüber hinaus gewinnen Untersuchungen zur Existenz von ε-optimalen markowschen oder sogar stationären Strategien an Interesse.

2.3.4. Satz. a) *Für eine beliebige Strategie $\vartheta \in \Theta$ und beliebige $\varepsilon > 0$ existiert eine Markow-Strategie $\tilde{\vartheta} \in \Theta_M$ derart, daß für alle $i \in \mathcal{S}$*

$$V_{\tilde{\vartheta}}(i) \leqq V_\vartheta(i) + \varepsilon$$

gilt.

b) *Zu jedem $\varepsilon > 0$ existiert eine markowsche ε-optimale Strategie $\vartheta^\varepsilon \in \Theta_M$, d. h., es gibt ein $\vartheta^\varepsilon \in \Theta_M$, so daß für alle $i \in \mathcal{S}$*

$$V_{\vartheta^\varepsilon}(i) \leqq V^*(i) + \varepsilon$$

gilt.

c) *Für alle $i \in \mathcal{S}$ gilt*

$$\inf_{\vartheta \in \Theta} V_\vartheta(i) = \inf_{\vartheta \in \Theta_M} V_\vartheta(i)$$

und damit nach Definition 2.3.1.c)

$$\inf_{\vartheta \in \Theta_M} V_\vartheta(i) = V^*(i) .$$

Beweis: a) Der Beweisgedanke (vgl. BLACKWELL [2], VAN NUNEN [1]) beruht dabei auf folgendem: Der Gesamtverlust V_ϑ für eine Strategie ϑ kann durch den mittleren Gesamtverlust $V_{\pi'}$ für eine Strategie $\pi' \in \Theta$ beliebig genau approximiert werden, sofern nur die beiden Strategien ϑ, π' bis zu einer gewissen Stufe übereinstimmen. Insbesondere kann π' ab jener Stufe markowsch gewählt werden. Durch Auswahl geeigneter (markowscher) Entscheidungsfunktionen wird rekursiv von dieser Stufe beginnend eine Strategie $\tilde{\vartheta}$ konstruiert, welche sowohl markowsch ist als auch bezüglich ihres Gesamtverlustes $V_{\tilde{\vartheta}}$ sich um höchstens ε von V_ϑ unterscheidet.

Sei $n \geqq 1$ beliebig aber fest. Betrachten wir zwei beliebige Strategien $\pi = (\delta_k) \in \Theta$ und $\pi' = (\delta'_k) \in \Theta$ mit $\delta_j = \delta'_j$ für $0 \leqq j \leqq n - 1$. Dann gilt für jedes $i \in \mathcal{S}$ mit (3)

$$|V_\pi(i) - V_{\pi'}(i)| = |\mathsf{E}_{i,\pi}[\sum_{t=n}^{\infty} \beta^t \gamma(X_t, \delta_t(H_t))] - \mathsf{E}_{i,\pi'}[\sum_{t=n}^{\infty} \beta^t \gamma(X_t, \delta'_t(H_t))]|$$

$$\leqq |\mathsf{E}_{i,\pi}[\sum_{t=n}^{\infty} \beta^t \gamma(X_t, \delta_t(H_t))]| + |\mathsf{E}_{i,\pi'}[\sum_{t=n}^{\infty} \beta^t \gamma(X_t, \delta(H_t))]|$$

$$\leqq 2M_0 \beta^n (1 - \beta)^{-1}.$$

Damit existiert wegen $0 \leqq \beta < 1$ für beliebige $\varepsilon > 0$ ein n_0, so daß für alle Strategien $\pi, \pi' \in \Theta$, deren Entscheidungsfunktionen in den Stufen k, $0 \leqq k \leqq n_0$, übereinstimmen, die Beziehung

$$|V_\pi(i) - V_{\pi'}(i)| \leqq \varepsilon/2 \quad \text{für alle} \quad i \in \mathcal{S} \tag{5}$$

gilt. Wählen wir $\pi' = (\delta'_k)$ derart, daß die Entscheidungsfunktionen δ'_k ab dem n_0-ten Takt markowsch sind, so ist natürlich (5) ebenfalls erfüllt.

Betrachten wir weiter eine Strategie $\pi'' = (\delta''_k) \in \Theta$, deren Entscheidungsfunktionen mit denen der Strategie π' in allen Stufen k, $k \neq n_0 - 1$, übereinstimmen. Die Entscheidungsfunktion δ''_{n_0-1} sei markowsch und wird im folgenden konstruiert.

Bevor wir uns dieser Entscheidungsfunktion näher zuwenden, wollen wir den Gesamtverlust $V_{\pi'}(i)$ entsprechend dem Konstruktionsprinzip für $P_{i,\pi'}$ darstellen. Mit $\hat{\pi} = (\hat{\delta}_k) \in \Theta_M$, $\hat{\delta}_k = \hat{\delta}'_{k+n_0}$, $k = 0, 1, \ldots$, und $h_{n_0-1} = (h_{n_0-2}, d_{n_0-2}, i_{n_0-1}) \in \mathcal{H}_{n_0-1}$ gilt für jedes $i \in \mathcal{S}$

$$V_{\pi'}(i) = \mathsf{E}_{i,\pi'}[\sum_{t=0}^{n_0-2} \beta^t \gamma(X_t, \delta'_t(H_t)) + \beta^{n_0-1} \gamma(X_{n_0-1}, \delta'_{n_0-1}(H_{n_0-1}))$$

$$+ \sum_{t=n_0}^{\infty} \beta^t \gamma(X_t, \delta'_t(H_t))] = \mathsf{E}_{i,\pi'}\Big[\sum_{t=0}^{n_0-2} \beta^t \gamma(X_t, \delta'_t(H_t))$$

$$+ \beta^{n_0-1} \sum_{h_{n_0-1} \in \mathcal{H}_{n_0-1}} \mathsf{P}_{i,\pi'}(H_{n_0-1} = h_{n_0-1}) \big[\gamma(i_{n_0-1}, \delta'_{n_0-1}(h_{n_0-1}))$$

$$+ \beta \sum_{j \in \mathcal{S}} p(j \mid i_{n_0-1}, \delta'_{n_0-1}(h_{n_0-1})) \cdot \mathsf{E}_{j,\hat{\pi}}[\sum_{t=0}^{\infty} \beta^t \gamma(X_t, \hat{\delta}_t(X_t))]\big]\Big]$$

$$= \mathsf{E}_{i,\pi'}\Big[\sum_{t=0}^{n_0-2} \beta^t \gamma(X_t, \delta'_t(H_t)) + \beta^{n_0-1} \sum_{h_{n_0-1} \in \mathcal{H}_{n_0-1}} \mathsf{P}_{i,\pi'}(H_{n_0-1} = h_{n_0-1}) \times$$

$$\times \big[\gamma(i_{n_0-1}, \delta'_{n_0-1}(h_{n_0-1})) + \beta \sum_{j \in \mathcal{S}} p(j \mid i_{n_0-1}, \delta'_{n_0-1}(h_{n_0-1})) V_{\hat{\pi}}(j)\big]\Big].$$

Wegen $\mathsf{P}_{i,\pi'}(H_{n_0-1} = h_{n_0-1}) = \mathsf{P}_{i,\pi''}(H_{n_0-1} = h_{n_0-1})$ für beliebige $h_{n_0-1} \in \mathcal{H}_{n_0-1}$ folgt

$$V_{\pi'}(i) - V_{\pi''}(i) =$$

$$= \beta^{n_0-1} \sum_{h_{n_0-1} \in \mathcal{H}_{n_0-1}} \mathsf{P}_{i,\pi''}(H_{n_0-1} = h_{n_0-1}) \propto \big[\gamma(i_{n_0-1}, \delta'_{n_0-1}(h_{n_0-1}))$$

$$+ \beta \sum_{j \in \mathcal{S}} p(j \mid i_{n_0-1}, \delta'_{n_0-1}(h_{n_0-1})) V_{\hat{\pi}}(j) - \gamma(i_{n_0-1}, \delta''_{n_0-1}(i_{n_0-1}))$$

$$- \beta \sum_{j \in \mathcal{S}} p(j \mid i_{n_0-1}, \delta''_{n_0-1}(i_{n_0-1})) V_{\hat{\pi}}(j)\big].$$

Sei nun die Entscheidungsfunktion δ''_{n_0-1} derart gewählt, daß für jedes $l \in \mathcal{S}$ die Beziehung

$$\gamma(l, \delta''_{n_0-1}(l)) + \beta \sum_{j\in\mathcal{S}} p(j \mid l, \delta''_{n_0-1}(l))\, V_{\hat{\pi}}(j)$$

$$\leqq \inf_{d\in\mathfrak{D}(l)} \{\gamma(l, d) + \beta \sum_{j\in\mathcal{S}} p(j \mid l, d)\, V_{\hat{\pi}}(j)\} + \frac{\varepsilon}{2n_0} \quad (6)$$

erfüllt ist. Mit (5) für ϑ und π' sowie mit (6) erhält man

$$V_{\pi''}(i) - V_\vartheta(i) \leqq \frac{\varepsilon}{2} + \frac{\varepsilon}{2n_0}.$$

Durch $(n_0 - 1)$-malige Anwendung des Konstruktionsprinzips (6) für die Entscheidungsfunktionen in den Stufen $n_0 - 2, \ldots, 0$ erhält man eine Markow-Strategie $\tilde{\vartheta} \in \Theta_M$ mit

$$V_{\tilde{\vartheta}}(i) - V_\vartheta(i) \leqq \frac{\varepsilon}{2}\Bigl(1 + \underbrace{\frac{1}{n_0} + \frac{1}{n_0} + \ldots + \frac{1}{n_0}}_{n_0\text{-mal}}\Bigr) = \varepsilon\,. \quad (7)$$

b) Für beliebige $i \in \mathcal{S}$ existiert nach (2) eine Strategie $\vartheta^i \in \Theta$ mit $V_{\vartheta^i}(i) \leqq V^*(i) + \varepsilon/2$. Nach (5) gibt es ein von $i \in \mathcal{S}$ unabhängiges n_0, so daß — ausgehend von einer solchen Strategie ϑ^i — gemäß (6) eine markowsche Strategie $\vartheta^\varepsilon \in \Theta_M$ konstruiert werden kann, für die $V_{\vartheta^\varepsilon}(i) \leqq V^*(i) + \varepsilon/2 + \varepsilon/2$ gilt. Dabei ist diese Beziehung auf Grund des Konstruktionsprinzips (6) gleichmäßig für alle $i \in \mathcal{S}$ erfüllt. Also ist ϑ^ε ε-optimal.

c) Die Aussage ergibt sich aus b). ▮

Es sei an dieser Stelle — wie bereits im Abschnitt 2.2 — bemerkt, daß die Aussagen obigen Satzes auch dann noch gelten, wenn anstelle der hier betrachteten Menge reiner Strategien die umfassendere Klasse von randomisierten Strategien zugelassen wird.

In unseren weiteren Überlegungen werden wir uns auf markowsche Strategien konzentrieren und somit Entscheidungsprozesse betrachten, welche markowsch sind.

Wenden wir uns zunächst der Frage der Existenz ε-optimaler stationärer Strategien zu. Dazu führen wir die Matrix P^δ der Übergangswahrscheinlichkeiten $p(j \mid i, \delta(i))$, $i, j \in \mathcal{S}$, $\delta \in \Delta^{\mathrm{M}}$, sowie den Vektor γ^δ der Schrittkosten $\gamma(i, \delta(i))$, $i \in \mathcal{S}$, $\delta \in \Delta^{\mathrm{M}}$, ein. Wir bezeichnen den Raum den beschränkten reellwertigen Vektoren über $\mathcal{S}$ mit $B(\mathcal{S})$. Als Norm verwenden wir $||u|| = \sup_{i\in\mathcal{S}} |u(i)|$, $u \in B(\mathcal{S})$. Wir verstehen unter $u \geqq v$, $u, v \in B(\mathcal{S})$, die Beziehung $u(i) \geqq v(i)$ für alle $i \in \mathcal{S}$ und unter $u > v$ die Beziehung $u \geqq v$ mit $u(i) > v(i)$ für mindestens ein $i \in \mathcal{S}$. Dann lassen sich — analog zu Definition 2.2.7 — die Operatoren L^δ, $\delta \in \Delta^{\mathrm{M}}$ und U einführen, welche die Darstellungen im weiteren vereinfachen.

2.3.5. Definition. a) Für beliebige $\delta \in \Delta^{\mathrm{M}}$ bezeichne L^δ die durch

$$L^\delta u := \gamma^\delta + \beta P^\delta u\,, \qquad u \in B(\mathcal{S}),^{1)} \quad (8)$$

gegebene Abbildung von $B(\mathcal{S})$ in sich.

b) Es bezeichne U die durch

$$(Uu)\,(i) := \inf_{\delta(i)\in\mathfrak{D}(i)} (L^\delta u)\,(i)\,, \qquad u \in B(\mathcal{S})\,, \qquad i \in \mathcal{S}\,, \quad (9)$$

gegebene Abbildung von $B(\mathcal{S})$ in sich.

[1]) Der Operator L^δ stellt dabei eine Spezialisierung des Operators $L_{n,\vartheta}$ (vgl. (1.3.5)) dar.

Für jedes $i \in \mathcal{S}$ gilt also

$$(L^\delta u)(i) := \gamma(i, \delta(i)) + \beta \sum_{j \in \mathcal{S}} p(j \mid i, \delta(i))\, u(j)\,, \qquad \delta \in \Delta^{\mathrm{M}}\,, \qquad u \in B(\mathcal{S})\,,$$

und wegen der Maximalität der Strategienmenge

$$(Uu)(i) = \inf_{d \in \mathcal{D}(i)} \{\gamma(i, d) + \beta \sum_{j \in \mathcal{S}} p(j \mid i, d)\, u(j)\}\,.$$

Offensichtlich sind diese Operatoren isoton, und es gilt

$$L^\delta(u + \alpha \mathbf{1}) = L^\delta u + \beta\alpha\mathbf{1} \text{ sowie } \quad U(u + \alpha\mathbf{1}) = Uu + \beta\alpha\mathbf{1}$$

mit $\delta \in \Delta^{\mathrm{M}}$, $\alpha \in \mathbb{R}^1$, $u, \mathbf{1} \in B(\mathcal{S})$, $\mathbf{1}(i) = 1$ für $i \in \mathcal{S}$ (vgl. eine ähnliche Aussage in Lemma 2.2.8). Wegen $0 \leqq \beta < 1$ ergibt sich das folgende wichtige

2.3.6. Lemma. a) *Die Operatoren L^δ und U sind kontrahierend mit der Kontraktionskonstanten β.*

b) *Für jedes $\delta \in \Delta^{\mathrm{M}}$ besitzt der Operator L^δ genau einen Fixpunkt $v^\delta \in B(\mathcal{S})$; der Operator U hat genau einen Fixpunkt $v^* \in B(\mathcal{S})$:*

$$v^* = Uv^*\,. \tag{10}$$

Beweis: a) Für beliebige $\delta \in \Delta^{\mathrm{M}}$ gilt mit $u, v \in B(\mathcal{S})$ sofort

$$||L^\delta u - L^\delta v|| = ||\beta P^\delta u - \beta P^\delta v|| \leqq \beta\, ||u - v||\,.$$

Für beliebige $\varepsilon > 0$, $u, v \in B(\mathcal{S})$, existieren Entscheidungsfunktionen $\delta_1, \delta_2 \in \Delta^{\mathrm{M}}$ mit

$$L^{\delta_1} u \leqq Uu + \varepsilon\mathbf{1}\,, \qquad L^{\delta_2} v \leqq Uv + \varepsilon\mathbf{1}\,.$$

Wegen $Uw \leqq L^\delta w$ für beliebige $w \in B(\mathcal{S})$, $\delta \in \Delta^{\mathrm{M}}$ folgt insbesondere

$$Uu - Uv \leqq L^{\delta_2} u - L^{\delta_2} v + \varepsilon\mathbf{1} = \beta P^{\delta_2}(u - v) + \varepsilon\mathbf{1}$$

und analog

$$Uu - Uv \geqq L^{\delta_1} u - \varepsilon\mathbf{1} - L^{\delta_1} v = \beta P^{\delta_1}(u - v) - \varepsilon\mathbf{1}\,.$$

Also folgt mit $||Uu - Uv|| \leqq \beta||u - v|| + 2\varepsilon$ wegen beliebig gewähltem $\varepsilon > 0$ die Behauptung.

b) Die Fixpunkteigenschaft ergibt sich wegen $0 \leqq \beta < 1$ unmittelbar aus dem banachschen Fixpunktsatz (vgl z.B. Müller [1]). ∎

Damit ergeben sich zwischen den Operatoren L^δ, U und den Gesamtverlusten V_ϑ, V^* die folgenden Beziehungen:

2.3.7. Satz. *Sei $v \in B(\mathcal{S})$ beliebig.*

a) *Dann gilt für jedes $i \in \mathcal{S}$ und beliebige $\vartheta = (\delta_k) \in \Theta_{\mathrm{M}}$*

$$V_\vartheta(i) = \lim_{n\to\infty} (L^{\delta_0} L^{\delta_1} \dots L^{\delta_n} v)(i)$$

und

$$V^*(i) = \lim_{n\to\infty} (U^n v)(i)\,.$$

Sei $v^* \in B(\mathcal{S})$ der Fixpunkt des Operators U.

b) *Für beliebige $\vartheta \in \Theta_{\mathrm{M}}$ gilt*

$$V_\vartheta(i) \geqq v^*(i)\,, \qquad i \in \mathcal{S}\,.$$

c) *Eine Strategie* ϑ^* *ist genau dann optimal, wenn* V_{ϑ^*} *die Beziehung* (10) *erfüllt. Es gilt also für alle* $i \in \mathscr{S}$

$$V_{\vartheta^*}(i) = v^*(i) .$$

Beweis: a) Ausgehend von (1) erhält man für $\vartheta = (\delta_k)$ die Beziehung

$$\begin{aligned} V_\vartheta(i) &= \mathsf{E}_{i,\vartheta}[\sum_{t=0}^{\infty} \beta^t \gamma(X_t, \delta_t(X_t))] \\ &= (L^{\delta_0} L^{\delta_1} \dots L^{\delta_{n-1}} \gamma^{\delta_n})(i) + \mathsf{E}_{i,\vartheta}[\sum_{t=n+1}^{\infty} \beta^t \gamma(X_t, \delta_t(X_t))] , \qquad i \in \mathscr{S} . \end{aligned}$$

Wegen (3) ergibt sich

$$|\mathsf{E}_{i,\vartheta}[\sum_{t=n+1}^{\infty} \beta^t \gamma(X_t, \delta_t(X_t))]| \leqq M_0(1-\beta)^{-1} \beta^n \xrightarrow[n\to\infty]{} 0 .$$

Mit Satz 2.2.10 folgt die Behauptung.
Analog erhält man die Aussage für $V^*(i)$, $i \in \mathscr{S}$.

b) Offensichtlich gilt mit $\vartheta = (\delta_k) \in \Theta_{\mathrm{M}}$ für beliebige $n \geqq 0$

$$v^* = Uv^* = U^{n+1} v^* \leqq L^{\delta_0} L^{\delta_1} \dots L^{\delta_n} v^* . \tag{11}$$

Für beliebige $v \in B(\mathscr{S})$ ergibt sich

$$\begin{aligned} &||L^{\delta_0} L^{\delta_1} \dots L^{\delta_n} v - L^{\delta_0} L^{\delta_1} \dots L^{\delta_n} v^*|| \\ &= ||\beta^n P^{\delta_0} \dots P^{\delta_n}(v - v^*)|| \leqq \beta^n ||v - v^*|| \xrightarrow[n\to\infty]{} 0 . \end{aligned} \tag{12}$$

Wegen $V_\vartheta(i) = \lim_{n\to\infty} (L^{\delta_0} \dots L^{\delta_n} v)(i)$ ergibt sich aus (11) und (12) die Behauptung.

c) Die Aussage folgt nach a) und Definition 2.3.1.c). ∎

Damit läßt sich folgende Aussage hinsichtlich ε-optimaler stationärer Strategien angeben.

2.3.8. Folgerung. a) *Für beliebige* $\varepsilon > 0$ *existiert eine* ε*-optimale stationäre Strategie* $\tilde{\vartheta} = \delta^\infty \in \Theta_{\mathrm{S}}$:

$$V_{\tilde{\vartheta}}(i) \leqq V^*(i) + \varepsilon , \qquad i \in \mathscr{S} .$$

b) *Für alle* $i \in \mathscr{S}$ *gilt*

$$\inf_{\vartheta \in \Theta_{\mathrm{M}}} V_\vartheta(i) = \inf_{\vartheta \in \Theta_{\mathrm{S}}} V_\vartheta(i)$$

und nach Satz 2.3.4 *somit*

$$\inf_{\vartheta \in \Theta_{\mathrm{S}}} V_\vartheta(i) = V^*(i) .$$

Beweis: a) Für beliebige $\varepsilon > 0$ existiert eine Entscheidungsfunktion $\delta \in \Delta^{\mathrm{M}}$, so daß (vgl. Lemma 2.3.6) für den Fixpunkt v^* des Operators U die Beziehung

$$L^\delta v^* \leqq v^* + (1-\beta)\, \varepsilon \mathbf{1}$$

gilt. Dann folgt mit (2.2.7) und (2.2.8)

$$\begin{aligned} (L^\delta)^n v^* &\leqq (L^\delta)^{n-1} (v^* + (1-\beta)\, \varepsilon \mathbf{1}) \\ &= (L^\delta)^{n-2} (L^\delta v^* + \beta(1-\beta)\, \varepsilon \mathbf{1}) \\ &\leqq (L^\delta)^{n-2} (v^* + (1-\beta)\, \varepsilon \mathbf{1} + \beta(1-\beta)\, \varepsilon \mathbf{1}) \leqq \dots \leqq \\ &\leqq v^* + (1 + \beta + \dots + \beta^{n-1})(1-\beta)\, \varepsilon \mathbf{1} \\ &= v^* + (1-\beta^n)\, \varepsilon \mathbf{1} . \end{aligned}$$

Ist $\tilde{\vartheta} = \delta^\infty$, so ergibt sich für $n \to \infty$ mit Satz 2.3.7.a) die Behauptung.

b) Die Aussage folgt sofort aus a). ▮

Führen wir jetzt die folgende Bedingung ein:
(B 2) Für jedes $i \in \mathcal{S}$ enthalte $\mathcal{D}(i)$ nur endlich viele Entscheidungen.

2.3.9. Satz. *Ist* (B 2) *erfüllt, so existiert eine optimale stationäre Strategie* $\vartheta^* = \delta^{*\infty}$.[1])

Beweis: Auf Grund der Endlichkeit von $\mathcal{D}(i)$, $i \in \mathcal{S}$, existiert eine Entscheidungsfunktion $\delta^* \in \Delta^{\mathrm{M}}$ mit $\delta^*(i) = d_i^* \in \mathcal{D}(i)$, so daß für den Fixpunkt v^* von U die Beziehung

$$\begin{aligned}(L^{\delta^*} v^*)(i) &= \gamma(i, d_i^*) + \beta \sum_{j \in \mathcal{S}} p(j \mid i, d_i^*)\, v^*(j) \\ &= \min_{d \in \mathcal{D}(i)} \{\gamma(i, d) + \beta \sum_{j \in \mathcal{S}} p(j \mid i, d)\, v^*(j)\} = (Uv^*)(i)\end{aligned}$$

gilt. Für $n \to \infty$ folgt aus

$$\big((L^{\delta^*})^n v^*\big)(i) = (U^n v^*)(i) = v^*(i)$$

mit Satz 2.3.7.a) die Behauptung

$$V_{\delta^{*\infty}}(i) = v^*(i) \quad \text{für alle} \quad i \in \mathcal{S}\,.$$ ▮

Aus der im Beweis angegebenen Konstruktionsvorschrift für δ^* ist gleichzeitig eine hinreichende Bedingung für die Existenz einer stationären optimalen Strategie für nicht notwendig endliche Entscheidungsräume $\mathcal{D}(i)$, $i \in \mathcal{S}$, ersichtlich. Falls nämlich eine Entscheidungsfunktion $\delta \in \Delta^{\mathrm{S}}$ existiert, daß $L^\delta v^* = v^*$ gilt, so ist $\vartheta = \delta^\infty \in \Theta_{\mathrm{S}}$ wegen

$$\lim_{n \to \infty} (L^\delta)^n v^* = \lim_{n \to \infty} U^n v^* = v^*$$

optimal.

2.3.2. Numerische Lösungsmethoden

Für die konkrete numerische Behandlung diskontierter markowscher Entscheidungsprobleme gehen wir von der Darstellung der Gesamtverluste mittels der Operatoren L^δ und U aus. Nach Satz 2.3.7 läßt sich $V_\vartheta(i) \xrightarrow[\vartheta \in \Theta]{} \min!$, $i \in \mathcal{S}$, als Fixpunktaufgabe formulieren und jene durch bekannte Iterationsverfahren lösen. Dazu wollen wir zwei Lösungsverfahren betrachten. Dies sind einerseits die Methode der sukzessiven Approximation sowie andererseits das Strategieiterationsverfahren von Howard. Für die darüber hinaus bekannte Methode der linearen Optimierung sei auf die Literatur (Manne [1], Derman [3], Mine/Osaki [1], Heilmann [2]) verwiesen.

Die im Laufe der Entwicklung der Theorie markowscher Entscheidungsprobleme zu bemerkende Konzentration auf wert- und strategieiterierende Methoden gründet sich vor allem auf deren numerische Eigenschaften, wobei moderne Verfahren der numerischen Mathematik vorteilhaft einsetzbar sind. Dies resultiert insbesondere auch aus der Möglichkeit der Angabe von Abschätzungen des Iterationsfehlers sowie des Eliminierens nichtoptimaler Entscheidungen im Iterationsprozeß.

---

[1]) Die Bedingung der Endlichkeit der Menge $\mathcal{D}(i)$, $i \in \mathcal{S}$, kann geringfügig abgeschwächt werden (vgl. z.B. Blackwell [2], van Nunen [1]).

Für die weiteren Betrachtungen wollen wir die Endlichkeit von Zustands- und Entscheidungsräumen voraussetzen. Es gelte:

(B3) Der Zustandsraum $\mathscr{S}$ sei endlich: $\mathscr{S} = \{1, \dots, q\}$

sowie (B2) und also (B1).

(Eine Möglichkeit der numerischen Behandlung bei abzählbarem Zustandsraum wird in Unterabschnitt 2.3.4 angegeben.)

2.3.2.1. Methode der sukzessiven Approximation

Die Methode der sukzessiven Approximation leitet sich unmittelbar aus der Fixpunktgleichung (10)

$$v^* = Uv^*$$

ab und wurde bereits von Bellman [1] als Lösungsverfahren vorgeschlagen. Bei diesem Vorgehen wird durch fortlaufende Anwendung des Operators U auf ein beliebiges vorgegebenes $v_0^* \in B(\mathscr{S})$ eine Folge (v_k^*) konstruiert. Es gilt also für $k \geqq 1$ mit $v_0^* \in B(\mathscr{S})$

$$v_k^* := Uv_{k-1}^* \tag{13}$$

mit

$$v_k^*(i) = \min_{d \in \mathscr{D}(i)} \{\gamma(i, d) + \beta \sum_{j \in \mathscr{S}} p(j \mid i, d)\, v_{k-1}^*(j)\}\,, \qquad i \in \mathscr{S}\,.$$

Dabei bezeichnet man v_k^* als *minimale Wertfunktion*. Nach Lemma 2.3.6b) und Satz 2.3.7a) konvergiert die Folge (v_k^*) gegen den Fixpunkt v^* des Operators U. Darüber hinaus ist auf Grund der Gültigkeit von (B2) und (B3) die Existenz einer stationären optimalen Strategie gesichert (vgl. Satz 2.3.9).

Von verschiedenen Autoren wurden Modifikationen dieses Iterationsverfahrens angegeben. So stellt z.B. Reetz [1] Überrelaxationsmethoden vor, van Nunen [1] [2] gibt ein allgemeines Konzept für wertiterierende Verfahren unter Verwendung einer speziellen Norm an. Auf Grund vorteilhafter numerischer Eigenschaften wollen wir ein von McQueen [1] angegebenes Iterationsverfahren in Form eines Ablaufplanes skizzieren. Dabei werden — ausgehend von einem Startpunkt $w_0^* \in B(\mathscr{S})$ und einem beliebigen festen Zustand $i_0 \in \mathscr{S}$ — zwei Folgen (v_k^*) und (w_k^*) durch

$$v_k^* := Uw_{k-1}^*$$

und

$$w_k^* := v_k^* - v_k^*(i_0)\,\mathbf{1}\,,$$

$\mathbf{1} = (1, 1, \dots, 1)^{\mathrm{T}} \in B(\mathscr{S})$ für $k \geqq 1$ konstruiert.

McQueen zeigt die Konvergenz der Folge (v_k^*) gegen $v^* + v^*(i_0)\,\mathbf{1}$, wobei v^* der Fixpunkt des Operators U ist. Dabei wird die folgende Aussage benutzt, welche auf Grund ihrer eigenständigen Bedeutung sowie ihrer Verwendung im anschließenden Unterabschnitt hier angegeben werden soll.

2.3.10. Lemma. *Gegeben seien eine Markow-Strategie $\vartheta = (\delta_0, \delta_1, \dots) \in \Theta_{\mathrm{M}}$ und eine Entscheidungsfunktion $\sigma \in \Delta^{\mathrm{M}}$. Wir betrachten die Markow-Strategie $\tilde{\vartheta} = (\sigma, \delta_0, \delta_1, \dots)$, $\tilde{\vartheta} \in \Theta_{\mathrm{M}}$. Dann ergibt sich aus*

$$V_{\tilde{\vartheta}} < V_{\vartheta}$$

die Beziehung

$$V_{\sigma^\infty} < V_{\vartheta}\,.$$

Ablaufplan 2.3.1

Vorgabe von Startwerten $w_0^*(1), \dots, w_0^*(q)$ und Festlegen eines Zustandes $i_0 \in \mathscr{S}$, Vorgabe von $\varepsilon > 0$ (Abbruchschranke).

↓

$k := 1$

↓

Bestimme

$$v_k^*(i) := \min_{d \in \mathfrak{D}(i)} \{\gamma(i, d) + \beta \sum_{j=1}^{q} p(j \mid i, d)\, w_{k-1}^*(j)\} \tag{14}$$

für alle $i \in \mathscr{S}$ sowie eine minimierende Entscheidungsfunktion δ_k^*, so daß für jedes $i \in \mathscr{S}$ gilt

$$v_k^*(i) = \gamma(i, \delta_k^*(i)) + \beta \sum_{j=1}^{q} p(j \mid i, \delta_k^*(i))\, w_{k-1}^*(j) .$$

↓

Bestimme w_k^* gemäß

$$w_k^*(i) := v_k^*(i) - v_k^*(i_0) \tag{15}$$

für alle $i \in \mathscr{S}$.

↓

Abbruchtest: Gilt

$$\max_{i \in \mathscr{S}} |v_k^*(i) - v_{k-1}^*(i)| < \varepsilon ? \tag{16}$$

nein → $k := k + 1$ → zurück zu „Bestimme v_k^*“

ja ↓

Vorliegen von v_k^* als Approximation für v^* und damit einer stationären Strategie $\vartheta^* = \delta_k^{*\infty}$.

Beweis: Nach Voraussetzung und auf Grund der Stetigkeit von L^σ gilt für $v \in B(\mathscr{S})$

$$V_{\tilde{\vartheta}} = \lim_{n\to\infty} (L^\sigma L^{\delta_0} \dots L^{\delta_n} v) = L^\sigma V_\vartheta < V_\vartheta .$$

Wegen der Monotonie von L^σ (vgl. (2.2.7)) ergibt sich für $n \geqq 1$

$$(L^\sigma)^n V_\vartheta \leqq (L^\sigma)^{n-1} V_\vartheta \leqq \dots \leqq L^\sigma V_\vartheta < V_\vartheta$$

und also mit Satz 2.3.7. a)

$$\lim_{n\to\infty} (L^\sigma)^n V_\vartheta = V_{\sigma^\infty} < V_\vartheta . \blacksquare$$

Bei den verschiedenen Verfahren der sukzessiven Approximation (auch wertiterierende Methoden genannt) wird die Beziehung $v_k^* = v_{k-1}^*$ – und also $v_k^* = v^* + v^*(i_0)\, \mathbf{1}$ – nur in Spezialfällen bereits nach endlich vielen Iterationsstufen erreicht. Demgegenüber wird häufig im Laufe des Iterationsverfahrens rasch eine stationäre optimale Strategie erhalten; erkennbar aus dem Verfahren selbst ist dies jedoch lediglich in Sonderfällen.

Diese Eigenschaften wertiterierender Verfahren führten zur Betrachtung einer anderen Klasse von numerischen Methoden, den sogenannten strategieiterierenden Verfahren. Dabei erhält man nach endlich vielen Schritten sowohl eine stationäre optimale Strategie $\delta^{*\infty}$ als auch die minimalen mittleren Gesamtverluste $V^*(i)$, $i \in \mathscr{S}$.

2.3.2.2. Strategieiterationsverfahren

Wir setzen — wie generell in diesem Unterabschnitt — die Endlichkeit von $\mathcal{S}$ und $\mathcal{D}(i)$, $i \in \mathcal{S}$, voraus und betrachten das Strategieiterationsverfahren von HOWARD [1]. Grundlegend dafür ist die im folgenden Lemma angegebene Fixpunktbeziehung.

2.3.11. Lemma. *Für jede stationäre Strategie* $\vartheta = \delta^\infty \in \Theta_S$ *gilt*

$$L^\delta V_\vartheta = V_\vartheta .$$

Beweis: Wegen $\lim_{n\to\infty} (L^\delta)^n v = V_\vartheta$ für beliebige $v \in B(\mathcal{S})$ (vgl. Satz 2.3.7.a)) und der Stetigkeit von L^δ folgt

$$L^\delta \lim_{n\to\infty} (L^\delta)^n v = \lim_{n\to\infty} (L^\delta)^{n+1} v = V_\vartheta . \blacksquare$$

Ablaufplan 2.3.2

Vorgabe einer beliebigen Entscheidungsfunktion δ_0

↓

$k := 1$

↓

Bestimme v_k^* als Lösung von

$$v_k^* = L^{\delta_{k-1}} v_k^* .^{1)} \tag{17}$$

↓

Ermittle die Werte $\tilde{v}_k(i)$, $i \in \mathcal{S}$, sowie minimierende Entscheidungen $d_k^*(i)$ gemäß

$$\tilde{v}_k(i) := \gamma(i, d_k^*(i)) + \beta \sum_{j=1}^{q} p(j \mid i, d_k^*(i))\, v_k^*(j) . \tag{18}$$

$$= \min_{d\in\mathcal{D}(i)} \{\gamma(i, d) + \beta \sum_{j=1}^{q} p(j \mid i, d)\, v_k^*(j)\}$$

↓

Konstruiere δ_k durch

$$\delta_k(i) := d_k^*(i) , \qquad i \in \mathcal{S} . \tag{19}$$

↓

Test: Gilt für alle $i \in \mathcal{S}$

$\tilde{v}_k(i) = v_k^*(i)$?

nein → $k := k + 1$ → zurück zu „Bestimme v_k^* …"

ja ↓

Vorliegen einer stationären optimalen Strategie $\vartheta^* = \delta_k^\infty$ sowie des minimalen mittleren Gesamtverlustes

$$V_{\vartheta^*}(i) = v_k^*(i), \qquad i \in \mathcal{S} .$$

---

1) Benutzen wir (8), so läßt sich (17) in der Form $(I - \beta P^{\delta_{k-1}})\, v_k^* = \gamma^{\delta_{k-1}}$ schreiben, wobei I die q-dimensionale Einheitsmatrix ist. Wegen $0 \leqq \beta < 1$ folgt die eindeutige Lösbarkeit dieses Gleichungssystems für beliebige $\delta_{k-1} \in \Delta^M$.

Der Grundgedanke des strategieiterierenden Verfahrens besteht nunmehr darin, alternierend ein Gleichungssystem

$$L\delta_{k-1}v_k^* = v_k^*$$

mit den Unbekannten $v_k^*(i)$ bei gegebenen δ_{k-1} zu lösen und eine „verbesserte" Entscheidungsfunktion δ_k durch

$$(L^\delta v_k^*)(i) \xrightarrow[\delta \in \Delta_M]{} \min!$$

für alle $i \in \mathcal{S}$ zu bestimmen.
Dieses Iterationsverfahren besitzt die im folgenden Satz angegebenen vorteilhaften Eigenschaften.

2.3.12. Satz. a) *Mit jeder nach* (19) *konstruierten Strategie* $\vartheta_k = \delta_k^\infty$ *folgt für alle* $i \in \mathcal{S}$

$$V_{\vartheta_k}(i) \leqq V_{\vartheta_{k-1}}(i)\,.$$

Für jeden Zustand $i \in \mathcal{S}$, *für den* $\tilde{v}_k(i) < v_k^*(i)$ *gilt, ergibt sich*

$$V_{\vartheta_k}(i) < V_{\vartheta_{k-1}}(i)\,.$$

b) *Das Strategieiterationsverfahren endet nach einer endlichen Anzahl von Schritten mit einer stationären optimalen Strategie* ϑ^* *und dem minimalen mittleren Gesamtverlust* $V^*(i)$, $i \in \mathcal{S}$.

Beweis: a) In jeder Iterationsstufe k gilt für alle $i \in \mathcal{S}$ wegen (17) und (18)

$$\tilde{v}_k(i) \leqq v_k^*(i)\,. \tag{20}$$

Wegen (17) und nach Lemma 2.3.11 folgt $v_k^*(i) = V_{\vartheta_{k-1}}(i)$ für alle $i \in \mathcal{S}$ und damit

$$\tilde{v}_k(i) = (UV_{\vartheta_{k-1}})(i) = (L^{\delta_k}V_{\vartheta_{k-1}})(i)\,.$$

Für jedes $i \in \mathcal{S}$ ergibt sich nach (20)

$$(L^{\delta_k}V_{\vartheta_{k-1}})(i) \leqq V_{\vartheta_{k-1}}(i)$$

und also nach Lemma 2.3.10

$$V_{\vartheta_k}(i) \leqq V_{\vartheta_{k-1}}(i)\,.$$

Für jedes $i \in \mathcal{S}$, für welches $\tilde{v}_k(i) < v_k^*(i)$ gilt, ergibt sich folglich

$$V_{\vartheta_k}(i) < V_{\vartheta_{k-1}}(i)\,.$$

b) In jedem Iterationsschritt k, in welchem für mindestens einen Zustand $i \in \mathcal{S}$ die Beziehung $\tilde{v}_k(i) < v_k^*(i)$ gilt, ergibt sich nach (19) eine neue, im Sinne der Minimierung von V_ϑ „bessere" Strategie. Da aber auf Grund der Endlichkeit von $\mathcal{S}$ und $\mathcal{D}(i)$, $i \in \mathcal{S}$, nur endlich viele stationäre Strategien $\vartheta \in \Theta_S$ existieren, gibt es ein k_0, so daß für alle $i \in \mathcal{S}$ die Beziehung $\tilde{v}_{k_0}(i) = v_{k_0}^*(i)$ erfüllt ist. Wegen $\tilde{v}_{k_0}(i) = (Uv_{k_0}^*)(i) = v_{k_0}^*(i)$, $i \in \mathcal{S}$, ist also $v_{k_0}^*$ Fixpunkt von U und somit $V^*(i) = v_{k_0}^*(i)$, $i \in \mathcal{S}$. Darüber hinaus folgt aus $L^{\delta_{k_0-1}}v_{k_0}^* = Uv_{k_0}^*$ die Optimalität der stationären Strategie $\vartheta_{k_0-1} = \delta_{k_0-1}^\infty$. ∎

Der Vorteil strategieiterierender gegenüber wertiterierenden Verfahren besteht in der Ermittlung des minimalen Gesamtverlustes sowie einer stationären optimalen Strategie nach endlich vielen Iterationsschritten. Demgegenüber steht der erhebliche Rechenaufwand, bedingt durch die in jedem Schritt notwendige Lösung eines Gleichungssystems der Dimension q (Anzahl der Zustände). Deshalb wird eine Reihe von Modifikationen wert- und strategieiterierender Methoden angegeben. So empfiehlt z.B. Hastings [1] zur Lösung von (17) das Einzelschrittverfahren von Gauss-Seidel (vgl. dazu z.B. Stoer/Bulirsch [1]). Van Nunen [1] gibt eine Klasse von

Iterationsverfahren an, welche für eine gewisse Anzahl von Iterationsschritten eine erhaltene Strategie konstant belassen und mit dieser Wertverbesserungsschritte im Sinne der sukzessiven Approximation durchführen.

Als vorteilhafte Kombination von wert- und strategieiterierenden Verfahren erweist sich folgende Vorgehensweise: Nach Vorgabe von Startwerten $w_0^*(i)$, $i \in \mathscr{S}$, sowie Festlegen eines Bezugszustandes $i_0 \in \mathscr{S}$ wird das Wertiterationsverfahren von McQueen so lange durchgeführt, bis zwei ermittelte Entscheidungsfunktionen δ_{k-1} und $\delta_k$übereinstimmen. Anschließend wird mit δ_k ein Iterationsschritt im Strategieiterationsverfahren ausgeführt. Falls die Entscheidungsfunktionen δ_{k+1} (konstruiert gemäß (19)) und δ_k gleich sind, wird das Verfahren entsprechend den Aussagen von Satz 2.3.12 abgebrochen. Ansonsten wird zur Wertiteration mit $\tilde{v}_{k+1}$ als Startpunkt übergegangen und bis zum Auftreten zweier aufeinanderfolgender gleicher Entscheidungsfunktionen dieses Verfahren fortgeführt.

Der Vorteil dieser Kombination liegt in der relativ raschen Ermittlung einer „guten“ Entscheidungsfunktion δ mittels Wertiteration und anschließender Bestimmung des exakten Wertes V_{δ^∞} mittels Strategieiteration.

2.3.3. Schranken für die Wertfunktion und Elimination nichtoptimaler Entscheidungen

Bei der numerischen Realisierung wert- oder strategieiterierender Verfahren werden häufig Abschätzungen der Approximationsgüte der Wertfunktion ausgenutzt. Dies erfolgt im Hinblick auf die Konstruktion von Schranken für $|v_k^*(i) - v^*(i)|$, $i \in \mathscr{S}$. Insbesondere bei Modellen mit größeren Zustands- und Entscheidungsmengen und dem damit verbundenen hohen Rechenaufwand zur Bestimmung einer Optimallösung treten derartige Methoden in den Vordergrund.

Wir wollen jetzt die von McQueen [1] angegebenen Schranken für das im Ablaufplan 2.3.1 skizzierte Wertiterationsverfahren darstellen. Auf der Grundlage der dort eingeführten Bezeichnungen seien zwei Folgen (a_k) und (b_k) durch

$$\begin{aligned} a_k &:= \min_{i \in \mathscr{S}} \{v_k^*(i) - w_{k-1}^*(i)\}\,, \\ b_k &:= \max_{i \in \mathscr{S}} \{v_k^*(i) - w_{k-1}^*(i)\}\,, \qquad k = 1, 2, \dots, \end{aligned} \tag{21}$$

gegeben. Damit lassen sich Funktionen $\underline{L}_k$ und $\overline{L}_k$ in folgender Weise konstruieren:

$$\begin{aligned} \underline{L}_k(i) &:= w_k^*(i) + a_k/(1-\beta)\,, \\ \overline{L}_k(i) &:= w_k^*(i) + b_k/(1-\beta)\,, \qquad i \in \mathscr{S}\,, \qquad k = 1, 2, \dots\,. \end{aligned} \tag{22}$$

Dann gilt

2.3.13. Satz. *Für $k = 1, 2, \dots$ gilt:*

a) $\underline{L}_k \leqq v^* \leqq \overline{L}_k$, *d. h.*

$$a_k/(1-\beta) \leqq v^*(i) - w_k^*(i) \leqq b_k/(1-\beta) \quad \textit{für jedes} \quad i \in \mathscr{S}\,,$$

b) $\underline{L}_k \leqq \underline{L}_{k+1}$ *und* $\overline{L}_k \geqq \overline{L}_{k+1}$,

c) $\lim\limits_{k\to\infty} \underline{L}_k(i) = v^*(i) = \lim\limits_{k\to\infty} \overline{L}_k(i)\,, \qquad i \in \mathscr{S}\,.$

Zum Beweis dieser Aussagen vergleiche McQueen [1].

Weitere Möglichkeiten von Abschätzungen werden beispielsweise von VAN NUNEN [1], BERTSEKAS [3], PORTEUS [1], [2] und HÜBNER [2] angegeben. Dabei werden teilweise leicht modifizierte Modelle betrachtet und deren spezielle Eigenschaften ausgenutzt.

Zum Problem des zeitweiligen oder ständigen Eliminierens von Entscheidungen aus dem Iterationsalgorithmus werden von einer Reihe von Autoren Eliminationsregeln angegeben, welche sich auf Abschätzungen der Wertfunktion stützen. MCQUEEN [2], PORTEUS [2], GRINOLD [1], HASTINGS/MELLO [1] konstruieren Verfahren, welche für jeden Zustand $i \in \mathcal{S}$ Entscheidungen $d \in \mathcal{D}(i)$ aus dem Iterationsprozeß eliminieren, für welche mit jeder optimalen Strategie $\vartheta^* = \delta^{*\infty}$ die Beziehung $\delta^*(i) \neq d$ gilt. HASTINGS/VAN NUNEN [1] geben eine Methode an, bei der darüber hinausgehend zur weiteren Entlastung des Verfahrens Entscheidungen für eine gewisse Anzahl von folgenden Iterationsschritten aus dem Algorithmus eliminiert werden. Wir wollen dieses Verfahren nachstehend skizzieren und benutzen dabei aus Gründen der Anschaulichkeit und Analogie zum Unterabschnitt 2.2.4 die klassische Methode der sukzessiven Approximation (vgl. (13)) anstelle des im vorigen Unterabschnittes dargestellten Iterationsverfahrens von McQueen. Dazu wollen wir die folgenden Größen einführen.

2.3.14. Definition. Wir setzen

a) $$\varphi(k) := \beta\left[\max_{i\in\mathcal{S}} \left(v_k^*(i) - v_{k-1}^*(i)\right) - \min_{i\in\mathcal{S}} \left(v_k^*(i) - v_{k-1}^*(i)\right)\right], \quad k = 1, 2, \dots, \tag{23}$$

b) $$T^d(i; k, m) := v_k^d(i) - v_k^*(i) - \frac{1 - \beta^{m-k}}{1 - \beta}\,\varphi(k) \tag{24}$$

mit

$$v_k^d(i) := \gamma(i, d) + \beta \sum_{j=1}^{q} p(j \mid i, d)\, v_{k-1}^*(j), \tag{25}$$

$$d \in \mathcal{D}(i), \qquad i \in \mathcal{S}, \qquad 0 < k < m, \qquad m = 2, 3, \dots .$$

Damit lassen sich die folgenden Aussagen angeben.

2.3.15. Satz. a) *Für $k = 2, 3, \dots$ gilt*

$$\varphi(k) \leqq \beta\varphi(k-1).$$

b) *Für $i \in \mathcal{S}$, $d \in \mathcal{D}(i)$ und beliebige $m > k > 0$, gilt*

$$T^d(i; k, m) \leqq v_m^d(i) - v_m^*(i).$$

Der Beweis verläuft entsprechend dem Beweis von Folgerung 2.2.14 und Lemma 2.2.15, wobei die dortige Indizierung der Iterationsschritte gegenläufig ist.

Betrachten wir nun die nachstehende Eliminationsregel.

2.3.16. Folgerung. *Es seien $i \in \mathcal{S}$, $d \in \mathcal{D}(i)$ und $m > k > 0$. Gilt $T^d(i; k, m) > 0$, so ist die Entscheidung d für den Zustand i in den Stufen l, $k < l \leqq m$, nichtminimierend.*

Der Beweis ergibt sich in gleicher Weise wie der Beweis einer analogen Aussage in Folgerung 2.2.16.

Es sei noch bemerkt, daß für $m \to \infty$ diese Eliminationsregel in die von MCQUEEN [2] angegebene übergeht.

Wir wollen jetzt eine Möglichkeit der Einbeziehung dieser Eliminationsregel in das klassische sukzessive Approximationsverfahren darstellen. Dabei wird in jedem Iterationsschritt k für jeden Zustand i und für jede Entscheidung $d \in \mathcal{D}(i)$ diejenige Stufe m bestimmt, bis zu welcher diese Entscheidung nichtminimierend ist. Falls für diese Stufe $m = k + 1$ die Beziehung $T^d(i; k, k + 1) \leqq 0$ gilt, ist die Entscheidung d vorläufig im weiteren Iterationsprozeß zu belassen. Sofern für jedes m, $m > k$, die Beziehung $T^d(i; k, m) > 0$ gilt, so ist die Entscheidung d aus dem gesamten weiteren Iterationsprozeß zu eliminieren, und es gilt also für jede optimale Strategie $\vartheta^* = \delta^{*\infty}$ die Beziehung $\delta^*(i) \neq d$.

Im Ablaufplan 2.3.3 wollen wir die Mengen der Entscheidungen $d \in \mathcal{D}(i)$, die im bisherigen Iterationsverfahren für den k-ten Schritt als nichtminimierend erkannt worden sind, mit $\mathcal{D}^k(i)$ bezeichnen.

Ablaufplan 2.3.3

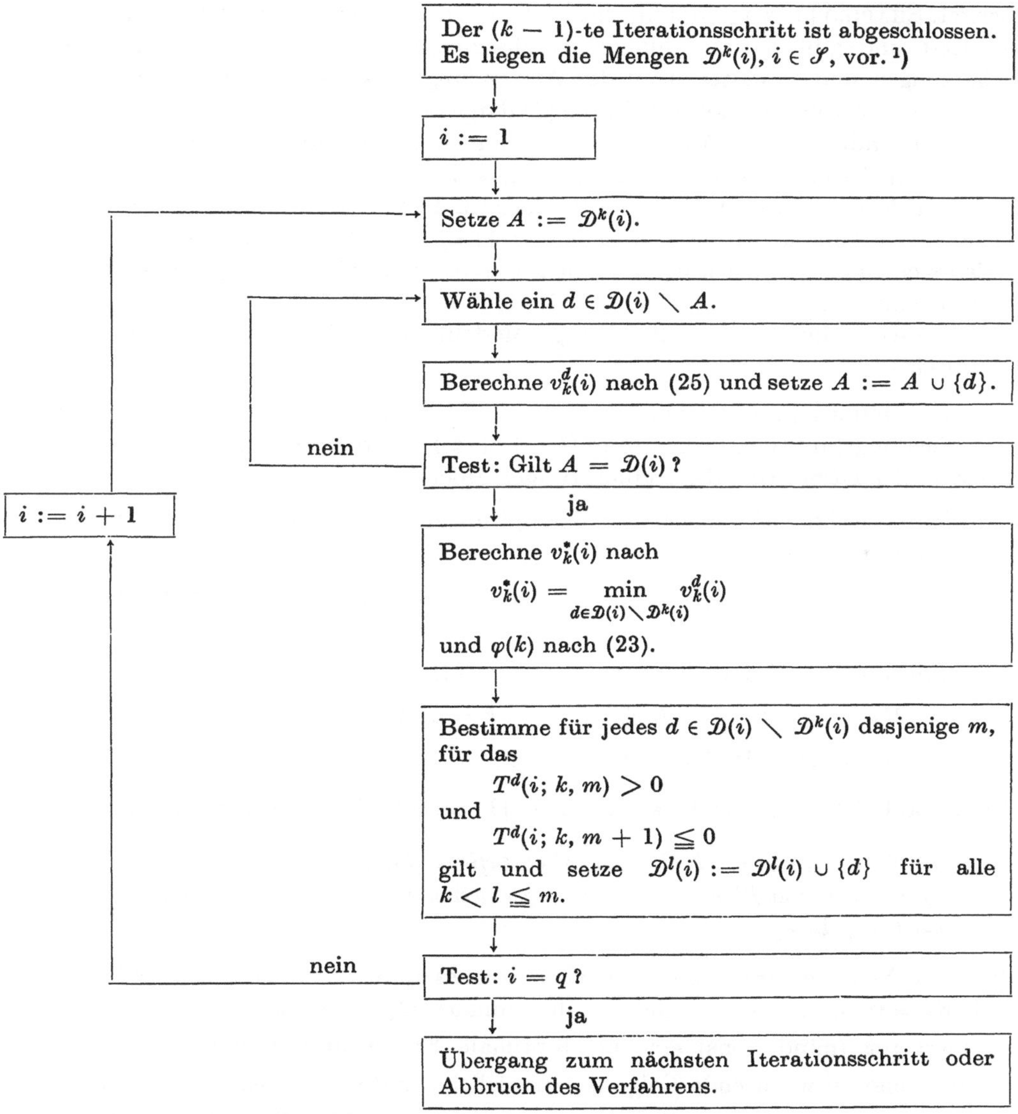

[1]) Zu Beginn des Iterationsverfahrens ist $D^k(i) = \emptyset$, $i \in \mathcal{S}$, $k = 1, 2, \ldots$, zu setzen.

An dieser Stelle wollen wir uns nochmals endlichstufigen markowschen Entscheidungsproblemen zuwenden. Betrachten wir dazu ein stationäres dynamisches System MDS: $(N, \mathcal{S}, \mathcal{D}, p, \gamma, V_N, \beta)$ mit endlichem Zustandsraum und endlichen Entscheidungsräumen sowie einem Diskontfaktor β, $0 \leqq \beta < 1$.

Es ist bekannt (vgl. Beispiel 2.2.6), daß i. allg. keine stationäre optimale Strategie existiert, während es für das entsprechende unendlichstufige Modell stets eine solche stationäre optimale Strategie gibt (vgl. Satz 2.3.9). Wir wollen deshalb die Frage nach Existenz einer Stufe n_0, $n_0 > 1$, verfolgen, so daß im endlichstufigen Modell unter den optimalen (markowschen) Strategien stets eine solche existiert, welche die Form

$$\vartheta^* = (\underbrace{\delta^*, \delta^*, \dots, \delta^*}_{n_0\text{-mal}}, \delta^*_{n_0}, \dots, \delta^*_{N-1})$$

besitzt. Shapiro [1] zeigt, daß für hinreichend großes N stets ein solches n_0 mit $n_0 > 1$ existiert und gibt darüber hinaus Abschätzungen für dieses n_0 an. Weitere Abschätzungen und Erweiterungen des Anwendungsbereiches derartiger Aussagen für $\beta \geqq 1$ wurden von Hinderer/Hübner [1] dargestellt.

Zur Behandlung dieser Aussagen für ein endlichstufiges Modell wird ein entsprechendes unendlichstufiges Modell herangezogen, wobei die Bestimmungsstücke $\mathcal{S}, \mathcal{D}, p, \gamma, \beta$ für beide dynamischen Systeme übereinstimmen. Benutzen wir die Methode der sukzessiven Approximation und setzen dabei $v_0^*(i) := V_N(i)$, wobei $V_N(i)$ die terminalen Kosten des endlichstufigen Modells darstellen, so sind die Ergebnisse der Rückwärtstechnik (für das endlichstufige Modell) in den Stufen $0, \dots, N$ und jene der Wertiteration (für das unendlichstufige Modell) in den Iterationsschritten $0, \dots, N$ identisch[1]).

2.3.17. Definition. a) Es bezeichne M_k $(k = 1, 2, \dots)$ die Menge der minimierenden Entscheidungsfunktionen im k-ten Iterationsschritt des unendlichstufigen Modells (bzw. in der k-ten Stufe des endlichstufigen Modells).

b) Es bezeichne M_∞ die Menge der optimalen Entscheidungsfunktionen des unendlichstufigen Modells.

c) $n_0 := \inf \{n \in \mathbb{N}: M_k = M_\infty$ für alle $k \geqq n\}$ heiße *Stationaritätspunkt* oder *turnpike*.

Es gilt mit L^δ und nach Konstruktion von (v_k^*)

$$M_k = \{\delta \in \Delta: v_k^* = L^\delta v_{k-1}^*\}, \qquad k = 1, 2, \dots,$$

$$M_\infty = \{\delta \in \Delta: v^* = L^\delta v^*\}.$$

Damit läßt sich die folgende, auf Shapiro [1] zurückgehende Aussage formulieren.

2.3.18. Satz. *Gegeben sei ein unendlichstufiges dynamisches System mit endlichem Zustandsraum und endlichen Entscheidungsräumen sowie* $0 \leqq \beta < 1$. *Dann existiert ein endlicher turnpike* n_0.

Beweis: Nehmen wir an, es existiere kein solches n_0. Auf Grund der Endlichkeit von Δ gilt $M_k \neq \emptyset$ für alle $k \geqq 1$ und darüber hinaus $M_\infty \neq \emptyset$ (vgl. Satz 2.3.9). Folglich existiert für (mindestens) eine nichtoptimale Entscheidungsfunktion $\tilde{\delta} \notin M_\infty$ eine streng monoton wachsende Folge (k_i) natürlicher Zahlen, so daß $\tilde{\delta} \in M_{k_i}$, also $v_{k_i}^* =$

[1]) Aus Zweckmäßigkeitsgründen wählen wir für das endlichstufige Modell die Indizierung gegenläufig zu den Darstellungen in Abschnitt 2.2.

$= L^{\tilde{\delta}} v_{k_i-1}^*$ gilt. Nach Lemma 2.3.6.b) und Satz 2.3.7.a) gilt aber $\lim_{k\to\infty} v_k^* = v^*$ und damit für $k_i \to \infty$ sofort $v^* = L^{\tilde{\delta}} v^*$. Damit ist aber $\tilde{\delta}$ nach Satz 2.3.7.c) optimal, also gilt $\tilde{\delta} \in M_\infty$. ∎

Wenden wir uns nun einer einfachen Abschätzung dieses Stationaritätspunktes n_0 zu. Sie wurde von SHAPIRO [1] angegeben. HINDERER/HÜBNER [1] geben eine Reihe weiterer verschärfter Abschätzungen an. Dabei wird stets von der Kenntnis des (eindeutigen) Fixpunktes v^* als Lösung des unendlichstufigen diskontierten markowschen Entscheidungsproblems ausgegangen.

Für jedes $\delta \in \Delta$ führen wir die Größe ϱ_δ durch

$$\varrho_\delta := ||L^\delta v^* - v^*|| \tag{26}$$

ein.

2.3.19. Lemma. *Für das gegebene MDS gilt die Abschätzung $n_0 \leqq N^*$ mit*

$$N^* := \min \left\{ k \in \mathbb{N}: \frac{2\beta^k}{1-\beta} ||v_1^* - v_0^*|| < \varrho_\delta \quad \textit{für jedes} \quad \delta \in \Delta \setminus M_\infty \right\}. \tag{27}$$

Beweis: Es ist zu zeigen, daß für jedes $\delta \in \Delta$ mit $\delta \notin M_\infty$ auch $\delta \notin M_k$ für alle $k \geqq N^*$ gilt. Wählen wir dazu $\delta \notin M_\infty$ und $k \geqq N^*$ beliebig. Dann gibt es nach (26) ein $i_0 \in \mathcal{S}$ mit

$$(L^\delta v^* - v^*)(i_0) = \varrho_\delta > 0\,. \tag{28}$$

In analoger Weise zum Beweis von Satz 2.2.12 erhält man (unter Beachtung der hier entgegengerichteten Indizierung) für beliebige $i \in \mathcal{S}$

$$v_k^*(i) - v^*(i) \leqq \beta(1-\beta)^{-1} \max_{j\in\mathcal{S}} \left(v_{k-1}^*(j) - v_k^*(j)\right)$$

und in gleicher Weise

$$v_{k-1}^*(i) - v^*(i) \geqq (1-\beta)^{-1} \min_{j\in\mathcal{S}} \left(v_{k-1}^*(j) - v_k^*(j)\right).$$

Damit folgt

$$\begin{aligned}
&L^\delta v_{k-1}^*(i_0) - v_k^*(i_0) \\
&= L^\delta v_{k-1}^*(i_0) - L^\delta v^*(i_0) + L^\delta v^*(i_0) - v^*(i_0) + v^*(i_0) - v_k^*(i_0) \\
&= \beta\left(P^\delta(v_{k-1}^* - v^*)\right)(i_0) + \varrho_\delta - \left(v_k^*(i_0) - v^*(i_0)\right) \\
&\geqq \beta\left(P^\delta(1-\beta)^{-1} \min_{j\in\mathcal{S}} (v_{k-1}^*(j) - v_k^*(j))\, 1\right)(i_0) \\
&\quad + \varrho_\delta - \beta(1-\beta)^{-1} \max_{j\in\mathcal{S}} (v_{k-1}^*(j) - v_k^*(j)) \\
&\geqq \varrho_\delta - 2\beta(1-\beta)^{-1} ||v_{k-1}^* - v_k^*||\,.
\end{aligned}$$

Wegen $||v_{k-1}^* - v_k^*|| \leqq \beta^{k-1} ||v_1^* - v_0^*||$ gilt also

$$L^\delta v_{k-1}^*(i_0) - v_k^*(i_0) \geqq \varrho_\delta - 2\beta^k(1-\beta)^{-1} ||v_1^* - v_0^*||$$

und somit wegen (28) nach (27)

$$(L^\delta v_{k-1}^* - v_k^*)(i_0) > 0\,, \quad \text{also} \quad \delta \notin M_k\,. \;∎$$

Wir geben noch eine (numerisch günstige) Darstellung von N^* (vgl. HINDERER/HÜBNER [1]) an. Mit $\varrho := \min\{\varrho_\delta: \varrho_\delta > 0, \delta \in \Delta\}$ gilt die Beziehung

$$N^* = 1 + \max\left\{0, \text{entier}\left[\frac{\ln \varrho(1-\beta) - \ln 2\, ||v_1^* - v_0^*||}{\ln \beta}\right]\right\}. \tag{29}$$

Wir geben abschließend eine Möglichkeit der Behandlung endlichstufiger markowscher Entscheidungsprobleme unter Verwendung der Abschätzung (28) an:

(a) Es wird N^* bestimmt.

(b) Falls $N^* \geqq N$ gilt, läßt sich der numerische Aufwand nicht verringern.[1]) Die Lösung des endlichstufigen markowschen Entscheidungsproblems erfolgt mit Hilfe der Rückwärtstechnik der dynamischen Optimierung nach (2.2.10) und (2.2.11).

(c) Falls $N^* < N$ gilt, so erfolgt für N^* Stufen die Lösung mit Hilfe der Rückwärtstechnik nach (2.2.10) und (2.2.11). Nach der im Abschnitt 2.2 gültigen Bezeichnung der Stufen ist also eine in der Stufe $N - N^*$ gewonnene minimierende Entscheidungsfunktion δ^* ebenfalls für die Stufen $k = N - N^* - 1, \dots, 0$ minimierend. Durch

$$\vartheta = (\delta^*, \delta^*, \dots, \delta^*, \delta_{N-N^*+1}, \dots, \delta_{N-1})$$

ist also eine optimale Strategie bestimmt. Die zugehörigen minimalen Wertfunktionen für die Stufen $k = N - N^* - 1, \dots, 0$ lassen sich aus der Beziehung

$$v_k^* = L^{\delta^*} v_{k+1}^*$$

gewinnen.

2.3.4. Approximative Lösung mittels Vergröberung des Zustandsraumes

Die im Abschnitt 2.3.2 beschriebenen numerischen Lösungsverfahren basieren auf der Endlichkeit des Zustandsraumes. Für eine konkrete Auswertung sind jedoch auch Speicherplatzkapazität und Rechenzeitfonds von Bedeutung. Deshalb gewinnen für umfangreichen endlichen oder abzählbar unendlichen Zustandsraum approximative Methoden an Interesse. Durch geeignete Transformation des Zustandsraumes werden Ersatzaufgaben konstruiert, welche numerisch behandelbar sind. Vergröberungsverfahren durch Reduktion der Zustandsanzahl wurden von Fox [1], [2], Bertsekas [1], Whitt [1], [2] und White [3] vorgeschlagen. Wir wollen im folgenden ein Verfahren darstellen, in welchem — ausgehend von einem gegebenen MDS mit abzählbarem Zustandsraum — eine Folge dynamischer Systeme mit endlichen Zustandsräumen konstruiert wird.

Wir gehen von einem stationären MDS: $(N, \mathcal{S}, \mathcal{D}, p, \gamma, V_N, \beta)$ mit $N = \infty$, abzählbarem Zustandsraum $\mathcal{S}$ und endlichen Entscheidungsräumen $\mathcal{D}(i)$, $i \in \mathcal{S}$, aus. Dabei gelte $\mathcal{D}(i) = \mathcal{D}(j) =: \mathcal{D}$ für alle $i, j \in \mathcal{S}$. Die Kostenfunktion γ sei durch

$$\gamma(i, d) := \sum_{j \in \mathcal{S}} p(j \mid i, d)\, c(i, j, d)\,, \qquad i \in \mathcal{S}\,, \qquad d \in \mathcal{D}\,,$$

gegeben. Die Werte $c(i, j, d)$ lassen sich als Kosten interpretieren, welche beim Übergang vom Zustand $i \in \mathcal{S}$ in den Zustand $j \in \mathcal{S}$ unter Verwendung der Entscheidung $d \in \mathcal{D}$ entstehen. Wir fordern (in Analogie zu (B 1))

(B 1') Es existiere eine Konstante M_0, so daß für alle $i, j \in \mathcal{S}$ und $d \in \mathcal{D}$ die Beziehung

$$|c(i, j, d)| \leqq M_0$$

gilt.

---

[1]) Eigentlich wird in diesem Fall auf Grund der zur Ermittlung von N^* notwendigen Lösung des unendlichstufigen Problems der Gesamtaufwand sogar vergrößert.

Wir führen jetzt eine Folge von Ersatzaufgaben ein, wobei jede dieser Aufgaben durch ein spezielles dynamisches System

$$\mathrm{MDS}(n)\colon (N, \mathcal{S}_n, \mathcal{D}, p_n, \gamma_n, V_N, \beta)\,, \qquad n = 1, 2, \ldots,$$

beschrieben wird.[1]) Der Zustandsraum $\mathcal{S}_n$ hat die Gestalt $\mathcal{S}_n := \{x_1, \ldots, x_{n+1}\}$ mit $x_1 := \{1\}, \ldots, x_n := \{n\}$, $x_{n+1} := \{n+1, n+2, \ldots\}$. Die Bestimmungsstücke p_n und γ_n werden aus p und c mit Hilfe eines Maßes π_n auf $\mathcal{S}$ gewonnen. Durch dieses Maß erfolgt eine „Bewertung" der Zustände $i \in \mathcal{S}$; es wird $\pi_n(\mathcal{S}) < \infty$ sowie $\pi_n(x) > 0$ für jedes $x \in \mathcal{S}_n$ vorausgesetzt.[2]) Damit lassen sich das (markowsche) Bewegungsgesetz p_n durch

$$p_n(y \mid x, d) := \begin{cases} \sum\limits_{j \in y} p(j \mid i, d)\,, & \text{falls } x = \{i\}, \quad i = 1, \ldots, n\,, \\ \dfrac{1}{\pi_n(x)} \sum\limits_{i \in x} \pi_n(\{i\}) \sum\limits_{j \in y} p(j \mid i, d) & \text{sonst}\,, \end{cases}$$

$x, y \in \mathcal{S}_n$, $d \in \mathcal{D}$, und die Schrittkosten γ_n durch

$$\gamma_n(x, d) := \sum_{y \in \mathcal{S}_n} p_n(y \mid x, d)\, c_n(x, y, d)$$

mit

$$c_n(x, y, d) :=$$

$$\begin{cases} \dfrac{1}{\pi_n(x_y^d)} \sum\limits_{i \in x_y^d} \dfrac{\pi_n(\{i\})}{\sum\limits_{j \in y} p(j \mid i, d)} \sum\limits_{j \in y} p(j \mid i, d)\, c(i, j, d)\,, & \text{falls } \pi_n(x_y^d) > 0\,, \\ 0 & \text{sonst} \end{cases}$$

und

$$x_y^d := \{i \in x\colon \sum_{j \in y} p(j \mid i, d) > 0\} \qquad x, y \in \mathcal{S}_n\,, \qquad d \in \mathcal{D}$$

festlegen.

Jedes dieser dynamischen Systeme MDS(n) läßt sich nunmehr entsprechend den in 2.3.2 angegebenen Verfahren numerisch behandeln. Dazu wollen wir analog zu (13), (14) Wertfunktionen $v_{k,n}^d$ sowie minimale Wertfunktionen $v_{k,n}^*$ einführen. Mit $v_{0,n}^*(x)$, $x \in \mathcal{S}_n$, sei

$$v_{k,n}^d(x) := \gamma_n(x, d) + \beta \sum_{y \in \mathcal{S}_n} p_n(y \mid x, d)\, v_{k-1,n}^*(y)\,, \tag{30}$$

$$v_{k,n}^*(x) := \min_{d \in \mathcal{D}} v_{k,n}^d(x)\,, \qquad x \in \mathcal{S}_n\,, \qquad d \in \mathcal{D}\,.$$

Die mit Hilfe der sukzessiven Approximation erhaltene Lösung wird als Näherung für die entsprechende Lösung der Originalaufgabe verwendet. Zur Einschätzung der Approximationsgüte stellen wir „flankierende dynamische Systeme" $\underline{\mathrm{MDS}}(n)$ und $\overline{\mathrm{MDS}}(n)$ mit dem Ziel auf, gemeinsame Schranken für die Wertfunktionen von Ersatz- und Originalaufgabe zu erhalten.

Es sei

$$\underline{\mathrm{MDS}}(n)\colon (N, \mathcal{S}_n, \mathcal{D}, \underline{p}_n, \underline{\gamma}_n, V_N, \beta)\,,$$

$$\overline{\mathrm{MDS}}(n)\colon (N, \mathcal{S}_n, \mathcal{D}, \bar{p}_n, \bar{\gamma}_n, V_N, \beta)$$

[1]) Es sei darauf hingewiesen, daß der Index n bei den Bestimmungsstücken p_n, γ_n die Nummer der Ersatzaufgabe angibt und nicht mit dem Taktindex k bei p_k, γ_k im Abschnitt 2.2 (vgl. 2.2.1) zu verwechseln ist.

[2]) Bei geeigneter Wahl dieses Maßes ordnet sich z. B. die Vorgehensweise von Fox [2] dem vorliegenden Verfahren unter.

mit

$$\underline{p}_n(y \mid x, d) := \inf_{i \in x} \inf_{j \in y} p(j \mid i, d) ,$$

$$\overline{p}_n(y \mid x, d) := \sup_{i \in x} \sum_{j \in y} p(j \mid i, d) ,^{1)}$$

$$\underline{\gamma}_n(x, d) := \sum_{y \in \mathcal{S}_n} \underline{p}_n(y \mid x, d)\, \underline{c}_n(x, y, d)$$

$$\text{mit } \underline{c}_n(x, y, d) := \inf_{i \in x} \inf_{j \in y} c(i, j, d)$$

$$\overline{\gamma}_n(x, d) := \sum_{y \in \mathcal{S}_n} \overline{p}_n(y \mid x, d)\, \overline{c}_n(x, y, d) ,$$

$$\text{mit } \overline{c}_n(x, y, d) := \sup_{i \in x} \sup_{j \in y} c(i, j, d), \; x, y \in \mathcal{S}_n, \; d \in \mathcal{D}.$$

Die Bestimmungsstücke N, $\mathcal{S}_n$, $\mathcal{D}$, V_N und β sind mit denen des dynamischen Systems MDS(n) identisch.

Völlig analog zu (30) ergeben sich entsprechende Funktionen $\underline{v}^*_{k,n}$, $\overline{v}^*_{k,n}$, die in der folgenden Abschätzung verwendet werden.

2.3.20. Lemma. *Wählt man für $x \in \mathcal{S}_n$, $i \in x$*

$$\underline{v}^*_{0,n}(x) \leqq v^*_{0,n}(x) \leqq \overline{v}^*_{0,n}(x)$$

und

$$\underline{v}^*_{0,n}(x) \leqq v^*_0(i) \leqq \overline{v}^*_{0,n}(x) ,$$

so erhalten wir für jedes $k \geqq 1$ und alle $x \in \mathcal{S}_n$, $i \in x$ die Beziehungen

$$\underline{v}^*_{k,n}(x) \leqq v^*_{k,n}(x) \leqq \overline{v}^*_{k,n}(x)$$

und

$$\underline{v}^*_{k,n}(x) \leqq v^*_k(i) \leqq \overline{v}^*_{k,n}(x) .$$

Der Beweis dieser Aussagen ergibt sich in einfacher Weise unter Beachtung der speziellen Struktur von $\underline{\text{MDS}}(n)$ und $\overline{\text{MDS}}(n)$ bezüglich der dynamischen Systeme MDS und MDS(n) (vgl. auch eine analoge Abschätzung im Abschnitt 2.2.4).

Wenden wir uns jetzt dem Verhalten der Systeme MDS(n), $\overline{\text{MDS}}(n)$ und $\underline{\text{MDS}}(n)$ für $n \to \infty$ zu. Zur Beschreibung des Konvergenzverhaltens von $(v^*_{k,n})_{n \in \mathbb{N}}$, $(\underline{v}^*_{k,n})_{n \in \mathbb{N}}$ und $(\overline{v}^*_{k,n})_{n \in \mathbb{N}}$ erweist sich der Begriff der stetigen Konvergenz (vgl. Definition 2.2.18) als zweckmäßig. Damit läßt sich neben obigem Lemma die folgende Aussage formulieren.

2.3.21. Satz. *Gegeben seien die Systeme* MDS, MDS(n), $\underline{\text{MDS}}(n)$ *und* $\overline{\text{MDS}}(n)$. *Es gelte für jedes $d \in \mathcal{D}$*

$$\sum_{j > i} p(j \mid i, d) \xrightarrow[i \to \infty]{} 0 .$$

Dann konvergieren für jedes $k \in \mathbb{N}$ die Folgen $(v^*_{k,n})_{n \in \mathbb{N}}$, $(\underline{v}^*_{k,n})_{n \in \mathbb{N}}$ und $(\overline{v}^*_{k,n})_{n \in \mathbb{N}}$ mit $n \to \infty$ stetig gegen v^*_k.

Für den Beweis dieser Aussage sei auf Hahnewald-Busch/Nollau [2] verwiesen.

---

[1]) Es gilt $\sum_{y \in \mathcal{S}_n} \underline{p}_n(y \mid x, d) \leqq 1$ und $\sum_{y \in \mathcal{S}_n} \overline{p}_n(y \mid x, d) \geqq 1$ für beliebige $x \in \mathcal{S}_n$, $d \in \mathcal{D}$, d. h., $\underline{p}_n$ und $\overline{p}_n$ können i. allg. nicht als Bewegungsgesetze eines stochastischen Prozesses aufgefaßt werden.

2.4. Unendlichstufige undiskontierte markowsche Entscheidungsprobleme

2.4.1. Existenzaussagen für optimale Strategien

Wir wollen uns in diesem Abschnitt einer speziellen Klasse markowscher Entscheidungsprobleme mit unendlichem Horizont zuwenden und gehen dabei von einem MDS (vgl. Abschnitt 2.1) aus, in welchem der Diskontfaktor β den Wert 1 besitzt. Derartige Entscheidungsprobleme werden üblicherweise als *undiskontiert* bezeichnet. Im Unterschied zu den Betrachtungen der beiden voranstehenden Abschnitte werden wir dazu einen veränderten Optimalitätsbegriff einführen.

Erste Untersuchungen dieser speziellen markowschen Entscheidungsprobleme wurden von Bellman [2] und insbesondere Howard [1] vorgelegt. Es schlossen sich eine Vielzahl von Publikationen an, von denen vor allem die Monographien von Derman [3], Mine/Osaki [1], Ross [2], Hordijk [1], White [4] und Bertsekas/Shreve [1] hervorzuheben sind.

Zur Formulierung der Aufgabenstellung legen wir ein stationäres dynamisches System MDS: $(N, \mathcal{S}, \mathcal{D}, p, \gamma, V_N, \beta)$ mit $\beta = 1$ sowie $N = \infty$ und damit $V_N(i) = 0$ für alle $i \in \mathcal{S}$ zugrunde. Für die Menge der zulässigen Strategien Θ wird — wie generell in diesem Kapitel — die Maximalität (vgl. (1.2.6)) vorausgesetzt; Θ ist somit durch $\mathcal{S}$ und $\mathcal{D}$ gegeben.

Damit können wir analog Abschnitt 2.1 auf der Grundlage des dynamischen Systems MDS für jeden Anfangszustand $i \in \mathcal{S}$ und jede Strategie $\vartheta \in \Theta$ entsprechend dem Satz von Ionescu-Tulcea ein Maß $\mathsf{P}_{i,\vartheta}$ und also einen (nicht notwendig markowschen) Prozeß $(X_t)_{t=0,1,\ldots}$ einführen, der den im Takt t vorliegenden Zustand beschreibt.

Zur Bewertung der Strategien $\vartheta \in \Theta$ werden wir einen der vorliegenden Problematik angepaßten Optimalitätsbegriff angeben, der vom mittleren Verlust pro Stufe anstelle des in den beiden voranstehenden Abschnitten benutzen mittleren Gesamtverlustes ausgeht.[1])

2.4.1. Definition. a) Die Größe

$$\psi_\vartheta(i) := \overline{\lim_{T\to\infty}}\, \mathsf{E}_{i,\vartheta}\left[\frac{1}{T+1}\sum_{t=0}^{T} \gamma\big(X_t, \delta_t(H_t)\big)\right]^{2)} \tag{1}$$

heißt *mittlerer Verlust pro Stufe* für den Anfangszustand $i \in \mathcal{S}$ und die Strategie $\vartheta = (\delta_k) \in \Theta$; H_t bezeichnet dabei die zufällige t-Vergangenheit (vgl. Abschnitt 1.1.1).

b) Die Größe

$$\psi^*(i) := \inf_{\vartheta\in\Theta} \psi_\vartheta(i) \tag{2}$$

heißt der *minimale mittlere Verlust pro Stufe* für den Anfangszustand $i \in \mathcal{S}$.

---

1) Wegen $\beta = 1$ ist die Endlichkeit der Gesamtverluste nicht gesichert und ein auf diesen aufbauendes Optimalitätskriterium nicht anwendbar. Spezielle Entscheidungsprozesse, welche mit Wahrscheinlichkeit 1 nach endlich vielen Schritten einen absorbierenden, keine Kosten verursachenden Zustand erreichen, werden z.B. von Eaton/Zadeh [1] und Ross [2] betrachtet.

2) Unter $\mathsf{E}_{i,\vartheta}$ wollen wir den zum Maß $\mathsf{P}_{i,\vartheta}$ gehörigen Erwartungswertoperator verstehen.

c) Eine Strategie $\vartheta^* \in \Theta$ heißt *optimal*, falls für alle $i \in \mathcal{S}$

$$\psi_{\vartheta^*}(i) = \psi^*(i) \tag{3}$$

gilt.

d) Für $\varepsilon > 0$ heißt eine Strategie $\vartheta \in \Theta$ *ε-optimal*, falls für alle $i \in \mathcal{S}$

$$\psi_{\vartheta}(i) \leqq \psi^*(i) + \varepsilon \tag{4}$$

gilt.

Wenden wir uns nun der Existenz optimaler Strategien zu. Insbesondere ist dabei von Interesse, inwieweit optimale (oder zumindest ε-optimale) Strategien in den Mengen markowscher und speziell stationärer Strategien enthalten sind. Ausgehend von den Überlegungen für endlichstufige oder unendlichstufige diskontierte markowsche Entscheidungsprobleme wollen wir zwei Voraussetzungen treffen, unter welchen für die dort betrachteten Aufgabenstellungen die Existenz optimaler Strategien, die sogar stationär sind, gesichert ist:

(B4) Es gibt zwei Konstanten M_1 und M_2, so daß

a) für alle $i \in \mathcal{S}$ und alle $d \in \mathcal{D}(i)$ die Beziehung

$$|\gamma(i, d)| \leqq M_1 \tag{5}$$

erfüllt ist und

b) für jeden Zustand $i \in \mathcal{S}$ höchstens M_2 Entscheidungen $d \in \mathcal{D}(i)$ existieren.

Es zeigt sich, daß selbst unter diesen relativ scharfen Einschränkungen nicht notwendig eine optimale Strategie existiert. Dazu wollen wir ein Beispiel angeben, welches auf Ross [1] zurückgeht und für die vorliegende Problematik spezialisiert wurde.

2.4.2. Beispiel. Betrachten wir das stationäre MDS: $(N, \mathcal{S}, \mathcal{D}, p, \gamma, V_N, \beta)$ mit

$$\mathcal{S} = \{1, -1, 2, -2, 3, -3, \dots, i, -i, \dots\},$$

$$\mathcal{D}(i) = \{a, b\}, \quad \mathcal{D}(-i) = \{a\},$$

$$p(i+1 \mid i, a) = 1, \qquad p(-i \mid i, b) = 1, \qquad p(-i \mid -i, a) = 1,$$

$$i \in \{1, 2, \dots\},$$

$$\gamma(i, a) = \gamma(i, b) = 1, \qquad \gamma(-i, a) = 1/i.$$

Wählen wir als Anfangszustand ein beliebiges $i \in \{1, 2, \dots\}$, so ergeben sich folgende Möglichkeiten zur Konstruktion von Strategien $\vartheta \in \Theta$.

(I) Sei $\vartheta = (\delta_k)$ derart, daß in jeder Stufe die Entscheidung a gewählt wird. Dann gilt für beliebige $t > 0$ und jedes $j \in \{1, 2, \dots\}$ $\mathsf{P}_{i,\vartheta}(X_t = -j) = 0$, und man erhält folglich $\psi_\vartheta(i) = 1$.

(II) Sei $\vartheta = (\delta_k)$ derart, daß eine Stufe k_0 existiert, so daß in den Stufen $0, \dots, k_0 - 1$ die Entscheidung a und in der Stufe k_0 die Entscheidung b gewählt werden. (Die Wahl der Entscheidungen in den Stufen $k_0 + 1, \dots$ ist hierbei für das Folgende ohne Belang.) Es gilt also

$$\mathsf{P}_{i,\vartheta}(X_{k_0+1} = -(i + k_0)) = 1.$$

Wegen

$$\mathsf{P}_{i,\vartheta}(X_k = -(i + k_0) \mid X_{k_0+1} = -(i + k_0)) = 1 \quad \text{für alle} \quad k > k_0 + 1$$

gilt mit $\gamma(-(i + k_0), a) = \dfrac{1}{i + k_0}$ sofort $\psi_\vartheta(i) = \dfrac{1}{i + k_0} > 0$.

Es kann jedoch zu jeder nach (II) vorgegebenen Strategie ϑ eine solche Strategie ϑ' konstruiert werden, daß $\psi_\vartheta(i) > \psi_{\vartheta'}(i) > 0$ gilt (indem in hinreichend vielen Stufen die Entscheidung a und anschließend die Entscheidung b gewählt werden). Wegen $\psi^*(i) = 0$ existiert aber keine optimale Strategie ϑ^*.

Wie im Beispiel von Ross dargestellt, gilt die gleiche Aussage selbst bei Einbeziehung randomisierter Strategien in die Betrachtungen. Darüber hinaus finden sich bei Ross [1] und Ross/Fisher [1] Beispiele dafür, daß bei Existenz einer optimalen Strategie nicht notwendig eine stationäre optimale oder zumindest eine randomisierte stationäre optimale Strategie existiert.

Besonderes Interesse gewinnen deshalb Voraussetzungen für die Existenz stationärer optimaler Strategien. In der Monographie von Hordijk [1] werden eine Reihe hinreichender Bedingungen für die Existenz optimaler (sowie ε-optimaler) stationärer Strategien angegeben und die bekannten Voraussetzungen von Derman [1], [2], Taylor [1] und Ross [1] vergleichend betrachtet.

Als wesentliche Forderung stellt sich dabei die positive Rekurrenz für jede durch eine stationäre Strategie $\vartheta \in \Theta_S$ gegebene Markow-Kette heraus.

In Vorbereitung auf derartige Existenzaussagen führen wir die Matrix P^δ der Übergangswahrscheinlichkeiten $p(j \mid i, \delta(i))$, $i, j \in \mathcal{S}$, $\delta \in \Delta^S$, sowie den Vektor γ^δ der Schrittkosten $\gamma(i, \delta(i))$, $i \in \mathcal{S}$, $\delta \in \Delta^S$, ein. Wir bezeichnen den Raum der beschränkten reellwertigen Vektoren über $\mathcal{S}$ mit $B(\mathcal{S})$ und verwenden $||u|| = \sup_{i \in \mathcal{S}} |u(i)|$, $u \in B(\mathcal{S})$, als Norm. Unter $u \geqq v$, $u, v \in B(\mathcal{S})$, verstehen wir die Beziehung $u(i) \geqq v(i)$ für alle $i \in \mathcal{S}$ und unter $u > v$ die Beziehung $u \geqq v$ mit $u(i) > v(i)$ für mindestens ein $i \in \mathcal{S}$. Dann lassen sich zur Vereinfachung der weiteren Darstellung analog zu den Definitionen 2.2.7 und 2.3.5 Operatoren L^δ, $\delta \in \Delta^S$, und U einführen.

2.4.3. Definition. a) Für beliebige $\delta \in \Delta^S$ bezeichne L^δ die durch

$$L^\delta u := \gamma^\delta + P^\delta u\,, \qquad u \in B(\mathcal{S})\,, \tag{6}$$

gegebene Abbildung von $B(\mathcal{S})$ in sich.

b) Es bezeichne U die durch

$$(Uu)\,(i) := \inf_{\delta(i) \in \mathcal{D}(i)} (L^\delta u)\,(i)\,, \qquad u \in B(\mathcal{S})\,, \qquad i \in \mathcal{S}\,, \tag{7}$$

gegebene Abbildung von $B(\mathcal{S})$ in sich.
Für jedes $i \in \mathcal{S}$ gilt also

$$(L^\delta u)\,(i) = \gamma(i, \delta(i)) + \sum_{j \in \mathcal{S}} p(j \mid i, \delta(i))\, u(j)\,, \qquad \delta \in \Delta^S\,, \qquad u \in B(\mathcal{S})\,, \tag{8}$$

und wegen der Maximalität der Strategienmenge

$$(Uu)\,(i) = \inf_{d \in \mathcal{D}(i)} \{\gamma(i, d) + \sum_{j \in \mathcal{S}} p(j \mid i, d)\, u(j)\}\,. \tag{9}$$

Nunmehr wollen wir eine erste Existenzaussage für stationäre optimale Strategien angeben. Wir stellen dabei ein Resultat von Derman [2] dar.

2.4.4. Satz. *Es seien die Voraussetzungen* (B4) *erfüllt, und es existiere eine Lösung* (g^*, v^*) *mit* $g^* \in \mathbb{R}^1$, $v^* \in B(\mathcal{S})$ *des Gleichungssystems*

$$g\mathbf{1} + v = Uv\,, \qquad \mathbf{1} = (1, 1, \ldots)^\mathsf{T} \in B(\mathcal{S})\,, \tag{10}$$

d. h., es existieren Werte $g^*, v^*(i) \in \mathbb{R}^1$, $i \in \mathcal{S}$, *so daß für jedes* $i \in \mathcal{S}$ *gilt*

$$g^* + v^*(i) = \min_{d \in \mathcal{D}(i)} \{\gamma(i, d) + \sum_{j \in \mathcal{S}} p(j \mid i, d)\, v^*(j)\}\,. \tag{11}$$

Dann existiert eine stationäre optimale Strategie $\vartheta^* \in \Theta_S$, *und es gilt*

$$\psi^*(i) = g^* \quad \textit{für alle} \quad i \in \mathscr{S} .$$

Beweis: Wir wollen im folgenden eine Strategie $\tilde{\vartheta}$ derart konstruieren, daß für alle $i \in \mathscr{S}$ die Beziehung $\psi_{\tilde{\vartheta}}(i) = g^*$ gilt. Anschließend wird die Optimalität dieser Strategie $\tilde{\vartheta}$ gezeigt.

a) Wegen (B4) und (9) ergibt sich für jedes $v \in B(\mathscr{S})$ die Beziehung

$$(Uv)(i) = \min_{d \in \mathfrak{D}(i)} \{\gamma(i, d) + \sum_{j \in \mathscr{S}} p(j \mid i, d)\, v(j)\} , \qquad i \in \mathscr{S} .$$

Also findet man für jedes v, welches dem Gleichungssystem (10) genügt, eine stationäre Strategie $\tilde{\vartheta} = \tilde{\delta}^\infty$, so daß

$$Uv = L^{\tilde{\delta}} v = \gamma^{\tilde{\delta}} + P^{\tilde{\delta}} v \tag{12}$$

gilt. Dann folgt aus (10) und (12) durch Multiplikation von (10) mit $(P^{\tilde{\delta}})^t$, $t \geqq 0$,

$$g^*\mathbf{1} + (P^{\tilde{\delta}})^t\, v = (P^{\tilde{\delta}})^t\, \gamma^{\tilde{\delta}} + (P^{\tilde{\delta}})^{t+1}\, v .$$

Durch Summation von $t = 0$ bis $t = T$ ergibt sich

$$(T + 1)\, g^*\mathbf{1} = \sum_{t=0}^{T} (P^{\tilde{\delta}})^t\, \gamma^{\tilde{\delta}} + (P^{\tilde{\delta}})^{T+1}\, v - (P^{\tilde{\delta}})^0\, v$$

und also für $T \to \infty$

$$g^*\mathbf{1} = \overline{\lim_{T\to\infty}}\, \frac{1}{T + 1} \sum_{t=0}^{T} (P^{\tilde{\delta}})^t\, \gamma^{\tilde{\delta}} .$$

Somit erhält man nach (1) insbesondere

$$g^* = \psi_{\tilde{\vartheta}}(i)$$

für jedes $i \in \mathscr{S}$.

b) Für beliebige $\vartheta = (\delta_k) \in \Theta$ sei die Folge $(v_k)_{k=0,1,\ldots}$ durch

$$v_0(i) := 0 , \qquad i \in \mathscr{S} , \qquad v_{k+1} := L^{\delta_k} v_k , \qquad k = 0, 1, \ldots ,$$

sowie die Folge $(u_k)_{k=0,1,\ldots}$ durch

$$u_0(i) := 0 , \qquad i \in \mathscr{S} , \qquad u_{k+1} := U u_k , \qquad k = 0, 1, \ldots ,$$

eingeführt. Nach Definition folgt

$$v_k \geqq u_k \quad \text{für alle} \quad k = 0, 1, \ldots . \tag{13}$$

Für hinreichend großes K, $K > 0$, werden wir jetzt die Beziehung

$$kg^*\mathbf{1} + v^* - K\mathbf{1} \leqq u_k \leqq kg^*\mathbf{1} + v^* + K\mathbf{1} \tag{14}$$

für jede Lösung (g^*, v^*) von (10) und alle $k = 0, 1, \ldots$ beweisen. Dies wollen wir durch Induktion zeigen. Für $k = 0$ gilt (14) offensichtlich. Für beliebige $k > 0$ folgt mit (10) für die rechte Ungleichung von (14)

$$\begin{aligned} u_k &= U u_{k-1} \\ &\leqq U\big((k - 1)\, g^*\mathbf{1} + v^* + K\mathbf{1}\big) \\ &= Uv^* + (k - 1)\, g^*\mathbf{1} + K\mathbf{1} \\ &= g^*\mathbf{1} + v^* + (k - 1)\, g^*\mathbf{1} + K\mathbf{1} \\ &= kg^*\mathbf{1} + v^* + K\mathbf{1} . \end{aligned}$$

Analog ergibt sich die linke Ungleichung in (14). Für $k \to \infty$ folgt auf Grund der Beschränktheit von v^*

$$\lim_{k\to\infty} \frac{u_k}{k} = g^*\mathbf{1} .$$

Nach a) gibt es ein $\tilde{\vartheta} \in \Theta_S$, so daß $g^* = \psi_{\tilde{\vartheta}}(i)$ für alle $i \in \mathcal{S}$ gilt. Nach Konstruktionsvorschrift für $(u_k)_{k=0,1,\ldots}$ und (12) ist dann aber $\tilde{\vartheta}$ optimal.

Offensichtlich erhalten wir aus (14) die Beziehung

$$\|u_k - (kg^*\mathbf{1} + v^*)\| \leqq K . \tag{15}$$

Wenn wir $u_k(i)$ als die minimalen mittleren Gesamtkosten bis zur Stufe k (ausgehend vom Anfangszustand $i \in \mathcal{S}$) interpretieren, ergibt sich wegen der Beschränktheit von v, daß diese Gesamtkosten asymptotisch linear sind.

Wir wollen uns an dieser Stelle nochmals dem Operator U zuwenden. Dazu betrachten wir in $B(\mathcal{S})$ die folgende Äquivalenzrelation $\sim$:

$$u \sim v \Leftrightarrow \exists \lambda \in \mathbb{R}^1 : u = v + \lambda \mathbf{1} , \qquad u, v \in B(\mathcal{S}) . \tag{16}$$

Mit $[v]$ bezeichnen wir die Menge aller zu $v \in B(\mathcal{S})$ äquivalenten u und mit Q die Menge dieser $[v]$, also den Quotientenraum von $B(\mathcal{S})$ nach dieser Relation. Weiter führen wir durch

$$\|[v]\|_Q := \sup_{i\in\mathcal{S}} v(i) - \inf_{i\in\mathcal{S}} v(i) , \qquad [v] \in Q , \tag{17}$$

eine Norm ein. Nun definieren wir die Abbildung $\tilde{U}$ durch

$$\tilde{U}[v] := [Uv] , \qquad v \in B(\mathcal{S}) , \tag{18}$$

von Q in sich.

Insbesondere erhalten wir, falls die Beziehung (10) für ein $v \in B(\mathcal{S})$ erfüllt ist, also

$$g\mathbf{1} + v = Uv$$

gilt, mit $\lambda = g$ die Fixpunktgleichung

$$[v] = \tilde{U}[v] , \qquad [v] \in Q .$$

Von Derman [2], Derman/Veinott [1] wird folgende Existenzaussage für stationäre optimale Strategien angegeben.

2.4.5. Satz. *Es seien die Voraussetzungen* (B4) *erfüllt, und für jede stationäre Strategie $\vartheta = \delta^\infty \in \Theta_S$ sei die zugehörige Markow-Kette positiv-rekurrent. Weiter existiere für jedes $\vartheta = \delta^\infty \in \Theta_S$ eine Lösung (g^δ, v^δ) von*

$$g\mathbf{1} + v = L^\delta v , \tag{19}$$

und diese Lösungen seien gleichmäßig beschränkt.

Dann gibt es eine stationäre optimale Strategie $\vartheta^* \in \Theta_S$, und es gilt

$$g^* = \psi_{\delta^*}(i) \quad \text{für alle} \quad i \in \mathcal{S} ,$$

wobei g^* zu einer Lösung von (10) *gehört.*

In diesem Satz wird also die Forderung nach Existenz einer Lösung von (10) durch eine nach positiver Rekurrenz der entsprechenden Markow-Ketten und der gleichmäßigen Beschränktheit der Lösungen (g^δ, v^δ) von (19) ersetzt.

Diese Voraussetzungen führen ebenfalls zu einer Fixpunktaussage bez. des Operators U. Derman zeigt nämlich, daß aus den Bedingungen des Satzes die Existenz einer

Lösung von (10) folgt. Damit ergibt sich aus obigen Betrachtungen die Existenz eines $[v] \in Q$, so daß $[v] = \tilde{U}[v]$ gilt.

Während in den beiden voranstehenden Sätzen die Existenz stationärer optimaler Strategien durch spezifische Voraussetzungen an das vorliegende undiskontierte Entscheidungsproblem gesichert wurde, geben BLACKWELL [1], TAYLOR [1] und ROSS [2] einen Zugang aus der Sicht diskontierter Modelle an. Dabei wird von einer Folge derartiger Entscheidungsprobleme ausgegangen, deren Diskontfaktoren gegen 1 streben.[1]) Unter gewissen, im weiteren angegebenen Voraussetzungen läßt sich aus den Folgen der mittleren Gesamtverluste der diskontierten Modelle der mittlere Verlust pro Stufe des undiskontierten Modells gewinnen. Zur Darstellung dieses Sachverhaltes wollen wir bei den mittleren Gesamtverlusten und den optimalen Strategien ϑ^* (vgl. Definition 2.3.1) den Diskontfaktor β explizit ausweisen. Es sei

$$V_\vartheta^\beta(i) := \mathsf{E}_{i,\vartheta}\Big[\sum_{t=0}^{\infty} \beta^t \gamma(X_t, \delta_t(H_t))\Big]; \qquad i \in \mathcal{S}, \qquad \vartheta \in \Theta, \qquad \beta \in (0,1). \tag{20}$$

Folglich gilt für alle $i \in \mathcal{S}$

$$V_{\vartheta^*(\beta)}^\beta(i) \leqq V_\vartheta^\beta(i) \quad \text{für alle} \quad \vartheta \in \Theta .$$

Dann läßt sich die folgende Aussage (vgl. ROSS [2], TAYLOR [1]) angeben.

2.4.6. Satz. *Es seien die Voraussetzungen* (B4) *erfüllt und die Differenzen* $V_{\vartheta^*(\beta)}^\beta(i) - V_{\vartheta^*(\beta)}^\beta(j)$ *für* $i, j \in \mathcal{S}$ *gleichmäßig bez.* $\beta \in (0, 1)$ *beschränkt.*

Dann existiert eine stationäre optimale Strategie, und es gelten für beliebige $i_0 \in \mathcal{S}$ *und alle* $i \in \mathcal{S}$ *sowie jede Folge* $(\beta_k)_{k=1,2,\dots}$ *mit* $\beta_k \in (0, 1)$ *und* $\lim_{k\to\infty} \beta_k = 1$ *die Beziehungen*

$$\lim_{k\to\infty} (1 - \beta_k)\, V_{\vartheta^*(\beta_k)}^{\beta_k}(i_0) = g^*$$

und

$$\lim_{k\to\infty} [V_{\vartheta^*(\beta_k)}^{\beta_k}(i) - V_{\vartheta^*(\beta_k)}^{\beta_k}(i_0)] = v^*(i) ,$$

wobei (g^*, v^*) *Lösung von* (10) *ist.*

Im Beweis dieses Satzes (vgl. z.B. ROSS [2]) wird die Existenz einer stationären optimalen Strategie gezeigt, indem aus den Voraussetzungen die Existenz einer Lösung von (10) gefolgert und Satz 2.4.4 angewendet wird.

Weitere hinreichende Bedingungen sowie Zusammenhänge zwischen diesen sind bei ROSS [2] und HORDIJK [1] zu finden. Dort werden auch Aussagen zur Existenz ε-optimaler Strategien angegeben.

Abschließend wollen wir den Fall betrachten, in dem Zustandsraum und Entscheidungsräume endlich sind. Dazu geben wir folgende Aussage (vgl. DERMAN [1], BLACKWELL [1]) an.

2.4.7. Satz. *Unter der Voraussetzung der Endlichkeit der Räume* $\mathcal{S}$ *und* $\mathcal{D}(i)$, $i \in \mathcal{S}$, *existiert eine stationäre optimale Strategie.*

Beweis: Wir folgen dabei den Darstellungen von DERMAN [1] und GIRLICH [1]. Auf Grund der Endlichkeit von $\mathcal{S}$ und $\mathcal{D}(i)$, $i \in \mathcal{S}$, ist die Menge der stationären Strategien Θ_S offenbar ebenfalls endlich. Damit gibt es einerseits für jedes $\beta \in (0, 1)$ eine

[1]) Diese Vorgehensweise führte im weiteren zu sogenannten sensitiven Optimalitätskriterien (vgl. z.B. VEINOTT [2], DENARDO/MILLER [1], HORDIJK/SLADKY [1] und DIETZ/NOLLAU [1]).

optimale Strategie $\vartheta^*(\beta) \in \Theta_S$ (vgl. Satz 2.3.9), und es tritt andererseits für jede monotone Folge $(\beta_k)_{k=1,2,\dots}$ mit $\beta_k \in (0, 1)$ und $\lim_{k\to\infty} \beta_k = 1$ innerhalb der zugehörigen Folge stationärer optimaler Strategien $\big(\vartheta^*(\beta_k)\big)_{k=1,2,\dots}$ mindestens eine dieser Strategien unendlich oft auf. Bezeichnen wir eine solche Strategie mit $\hat{\vartheta}^* = \hat{\delta}^{*\infty}$. Für beliebige $\vartheta = \delta^\infty \in \Theta_S$ und jedes $i \in \mathscr{S}$ ist die Funktion $V_\vartheta^\beta(i)$ wegen $V_\vartheta^\beta = (I - \beta P^\delta)^{-1}\gamma^\delta$ rational in β; also ist auch $V_\vartheta^\beta(i) - V_{\hat{\vartheta}^*}^\beta(i)$ rational in β und besitzt nur endlich viele Nullstellen. Folglich existiert ein Intervall $\big(\beta'(\vartheta, i), 1\big)$, in welchem $V_\vartheta^\beta(i) - V_{\hat{\vartheta}^*}^\beta(i) \geqq 0$ gilt. Auf Grund der Endlichkeit von Θ_S und $\mathscr{S}$ erhält man

$$\tilde{\beta} := \max_{\vartheta\in\Theta_S,\, i\in\mathscr{S}} \beta'(\vartheta, i) < 1$$

und damit für alle $\beta \in (\tilde{\beta}, 1)$ die Beziehung

$$V_{\vartheta^*(\beta)}^\beta(i) - V_{\hat{\vartheta}^*}^\beta(i) \geqq 0\,, \qquad i \in \mathscr{S}\,. \tag{21}$$

Andererseits folgt (vgl. z.B. Zeller [1]) für jede beschränkte Folge $(a_t)_{t=0,1,\dots}$

$$\limsup_{\beta\to 1}\, (1 - \beta) \sum_{t=0}^{\infty} \beta^t a_t = \limsup_{T\to\infty} \frac{1}{T + 1} \sum_{t=0}^{T} a_t\,.$$

Unter Verwendung von Satz 2.2.11 erhält man mit dieser Beziehung für eine beliebige stationäre Strategie $\vartheta = \delta^\infty$

$$\begin{aligned}\psi_\vartheta(i) &= \limsup_{T\to\infty} \frac{1}{T + 1} \sum_{t=0}^{T} \big((P^\delta)^t \gamma^\delta\big)\,(i)\\ &= \limsup_{\beta\to 1}\, (1 - \beta) \sum_{t=0}^{\infty} \beta^t \big((P^\delta)^t \gamma^\delta\big)\,(i)\\ &= \limsup_{\beta\to 1}\, (1 - \beta)\, V_\vartheta^\beta(i)\,, \qquad i \in \mathscr{S}\,.\end{aligned} \tag{22}$$

Insbesondere für $\vartheta = \vartheta^*(\beta)$ gilt nach (21) für alle $i \in \mathscr{S}$

$$\begin{aligned}\psi_{\vartheta^*(\beta)}(i) &= \limsup_{\beta\to 1}\, (1 - \beta)\, V_{\vartheta^*(\beta)}^\beta(i)\\ &\geqq \limsup_{\beta\to 1}\, (1 - \beta)\, V_{\hat{\vartheta}^*}^\beta(i) = \psi_{\hat{\vartheta}^*}(i)\,.\end{aligned}$$

Also ist $\hat{\vartheta}^*$ optimal im betrachteten undiskontierten Entscheidungsmodell. ∎

Als wichtiger Spezialfall dieses Satzes erweist sich die folgende Aussage (vgl. Howard [1]).

2.4.8. Satz. *Die Räume $\mathscr{S}$ und $\mathscr{D}(i)$, $i \in \mathscr{S}$, seien endlich, und für jede stationäre Strategie gehören sämtliche Zustände der entsprechenden Markow-Kette einer Rekurrenzklasse an. Dann existiert eine stationäre optimale Strategie, und es gilt für alle $i \in \mathscr{S}$*

$$\psi^*(i) = g\,,$$

wobei g zu einer Lösung von (10) *gehört.*

Beweis: Wir wollen diese Aussage auf Satz 2.4.6 zurückführen. Dazu haben wir nur zu zeigen, daß für jede der (endlich vielen) stationären Strategien $\vartheta = \delta^\infty \in \Theta_S$ eine Lösung (g^δ, v^δ) von (19) existiert. Sei $\mathscr{S} = \{1, \dots, q\}$. Für eine beliebige Strategie $\vartheta = \delta^\infty$ und beliebige $i_0 \in \mathscr{S}$ betrachten wir im weiteren nur solche $v \in B(\mathscr{S})$ mit $v(i_0) = 0$. Dann läßt sich das Gleichungssystem (19)

$$g\mathbf{1} + v = L^\delta v = \gamma^\delta + P^\delta v$$

in folgender Weise darstellen:

Sei $\tilde{P}^\delta = (\tilde{p}(j \mid i, \delta(i))_{i,j\in\mathcal{S}}$ mit

$$\tilde{p}(j \mid i, \delta(i)) = \begin{cases} 0, & \text{falls } i = j = i_0, \\ -1, & \text{falls } i \neq i_0 \text{ und } j = i_0, \\ p(j \mid i, \delta(i)) & \text{sonst} \end{cases}$$

sowie $\tilde{v} = (v(1), v(2), \dots, v(i_0 - 1), g, v(i_0 + 1), \dots, v(q))^\mathsf{T}$, dann erhält man

$$(I - \tilde{P}^\delta)\,\tilde{v} = \gamma^\delta. \tag{23}$$

Wir wollen jetzt die Existenz einer eindeutigen Lösung von (23) zeigen und betrachten dazu das entsprechende homogene Gleichungssystem

$$(I - \tilde{P}^\delta)\,\tilde{v} = 0. \tag{24}$$

Sei $\tilde{v}$ eine Lösung von (24), dann lassen sich für j_0 mit $\tilde{v}(j_0) = \max\limits_{i\in\mathcal{S}} \tilde{v}(i)$ folgende Fälle unterscheiden:

a) $\tilde{v}(j_0) > 0$ und $j_0 \neq i_0$. Dann folgt $\tilde{v}(i_0) \leqq 0$ aus (24) wegen

$$\tilde{v}(j_0) = \sum_{\substack{i=1\\ i\neq i_0}}^{q} \tilde{p}(i \mid j_0, \delta(j_0))\,\tilde{v}(i) - \tilde{v}(i_0) \leqq \tilde{v}(j_0) - \tilde{v}(i_0).$$

b) $\tilde{v}(j_0) > 0$ und $j_0 = i_0$. Dann folgt $\tilde{v}(i_0) \leqq 0$ aus (24) wegen

$$0 = \tilde{v}(i_0) - \sum_{\substack{i=1\\ i\neq i_0}}^{q} \tilde{p}(i \mid i_0, \delta(i_0))\,\tilde{v}(i) \geqq \tilde{v}(i_0)\,\Bigl(1 - \sum_{\substack{i=1\\ i\neq i_0}}^{q} \tilde{p}(i \mid i_0, \delta(i_0))\Bigr).$$

c) $\tilde{v}(j_0) \leqq 0$. Dann gilt offenbar $\tilde{v}(i_0) \leqq 0$.

Analog erhält man $\tilde{v}(i_0) \geqq 0$ und damit $\tilde{v}(i_0) = 0$.

Wir reduzieren deshalb das Gleichungssystem (24) um die Variable $\tilde{v}(i_0)$ und streichen darüber hinaus die i_0-te Gleichung. Auf Grund der vorausgesetzten Rekurrenzstruktur und damit der Irreduzibilität von P^δ gilt

$$\min_{\substack{i\in\mathcal{S}\\ i\neq i_0}} \sum_{\substack{j=1\\ j\neq i_0}}^{q} p(j \mid i, \delta(i)) < 1.$$

Also ergibt sich (vgl. z.B. Varga [1]) die Existenz einer nichttrivialen Lösung des reduzierten Systems und folglich auch des Systems (24) und somit die Existenz einer Lösung von (19).

Die Aussage des Satzes kann aufrechterhalten werden, wenn die zu jedem $\vartheta \in \Theta_S$ gehörige Markow-Kette neben der einzigen Klasse rekurrenter noch eine Menge transienter Zustände besitzt. (Der im Beweis benutzte Bezugszustand i_0 ist dann jeweils aus der Klasse der rekurrenten Zustände zu wählen.) Daß dabei insbesondere auch für transiente Zustände $i \in \mathcal{S}$ die Beziehung $\psi^*(i) = g$ gilt, ist auf das asymptotische Verhalten der Markow-Kette zurückzuführen.

Untersuchungen beim Vorliegen mehrerer Rekurrenzklassen sowie einer Menge transienter Zustände (für mindestens eine stationäre Strategie $\vartheta \in \Theta_S$)wurden z.B. von Howard [1], Derman [3], Mine/Osaki [1] durchgeführt. Charakteristisch ist in solchen Fällen, daß die mittleren Verluste pro Stufe $\psi_\vartheta(i)$, $i \in \mathcal{S}$, zwar für jede Rekurrenzklasse gegebenenfalls unterschiedlich sind, jedoch für alle Zustände derselben Rekurrenzklasse gleich sind.

Eine ausführliche Darstellung dieses Sachverhaltes findet sich auch innerhalb des allgemeineren Modells von Kapitel 3 „semimarkowsche Entscheidungsprobleme“ (vgl. insbesondere die Satz 3.2.5 folgende Bemerkung).

2.4.2. Numerische Lösungsmethoden

Ziel der numerischen Behandlung undiskontierter markowscher Entscheidungsprobleme ist das Bestimmen einer Lösung (g^*, v^*) des Gleichungssystems (10)

$$g\mathbf{1} + v = Uv\,.$$

Wir konzentrieren uns dabei auf zwei Algorithmen, das fundamentale Strategieiterationsverfahren von Howard [1] — im weiteren Howard-Algorithmus genannt — und die Methode der sukzessiven Approximation, wie sie von White [1] dargestellt wurde. Obwohl eine Reihe von Modifikationen dieser Methoden mit günstigeren Konvergenzeigenschaften entwickelt wurden (vgl. z. B. Schweitzer [2], Spremann, Gessner [1], van der Wal [1]), wollen wir hier die Originalverfahren angeben, da diese die prinzipielle Wirkungsweise in einfacher Weise verdeutlichen.

Wir setzen in diesem Abschnitt die Endlichkeit des Zustandsraumes $\mathscr{S} = \{1, \ldots, q\}$, und der Entscheidungsräume $\mathscr{D}(i)$, $i \in \mathscr{S}$, voraus.

2.4.2.1. Strategieiterationsverfahren von Howard

Wir wollen im folgenden eine von Howard [1] angegebene Methode darstellen, mittels welcher eine Lösung (g^*, v^*) von (10) und damit eine optimale Strategie $\vartheta^* = \delta^{*\infty}$ ermittelt werden. Setzen wir dazu voraus, daß für alle Strategien $\vartheta \in \Theta_S$ sämtliche Zustände $i \in \mathscr{S}$ ein und derselben Rekurrenzklasse angehören. Grundlage des Verfahrens bilden die Aussagen von Satz 2.4.8. Es werden sukzessiv Folgen $(v_k)_{k=1,2,\ldots}$, $v_k \in B(\mathscr{S})$, $(g_k)_{k=1,2,\ldots}$, $g_k \in \mathbb{R}^1$, und $(\delta_k)_{k=1,2,\ldots}$, $\delta_k \in \Delta^S$, in folgender Weise konstruiert. Ausgehend von einer beliebigen Strategie $\vartheta_0 = \delta_0^\infty \in \Theta_S$ wird in einem Wertbestimmungsschritt eine Lösung (g_1, v_1) des Gleichungssystems

$$g\mathbf{1} + v = L^{\delta_0} v$$

mit den Variablen (g, v) ermittelt, wobei für ein beliebiges $i_0 \in \mathscr{S}$ der Wert $v(i_0)$ festgesetzt wird. O.B.d.A. wollen wir (vgl. Satz 2.4.8) $v(i_0) = 0$ wählen. Man erhält dann (g_1, v_1) als (eindeutige) Lösung mit dem mittleren Verlust pro Stufe $\psi_{\vartheta_0}(i) = g_1$, $i \in \mathscr{S}$, und den „relativen Werten“ $v_1(i)$, $i \in \mathscr{S}$, $i \neq i_0$ sowie $v_1(i_0) = 0$. Anschließend wird in einem Strategieverbesserungsschritt eine Strategie $\vartheta_1 = \delta_1^\infty$ mit

$$L^{\delta_1} v_1 = \min_{\delta \in \Delta^S} L^\delta v_1$$

bestimmt. Durch wiederholte Wertbestimmungs- und Strategieverbesserungsschritte erhält man g_k, v_k, δ_k, $k = 1, 2, \ldots$. Nach endlich vielen Schritten ergibt sich eine Lösung von

$$g\mathbf{1} + v = Uv\,,$$

und das Verfahren wird abgebrochen. Offensichtlich kann der Algorithmus auch mit einem Strategieverbesserungsschritt bei Vorgabe von Startwerten $v_1(i)$, $i \in \mathscr{S}$, begonnen werden. Zur Präzisierung des skizzierten Sachverhaltes wollen wir folgenden Satz angeben und dazu den Ablaufplan 2.4.1 des Verfahrens aufstellen.

Ablaufplan 2.4.1. Howard-Algorithmus

Vorgabe einer beliebigen Entscheidungsfunktion $\delta_0 \in \Delta^S$ sowie von g_0 mit $g_0 = \infty$.

↓

Lege einen „Bezugszustand“ $i_0 \in \mathcal{S}$ mit $v_k(i_0) = 0$ für $k = 1, 2, \ldots$ fest.

↓

$k := 1$

↓

Ermittle die Werte g_k, $v_k(i)$, $i \in \mathcal{S}$, $i \neq i_0$, aus dem linearen Gleichungssystem

$$g_k + v_k(i) = (L^{\delta_{k-1}} v_k)(i) \tag{25}$$

$$= \gamma(i, \delta_{k-1}(i)) + \sum_{j=1}^{q} p(j \mid i, \delta_{k-1}(i))\, v_k(j)\,, \qquad i = 1, \ldots, q.$$

↓

Test: Gilt $g_k = g_{k-1}$? [1]

ja → Abbruch (s. u.); nein ↓

Ermittle die Werte $\hat{v}_k(i)$, $i \in \mathcal{S}$, sowie die minimierenden Entscheidungen $d^* = d_k^*(i)$ gemäß

$$\hat{v}_k(i) := \gamma(i, d^*) + \sum_{j=1}^{q} p(j \mid i, d^*)\, v_k(j)$$

$$= \min_{d \in \mathcal{D}(i)} \{\gamma(i, d) + \sum_{j=1}^{q} p(j \mid i, d)\, v_k(j)\} \tag{26}$$

↓

Konstruiere δ_k durch

$$\delta_k(i) := \begin{cases} \delta_{k-1}(i)\,, & \text{falls } \hat{v}_k(i) = v_k(i) + g_k\,, \\ d_k^*(i) & \text{sonst}\,. \end{cases} \tag{27}$$

→ $k := k + 1$ → zurück zur Ermittlung von g_k, $v_k(i)$ (25)

Abbruch des Verfahrens mit dem minimalen mittleren Verlust pro Stufe $\psi^*(i) = g_k$, $i \in \mathcal{S}$, sowie einer optimalen Strategie $\vartheta^* = \delta_{k-1}^\infty$

2.4.9. Satz. *Es sei vorausgesetzt, daß für jede stationäre Strategie $\vartheta = \delta^\infty \in \Theta_S$ sämtliche Zustände $i \in \mathcal{S}$ zu einer Rekurrenzklasse gehören. Dann erhält man:*

a) *Mit jeder nach* (27) *konstruierten Strategie $\vartheta_k = \delta_k^\infty$, $k > 0$, gilt $g_{k+1} \leqq g_k$.*

b) *Falls ein Zustand $i \in \mathcal{S}$ existiert, für den sich $\hat{v}_k(i) < v_k(i)$, $k > 0$, ergibt, so gilt $g_{k+1} < g_k$.*

c) *Das Strategieiterationsverfahren endet nach endlich vielen Schritten mit einer stationären optimalen Strategie und dem minimalen mittleren Verlust pro Stufe.*

---

[1]) Hierfür ist auch ein Test der Form „$\delta_k = \delta_{k-1}$?“ möglich. Um Zyklenbildung beim Vorliegen mehrerer optimaler Strategien zu vermeiden, wird deshalb bei der Konstruktion von δ_k in (27) die bisherige Strategie δ_{k-1} soweit als möglich beibehalten.

Beweis: a) Für beliebiges δ_{k-1} und für δ_k nach (27) sei mit v_k aus (25)

$$\eta^{\delta_{k-1}\delta_k} := L^{\delta_{k-1}} v_k - L^{\delta_k} v_k \tag{28}$$

eingeführt. Sofort erhält man für alle $i \in \mathscr{S}$ die Beziehung $\eta^{\delta_{k-1}\delta_k}(i) \geqq 0$. Sei $T \in \mathbb{N}$. Dann gilt mit $(P^{\delta_k})^t$ für $t = 0, 1, \dots, T$ sowie (28) und (25)

$$\frac{1}{T+1}\sum_{t=0}^{T}(P^{\delta_k})^t\,\eta^{\delta_{k-1}\delta_k} = \frac{1}{T+1}\sum_{t=0}^{T}(P^{\delta_k})^t\,[g_k\mathbf{1} + v_k - \gamma^{\delta_k} - P^{\delta_k}v_k]$$

$$= g_k\mathbf{1} - \frac{1}{T+1}\sum_{t=0}^{T}(P^{\delta_k})^t\,\gamma^{\delta_k} + \frac{1}{T+1}\left(v_k - (P^{\delta_k})^{T+1}v_k\right).$$

Für $T \to \infty$ folgt mit (22)

$$\lim_{T\to\infty}\frac{1}{T+1}\sum_{t=0}^{T}(P^{\delta_k})^t\,\eta^{\delta_{k-1}\delta_k} = g_k\mathbf{1} - \lim_{T\to\infty}\frac{1}{T+1}\sum_{t=0}^{T}(P^{\delta_k})^t\,\gamma^{\delta_k} = g_k\mathbf{1} - \psi_{\vartheta_k}. \tag{29}$$

Auf Grund der Rekurrenzvoraussetzung existiert eine stationäre Anfangsverteilung π^{δ_k} auf $\mathscr{S}$, wobei für $j \in \mathscr{S}$,

$$\pi^{\delta_k}(j) := \lim_{T\to\infty}\frac{1}{T+1}\sum_{t=0}^{T}(P^{\delta_k})^t\,(i,j)\ ^{1)}$$

unabhängig von $i \in \mathscr{S}$ ist und für jedes $j \in \mathscr{S}$ die Beziehung $\pi^{\delta_k}(j) > 0$ gilt. Wegen $\psi_{\vartheta_k} = g_{k+1}\mathbf{1}$ erhalten wir in (29) für jedes $i \in \mathscr{S}$

$$\sum_{l\in\mathscr{S}}\pi^{\delta_k}(l)\,\eta^{\delta_{k-1}\delta_k}(l) = g_k - g_{k+1}\,. \tag{30}$$

Da die linke Seite von (30) nichtnegativ ist, ergibt sich Aussage a).

b) Falls für irgendein $j \in \mathscr{S}$ die Beziehung $\hat{v}_k(j) < v_k(j)$ erfüllt ist, so gilt $\eta^{\delta_{k-1}\delta_k}(j) > 0$ und damit nach (30) die Beziehung $g_{k+1} < g_k$.

c) In jedem Iterationsschritt k, in welchem für mindestens einen Zustand $j \in \mathscr{S}$ die Beziehung $\hat{v}_k(j) < v_k(j)$ gilt, ergibt sich also nach (27) eine Strategie $\vartheta_k = \delta_k^\infty$ mit $g_{k+1} < g_k$. Da aber auf Grund der Endlichkeit von $\mathscr{S}$ und $D(i)$, $i \in \mathscr{S}$, nur endlich viele stationäre Strategien existieren, gibt es ein k_0, so daß für alle $i \in \mathscr{S}$ die Beziehung $\hat{v}_{k_0}(i) = v_{k_0}(i)$ erfüllt ist. Es gilt also $\hat{v}_{k_0} = Uv_{k_0} = g_{k_0}\mathbf{1} + v_{k_0}$. Folglich gilt nach Satz 2.4.4 die Beziehung $\psi^*(i) = g_{k_0}$, $i \in \mathscr{S}$, und darüber hinaus ist jede Strategie $\vartheta^* = \delta^{*\infty}$ mit $g_{k_0}\mathbf{1} + v_{k_0} = L^{\delta^*}v_{k_0}$ optimal, also ist insbesondere $\vartheta_{k_0-1} = \delta_{k_0-1}^\infty$ optimal. ∎

Bei diesem Iterationsverfahren liegt der Vorzug in einer vorteilhaften Ermittlung des minimalen mittleren Verlustes pro Stufe $\psi^*(i)$, $i \in \mathscr{S}$. Die dabei zu berechnenden Größen $v_k(i)$, $i \in \mathscr{S}$, $k > 0$, ermöglichen eine günstige Auswahl einer „verbessernden" Strategie im Iterationsprozeß. Offenbar wäre für eine feste stationäre Strategie $\vartheta_k = \delta_k^\infty$, $k \geqq 0$, der zugehörige mittlere Verlust pro Stufe $\psi_{\vartheta_k}(i)$, $i \in \mathscr{S}$, auch durch

$$g_{k+1} = \sum_{j=1}^{q}\pi^{\delta_k}(j)\,\gamma\big(j, \delta_k(j)\big)$$

bestimmbar. Allerdings erfordert die Ermittlung von $\psi_{\vartheta_k}(i) = g_{k+1}$, $i \in \mathscr{S}$, auf diesem Wege ebenfalls die Lösung eines Systems von q linearen Gleichungen, und es wird darüber hinaus keine vorteilhafte Darstellung in Hinblick auf die Bestimmung einer „verbessernden" Strategie erreicht.

In einer Reihe von Arbeiten wurden Modifikationen des Howard-Algorithmus angegeben. Diese zielen sowohl in Richtung einer Abschwächung der Voraussetzungen als auch einer Verbesserung des Konvergenzverhaltens dieser Methode.

---

[1]) Für eine Matrix A mit $A = (a_{ij})_{i,j\in\mathscr{S}}$ vereinbaren wir $A(i, j) = a_{ij}$, $i, j \in \mathscr{S}$.

Betrachten wir das Problem, daß für jede stationäre Strategie der Zustandsraum der entsprechenden Markow-Kette neben der einen Rekurrenzklasse eine ggf. nichtleere Menge transienter Zustände besitzt. In wesentlichen Punkten kann der obige Algorithmus unverändert übernommen werden. Allerdings ist zu beachten, daß in diesem Fall aus der Gültigkeit des Abbruchtests „$g_k = g_{k-1}$?“ in der Stufe k nicht notwendig das Erfülltsein des im Ablaufplan erwähnten Tests „$\vartheta_k = \vartheta_{k-1}$?“ in dieser Stufe folgt. Dies resultiert daher, daß der minimale mittlere Verlust pro Stufe $\psi^*(i)$, $i \in \mathcal{S}$, durch das Verhalten der Markow-Kette lediglich in deren rekurrenten Zuständen bestimmt wird. Für eine Strategie ϑ_k, für die $\psi_{\vartheta_k} = \psi^*$ gilt, kann somit für transiente Zustände j der durch ϑ_k bestimmten Markow-Kette noch $\hat{v}_{k+1}(j) < v_{k+1}(j)$ gelten. Damit wären jedoch weitere Schritte im Iterationsverfahren möglich. Dieses Problem führte zu Untersuchungen von sogenannten „*bias-optimalen*“ Strategien (vgl. z.B. Veinott [1]).

Es sei noch bemerkt, daß bei Entscheidungsproblemen, in denen für jede Strategie $\vartheta \in \Theta_S$ sämtliche Zustände einer Rekurrenzklasse angehören, optimale Strategien kombiniert werden können. Sind nämlich die Strategien $\vartheta_1 = \delta_1^\infty$ und $\vartheta_2 = \delta_2^\infty$ optimal, so ist auch jede Strategie $\vartheta = \delta^\infty$ mit

$$\delta(i) = \begin{cases} \delta_1(i) & \text{für } i \in \mathcal{S}_1\,, \\ \delta_2(i) & \text{für } i \in \mathcal{S} \setminus \mathcal{S}_1\,. \end{cases}$$

für beliebige $\mathcal{S}_1 \subset \mathcal{S}$ optimal. Diese Eigenschaft bleibt beim Vorliegen transienter Zustände nicht notwendig erhalten (vgl. Glogner/Hahnewald-Busch [1]).

Bei der Durchführung des Howard-Algorithmus entsteht der wesentliche Aufwand durch das Lösen des Gleichungssystems (25) und die Bestimmung von minimierenden Entscheidungen d^* durch den Vergleich sämtlicher $d \in \mathcal{D}(i)$ für alle $i \in \mathcal{S}$. Dies gibt Anlaß zu Überlegungen, diesen Aufwand beim Vergleich der Entscheidungen $d \in \mathcal{D}(i)$ zu verringern, wie sie z.B. von Spremann, Gessner [1] durch Einschränkung der Entscheidungsmengen in den anfänglichen Iterationsstufen vorgelegt wurden. Darüber hinaus kann der Howard-Algorithmus derart modifiziert werden, daß in jedem Iterationsschritt k lediglich ein $i \in \mathcal{S}$ und ein $\tilde{d} \in \mathcal{D}(i)$ mit

$$\gamma(i, \tilde{d}) = \sum_{j=1}^{q} p(j \mid i, \tilde{d})\, v_k(j) < \gamma(i, \delta_{k-1}(i)) = \sum_{j=1}^{q} p(j \mid i, \delta_{k-1}(i))\, v_k(j) \tag{31}$$

zu ermitteln ist (vgl. Girlich [1]). Auch bei diesem Vorgehen tritt — insbesondere bei umfangreichen Entscheidungsräumen — eine erhebliche Aufwandsverminderung ein, wobei sich trotzdem die Anzahl der Iterationsschritte bis zum Abbruch nicht notwendig vergrößert. Dies ist darauf zurückzuführen, daß — wie aus (30) ersichtlich — durch Maximierung von $\eta^{\delta_{k-1}\delta_k}$ nicht notwendig ein „maximaler Zuwachs“ im k-ten Iterationsschritt erzielt wird.

2.4.2.2. Wertiterationsverfahren

Mit wachsender Zahl der Zustände steigt naturgemäß der numerische Aufwand bei der Lösung der Gleichungssysteme (25) stark an. White [1] entwickelte deshalb — insbesondere im Hinblick auf umfangreiche Zustandsräume — einen auf der sukzessiven Approximation einer Lösung (g^*, v^*) von (10) beruhenden Algorithmus.

Setzen wir einen beliebigen Zustand $i_0 \in \mathcal{S}$ fest und betrachten alle $v \in B(\mathcal{S})$ mit $v(i_0) = 0$. Dann läßt sich (10) für einen endlichen Zustandsraum $\mathcal{S}$ und endliche

Entscheidungsräume $\mathcal{D}(i)$, $i \in \mathcal{S}$, also das Gleichungssystem

$$g + v(i) = (Uv)(i) = \min_{d \in \mathcal{D}(i)} \{\gamma(i, d) + \sum_{j=1}^{q} p(j \mid i, d)\, v(j)\}, \; i \in \mathcal{S},$$

in die Beziehung $w := Uv$ überführen, also

$$w(i) = \min_{d \in \mathcal{D}(i)} \{\gamma(i, d) + \sum_{j=1}^{q} p(j \mid i, d)\, v(j)\}, \qquad i \in \mathcal{S}. \tag{32}$$

Dabei gilt $v = w - w(i_0)\,\mathbf{1}$, also

$$v(i) = w(i) - w(i_0)$$

und insbesondere $g = w(i_0)$.

Aus der Darstellung (32) läßt sich ein Verfahren ableiten, welches auf eine iterative Verbesserung der relativen Werte und damit des mittleren Verlustes pro Stufe zielt. Ausgehend von Startwerten $v_0(i)$, $i \in \mathcal{S}$, mit $v_0(i_0) = 0$ werden Folgen $(v_k)_{k=0,1,\dots}$, $(w_k)_{k=1,2,\dots}$, $(g_k)_{k=1,2,\dots}$ in folgender Weise bestimmt:

$$\begin{aligned} w_k &:= Uv_{k-1}, \\ v_k &:= w_k - w_k(i_0)\,\mathbf{1}, \\ g_k &:= w_k(i_0). \end{aligned} \tag{33}$$

Auf Grund der Beziehung

$$w_k = L^{\delta_k^*} v_{k-1} = Uv_{k-1}, \qquad k \geqq 1, \tag{34}$$

wird eine Folge minimierender Entscheidungsfunktionen $(\delta_k^*)_{k=1,2,\dots}$ konstruiert.

Während beim Strategieiterationsverfahren von Howard der Abbruch erfolgt, wenn eine optimale Strategie und der minimale mittlere Verlust pro Stufe erreicht sind, wird das Wertiterationsverfahren beendet, falls für eine vorzugebende Genauigkeitsschranke ε, $\varepsilon > 0$, die Beziehung

$$\max_{i \in \mathcal{S}} |v_k(i) - v_{k-1}(i)| < \varepsilon, \qquad k > 0,$$

gilt.

Betrachten wir jetzt das Konvergenzverhalten der Folgen $(w_k)_{k=1,2,\dots}$, $(v_k)_{k=1,2,\dots}$, $(g_k)_{k=1,2,\dots}$. Dazu führen wir eine von Federgruen/Schweitzer/Tijms [1] angegebene Bedingung an das Bewegungsgesetz des markowschen Entscheidungsprozesses ein.

(B) Es existiere eine natürliche Zahl m, so daß für jedes Paar von m-Tupeln $(\delta_1', \dots, \delta_m')$ und $(\delta_1'', \dots, \delta_m'')$ mit $\delta_\mu', \delta_\mu'' \in \Delta^S$, $\mu = 1, \dots, m$, und sämtliche $i_1, i_2 \in \mathcal{S}$ mit $i_1 \neq i_2$ die Bedingung

$$\sum_{j=1}^{q} \min \{(P^{\delta_m'} \cdot \ldots \cdot P^{\delta_1'})(i_1, j), (P^{\delta_m''} \cdot \ldots \cdot P^{\delta_1''})(i_2, j)\} > 0$$

erfüllt ist.[1])

Diese Bedingung besagt, daß ein $m \geqq 1$, existiert, so daß für zwei beliebige unterschiedliche Ausgangszustände $i_1, i_2 \in \mathcal{S}$ und zwei beliebige m-stufige Entscheidungsfunktionenfolgen mindestens ein Zustand $l \in \mathcal{S}$ existiert, der in m Schritten jeweils mit positiver Wahrscheinlichkeit erreicht wird. Diese Bedingung stellt insofern eine Abschwächung der von White [1] angegebenen Voraussetzung dar, als dort dieser Zu-

[1]) Vgl. Fußnore auf Seite 105.

stand l für sämtliche Ausgangszustände i_1, i_2 und alle Entscheidungsfunktionenfolgen der gleiche ist.

Wir wollen uns nun der folgenden Konvergenzaussage zuwenden, welche bereits von WHITE [1] unter stärkeren Voraussetzungen bewiesen wurde.

2.4.10. Satz. *Es sei die Voraussetzung* (B) *erfüllt. Dann konvergieren die Folgen* $(v_k)_{k=1,2,\ldots}$ *mit* $v_k = Uv_{k-1} - (Uv_{k-1})(i_0)\,\mathbf{1}$ *sowie* $(g_k)_{k=1,2,\ldots}$ *mit* $g_k = (Uv_{k-1})(i_0)$ *gegen eine Lösung* (g^*, v^*) *von* $g\mathbf{1} + v = Uv$.

Beweis: Wir wollen den Beweis mit Hilfe des in (18) eingeführten Operators $\tilde{U}$ führen, für welchen wir die (m-Schritt-)Kontraktivität nachweisen. Sei

$$\alpha := \min \Big\{\sum_{j=1}^{q} \min \{(P^{\delta'_m} \cdot \ldots \cdot P^{\delta'_1})(i_1, j), (P^{\delta''_m} \cdot \ldots \cdot P^{\delta''_1})(i_2, j)\}: \\ i_1, i_2 \in \mathcal{S}, \quad i_1 \neq i_2, \quad \delta'_\mu, \delta''_\mu \in \Delta^S, \quad \mu = 1, \ldots, m\Big\}. \tag{35}$$

Dann gilt nach Voraussetzung (B) also

$$0 < \alpha \leqq 1. \tag{36}$$

Um nun die Kontraktionsaussage

$$\|\tilde{U}^m[u] - \tilde{U}^m[v]\|_Q \leqq (1 - \alpha)\|[u] - [v]\|_Q,^{1)}$$

$[u], [v] \in Q$, zu erhalten, betrachten wir zwei beliebige Zustände $k, l \in \mathcal{S}$ mit $k \neq l$. Dann gibt es zwei m-Tupel von Entscheidungsfunktionen $(\delta'_1, \ldots, \delta'_m)$ und $(\delta''_1, \ldots, \delta''_m)$ derart, daß für beliebige $u, v \in B(\mathcal{S})$ die Beziehung

$$(U^m u)(k) = (L^{\delta'_m} \ldots L^{\delta'_1} u)(k) =$$

$$= \gamma(k, \delta'_m(k)) + \sum_{\nu=1}^{m-1} (P^{\delta'_m} \cdot \ldots \cdot P^{\delta'_{m-\nu+1}} \gamma^{\delta'_{m-\nu}})(k) + (P^{\delta'_m} \cdot \ldots \cdot P^{\delta'_1} u)(k)$$

sowie analog

$$(U^m v)(l) = \gamma(l, \delta''_m(l)) + \sum_{\nu=1}^{m-1} (P^{\delta''_m} \cdot \ldots \cdot P^{\delta''_{m-\nu+1}} \gamma^{\delta''_{m-\nu}})(l) + (P^{\delta''_m} \cdot \ldots \cdot P^{\delta''_1} v)(l)$$

gilt. Wir führen zur Abkürzung die Matrizen $A := P^{\delta'_m} \cdot \ldots \cdot P^{\delta'_1}$ bzw. $B := P^{\delta''_m} \cdot \ldots \cdot P^{\delta''_1}$ mit den Elementen a_{ij} bzw. b_{ij}, $i, j \in \mathcal{S}$, ein. Dann erhalten wir

$$(U^m u - U^m v)(k) - (U^m u - U^m v)(l)$$

$$= (L^{\delta'_m} \ldots L^{\delta'_1} u - L^{\delta''_m} \ldots L^{\delta''_1} v)(k) - (L^{\delta'_m} \ldots L^{\delta'_1} u - L^{\delta''_m} \ldots L^{\delta''_1} v)(l)$$

$$\leqq \big(B(u - v)\big)(k) - \big(A(u - v)\big)(l) = \sum_{j=1}^{q} (b_{kj} - a_{lj})\big(u(j) - v(j)\big)$$

$$\leqq \max_{j \in \mathcal{S}} \{u(j) - v(j)\} \sum_{j=1}^{q} (b_{kj} - a_{lj})^+ + \min_{j \in \mathcal{S}} \{u(j) - v(j)\} \sum_{j=1}^{q} (b_{kj} - a_{lj})^- .^{2)}$$

---

1) Zur Definition von Q sowie der Norm $\|\cdot\|_Q$ vgl. (17).

2) $c^+ = \max\{c, 0\}$, $c^- = \min\{c, 0\}$

Mit $(b_{kj} - a_{lj})^+ = b_{kj} - \min\{a_{lj}, b_{kj}\}$ ergibt sich wegen $\sum_{j=1}^{q} b_{kj} = 1$ nunmehr

$$(U^m u - U^m v)(k) - (U^m u - U^m v)(l)$$

$$= \sum_{j=1}^{q} (b_{kj} - a_{lj})^+ [\max_{j \in \mathcal{S}} \{u(j) - v(j)\} - \min_{j \in \mathcal{S}} \{u(j) - v(j)\}]$$

$$= (1 - \sum_{j=1}^{q} \min\{a_{lj}, b_{kj}\}) \, ||u - v||_Q .$$

Mit (35) gilt also für beliebige $k, l \in \mathcal{S}$

$$||\tilde{U}[u] - \tilde{U}[v]||_Q \leqq (\tilde{U}[u] - \tilde{U}[v])(k) - (\tilde{U}[u] - \tilde{U}[v])(l)$$
$$\leqq (1 - \alpha) \, ||[u] - [v]||_Q .$$

Damit konvergiert $(\tilde{U}^n[v])_{n=1,2,\dots}$ für jedes $[v] \in Q$ gegen ein und denselben Grenzwert, und es gilt also speziell, daß die Folge $([v_n])_{n=1,2,\dots}$ mit $[v_n] = \tilde{U}^n[0]$, $0 = (0, 0, \dots, 0)^T$, gegen $[v]$ strebt. Da nach Konstruktion für alle $n \geqq 0$ $v_n(i_0) = 0$ und also $v(i_0) = \lim_{n \to \infty} v_n(i_0) = 0$ gilt, folgt für beliebiges ε, $\varepsilon > 0$, aus $||[v_n] - [v]||_Q < \varepsilon$ wegen $||[v_n] - [v]||_Q \geqq |v_n(i) - v(i)|$ für jedes $i \in \mathcal{S}$ die Beziehung $|v_n(i) - v(i)| < \varepsilon$ und also die Konvergenz von $(v_n)_{n=1,2,\dots}$. Insbesondere ergibt sich auf Grund der Stetigkeit von U auch die Konvergenz der Folge $(w_n)_{n=1,2,\dots}$ gegen einen Grenzwert w. Da $[v]$ Fixpunkt von $\tilde{U}$ ist, erhält man wegen $\tilde{U}[v] = [Uv] = [v]$ die Existenz einer Konstanten g, so daß $Uv = v + g\mathbf{1}$ und somit $v = v^*$ gilt. Wegen $v(i_0) = 0$ folgt $w(i_0) = g = g^*$. ∎

Für das Wertiterationsverfahren geben wir den Ablaufplan 2.4.2 an.

Ablaufplan 2.4.2.

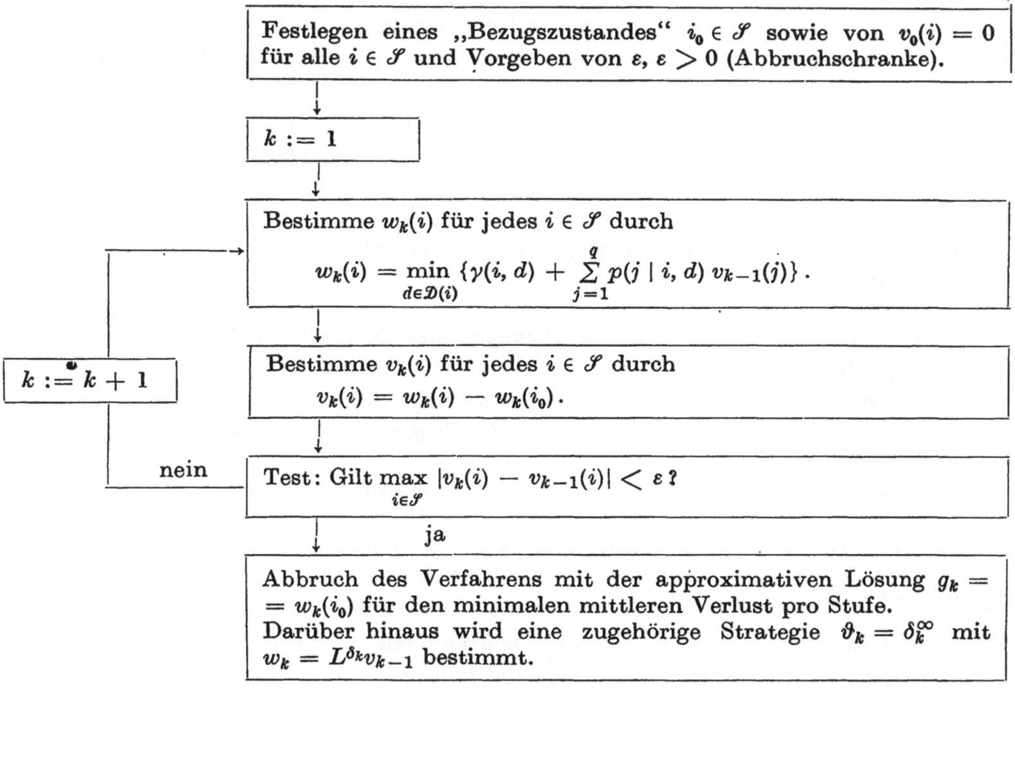

In seiner Monographie geht WHITE [4] insbesondere auf leichter überprüfbare Voraussetzungen (wie z. B. von ANTHONISSE/TIJMS [1] angegeben) ein. Modifikationen des Verfahrens im Hinblick auf die Relaxation der Wertbestimmung findet man z. B. bei HORDIJK/TIJMS [2], BATHER [2].

In Analogie zu Abschnitt 2.3 ist auch hier eine Kombination von Strategieiteration und sukzessiver Approximation möglich (vgl. SCHWEITZER [2], MORTON [1]). Diese Vorgehensweise wird dadurch motiviert, daß bei dem in den einzelnen Iterationsschritten mit relativ geringem Aufwand arbeitenden Wertiterationsverfahren eine stationäre optimale Strategie erhalten werden kann, ohne daß das Iterationsverfahren beendet wird, da die geforderte Abbruchgenauigkeit ε noch nicht erreicht wurde. Daher wird im Falle, daß für ein k die Iterierten $w_k(i)$ und $w_{k+1}(i)$ durch jeweils die gleichen minimierenden Entscheidungen $d^*(i)$ für jedes $i \in \mathscr{S}$ bestimmt werden können, ein Iterationsschritt mit dem Howard-Algorithmus durchgeführt. Dabei erhält man eine Lösung von (25), wobei für alle $i \in \mathscr{S}$ die Entscheidungsfunktion δ_{k-1} durch $\delta_{k-1}(i) = d^*(i)$ bestimmt wird. Reproduziert sich beim Howard-Verfahren diese Strategie, so erfolgt dementsprechend der Abbruch, wobei im Unterschied zum Wertiterationsabbruch sowohl eine optimale stationäre Strategie als auch der minimale mittlere Verlust pro Stufe vorliegen. Ermittelt der Howard-Algorithmus eine „bessere" Strategie, so erfolgt der Übergang zur Wertiteration und eine Fortsetzung mit diesem Verfahren. Entsprechend dem skizzierten Vorgehen werden Strategie- und Wertiterationsverfahren wechselseitig eingesetzt, bis der Abbruch im Howard-Algorithmus erfolgt.

2.4.3. Schranken für den mittleren Verlust pro Stufe und Elimination nichtoptimaler Entscheidungen

Wir wollen uns jetzt der bei numerischer Realisierung eines Iterationsverfahrens entstehenden Frage nach der Approximationsgenauigkeit zuwenden. Dazu werden wir untere und obere Schranken für die Differenz $|g_k - g^*|$ betrachten. Anhand zweier Methoden — angegeben von HASTINGS [2] und ODONI [1] — wollen wir einen Einblick in die prinzipielle Konstruktionsweise derartiger Abschätzungen geben. Darüber hinaus wurden z.B. von WHITE [2], [4], und HORDIJK/TIJMS [1] weitere Möglichkeiten angegeben.

Betrachten wir zuerst das Strategieiterationsverfahren von Howard. Dafür gibt HASTINGS [2] die folgende Aussage an.

2.4.11. Satz. *Es seien die Voraussetzungen des Strategieiterationsverfahrens (vgl. Satz 2.4.9) erfüllt.*

Mit den aus dem Howard-Algorithmus erhaltenen stationären Strategien $\vartheta_j = (\delta_j)^\infty$, $j = 1, 2, \ldots$, *(vgl. (27)) sowie mit (28) seien die Folgen* $(a_k)_{k=1,2,\ldots}$ *und* $(b_k)_{k=1,2,\ldots}$ *durch*

$$a_k := g_k - \max_{i\in\mathscr{S}} \eta^{\delta_{k-1}\delta_k}(i)\,, \qquad b_k := g_k - \min_{i\in\mathscr{S}} \eta^{\delta_{k-1}\delta_k}(i)$$

eingeführt. Gehört g^* *zu einer Lösung von* $g\mathbf{1} + v = Uv$, *dann gilt*

a) $a_k \leqq g^* \leqq g_{k+1} \leqq b_k$.

b) *Die Folgen* $(a_k)_{k=1,2,\ldots}$ *und* $(b_k)_{k=1,2,\ldots}$ *konvergieren in endlich vielen Schritten gegen* g^*. *Dabei ist die Folge* $(b_k)_{k=1,2,\ldots}$ *monoton fallend.*

Beweis: a) Mit (30) erhält man für zwei nach (25) ermittelte Werte g_k, g_{k+1} die Beziehung

$$\min_{i \in \mathcal{S}} \eta^{\delta_{k-1}\delta_k}(i) \leqq g_k - g_{k+1} . \tag{37}$$

Offensichtlich gilt für alle k

$$g^* \leqq g_{k+1} . \tag{38}$$

Entsprechend der Konstruktion von δ_k gemäß (27) folgt für beliebige $\delta \in \Delta^S$ und alle $i \in \mathcal{S}$

$$\eta^{\delta_{k-1}\delta}(i) \leqq \eta^{\delta_{k-1}\delta_k}(i) .$$

Insbesondere ergibt sich für $\delta = \delta^*$ nach (30)

$$g_k - g^* \leqq \max_{i \in \mathcal{S}} \eta^{\delta_{k-1}\delta^*}(i) \leqq \max_{i \in \mathcal{S}} \eta^{\delta_{k-1}\delta_k}(i) . \tag{39}$$

Mit (39), (38) und (37) erhält man also

$$a_k = g_k - \max_{i \in \mathcal{S}} \eta^{\delta_{k-1}\delta_k}(i) \leqq g^* \leqq g_{k+1} \leqq g_k - \min_{i \in \mathcal{S}} \eta^{\delta_{k-1}\delta_k}(i) = b_k .$$

b) Da das Strategieiterationsverfahren nach endlich vielen Schritten endet (vgl. Satz 2.4.9), ergibt sich die Aussage: Die Monotonie von $(b_k)_{k=1,2,\dots}$ ergibt sich aus (37) unter Beachtung von $\eta^{\delta_k\delta_{k+1}}(i) \geqq 0$ für alle k und alle $i \in \mathcal{S}$. ▮

Wenden wir uns nunmehr den Schranken für den minimalen mittleren Verlust pro Stufe für das Wertiterationsverfahren zu. Dazu gibt Odoni [1] folgende Aussage an:

2.4.12. Satz. *Es seien die Voraussetzungen des Wertiterationsverfahrens (vgl. Satz 2.4.10) erfüllt. Unter Verwendung der Folgen $(w_k)_{k=1,2,\dots}$ und $(v_k)_{k=1,2,\dots}$ (vgl. (33)) seien die Folgen $(x_k)_{k=1,2,\dots}$, $(a_k')_{k=1,2,\dots}$ und $(b_k')_{k=1,2,\dots}$ durch*

$$x_k(i) = w_k(i) - v_{k-1}(i)$$
$$a_k' := \min_{i \in \mathcal{S}} x_k(i) , \quad b_k' := \max_{i \in \mathcal{S}} x_k(i) , \quad i \in \mathcal{S} , \quad k \geqq 1 , \tag{40}$$

eingeführt. Dann erhält man für die Lösung (g^*, v^*) von $g\mathbf{1} + v = Uv$:

a) *Für jedes $i \in \mathcal{S}$ konvergiert die Folge $(x_k(i))_{k=1,2,\dots}$ gegen g^*.*
b) *Die Folge $(a_k')_{k=1,2,\dots}$ konvergiert monoton wachsend gegen g^*, die Folge $(b_k')_{k=1,2,\dots}$ konvergiert monoton fallend gegen g^*.*

Beweis: a) Nach Satz 2.4.10 konvergieren sowohl die Folgen $(v_k)_{k=1,2,\dots}$ als auch $(w_k)_{k=1,2,\dots}$. Wegen $\lim_{k \to \infty} w_k(i_0) = g^*$ folgt mit

$$x_k(i) = w_k(i) - w_{k-1}(i) + w_{k-1}(i_0) , \quad i \in \mathcal{S} ,$$

die Behauptung.

b) Für jedes $i \in \mathcal{S}$ gilt mit (33) sowie $Uv_{k-1} = L^{\delta_k} v_{k-1}$

$$\begin{aligned} x_k(i) &= w_k(i) - w_{k-1}(i) + w_{k-1}(i_0) \\ &= (Uv_{k-1})(i) - (Uv_{k-2})(i) + w_{k-1}(i_0) \\ &\geqq (L^{\delta_k} v_{k-1})(i) - (L^{\delta_k} v_{k-2})(i) + w_{k-1}(i_0) \\ &= \left(P^{\delta_k}(v_{k-1} - v_{k-2} + w_{k-1}(i_0)\,\mathbf{1})\right)(i) \\ &\geqq \min_{j \in \mathcal{S}} \{w_{k-1}(j) - v_{k-2}(j)\} = \min_{j \in \mathcal{S}} x_{k-1}(j) . \end{aligned}$$

Also erhält man

$$a_k' = \min_{i \in \mathcal{S}} x_k(i) \geqq \min_{i \in \mathcal{S}} x_{k-1}(i) = a_{k-1}'$$

und mit a) die Behauptung. Analog läßt sich die Aussage für $(b_k')_{k=1,2,\ldots}$ zeigen. ∎

Die soeben eingeführten Schranken eröffnen zusätzlich Möglichkeiten zum zeitweiligen oder ständigen Eliminieren von Entscheidungen aus dem Iterationsprozeß im Hinblick auf das frühzeitige Aussondern nichtoptimaler Entscheidungen. Wir wollen hier — in Analogie zu endlichstufigen sowie unendlichstufigen diskontierten Modellen — auf eine von Hastings [3] angegebene Verfahrensweise eingehen. Dazu werden unter Beachtung der Endlichkeit des Zustandsraumes und der Entscheidungsräume die folgenden Größen eingeführt.

2.4.13. Definition. a) Für beliebige Startwerte $u_0^*(i)$, $i \in \mathcal{S}$, sei die Folge $(u_k^*)_{k=0,1,\ldots}$ durch

$$u_k^* := U u_{k-1}^* , \qquad k \geqq 1 , \tag{41}$$

gegeben. Weiter sei für $i \in \mathcal{S}$, $d \in \mathcal{D}(i)$, $k \geqq 1$,

$$u_k^d(i) := \gamma(i, d) + \sum_{j=1}^{q} p(j \mid i, d)\, u_{k-1}^*(j) .$$

b) Analog zu Definition 2.3.14 seien für $i \in \mathcal{S}$, $d \in \mathcal{D}(i)$, $k, l \in \mathbb{N}$

$$\varphi(l) := \max_{j \in \mathcal{S}} \{u_l^*(j) - u_{l-1}^*(j)\} - \min_{j \in \mathcal{S}} \{u_l^*(j) - u_{l-1}^*(j)\} \tag{42}$$

sowie

$$T^d(i; k, m) := u_k^d(i) - u_k^*(i) - \sum_{l=k}^{m-1} \varphi(l)$$

gegeben.

Entsprechend Folgerung 2.2.14 und Lemma 2.2.15 erhält man

$$\varphi(l) \leqq \varphi(l-1) , \qquad l \geqq 2 ,$$

sowie

$$T^d(i; k, m) \leqq u_m^d(i) - u_m^*(i) , \qquad m > k ,$$

und daraus die folgende Eliminationsregel:

2.4.14. Folgerung. *Es seien $i \in \mathcal{S}$, $d \in \mathcal{D}(i)$, $m > k > 0$. Falls $T^d(i; k, m) > 0$ gilt, so ist die Entscheidung d für den Zustand i in den Stufen $k + 1, k + 2, \ldots, m$ nichtminimierend, d. h., es gilt $u_l^*(i) < u_l^d(i)$ für $k < l \leqq m$.*

Der Beweis ergibt sich in gleicher Weise wie der Beweis der analogen Aussage in Folgerung 2.2.17.

In den Abschnitten 2.2 und 2.3 wurden darüber hinaus Möglichkeiten zur Elimination nichtoptimaler Entscheidungen untersucht, d. h. der Elimination solcher Entscheidungen d für den Zustand i, so daß für jede optimale Strategie $\vartheta^* = \delta^{*\infty}$ die Beziehung $\delta^*(i) \neq d$ gilt. Diese Fragestellung führt zur Betrachtung des Grenzverhaltens von $T^d(i; k, m)$ für $m \to \infty$ (bei festem i, d, k). Dazu gehen wir von einer aus (33) abgeleiteten Darstellung von w_k bei Vorgabe von $v_0 = u_0^*$ aus:

$$w_k = U^k u_0^* - \sum_{l=1}^{k-1} w_l(i_0)\, \mathbf{1} , \qquad k \geqq 1 .$$

Aus $u_k^* = U^k u_0^* = w_k + \sum_{l=1}^{k-1} w_l(i_0)\,\mathbf{1}$ sowie der Konvergenz der Folge $(w_k)_{k=1,2,\ldots}$ (vgl. Satz 2.4.10) erhalten wir

$$\lim_{k\to\infty} (u_k^* - u_{k-1}^*) = \lim_{k\to\infty} w_k(i_0)\,\mathbf{1} = g^*\mathbf{1}\,,$$

wobei g^* zu einer Lösung des Gleichungssystems $g\mathbf{1} + v = Uv$ gehört. Auf Grund der von Morton [1] gezeigten exponentiellen Konvergenz der Folge $(u_k^* - u_{k-1}^*)_{k=1,2,\ldots}$ gilt insbesondere

$$\lim_{k\to\infty} \sum_{l=k}^{\infty} \varphi(l) = 0\,. \tag{44}$$

Nunmehr läßt sich folgende Aussage angeben:

2.4.15. Satz. *Für jedes $i \in \mathcal{S}$ und jede Entscheidung $d \in \mathcal{D}(i)$, welche nichtoptimal ist, existiert eine Iterationsstufe $n_0 = n_0(i, d)$, so daß für alle $m > n_0(i, d)$ die Beziehung*

$$T^d(i; n_0, m) > 0$$

gilt.

Beweis: Für jeden Zustand $i \in \mathcal{S}$ und jedes nichtoptimale $d \in \mathcal{D}(i)$ gibt es auf Grund der Konvergenz von $(u_k^* - u_{k-1}^*)_{k=1,2,\ldots}$ sowie einer sich analog ergebenden Konvergenzaussage für $\big(u_k^d(i) - u_{k-1}^d(i)\big)_{k=2,3,\ldots}$ ein $k_0(i, d)$, so daß die Beziehung

$$u_k^d(i) > u_k^*(i) \quad \text{für alle } k > k_0(i, d)$$

gilt. Wegen (44) folgt dann für jede Folge $\big(m(k)\big)_{k=1,2,\ldots}$ mit $m(k) > k$

$$\lim_{k\to\infty} T^d\big(i; k, m(k)\big) = \lim_{k\to\infty} \Big(u_k^d(i) - u_k^*(i) - \sum_{l=k}^{m(k)-1} \varphi(l)\Big) > 0\,.$$

Auf Grund der Konvergenz von $\big(T^d(i; k, m(k))\big)_{k=1,2,\ldots}$ gegen einen positiven Wert folgt die Existenz eines $n_0(i, d)$, für welches die Behauptung des Satzes gilt. ∎

3. Steuerung semimarkowscher Prozesse

3.1. Gesteuerte semimarkowsche Prozesse (Modell mit endlichem Zustands- und Entscheidungsraum)

Über die im Kapitel 2 betrachteten gesteuerten markowschen Ketten hinaus sind zur Beschreibung von dynamischen Systemen in zunehmendem Maße gesteuerte semimarkowsche Prozesse von Bedeutung. Es handelt sich um Systeme, die bezüglich der Zustandsfolge die Markow-Eigenschaft besitzen, deren zeitlicher Ablauf aber innerhalb der Zustandsfolge zufällig ist. Dabei sind außer den Übergangswahrscheinlichkeiten auch die Verteilungen der (zufälligen) Verweilzeiten in den einzelnen Zuständen von beeinflußbaren Parameterwerten, den sogenannten Entscheidungen, abhängig. Mittels dieser Entscheidungen ist auf den Prozeßablauf, der durch das dynamische System gegeben ist, derart einzuwirken, daß entstehende Kosten — in einem noch zu präzisierenden Sinne — minimal werden.

In diesem Kapitel betrachten wir steuerbare semimarkowsche Prozesse mit endlicher Zustandsmenge $\mathscr{S}$ und endlicher Entscheidungsmenge $\mathscr{D}$. Auf die Darstellung allgemeinerer Fälle wird hier bewußt verzichtet, da die gegenüber gesteuerten markowschen Ketten spezifischen Aspekte der Steuerung semimarkowscher Prozesse im Prinzip bereits bei der Behandlung des „endlichen Falls" deutlich werden. Im übrigen sei auf die Arbeiten von Lippman [1], Yasuda [1], Schellhaas [2], Ross [3], Haussmann [1] verwiesen.

Im folgenden gehen wir nun davon aus, daß ein *semimarkowsches Entscheidungsmodell* mit der *Zustandsmenge* $\mathscr{S}$ und der *Entscheidungsmenge* $\mathscr{D}$ gegeben ist durch:

$p(j \mid i, d)$ *Übergangswahrscheinlichkeiten* (vom Zustand i nach j bei Entscheidung d), d. h.

$$\sum_{j \in \mathscr{S}} p(j \mid i, d) = 1 \quad \text{und} \quad p(j \mid i, d) \geqq 0\,, \qquad i, j \in \mathscr{S}; \qquad d \in \mathscr{D}\,.$$

F_{ij}^d *Verteilungsfunktionen*[1]) mit $F_{ij}^d(t) = 0$ für $t \leqq 0$ (der *Verweilzeit* in einem Zustand $i \in \mathscr{S}$ vor einem Übergang nach j bei der Entscheidung d).

Als eine *markowsche Strategie* bezeichnen wir eine Folge $\vartheta = (\delta_k)_{k \in N_0}$ von Abbildungen — sogenannten *Entscheidungsfunktionen* —

$$\delta_k : i \to \delta_k(i) \in \mathscr{D}\,, \qquad i \in \mathscr{S}\,.$$

Gilt $\delta_k \equiv \delta$ für alle $k = 0, 1, \ldots$, so bezeichnen wir $\vartheta = \delta^\infty := (\delta, \delta, \ldots)$ als eine *stationäre Strategie* und Θ_S als die Menge der stationären Strategien.

---

[1]) Hier wird üblicherweise o.B.d.A. angenommen, daß die Verteilungsfunktionen rechtsseitig stetig sind.

Die Funktionsweise eines semimarkowschen Entscheidungsmodells kann dabei folgendermaßen interpretiert werden. Ausgehend von einen Anfangszustand i, der entsprechend einer Anfangsverteilung $(\alpha_i)_{i\in\mathcal{S}}$ gewählt wird, geht — bei Anwendung einer Strategie $\vartheta = (\delta_0, \delta_1, \ldots)$ — das System in einen Zustand $j \in \mathcal{S}$ mit der Übergangswahrscheinlichkeit $p(j \mid i, d)$ mit $d = \delta_0(i)$ über. Die Verweilzeit im Zustand i ist dabei entsprechend F_{ij}^d mit $d = \delta_0(i)$ verteilt. Der nächste Übergang von j in einen Zustand k erfolgt dann nach einer entsprechend $F_{jk}^{\delta_1(j)}$ verteilten Verweilzeit in j mit der Wahrscheinlichkeit $p(k \mid j, \delta_1(j))$ usw.

Wie im Fall markowscher Entscheidungsmodelle kann die oben beschriebene Funktionsweise eines semimarkowschen Entscheidungsmodells durch einen geeigneten stochastischen Prozeß beschrieben werden. Dazu definieren wir:

3.1.1. Definition. Es sei $\mathcal{S}$ eine nichtleere endliche Menge und $(X_n)_{n\in\mathbb{N}_0}$ eine Folge von Zufallsgrößen über einem Wahrscheinlichkeitsraum $(\Omega, \mathfrak{A}, \mathsf{P})$ mit Werten in $\mathcal{S}$, $(V_n)_{n\in\mathbb{N}_0}$ eine Folge von Zufallsgrößen über $(\Omega, \mathfrak{A}, \mathsf{P})$ mit Werten in $[0, \infty)$. Gilt für alle $n \in \mathbb{N}_0$, $y \in \mathcal{S}$ und $t \geqq 0$

$$\mathsf{P}(X_{n+1} = y, V_n \leqq t \mid X_n, \ldots, X_0, V_{n-1}, \ldots, V_0) = \mathsf{P}(X_{n+1} = y, V_n \leqq t \mid X_n) \quad \mathsf{P}\text{-f.s.}, \tag{1}$$

so heißt $(X_n, V_{n-1})_{n\in\mathbb{N}_0}$ (mit $V_{-1} \equiv 0$) ein *markowscher Erneuerungsprozeß*. Bezeichne $\tau(t) = \max\{n \in \mathbb{N}_0 \colon V_0 + V_1 + \ldots + V_{n-1} \leqq t\}$, so heißt $\big(X(t)\big)_{t\geqq 0}$ mit

$$X(t) = X_{\tau(t)}, \qquad t \geqq 0,$$

ein *semimarkowscher Prozeß*, falls die Wahrscheinlichkeiten in (1) für alle $n \in \mathbb{N}_0$ P-f.s. identisch sind. ($\tau(t)$ ist dabei die zufällige Anzahl der Übergänge bis zum Zeitpunkt t.) $(X_n)_{n\in\mathbb{N}_0}$ heißt in diesem Zusammenhang die *eingebettete* markowsche *Kette*.

3.1.2. Satz. *Es sei $\vartheta = (\delta_0, \delta_1, \ldots)$ eine markowsche Strategie, und für jede Entscheidung $d \in \mathcal{D}$ sei $\big(p(j \mid i, d)\big)_{i,j\in\mathcal{S}}$ eine Familie von Übergangswahrscheinlichkeiten über $\mathcal{S}$, $(F_{ij}^d)_{i,j\in\mathcal{S}}$ eine Familie von Verteilungsfunktionen mit $F_{ij}^d(t) = 0$ für $t \leqq 0$ sowie $(\alpha_i)_{i\in\mathcal{S}}$ eine Anfangsverteilung auf $\mathcal{S}$.*

Dann existieren ein Wahrscheinlichkeitsraum $(\Omega, \mathfrak{A}, \mathsf{P}_\vartheta)$ und ein markowscher Erneuerungsprozeß $(X_n, V_{n-1})_{n\in\mathbb{N}_0}$ (mit $V_{-1} \equiv 0$) mit dem Zustandsraum $\mathcal{S} \times [0, \infty)$, so daß

$$\mathsf{P}_\vartheta(X_0 = i) = \alpha_i, \qquad i \in \mathcal{S}, \tag{2}$$

und

$$\mathsf{P}_\vartheta(X_{n+1} = j, V_n \leqq t \mid X_n = i) = p\big(j \mid i, \delta_n(i)\big)\, F_{ij}^{\delta_n(i)}(t) \tag{3}$$

gilt. Ist ϑ stationär, so ist $\big(X(t)\big)_{t\in[0,\infty)}$ mit $X(t) = X_{\tau(t)}$ und

$$\tau(t) = \max\{n \colon V_0 + V_1 + \ldots + V_{n-1} \leqq t\}$$

ein semimarkowscher Prozeß.

Beweis: Es sei

$$\Omega = \{\omega \colon \omega = \big((i_0, 0), (i_1, v_0), (i_2, v_1), \ldots\big) \quad \text{mit} \quad i_0, i_1, \ldots \in \mathcal{S} \text{ und } v_0, v_1, \ldots \geqq 0\},$$

und $\mathfrak{A}$ bezeichne die von den sogenannten Zylindermengen

$$A(i_0, i_1, \ldots, i_n; t_0, \ldots, t_{n-1})$$
$$:= \big\{\omega \in \Omega \colon \omega = \big((i_0, 0), (i_1, v_0), \ldots, (i_n, v_{n-1}), (i_{n+1}, v_n), \ldots\big)$$
$$\text{mit } 0 \leqq v_0 \leqq t_0, \ldots, 0 \leqq v_{n-1} \leqq t_{n-1}, 0 \leqq v_n, \ldots \text{ und } i_{n+1}, \ldots \in \mathcal{S}\big\},$$
$$i_0, \ldots, i_n \in \mathcal{S};\ t_0, \ldots, t_{n-1} \geqq 0; \quad n \in \mathbb{N},$$

erzeugte σ-Algebra. Da entsprechend den angegebenen Voraussetzungen durch

$$\left(p(j \mid i, \delta_n(i))\, F_{ij}^{\delta_n(i)}(t)\right)_{n\in\mathbb{N}_0}, \qquad i, j \in \mathcal{S}; \qquad t \geqq 0,$$

Folgen von Übergangswahrscheinlichkeiten über $\mathcal{S} \times [0, \infty)$ gegeben sind, existiert nach dem Satz von Ionescu-Tulcea (vgl. A.2.2) ein Maß P_ϑ auf $\mathfrak{A}$ mit

$$\mathsf{P}_\vartheta\big(A(i_0, \dots, i_n; t_0, \dots, t_{n-1})\big)$$
$$= \alpha_{i_0} p\big(i_1 \mid i_0, \delta_0(i_0)\big)\, F_{i_0 i_1}^{\delta_0(i_0)}(t_0) \dots p\big(i_n \mid i_{n-1}, \delta_{n-1}(i_{n-1})\big)\, F_{i_{n-1} i_n}^{\delta_{n-1}(i_{n-1})}(t_{n-1})$$

für alle $i_0, i_1, \dots, i_n \in \mathcal{S}$; $t_0, \dots, t_{n-1} \geqq 0$ und $n = 1, 2, \dots$ Durch

$$(X_0, V_{-1})\colon \omega = \big((i_0, 0), (i_1, v_0), \dots\big) \to X_0(\omega) = (i_0, 0)$$

und

$$(X_{n+1}, V_n)\colon \omega = \big((i_0, 0), (i_1, v_0), \dots\big) \to (X_{n+1}, V_n)\,(\omega) = (i_{n+1}, v_n),\ n \in \mathbb{N}_0$$

ist eine markowsche Kette $(X_n, V_{n-1})_{n\in\mathbb{N}_0}$ über Ω mit Werten in $\mathcal{S} \times [0, \infty)$ definiert. Dabei gilt für alle $i_0, \dots, i_{n-1}, i, j \in \mathcal{S}$ und $t_0, \dots, t_{n-1}, t \in [0, \infty)$:

$$\mathsf{P}_\vartheta(X_{n+1} = j, V_n \leqq t, X_n = i, V_{n-1} \leqq t_{n-1}, \dots, V_0 \leqq t_0, X_0 = i_0)$$
$$= \mathsf{P}_\vartheta\big(A(i_0, \dots, i_{n-1}, i, j; t_0, \dots, t_{n-1}, t)\big)$$
$$= \alpha_{i_0} p\big(i_1 \mid i_0, \delta_0(i_0)\big)\, F_{i_0 i_1}^{\delta_0(i_0)}(t_0) \dots p\big(i \mid i_{n-1}, \delta_{n-1}(i_{n-1})\big)$$
$$\times F_{i_{n-1} i}^{\delta_{n-1}(i_{n-1})}(t_{n-1})\, p\big(j \mid i, \delta_n(i)\big)\, F_{ij}^{\delta_n(i)}(t)\,.$$

Ist $\mathsf{P}_\vartheta(X_n = i, V_{n-1} \leqq t_{n-1}, \dots, V_0 \leqq t_0, X_0 = i_0) \neq 0$, so gilt wegen

$$\mathsf{P}_\vartheta(X_{n+1} = j, V_n \leqq t \mid X_n = i, V_{n-1} \leqq t_{n-1}, \dots, V_0 \leqq t_0, X_0 = i_0)$$
$$= \frac{\mathsf{P}_\vartheta\big(A(i_0, \dots, i_{n-1}, i, j; t_0, \dots t_{n-1}, t)\big)}{\mathsf{P}_\vartheta\big(A(i_0, \dots, i_{n-1}, i; t_0, \dots, t_{n-1})\big)}$$
$$= p\big(j \mid i, \delta_n(i)\big)\, F_{ij}^{\delta_n(i)}(t)$$

für $j, i, i_{n-1}, \dots, i_0 \in \mathcal{S}$ und $t, t_{n-1}, \dots, t_0 \geqq 0$ die Beziehung

$$\mathsf{P}_\vartheta(X_{n+1} = j, V_n \leqq t \mid X_n, V_{n-1}, \dots, X_0) = p\big(j \mid X_n, \delta_n(X_n)\big)\, F_{X_n j}^{\delta_n(X_n)}(t) \tag{4}$$

$(j \in \mathcal{S}, t \geqq 0)$ P_ϑ-f.s. Hieraus ergibt sich für alle $j \in \mathcal{S}$ und $t \geqq 0$ P_ϑ-f.s.

$$\mathsf{P}_\vartheta(X_{n+1} = j, V_n \leqq t \mid X_n, V_{n-1}, \dots, X_0) = \mathsf{P}_\vartheta(X_{n+1} = j, V_n \leqq t \mid X_n)\,. \tag{5}$$

Also ist $(X_n, V_{n-1})_{n\in\mathbb{N}_0}$ ein markowscher Erneuerungsprozeß. ▮

Ist nun $\vartheta = \delta^\infty$ eine stationäre Strategie, so stellt auf Grund von

$$\mathsf{P}_\vartheta(X_{n+1} = j, V_n \leqq t \mid X_n = i) = p\big(j \mid i, \delta(i)\big)\, F_{ij}^{\delta(i)}(t) \tag{6}$$

$(i, j \in \mathcal{S}, t \geqq 0)$ für alle $n = 0, 1, \dots$

$$\big(X(t)\big)_{t\in[0,\infty)} \quad \text{mit} \quad X(t) = X_{\tau(t)}$$

und

$$\tau(t) = \max\{n\colon V_0 + \dots + V_{n-1} \leqq t\} \tag{7}$$

einen semimarkowschen Prozeß dar.

3.1.3. Definition. a) Der durch

$$(\alpha_i)_{i\in\mathcal{S}}, \ \big(p(j \mid i, d)\big)_{i,j\in\mathcal{S}}, \qquad (F_{ij}^d)_{i,j\in\mathcal{S}}, \qquad d \in \mathcal{D},$$

sowie durch eine markowsche Strategie ϑ über $(\Omega, \mathfrak{A}, \mathsf{P}_\vartheta)$ gegebene markowsche Erneuerungsprozeß heißt ein *durch ϑ gesteuerter (markowscher) Erneuerungsprozeß.*

b) Es bezeichne $\vartheta = \delta^\infty$ eine stationäre Strategie und

$$p_{ij}^\delta := p(j \mid i, \delta(i)), \qquad F_{ij}^\delta(t) := F_{ij}^{\delta(i)}(t), \qquad i, j \in \mathcal{S}; t \geqq 0. \tag{8}$$

Dann heißt der durch $(\alpha_i)_{i \in \mathcal{S}}$, $(p_{ij}^\delta)_{i,j \in \mathcal{S}}$ und $(F_{ij}^\delta)_{i,j \in \mathcal{S}}$ gegebene semimarkowsche Prozeß $(X(t))_{t \in [0, \infty)}$ über $(\Omega, \mathfrak{A}, \mathsf{P}_{\delta^\infty})$ ein *durch δ^∞ gesteuerter semimarkowscher Prozeß.*

3.2. Kostenstruktur und Durchschnittsoptimalität

Im folgenden geben wir eine Kostenstruktur für semimarkowsche Entscheidungsmodelle an. Diese beschreibt die Kosten, die sich in Abhängigkeit vom Prozeßverlauf ergeben. Es handelt sich dabei um eine Verallgemeinerung der von JEWELL [1] und ROSS [3] angegebenen Kosten- (bzw. Gewinn-)Strukturen.

Für jede Entscheidung $d \in \mathcal{D}$ wird eine *Kostenstruktur* durch zwei nichtnegative Funktionen definiert:

$$k^d\colon (i, j, t) \to k^d(i, j, t), \qquad t \geqq 0; \qquad i, j \in \mathcal{S}, \tag{1}$$

und

$$k_+^d\colon (i, j, t; t') \to k_+^d(i, j, t; t'), \qquad 0 \leqq t \leqq t'; \qquad i, j \in \mathcal{S}. \tag{2}$$

Dabei wird vorausgesetzt, daß k^d bzw. k_+^d borelmeßbar bez. t bzw. t' sind,

$$k_+^d(i, j, 0; t') = 0, \qquad i, j \in \mathcal{S}; \qquad d \in \mathcal{D}; \qquad t' \geqq 0,$$

gilt und für alle $i, j \in \mathcal{S}$, $d \in \mathcal{D}$

$$\int_0^\infty k^d(i, j, t)\, F_{ij}^d(\mathrm{d}t) < \infty \tag{3}$$

sowie für alle $i, j \in \mathcal{S}$, $d \in \mathcal{D}$ und $t \geqq 0$

$$\int_t^\infty k_+^d(i, j, t; t')\, F_{ij}^d(\mathrm{d}t') < \infty \tag{4}$$

ist.

Bei dieser Definition wird davon ausgegangen, daß nach einer Verweilzeit t in einem Zustand i und einem nachfolgenden Übergang in den Zustand j die terminalen Kosten $k^d(i, j, t)$ entstehen, falls die Entscheidung $d \in \mathcal{D}$ getroffen wurde. Die obige Definition von k_+^d schließt weiterhin ein, daß sich bei einer Aufenthaltsdauer t im Zustand i und einem folgenden Übergang in den Zustand j nach einer Verweilzeit $t' \geqq t$ im Zustand i (für die Zeitspanne t) die kumulativen Kosten $k_+^d(i, j, t; t')$ ergeben, falls die Entscheidung $d \in \mathcal{D}$ getroffen wurde. Die Bedingungen (3) und (4), die insbesondere dann erfüllt sind, wenn k^d und k_+^d beschränkte Funktionen von $t \geqq 0$ bzw. auch $t' \geqq 0$ sind, sichern dabei die Existenz der Erwartungswerte

$$\mathsf{E}_{\delta^\infty}\big(k^{\delta(X_n)}(X_n, X_{n+1}, V_n) \mid X_n = i, X_{n+1} = j\big)$$

und

$$\mathsf{E}_{\delta^\infty}\big(k_+^{\delta(X_n)}(X_n, X_{n+1}, t; V_n) \mid X_n = i, X_{n+1} = j, V_n > t\big)$$

für $i, j \in \mathcal{S}$, $t \geqq 0$ und $\delta^\infty \in \Theta_S$.

Für eine markowsche Strategie $\vartheta = (\delta_0, \delta_1, \ldots)$ ist dann die Kostenstruktur durch

$$[k, k_+]\,(\vartheta) := (k^{\delta_n}, k_+^{\delta_n})_{n \in N}$$

gegeben mit

$$k^{\delta_n}(i,j,t) := k^{\delta_n(i)}(i,j,t)\,, \qquad t \geqq 0; \qquad i,j \in \mathcal{S}\,,$$

sowie

$$k_+^{\delta_n}(i,j,t;t') := k_+^{\delta_n(i)}(i,j,t;t')\,, \qquad 0 \leqq t \leqq t'; \qquad i,j \in \mathcal{S}\,.$$

Ist die markowsche Strategie ϑ stationär, d. h. $\vartheta = \delta^\infty$, so hat die Kostenstruktur die Form

$$[k, k_+]\,(\vartheta) := (k^\delta, k_+^\delta)\,.$$

Wir erweitern nun den Begriff des semimarkowschen Entscheidungsmodells durch Einbeziehung der Kostenstruktur und gelangen damit zu

3.2.1. Definition. Als ein (*stationäres, nichtdiskontiertes*) *semimarkowsches Entscheidungsmodell* bezeichnet man das 4-tupel

$$\big((p_{ij}^\delta)_{i,j\in\mathcal{S}}\,,\ (F_{ij}^\delta)_{i,j\in\mathcal{S}},\ k^\delta,\ k_+^\delta\big)_{\delta^\infty\in\Theta_S}\,.$$

(Die Abhängigkeit der zugehörigen semimarkowschen Prozesse von der Anfangsverteilung $(\alpha_i)_{i\in\mathcal{S}}$ wird im weiteren nicht explizit angegeben.)

Bezüglich einer Strategie δ^∞ ergibt sich für ein durch dieses Entscheidungsmodell beschreibbares System die folgende Interpretation: Startet das System zum Zeitpunkt Null im Zustand i, so wird, ausgehend von der gewählten stationären Strategie δ^∞, der Zustand i bis zu einem zufälligen Zeitpunkt V_0 beibehalten, der entsprechend F_{ij}^δ verteilt ist, falls j den folgenden Zustand darstellt. Der Übergang in den Zustand j erfolgt dabei mit der Wahrscheinlichkeit $p_{ij}^\delta = \big(p(j \mid i, \delta(i)\big)$. Während sich das System im Zustand i befindet, ergeben sich die Kosten $k_+^{\delta(i)}(i,j,t;\,V_0)$ bis zu einem Zeitpunkt $t < V_0$ bez. des zum Zeitpunkt V_0 erfolgenden Übergangs nach j. Für den zum Zeitpunkt V_0 vollzogenen Übergang entstehen insgesamt die Kosten $k^{\delta(i)}(i,j,V_0)$ (für den gesamten Zeitraum $0 \leqq t \leqq V_0$), falls bei dem Übergang der Zustand j erreicht wird. Diese Interpretation eines semimarkowschen Entscheidungsmodells legt nun die folgende Definition der bis zu einem Zeitpunkt $t > 0$ entstehenden (zufälligen) Gesamtkosten nahe.

3.2.2. Definition. Es sei $\big((p_{ij}^\delta)_{i,j\in\mathcal{S}}, (F_{ij}^\delta)_{i,j\in\mathcal{S}}, k^\delta, k_+^\delta\big)_{\delta^\infty\in\Theta_S}$ ein semimarkowsches Entscheidungsmodell. Für eine stationäre Strategie δ^∞ bezeichne $(X_n, V_{n-1})_{n\in N_0}$ den (entsprechend Satz 3.1.2) zugehörigen durch δ^∞ gesteuerten markowschen Erneuerungsprozeß bzw. $\big(X(t)\big)_{t\in[0,\infty)}$ den zugehörigen semimarkowschen Prozeß. Dann bezeichnet

$$\begin{aligned} K^\delta(t) = {} & k_+^\delta(X_0, X_1, t;\, V_0)\,\chi_{(t,\infty)}(V_0) + \sum_{\nu=0}^{\tau(t)-1} k^\delta(X_\nu, X_{\nu+1}, V_\nu)\,\chi_{[0,t]}(V_0)^{1)} \\ & + k_+^\delta\Big(X_{\tau(t)}, X_{\tau(t)+1}, t - \sum_{\nu=0}^{\tau(t)-1} V_\nu;\, V_{\tau(t)}\Big)\,\chi_{[0,t]}(V_0) \end{aligned} \qquad (5)$$

mit $\tau(t) = \max\,\{n\colon V_0 + V_1 + \dots + V_{n-1} \leqq t\}$ die (nichtdiskontierten) Gesamtkosten bis zum Zeitpunkt t.

Die Gesamtkosten bis zu einem Zeitpunkt t sind also gleich den kumulativen Kosten zur Zeit t, falls bis zu diesem Zeitpunkt kein Übergang erfolgte, d. h. $\chi_{(t,\infty)}(V_0) = 1$. Falls bis zum Zeitpunkt t mindestens ein Übergang stattfand, d. h. $\chi_{[0,t]}(V_0) = 1$, so setzen sich die Gesamtkosten additiv aus den terminalen Kosten für alle bis zum

---

[1]) $\sum_{\nu=0}^{\tau(t)-1} k^\delta(X_\nu, X_{\nu+1}, V_\nu) = 0$ für $\tau(t) = 0$.

Zeitpunkt t vollendeten — nämlich $\tau(t)$ — Übergänge und den (von dem zu erreichenden nächsten Zustand abhängigen) kumulativen Kosten für die nach dem „letzten" Übergang vergangene Zeit $t - V_0 - V_1 - \dots - V_{\tau(t)-1}$.
Bezeichne nun für eine stationäre Strategie δ^∞:

$$v_i^\delta(t) := \mathsf{E}_{i,\delta^\infty}(K^\delta(t)) \,, \qquad i \in \mathscr{S} \,, \qquad t \geqq 0 \,. \tag{6}$$

(Dabei verstehen wir unter $\mathsf{E}_{i,\delta^\infty}(.)$ den Erwartungswert bez. des Wahrscheinlichkeitsmaßes $\mathsf{P}_{\delta^\infty}(\cdot \mid X_0 = i)$.) Die Funktionswerte $v_i^\delta(t)$ der Funktion $v_i^\delta : t \to v_i^\delta(t)$ sind dann als mittlere Kosten bis zum Zeitpunkt t, $t \geqq 0$, unter der Bedingung „$X_0 = i$" (d. h. Start im Zustand $i \in \mathscr{S}$) interpretierbar. Für die Funktionen v_i^δ, $i \in \mathscr{S}$, erhält man — wie der folgende Satz angibt — ein System von Integralgleichungen.

3.2.3. Satz. *Für alle $i \in \mathscr{S}$, $\delta^\infty \in \Theta_S$ und $t \geqq 0$ gilt*

$$v_i^\delta(t) = \sum_{j\in\mathscr{S}} p_{ij}^\delta \int_t^\infty k_+^\delta(i,j,t;t')\, F_{ij}^\delta(dt')$$
$$+ \sum_{j\in\mathscr{S}} p_{ij}^\delta \int_0^t k^\delta(i,j,t')\, F_{ij}^\delta(dt') + \sum_{j\in\mathscr{S}} p_{ij}^\delta \int_0^t v_j^\delta(t-t')\, F_{ij}^\delta(dt') \,. \tag{7}$$

Beweis (vgl. Nollau [1]): Der Beweis des Integralgleichungssystems (7) stützt sich im wesentlichen auf die — per definitionem gegebene — sogenannte Erneuerungseigenschaft:

$$\mathsf{P}_{\delta^\infty}(X_{n+1} = j,\, V_n \leqq t \mid X_n = i) = \mathsf{P}_{\delta^\infty}(X_1 = j,\, V_0 \leqq t \mid X_0 = i) \,,$$
$$n \in \mathbb{N} \,, \qquad i,j \in \mathscr{S} \,, \qquad t \geqq 0 \,.$$

(Das Gleichungssystem (7) wird in diesem Zusammenhang mitunter auch als ein *System von Erneuerungsgleichungen* bezeichnet).

a) Ausgehend von (5) erhält man

$$v_i^\delta(t) = \mathsf{E}_{\delta^\infty}(k_+^\delta(X_0, X_1, t_1; V_0)\, \chi_{(t,\infty)}(V_0) \mid X_0 = i)$$
$$+ \mathsf{E}_{\delta^\infty}(k^\delta(X_0, X_1, V_0)\, \chi_{[0,t]}(V_0) \mid X_0 = i)$$
$$+ \mathsf{E}_{\delta^\infty}(k^\delta(X_1, X_2, V_1)\, \chi_{[0,t]}(V_0 + V_1) \mid X_0 = i)$$
$$+ E_{\delta^\infty}\Big(\sum_{\nu=2}^{\tau(t)-1} k^\delta(X_\nu, X_{\nu+1}, V_\nu)\, \chi_{[0,t]}(V_0) \mid X_0 = i\Big)^{1)}$$
$$+ \mathsf{E}_{\delta^\infty}\Big(k_+^\delta\Big(X_{\tau(t)}, X_{\tau(t)+1}, t - \sum_{\nu=0}^{\tau(t)-1} V_\nu; V_{\tau(t)}\Big)\, \chi_{[0,t]}(V_0) \mid X_0 = i\Big) \,. \tag{8}$$

Dabei wurde die Summe

$$\sum_{\nu=0}^{\tau(t)-1} k^\delta(X_\nu, X_{\nu+1}, V_\nu)\, \chi_{[0,t]}(V_0)$$

in die ersten beiden Summanden und die verbleibende „Restsumme" zerlegt, wobei der zweite Summand nur im Falle $V_0 + V_1 \leqq t$ (d. h. zwei Übergänge bis zur Zeit t) von Null verschieden ist. Für die ersten beiden Terme in (8) ergibt sich

$$\mathsf{E}_{\delta^\infty}(k_+^\delta(X_0, X_1, t; V_0)\, \chi_{(t,\infty)}(V_0) \mid X_0 = i) = \sum_{j\in\mathscr{S}} p_{ij}^\delta \int_t^\infty k_+^\delta(i,j,t;t')\, F_{ij}^\delta(dt') \tag{9}$$

---

1) $\sum_{\nu=2}^{\tau(t)-1} k^\delta(X_\nu, X_{\nu+1}, V_\nu) = 0$ für $\tau(t) = 0, 1, 2$.

sowie

$$\mathsf{E}_{\delta\infty}\big(k^\delta(X_0, X_1, V_0)\,\chi_{[0,t]}(V_0) \mid X_0 = i\big) = \sum_{j\in\mathcal{S}} p_{ij}^\delta \int_0^t k^\delta(i, j, t')\, F_{ij}^\delta(\mathrm{d}t') \tag{10}$$

auf Grund von

$$\mathsf{P}_{\delta\infty}(X_1 = j, V_0 \leqq t \mid X_0 = i) = p_{ij}^\delta F_{ij}^\delta(t)\,.$$

b) Wie im Beweis zum Satz 3.1.2 gezeigt wurde, ist für $i_{n+1}, \dots, i_0 \in \mathcal{S}$ und $t_n, \dots, t_0 \geqq 0$

$$\begin{aligned}\mathsf{P}_{\delta\infty}(X_{n+1} = i_{n+1}, V_n \leqq t_n, X_n = i_n, \dots, V_0 \leqq t_0 \mid X_0 = i_0)\\ = p_{i_0i_1}^\delta F_{i_0i_1}^\delta(t_0) \dots p_{i_ni_{n+1}}^\delta F_{i_ni_{n+1}}^\delta(t_n)\,,\end{aligned}$$

woraus sich für eine bez. $t_n, \dots, t_0$ borelmeßbare reellwertige Funktion f auf $\mathcal{S} \times \dots \times \mathcal{S} \times [0, \infty) \times \dots \times [0, \infty)$ die Beziehung

$$\begin{aligned}&\mathsf{E}_{\delta\infty}\big(f(X_{n+1}, \dots, X_1, V_n, \dots, V_0) \mid X_0 = i_0\big)\\ &= \sum_{i_{n+1}\in\mathcal{S}} \dots \sum_{i_1\in\mathcal{S}} p_{i_0i_1}^\delta \dots p_{i_ni_{n+1}}^\delta \int_0^\infty \dots \int_0^\infty f(i_{n+1}, \dots, i_1, t_n, \dots, t_0)\, F_{i_ni_{n+1}}^\delta(\mathrm{d}t_n) \dots F_{i_0i_1}^\delta(\mathrm{d}t_0)\end{aligned} \tag{11}$$

ergibt. Dabei wurde die Existenz der iterierten Integrale

$$\int_0^\infty \dots \int_0^\infty |f(i_{n+1}, \dots, i_1, t_n, \dots, t_0)|\, F_{i_ni_{n+1}}^\delta(\mathrm{d}t_n) \dots F_{i_0i_1}^\delta(\mathrm{d}t_0)$$

vorausgesetzt. Man erhält folglich

$$\begin{aligned}&\mathsf{E}_{\delta\infty}\big(k^\delta(X_1, X_2, V_1)\,\chi_{[0,t]}(V_0 + V_1) \mid X_0 = i\big)\\ &= \sum_{j\in\mathcal{S}} p_{ij}^\delta \int_0^t \mathsf{E}_{\delta\infty}\big(k^\delta(X_1, X_2, V_1)\,\chi_{[t',t]}(V_1) \mid X_1 = j\big)\, F_{ij}^\delta(\mathrm{d}t')\\ &= \sum_{j\in\mathcal{S}} p_{ij}^\delta \int_0^t \mathsf{E}_{\delta\infty}\big(k^\delta(X_0, X_1, V_0)\,\chi_{[0,t-t']}(V_0) \mid X_0 = j\big)\, F_{ij}^\delta(\mathrm{d}t')\,.\end{aligned} \tag{12}$$

Die zweite Gleichung resultiert wiederum aus der Tatsache, daß für alle $n \in \mathbb{N}$

$$\mathsf{P}_{\delta\infty}(X_{n+1} = j, V_n \leqq t \mid X_n = i) = p_{ij}^\delta F_{ij}^\delta(t)\,,$$

insbesondere also

$$\mathsf{P}_{\delta\infty}(X_2 = j, V_1 \leqq t \mid X_1 = i) = \mathsf{P}_{\delta\infty}(X_1 = j, V_0 \leqq t \mid X_0 = i)$$

für alle $i, j \in \mathcal{S}$ und $t \geqq 0$ gilt.

In analoger Weise ergibt sich weiterhin

$$\begin{aligned}&\mathsf{E}_{\delta\infty}\Big(\sum_{\nu=2}^{\tau(t)-1} k^\delta(X_\nu, X_{\nu+1}, V_\nu)\,\chi_{[0,t]}(V_0) \mid X_0 = i\Big)\\ &= \sum_{j\in\mathcal{S}} p_{ij}^\delta \int_0^t \mathsf{E}_{\delta\infty}\Big(\sum_{\nu=1}^{\tau(t-t')-1} k^\delta(X_\nu, X_{\nu+1}, V_\nu)\,\chi_{[0,t-t']}(V_0) \mid X_0 = j\Big)\, F_{ij}^\delta(\mathrm{d}t')\end{aligned} \tag{13}$$

sowie

$$\begin{aligned}&\mathsf{E}_{\delta\infty}\Big(k_+^\delta\big(X_{\tau(t)}, X_{\tau(t)+1}, t - \sum_{\nu=0}^{\tau(t)-1} V_\nu; V_{\tau(t)}\big)\,\chi_{[0,t]}(V_0) \mid X_0 = i\Big)\\ &= \sum_{j\in\mathcal{S}} p_{ij}^\delta \int_0^t \mathsf{E}_{\delta\infty}\big(k_+^\delta(X_0, X_1, t - t'; V_0)\,\chi_{(t-t',\infty)}(V_0) \mid X_0 = j\big)\, F_{ij}^\delta(\mathrm{d}t')\\ &+ \sum_{j\in\mathcal{S}} p_{ij}^\delta \int_0^t \mathsf{E}_{\delta\infty}\Big(k_+^\delta\big(X_{\tau(t-t')}, X_{\tau(t-t')+1}, t - t' + \sum_{\nu=0}^{\tau(t-t')-1} V_\nu; V_{\tau(t-t')}\big)\\ &\quad\times \chi_{[0,t-t']}(V_0) \mid X_0 = j\Big)\, F_{ij}^\delta(\mathrm{d}t')\,.\end{aligned} \tag{14}$$

Der erste Summand auf der rechten Seite von (14), der den Fall genau eines Überganges im Intervall $[0, t]$ — d. h. $V_0 \leqq t$ und $V_0 + V_1 > t$ — berücksichtigt, ergibt sich dabei auf Grund von

$$\sum_{j\in\mathcal{S}} p_{ij}^{\delta} \int_0^t \mathsf{E}_{\delta\infty}\big(k_+^{\delta}(X_1, X_2, t-t'; V_1)\, \chi_{(t,\infty]}(t'+V_1) \mid X_1 = j\big)\, F_{ij}^{\delta}(\mathrm{d}t')$$
$$= \sum_{j\in\mathcal{S}} p_{ij}^{\delta} \int_0^t \mathsf{E}_{\delta\infty}\big(k_+^{\delta}(X_0, X_1, t-t'; V_0)\, \chi_{(t-t',\infty]}(V_0) \mid X_0 = j\big)\, F_{ij}^{\delta}(\mathrm{d}t')\,.$$

c) Faßt man nun die Gleichungen (9), (10), (12), (13) und (14) zusammen, so erhält man

$$\mathsf{E}_{\delta\infty}\big(k^{\delta}(t) \mid X_0 = i\big) = \sum_{j\in\mathcal{S}} p_{ij}^{\delta}\, \{\int_t^{\infty} k_+^{\delta}(i,j,t;t')\, F_{ij}^{\delta}(\mathrm{d}t') + \int_0^t k^{\delta}(i,j,t')\, F_{ij}^{\delta}(\mathrm{d}t')\}$$
$$+ \sum_{j\in\mathcal{S}} p_{ij}^{\delta} \int_0^t \mathsf{E}_{\delta\infty}\{k_+^{\delta}(X_0, X_1, t-t'; V_0)\, \chi_{(t-t',\infty)}(V_0)$$
$$+ \sum_{\nu=0}^{\tau(t-t')-1} k^{\delta}(X_\nu, X_{\nu+1}, V_\nu)\, \chi_{[0,t-t']}(V_0) + k_+^{\delta}(X_{\tau(t-t')}, X_{\tau(t-t')+1}, t-t'$$
$$- \sum_{\nu=0}^{\tau(t-t')-1} V_\nu;\, V_{\tau(t-t')})\, \chi_{[0,t-t']}(V_0) \mid X_0 = j\}\, F_{ij}^{\delta}(\mathrm{d}t')$$
$$= \sum_{j\in\mathcal{S}} p_{ij}^{\delta}\, \{\int_t^{\infty} k_+^{\delta}(i,j,t;t')\, F_{ij}^{\delta}(\mathrm{d}t') + \int_0^t k^{\delta}(i,j,t')\, F_{ij}^{\delta}(\mathrm{d}t')\}$$
$$+ \sum_{j\in\mathcal{S}} p_{ij}^{\delta} \int_0^t \mathsf{E}_{\delta\infty}\big(K^{\delta}(t-t') \mid X_0 = j\big)\, F_{ij}^{\delta}(\mathrm{d}t')\,, \tag{15}$$

womit die Aussage bewiesen ist. ▮

Die hier betrachteten Gesamtkosten $K^{\delta}(t)$ bis zum Zeitpunkt t sind für $t \to \infty$ i. allg. nicht beschränkt. Folglich ist ebenso $v_i^{\delta}(t) = \mathsf{E}_{\delta\infty}\big(K^{\delta}(t) \mid X_0 = i\big)$ i. allg. keine beschränkte Funktion bez. t. Also können die erwarteten Kosten $v_i^{\delta}(t)$ nicht unmittelbar als Grundlage für ein geeignetes Optimalitätskriterium herangezogen werden. Wie im Falle nichtdiskontierter markowscher Entscheidungsprobleme (vgl. Def. 2.4.1) werden wir bei der Definition der Optimalität einer Strategie deshalb von erwarteten Kosten (pro Zeiteinheit) ausgehen. Die Grundlage für eine derartige Vorgehensweise bildet die folgende Verallgemeinerung eines Satzes von Jewell [1], der im wesentlichen auf dem Haupterneuerungssatz (vgl. Satz A.2.2.5.) beruht.

3.2.4. Satz. *Es sei*

$$\big((p_{ij}^{\delta})_{i,j\in\mathcal{S}},\, (F_{ij}^{\delta})_{i,j\in\mathcal{S}},\, k^{\delta},\, k_+^{\delta}\big)_{\delta\infty\in\Theta_S}$$

ein semimarkowsches Entscheidungsmodell. Für eine stationäre Strategie δ^{∞} genüge der zugehörige semimarkowsche Prozeß $\big(X(t)\big)_{t\in[0,\infty)}$ den folgenden Bedingungen:

a) *Die eingebettete markowsche Kette $(X_n)_{n\in\mathbb{N}_0}$ ist ergodisch.*

b) *Für alle Zustände $i \in \mathcal{S}$ sind die Verteilungsfunktionen G_{ii}^{δ} der sogenannten i-Erneuerungen, definiert durch*

$$G_{ii}^{\delta}(s) := \mathsf{P}_{\delta\infty}\Big(\sum_{k=1}^{\tau(s)} \delta_{X_k i} > 0 \mid X_0 = i\Big)\,,^{1)} \qquad s \geqq 0; \qquad i \in \mathcal{S}\,, \tag{16}$$

nichtgitterförmig.

---

1) $\delta_{..}$ — Kronecker-Symbol, d. h. $\delta_{X_k i} = \begin{cases} 1 & X_k = i \\ 0 & X_k \neq i\,. \end{cases}$

c) *Für alle $i \in \mathcal{S}$ ist*

$$q_i^\delta := \sum_{j\in\mathcal{S}} p_{ij}^\delta \int_0^\infty k^\delta(i,j,t)\, F_{ij}^\delta(\mathrm{d}t) < \infty\,,$$

und

$$\bar{r}_i^\delta : t \to \bar{r}_i^\delta(t) = q_i^\delta - r_i^\delta(t)\,, \qquad t \geqq 0\,,$$

mit

$$\bar{r}_i^\delta(t) = \sum_{j\in\mathcal{S}} p_{ij}^\delta \{\int_t^\infty k_+^\delta(i,j,t;t')\, F_{ij}^\delta(\mathrm{d}t') + \int_0^t k^\delta(i,j,t')\, F_{ij}^\delta(\mathrm{d}t')\} \tag{17}$$

ist über $[0, \infty)$ *direkt riemannintegrierbar*[1]).

d) *Für alle $i, j \in \mathcal{S}$ ist*

$$0 < \nu_1^\delta(i) < \infty \quad \textit{und} \quad \nu_2^\delta(i,j) < \infty$$

mit

$$\nu_1^\delta(i,j) = \int_0^\infty t F_{ij}^\delta(\mathrm{d}t)\,, \qquad \nu_1^\delta(i) = \sum_{j\in\mathcal{S}} p_{ij}^\delta \nu_1^\delta(i,j) \tag{18}$$

sowie

$$\nu_2^\delta(i,j) = \int_0^\infty t^2 F_{ij}^\delta(\mathrm{d}t)\,. \tag{19}$$

Dann gilt für $\delta^\infty \in \Theta_S$

$$\lim_{t\to\infty} \left(v_i^\delta(t) - (g^\delta t + w_i^\delta)\right) = 0 \tag{20}$$

mit

$$g^\delta = \frac{\sum_{j\in\mathcal{S}} \pi_j^\delta q_j^\delta}{\sum_{j\in\mathcal{S}} \pi_j^\delta \nu_1^\delta(j)} \tag{21}$$

und

$$w_i^\delta = q_i^\delta + \sum_{j\in\mathcal{S}} \left\{ q_j^\delta \frac{\mu_2^\delta(j,j) - 2\mu_1^\delta(j,j)\,\mu_1^\delta(i,j)}{2(\mu_1^\delta(j,j))^2} - \frac{\eta_j^\delta}{\mu_1^\delta(j,j)} \right\}. \tag{22}$$

Dabei bezeichne $(\pi_j^\delta)_{j\in\mathcal{S}}$ die eindeutig bestimmte stationäre Anfangsverteilung der eingebetteten markowschen Kette (vgl. Def. 3.1.1), d. h.

$$\pi_j^\delta = \sum_{i\in\mathcal{S}} p_{ij}^\delta \pi_i^\delta\,, \qquad j \in \mathcal{S}\,,$$

und

$$\mu_k^\delta(i,j) = \int_0^\infty t^k G_{ij}^\delta(\mathrm{d}t)\,, \qquad i,j \in \mathcal{S}; \qquad k = 1, 2\,, \tag{23}$$

---

[1]) Eine reellwertige Funktion g, definiert auf $[0, \infty)$, heißt direkt *riemannintegrierbar*, falls die Reihen

$$\underline{\sigma}^h = h \sum_{n=1}^\infty \underline{m}_n^h \quad \text{und} \quad \bar{\sigma}^h = h \sum_{n=1}^\infty \bar{m}_n^h$$

absolut konvergieren, wobei

$$\underline{m}_n^h = \inf_{(n-1)h \leqq x \leqq nh} g(x) \quad \text{und} \quad \bar{m}_n^h = \sup_{(n-1)h \leqq x \leqq nh} g(x)$$

ist und zu jedem $\varepsilon > 0$ ein $h > 0$ existiert, so daß $\bar{\sigma}^h - \underline{\sigma}^h < \varepsilon$ gilt. Hinreichende bzw. äquivalente Bedingungen für die direkte Riemann-Integrierbarkeit findet man z.B. in Feller [1], Nollau/Heinrich [1]. So ist z.B. eine monotone Funktion genau dann direkt riemannintegrierbar, wenn sie im gewöhnlichen Sinne riemannintegrierbar ist.

mit

$$G_{ij}^{\delta}(t) = \mathsf{P}_{\delta\infty}(\sum_{k=1}^{\tau(t)} \delta_{X_k j} > 0 \mid X_0 = i)\,, \qquad t \geqq 0\,, \tag{24}$$

sowie

$$\eta_j^{\delta} = \int_0^{\infty} \bar{r}_j^{\delta}(t)\,\mathrm{d}t = \int_0^{\infty} (q_j^{\delta} - r_j^{\delta}(t))\,\mathrm{d}t\,. \tag{25}$$

Bevor wir diesen Satz beweisen, sei bemerkt, daß also unter den genannten Voraussetzungen die erwarteten Gesamtkosten $v_i^{\delta}(t)$ (bis zu einem Zeitpunkt t) bez. t asymptotisch linear ansteigen. Der asymptotische Anstieg g^{δ} ist dabei unabhängig vom Startpunkt i, und er stellt asymptotisch, d. h. für $t \to \infty$, die (pro Zeiteinheit) durchschnittlichen mittleren Kosten dar, nämlich als Quotient aus asymptotisch mittleren Kosten und asymptotisch mittlerer Verweilzeit (vgl. Def. 2.4.1).

Beweis (vgl. NOLLAU [1]): a) Wie oben (vgl. (7) und (17)) bewiesen wurde, gilt für jede Entscheidungsfunktion δ sowie für $t \geqq 0$ und $i \in \mathscr{S}$

$$v_i^{\delta}(t) = r_i^{\delta}(t) + \sum_{j\in\mathscr{S}} p_{ij}^{\delta} \int_0^t v_j^{\delta}(t - t')\,F_{ij}^{\delta}(\mathrm{d}t')\,. \tag{7'}$$

Das heißt, bei Verwendung des Faltungsproduktes $(F_{ij}^{\delta} * v_j^{\delta})(t) := \int_0^t v_j^{\delta}(t - t')\,F_{ij}^{\delta}(\mathrm{d}t')$ ergibt sich

$$v_i^{\delta}(t) = r_i^{\delta}(t) + \sum_{j\in\mathscr{S}} p_{ij}^{\delta}(F_{ij}^{\delta} * v_j^{\delta})(t)\,. \tag{7''}$$

Bezeichne nun

$$Q_{ij}^{\delta}(t) = p_{ij}^{\delta} F_{ij}^{\delta}(t)\,, \qquad i, j \in \mathscr{S}; \qquad t \geqq 0\,,$$

sowie

$$\mathfrak{Q}^{\delta}(t) = (Q_{ij}^{\delta}(t))_{i,j\in\mathscr{S}}\,, \qquad \mathfrak{v}^{\delta}(t) = (v_i^{\delta}(t))_{i\in\mathscr{S}}\,, \qquad \mathfrak{r}^{\delta}(t) = (r_i^{\delta}(t))_{i\in\mathscr{S}}\,,$$

so haben die Gleichungen (7'') die (vektorielle) Form

$$\mathfrak{v}^{\delta}(t) = \mathfrak{r}^{\delta}(t) + (\mathfrak{Q}^{\delta} * \mathfrak{v}^{\delta})(t) \tag{26}$$

mit

$$(\mathfrak{Q}^{\delta} * \mathfrak{v}^{\delta})(t) := (\sum_{j\in\mathscr{S}} (Q_{ij}^{\delta} * v_j^{\delta})(t))_{i\in\mathscr{S}}\,.$$

Für die Laplace-Stieltjes-Transformierten

$$\tilde{\mathfrak{v}}^{\delta}(s) := \int_0^{\infty} \mathrm{e}^{-st}\,\mathfrak{v}^{\delta}(\mathrm{d}t)\,, \qquad \tilde{\mathfrak{r}}^{\delta}(s) := \int_0^{\infty} \mathrm{e}^{-st}\,\mathfrak{r}^{\delta}(\mathrm{d}t)\,,$$

$$(\widetilde{\mathfrak{Q}^{\delta} * \mathfrak{v}^{\delta}})(s) = \int_0^{\infty} \mathrm{e}^{-st}\,(\mathfrak{Q}^{\delta} * \mathfrak{v}^{\delta})(\mathrm{d}t)\,, \qquad \tilde{\mathfrak{Q}}^{\delta}(s) = \int_0^{\infty} \mathrm{e}^{-st}\,\mathfrak{Q}(\mathrm{d}t)$$

($s \geqq 0$) gilt dann

$$\tilde{\mathfrak{v}}^{\delta}(s) = \tilde{\mathfrak{r}}^{\delta}(s) + (\widetilde{\mathfrak{Q}^{\delta} * \mathfrak{v}^{\delta}})(s) = \tilde{\mathfrak{r}}^{\delta}(s) + \tilde{\mathfrak{Q}}^{\delta}(s)\,\tilde{\mathfrak{v}}^{\delta}(s)\,, \tag{27}$$

d. h.

$$\tilde{\mathfrak{r}}^{\delta}(s) = (I - \tilde{\mathfrak{Q}}^{\delta}(s))\,\tilde{\mathfrak{v}}^{\delta}(s)\,.^{1)} \tag{28}$$

Bezeichne weiter

$$M_{ij}^{\delta}(t) = \mathsf{E}_{\delta\infty}(\sum_{k=1}^{\tau(t)} \delta_{X_k j} \mid X_0 = i)\,, \qquad i, j \in \mathscr{S}\,, \tag{29}$$

---

[1]) $I = (\delta_{ij})_{i,j\in\mathscr{S}}$ — Einheitsmatrix

und

$$\widetilde{M}_{ij}^{\delta}(s) = \int_0^\infty e^{-st} M_{ij}^{\delta}(dt) \tag{30}$$

die zugehörigen Laplace-Stieltjes-Transformierten, so gilt (vgl. z.B. NOLLAU [1])

$$I - \widetilde{\mathfrak{Q}}^{\delta}(s) = \left(I + \widetilde{\mathfrak{M}}^{\delta}(s)\right)^{-1} \tag{31}$$

mit $\widetilde{\mathfrak{M}}^{\delta}(s) = \left(\widetilde{M}_{ij}^{\delta}(s)\right)_{i,j\in\mathscr{S}}$. Die Gleichung (28) erhält dann unter Verwendung von (31) die Form

$$\tilde{\mathfrak{r}}^{\delta}(s) = \left(I + \widetilde{\mathfrak{M}}^{\delta}(s)\right)^{-1} \tilde{\mathfrak{v}}^{\delta}(s)\,, \tag{32}$$

d. h.

$$\tilde{\mathfrak{v}}^{\delta}(s) = \tilde{\mathfrak{r}}^{\delta}(s) + \widetilde{\mathfrak{M}}^{\delta}(s)\, \tilde{\mathfrak{r}}^{\delta}(s)\,. \tag{33}$$

Für die Originalfunktionen $\mathfrak{r}^{\delta}$ und $\mathfrak{v}^{\delta}$ — d. h. nach der Rücktransformation — ergibt sich dann

$$\mathfrak{v}^{\delta}(t) = \mathfrak{r}^{\delta}(t) + (\mathfrak{M}^{\delta} * \mathfrak{r}^{\delta})\,(t) \tag{34}$$

mit

$$\mathfrak{M}^{\delta}(t) = \left(M_{ij}^{\delta}(t)\right)_{i,j\in\mathscr{S}} \quad \text{und} \quad (\mathfrak{M}^{\delta} * \mathfrak{r}^{\delta})\,(t) = \Big(\sum_{j\in\mathscr{S}} (M_{ij}^{\delta} * r_j^{\delta})\,(t)\Big)_{i\in\mathscr{S}}\,.$$

Also ist für alle $i \in \mathscr{S}$ und $t \geqq 0$

$$v_i^{\delta}(t) = r_i^{\delta}(t) + \sum_{j\in\mathscr{S}} \int_0^t r_j^{\delta}(t-t')\, M_{ij}^{\delta}(dt')\,, \qquad t \geqq 0\,. \tag{35}$$

b) Entsprechend der unter d) angegebenen Voraussetzung $0 < \nu_1^{\delta}(i) < \infty$, $i \in \mathscr{S}$, ist auf Grund von

$$\mu_1^{\delta}(j,j) = \frac{1}{\pi_j^{\delta}} \sum_{i\in\mathscr{S}} \pi_i^{\delta} \nu_1^{\delta}(i) \tag{36}$$

(vgl. A.2.4.3) ebenfalls

$$0 < \mu_1^{\delta}(j,j) < \infty$$

für alle $j \in \mathscr{S}$. Folglich kann die Gleichung (35) in der Form

$$v_i^{\delta}(t) = r_i^{\delta}(t)$$
$$+ \sum_{j\in\mathscr{S}} q_j^{\delta} \left\{M_{ij}^{\delta}(t) - \frac{t}{\mu_1^{\delta}(j,j)} + \frac{t}{\mu_1^{\delta}(j,j)}\right\} - \sum_{j\in\mathscr{S}} \int_0^t \{q_j^{\delta} - r_j^{\delta}(t-t')\}\, M_{ij}^{\delta}(dt')$$

angegeben werden. Eine einfache Umformung führt dann zu

$$v_i^{\delta}(t) = \left(\sum_{j\in\mathscr{S}} \frac{q_j^{\delta}}{\mu_1^{\delta}(j,j)}\right) t + r_i^{\delta}(t) + \sum_{j\in\mathscr{S}} q_j^{\delta} \left(M_{ij}^{\delta}(t) - \frac{t}{\mu_1^{\delta}(j,j)}\right)$$
$$- \sum_{j\in\mathscr{S}} \int_0^t \left(q_j^{\delta} - r_j^{\delta}(t-t')\right) M_{ij}^{\delta}(dt')\,. \tag{37}$$

c) Da M_{ij}^{δ}, $i, j \in \mathscr{S}$, entsprechend (29) die Erneuerungsfunktion bez. der sogenannten j-Erneuerungen innerhalb des semimarkowschen Prozesses $\left(X(t)\right)_{t\in[0,\infty)}$ unter der Bedingung „$X_0 = i$" ist, gilt für eine direkt integrierbare Funktion g über $[0, \infty)$ der folgende Haupterneuerungssatz (vgl. Satz A.2.5.5):

$$\lim_{t\to\infty} \int_0^t g(t-t')\, M_{ij}^{\delta}(dt') = \frac{1}{\mu_1^{\delta}(j,j)} \int_0^\infty g(t)\, dt\,, \qquad i, j \in \mathscr{S}\,. \tag{38}$$

Da $\bar{r}_j^\delta$, $j \in \mathcal{S}$, nach Voraussetzung direkt integrierbar ist, ergibt sich

$$\lim_{t\to\infty} \int_0^t \bar{r}_j^\delta(t - t')\, M_{ij}^\delta(\mathrm{d}t') = \lim_{t\to\infty} \int_0^t \left(q_j^\delta - r_j^\delta(t - t')\right) M_{ij}^\delta(\mathrm{d}t')$$

$$= \frac{1}{\mu_1^\delta(j, j)} \int_0^\infty \left(q_j^\delta - r_j^\delta(t)\right) \mathrm{d}t \tag{39}$$

und folglich nach (25) und (38)

$$\lim_{t\to\infty} \int_0^t \bar{r}_j^\delta(t - t')\, M_{ij}^\delta(\mathrm{d}t') = \frac{\eta_j^\delta}{\mu_1^\delta(j, j)}.$$

Also ist

$$\lim_{t\to\infty} \sum_{j\in\mathcal{S}} \int_0^t \left(q_j^\delta - r_j^\delta(t - t')\right) M_{jj}^\delta(\mathrm{d}t') = \sum_{j\in\mathcal{S}} \frac{\eta_j^\delta}{\mu_1^\delta(j, j)}. \tag{40}$$

d) Wählt man für die Funktion g in (38) speziell

$$g(t) = \frac{1}{\mu_1^\delta(j, j)} \int_t^\infty \left(1 - G_{jj}^\delta(t'')\right) \mathrm{d}t'',$$

so gilt wegen

$$\mu_1^\delta(j, j) = \int_0^\infty t G_{jj}^\delta(\mathrm{d}t) = \int_0^\infty \left(1 - G_{jj}^\delta(t)\right) \mathrm{d}t$$

$$g(t) = 1 - \frac{1}{\mu_1^\delta(j, j)} \int_0^t \left(1 - G_{jj}^\delta(t'')\right) \mathrm{d}t'',$$

und man erhält

$$\int_0^t g(t - t')\, M_{ij}^\delta(\mathrm{d}t') = \int_0^t M_{ij}^\delta(\mathrm{d}t') - \frac{1}{\mu_1^\delta(j, j)} \int_0^t \left\{\int_0^{t-t'} \left(1 - G_{jj}^\delta(t'')\right) \mathrm{d}t''\right\} M_{ij}^\delta(\mathrm{d}t').$$

Mittels einer Substitution $\eta = t' + t''$ gelangt man dann zu

$$\int_0^t g(t - t')\, M_{ij}^\delta(\mathrm{d}t')$$

$$= M_{ij}^\delta(t) - \frac{1}{\mu_1^\delta(j, j)} \int_0^t \left\{\int_{t'}^t \left(1 - G_{jj}^\delta(\eta - t')\right) \mathrm{d}\eta\right\} M_{ij}^\delta(\mathrm{d}t') =$$

$$= M_{ij}^\delta(t) - \frac{1}{\mu_1^\delta(j, j)} \int_0^t \left\{\int_0^\eta \left(1 - G_{jj}^\delta(\eta - t')\right) M_{ij}^\delta(\mathrm{d}t')\right\} \mathrm{d}\eta. \tag{41}$$

Entsprechend der Beziehung

$$M_{ij}^\delta(t) = G_{ij}^\delta(t) + (M_{ij}^\delta * G_{jj}^\delta)(t), \quad i, j \in \mathcal{S}; \quad t \geqq 0,$$

(vgl. z.B. NOLLAU [1]) ist für $\eta > 0$

$$\int_0^\eta (1 - G_{jj}^\delta(\eta - t'))\, M_{ij}^\delta(\mathrm{d}t') = M_{ij}^\delta(\eta) - (G_{jj}^\delta * M_{ij}^\delta)(\eta) = G_{ij}^\delta(\eta)\,,$$

so daß die Gleichung (41) die Form

$$\int_0^t g(t - t')\, M_{ij}^\delta(\mathrm{d}t') = M_{ij}^\delta(t) - \frac{1}{\mu_1^\delta(j,j)} \int_0^t G_{ij}^\delta(\eta)\,\mathrm{d}\eta$$

erhält. Wegen

$$-\int_0^t G_{ij}^\delta(\eta)\,\mathrm{d}\eta = \int_0^\infty (1 - G_{ij}^\delta(\eta)\,\mathrm{d}\eta) - t - \int_t^\infty (1 - G_{ij}^\delta(\eta))\,\mathrm{d}\eta$$

$$= \mu_1^\delta(i,j) - t - \int_t^\infty (1 - G_{ij}^\delta(\eta))\,\mathrm{d}\eta$$

ist dann

$$\int_0^t g(t - t')\, M_{ij}^\delta(\mathrm{d}t') =$$

$$= M_{ij}^\delta(t) - \frac{t}{\mu_1^\delta(j,j)} + \frac{\mu_1^\delta(i,j)}{\mu_1^\delta(j,j)} - \frac{1}{\mu_1^\delta(j,j)} \int_t^\infty (1 - G_{ij}^\delta(\eta))\,\mathrm{d}\eta\,. \tag{42}$$

Andererseits erhält man mittels partieller Integration

$$\int_0^\infty g(t)\,\mathrm{d}t = \frac{1}{\mu_1^\delta(j,j)} \int_0^\infty \left\{ \int_t^\infty (1 - G_{jj}^\delta(t'))\,\mathrm{d}t' \right\} \mathrm{d}t$$

$$= \frac{1}{\mu_1^\delta(j,j)} \int_0^\infty t(1 - G_{jj}^\delta(t))\,\mathrm{d}t = \frac{\mu_2^\delta(j,j)}{2\mu_1^\delta(j,j)}\,, \text{ [1]} \tag{43}$$

da nach Voraussetzung d) $\nu_2^\delta(i,j) < \infty$ für alle $i, j \in \mathcal{S}$ und folglich $\mu_2^\delta(j,j) < \infty$ (vgl. NOLLAU [1]) gilt.

Zusammenfassend ergibt sich nach (38) aus (42) und (43)

$$\lim_{t\to\infty} \left(M_{ij}^\delta(t) - \frac{t}{\mu_1^\delta(j,j)} \right) = \frac{\mu_2^\delta(j,j)}{2(\mu_1^\delta(j,j))^2} - \frac{\mu_1^\delta(i,j)}{\mu_1^\delta(j,j)}\,, \tag{44}$$

woraus

$$\lim_{t\to\infty} \sum_{j\in\mathcal{S}} q_j^\delta \left(M_{ij}^\delta(t) - \frac{t}{\mu_1^\delta(j,j)} \right) = \sum_{j\in\mathcal{S}} q_j^\delta \frac{\mu_2^\delta(j,j) - 2\mu_1^\delta(j,j)\,\mu_1^\delta(i,j)}{2(\mu_1^\delta(j,j))^2} \tag{45}$$

folgt. Weiter erhält man als notwendige Bedingung für die direkte Riemannintegrierbarkeit von $\bar{r}_i^\delta$

$$\lim_{t\to\infty} \bar{r}_i^\delta(t) = 0\,,$$

d. h.

$$\lim_{t\to\infty} r_i^\delta(t) = q_i^\delta\,. \tag{46}$$

[1]) Für eine nichtnegative Zufallsgröße Y mit der Verteilungsfunktion F_Y gilt
$\mathsf{E}Y^2 = 2\int_0^\infty t(1 - F_Y(t))\,\mathrm{d}t.$

e) Ausgehend von (37) ergibt sich nun mittels (40), (45), (46)

$$\lim_{t\to\infty}\left(v_i^\delta(t) - \sum_{j\in\mathcal{S}} \frac{q_j^\delta}{\mu_1^\delta(j,j)}\, t\right)$$
$$= q_i^\delta + \sum_{j\in\mathcal{S}} \left\{ q_j^\delta \frac{\mu_2^\delta(j,j) - 2\mu_1^\delta(j,j)\,\mu_1^\delta(i,j)}{2(\mu_1^\delta(j,j))^2} - \frac{\eta_j^\delta}{\mu_1^\delta(j,j)} \right\}. \tag{47}$$

Die Aussage des Satzes folgt aus dieser Gleichung (47), da nach (36)

$$\sum_{j\in\mathcal{S}} \frac{q_j^\delta}{\mu_1^\delta(j,j)} = \sum_{j\in\mathcal{S}} \frac{q_j^\delta}{\frac{1}{\pi_j^\delta} \sum_{i\in\mathcal{S}} \pi_i^\delta \nu_1^\delta(i)} = \frac{\sum_{j\in\mathcal{S}} \pi_j^\delta q_j^\delta}{\sum_{j\in\mathcal{S}} \pi_j^\delta \nu_1^\delta(j)} \tag{48}$$

gilt. ▮

Bemerkung. Im Falle $F_{ij}^\delta(t) = \begin{cases} 0, & t < 1, \\ 1, & t \geqq 1, \end{cases}$ für alle $i, j \in \mathcal{S}$ und $\delta^\infty \in \Theta_S$, d. h., der zugehörige semimarkowsche Entscheidungsprozeß kann mit seiner eingebetteten markowschen Kette identifiziert werden, ist $\nu_1^\delta(j) = 1$ für alle $j \in \mathcal{S}$, und somit erhalten wir speziell mit

$$g^\delta = \sum_{j\in\mathcal{S}} \pi_j^\delta q_j^\delta$$

eine Darstellung des mittleren Verlustes pro Stufe bei einer (mittels δ^∞ gesteuerten) markowschen Kette (vgl. Abschnitt 2.4.2).

Ausgehend von der Aussage des voranstehenden Satzes 3.2.4 geben wir nun eine Verallgemeinerung für den Fall an, daß die eingebettete markowsche Kette $(X_n)_{n\geqq 1}$ eines durch eine stationäre Strategie δ^∞ gesteuerten semimarkowschen Prozesses nicht-ergodisch ist. Dabei bezeichnen

$\mathcal{S}_\alpha^\delta$	die m^δ Äquivalenzklassen rekurrenter Zustände ($\alpha = 1, \ldots, m^\delta$),
$\pi_\alpha^\delta := (\pi_{k,\alpha}^\delta)_{k\in\mathcal{S}_\alpha^\delta}$	die (eindeutig bestimmten) stationären Anfangsverteilungen auf $\mathcal{S}_\alpha^\delta$ ($\alpha = 1, \ldots, m^\delta$),
$\mathcal{T}^\delta$	die Menge der transienten Zustände.

Weiterhin ist für eine stationäre Strategie δ^∞

$$\pi_{ij}^\delta := \mathsf{P}_{\delta^\infty}\Big(\sum_{\nu=1}^{\infty} \delta_{X_\nu j} > 0 \mid X_0 = i\Big), \qquad i, j \in \mathcal{S}, \tag{49}$$

die Wahrscheinlichkeit, daß, ausgehend vom Zustand $i \in \mathcal{S}$, der Zustand $j \in \mathcal{S}$ jemals erreicht wird. Bekanntlich (vgl. z.B. KEMENY/SNELL [1]) stimmen für alle $j \in \mathcal{S}_\alpha^\delta$ die Werte π_{ij}^δ überein; diesen Wert bezeichnen wir mit $\pi_i^\delta(\alpha)$, d. h.

$$\pi_{ij}^\delta = \pi_i^\delta(\alpha) \quad \text{für} \quad i \in \mathcal{S} \quad \text{und} \quad j \in \mathcal{S}_\alpha^\delta .$$

Satz 3.2.5. *Es sei*

$$\big((p_{ij}^\delta)_{i,j\in\mathcal{S}}, (F_{ij}^\delta)_{i,j\in\mathcal{S}}, k^\delta, k_+^\delta\big)_{\delta^\infty\in\Theta_S}$$

ein semimarkowsches Entscheidungsmodell. Für eine stationäre Strategie δ^∞ genüge der zugehörige semimarkowsche Prozeß $\big(X(t)\big)_{t\in[0,\infty)}$ den folgenden Bedingungen

a) *Für alle $i \in \bigcup_{\alpha=1}^{m^\delta} \mathcal{S}_\alpha^\delta$ sind die Verteilungsfunktionen G_{ii}^δ der i-Erneuerungen nicht-gitterförmig.*

b) *Für alle* $i \in \bigcup_{\alpha=1}^{m^\delta} \mathscr{S}_\alpha^\delta$ *ist* $q_i^\delta < \infty$, *und* $\overline{r}_i^\delta$ *(vgl. Satz 3.2.4) ist über* $[0, \infty)$ *direkt riemann-integrierbar.*

c) *Für alle* $i, j \in \mathscr{S}$ *ist*

$$0 < \nu_1^\delta(i) < \infty \quad \big(vgl.\ (18)\big) \quad und \quad \nu_2^\delta(i,j) < \infty \quad \big(vgl.\ (19)\big).$$

Dann gilt

$$\lim_{t\to\infty} \big(v_i^\delta(t) - (g_i^\delta t + w_i^\delta)\big) = 0\,, \qquad i \in \mathscr{S}\,, \tag{50}$$

mit

$$g_i^\delta = \sum_{\alpha=1}^{m^\delta} \pi_i^\delta(\alpha) \frac{\sum\limits_{j\in\mathscr{S}_\alpha^\delta} \pi_{j,\alpha}^\delta q_j^\delta}{\sum\limits_{j\in\mathscr{S}_\alpha^\delta} \pi_{j,\alpha}^\delta \nu_1^\delta(j)} \tag{51}$$

und

$$\begin{aligned} w_i^\delta = q_i^\delta + \sum_{\alpha=1}^{m^\delta} \sum_{j\in\mathscr{S}_\alpha^\delta} \pi_i^\delta(\alpha) \left\{ q_j^\delta \frac{\mu_2^\delta(j,j) - 2\mu_1^\delta(j,j)\,\overline{\mu}_1^\delta(i,j)}{2\big(\mu_1^\delta(j,j)\big)^2} - \frac{\eta_j^\delta}{\mu_1^\delta(j,j)} \right\} \\ + \lim_{t\to\infty} \sum_{j\in\mathscr{T}^\delta} q_j^\delta M_{ij}^\delta(t)\,. \end{aligned} \tag{52}$$

Dabei sind $M_{ij}^\delta(t) = \mathsf{E}_{\delta\infty}\big(\sum_{k=1}^{\tau(t)} \delta_{X_{kj}} \mid X_0 = i\big)$ *und*

$$\overline{\mu}_1^\delta(i,j) = \begin{cases} \mu_1^\delta(i,j) \quad für \quad i,j \in \mathscr{S}_\alpha^\delta & (\alpha = 1, \dots, m^\delta)\,, \\ \int\limits_0^\infty t\overline{G}_{ij}^\delta(\mathrm{d}t) \quad sonst\,, \end{cases} \tag{53}$$

mit

$$\overline{G}_{ij}^\delta(t) = \mathsf{P}_{\delta\infty}\Big(\sum_{k=1}^{\tau(t)} \delta_{X_{kj}} > 0 \,\Big|\, \sum_{k=1}^{\infty} \delta_{X_{kj}} > 0\,, \quad X_0 = i\Big)^{1)}\,. \tag{54}$$

Bevor wir diesen Satz beweisen sei bemerkt, daß also entsprechend (51) die (pro Zeiteinheit) durchschnittlichen mittleren Kosten g_i^δ auf jeder der Rekurrenzklassen $\mathscr{S}_\alpha^\delta$ $(\alpha = 1, \dots, m^\delta)$ konstant sind, denn es gilt

$$\pi_i^\delta(\alpha) = \begin{cases} 0\,, & i \notin \mathscr{S}_\alpha^\delta\,, \\ 1\,, & i \in \mathscr{S}_\alpha^\delta\,. \end{cases} \tag{55}$$

Beweis: a) Für jeden rekurrenten Zustand $i \in \bigcup_{\alpha=1}^{m^\delta} \mathscr{S}_\alpha^\delta$ folgt die Behauptung entsprechend (55) unmittelbar aus Satz 3.2.4, da $M_{ij}^\delta(s) = 0$ für $s \geqq 0$ und alle $j \in \mathscr{T}^\delta$ gilt.

b) Es bleibt also noch (50) mit (51)—(54) zu zeigen. Dies geschieht wieder mit Hilfe von Folgerungen aus dem Haupterneuerungssatz (38), wobei wir anstelle der unter (29) eingeführten Erneuerungsfunktionen sogenannte bedingte Erneuerungsfunktionen (vgl. (57)) einzuführen haben. Entsprechend (35) gilt für alle Zustände $i \in \mathscr{S}$

$$v_i^\delta(t) = r_i^\delta(t) + \sum_{j\in\mathscr{S}} \int_0^t r_j^\delta(t-t')\, M_{ij}^\delta(\mathrm{d}t')\,;$$

[1]) $\overline{G}_{ij}^\delta(t)$ ist also die Wahrscheinlichkeit, daß der semimarkowsche Prozeß $(X(t))_{t\in[0,\infty)}$ bis zum Zeitpunkt t den Zustand j erreicht, falls er diesen Zustand j überhaupt erreichen kann und im Zustand i startete.

also ist

$$v_i(t) = r_i(t) + \sum_{\alpha=1}^{m^\delta} \sum_{j \in \mathcal{S}_\alpha^\delta} \int_0^t q_j^\delta M_{ij}^\delta(\mathrm{d}t') - \sum_{\alpha=1}^{m^\delta} \sum_{j \in \mathcal{S}_\alpha^\delta} \int_0^t (q_j^\delta - r_j^\delta(t-t'))\, M_{ij}^\delta\,(\mathrm{d}t')$$

$$+ \sum_{j \in \mathcal{T}^\delta} \int_0^t r_j^\delta(t-t')\, M_{ij}^\delta(\mathrm{d}t')\,. \tag{56}$$

Bezeichne nun

$$M_{i(j)}^\delta(t) = \mathsf{E}_{\delta\infty}\Big(\sum_{\nu=1}^{\tau(t)} \delta_{X_\nu j} \mid \sum_{\nu=1}^{\infty} \delta_{X_\nu j} > 0,\, X_0 = i\Big) \tag{57}$$

die (bedingte) Erneuerungsfunktion der j-Erneuerungen bei Start im Zustand i, so ergibt sich auf Grund von

$$\mathsf{E}_{\delta\infty}\Big(\sum_{\nu=1}^{\tau(t)} \delta_{X_\nu j} \mid \sum_{\nu=1}^{\infty} \delta_{X_\nu j} > 0,\, X_0 = i\Big)$$

$$= \sum_{n=0}^{\infty} n\, \mathsf{P}_{\delta\infty}\Big(\sum_{\nu=1}^{\tau(t)} \delta_{X_\nu j} = n \mid \sum_{\nu=1}^{\infty} \delta_{X_\nu j} > 0,\, X_0 = i\Big)$$

$$= \sum_{n=1}^{\infty} n \frac{\mathsf{P}_{\delta\infty}\Big(\sum_{\nu=1}^{\tau(t)} \delta_{X_\nu j} = n,\, \sum_{\nu=1}^{\infty} \delta_{X_\nu j} > 0 \mid X_0 = i\Big)}{\mathsf{P}_{\delta\infty}\Big(\sum_{\nu=1}^{\infty} \delta_{X_\nu j} > 0 \mid X_0 = i\Big)}$$

$$= \sum_{n=1}^{\infty} n \frac{\mathsf{P}_{\delta\infty}\Big(\sum_{\nu=1}^{\tau(t)} \delta_{X_\nu j} = n \mid X_0 = i\Big)}{\pi_{ij}^\delta} \qquad \text{für} \quad \pi_{ij}^\delta > 0$$

$$= \frac{1}{\pi_{ij}^\delta} \mathsf{E}_{\delta\infty}\Big(\sum_{\nu=1}^{\tau(t)} \delta_{X_\nu j} \mid X_0 = i\Big)$$

die Beziehung

$$\pi_{ij}^\delta M_{i(j)}^\delta(t) = M_{ij}^\delta(t)\,, \qquad t \geqq 0\,, \tag{58}$$

(vgl. (29)), da im Falle $\pi_{ij}^\delta = 0$ auch $M_{ij}^\delta(t) = 0$, $t \geqq 0$, gilt.

c) Man erhält folglich ausgehend von (56) mit Hilfe von (58) die Beziehung

$$v_i^\delta(t) = r_i^\delta(t) + \sum_{\alpha=1}^{m^\delta} \sum_{j \in \mathcal{S}_\alpha^\delta} \pi_{ij}^\delta q_j^\delta M_{i(j)}^\delta(t)$$

$$- \sum_{\alpha=1}^{m^\delta} \sum_{j \in \mathcal{S}_\alpha^\delta} \pi_{ij}^\delta \int_0^t (q_j^\delta - r_j^\delta(t-t'))\, M_{i(j)}^\delta(\mathrm{d}t') + \sum_{j \in \mathcal{T}^\delta} \int_0^t r_j^\delta(t-t')\, M_{ij}^\delta(\mathrm{d}t')\,. \tag{59}$$

In Analogie zum Beweis des Satzes 3.2.4 gehen wir im weiteren von der folgenden Form der voranstehenden Gleichung (59) aus:

$$v_i^\delta(t) = \sum_{\alpha=1}^{m^\delta} \sum_{j \in \mathcal{S}_\alpha^\delta} \pi_{ij}^\delta \frac{q_j^\delta}{\mu_1^\delta(j,j)} t + r_i^\delta(t) + \sum_{\alpha=1}^{m^\delta} \sum_{j \in \mathcal{S}_\alpha^\delta} \pi_{ij}^\delta q_j^\delta \left(M_{i(j)}^\delta(t) - \frac{t}{\mu_1^\delta(j,j)}\right)$$

$$- \sum_{\alpha=1}^{m^\delta} \sum_{j \in \mathcal{S}_\alpha^\delta} \pi_{ij}^\delta \int_0^t (q_j^\delta - r_j^\delta(t-t'))\, M_{i(j)}^\delta(\mathrm{d}t') + \sum_{j \in \mathrm{T}^\delta} \int_0^t r_j^\delta(t-t')\, M_{ij}^\delta(\mathrm{d}t')\,. \tag{60}$$

Auf Grund von

$$\pi_{ij}^\delta = \pi_i^\delta(\alpha)\,, \qquad i \in \mathcal{S} \quad \text{und} \quad j \in \mathcal{S}_\alpha^\delta\,, \qquad (\text{vgl. (49)})$$

sowie

$$\mu_1^\delta(j,j) = \frac{1}{\pi_{j,\alpha}^\delta} \sum_{k \in \mathscr{S}_\alpha^\delta} \pi_{k,\alpha}^\delta \nu_1^\delta(k)\,, \qquad j \in \mathscr{S}_\alpha^\delta\,, \tag{61}$$

(vgl. (36)) ist dann speziell für einen bez. δ transienten Zustand i:

$$v_i^\delta(t) - \sum_{\alpha=1}^{m^\delta} \pi_i^\delta(\alpha) \frac{\sum\limits_{j \in \mathscr{S}_\alpha^\delta} \pi_{j,\alpha}^\delta q_j^\delta}{\sum\limits_{j \in \mathscr{S}_\alpha^\delta} \pi_{j,\alpha}^\delta \nu_1^\delta(j)}\, t = r_i^\delta(t) + \sum_{\alpha=1}^{m^\delta} \sum_{j \in \mathscr{S}_\alpha^\delta} \pi_{ij}^\delta q_j^\delta \left(M_{i(j)}^\delta(t) - \frac{t}{\mu_1^\delta(j,j)}\right)$$

$$- \sum_{\alpha=1}^{m^\delta} \sum_{j \in \mathscr{S}_\alpha^\delta} \pi_{ij}^\delta \int_0^t \left(q_j^\delta - r_j^\delta(t-t')\right) M_{i(j)}^\delta(\mathrm{d}t') + \sum_{j \in \mathscr{T}^\delta} \int_0^t r_j^\delta(t-t')\, M_{ij}^\delta(\mathrm{d}t')\,. \tag{62}$$

Da durch $M_{i(j)}^\delta$ die Erneuerungsfunktion bez. der j-Erneuerungen ($j \in \bigcup_{\alpha=1}^{m^\delta} \mathscr{S}_\alpha^\delta$) des semimarkowschen Prozesses unter den Bedingungen „$X_0 = i$", $i \in \mathscr{T}^\delta$, und überhaupt stattfindender Erneuerungen ist, gelten entsprechend dem Haupterneuerungssatz (vgl. (38), (39) und (44))

$$\lim_{t\to\infty} \int_0^t \left(q_j^\delta - r_j^\delta(t-t')\right) M_{i(j)}^\delta(\mathrm{d}t') = \frac{\eta_j^\delta}{\mu_1^\delta(j,j)} \tag{63}$$

sowie

$$\lim_{t\to\infty} \left(M_{i(j)}^\delta(t) - \frac{t}{\mu_1^\delta(j,j)}\right) = \frac{\mu_2^\delta(j,j) - 2\mu_1^\delta(j,j)\,\overline{\mu}_1^\delta(i,j)}{2\left(\mu_1^\delta(j,j)\right)^2}\,. \tag{64}$$

Weiter ist (vgl. (46))

$$\lim_{t\to\infty} r_i^\delta(t) = q_i^\delta\,, \qquad i \in \mathscr{S}\,,$$

woraus auch (vgl. z.B. Nollau [1])

$$\lim_{t\to\infty} (r_i^\delta * M_{ij}^\delta)(t) = \lim_{t\to\infty} r_i^\delta(t) \lim_{t\to\infty} M_{ij}^\delta(t) = q_i^\delta \lim_{t\to\infty} M_{ij}^\delta(t) < \infty\,,$$
$$i \in \mathscr{S}\,, \qquad j \in \mathscr{T}^\delta\,, \tag{65}$$

folgt, wie die folgende Überlegung zeigt: Es bezeichne für $i, j \in \mathscr{S}$ und $\delta^\infty \in \Theta_S$

$$R_i^\delta = \sup_{0 \le t < \infty} r_i^\delta(t)$$

und

$$M_{ij}^\delta := \lim_{t\to\infty} M_{ij}^\delta(t) = \lim_{t\to\infty} \mathsf{E}_{\delta^\infty}\Big(\sum_{k=1}^{\tau(t)} \delta_{X_k j} \mid X_0 = i\Big)$$

(vgl. (29)). Wegen der Voraussetzungen (3) und (4) gilt $R_i^\delta < \infty$, und für alle transienten Zustände $j \in \mathscr{T}^\delta$ ist $M_{ij}^\delta < \infty$. Weiter sei $\varepsilon > 0$ beliebig. Dann existiert ein t_0 mit $0 < t_0 < \infty$, so daß nach (46) bzw. entsprechend der o. g. Definition von M_{ij}^δ

$$|r_i^\delta(t) - q_i^\delta| < \frac{\varepsilon}{M_{ij}^\delta + 2R_i^\delta + 3q_i^\delta}$$

bzw.

$$|M_{ij}^\delta(t) - M_{ij}^\delta| < \frac{\varepsilon}{M_{ij}^\delta + 2R_i^\delta + 3q_i^\delta}$$

für $t \geqq t_0$ gilt. Für $t \geqq 0$ ist

$$|(r_i^\delta * M_{ij}^\delta)(t) - q_i^\delta M_{ij}^\delta| = |\int_0^t r_i^\delta(t-x)\, M_{ij}^\delta(dx) - q_i^\delta M_{ij}^\delta|$$

$$\leqq |\int_0^t r_i^\delta(t-x)\, M_{ij}^\delta(dx) - q_i^\delta \int_0^t M_{ij}^\delta(dx)| + |q_i^\delta M_{ij}^\delta(t) - q_i^\delta M_{ij}^\delta| .$$

Wegen

$$|\int_0^t r_i^\delta(t-x)\, M_{ij}^\delta(dx) - q_i^\delta \int_0^t M_{ij}^\delta(dx)|$$

$$\leqq \int_0^{t-t_0} |r_i^\delta(t-x) - q_i^\delta|\, M_{ij}^\delta(dx) + \int_{t-t_0}^t |r_i^\delta(t-x) - q_i^\delta|\, M_{ij}^\delta(dx)$$

$$\leqq \frac{\varepsilon}{M_{ij}^\delta + 2R_i^\delta + 3q_i^\delta} M_{ij}^\delta + (R_i^\delta + q_i^\delta)\left(M_{ij}^\delta(t) - M_{ij}^\delta(t-t_0)\right)$$

$$\leqq \frac{\varepsilon}{M_{ij}^\delta + 2R_i^\delta + 3q_i^\delta} (M_{ij}^\delta + 2R_i^\delta + 2q_i^\delta)$$

für $t \geqq 2t_0$ und

$$|q_i^\delta M_{ij}^\delta(t) - q_i^\delta M_{ij}^\delta| < \frac{q_i^\delta \cdot \varepsilon}{M_{ij}^\delta + 2R_i^\delta + 3q_i^\delta}$$

für $t \geqq t_0$ ergibt sich dann

$$|(r_i^\delta * M_{ij}^\delta)(t) - q_i^\delta M_{ij}^\delta| < \varepsilon \quad \text{für} \quad t \geqq 2t_0 .$$

d) Berücksichtigt man erneut, daß für alle $i \in \mathcal{S}$ und $j \in \mathcal{S}_\alpha^\delta$

$$\pi_{ij}^\delta = \pi_i^\delta(\alpha)$$

gilt, so erhält man entsprechend (62), (63), (64), (46) und (65)

$$\lim_{t\to\infty} \left(v_i^\delta(t) - \sum_{\alpha=1}^{m\delta} \pi_i^\delta(\alpha) \frac{\sum_{j\in\mathcal{S}_\alpha^\delta} \pi_{j,\alpha}^\delta q_j^\delta}{\sum_{j\in\mathcal{S}_\alpha^\delta} \pi_{j,\alpha}^\delta \nu_1^\delta(j)} \right)$$

$$= q_i^\delta + \sum_{\alpha=1}^{m\delta} \sum_{j\in\mathcal{S}_\alpha^\delta} \pi_i^\delta(\alpha) \left\{ q_i^\delta \frac{\mu_2^\delta(j,j) - 2\mu_1^\delta(j,j)\, \bar{\mu}_1^\delta(i,j)}{2(\mu_1^\delta(j,j))^2} - \frac{\eta_j^\delta}{\mu_1^\delta(j,j)} \right\}$$

$$+ \lim_{t\to\infty} \sum_{j\in\mathcal{T}^\delta} q_j^\delta M_{ij}^\delta(t) .$$

Damit ist die Aussage des Satzes 3.2.5 bewiesen. ∎

Bemerkung. Im Falle $F_{ij}^\delta(t) = \begin{cases} 0, & t < 1, \\ 1, & t \geqq 1, \end{cases}$ für alle $i, j \in \mathcal{S}$ und $\delta^\infty \in \Theta_S$, d. h., der zugehörige semimarkowsche Entscheidungsprozeß kann mit seiner eingebetteten markowschen Kette identifiziert werden, ist

$$\nu_1^\delta(j) = 1$$

für alle $j \in \mathcal{S}$. Dann ist natürlich die Voraussetzung a) nicht erfüllt. Es kann aber gezeigt werden (vgl. FELLER [1]), daß, ausgehend vom Haupterneuerungssatz für arithmetische Verteilungen (vgl. z.B. NOLLAU/EWERS [2]), der hier die spezielle Form

$$\lim_{n\to\infty} \int_0^{t+n} g(t+n-t')\, M_{ij}^\delta(dt') = \frac{1}{\mu_1^\delta(j,j)} \sum_k g(t+k) \quad (\text{vgl. } (38))$$

besitzt, folgende Beziehung für v_i^δ erhalten wird:

$$\lim_{n\to\infty} (v_i^\delta(n) - (g_i^\delta n + w_i^\delta)) = 0\,, \qquad i \in \mathcal{S}\,,$$

mit

$$g_i^\delta = \sum_{\alpha=1}^{m^\delta} \pi_i^\delta(\alpha) \sum_{j\in\mathcal{S}_\alpha^\delta} \pi_{j,\alpha}^\delta q_j^\delta \tag{51'}$$

und w_i^δ entsprechend (52).

Damit hat man durch (51') insbesondere eine Darstellung für den mittleren Verlust pro Stufe $\psi_{\delta\infty}(i)$, $i \in \mathcal{S}$ (vgl. Def. 2.4.1.a)) für einen markowschen Entscheidungsprozeß gefunden und entsprechend (55) gezeigt, daß dieser mittlere Verlust pro Stufe $\psi_{\delta\infty}(i)$, $i \in \mathcal{S}$, auf den Rekurrenzklassen bez. δ konstant ist.

Ausgehend von den Aussagen der Sätze 3.2.4 und 3.2.5 ist es nun möglich, die Optimalität einer stationären Strategie δ^∞ zu definieren. Da sich die Größen g^δ im ergodischen Fall und g_i^δ, $i \in \mathcal{S}$, im nichtergodischen Fall als (pro Zeiteinheit) durchschnittliche mittlere Kosten interpretieren lassen, werden diese wie im „markowschen Fall" zur Definition einer (Durchschnitts-)Optimalität herangezogen (vgl. z.B. Denardo/Fox [1], Nollau/Ewers [2]).

3.2.6. Definition. Es sei

$$((p_{ij}^\delta)_{i,j\in\mathcal{S}}, (F_{ij}^\delta)_{i,j\in\mathcal{S}}, k^\delta, k_+^\delta)_{\delta^\infty\in\Theta_S}$$

ein semimarkowsches Entscheidungsmodell, das den Voraussetzungen des Satzes 3.2.4 bzw. 3.2.5 genügt. Dann heißt eine stationäre Strategie $\delta^{*\infty}$ *durchschnittsoptimal*, falls für alle $\delta^\infty \in \Theta_S$

$$g^{\delta^*} \leqq g^\delta$$

(ergodischer Fall) bzw.

$$g^{\delta^*} \leqq g_i^\delta$$

für alle $i \in \mathcal{S}$ (nichtergodischer Fall) gilt.

3.3. Bestimmung durchschnittsoptimaler Strategien mittels des Howard-Algorithmus (ergodischer Fall)

In den folgenden drei Abschnitten beschäftigen wir uns mit Methoden der Bestimmung durchschnittsoptimaler Strategien. Dabei handelt es sich um Strategieverbesserungsverfahren vom howardschen Typ sowie in einem weiteren Abschnitt 3.6 um ein Verfahren der sukzessiven Approximation vom whiteschen Typ. Zunächst geben wir für den ergodischen Fall das folgende Lemma an.

3.3.1. Lemma. *Ein semimarkowsches Entscheidungsmodell*

$$((p_{ij}^\delta)_{i,j\in\mathcal{S}}, (F_{ij}^\delta)_{i,j\in\mathcal{S}}, k^\delta, k_+^\delta)_{\delta^\infty\in\Theta_S}$$

genüge den Voraussetzungen von Satz 3.2.4. *Dann sind* $G = g^\delta$ *und* $W(i) = w_i^\delta$, $i \in \mathcal{S}$, *Lösungen des Gleichungssystems*

$$W(i) + G\nu_1^\delta(i) = q_i^\delta + \sum_{j\in\mathcal{S}} p_{ij}^\delta W(j)\,, \qquad i \in \mathcal{S}\,. \tag{1}$$

Bevor wir diese Aussage beweisen, sei bemerkt, daß die Gleichung (1) wie im Falle markowscher Entscheidungsprozesse (vgl. Abschnitt 2.4.1, (2.4.19)) für die Bestimmung (durchschnitts-)optimaler Strategien bei semimarkowschen Entscheidungsmodellen von entscheidender Bedeutung ist. Entsprechend dieser Bedeutung wurden verschiedene Beweismethoden für dieses Lemma angegeben. Während z.B. DERMAN [1] und JEWELL [2] die von HOWARD [1] für markowsche Entscheidungsprozesse entwickelte Methode der Cesaro-Mittel bez. der Übergangsmatrizen $P^\delta = (p_{ij}^\delta)_{i,j\in\mathscr{S}}$ der eingebetteten markowschen Ketten zum Beweis von (1) heranziehen, beweist HOWARD [2] (1) ausgehend von den Gleichungen (3.2.7) und (3.2.20). Wir werden eine Verallgemeinerung dieser Beweismethode im nichtergodischen Fall verwenden (vgl. Lemma 3.4.1). Der im folgenden angegebene Beweis (vgl. NOLLAU [1]) stützt sich auf eine einfache Beziehung zwischen den ersten Momenten $\nu_1^\delta(i)$, $i \in \mathscr{S}$, der Verweilzeitverteilungen und den ersten Momenten $\mu_1(i, j)$ der Verteilungsfunktionen G_{ij}^δ, $_{i,j\in\mathscr{S}}$ der (bedingten) j-Erneuerungen.

Beweis: Auf Grund von

$$\mu_1^\delta(i,j) = \nu_1^\delta(i) + \sum_{k\in\mathscr{S}\setminus\{j\}} p_{ik}^\delta \mu_1^\delta(k,j)\,, \qquad i,j \in \mathscr{S}\,,$$

(vgl. z.B. JEWELL [2], NOLLAU [1]) ist

$$\sum_{j\in\mathscr{S}} \frac{q_j^\delta}{\mu_1^\delta(j,j)} \mu_1^\delta(i,j) = \sum_{j\in\mathscr{S}} \frac{q_j^\delta}{\mu_1^\delta(j,j)} \nu_1^\delta(i) + \sum_{j\in\mathscr{S}} \sum_{k\in\mathscr{S}\setminus\{j\}} \frac{q_j^\delta}{\mu_1^\delta(j,j)} p_{ik}^\delta \mu_1^\delta(k,j)\,. \tag{2}$$

Folglich gilt (bei Vertauschung der Summationsindizes j und k auf der rechten Seite und Multiplikation mit (-1))

$$\begin{aligned} \sum_{j\in\mathscr{S}} \frac{q_j^\delta}{\mu_1^\delta(j,j)} \nu_1^\delta(i) - \sum_{j\in\mathscr{S}} \frac{q_j^\delta}{\mu_1^\delta(j,j)} \mu_1^\delta(i,j) &= -\sum_{j\in\mathscr{S}} \sum_{k\in\mathscr{S}} \frac{q_j^\delta}{\mu_1^\delta(j,j)} p_{ik}^\delta \mu_1^\delta(k,j) \\ + \sum_{j\in\mathscr{S}} \frac{q_j^\delta}{\mu_1^\delta(j,j)} p_{ij}^\delta \mu_1^\delta(j,j) &= -\sum_{k\in\mathscr{S}} \sum_{j\in\mathscr{S}} \frac{q_k^\delta}{\mu_1^\delta(k,k)} p_{ij}^\delta \mu_1^\delta(j,k) + \sum_{j\in\mathscr{S}} q_j^\delta p_{ij}^\delta\,. \end{aligned} \tag{3}$$

Addiert man auf der linken bzw. der rechten Seite der ersten bzw. der zweiten Gleichung (3) die offensichtlich identischen Terme

$$q_i^\delta + \sum_{j\in\mathscr{S}} q_j^\delta \frac{\mu_2^\delta(j,j)}{2(\mu_1^\delta(j,j))^2} - \sum_{j\in\mathscr{S}} \frac{\eta_j^\delta}{\mu_1^\delta(j,j)}$$

bzw.

$$q_i^\delta + \sum_{j\in\mathscr{S}} p_{ij}^\delta \left(\sum_{k\in\mathscr{S}} q_k^\delta \frac{\mu_2^\delta(k,k)}{2(\mu_1^\delta(k,k))^2} - \sum_{k\in\mathscr{S}} \frac{\eta_k^\delta}{\mu_1^\delta(k,k)} \right),$$

so erhält man

$$\begin{aligned} &\left(q_i^\delta + \sum_{j\in\mathscr{S}} q_j^\delta \frac{\mu_2^\delta(j,j)}{2(\mu_1^\delta(j,j))^2} - \sum_{j\in\mathscr{S}} q_j^\delta \frac{\mu_1^\delta(i,j)}{\mu_1^\delta(j,j)} - \sum_{j\in\mathscr{S}} \frac{\eta_j^\delta}{\mu_1^\delta(j,j)} \right) + \left(\sum_{j\in\mathscr{S}} \frac{q_j^\delta}{\mu_1^\delta(j,j)} \right) \nu_1^\delta(i) \\ &= q_i^\delta + \left(\sum_{j\in\mathscr{S}} p_{ij}^\delta \left(q_j^\delta + \sum_{k\in\mathscr{S}} q_k^\delta \frac{\mu_2^\delta(k,k)}{2(\mu_1^\delta(k,k))^2} - \sum_{k\in\mathscr{S}} q_k^\delta \frac{\mu_1^\delta(j,k)}{\mu_1^\delta(k,k)} \right) - \sum_{j\in\mathscr{S}} p_{ij}^\delta \sum_{k\in\mathscr{S}} \frac{\eta_k^\delta}{\mu_1^\delta(k,k)} \right). \end{aligned} \tag{4}$$

Entsprechend (3.2.21), (3.2.48) und (3.2.22) ergibt sich aus der voranstehenden Gleichung (4)

$$w_i^\delta + g^\delta \nu_1^\delta(i) = q_i^\delta + \sum_{j\in\mathscr{S}} p_{ij}^\delta w_j^\delta\,, \qquad i \in \mathscr{S}\,, \tag{5}$$

was zu zeigen war. ∎

Das lineare Gleichungssystem (vgl. (1))

$$W(i) + Gv_1^\delta(i) = q_i^\delta + \sum_{j\in\mathcal{S}} p_{ij}^\delta W(j)\,, \qquad i \in \mathcal{S}\,,$$

ist bez. $W(i)$, $i \in \mathcal{S}$, nicht eindeutig lösbar, da neben

$$W(i) = w_i^\delta\,, \qquad i \in \mathcal{S}\,,$$

und $G = g^\delta$ für jedes reelle c die Größen v_i^δ mit

$$v_i^\delta = w_i^\delta + c\,, \qquad i \in \mathcal{S}\,,$$

und g^δ als Lösungen für $W(i)$ bzw. G von (1) sind. So erhält man insbesondere für jeden Zustand $i_0 \in \mathcal{S}$ mittels

$$v_i^\delta(i_0) + w_i^\delta - w_{i_0}^\delta\,, \qquad i \in \mathcal{S}\,,$$

und g^δ als Lösungen $W(i)$ und G von (1).

Das lineare Gleichungssystem (1) kann folglich auch in der Form

$$\begin{aligned} v_i^\delta(i_0) + g^\delta v_1^\delta(i) &= q_i^\delta + \sum_{j\in\mathcal{S}\setminus\{i_0\}} p_{ij}^\delta v_j^\delta(i_0) \qquad (i \neq i_0)\,,\\ g^\delta v_1^\delta(i_0) &= q_{i_0}^\delta + \sum_{j\in\mathcal{S}\setminus\{i_0\}} p_{i_0 j}^\delta v_j^\delta(i_0) \end{aligned} \tag{6}$$

angegeben werden.

3.3.2. Lemma (Denardo/Fox [1]). *Das lineare Gleichungssystem*

$$\begin{aligned} V(i) + Gv_1^\delta(i) &= q_i^\delta + \sum_{j\in\mathcal{S}\setminus\{i_0\}} p_{ij}^\delta V(j) \qquad (i \neq i_0)\,,\\ Gv_1^\delta(i_0) &= q_{i_0}^\delta + \sum_{j\in\mathcal{S}\setminus\{i_0\}} p_{i_0 j}^\delta V(j) \end{aligned} \tag{7}$$

ist eindeutig lösbar.

Beweis. Es bezeichne

$$V[i_0] = \big(V(i)\big)_{i\in\mathcal{S}\setminus\{i_0\}}\,,$$
$$\nu^\delta[i_0] = \big(\nu_1^\delta(i)\big)_{i\in\mathcal{S}\setminus\{i_0\}}\,,$$
$$q^\delta[i_0] = (q_i^\delta)_{i\in\mathcal{S}\setminus\{i_0\}}\,,$$
$$p^\delta[i_0] = (p_{i_0 j}^\delta)_{j\in\mathcal{S}\setminus\{i_0\}}\,,$$
$$P^\delta[i_0] = (p_{ij}^\delta)_{i,j\in\mathcal{S}\setminus\{i_0\}}\,,$$

dann hat (7) die Form

$$\begin{aligned} V[i_0] + G\nu^\delta[i_0] &= q^\delta[i_0] + P^\delta[i_0]\, V[i_0]\,,\\ Gv_1^\delta(i_0) &= q_{i_0}^\delta + (p^\delta[i_0])^\mathsf{T}\, V[i_0]\,. \end{aligned} \tag{8}$$

Nach Voraussetzung ist $P^\delta = (p_{ij}^\delta)_{i,j\in\mathcal{S}}'$ die Übergangsmatrix einer ergodischen markowschen Kette. Folglich existiert mindestens ein Zustand $i' \in \mathcal{S}$ mit $i' \neq i_0$ und

$$\sum_{j\in\mathcal{S}\setminus\{i_0\}} p_{i'j}^\delta < 1\,.$$

Also ist die Matrix $I - P^\delta[i_0]$ (I — Einheitsmatrix) invertierbar (vgl. z.B. Varga [1]). Das Gleichungssystem (8) hat folglich die durch

$$V[i_0] = (I - P^\delta[i_0])^{-1}\,(q^\delta[i_0] - G\nu^\delta[i_0]) \tag{9}$$

und

$$G = \frac{q_{i_0}^\delta + (p^\delta[i_0])^\mathsf{T}\,(I - P^\delta[i_0])^{-1}\, q^\delta[i_0]}{v_1^\delta(i_0) + (p^\delta[i_0])^\mathsf{T}\,(I - P^\delta[i_0])^{-1}\,\nu^\delta[i_0]} \tag{10}$$

gegebene eindeutig bestimmte Lösung

$$G = g^\delta \quad \text{und} \quad V(i) = v_i^\delta(i_0) = w_i^\delta - w_{i_0}^\delta, \qquad i \in \mathcal{S}. \blacksquare,$$

Aufbauend auf der Aussage dieses Lemmas kann nun ein Wertverbesserungsverfahren zur Bestimmung einer durchschnittsoptimalen Strategie angegeben werden. Dieser Algorithmus, der von HOWARD [1] erstmalig für markowsche Entscheidungsprozesse angegeben wurde, basiert im semimarkowschen Fall auf der folgenden Aussage.

3.3.3. Satz. *Es sei*

$$\left((p_{ij}^\delta)_{i,j\in\mathcal{S}}, (F_{ij}^\delta)_{i,i\in\mathcal{S}}, k^\delta, k_+^\delta\right)_{\delta^\infty\in\Theta_S}$$

ein semimarkowsches Entscheidungsmodell, das den Voraussetzungen des Satzes 3.2.4 genügt. Sind $\delta_1^\infty, \delta_2^\infty \in \Theta_S$ mit der Eigenschaft, daß für jeden Zustand $i \in \mathcal{S}$ entweder

a) $v_i^{\delta_1} + g^{\delta_1}\nu_1^{\delta_2}(i) > q_i^{\delta_2} + \sum\limits_{j\in\mathcal{S}} p_{ij}^{\delta_2} v_j^{\delta_1}$

oder

b) $\delta_1(i) = \delta_2(i)$

gilt, so folgt aus $\delta_1 \neq \delta_2$ (d. h., es existiert mindestens ein $i' \in \mathcal{S}$, für das nicht b) *gilt) stets $g^{\delta_1} > g^{\delta_2}$.*

Beweis: a) Genügt ein Zustand $i \in \mathcal{S}$ der Bedingung b), so ergibt sich für alle $j \in \mathcal{S}$

$$p_{ij}^{\delta_1} = p(j \mid i, \delta_1(i)) = p(j \mid i, \delta_2(i)) = p_{ij}^{\delta_2},$$

$$F_{ij}^{\delta_1}(t) = F_{ij}^{\delta_1(i)}(t) = F_{ij}^{\delta_2(i)}(t) = F_{ij}^{\delta_2}(t), \qquad t \geqq 0,$$

sowie

$$k^{\delta_1}(i, j, t) = k^{\delta_1(i)}(i, j, t) = k^{\delta_2(i)}(i, j, t) = k^{\delta_2}(i, j, t).$$

Folglich gilt für diesen Zustand i

$$\nu_i^{\delta_1} = \sum_{j\in\mathcal{S}} p_{ij}^{\delta_1} \int_0^\infty t F_{ij}^{\delta_1}(\mathrm{d}t) = \nu_i^{\delta_2}$$

sowie

$$q_i^{\delta_1} = \sum_{j\in\mathcal{S}} p_{ij}^{\delta_1} \int_0^\infty k^{\delta_1}(i, j, t)\, F_{ij}^{\delta_1}(\mathrm{d}t) = q_i^{\delta_2}$$

und

$$v_i^{\delta_1} + g^{\delta_1}\nu_i^{\delta_2} = q_i^{\delta_2} + \sum_{j\in\mathcal{S}} p_{ij}^{\delta_2} v_j^{\delta_1}.$$

Falls nun $\delta_1 \neq \delta_2$ ist, so besteht für mindestens ein $i' \in \mathcal{S}$ die Ungleichung

$$\delta_1(i') \neq \delta_2(i').$$

Entsprechend den oben angegebenen Voraussetzungen ist dann (vgl. a)):

$$v_{i'}^{\delta_1} + g^{\delta_1}\nu_1^{\delta_2}(i') > q_{i'}^{\delta_2} + \sum_{j\in\mathcal{S}} p_{i'j}^{\delta_2} v_j^{\delta_1}. \tag{11}$$

Bezeichnet nun $(\pi_i^{\delta_2})_{i\in\mathcal{S}}$ die stationäre Anfangsverteilung der eingebetteten markowschen Kette mit der Übergangsmatrix $P^{\delta_2} = (p_{ij}^{\delta_2})_{i,j\in\mathcal{S}}$, dann gilt — wegen der durch a) und b) gegebenen Alternative — nach (11)

$$\sum_{i\in\mathcal{S}} \pi_i^{\delta_2} v_i^{\delta_1} + g^{\delta_1} \sum_{i\in\mathcal{S}} \pi_i^{\delta_2} \nu_1^{\delta_2}(i) > \sum_{i\in\mathcal{S}} \pi_i^{\delta_2} q_i^{\delta_2} + \sum_{i\in\mathcal{S}} \pi_i^{\delta_2} \sum_{j\in\mathcal{S}} p_{ij}^{\delta_2} v_j^{\delta_1}. \tag{12}$$

Unter Beachtung von

$$\sum_{i\in\mathcal{S}} \pi_i^{\delta_2} p_{ij}^{\delta_2} = \pi_j^{\delta_2}$$

erhält man dann

$$g^{\delta_1} > \frac{\sum\limits_{i\in\mathcal{S}} \pi_i^{\delta_2} q_i^{\delta_2}}{\sum\limits_{i\in\mathcal{S}} \pi_i^{\delta_2} \nu_1^{\delta_2}(i)} = g^{\delta_2}\,. \tag{13}$$

b) Im Falle, daß ein Zustand $i \in \mathcal{S}$ die Bedingung a) erfüllt, folgt entsprechend (11) in gleicher Weise die Beziehung (13). ∎

Algorithmisch kann daraus resultierend für die Bestimmung einer optimalen Strategie und der minimalen durchschnittlichen mittleren Kosten (pro Zeiteinheit) gemäß Ablaufplan 3.3.1 vorgegangen werden:

Ablaufplan 3.3.1.

Vorgabe einer stationären (Anfangs-)Strategie $\delta_{(1)}^{\infty}$ sowie Wertes $G_0 = \infty$ (vgl. Abschnitt 2.4.2)

↓

Lege einen „Bezugszustand"

$$i_0 \in \mathcal{S} \quad \text{mit} \quad V_k(i_0) = 0\,, \qquad k = 1, 2, \ldots, \quad \text{fest}$$

↓

$k := 1$

↓

Bestimme G_k und $V_k(i)$, $i \in \mathcal{S} \setminus \{i_0\}$, als Lösungen des Gleichungssystems

$$V_k(i) + \nu_1^{\delta(k)}(i)\, G_k = q_i^{\delta(k)} + \sum_{j\in\mathcal{S}} p_{ij}^{\delta(k)}\, V_k(j)\,, \qquad i \in \mathcal{S} \tag{14}$$

↓

Test: Gilt $G_k = G_{k-1}$?

ja → Abbruch des Verfahrens

↓ nein

Zu jedem $i \in \mathcal{S}$ bestimme die Teilmenge $\mathcal{E}^k(i)$ von Entscheidungen:

$$\mathcal{E}^k(i) = \Big\{ d' \in \mathcal{D} : \frac{1}{\nu_1^{d'}(i)} \Big[q_i^{d'} + \sum_{j\in\mathcal{S}} p(j \mid i, d')\, V_k(j) - V_k(i)\Big] = $$
$$= \min_{d\in\mathcal{D}} \frac{1}{\nu_1^{d}(i)} \Big[q_i^{d} + \sum_{j\in\mathcal{S}} p(j \mid i, d)\, V_k(j) - V_k(i)\Big]\Big\}\,. \tag{15}$$

Dabei bezeichnen

$$\nu_1^d(i) := \sum_{j\in\mathcal{S}} p(j \mid i, d) \int_0^\infty t F_{ij}^d(\mathrm{d}t)\,,$$

$$q_i^d := \sum_{j\in\mathcal{S}} p(j \mid i, d) \int_0^\infty k^\delta(i, j, t)\, F_{ij}^d(\mathrm{d}t)$$

↓

Konstruiere $\delta_{(k+1)}^{\infty}$ durch $\delta_{(k+1)}(i) := \delta_{(k)}(i)$, falls $\delta_{(k)}(i) \in \mathcal{E}^k(i)$, ansonsten wähle $\delta_{(k+1)}(i) \in \mathcal{E}^k(i)$ beliebig

→ $k := k + 1$ → zurück zu „Bestimme G_k und $V_k(i)$ …"

Abbruch des Verfahrens: $\delta^{*\infty}$ mit $\delta^* = \delta_{(k)}$ ist eine optimale Strategie, und $G_k = g^{\delta(k)}$ sind die minimalen durchschnittlichen mittleren Kosten (pro Zeiteinheit)

Wegen der Endlichkeit der Zustands- und Entscheidungsräume ist dieser Algorithmus ein Verfahren, bei dem man nach endlich vielen Iterationsschritten eine optimale Strategie und die minimalen durchschnittlichen Kosten (pro Zeiteinheit) erhält, wie folgende Überlegung zeigt: Entsprechend der Konstruktion des Howard-Algorithmus erfüllen jeweils zwei Strategien $\delta_{(k)}^{\infty}, \delta_{(k+1)}^{\infty}$, $k = 1, 2, \ldots$, die Voraussetzungen von Satz 3.3.3, so daß entweder

$$\delta_{(k)} \neq \delta_{(k+1)} \quad \text{und damit} \quad g^{\delta(k)} > g_{(\delta_{k+1})}$$

oder

$$\delta_{(k)} = \delta_{(k+1)} \quad \text{und damit} \quad g^{\delta(k)} = g^{\delta(k+1)},$$

d. h. $G_k = G_{k+1}$ gilt. Wegen der Endlichkeit von Zustands- und Entscheidungsraum und durch die Konstruktion von $\delta_{(k+1)}$ aus $\delta_{(k)}$, die das wiederholte Auftreten einer Strategie im Laufe des Iterationsverfahrens ausschließt (d. h. Zyklenfreiheit), existiert ein endlicher Wert k_0 mit $G_{k_0} = G_{k_0-1}$ (d. h. Abbruch).

Auf Grund der Definition der optimalen Strategie $\delta^{*\infty}$ (vgl. Definition 3.2.6) ist

$$g^{\delta^*} = \min_{\delta^\infty \in \Theta_S} g^{\delta}.$$

Damit ergibt sich entsprechend der eindeutigen Lösbarkeit von

$$V(i) + G v_1^{\delta}(i) = q_i^{\delta} + \sum_{j \in \mathcal{S}} p_{ij}^{\delta} V(j) \tag{16}$$

mit $V(i_0) = 0$ (Lemma 3.3.2):

$$g^{\delta^*} = \min_{\delta^\infty \in \Theta_S} \left(\frac{1}{v_1^{\delta}(i)} \left(q_i^{\delta} + \sum_{j \in \mathcal{S}} p_{ij}^{\delta} V(j) - V(i)\right)\right), \qquad i \in \mathcal{S}.$$

Ist also $G_{k_0} = G_{k_0+1}$, so gilt nach Satz 3.3.3

$$\delta_{(k_0)} = \delta_{(k_0+1)}$$

und entsprechend (15)

$$\min_{\delta^\infty \in \Theta_S} \left(\frac{1}{v_1^{\delta}(i)} \left(q_i^{\delta} + \sum_{j \in \mathcal{S}} p_{ij}^{\delta} V_{k_0}(j) - V_{k_0}(i)\right)\right)$$

$$= \frac{1}{v_1^{\delta(k_0+1)}(i)} \left(q_i^{\delta(k_0+1)} + \sum_{j \in \mathcal{S}} p_{ij}^{\delta(k_0+1)} V_{k_0}(j) - V_{k_0}(i)\right)$$

$$= \frac{1}{v_1^{\delta(k_0)}(i)} \left(q_i^{\delta(k_0)} + \sum_{j \in \mathcal{S}} p_{ij}^{\delta(k_0)} V_{k_0}(j) - V_{k_0}(i)\right) = G_{k_0}$$

für alle $i \in \mathcal{S}$. Also ist wegen der eindeutigen Lösbarkeit von (16) $G_{k_0} = g^{\delta^*}$, und $\delta_{(k_0)}^{\infty}$ ist eine optimale Strategie.

3.4. Bestimmung durchschnittsoptimaler Strategien mittels des Howard-Algorithmus (nichtergodischer Fall)

In diesem Abschnitt verallgemeinern wir sowohl die Resultate des voranstehenden Abschnittes als auch die Aussagen zum Howard-Algorithmus für markowsche Entscheidungsprobleme (vgl. 2.4.2) auf den nichtergodischen Fall.

Unter Heranziehung der Aussagen des voranstehenden Abschnittes wird wie im ergodischen Fall (vgl. (3.1.1)) ein lineares Gleichungssystem für g_i^δ und w_i^δ, $i \in \mathcal{S}$, zum Ausgangspunkt eines Algorithmus zur Bestimmung durchschnittsoptimaler Strategien. Im einzelnen erhält man das folgende (die Aussage von Lemma 3.3.1 verallgemeinernde)

3.4.1. Lemma. *Ein semimarkowsches Entscheidungsmodell*

$$\left((p_{ij}^\delta)_{i,j\in\mathcal{S}}, (F_{ij}^\delta)_{i,j\in\mathcal{S}}, k^\delta, k_+^\delta\right)_{\delta^\infty\in\Theta_S}$$

genüge den Voraussetzungen von Satz 3.2.5. Dann sind $G(i) = g_i^\delta$ und $W(i) = w_i^\delta$, $i \in \mathcal{S}$, Lösungen des folgenden Gleichungssystems

$$W(i) + \sum_{j\in\mathcal{S}} p_{ij}^\delta \nu_1^\delta(i,j)\, G(j) = q_i^\delta + \sum_{j\in\mathcal{S}} p_{ij}^\delta W(j) \quad (i \in \mathcal{S}) \tag{1}$$

und

$$G(i) = \sum_{j\in\mathcal{S}} p_{ij}^\delta G(j)\,, \qquad i \in \mathcal{S}\,. \tag{2}$$

Beweis. Für $i \in \mathcal{S}$, $\delta^\infty \in \Theta_S$ und $t \geqq 0$ bezeichne

$$\varphi_i^\delta(t) := v_i^\delta(t) - g_i^\delta t - w_i^\delta\,. \tag{3}$$

Weiter gilt nach Satz 3.2.3 (vgl. auch (3.2.17'))

$$v_i^\delta(t) = r_i^\delta(t) + \sum_{j\in\mathcal{S}} p_{ij}^\delta \int_0^t v_j^\delta(t-t')\, F_{ij}^\delta(\mathrm{d}t')\,. \tag{4}$$

Daraus folgend erhält man für die beiden Seiten dieser Gleichung (4) einerseits

$$v_i^\delta(t) = v_i^\delta(t) - g_i^\delta\, t - w_i^\delta + g_i^\delta\, t + w_i^\delta = \varphi_i^\delta(t) + g_i^\delta t + w_i^\delta\,, \tag{5}$$

und andererseits ist

$$\begin{aligned} & r_i^\delta(t) + \sum_{j\in\mathcal{S}} p_{ij}^\delta \int_0^t v_j^\delta(t-t')\, F_{ij}^\delta(\mathrm{d}t') \\ &= r_i^\delta(t) - q_i^\delta + q_i^\delta + \sum_{j\in\mathcal{S}} p_{ij}^\delta \int_0^t \{v_j^\delta(t-t') - g_j^\delta\cdot(t-t') - w_j^\delta\}\, F_{ij}^\delta(\mathrm{d}t') \\ &\quad + \sum_{j\in\mathcal{S}} p_{ij}^\delta g_j^\delta t F_{ij}^\delta(t) - \sum_{j\in\mathcal{S}} p_{ij}^\delta g_j^\delta \int_0^t t' F_{ij}^\delta(\mathrm{d}t') + \sum_{j\in\mathcal{S}} p_{ij}^\delta w_j^\delta \int_0^t F_{ij}^\delta(\mathrm{d}t')\,. \end{aligned} \tag{6}$$

Darüberhinaus gilt entsprechend (3)

$$\int_0^t \{v_j^\delta(t-t') - g_j^\delta\cdot(t-t') - w_j^\delta\}\, F_{ij}^\delta(\mathrm{d}t') = (\varphi_j^\delta * F_{ij}^\delta)\,(t) \qquad (t \geqq 0) \tag{7}$$

sowie

$$-\int_0^t t' F_{ij}^\delta(\mathrm{d}t') = -\nu_1^\delta(i,j) + \int_t^\infty t' F_{ij}^\delta(\mathrm{d}t') \tag{8}$$

und

$$\int_0^t F_{ij}^\delta(\mathrm{d}t') = 1 - \int_t^\infty F_{ij}^\delta(\mathrm{d}t')\,. \tag{9}$$

Folglich erhält man mit (5)

für (6) die Form

$$\varphi_i^\delta(t) + g_i^\delta t + w_i^\delta = r_i^\delta(t) - q_i^\delta + q_i^\delta + \sum_{j\in\mathcal{S}} p_{ij}^\delta (F_{ij}^\delta * \varphi_j^\delta)(t)$$

$$+ \sum_{j\in\mathcal{S}} p_{ij}^\delta g_j^\delta t F_{ij}^\delta(t) - \sum_{j\in\mathcal{S}} p_{ij}^\delta g_j^\delta \nu_1^\delta(i,j) + \sum_{j\in\mathcal{S}} p_{ij}^\delta g_j^\delta \int_t^\infty t' F_{ij}^\delta(\mathrm{d}t')$$

$$+ \sum_{j\in\mathcal{S}} p_{ij}^\delta w_j^\delta - \sum_{j\in\mathcal{S}} p_{ij}^\delta w_j^\delta \int_t^\infty F_{ij}^\delta(\mathrm{d}t'), \tag{6'}$$

wobei die Beziehungen (7), (8) und (9) herangezogen wurden.

Eine einfache Umformung von (6') führt dann zu

$$\Big(g_i^\delta - \sum_{j\in\mathcal{S}} p_{ij}^\delta g_j^\delta F_{ij}^\delta(t)\Big)\, t$$

$$= -\varphi_i^\delta(t) + \big(r_i^\delta(t) - q_i^\delta\big) + \sum_{j\in\mathcal{S}} p_{ij}^\delta (F_{ij}^\delta * \varphi_j^\delta)(t) + \sum_{j\in\mathcal{S}} p_{ij}^\delta g_j^\delta \int_t^\infty t' F_{ij}^\delta(\mathrm{d}t') -$$

$$- \sum_{j\in\mathcal{S}} p_{ij}^\delta w_j^\delta \int_t^\infty F_{ij}^\delta(\mathrm{d}t') - w_i^\delta - \sum_{j\in\mathcal{S}} p_{ij}^\delta \nu_1^\delta(i,j)\, g_j^\delta + q_i^\delta + \sum_{j\in\mathcal{S}} p_{ij}^\delta w_j^\delta. \tag{10}$$

Entsprechend den Aussagen bzw. Voraussetzungen des Satzes 3.2.5 gilt

$$\lim_{t\to\infty} \varphi_i^\delta(t) = 0, \qquad \lim_{t\to\infty} \big(r_i^\delta(t) - q_i^\delta\big) = 0, \qquad i \in \mathcal{S},$$

$$\lim_{t\to\infty} \sum_{j\in\mathcal{S}} p_{ij}^\delta (F_{ij}^\delta * \varphi_j^\delta)(t) = 0, \qquad i \in \mathcal{S},$$

$$\lim_{t\to\infty} \int_t^\infty t' F_{ij}^\delta(\mathrm{d}t') = 0, \qquad i, j \in \mathcal{S},$$

und

$$\lim_{t\to\infty} \int_t^\infty F_{ij}^\delta(\mathrm{d}t') = 0, \qquad i, j \in \mathcal{S}$$

Also ist nach (10)

$$\lim_{t\to\infty} \Big(g_i^\delta - \sum_{j\in\mathcal{S}} p_{ij}^\delta g_j^\delta F_{ij}^\delta(t)\Big)\, t = -w_i^\delta - \sum_{j\in\mathcal{S}} p_{ij}^\delta \nu_1^\delta(i,j)\, g_j^\delta + q_i^\delta + \sum_{j\in\mathcal{S}} p_{ij}^\delta w_j^\delta, \tag{11}$$

d. h., es gilt notwendigerweise wegen $F_{ij}^\delta(t) \uparrow 1$ für $t \to \infty$

$$g_i^\delta = \sum_{j\in\mathcal{S}} p_{ij}^\delta g_j^\delta, \qquad i \in \mathcal{S}.$$

Nach Voraussetzung (3) von Satz 3.2.5 gilt

$$\nu_2^\delta(i,j) = \int_0^\infty t^2\, F_{ij}^\delta(\mathrm{d}t) < \infty.$$

Wegen

$$\nu_2^\delta(i,j) = \int_0^\infty t^2 F_{ij}^\delta(\mathrm{d}t) = 2\int_0^\infty t\big(1 - F_{ij}^\delta(t)\big)\, \mathrm{d}t$$

ist folglich

$$\lim_{t\to\infty} t\big(1 - F_{ij}^\delta(t)\big) = 0.$$

Man erhält also wegen $g_i^\delta = \sum_{j\in\mathcal{S}} p_{ij}^\delta g_j^\delta$

$$\lim_{t\to\infty} \Big(g_i^\delta - \sum_{j\in\mathcal{S}} p_{ij}^\delta g_j^\delta F_{ij}^\delta(t)\Big)\, t = \lim_{t\to\infty} \sum_{j\in\mathcal{S}} p_{ij}^\delta g_j^\delta \big(1 - F_{ij}^\delta(t)\big)\, t = 0,$$

d. h., es gilt folglich

$$w_i^\delta + \sum_{j\in\mathcal{S}} p_{ij}^\delta \nu_1^\delta(i,j)\, g_j^\delta = q_j^\delta + \sum_{j\in\mathcal{S}} p_{ij}^\delta w_j^\delta\,, \qquad i \in \mathcal{S}\,, \tag{12}$$

was zu zeigen war. ▌

Das lineare Gleichungssystem

$$W(i) + \sum_{j\in\mathcal{S}} p_{ij}^\delta \nu_1^\delta(i,j)\, G(j) = q_i^\delta + \sum_{j\in\mathcal{S}} p_{ij}^\delta W(j)\,, \tag{12'}$$

$$G(i) = \sum_{j\in\mathcal{S}} p_{ij}^\delta G(j) \tag{12''}$$

ist wie (3.3.1) bez. $W(i)$, $i \in \mathcal{S}$, nicht eindeutig lösbar, da neben $w_i^\delta, i \in \bigcup_{\alpha=1}^{m^\delta} \mathcal{S}_\alpha^\delta$, ($m^\delta$ — Anzahl der Rekurrenzklassen $\mathcal{S}_\alpha^\delta$ bez. δ) für jedes m^δ-Tupel $(C_\alpha)_{\alpha=1,\dots,m^\delta}$ von reellen Zahlen die Größen v_i^δ mit

$$v_i^\delta = w_i^\delta + C_\alpha\,, \qquad i \in \mathcal{S}_\alpha^\delta\,, \qquad \alpha = 1, \dots, m^\delta\,,$$

als Lösungen bez. $W(i)$ auftreten. Eine ausführliche Diskussion zur Struktur der Lösungsmenge findet man in Schweitzer/Federgruen [2]. Es gilt aber das folgende

3.4.2. Lemma. *Das lineare Gleichungssystem*

$$V(i) + G(i)\, \nu_1^\delta(i) = q_i^\delta + \sum_{j\in\mathcal{S}} p_{ij}^\delta V(j)\,, \qquad i \in \mathcal{S}\,, \tag{13'}$$

$$G(i) = \sum_{j\in\mathcal{S}} p_{ij}^\delta G(j)\,, \qquad i \in \mathcal{S}\,, \tag{13''}$$

mit

$$V(i_\alpha) = 0\,, \qquad \alpha = 1, \dots, m^\delta\,,$$

für jedes m^δ-Tupel $(i_1, \dots, i_{m^\delta})$, $i_\alpha \in \mathcal{S}_\alpha^\delta$, ist bez. $G(i)$ und $V(i)$, $i \in \mathcal{S}$, eindeutig lösbar. Dabei sind

$$G(i) = g_i^\delta\,, \qquad i \in \mathcal{S}\,,$$

und

$$V(i) = w_i^\delta - w_{i_\alpha}^\delta\,, \qquad i \in \mathcal{S}_\alpha^\delta\,, \qquad \alpha = 1, \dots, m^\delta\,.$$

Bevor wir die Aussage beweisen, bemerken wir, daß die Gleichungen (12′) und (13′) jeweils für alle rekurrenten Zustände identisch sind, da g_i^δ und $G(i)$ auf den Rekurrenzklassen bez. δ (vgl. (3.2.51), (3.2.55) und (13″)) konstant sind und $p_{ij}^\delta = 0$ gilt, falls i und j unterschiedlichen Rekurrenzklassen bez. δ angehören oder j ein bez. δ transienter Zustand ist.

Damit sind nach (3.2.51) die Werte $g_i^\delta, i \in \mathcal{T}^\delta$, eindeutig bestimmt und stimmen nach (13″) jeweils mit den Werten $G(i)$ überein. Die Unterschiedlichkeit von (12′) und (13′) bezieht sich auf die transienten Zustände; hinsichtlich einer optimalen Strategie spielen aber die Werte $V(i)$, $i \in \mathcal{T}^\delta$, keine Rolle, so daß das einfacher strukturierte Gleichungssystem (13′) anstelle von (12′) mit den also bez. $G(i)$, $i \in \mathcal{S}$, und $V(i)$, $i \in \mathcal{S} \setminus \mathcal{T}^\delta$, identischen Lösungen betrachtet werden kann.

Beweis: a) Es bezeichne im weiteren

$$\mathcal{S}^\delta := \bigcup_{\alpha=1}^{m} \mathcal{S}_\alpha^\delta$$

die Menge aller bez. δ rekurrenten Zustände von $\mathcal{S}$,

$$P_{\mathcal{S}^\delta\mathcal{S}^\delta}^\delta := (p_{ij}^\delta)_{i,j\in\mathcal{S}^\delta}\,, \qquad P_{\mathcal{S}_\alpha^\delta\mathcal{S}_\alpha^\delta}^\delta := (p_{ij}^\delta)_{i,j\in\mathcal{S}_\alpha^\delta}$$

und

$$P_{\mathcal{T}^\delta\mathcal{S}^\delta}^\delta := (p_{ij}^\delta)_{i\in\mathcal{T}^\delta, j\in\mathcal{S}^\delta}\,, \qquad P_{\mathcal{T}^\delta\mathcal{T}^\delta}^\delta := (p_{ij}^\delta)_{i,j\in\mathcal{T}^\delta}\,.$$

O.B.d.A. werde dabei für $P^\delta = (p_{ij}^\delta)_{i,j\in\mathscr{S}}$ die folgende *kanonische Struktur* vorausgesetzt:

$$P^\delta = \left(\begin{array}{cccc|c} P^\delta_{\mathscr{S}_1^\delta\mathscr{S}_1^\delta} & 0 & & 0 & 0 \\ 0 & P^\delta_{\mathscr{S}_2^\delta\mathscr{S}_2^\delta} & \dots & 0 & 0 \\ \vdots & & & \vdots & \vdots \\ 0 & 0 & \dots & P^\delta_{\mathscr{S}^\delta_{m^\delta}\mathscr{S}^\delta_{m^\delta}} & 0 \\ \hline & & P^\delta_{\mathscr{T}^\delta\mathscr{S}^\delta} & & P^\delta_{\mathscr{T}^\delta\mathscr{T}^\delta} \end{array}\right).$$

Die Vektoren

$$g^\delta_{\mathscr{S}} = (g_i^\delta)_{i\in\mathscr{S}}\,, \qquad G_{\mathscr{S}} = \big(G(i)\big)_{i\in\mathscr{S}}\,, \qquad V_{\mathscr{S}} = \big(V(i)\big)_{i\in\mathscr{S}}\,, \qquad q^\delta_{\mathscr{S}} = (q_i^\delta)_{i\in\mathscr{S}}\,,$$
$$v^\delta_{\mathscr{S}} = \big(v_1^\delta(i)\big)_{i\in\mathscr{S}}\,,$$

seien in der analogen Form angeordnet, d. h. zum Beispiel

$$g^\delta_{\mathscr{S}} = \begin{pmatrix} g^\delta_{\mathscr{S}^\delta} \\ g^\delta_{\mathscr{T}^\delta}\end{pmatrix} \quad \text{mit} \quad g^\delta_{\mathscr{S}^\delta} = \begin{pmatrix} g^\delta_{\mathscr{S}_1^\delta} \\ \vdots \\ g^\delta_{\mathscr{S}^\delta_{m^\delta}}\end{pmatrix} \quad \text{und } g^\delta_{\mathscr{S}^\delta_\alpha} = (g_i^\delta)_{i\in\mathscr{S}^\delta_\alpha}$$

und

$$g^\delta_{\mathscr{T}^\delta} = (g_i^\delta)_{i\in\mathscr{T}^\delta}\,.$$

b) Die Gleichungen (13′) haben dann — ausgehend von der vorausgesetzten Struktur von P^δ — die Form

$$V(i) + G(i)\,v_1^\delta(i) = q_i^\delta + \sum_{j\in\mathscr{S}^\delta_\alpha} p_{ij}^\delta V(j)\,, \qquad i \in \mathscr{S}^\delta_\alpha\,, \tag{14}$$

für $\alpha = 1, \dots, m^\delta$ und

$$V(i) + G(i)\,v_1^\delta(i) = q_i^\delta + \sum_{j\in\mathscr{S}} p_{ij}^\delta V(j)\,, \qquad i \in \mathscr{T}^\delta\,. \tag{15}$$

Weiter gilt auf Grund von (13″)

$$G(i) = \sum_{j\in\mathscr{S}^\delta_\alpha} p_{ij}^\delta G(j)\,, \qquad i \in \mathscr{S}^\delta_\alpha\,,$$

für alle $\alpha = 1, \dots, m^\delta$, und es ist folglich

$$G(i) =: G_\alpha = \text{const}\,.$$

für alle $i \in \mathscr{S}^\delta_\alpha$.

Wegen $V(i_\alpha) = 0$, $\alpha = 1, \dots, m^\delta$, ist dann (14) nach Lemma 3.3.2 eindeutig lösbar mit

$$G_{\mathscr{S}^\delta} = \begin{pmatrix} g^\delta_{\mathscr{S}_1^\delta} \\ \vdots \\ g^\delta_{\mathscr{S}^\delta_{m^\delta}}\end{pmatrix} \quad \text{und} \quad V_{\mathscr{S}^\delta} = \big(V(i)\big)_{i\in\mathscr{S}^\delta}$$

mit $V(i) = w_i^\delta - w_{i_\alpha}^\delta$ für $i \in \mathscr{S}^\delta_\alpha$.

c) Da die Matrix $(I - P^\delta_{\mathscr{T}^\delta\mathscr{T}^\delta})$ stets invertierbar ist (vgl. z.B. Varga [1]) und entsprechend (13″)

$$G_{\mathscr{T}^\delta} = P^\delta_{\mathscr{T}^\delta\mathscr{S}^\delta} G_{\mathscr{S}^\delta} + P^\delta_{\mathscr{T}^\delta\mathscr{T}^\delta} G_{\mathscr{T}^\delta} \tag{16}$$

gilt, erhält man

$$G_{\mathscr{T}^\delta} = (I - P^\delta_{\mathscr{T}^\delta\mathscr{T}^\delta})^{-1}\, P^\delta_{\mathscr{T}^\delta\mathscr{S}^\delta} G_{\mathscr{S}^\delta}\,. \tag{17}$$

Folglich ist $G_{\mathcal{T}\delta}$ eindeutig bestimmt, so daß sich nach Lemma 3.4.1

$$G_{\mathcal{T}\delta} = (g_i^\delta)_{i\in\mathcal{T}\delta}$$

ergibt.

Außerdem folgt aus Gleichung (15), die unter Verwendung des oben eingeführten Matrixkalküls die Form

$$V_{\mathcal{T}\delta} + G_{\mathcal{T}\delta} \square v^\delta_{\mathcal{T}\delta} = q^\delta_{\mathcal{T}\delta} + P^\delta_{\mathcal{T}\delta\mathcal{S}\delta} V_{\mathcal{S}\delta} + P^\delta_{\mathcal{T}\delta\mathcal{T}\delta} V_{\mathcal{T}\delta}{}^{1)} \tag{18}$$

besitzt, die Beziehung

$$V_{\mathcal{T}\delta} = (I - P^\delta_{\mathcal{T}\delta\mathcal{T}\delta})^{-1} (q^\delta_{\mathcal{T}\delta} + P^\delta_{\mathcal{T}\delta\mathcal{S}\delta} V_{\mathcal{S}\delta} - G_{\mathcal{T}\delta} \square v^\delta_{\mathcal{T}\delta}) \,. \tag{19}$$

Also ist das Gleichungssystem (13'), (13'') eindeutig lösbar. ∎

Wie im ergodischen Fall, kann nun ein Wertverbesserungsverfahren zur Bestimmung optimaler Strategien angegeben werden. Dieser Algorithmus (vgl. NOLLAU/EWERS [2]) stellt eine Verallgemeinerung des howardschen Algorithmus sowohl für den „markowschen“ als auch den im vorangehenden Abschnitt dargestellten „semimarkowschen“ Fall dar. Dabei findet die sich mit den Strategien möglicherweise ändernde Rekurrenzstruktur der eingebetteten markowschen Kette Berücksichtigung. Im einzelnen erhalten wir die folgende Verallgemeinerung von Satz 3.3.3:

3.4.3. Satz (*vgl.* DENARDO/FOX [1]). *Es sei*

$$((p^\delta_{ij})_{i,j\in\mathcal{S}}, (F^\delta_{ij})_{i,j\in\mathcal{S}}, k^\delta, k^\delta_+)_{\delta^\infty\in\Theta_S}$$

ein semimarkowsches Entscheidungsmodell, das den Voraussetzungen des Satzes 3.2.5 *genügt.*

Sind $\delta_1^\infty, \delta_2^\infty \in \Theta_S$ *stationäre Strategien mit der Eigenschaft, daß für jeden Zustand* $i \in \mathcal{S}$ *genau eine der folgenden Aussagen gilt:*

(A) $$g_i^{\delta_1} > \sum_{j\in\mathcal{S}} p_{ij}^{\delta_2} g_j^{\delta_1} \,. \tag{20}$$

(B) $$g_i^{\delta_1} = \sum_{j\in\mathcal{S}} p_{ij}^{\delta_2} g_1^{\delta_1} \quad und \tag{21}$$

$$v_i^{\delta_1} + g_i^{\delta_1} v_1^{\delta_2}(i) > q_i^{\delta_2} + \sum_{j\in\mathcal{S}} p_{ij}^{\delta_2} v_j^{\delta_1} \,. \tag{22}$$

(*Dabei sind* $v_i^{\delta_1}$ *bzw.* $v_i^{\delta_2}$ *die Lösungen* $V(i)$ *von* (13'), (13'') *für* $\delta = \delta_1$ *bzw.* $\delta = \delta_2$.)

(C) $$\delta_1(i) = \delta_2(i) \,.$$

Dann ist im Falle $\delta_1 \neq \delta_2$ *entweder*

$$g^{\delta_1}_{\mathcal{S}} > g^{\delta_2}_{\mathcal{S}}{}^{2)} \tag{23}$$

oder

$$g^{\delta_1}_{\mathcal{S}} = g^{\delta_2}_{\mathcal{S}} \quad und \quad v^{\delta_1}_{\mathcal{S}} > v^{\delta_2}_{\mathcal{S}} \,. \tag{24}$$

Beweis: Der Beweis erfolgt in fünf Teilen. Es ergibt sich unmittelbar (1. Teil), daß (C) die Beziehung (21) zur Folge hat. Im 2. Teil wird gezeigt, daß für alle bez. δ_2 rekurrenten Zustände (A) nicht gelten kann, woraus im 3. Teil die Beziehung (34):

---

1) $G_{\mathcal{T}\delta} \square v^\delta_{\mathcal{T}\delta} = (G(i)\, v_1^\delta(i))_{i\in\mathcal{T}\delta}$.

2) Ungleichheitsrelationen zwischen Vektoren $u = (u_i)_{i\in\mathcal{S}}$ und $v = (v_i)_{i\in\mathcal{S}}$ sind, wie üblich, folgendermaßen definiert:

$u \neq v$: es existiert ein $i' \in \mathcal{S}$ mit $u_{i'} \neq v_{i'}$,

$u \geqq v$: für alle $i \in \mathcal{S}$ gilt $u_i \geqq v_i$,

$u > v$: $u \geqq v$ und $u \neq v$.

$g_{\mathcal{S}}^{\delta_1} \geqq g_{\mathcal{S}}^{\delta_2}$ abgeleitet wird. Schließlich wird nachgewiesen, daß für $\delta_1 \neq \delta_2$ entweder (23) — im Falle α) (4. Teil) — oder im Falle β) (4. Teil) die Beziehung (24) gilt (5. Teil).

1. Es sei $i \in \mathcal{S}$ mit $\delta_1(i) = \delta_2(i)$, d. h., es gelte (C). Dann ist für alle $j \in \mathcal{S}$

$$p_{ij}^{\delta_1} = p(j \mid i, \delta_1(i)) = p(j \mid i, \delta_2(i)) = p_{ij}^{\delta_2},$$

und es gilt nach (13'')

$$g_i^{\delta_1} = \sum_{j \in \mathcal{S}} p_{ij}^{\delta_2} g_j^{\delta_1}.$$

2. Folglich ergibt sich für alle Zustände $i \in \mathcal{S}$ (für diejenigen, die (A) oder (B) erfüllen, trivialerweise)

$$g_i^{\delta_1} \geqq \sum_{j \in \mathcal{S}} p_{ij}^{\delta_2} g_j^{\delta_1},$$

d. h.

$$g_{\mathcal{S}}^{\delta_1} \geqq P^{\delta_2} g_{\mathcal{S}}^{\delta_1}. \tag{25}$$

Unter Berücksichtigung der vorausgesetzten kanonischen Form von P^{δ_2} folgt daraus

$$g_{\mathcal{S}^{\delta_2}}^{\delta_1} \geqq P_{\mathcal{S}^{\delta_2}\mathcal{S}^{\delta_2}}^{\delta_2} g_{\mathcal{S}_\alpha^{\delta_2}}^{\delta_1} \tag{25'}$$

sowie

$$g_{\mathcal{S}_\alpha^{\delta_2}}^{\delta_1} \geqq P_{\mathcal{S}_\alpha^{\delta_2}\mathcal{S}_\alpha^{\delta_2}}^{\delta_2} g_{\mathcal{S}_\alpha^{\delta_2}}^{\delta_1} \tag{25''}$$

für alle $\alpha = 1, \dots, m^{\delta_2}$.

Bezeichne $(\pi_{k,\alpha}^{\delta_2})_{k \in \mathcal{S}_\alpha^{\delta_2}}$ die stationäre Anfangsverteilung bez. $P_{\mathcal{S}^{\delta_2}\mathcal{S}^{\delta_2}}^{\delta_2}$ auf der Rekurrenzklasse $\mathcal{S}_\alpha^{\delta_2}$ (bez. δ_2), d. h.

$$(\pi_{k,\alpha}^{\delta_2})_{k \in \mathcal{S}_\alpha^{\delta_2}} = (\pi_{k,\alpha}^{\delta_2})_{k \in \mathcal{S}_\alpha^{\delta_2}} P_{\mathcal{S}_\alpha^{\delta_2}\mathcal{S}^{\delta_2}}^{\delta_2},$$

so gilt bekanntlich (vgl. z.B. KEMENY/SNELL [1])

$$\lim_{n \to \infty} (P_{\mathcal{S}_\alpha^{\delta_2}\mathcal{S}_\alpha^{\delta_2}}^{\delta_2})^n = \begin{pmatrix} (\pi_{k,\alpha}^{\delta_2})_{k \in \mathcal{S}_\alpha^{\delta_2}} \\ \vdots \\ (\pi_{k,\alpha}^{\delta_2})_{k \in \mathcal{S}_\alpha^{\delta_2}} \end{pmatrix}.$$

Man erhält folglich ausgehend von (25'')

$$g_i^{\delta_1} \geqq \sum_{k \in \mathcal{S}_\alpha^{\delta_2}} \pi_{k,\alpha}^{\delta_2} g_k^{\delta_1} \tag{26}$$

für alle $i \in \mathcal{S}_\alpha^{\delta_2}$. Wegen $\sum_{k \in \mathcal{S}_\alpha^{\delta_2}} \pi_{k,\alpha}^{\delta_2} = 1$ und $\pi_{k,\alpha}^{\delta_2} > 0$, $k \in \mathcal{S}_\alpha^{\delta_2}$, ergibt sich unmittelbar

$$g_i^{\delta_1} = g_{i'}^{\delta_1} \tag{27}$$

für alle $i, i' \in \mathcal{S}_\alpha^{\delta_2}$ und $\alpha = 1, \dots, m^{\delta_2}$. Da aber für alle $\alpha = 1, \dots, m^{\delta_2}$

$$P_{\mathcal{S}_\alpha^{\delta_2}\mathcal{S}_\alpha^{\delta_2}}^{\delta_2} \mathbf{1}_{\mathcal{S}_\alpha^{\delta_2}} = \mathbf{1}_{\mathcal{S}_\alpha^{\delta_2}}$$

mit $(\mathbf{1}_{\mathcal{S}_\alpha^{\delta_2}})(i) = 1$ für alle $i \in \mathcal{S}_\alpha^{\delta_2}$ gilt, erhält man für

$$\alpha = 1, \dots, m^{\delta_2} \quad \text{und} \quad g_{\mathcal{S}_\alpha^{\delta_2}}^{\delta_1} = \begin{pmatrix} g^{\delta_1}(\alpha, \delta_2) \\ \vdots \\ g^{\delta_1}(\alpha, \delta_2) \end{pmatrix} \text{mit } g^{\delta_1}(\alpha, \delta_2) := g_i^{\delta_1} \text{ für } i \in \mathcal{S}_\alpha^{\delta_2}$$

$$P_{\mathcal{S}_\alpha^{\delta_2}\mathcal{S}_\alpha^{\delta_2}}^{\delta_2} g_{\mathcal{S}_\alpha^{\delta_2}}^{\delta_1} = P_{\mathcal{S}_\alpha^{\delta_2}\mathcal{S}_\alpha^{\delta_2}}^{\delta_2} g^{\delta_1}(\alpha, \delta_2) \mathbf{1}_{\mathcal{S}_\alpha^{\delta_2}} = g^{\delta_1}(\alpha, \delta_2) \mathbf{1}_{\mathcal{S}_\alpha^{\delta_2}} = g_{\mathcal{S}_\alpha^{\delta_2}}^{\delta_1}. \tag{28}$$

Aus diesen Beziehungen folgt dann

$$P^{\delta_2}_{\mathcal{S}^{\delta_2}\mathcal{S}^{\delta_2}} g^{\delta_1}_{\mathcal{S}^{\delta_2}} = g^{\delta_1}_{\mathcal{S}^{\delta_2}}, \tag{29}$$

d. h., für alle $i \in \mathcal{S}^{\delta_2}$ ist (A) nicht erfüllt.

3. Aus (29) ergibt sich dann, daß für alle bezüglich δ_2 rekurrenten Zustände $i \in \mathcal{S}^{\delta_2}$ entweder (B) oder (C) gilt, d. h., für alle $i \in \mathcal{S}^{\delta_2}$ ist auf Grund von (22) bzw. $\delta_1(i) = \delta_2(i)$

$$v_i^{\delta_1} + g_i^{\delta_1} \nu_1^{\delta_2}(i) \geqq q_i^{\delta_2} + \sum_{j \in \mathcal{S}^{\delta_2}} p_{ij}^{\delta_2} v_j^{\delta_1}. \tag{30}$$

Für alle $\alpha = 1, \dots, m^{\delta_2}$ folgt dann nach (27)

$$v^{\delta_1}_{\mathcal{S}^{\delta_2}_\alpha} + g^{\delta_1}_{\mathcal{S}^{\delta_2}_\alpha} \square \nu^{\delta_2}_{\mathcal{S}^{\delta_2}_\alpha} \geqq q^{\delta_2}_{\mathcal{S}^{\delta_2}_\alpha} + P^{\delta_2}_{\mathcal{S}^{\delta_2}_\alpha \mathcal{S}^{\delta_2}_\alpha} v^{\delta_1}_{\mathcal{S}^{\delta_2}_\alpha}. \tag{31}$$

Mittels der stationären Anfangsverteilung $(\pi^{\delta_2}_{i,\alpha})_{i \in \mathcal{S}^{\delta_2}_\alpha}$ auf $\mathcal{S}^{\delta_2}_\alpha$ erhält man nach (31) und

$$(\pi^{\delta_2}_{i,\alpha})_{i \in \mathcal{S}^{\delta_2}_\alpha} P^{\delta_2}_{\mathcal{S}^{\delta_2}_\alpha \mathcal{S}^{\delta_2}_\alpha} = (\pi^{\delta_2}_{i,\alpha})_{i \in \mathcal{S}^{\delta_2}_\alpha}$$

$$(\pi^{\delta_2}_{i,\alpha})_{i \in \mathcal{S}^{\delta_2}_\alpha} v^{\delta_1}_{\mathcal{S}^{\delta_2}_\alpha} + (\pi^{\delta_2}_{i,\alpha})_{i \in \mathcal{S}^{\delta_2}_\alpha} (g^{\delta_1}_{\mathcal{S}^{\delta_2}_\alpha} \square \nu^{\delta_2}_{\mathcal{S}^{\delta_2}_\alpha}) \geqq (\pi^{\delta_2}_{i,\alpha})_{i \in \mathcal{S}^{\delta_2}_\alpha} q^{\delta_2}_{\mathcal{S}^{\delta_2}_\alpha} + (\pi^{\delta_2}_{i,\alpha})_{i \in \mathcal{S}^{\delta_2}_\alpha} v^{\delta_1}_{\mathcal{S}^{\delta_2}_\alpha}$$

und folglich

$$g^{\delta_1}(\alpha, \delta_2) (\pi^{\delta_2}_{i,\alpha})_{i \in \mathcal{S}^{\delta_2}_\alpha} \nu^{\delta_2}_{\mathcal{S}^{\delta_2}_\alpha} \geqq (\pi^{\delta_2}_{i,\alpha})_{i \in \mathcal{S}^{\delta_2}_\alpha} q^{\delta_2}_{\mathcal{S}^{\delta_2}_\alpha}.$$

Für alle Rekurrenzklassen $\mathcal{S}^{\delta_2}_\alpha$ bez. δ_2 gilt also dann

$$g^{\delta_1}(\alpha, \delta_2) \geqq \frac{\sum\limits_{i \in \mathcal{S}^{\delta_2}_\alpha} \pi^{\delta_2}_{i,\alpha} q_i^{\delta_2}}{\sum\limits_{i \in \mathcal{S}^{\delta_2}_\alpha} \pi^{\delta_2}_{i,\alpha} \nu_1^{\delta_2}(i)} = g^{\delta_2}(\alpha, \delta_2) \tag{32}$$

($\alpha = 1, \dots, m^{\delta_2}$). Daraus folgt für $g^{\delta_2}_{\mathcal{S}^{\delta_2}} = \begin{pmatrix} g^{\delta_2}(1, \delta_2) \\ \vdots \\ g^{\delta_2}(m^{\delta_2}, \delta_2) \end{pmatrix}$

$$g^{\delta_1}_{\mathcal{S}^{\delta_2}} \geqq g^{\delta_2}_{\mathcal{S}^{\delta_2}}. \tag{33}$$

Entsprechend (25) und (33) ist

$$g^{\delta_1}_{\mathcal{T}^{\delta_2}} \geqq P^{\delta_2}_{\mathcal{T}^{\delta_2}\mathcal{S}^{\delta_2}} g^{\delta_1}_{\mathcal{S}^{\delta_2}} + P^{\delta_2}_{\mathcal{T}^{\delta_2}\mathcal{T}^{\delta_2}} g^{\delta_1}_{\mathcal{T}^{\delta_2}} \geqq P^{\delta_2}_{\mathcal{T}^{\delta_2}\mathcal{S}^{\delta_2}} g^{\delta_2}_{\mathcal{S}^{\delta_2}} + P^{\delta_2}_{\mathcal{T}^{\delta_2}\mathcal{T}^{\delta_2}} g^{\delta_1}_{\mathcal{T}^{\delta_2}}.$$

Da die Koeffizienten der Matrix $(I - P^{\delta_2}_{\mathcal{T}^{\delta_2}\mathcal{T}^{\delta_2}})^{-1}$ auf Grund von

$$(I - P^{\delta_2}_{\mathcal{T}^{\delta_2}\mathcal{T}^{\delta_2}})^{-1} = \sum_{k=0}^{\infty} (P^{\delta_2}_{\mathcal{T}^{\delta_2}\mathcal{T}^{\delta_2}})^k$$

(neumannsche Reihe (vgl. z.B. VARGA [1])) nichtnegativ sind, erhält man dann, ausgehend von

$$(I - P^{\delta_2}_{\mathcal{T}^{\delta_2}\mathcal{T}^{\delta_2}}) g^{\delta_1}_{\mathcal{T}^{\delta_2}} \geqq P^{\delta_2}_{\mathcal{T}^{\delta_2}\mathcal{S}^{\delta_2}} g^{\delta_2}_{\mathcal{S}^{\delta_2}},$$

die Ungleichung

$$g^{\delta_1}_{\mathcal{T}^{\delta_2}} \geqq (I - P^{\delta_2}_{\mathcal{T}^{\delta_2}\mathcal{T}^{\delta_2}})^{-1} P^{\delta_2}_{\mathcal{T}^{\delta_2}\mathcal{S}^{\delta_2}} g^{\delta_2}_{\mathcal{S}^{\delta_2}}.$$

Entsprechend (17) und Lemma 3.4.2 gilt dann

$$g^{\delta_1}_{\mathcal{T}^{\delta_2}} \geqq g^{\delta_2}_{\mathcal{T}^{\delta_2}},$$

so daß zusammenfassend aus der Gültigkeit von (A), (B) oder (C)

$$g_{\mathcal{S}}^{\delta_1} \geqq g_{\mathcal{S}}^{\delta_2} . \tag{34}$$

resultiert.

4. Es sei nun $\delta_1 \neq \delta_2$, d. h., für mindestens einen Zustand $i' \in \mathcal{S}$ gilt (A) oder (B). Nehmen wir zunächst an, für $i' \in \mathcal{S}$ gelte (A), d. h.

$$g_{\mathcal{S}}^{\delta_1} > P^{\delta_2} g_{\mathcal{S}}^{\delta_1} .$$

Entsprechend (34) und (13″) ergibt sich dann unmittelbar die Behauptung

$$g_{\mathcal{S}}^{\delta_1} > P^{\delta_2} g_{\mathcal{S}}^{\delta_1} \geqq P^{\delta_2} g_{\mathcal{S}}^{\delta_2} = g_{\mathcal{S}}^{\delta_2} . \tag{35}$$

Existiert kein Zustand, für den (A) gilt, so ist

$$g_{\mathcal{S}}^{\delta_1} = P^{\delta_2} g_{\mathcal{S}}^{\delta_1} , \tag{36}$$

und für mindestens einen Zustand $i'' \in \mathcal{S}$ besitzt (B) Gültigkeit, d. h.

$$v_{i''}^{\delta_1} + g_{i''}^{\delta_1} \nu_1^{\delta_2}(i'') > q_{i''}^{\delta_2} + \sum_{j \in \mathcal{S}} p_{i''j}^{\delta_2} v_j^{\delta_1} .$$

α) Im Falle $i'' \in \mathcal{S}^{\delta_2}$ folgt analog zu den Überlegungen im 3. Teil (vgl. (32))

$$g^{\delta_1}(\alpha, \delta_2) > g^{\delta_2}(\alpha, \delta_2)$$

für ein α mit $i'' \in \mathcal{S}_{\alpha}^{\delta_2}$ und somit nach (34)

$$g_{\mathcal{S}}^{\delta_1} > g_{\mathcal{S}}^{\delta_2} . \tag{35'}$$

β) Im Falle $i'' \in \mathcal{T}^{\delta_2}$ erhält man nach den voranstehenden Überlegungen

$$g_{\mathcal{S}}^{\delta_1} = P^{\delta_2} g_{\mathcal{S}}^{\delta_1} , \tag{36}$$

$$v_{\mathcal{S}\delta_2}^{\delta_1} + g_{\mathcal{S}\delta_2}^{\delta_1} \square \nu_{\mathcal{S}\delta_2}^{\delta_2} = q_{\mathcal{S}\delta_2}^{\delta_2} + P_{\mathcal{S}\delta_2 \mathcal{S}\delta_2}^{\delta_2} v_{\mathcal{S}\delta_2}^{\delta_1} \tag{37}$$

und

$$v_{\mathcal{T}\delta_2}^{\delta_1} + g_{\mathcal{T}\delta_2}^{\delta_1} \square \nu_{\mathcal{T}\delta_2}^{\delta_2} > q_{\mathcal{T}\delta_2}^{\delta_2} + P_{\mathcal{T}\delta_2 \mathcal{S}}^{\delta_2} v_{\mathcal{S}}^{\delta_1} . \tag{38}$$

(Denn wir können nun (ab (36)) davon ausgehen, daß kein Zustand die Bedingung (A) erfüllt und — entsprechend (35′) — kein rekurrenter Zustand bez. δ_2 die Bedingung (B) erfüllt.)

In Analogie zum 3. Beweisteil — wobei hier anstelle der Ungleichungen Identitäten auftreten — ergibt sich

$$g_{\mathcal{S}}^{\delta_1} = g_{\mathcal{S}}^{\delta_2} . \tag{35''}$$

5. Abschließend haben wir noch zu zeigen, daß nun (24) gilt. Auf Grund von (35″) erhält (37) die Form

$$v_{\mathcal{S}\delta_2}^{\delta_1} + g_{\mathcal{S}\delta_2}^{\delta_2} \square \nu_{\mathcal{S}\delta_2}^{\delta_2} \doteq q_{\mathcal{S}\delta_2}^{\delta_2} + P_{\mathcal{S}\delta_2 \mathcal{S}\delta_2}^{\delta_2} v_{\mathcal{S}\delta_2}^{\delta_1} ,$$

woraus unmittelbar (vgl. Lemma 3.4.2)

$$v_{\mathcal{S}\delta_2}^{\delta_1} = v_{\mathcal{S}\delta_2}^{\delta_2} \tag{39}$$

folgt. Entsprechend (38) und (39) ist weiterhin

$$v_{\mathcal{T}\delta_2}^{\delta_1} + g_{\mathcal{T}\delta_2}^{\delta_1} \square \nu_{\mathcal{T}\delta_2}^{\delta_2} > q_{\mathcal{T}\delta_2}^{\delta_2} + P_{\mathcal{T}\delta_2 \mathcal{S}\delta_2}^{\delta_2} v_{\mathcal{S}\delta_2}^{\delta_2} + P_{\mathcal{T}\delta_2 \mathcal{T}\delta_2}^{\delta_2} v_{\mathcal{T}\delta_2}^{\delta_1} ;$$

damit ergibt sich bei Berücksichtigung von (35″)

$$v_{\mathcal{T}\delta_2}^{\delta_1} > (I - P_{\mathcal{T}\delta_2 \mathcal{T}\delta_2}^{\delta_2})^{-1} (q_{\mathcal{T}\delta_2}^{\delta_2} + P_{\mathcal{T}\delta_2 \mathcal{S}\delta_2}^{\delta_2} v_{\mathcal{S}\delta_2}^{\delta_2} - g_{\mathcal{T}\delta_2}^{\delta_2} \square \nu_{\mathcal{T}\delta_2}^{\delta_2}) = v_{\mathcal{T}\delta_2}^{\delta_2} . \tag{40}$$

Zusammenfassend erhält man nach (39) und (40)

$$v^{\delta_1} > v^{\delta_2},$$

was zu zeigen war. ∎

Algorithmisch kann folglich zur Bestimmung einer durchschnittsoptimalen Strategie und der minimalen (pro Zeiteinheit) durchschnittlichen mittleren Kosten gemäß Ablaufplan 3.4.1 vorgegangen werden (modifizierte Version von de Cani-Jewell (vgl. Jewell [2], Denardo/Fox [1])).

Ablaufplan 3.4.1.

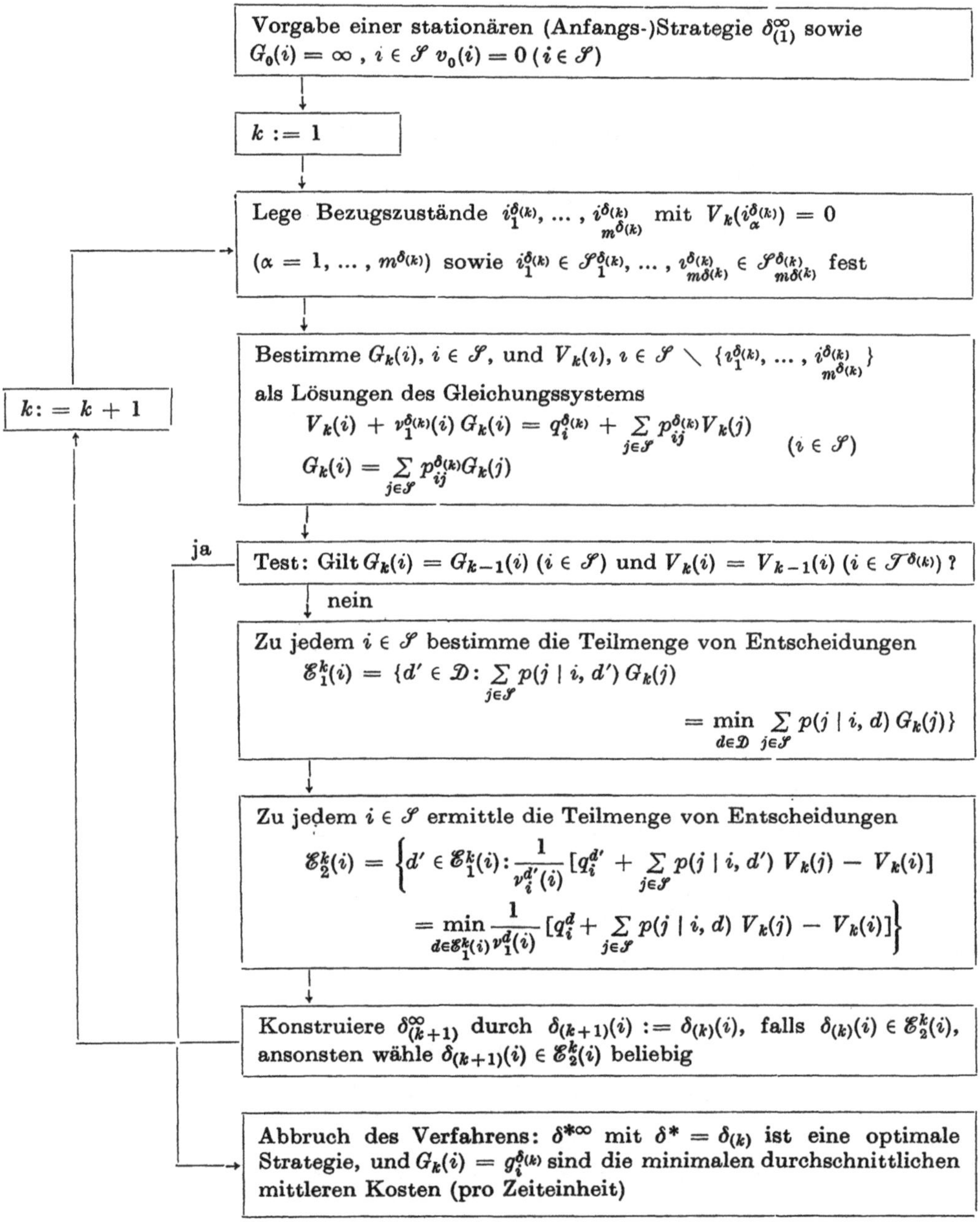

In analoger Weise wie im ergodischen Fall ergibt sich für diesen Algorithmus entsprechend Satz 3.4.3, daß eine durchschnittsoptimale Strategie in endlich vielen Zyklen erreicht wird.

Weiterhin sei bemerkt, daß für $\nu_1^\delta(i) = 1$ für alle $\delta^\infty \in \Theta_S$ und $i \in \mathcal{S}$ der angegebene Algorithmus die Verallgemeinerung des Howard-Algorithmus (vgl. Howard [1]) für markowsche Entscheidungsprobleme im „nichtergodischen Fall" darstellt.

3.5. Sukzessive Approximation durchschnittsoptimaler Kosten (ergodischer Fall)

Ausgehend von der Aussage des Lemmas 3.3.1 kann zur näherungsweisen Ermittlung der minimalen mittleren Kosten (pro Zeiteinheit) auch ein sukzessives Approximationsverfahren herangezogen werden, das von Schweitzer [3] angegeben wurde und die whitesche Idee auf den semimarkowschen Fall verallgemeinert.

Entsprechend dem Lemma 3.3.1 sind $G = g^\delta$ und $W(i) = w_i^\delta$, $i \in \mathcal{S}$, Lösungen von

$$W(i) + G\nu_1^\delta(i) = q_i^\delta + \sum_{j\in\mathcal{S}} p_{ij}^\delta W(j)\,,$$

d. h.

$$W(i) + G\nu_1^d(i) = q_i^d + \sum_{j\in\mathcal{S}} p(j \mid i, d)\, W(j) \tag{1}$$

mit $d = \delta(i)$ sowie

$$\nu_1^d(i) = \nu_1^\delta(i) \quad \text{und} \quad q_i^d = q_i^\delta\,.$$

Folglich erhält man die durchschnittsoptimalen Kosten

$$G^* = \min_{\delta^\infty \in \Theta_S} g^\delta$$

aus der Lösung des (nichtlinearen) Gleichungssystems

$$G^* = \min_{d\in\mathfrak{D}} \left[\frac{q_i^d + \sum\limits_{j\in\mathcal{S}\setminus\{i_0\}} p(j \mid i, d)\, V^*(j) - V^*(i)}{\nu_1^d(i)} \right], i \in \mathcal{S} \setminus \{i_0\}. \tag{2}$$

Dabei wurde o.B.d.A. (vgl. z.B. (3.3.6)) $V^*(i_0) = 0$ für einen Zustand $i_0 \in \mathcal{S}$ gesetzt.

Entsprechend dem whiteschen Algorithmus (vgl. 2.4.2) erhält man hier das folgende Resultat:

3.5.1. Satz. *Es sei*

$$\big((p_{ij}^\delta)_{i,j\in\mathcal{S}}, (F_{ij}^\delta)_{i,j\in\mathcal{S}}, k^\delta, k_+^\delta\big)_{\delta^\infty\in\Theta_S}$$

ein semimarkowsches Entscheidungsmodell, das den folgenden Bedingungen genügt (vgl. Satz 2.4.10):

1. Es existiere eine natürliche Zahl m, so daß für jedes Paar von m-Tupeln $(\delta_1', \ldots, \delta_m')$ und $(\delta_1'', \ldots, \delta_m'')$ von Entscheidungsfunktionen und alle $i_1, i_2 \in \mathcal{S}$ $(i_1 \neq i_2)$ die Bedingung

(B) $$\sum_{j=1}^{m} \min\{(P^{\delta_m'} \ldots P^{\delta_1'})(i_1, j), (P^{\delta_m''} \ldots P^{\delta_1''})(i_2, j)\} > 0$$

$$\textit{mit} \quad P^\delta = (p_{ij}^\delta)_{i,j\in\mathcal{S}} \quad \text{für} \quad \delta = \delta_1', \ldots, \delta_m', \delta_1'', \ldots, \delta_m''$$

erfüllt ist.

2. Für alle $d \in \mathfrak{D}$ gelte

$$\nu_1^d(i) > 0 .$$

Dabei ist

$$\nu_1^d(i) = \sum_{j \in \mathscr{S}} p(j \mid i, d) \int_0^\infty t F_{ij}^\delta(\mathrm{d}t)$$

die mittlere Verweilzeit im Zustand i.

Es sei ferner $\tau > 0$ eine Konstante mit der Eigenschaft

$$\tau \frac{1 - p(i/i, d)}{\nu_1^d(i)} < 1 , i \in \mathscr{S} . \tag{3}$$

Dann gilt:

Die Folgen $(G_k)_{k \in N}$ bzw. $(V_k(i))_{k \in N}$, $i \in \mathscr{S} \setminus \{i_0\}$ mit

$$G_k = \min_{d \in \mathfrak{D}} \left[\frac{q_{i_0}^d + \sum_{j \in \mathscr{S} \setminus \{i_0\}} p(j \mid i_0, d) V_k(j)}{\nu_1^d(i_0)} \right] \tag{4}$$

bzw.

$$V_{k+1}(i) = V_k(i) + \tau \min_{d \in \mathfrak{D}} \left[\frac{q_i^d + \sum_{j \in \mathscr{S} \setminus \{i_0\}} p(j \mid i, d) V_k(j) - V_k(i) - G_k \nu_1^d(i)}{\nu_1^d(i)} \right] \tag{5}$$

konvergieren für $k \to \infty$ gegen G^* bzw. $V^*(i)$ $(i \in \mathscr{S} \setminus \{i_0\})$.

Beweis: Es bezeichne

$$\tilde{p}(j \mid i, d) = \delta_{ij} + (p(j \mid i, d) - \delta_{ij}) \frac{\tau}{\nu_1^d(i)} , \quad i, j \in \mathscr{S} ; \qquad d \in \mathfrak{D} . \tag{6}$$

Dann gilt für $i \neq j$

$$\tilde{p}(j \mid i, d) = \tau \frac{p(j \mid i, d)}{\nu_1^d(i)} \geqq 0 , \tag{7}$$

und auf Grund von (3) ergibt sich

$$\tilde{p}(i \mid i, d) = 1 + (p(i \mid i, d) - 1) \frac{\tau}{\nu_1^d(i)} > 0 .$$

Außerdem ist

$$\sum_{j \in \mathscr{S}} \tilde{p}(j \mid i, d) = 1 + \left(\sum_{j \in \mathscr{S}} p(j \mid i, d) - 1\right) \frac{\tau}{\nu_1^d(i)} = 1 .$$

Folglich ergibt sich nach (4)

$$\tau G_k = \min_{d \in \mathfrak{D}} \left[\frac{q_{i_0}^d}{\nu_1^d(i_0)} + \sum_{j \in \mathscr{S} \setminus \{i_0\}} \tilde{p}(j \mid i_0, d) V_k(j) \right] \tag{8}$$

und nach (5) für $i \neq i_0$

$$\begin{aligned} V_{k+1}(i) &= \min_{d \in \mathfrak{D}} \left[\frac{q_i^d}{\nu_1^d(i)} \tau - \tau G_k + \sum_{j \in \mathscr{S} \setminus \{i_0, i\}} \frac{\tau p(j \mid i, d)}{\nu_1^d(i)} V_k(j) \right. \\ &\quad \left. + \left(1 + (p(i \mid i, d) - 1) \frac{\tau}{\nu_1^d(i)}\right) V_k(i) \right] \\ &= \min_{d \in \mathfrak{D}} \left[\frac{q_i^d}{\nu_1^d(i)} \tau + \sum_{j \in \mathscr{S} \setminus \{i_0\}} \tilde{p}(j \mid i, d) V_k(j) \right] - \tau G_k . \end{aligned} \tag{9}$$

Bezeichne nun (vgl. (2.4.33)) für $i \in \mathcal{S}$

$$w_{k+1}(i) = \min_{d \in \mathcal{D}} \left[\frac{q_i^d}{\nu_1^d(i)} \tau + \sum_{j \in \mathcal{S} \setminus \{i_0\}} \tilde{p}(j \mid i, d)\, V_k(j) \right] \tag{10}$$

und speziell

$$g_{k+1} = w_{k+1}(i_0)$$

sowie

$$v_{k+1}(i) = w_{k+1}(i) - w_{k+1}(i_0)\,, \qquad i \in \mathcal{S}\,,$$

so folgt nach Satz 2.4.10 die Konvergenz von $(G_k)_{k \in N}$ mit $G_k = g_k/\tau$ sowie $(V_k(i))_{k \in N}$, $i \in \mathcal{S}$, mit $V_k(i) = v_k(i)$, $i \in \mathcal{S} \setminus \{i_0\}$. Die für die Konvergenz hinreichende Bedingung (B) ist auf Grund von (6) erfüllt, denn es gilt

$$\tilde{p}(i \mid i, d) > 0\,, \qquad d \in \mathcal{D}\,,$$

und aus $p(j \mid i, d) > 0$ folgt stets $\tilde{p}(j \mid i, d) > 0$. Damit ist die Aussage dieses Satzes bewiesen. ∎

3.6. Diskontierte semimarkowsche Entscheidungsmodelle

Im Unterschied zu den im Abschnitt 3.2 betrachteten nichtdiskontierten Entscheidungsmodellen gehen wir hier davon aus, daß die Kosten stetig diskontiert sind. Dabei wird unter stetiger Diskontierung eine Bewertung der Kosten verstanden, die darin besteht, daß zu einem Zeitpunkt $t = t_0$ auftretende Kosten $C(t_0)$ einer Kostenhöhe $C(t_0)\, e^{-\alpha t}$ zum Zeitpunkt $t = 0$ entsprechen. Die Konstante α ($\alpha > 0$) wird als stetiger Diskontfaktor bezeichnet, dabei entspricht $e^{-\alpha}$ — in Verallgemeinerung zeitdiskreter diskontierter Entscheidungsmodelle — dem diskreten Diskontfaktor β (vgl. Abschnitt 2.3).

Als ein diskontiertes semimarkowsches Entscheidungsmodell bezeichnet man entsprechend Abschnitt 3.2 dann das 5-Tupel

$$\left((p_{ij}^\delta)_{i,j \in \mathcal{S}}, (F_{ij}^\delta)_{i,j \in \mathcal{S}}, k^\delta, k_+^\delta, \alpha\right)_{\delta^\infty \in \Theta_S}$$

(mit $p_{ij}^\delta = p(j \mid i, \delta(i))$ und $F_{ij}^\delta(t) = F_{ij}^{\delta(i)}(t)$), wobei stets

$$\nu_1^\delta(i, j) = \int_0^\infty t F_{ij}^\delta(\mathrm{d}t) > 0\,, \qquad i, j \in \mathcal{S}\,,$$

vorausgesetzt wird. Dabei gehen wir auch weiterhin davon aus, daß der Zustandsraum $\mathcal{S}$ und der Entscheidungsraum $\mathcal{D}$ endlich sind.

Weiter bezeichne

$$c(i, d) := \sum_{j \in \mathcal{S}} p(j \mid i, d) \int_0^\infty k^d(i, j, t)\, F_{ij}^d(\mathrm{d}t)\,, \qquad i \in \mathcal{S}\,, \quad d \in \mathcal{D}\,, \tag{1}$$

die *mittleren terminalen Kosten*, falls im Zustand i die Entscheidung $d = \delta(i)$ gewählt wurde und

$$c_+(i, d, t'; \alpha) := \sum_{j \in \mathcal{S}} p(j \mid i, d) \int_0^{t'} e^{-\alpha t}\, k_+^d(i, j, \mathrm{d}t; t') \tag{2}$$

die *mittleren (diskontierten) kumulativen Kosten*, falls im Zustand i die Entscheidung $d = \delta(i)$ gewählt wurde und der nächste Übergang nach Ablauf der Zeit t' (seit Erreichen von i) erfolgt (vgl. z.B. Ross [3]).

Für einen durch eine stationäre Strategie $\delta^\infty = (\delta, \delta, \ldots)$ gesteuerten semimarkowschen Entscheidungsprozeß (vgl. Definition 3.1.3) mit

$$\mathsf{P}_{\delta^\infty}(X_{n+1} = j,\, V_n \leqq t \mid X_n = i) = p(j \mid i, \delta(i))\, F_{ij}^{\delta(i)}(t)\,, \qquad n = 0, 1, 2, \ldots;$$
$$i, j \in \mathscr{S}\,, \qquad t \geqq 0\,,$$

werden nun die mittleren diskontierten Gesamtkosten (bei Start im Zustand i) durch

$$K^\delta(i, \alpha) := \mathsf{E}_{\delta^\infty}\left(\sum_{\nu=0}^{\infty} \mathrm{e}^{-\alpha\tau_\nu}(c^\delta(X_\nu) + c_+^\delta(X_\nu, V_\nu; \alpha)) \mid X_0 = i\right) \tag{3}$$

definiert, wobei

$$\tau_\nu := \begin{cases} 0 & \text{für } \nu = 0\,, \\ V_0 + V_1 + \ldots + V_{\nu-1} & \text{für } \nu = 1, 2, \ldots\,, \end{cases} \tag{4}$$

den Zeitpunkt des ν-ten Überganges sowie

$$c^\delta(i) := c(i, \delta(i))\,, \qquad i \in \mathscr{S}\,, \qquad \delta^\infty \in \Theta_S\,, \tag{5}$$

und

$$c_+^\delta(i, t'; \alpha) := c_+(i, \delta(i), t'; \alpha)\,, \qquad i \in \mathscr{S}\,, \qquad \delta^\infty \in \Theta_S\,, \qquad t' \geqq 0\,, \tag{6}$$

bezeichnet.

3.6.1. Definition. Es sei

$$\left((p_{ij}^\delta)_{i,j\in\mathscr{S}},\, (F_{ij}^\delta)_{i,j\in\mathscr{S}},\, k^\delta,\, k_+^\delta,\, \alpha\right)_{\delta^\infty\in\Theta_S}$$

ein semimarkowsches Entscheidungsmodell. Eine stationäre Strategie $\delta^{*\infty}$ heißt *α-optimal*, falls für alle $i \in \mathscr{S}$

$$K^{\delta^*}(i, \alpha) = K^*(i, \alpha)$$

mit

$$K^*(i, \alpha) = \min_{\delta^\infty\in\Theta_S} K^\delta(i, \alpha) \tag{7}$$

gilt.

Zur Bestimmung der minimalen mittleren diskontierten Gesamtkosten $K^*(i, \alpha)$ verfahren wir nun analog zum Fall diskontierter markowscher Entscheidungsprozesse (vgl. 2.3.1) und definieren zunächst folgende nichtlineare Abbildungen L^δ (vgl. (2.3.8)) des $\mathbb{R}^M$ (M — Anzahl der Zustände, d. h. $M = \operatorname{card} \mathscr{S}$) in sich:

$$L^\delta v = c_\alpha^\delta + \widetilde{\mathfrak{Q}}^\delta(\alpha)\, v\,, \qquad v \in \mathbb{R}^M\,, \qquad \delta^\infty \in \Theta_S\,, \qquad \alpha > 0\,, \tag{8}$$

mit

$$c_\alpha^\delta = (c_\alpha^\delta(i))_{i=1,\ldots,M}\,,$$

$$c_\alpha^\delta(i) = c^\delta(i) + \sum_{j\in\mathscr{S}} p_{ij}^\delta \int_0^\infty c_+^\delta(i, t'; \alpha)\, F_{ij}^\delta(\mathrm{d}t') \tag{9}$$

($\delta^\infty \in \Theta_S, \alpha > 0\,, i \in \mathscr{S}$) sowie

$$\widetilde{\mathfrak{Q}}^\delta(\alpha) = (\widetilde{Q}_{ij}^\delta(\alpha))_{i,j\in\mathscr{S}}\,, \qquad \widetilde{Q}_{ij}^\delta(\alpha) = \int_0^\infty \mathrm{e}^{-\alpha t}\, Q_{ij}^\delta(\mathrm{d}t) = p_{ij}^\delta \int_0^\infty \mathrm{e}^{-\alpha t}\, F_{ij}^\delta(\mathrm{d}t) \tag{10}$$

($\delta^\infty \in \Theta_S, \alpha > 0, i \in \mathscr{S}$). Weiter bezeichne (vgl. (2.3.9))

$$Uv = \min_{\delta^\infty\in\Theta_S} L^\delta v\,, \qquad v \in \mathbb{R}^M\,.^{1)} \tag{11}$$

Damit erhält man das folgende

---

[1]) Zur Definition der Vektorhalbordnung siehe 2.2.2.

3.6.2. Lemma. *Für jeden stetigen Diskontfaktor $\alpha > 0$ und jede Strategie $\delta^\infty \in \Theta_S$ gilt*

a) *aus $v \leqq v'$ folgt $L^\delta v \leqq L^\delta v'$, $v, v' \in \mathbb{R}^M$,*

b) *es existiert ein q^δ mit $0 < q^\delta < 1$ und*

$$\|L^\delta v - L^\delta v'\| \leqq q^\delta \|v - v'\|, \qquad v, v' \in \mathbb{R}^M,$$

(mit $\|v\| = \max_{i \in \mathcal{S}} |v(i)|$), d. h., L^δ ist kontrahierend,

c) *aus $v \leqq v'$ folgt $Uv \leqq Uv'$,*

d) *es existiert ein q mit $0 < q < 1$ und*

$$\|Uv - Uv'\| \leqq q \|v - v'\|, \tag{12}$$

d. h., U ist kontrahierend.

Beweis: Zu a): Diese Aussage folgt unmittelbar aus der Definition von L^δ (vgl. (8)).

Zu b): Nach Voraussetzung gilt für alle $i, j \in \mathcal{S}$ und $\delta^\infty \in \Theta_S$ die Beziehung

$$\nu_1^\delta(i, j) = \int_0^\infty t F_{ij}^\delta(\mathrm{d}t) > 0\,.$$

Folglich existieren zu jedem $\delta^\infty \in \Theta_S$ sowie $i, j \in \mathcal{S}$ ein $\varepsilon^\delta(i, j) > 0$ und ein $\xi^\delta(i, j) > 0$ mit

$$F_{ij}^\delta(\xi^\delta(i, j)) = 1 - \varepsilon^\delta(i, j)\,.$$

Daraus folgt

$$\int_0^\infty \mathrm{e}^{-\alpha t} F_{ij}^\delta(\mathrm{d}t) = \int_0^{\xi^\delta(i,j)} \mathrm{e}^{-\alpha t} F_{ij}^\delta(\mathrm{d}t) + \int_{\xi^\delta(i,j)}^\infty \mathrm{e}^{-\alpha t} F_{ij}^\delta(\mathrm{d}t)$$
$$< 1 - \varepsilon^\delta(i, j) + \mathrm{e}^{-\alpha \xi^\delta(i,j)} \varepsilon^\delta(i, j) = 1 - \varepsilon^\delta(i, j)\,(1 - \mathrm{e}^{-\alpha \xi^\delta(i,j)}) < 1\,.$$

Bezeichne nun

$$q^\delta = \max_{i, j \in \mathcal{S}} \{1 - \varepsilon^\delta(i, j)\,(1 - \mathrm{e}^{-\alpha \xi^\delta(i,j)})\}, \tag{13}$$

so erhält man

$$|(L^\delta v)(i) - (L^\delta v')(i)| = \Big|\sum_{j \in \mathcal{S}} p_{ij}^\delta \int_0^\infty \mathrm{e}^{-\alpha t} F_{ij}^\delta(\mathrm{d}t)\,(v(j) - v'(j))\Big|$$
$$\leqq q^\delta \max_{j \in \mathcal{S}} |v(j) - v'(j)| = q^\delta \|v - v'\| \tag{14}$$

mit $0 < q^\delta < 1$.

Zu c): Es sei $\delta^{*\infty} \in \Theta_S$ so gewählt, daß

$$L^{\delta^*} v' = Uv', \qquad v' \in \mathbb{R}^M,$$

gilt. Dann erhält man nach a) für $v \leqq v'$

$$Uv = \min_{\delta^\infty \in \Theta_S} L^\delta v \leqq L^{\delta^*} v \leqq L^{\delta^*} v' = Uv'\,.$$

Zu d): Wegen der Endlichkeit von $\mathcal{S}$ und $\mathcal{D}$ gilt

$$q = \max_{\delta^\infty \in \Theta_S} q^\delta < 1\,. \tag{15}$$

Weiter sei $\delta^{*\infty} \in \Theta_S$ so gewählt, daß

$$L^{\delta^*} v' = Uv', \qquad v' \in \mathbb{R}^M,$$

ist. Folglich erhält man für alle $i \in \mathcal{S}$ nach b) die Beziehungen

$$(Uv)(i) - (Uv')(i) \leqq (L^{\delta^*}v)(i) - (L^{\delta^*}v')(i)$$
$$\leqq |(L^{\delta^*}v)(i) - (L^{\delta^*}v')(i)| \leqq q^{\delta^*} \|v - v'\| \leqq q \|v - v'\| .$$

In analoger Weise ergibt sich

$$(Uv')(i) - (Uv)(i) \leqq q \|v - v'\| .$$

Also ist für alle $i \in \mathcal{S}$

$$|(Uv)(i) - (Uv')(i)| \leqq q \|v - v'\| . \blacksquare \tag{16}$$

Als unmittelbare Folgerung aus (16) ergibt sich nach dem banachschen Fixpunktsatz die Existenz eines eindeutig bestimmten Fixpunktes v^* von U, d. h., es gilt

$$Uv^* = v^* . \tag{17}$$

3.6.3. Satz. *Es sei*

$$\left((p_{ij}^\delta)_{i,j\in\mathcal{S}}, (F_{ij}^\delta)_{i,j\in\mathcal{S}}, k^\delta, k_+^\delta, \alpha\right)_{\delta\infty\in\Theta_S}$$

ein diskontiertes semimarkowsches Entscheidungsmodell. Dann gilt — entsprechend (8), (11) *— für den Fixpunkt v^* der Abbildung U* mit

$$Uv = \min_{\delta\infty\in\Theta_S} \left(c_\alpha^\delta + \widetilde{\mathfrak{Q}}^\delta(\alpha)\, v\right), \qquad v \in \mathbb{R}^M ,$$

die Beziehung

$$v^* = K^*(\alpha)$$

mit

$$K^*(\alpha) = \left(K^*(i, \alpha)\right)_{i\in\mathcal{S}} .$$

Der Fixpunkt v^* von U ist also der M-dimensionale Vektor der minimalen mittleren diskontierten Gesamtkosten.

Beweis: a) Für jeden Zustand $i \in \mathcal{S}$ gilt nach Definition (vgl. (8))

$$\left((L^\delta)^n v\right)(i) = \sum_{\nu=0}^{n-1} \left((\widetilde{\mathfrak{Q}}^\delta(\alpha))^\nu c_\alpha^\delta\right)(i) + \left((\widetilde{\mathfrak{Q}}^\delta(\alpha))^n v\right)(i) . \tag{18}$$

Nach Definition (vgl. (3)) der mittleren diskontierten Gesamtkosten besteht die Beziehung

$$\mathsf{E}_{\delta\infty}\left(e^{-\alpha\tau_\nu} c^\delta(X_\nu) \mid X_0 = i\right) = \sum_{j\in\mathcal{S}} c^\delta(j) \int_0^\infty e^{-\alpha t}\, P_{\delta\infty}^{(\nu)}(j, i; dt) \tag{19}$$

mit

$$P_{\delta\infty}^{(\nu)}(j, i, t) := \mathsf{P}_{\delta\infty}(X_\nu = j, \tau_\nu \leqq t \mid X_0 = i) .$$

Weiterhin gilt (vgl. z.B. NOLLAU [1])

$$\mathsf{P}_{\delta\infty}(X_\nu = j, \tau_\nu \leqq t \mid X_0 = i) = Q_{ij}^{\delta[\nu]}(t) \tag{20}$$

mit

$$Q_{ij}^{\delta[\nu]}(t) := \begin{cases} Q_{ij}^\delta(t) & \text{für } \nu = 1 , \\ \sum_{k\in\mathcal{S}} \int_0^t Q_{kj}^\delta(t - s)\, Q_{ik}^{\delta[\nu-1]}(ds) & \text{für } \nu = 2, 3, \ldots . \end{cases}$$

Entsprechend

$$\int_0^\infty e^{-\alpha t} Q_{ij}^{\delta[\nu]}(dt) = \int_0^\infty e^{-\alpha t} \sum_{k\in\mathcal{S}} \int_0^t Q_{kj}^\delta(t-s)\, Q_{ik}^{\delta[\nu-1]}(ds)$$

$$= \sum_{k\in\mathcal{S}} \int_0^\infty e^{-\alpha t} Q_{kj}^\delta(dt) \int_0^\infty e^{-\alpha t} Q_{ik}^{\delta[\nu-1]}(dt)$$

$$= \sum_{k\in\mathcal{S}} \tilde{Q}_{kj}^\delta(\alpha) \int_0^\infty e^{-\alpha t} Q_{ik}^{[\nu-1]}(dt) \tag{21}$$

erhält man — durch Induktion —

$$\int_0^\infty e^{-\alpha t} Q_{ij}^{\delta[\nu]}(dt) = \sum_{k\in\mathcal{S}} \tilde{Q}_{kj}^\delta(\alpha)\, (\tilde{Q}_{ik}^\delta(\alpha))^{(\nu-1)} = (\tilde{Q}_{ij}^\delta(\alpha))^{(\nu)} \tag{22}$$

für $i, j \in \mathcal{S}$, $\delta^\infty \in \Theta_S$, $\alpha > 0$ und $\nu \in \mathbb{N}$. Dabei bezeichnet $(\tilde{Q}_{ij}^\delta(\alpha))^{(\mu)}$ das Element in der i-ten Zeile und j-ten Spalte der Matrix $(\tilde{\mathfrak{Q}}(\alpha))^\mu$, $\mu \in \mathbb{N}_0$. Nach (19), (20), (21), (22) ist dann

$$\mathsf{E}_{\delta^\infty}(e^{-\alpha\tau^\nu} c^\delta(X_\nu) \mid X_0 = i) = \sum_{j\in\mathcal{S}} (\tilde{Q}_{ij}^\delta(\alpha))^{(\nu)} c^\delta(j), \qquad \nu \in \mathbb{N}_0\,. \tag{23}$$

(Dabei verstehen wir unter $(\mathfrak{Q}^\delta(\alpha))^0$ die Einheitsmatrix.) In analoger Weise gelangt man zu

$$\mathsf{E}_{\delta^\infty}(e^{-\alpha\tau_\nu} c_+^\delta(X_\nu, V_\nu; \alpha) \mid X_0 = i)$$

$$= \sum_{j\in\mathcal{S}} \sum_{j'\in\mathcal{S}} \int_0^\infty \int_0^\infty e^{-\alpha t} c_+^\delta(j, t'; \alpha)\, Q_{ij}^{\delta[\nu]}(dt)\, Q_{jj'}^\delta(dt')$$

$$= \sum_{j\in\mathcal{S}} (Q_{ij}^\delta(\alpha))^{(\nu)} \sum_{j'\in\mathcal{S}} p_{jj'}^\delta \int_0^\infty c_+^\delta(j, t'; \alpha)\, F_{jj'}^\delta(dt')\,. \tag{24}$$

Entsprechend obiger Definition (vgl. (9))

$$c_\alpha^\delta(j) = c^\delta(j) + \sum_{j'\in\mathcal{S}} p_{jj'}^\delta \int_0^\infty c_+^\delta(j, t'; \alpha)\, F_{jj'}^\delta(dt')$$

ergibt sich (vgl. (18), (23) und (24))

$$((L^\delta)^n v)(i) = \mathsf{E}_{\delta^\infty} \Big(\sum_{\nu=0}^{n-1} e^{-\alpha\tau_\nu} (c^\delta(X_\nu) + c_+^\delta(X_\nu, V_\nu; \alpha)) \mid X_0 = i\Big)$$

$$+ ((\tilde{\mathfrak{Q}}^\delta(\alpha))^n v)(i)\,. \tag{25}$$

Da die lineare Abbildung $v \to \tilde{\mathfrak{Q}}^\delta(\alpha) v$ auf $\mathbb{R}^M$ für alle $\alpha > 0$ und $\delta^\infty \in \Theta_S$ kontrahierend ist (vgl. Beweis zum Lemma 3.6.2.b)), gilt

$$\lim_{n\to\infty} ((\tilde{\mathfrak{Q}}^\delta(\alpha))^n v)(i) = 0$$

für alle $v \in \mathbb{R}^M$ und $i \in \mathcal{S}$. Daraus ergibt sich in Übereinstimmung mit (3) nach (25)

$$\lim_{n\to\infty} ((L^\delta)^n v)(i) =$$

$$= \mathsf{E}_{\delta^\infty} \Big(\sum_{\nu=0}^{\infty} e^{-\alpha\tau_\nu} (c^\delta(X_\nu) + c_+^\delta(X_\nu, V_\nu; \alpha)) \mid X_0 = i\Big) + \lim_{n\to\infty} ((\tilde{\mathfrak{Q}}^\delta(\alpha))^n v)(i)$$

$$= K^\delta(i, \alpha)\,.$$

Wegen der Isotonie der Abbildungen L^δ (vgl. Lemma 3.6.2.a)) und

$$L^\delta v^* \geqq U v^* = v^*$$

folgt

$$(L^{\delta})^n v^* \geqq v^* , \qquad n \in \mathbb{N} .$$

Folglich erhält man für alle $\delta^\infty \in \Theta_S$ und $i \in \mathcal{S}$

$$v^*(i) \leqq K^\delta(i, \alpha) ,$$

d. h.

$$v^*(i) \leqq \min_{\delta^\infty \in \Theta_S} K^\delta(i, \alpha) = K^*(i, \alpha) .$$

b) Entsprechend der Definition von U (vgl. (11)) sei $\delta^{*\infty} \in \Theta_S$ so gewählt, daß

$$L^{\delta^*} v^* = U v^* = \min_{\delta^\infty \in \Theta_S} L^\delta v^*$$

gilt. Dann ergibt sich

$$K^{\delta^*}(i, \alpha) = \lim_{n \to \infty} \big((L^{\delta^*})^n v^*\big)(i) = \lim_{n \to \infty} (U^n v^*)(i) = v^*(i) ,$$

woraus

$$K^*(i, \alpha) = \min_{\delta^\infty \in \Theta_S} K^\delta(i, \alpha) \leqq K^{\delta^*}(i, \alpha) = v^*(i)$$

folgt. Also ist nach a) und b)

$$v^*(i) = K^*(i, \alpha) ,$$

d. h.

$$v^* = K^*(\alpha) ,$$

und $\delta^{*\infty}$ ist eine α-optimale Strategie. ∎

Als unmittelbare Konsequenz der hier angegebenen Aussage ergibt sich die

3.6.4. Folgerung. *Für jeden Vektor $v_0 \in \mathbb{R}^M$ erhält man die minimalen mittleren Kosten*

$$K^*(\alpha) = \big(K^*(\alpha, i)\big)_{i \in \mathcal{S}}$$

mittels sukzessiver Approximation als Grenzwert der Folge $(v_n)_{n \in N}$ mit

$$v_n = U v_{n-1} ,$$

d. h.

$$v_n(i) = \min_{d \in \mathcal{D}} \Big(c(i, d) + \sum_{j \in \mathcal{S}} p(j \mid i, d) \int_0^\infty c_+(i, d, t'; \alpha)\, F_{ij}^d(\mathrm{d}t')$$

$$+ \sum_{j \in \mathcal{S}} p(j \mid i, d) \int_0^\infty \mathrm{e}^{-\alpha t} F_{ij}^d(\mathrm{d}t)\, v_{n-1}(j)\Big) , \qquad i \in \mathcal{S} .$$

4. Steuerung zeitstetiger stochastischer Prozesse

4.1. Einleitung

In diesem Kapitel werden steuerbare stochastische Prozesse mit stetiger Zeitabhängigkeit behandelt. Dabei beschränken wir uns auf Systeme, die durch stochastische Ito-Differentialgleichungen über einem fest vorgegebenen endlichen Zeitintervall $[0, t_e]$ beschrieben werden.[1]) Derartige Systeme besitzen in Theorie und Anwendung eine große Bedeutung. Während zur Beschreibung einer Vielzahl von Vorgängen praktisch aller Bereiche von Naturwissenschaft und Technik gewöhnliche Differentialgleichungen herangezogen werden, führt die Berücksichtigung zufälliger Störungen $S(t)$, $t \in [0, t_e]$, in diesen Gleichungen häufig auf (formale) Beziehungen der Form

$$\dot{X}(t) = a\big(X(t), U(t), t\big) + S(t)\,,$$
$$X(0) = X_a,\quad t \in [0, t_e]\,,$$

wobei $X(t)$ den Zustand und $U(t)$ die Steuerung darstellt. Gesucht ist hierbei z.B. das Minimum des Erwartungswertes eines Kostenfunktionals

$$\int_0^{t_e} L\big(X(t), U(t), t\big)\,\mathrm{d}t\,.$$

Die Steuerung U variiert dabei in einer vorgegebenen Konkurrenzmenge zulässiger Steuerungen.

Handelt es sich um Störungen vom Typ des weißen Rauschens (vgl. z.B. Arnold [1]), die eventuell zustands- und steuerungsabhängig sind, d. h., es besteht ein (formaler) Zusammenhang der Art $S(t) = b\big(X(t), U(t), t\big)\,\dot{W}(t)$, wobei $W(t)$ einen Wiener-Prozeß darstellt, so führt dies auf Ito-Gleichungen der Gestalt

$$\mathrm{d}X(t) = a\big(X(t), U(t), t\big)\,\mathrm{d}t + b\big(X(t), U(t), t\big)\,\mathrm{d}W(t)\,, \tag{1}$$
$$X(0) = X_a\,,$$

die im folgenden im Mittelpunkt der Betrachtungen stehen. Der Hauptunterschied zu den Untersuchungen in den vorangehenden Kapiteln besteht darin, daß der steuerbare Prozeß $X(t)$ hier nicht durch eine Familie von Maßen, sondern durch eine Vorschrift zur Konstruktion seiner Trajektorien, d. h. durch die Bewegungsgleichung (1) gegeben ist. Zur Behandlung derartiger Problemstellungen werden häufig Methoden der Steuerungstheorie entsprechender deterministischer Systeme herangezogen.

---

[1]) Zur Theorie derartiger Gleichungen siehe z.B. Gichman/Skorochod [3].

So sind Ergebnisse der Variationsrechnung, das pontrjaginsche Maximumprinzip und vor allem das bellmansche Optimalitätsprinzip zur Lösung dieser Aufgabe entsprechend modifiziert worden (vgl. z.B. BENSOUSSAN/HURST/NÄSLUND [1]).

Allerdings ergeben sich bei der Behandlung stochastischer Problemstellungen qualitativ neue Effekte, und der analytische Aufwand steigt gegenüber der entsprechenden deterministischen Problemstellung i. allg. erheblich an. Weiterhin ist zu beobachten, daß zum gegenwärtigen Zeitpunkt im Unterschied zu zeitdiskreten stochastischen Steuerproblemen (vgl. Kapitel 1) noch kein hinreichend tragfähiges Grundmodell entwickelt worden ist und deshalb die Untersuchungen für viele Modelle mit z. T. sehr unterschiedlichen Methoden betrieben werden. Dies spiegelt sich auch in einer Vielzahl von Einzelarbeiten und zusammenfassenden Darstellungen wider, die zu diesem Fragenkomplex in den letzten 20 Jahren erschienen sind.

Der in diesem Kapitel untersuchte Problemkreis ist demgegenüber relativ eng begrenzt. Er gestattet jedoch die Darstellung einer Reihe für dieses Gebiet typischer Methoden und Resultate. Für weitergehende Untersuchungen sei auf die z. T. im Literaturverzeichnis angeführte Originalliteratur und dabei speziell auf FLEMING/RISHEL [1], GICHMAN/SKOROCHOD [4], KRYLOW [1], KUSHNER [2] und WONHAM [2] verwiesen.

Im folgenden Abschnitt werden zwei Steueraufgaben formuliert, die anschließend mit Hilfe von Optimalitätsprinzipien vom bellmanschen (Abschnitt 4.3) bzw. vom pontrjaginschen Typ (Abschnitt 4.4) untersucht werden. Dabei gehen wir relativ ausführlich auf die Problematik der zur Steuerung verwendeten Informationen ein, wobei die Unterschiede zur Steuerungstheorie deterministischer Systeme (vgl. z.B. CSÁKI [1]) deutlich werden.

Abschnitt 4.5 behandelt mit den in den Abschnitten 4.3 und 4.4 bereitgestellten Optimalitätskriterien den für Anwendungen besonders wichtigen Fall des stochastisch gestörten linearen Regulators, dessen Theorie ausführlich bei WONHAM [2] zu finden ist. Im Abschnitt 4.6 wird ein Steuerproblem mit zufällig gestörten Beobachtungen des Zustandsverlaufes behandelt. Dabei zerfällt dieses Steuerproblem in eine klassische Filtrationsaufgabe und ein Steuerproblem mit vollständiger Beobachtung des Zustandsverlaufes (Separationsprinzip), wie es in Abschnitt 4.3 behandelt wird. Wir verzichten im Rahmen dieses Kapitels auf die Untersuchung von Problemen der Existenz optimaler Steuerungen, auf Verallgemeinerungen hinsichtlich der zur Beschreibung des Steuerproblems verwendeten stochastischen Differentialgleichungen, auf Stop- bzw. Stop-Steuerprobleme wie auch auf asymptotische Fragestellungen. Ausgeklammert werden weiterhin zeitstetige stochastische Steuermodelle, die sich nicht auf stochastische Differentialgleichungen stützen (vgl. z.B. MANDL [3], ENGELBERT [6]). Wir verweisen hierzu auf die Originalliteratur bzw. auf die umfangreichen Literaturverzeichnisse bei FLEMING [1] und FLEMING/RISHEL [1].

4.2. Steueraufgabe

Wie bereits angekündigt, untersuchen wir in diesem Abschnitt Steuerprobleme, deren Bewegungsgleichungen durch Ito-Differentialgleichungen über einem fest vorgegebenen Zeitintervall definiert sind. Im folgenden führen wir neben diesen Differentialgleichungen die Klassen der zulässigen Steuerungen und die Zielfunktionale ein. Betrachtet werden steuerbare stochastische Systeme der Form

$$\begin{aligned} dX(t) &= a(X(t), U(t), t)\, dt + b(X(t), U(t), t)\, dW(t)^{1)} \\ &= a(X(t), U(t), t)\, dt + \sum_{i=1}^{n} b_i(X(t), U(t), t)\, dW_i(t) \qquad (1) \\ X(0) &= X_a, \qquad t \in [0, t_e]. \end{aligned}$$

Dabei bezeichnet

$X(t)^T = (X_1(t), \ldots, X_n(t))$	den n-dimensionalen Zustandsprozeß, $n \in \mathbb{N}$;
$U(t)^T = (U_1(t), \ldots, U_m(t))$	den m-dimensionalen Steuerprozeß, $m \in \mathbb{N}$;
$a^T = (a_1, \ldots, a_n)$	eine vektorwertige Funktion $a \mid \mathbb{R}^n \times \mathbb{R}^m \times [0, t_e] \to \mathbb{R}^n$;
$b = (b_{ij})_{i,j=1,\ldots,n}$	eine (n, n)-matrixwertige Funktion:
$b_i^T = (b_{1i}, \ldots, b_{ni})$	die vektorwertige Funktion $b_i \mid \mathbb{R}^n \times \mathbb{R}^m \times [0, t_e] \to \mathbb{R}^n$, $i = 1, \ldots, n$.

Dabei gilt für den Systemzustand $X(t) \in \mathcal{S} = \mathbb{R}^n$, die Steuerung $U(t) \in \mathcal{D} \subset \mathbb{R}^m$ und $W(t)_{t \in [0, t_e]}$ ist ein n-dimensionaler standardisierter Wiener-Prozeß (siehe A 3.1) über dem fest vorgegebenen Wahrscheinlichkeitsraum $[\Omega, \mathfrak{F}, \mathsf{P}]$ mit den Komponenten $W_i(t)$, $i = 1, \ldots, n$, und der begleitenden Familie $\mathfrak{F}_t$. Der Einfachheit halber nehmen wir an, daß $\mathfrak{F}_t = \sigma\langle W(s): s \in [0, t]\rangle$ die von dem Wiener-Prozeß $W(t)$ erzeugte Familie von σ-Algebren ist. $\mathcal{D}$ stellt hier die Entscheidungsmenge dar, die in diesem Zusammenhang auch Steuerbereich genannt wird. Bezüglich der Koeffizienten der Gleichung (1) und der zufälligen Anfangsbedingung X_a treffen wir folgende Voraussetzungen:

1. $a(\cdot, \cdot, \cdot)$ und $b(\cdot, \cdot, \cdot)$ sind meßbar[2];
2. $a(\cdot, \cdot, \cdot)$ und $b(\cdot, \cdot, \cdot)$ sind stetig[2];
3. $a(\cdot, \cdot, \cdot)$ und $b(\cdot, \cdot, \cdot)$ genügen der folgenden linearen Wachstums- bzw. Lipschitz-Bedingung in den ersten beiden Variablen:
   Für alle $(x, u, t), (y, v, t) \in \mathcal{S} \times \mathcal{D} \times [0, t_e]$ existiert ein $K \in \mathbb{R}^1$ mit
   $\|a(x, u, t)\| + \|b(x, u, t)\| \leqq K(1 + \|x\| + \|u\|)$
   bzw.
   $\|a(x, u, t) - a(y, v, t)\| + \|b(x, u, t) - b(y, v, t)\| \leqq K(\|x - y\| + \|u - \|v)$;
4. X_a ist unabhängig von $W(t)_{t \in [0, t_e]}$, und es gilt $\mathsf{E}\,\|X_a\|^2 < \infty$.

Zur Abkürzung bezeichnen wir mit (V1) die Voraussetzungen 2, 3 und 4 und mit (V2) die Voraussetzungen 1, 3, 4. Bevor wir zur Definition der Klassen der zulässigen Steuerungen kommen, sollen noch einige Bemerkungen zur Rolle der dafür verwendeten Informationen gemacht werden. Im Unterschied zur deterministischen Steuerungstheorie hängen nämlich die Gestalt der zulässigen Steuerungen und der bei der Steuerung erzielte Effekt ganz entscheidend von der Art der Informationen ab, die bei der Steuerung verfügbar sind. Es lassen sich folgende wesentliche Fälle unterscheiden:

1. Die Systemparameter, d. h. die Koeffizienten der Gleichung (1) sind ganz oder teilweise unbekannt. Diese Situation ist vergleichbar mit der in Abschnitt 1.8 behandelten Aufgabe. Die Untersuchung derartiger Fragen führt auf sogenannte

---

[1]) Als Lösungen stochastischer Differentialgleichungen verwenden wir stets entsprechende separable, meßbare bzw. stetige Prozesse.

[2]) Meßbarkeit bzw. Stetigkeit versteht sich hier in der Gesamtheit der Variablen.

adaptive Steuerprobleme, die hier nicht behandelt werden sollen. Im folgenden setzen wir daher stets voraus, daß die Koeffizienten $a(\cdot, \cdot, \cdot)$ und $b(\cdot, \cdot, \cdot)$ bekannt sind.

2. Es gibt keine Informationen über die Anfangsbedingung oder den Prozeßverlauf während der Steuerung. In diesem Fall kann eine Steuerung $U(\cdot)$ nur als reine Zeitfunktion — im voraus — gewählt werden. Derartige Steuerungen werden häufig als *OL-(Open-loop)-Steuerungen* bezeichnet.

3. Zu jedem Zeitpunkt t ist der Zustand $X(t)$ bekannt. Dies wird häufig als *vollständige Beobachtbarkeit* bezeichnet. Die Steuerungen besitzen in diesem Fall z.B. die Gestalt $U(t) = \hat{u}(X(t), t)$ und werden als *FB(Feedback)-Steuerungen* bezeichnet. Diese Situation ist vergleichbar mit der in 1.1 bzw. Kapitel 2 betrachteten.

4. Der Zustand $X(t)$ kann nicht vollständig bzw. direkt beobachtet werden. Aus der Vielzahl der möglichen Fälle sei hier nur einer herausgegriffen. Anstelle des Zustandes $X(t)$ wird ein zufälliges Funktional $Y(t)$ des Zustandsverlaufes $X(\cdot)$ bis zum Zeitpunkt t beobachtet. Dies führt auf die Behandlung von *Filtrationsproblemen* und auf die Frage nach der Anwendbarkeit des *Separationsprinzips* (siehe hierzu Abschnitt 4.6).

Schließlich ist es vom methodischen Standpunkt aus möglich, die Informationen, die bei der Steuerung Verwendung finden, durch σ-Algebren zu beschreiben. Fassen wir den Wiener-Prozeß $W(t)$ in Gleichung (1) als Störung auf, so ist diese vollständig beobachtbar, falls $\mathfrak{F}_t = \sigma\langle W(s): s \in [0, t]\rangle$ bekannt ist. Teilweise Beobachtbarkeit der Störungen bedeutet demnach die Kenntnis entsprechender Teil-σ-Algebren $\mathfrak{F}_t^p$ von $\mathfrak{F}_t$. In derartigen Fällen werden zur Steuerung stochastische Prozesse $U(t)_{t\in[0,t_e]}$, die jeweils progressiv meßbar bez. $\mathfrak{F}_t$ bzw. $\mathfrak{F}_t^p$ sind, verwendet. Sie werden auch als verallgemeinerte nichtvorgreifende Steuerungen bezeichnet.

Zwischen der zuletztgenannten Situation und den unter 1 bis 4 geschilderten bestehen natürlich enge Beziehungen. Eine OL-Steuerung wird verwendet, falls keine Beobachtungen des Wiener-Prozesses $W(t)$ vorliegen, was der Kenntnis der trivialen σ-Algebra $\mathfrak{F}_t = \{\emptyset, \Omega\}$ entspricht. Die Steuerung ist demnach deterministisch. Der Fall der vollständigen Beobachtbarkeit des Zustandes entspricht in gewisser Hinsicht dem der Kenntnis von $\mathfrak{F}_t$, und auch die unter 4 genannte Situation läßt sich unter Umständen durch die „Beobachtung“ einer Teil-σ-Algebra $\mathfrak{F}_t^p$ beschreiben. Während bei der Steuerung deterministischer Systeme verschiedene Informationssituationen in der Regel keine Auswirkungen auf das bei der Steuerung erzielte Ergebnis haben, ergeben sich für stochastische Steuerprobleme wesentliche qualitative und quantitative Unterschiede in bezug auf den Effekt der Steuerung. Daher kommt der auf den verschiedenen Informationssituationen beruhenden Wahl der Mengen der zulässigen Steuerungen für stochastische Problemstellungen große Bedeutung zu.

Wir verwenden im folgenden zwei Mengen zulässiger Steuerungen, die wir den beiden in den Abschnitten 4.3 und 4.4 behandelten Steueraufgaben zugrunde legen.

4.2.1. Definition. Die Menge aller Prozesse $U(t) := \hat{u}(X(t), t)$ mit $\hat{u} \mid \mathbb{R}^n \times [0, t_e] \to \mathcal{D}$, $\hat{u}(\cdot, \cdot)$ stetig, für die für alle $(x, t), (y, t) \in \mathbb{R}^n \times [0, t_e]$ ein $K \in \mathbb{R}^1$ existiert mit

$$||\hat{u}(x, t)|| \leqq K(1 + ||x||),$$
$$||\hat{u}(x, t) - \hat{u}(y, t)|| \leqq K\, ||x - y||$$

heißt *Klasse der FB(Feedback)-Steuerungen* und wird mit $\mathfrak{U}_{FB}$ bezeichnet. $X(t)$ ist dabei die $U(t) = \hat{u}(X(t), t)$ entsprechende Lösung von (1). Die Lösung existiert unter der Voraussetzung (V1) bzw. unter den an $\hat{u}(\cdot,\cdot)$ gestellten Forderungen (vgl. A, Satz 3.4.1).

4.2.2. Definition. Die Menge aller Prozesse $U(t, \omega)$, $U \mid [0, t_e] \times \Omega \to \mathcal{D}$ über dem Wahrscheinlichkeitsraum $[\Omega, \mathfrak{F}, \mathsf{P}]$, die meßbar und progressiv meßbar bez. einer fest vorgegebenen isotonen Familie von Teil-σ-Algebren $\mathfrak{F}_t^p$ von $\mathfrak{F}_t$ sind und deren Trajektorien P-f.s. beschränkt sind, heißt *Klasse der verallgemeinerten nichtvorgreifenden Steuerungen* und wird mit $\mathfrak{U}_{\mathfrak{F}p}$ bezeichnet.

Die Klasse $\mathfrak{U}_{\mathfrak{F}p}$ ist dem Fall der Beschreibung der verfügbaren Informationen durch σ-Algebren angepaßt. Die Existenz und Eindeutigkeit einer Lösung von (1) bei Verwendung einer Steuerung $U \in \mathfrak{U}_{\mathfrak{F}p}$ ergibt sich unter Voraussetzung (V2) aus A, Bemerkung 3.4.4.

Falls $\mathfrak{F}_t^p = \mathfrak{F}_t$ gilt, ist die Klasse der FB-Steuerungen in der Klasse der verallgemeinerten nichtvorgreifenden Steuerungen enthalten. An dieser Stelle sei darauf hingewiesen, daß die getroffenen Voraussetzungen (V1), (V2) und die in den Definitionen 4.2.1 und 4.2.2 gestellten Forderungen jeweils hinreichend für die Lösbarkeit von Gleichung (1) sind.

Bei der folgenden Definition der Zielfunktionale orientieren wir o.B.d.A. auf die Betrachtung von Kosten.

4.2.3. Definition. Als *Steuerproblem 1* wird die Aufgabe bezeichnet, das Funktional

$$I(s, x, U) := \mathsf{E}_{s,x}\{\int_s^{t_e} L(X(t), U(t), t)\, dt + \Phi(X(t_e))\}^{1)} \tag{2}$$

für alle $(s, x) \in [0, t_e) \times \mathcal{S}$ über der Klasse $\mathfrak{U}_{\mathrm{FB}}$ unter der Nebenbedingung (1) und Voraussetzung (V1) zu minimieren. Eine Steuerung U^*, die dieses Problem löst, heißt *optimal* und die Funktion

$$V(s, x) := \inf_{U \in \mathfrak{U}_{\mathrm{FB}}} I(s, x, U)$$

optimale Wertfunktion des Steuerproblems 1.

Die Funktionen $L(\cdot, \cdot, \cdot)$ und $\Phi(\cdot)$, $L \mid \mathbb{R}^n \times \mathbb{R}^m \times [0, t_e] \to \mathbb{R}^1$, $\Phi \mid \mathbb{R}^n \to \mathbb{R}^1$, seien dabei stetig und gleichmäßig wachstumsbeschränkt: Und zwar existiert für alle $(x, u, t) \in \mathbb{R}^n \times \mathbb{R}^m \times [0, t_e]$ ein $K \in \mathbb{R}^1$ mit

$$|L(x, u, t)| + |\Phi(x)| \leqq K(1 + ||x|| + ||u||)^2 .$$

4.2.4. Definition. Als *Steuerproblem 2* wird die Aufgabe bezeichnet, das Funktional

$$I(U) := \mathsf{E}\{\int_0^{t_e} L(X(t), U(t), t)\, dt + \Phi(X(t_e))\} \tag{3}$$

über der Klasse $\mathfrak{U}_{\mathfrak{F}p}$ unter der Nebenbedingung (1) und Voraussetzung (V2) zu minimieren. Eine Steuerung U^*, die dieses Problem löst, heißt *optimal* und

$$V := \inf_{U \in \mathfrak{U}_{\mathfrak{F}p}} I(U)$$

optimaler Wert des Steuerproblems 2. Die Funktionen $L(\cdot, \cdot, \cdot)$ und $\Phi(\cdot)$ genügen dabei den in Definition 4.2.3 gestellten Forderungen.

Die getroffenen Voraussetzungen sind jeweils hinreichend für die Existenz der Funktionale (2) und (3). In beiden Fällen handelt es sich um Kostenfunktionale vom Bolza-Typ[2]. Während der integrale Anteil den Verlauf des Prozesses $X(\cdot)$ und den dabei erforderlichen Steueraufwand $U(\cdot)$ bewertet, stellt der terminale Anteil eine Bewertung der Lage des Endzustandes dar.

---

[1]) $\mathsf{E}_{s,x}(\cdot)$ bezeichnet für $(s, x) \in [0, t_e) \times \mathbb{R}^n$ die bedingte Erwartung $\mathsf{E}[\cdot \mid X(s) = x]$.

[2]) Vgl. z.B. Bliss [1].

Das Ziel der Steuerung besteht in jedem Fall in der Minimierung der Kosten über dem gesamten Zeitintervall $[0, t_e]$ unter der durch die Bewegungsgleichung (1) gegebenen Nebenbedingung. Die unterschiedliche Gestalt der Kostenfunktionale (2) und (3) basiert auf der zur Behandlung des Steuerproblems 1 herangezogenen Optimierungsmethode, die analog zu Abschnitt 1.1 Restkosten verwendet.

4.3. Die Bellman-Gleichung für gesteuerte markowsche Prozesse

Das in Definition 4.2.3 angegebene Steuerproblem 1 ist der Gegenstand des folgenden Abschnittes, wobei wir uns (im Unterschied zum Abschnitt 4.4) für hinreichende Bedingungen für die Optimalität einer FB(Feedback)-Steuerung interessieren. Dabei bezeichne $\mathrm{CP}^{2,1}(\mathbb{R}^n \times [0, t_e])$ die Klasse aller stetigen Funktionen ψ:

$$\psi \mid \mathbb{R}^n \times [0, t_e] \to \mathbb{R}^1$$

mit stetigen partiellen Ableitungen

$$\frac{\partial \psi}{\partial x_i}, \qquad i = 1, \dots, n,$$

$$\frac{\partial^2 \psi}{\partial x_i \, \partial x_j}, \qquad i, j = 1, \dots, n, \qquad \frac{\partial \psi}{\partial t}$$

sowie polynomialem Wachstum, d. h., es existieren für ψ Konstanten $K = K_\psi > 0$ und $k = k_\psi \geqq 1$ mit

$$|\psi(x, t)| \leqq K(1 + \|x\|^k). \tag{1}$$

Der folgende Satz wird als *Verifikationssatz* bezeichnet. Die darin angegebenen Aussagen gestatten es, das Steuerproblem 1, das darin besteht, das Funktional

$$I(s, x, U) = \mathsf{E}_{s,x}\{\int_s^{t_e} L(X(t), U(t), t) \, dt + \Phi(X(t_e))\}$$

über der Klasse $\mathfrak{U}_{\mathrm{FB}}$ unter der Nebenbedingung

$$dX(t) = a(X(t), U(t), t) \, dt + b(X(t), U(t), t) \, dW(t),$$

$$X(0) = X_a, \qquad t \in [0, t_e],$$

zu minimieren (vgl. Definition 4.2.3), durch Behandlung einer nichtlinearen partiellen Differentialgleichung zweiter Ordnung und einer Optimierungsaufgabe über dem Steuerbereich $\mathcal{D} \subset \mathbb{R}^m$ zu lösen.

4.3.1. Satz. *Es sei* $W \in \mathrm{CP}^{2,1}(\mathbb{R}^n \times [0, t_e])$ *eine Lösung von*

$$\frac{\partial W(x, s)}{\partial s} + \min_{u \in \mathcal{D}} \left\{ \frac{1}{2} \mathrm{sp}[b(x, u, s) \, (\mathrm{grad}_x \mathrm{grad}_x^{\mathsf{T}} W(x, s)) \, b(x, u, s)^{\mathsf{T}}] \right.$$
$$\left. + a(x, u, s)^{\mathsf{T}} \mathrm{grad}_x W(x, s) + L(x, u, s) \right\} = 0, \quad x \in \mathbb{R}^n, \quad t \in [0, t_e), \tag{2}$$

mit

$$W(x, t_e) = \Phi(x), \qquad x \in \mathbb{R}^n. \tag{3}$$

Dann gilt:

a) $W(x, s) \leqq I(s, x, U)$ *für alle* $U \in \mathfrak{U}_{\mathrm{FB}}$, $x \in \mathbb{R}^n$ *und* $s \in [0, t_e]$;

b) *ist* $U^* \in \mathfrak{U}_{\mathrm{FB}}$ *mit* $U^*(t) = \hat{u}^*(X^*(t), t)$ *und*

$$\begin{aligned} &\tfrac{1}{2}\,\mathrm{sp}[b(x, \hat{u}^*(x, s), s)\,(\mathrm{grad}_x\,\mathrm{grad}_x^{\mathsf{T}}\,W(x, s))\,b(x, \hat{u}^*(x, s), s)^{\mathsf{T}}] \\ &+ a(x, \hat{u}^*(x, s), s)^{\mathsf{T}}\,\mathrm{grad}_x\,W(x, s) + L(x, \hat{u}^*(x, s), s) = \\ &= \min_{u \in \mathfrak{D}} \{\tfrac{1}{2}\,\mathrm{sp}[b(x, u, s)\,(\mathrm{grad}_x\,\mathrm{grad}_x^{\mathsf{T}}\,W(x, s))\,b(x, u, s)^{\mathsf{T}}] \\ &\qquad + a(x, u, s)^{\mathsf{T}}\,\mathrm{grad}_x\,W(x, s) + L(x, u, s)]\} \end{aligned} \tag{4}$$

für alle $x \in \mathbb{R}^n$ *und* $s \in [0, t_e]$, *so gilt*

$$W(x, s) = I(s, x, U^*) \tag{5}$$

und U^*: $U^*(s) = \hat{u}^*(X^*(s), s)$,[1] $s \in [0, t_e)$, *ist optimal (im Sinne der Definition* 4.2.3).

Bevor wir die Aussage dieses Satzes beweisen sei festgestellt, daß die Gleichung (2), die in ausführlicher Schreibweise die Form

$$\begin{aligned} &\frac{\partial W(x, s)}{\partial s} + \min_{u \in \mathfrak{D}} \left\{ \frac{1}{2} \sum_{i=1}^{n} \sum_{j=1}^{n} c_{ij}(x, u, s) \frac{\partial^2 W(x, s)}{\partial x_i\, \partial x_j} \right. \\ &\qquad \left. + \sum_{i=1}^{n} a_i(x, u, s) \frac{\partial W(x, s)}{\partial x_i} + L(x, u, s) \right\} = 0 \end{aligned} \tag{2'}$$

mit $(c_{ij}(x, u, s))_{i,j=1,\dots,n} = b(x, u, s)\, b(x, u, s)^{\mathsf{T}}$ besitzt, das Analogon zu der als Bellman-Gleichung bezeichneten Gleichung (1.4.3) darstellt. Die in (2) angegebene Beziehung wird deshalb mitunter auch selbst eine Bellman-Gleichung genannt. Ist nämlich $\mathcal{S} \subset \mathbb{R}^n$ abzählbar, so gilt bei entsprechender Definition des Kostenfunktionals $I(s, x, U)$ für die optimale Wertfunktion

$$V_{\mathcal{S}}^*(x, s) := \min_{U \in \mathfrak{U}_{\mathrm{FB}}} I(s, x, U)$$

die Bellman-Gleichung

$$V_{\mathcal{S}}^*(x, s) = \min_{u \in \mathfrak{D}} \{ \sum_{y \in \mathcal{S}} p_{xy}^u(s)\, V_{\mathcal{S}}^*(y, s + \mathrm{d}s) + L(x, u, s)\, \mathrm{d}s \}$$

(vgl. (2.2.11)). Dabei gehen wir von einer Diskretisierung der Form $s, s + \mathrm{d}s, s + 2\mathrm{d}s, \dots, t_e$ des Zeitintervalles $[s, t_e]$ aus und verstehen unter $p_{xy}^u(s)$ die Wahrscheinlichkeit eines Überganges von x nach y (bei der Wahl der Entscheidung n) im Zeitintervall von s bis $s + \mathrm{d}s$. Die Größen $L(x, u, s)\, \mathrm{d}s$ sind dann als Schrittkosten (vgl. Abschnitt 2.1) interpretierbar.

Bezeichnet nun $\mathsf{E}_{s,x}^u$ den durch $(p_{xy}^u(s))_{y \in \mathcal{S}}$ definierten (bedingten) Erwartungswert, so gewinnt man für die Bellman-Gleichung die Form

$$0 = \min_{u \in \mathfrak{D}} \{ \mathsf{E}_{s,x}^u V_{\mathcal{S}}^*(X(s + \mathrm{d}s), s + \mathrm{d}s) - V_{\mathcal{S}}^*(x, s) + L(x, u, s)\, \mathrm{d}s \}\,.$$

Durch formales Anwenden der itoschen Formel (vgl. A 3.3.1) bez. $\mathrm{d}V_{\mathcal{S}}^*(X(s), s)$, den Grenzübergang $\mathrm{d}s \to 0$ und unter Beachtung von $\mathsf{E}_{s,x}^u(\mathrm{d}W(s)) = 0$ ergibt sich die

---

[1]) $X^*(s)$, $s \in [0, t_e)$, ist die (eindeutig bestimmte) Lösung von

$$\mathrm{d}X(t) = a(X(t), \hat{u}^*(X(t), t), t)\, \mathrm{d}t + b(X(t), \hat{u}^*(X(t), t), t)\, \mathrm{d}W(t)$$

mit $X(0) = X_a$ (vgl. (4.2.1)).

unter (2) angegebene Gleichung für die optimale Wertfunktion

$$\frac{\partial V^*_{\mathcal{Y}}(x,s)}{\partial s} + \min_{u\in\mathcal{D}} \left\{ \frac{1}{2} \sum_{i=1}^{n} \sum_{j=1}^{n} c_{ij}(x,u,s) \frac{\partial^2 V^*_{\mathcal{Y}}(x,s)}{\partial x_i \partial x_j} + \sum_{i=1}^{n} a_i(x,u,s) \frac{\partial V^*_{\mathcal{Y}}(x,s)}{\partial x_i} + L(x,u,s) \right\}.$$

Beweis (zum Satz 4.3.1): Der Beweis für diesen Satz beruht im wesentlichen auf der dynkinschen Formel (vgl. A. 3.5). Für $s, t \in [0, t_e)$, $s < t$, $x \in \mathbb{R}^n$, und $W \in \mathrm{CP}^{2,1}(\mathbb{R}^n \times [0, t_e])$ gilt nämlich

$$\mathsf{E}_{s,x} W(X(t), t) - W(x,s) = \mathsf{E}_{s,x} \int_s^t \left\{ \left.\frac{\partial W(x,r)}{\partial r}\right|_{x=X(r)} + \frac{1}{2} \mathrm{sp}\{b(X(r), \hat{u}(X(r), r), r) \left(\mathrm{grad}_x \mathrm{grad}_x^{\mathsf{T}} W(x,r)\right)|_{x=X(r)} \times b(X(r), \hat{u}(X(r), r), r)^{\mathsf{T}}\} \mathrm{d}r + a(X(r), \hat{u}(X(r), r)\, r)^{\mathsf{T}} \mathrm{grad}_x W(x,r)|_{x=X(r)} \right\} \mathrm{d}r\,, \tag{7}$$

da $\mathrm{d}X(t) = a(X(t), \hat{u}(X(t), t), t\, \mathrm{d}t + b(X(t), \hat{u}(X(t), t), t)\, \mathrm{d}W(t)$ (vgl. (4.2.1)) ist.

Zu (a): Nach (2) gilt für die Funktion W sowie $u \in \mathcal{D}$ und $x \in \mathbb{R}^n$

$$\frac{\partial W(x,s)}{\partial s} + \frac{1}{2} \mathrm{sp}[b(x,u,s) \left(\mathrm{grad}_x \mathrm{grad}_x^{\mathsf{T}} W(x,s)\right) b(x,u,s)] + a(x,u,s)^{\mathsf{T}} \mathrm{grad}_x W(x,s) + L(x,u,s) \geqq 0\,.$$

Also ist für eine beliebige FB-Strategie U: $U(t) = \hat{u}(X(t), t)$, $0 \leqq t < t_e$

$$L(X(t), \hat{u}(X(t), t), t) \geqq - \left.\frac{\partial W(x,t)}{\partial t}\right|_{x=X(t)} - \frac{1}{2} \mathrm{sp}\{b(X(t), \hat{u}(X(t), t), t) \left(\mathrm{grad}_x \mathrm{grad}_x^{\mathsf{T}} W(x,t)\right)|_{x=X(t)} \times b(X(t), \hat{u}(X(t), t), t)^{\mathsf{T}}\} - a(X(t), \hat{u}(X(t), t), t)^{\mathsf{T}} \mathrm{grad}_x W(x,t)|_{x=X(t)} \quad (t \in [0, t_e))\,. \tag{8}$$

Folglich ergibt sich aus (7) und (8) für $s, t \in [0, t_e)$ und $s < t$

$$W(x,s) \leqq \mathsf{E}_{s,x} W(X(t), t) + \mathsf{E}_{s,x} \int_s^t L(X(r), \hat{u}(X(r), r), r)\, \mathrm{d}r\,. \tag{9}$$

Insbesondere folgt hieraus für $t = t_e$ und $x \in \mathbb{R}^n$

$$W(x,s) \leqq \mathsf{E}_{s,x} W(X(t_e), t_e) + \mathsf{E}_{s,x} \int_s^{t_e} L(X(r), \hat{u}(X(r), r), r)\, \mathrm{d}r = I(s, x, U) \tag{10}$$

für alle $U \in \mathfrak{U}_{\mathrm{FB}}$ und nach (3)

$$W(x, t_e) = \Phi(x) \qquad (x \in \mathbb{R}^n)\,.$$

Zu b): Besteht für eine FB-Strategie U^*: $U^*(t) = \hat{u}^*(X^*(t), t)$ die Beziehung (4), so ist nach (2)

$$\left.\frac{\partial W(x,t)}{\partial t}\right|_{x=X^*(t)} + \frac{1}{2} \mathrm{sp}[b(X^*(t), U^*(t), t) \left(\mathrm{grad}_x \mathrm{grad}_x^{\mathsf{T}} W(x,t)\right)|_{x=X^*(t)} \; b(X^*(t), U^*(t), t)] + a(X^*(t), U^*(t), t)^{\mathsf{T}} \mathrm{grad}_x W(x,t)|_{x=X^*(t)}\, L(X^*(t), U^*(t), t) = 0\,. \tag{11}$$

Wendet man nun wiederum die dynkinsche Formel an, so folgt aus (11) nach (7)

$$W(x, s) = \mathsf{E}_{s,x} W\big(X^*(t), t\big) + \mathsf{E}_{s,x} \int_s^t L\big(X^*(r), U^*(r), r\big)\, dr$$

für $0 \leqq s < t \leqq t_e$. Für $t = t_e$ erhält man speziell

$$W(x, s) = \mathsf{E}_{s,x} W\big(X^*(t_e), t_e\big) + \mathsf{E}_{s,x} \int_s^{t_e} L\big(X^*(r), U^*(r), r\big)\, dr$$
$$= \mathsf{E}_{s,x} \Big\{\int_s^{t_e} L\big(X^*(r), U^*(r), r\big)\, dr + \Phi\,\big(X^*(t_e)\big)\Big\} = I(s, x, U^*)\,. \qquad (12)$$

Ein Vergleich von (12) und (10) ergibt für alle $s \in [0, t_e]$ und $x \in \mathbb{R}^n$

$$I(s, x, U^*) \leqq I(s, x, U)\,, \qquad U \in \mathfrak{U}_{FB}\,.$$

Also ist U^* eine optimale Feedback-Steuerung (im Sinne der Definition 4.2.3). ∎

4.4. Ein Maximumprinzip für gesteuerte stochastische Differentialgleichungen

In diesem Abschnitt behandeln wir das in Definition 4.2.4 angegebene Steuerproblem 2. Speziell setzen wir dabei voraus, daß in der Bewegungsgleichung (4.2.1) der Koeffizient $b(\cdot, \cdot, \cdot)$ nicht explizit von der Steuerung abhängt (siehe hierzu Bemerkung 4.4.2). Die Bewegung des Systems wird also durch die Gleichung

$$\begin{aligned} dX(t) &= a\big(X(t), U(t), t\big)\, dt + b\big(X(t), t\big)\, dW(t) \\ X(0) &= X_a\,, \qquad t \in [0, t_e]\,, \end{aligned} \qquad (1)$$

beschrieben. Als Zielfunktional verwenden wir o.B.d.A. (siehe hierzu die im Abschnitt 4.5 angegebene Transformation (4.5.24)) lediglich terminale Kosten

$$I(U) = \mathsf{E}\big\{\Phi\big(X(t_e)\big)\big\}\,. \qquad (2)$$

Das Kostenfunktional hängt also nur mittelbar über den Zustand $X(t_e)$ und damit über die Nebenbedingung (1) von der Steuerung $U \in \mathfrak{U}_{\mathfrak{F}^P}$ ab. Zusätzlich zu den in Definition 4.2.4 getroffenen Voraussetzungen sollen folgende Bedingungen erfüllt sein:

a) Es existiert das 4. Moment von X_a, d. h., es gilt $\mathsf{E}\, \|X_a\|^4 < \infty$;
b) es existieren die ersten und zweiten partiellen Ableitungen der Koeffizienten $a(.,.,.)$ bzw. $b(.,.)$ nach den Zustandsvariablen

$$\frac{\partial a_i}{\partial x_j}, \frac{\partial^2 a_i}{\partial x_j\, \partial x_k}, \frac{\partial b_{ij}}{\partial x_k}, \frac{\partial^2 b_{ij}}{\partial x_k\, \partial x_l}, \qquad i, j, k, l = 1, \dots, n\,.$$

Diese Ableitungen sind sämtlich meßbar in der Gesamtheit der Variablen und stetig in x.
c) Die Funktion $\Phi(.)$ ist zweimal stetig differenzierbar und besitzt beschränkte Ableitungen.

Nach Definition 4.2.2 werden zur Steuerung Prozesse $U(t)_{t \in [0, t_e]}$ verwendet, die meßbar bezüglich einer vorgegebenen isotonen Familie von Teil-σ-Algebren $\mathfrak{F}_t^P \subset \mathfrak{F}_t$ sind.

Wir weisen an dieser Stelle darauf hin, daß in diesem Fall — für eine feste Steuerung $U(t)$ — der Koeffizient $a\big(X(t), U(t), t\big)$ in der Gleichung (1) implizit nicht nur über den Zustandsprozeß $X(t)$ zufällig ist. Demzufolge ist eine Lösung von Gleichung

(1) i. allg. auch kein markowscher Prozeß, da sich eine beliebige zulässige Steuerung $U \in \mathfrak{U}_{\mathfrak{F}^P}$ nicht als Funktion des Zustandes und der Zeit darstellen läßt. Vgl. hierzu GICHMAN/SKOROCHOD [3] bzw. FLEMING/RISHEL [1].

Der folgende Satz beinhaltet im Unterschied zu Satz 4.3.1 eine notwendige Bedingung für die Optimalität einer Steuerung in Form eines Maximumprinzips. Seine Aussage transformiert das Steuerproblem (1), (2) auf die Ermittlung der unbedingten Extrema einer Hamilton-Funktion über der Klasse der zulässigen Steuerungen und die anschließende Untersuchung derartiger — häufig extremal genannter — Steuerungen auf Optimalität. Ist die Existenz einer optimalen Steuerung gesichert und besteht die Menge solcher extremalen Steuerungen aus nur einem Element, so erhält man mit Hilfe des Maximumprinzips direkt die Lösung des Steuerproblems.

4.4.1. Satz. *Gegeben sei das Steuerproblem* (1), (2). *Ist* $U^* \in \mathfrak{U}_{\mathfrak{F}^P}$ *optimal, dann gilt für alle* $U \in \mathfrak{U}_{\mathfrak{F}^P}$, *bis auf eine* $(\mathsf{P} \otimes \mu)$*-Nullmenge* $M \in \mathfrak{F} \otimes \mathfrak{B}_{[0,t_e]}$[1])

$$\mathsf{E}[H(\Psi^*(t), X^*(t), U(t), t) \mid \mathfrak{F}_t^P](\omega)$$
$$\leqq \mathsf{E}[H(\Psi^*(t), X^*(t), U^*(t), t) \mid \mathfrak{F}_t^P](\omega), \omega \in \Omega, t \in [0, t_e]\,. \tag{3}$$

Dabei ist $X^*(t)$ *die* $U^*(t)$ *entsprechende Lösung von* (1), *und die Hamilton-Funktion* $H(.,.,.,.)$ *ist erklärt durch*

$$H\big(\Psi^*(t), X^*(t), U(t), t\big) = \Psi^*(t)^{\mathsf{T}}\, a\big(X^*(t), U(t), t\big)\,. \tag{4}$$

Für die sogenannte Hilfsfunktion $\Psi^*(t)$ *gilt*

$$\Psi^*(t) = F(t_e, t)^{\mathsf{T}} \left(-\mathrm{grad}_x\, \Phi(x)|_{x=X^*(t_e)}\right), \tag{5}$$

wobei $F(.,.)$ *die durch*

$$\mathrm{d}F(t,s) = \mathrm{grad}_x\, a\big(x, U^*(t), t\big)|_{x=X^*(t)}\, F(t,s)\,\mathrm{d}t$$
$$+ \sum_{i=1}^{n} \mathrm{grad}_x\, b_i(x,t)|_{x=X^*(t)}\, F(t,s)\,\mathrm{d}W_i(t)\,, \tag{6}$$
$$F(s,s) = I\,, \qquad 0 \leqq s \leqq t \leqq t_e\,,$$

gegebene Fundamentalmatrix ist.

Beim Beweis dieses Satzes beschränken wir uns auf den eindimensionalen Fall ($n = 1$). Der Beweis der allgemeinen Aussage ist bei H.-O. MÜLLER [2] zu finden.

Beweis ($n = 1$): Den Beweis führen wir in zwei Schritten. Im ersten Schritt leiten wir eine geeignete Darstellung der Hilfsfunktion $\Psi^*(t)$ her, um den Differentialkalkül von Ito anwenden zu können, und im zweiten Schritt beweisen wir in Anlehnung an ROSONOER [1] mit Hilfe von Variationsmethoden das Maximumprinzip, d. h. die Ungleichung (3). Wir zeigen zunächst

$$\Psi^*(t) = G(t,0)\, F(t_e, 0)\, \big(-\Phi_x(X^*(t_e))\big)^{2)}\,. \tag{7}$$

---

[1]) $\mathfrak{B}_{[0,t_e]}$ bezeichnet die σ-Algebra der Lebesgue-Mengen aus $[0, t_e]$, $\mathfrak{F} \otimes \mathfrak{B}_{[0,t_e]}$ die Produkt-σ-Algebra und $(\mathsf{P} \otimes \mu)$ das Produktmaß des Wahrscheinlichkeitsmaßes P und des Lebesgue-Maßes μ.

[2]) Hier und im folgenden bezeichnet für die Funktion $\Phi \mid \mathbb{R}^1 \to \mathbb{R}^1$ $\Phi_x(X^*(t_e))$ die Ableitung $\frac{\mathrm{d}}{\mathrm{d}x}\Phi(x)|_{x=X^*(t_e)}$. Entsprechendes gilt für die Koeffizienten $a(.,.,.)$ und $b(.,.)$.

Dabei ist $G(t, 0)$, $t \in [0, t_e]$, die Lösung der Gleichung

$$dG(t, 0) = -a_x(X^*(t), U^*(t), t)\, G(t, 0)\, dt - b_x(X^*(t), t)\, G(t, 0)\, dW(t) + b_x(X^*(t), t)^2\, G(t, 0)\, dt \tag{8}$$

mit $G(0, 0) = 1$.

Nach Definition von $F(t, s)$, $0 \leqq s \leqq t \leqq t_e$, (vgl. (6)) ist $F(t_e, 0) = F(t_e, t)\, F(t, 0)$. Wir zeigen nun $G(t, 0) = F(t, 0)^{-1}$. Für $t = 0$ ist diese Beziehung offensichtlich erfüllt. Um $F(t, 0)\, G(t, 0) = 1$ für $t \in (0, t_e]$ zu zeigen, untersuchen wir das stochastische Differential $d(F(t, 0)\, G(t, 0))$. Unter Berücksichtigung der Tatsache, daß es sich bei den Prozessen $F(t, 0)$ bzw. $G(t, 0)$ um Lösungen der linearen stochastischen Differentialgleichungen (6) bzw. (8) handelt, erhalten wir aus dem Satz von Ito (vgl. A, Satz 3.3.1)

$$\begin{aligned} &d(F(t, 0)\, G(t, 0)) \\ &= -F(t, 0)\, a_x(X^*(t), U^*(t), t)\, G(t, 0)\, dt - F(t, 0)\, b_x(X^*(t), t)\, G(t, 0)\, dW(t) \\ &\quad + F(t, 0)\, b_x(X^*(t), t)^2\, G(t, 0)\, dt + a_x(X^*(t), U^*(t), t)\, F(t, 0)\, G(t, 0)\, dt \\ &\quad + b_x(X^*(t), t)\, F(t, 0)\, dW(t)\, G(t, 0) \\ &\quad - b_x(X^*(t), t)\, F(t, 0)\, b_x(X^*(t), t)\, G(t, 0)\, dt = 0\,. \end{aligned}$$

Damit ist $G(t, 0)$ als Lösung der — entsprechend der itoschen Theorie — adjungierten Gleichung von (6) die Inverse von $F(t, 0)$, und somit ist die Gültigkeit der Beziehung (7) nachgewiesen. Weiterhin benötigen wir eine Darstellung für die Variation des Zielfunktionals $I(U)$. Sei $U^*(t)$, $t \in [0, t_e]$, eine optimale Steuerung. $(\delta U)(t)$ heißt zulässige Variation dieser optimalen Steuerung, falls $U^*(t) + (\delta U)(t)$ selbst eine zulässige Steuerung, also Element von $\mathfrak{U}_{\mathfrak{F}\mathrm{p}}$, ist. $X^*(t) + (\delta X)(t)$ sei die $U^*(t) + (\delta U)(t)$ entsprechende Lösung der Bewegungsgleichung (1). Aus (1) erhalten wir

$$\begin{aligned} (\delta X)(t) &= \int_0^t a(X^*(s) + (\delta X)(s), U^*(s) + (\delta U)(s), s)\, ds \\ &\quad - \int_0^t a(X^*(s), U^*(s), s)\, ds \\ &\quad + \int_0^t [b(X^*(s) + (\delta X)(s), s) - b(X^*(s), s)]\, dW(s)\,. \end{aligned} \tag{9}$$

Anliegen der anschließenden Berechnungen ist es, eine Darstellung für den linearen Anteil der Variation des Zielfunktionals $\mathsf{E}(\delta\Phi)(X^*(t_e)) := \mathsf{E}\{\Phi(X^*(t_e) + (\delta X)(t_e)) - \Phi(X^*(t_e))\}$
anzugeben. Dazu betrachten wir den folgenden Ausdruck, den wir mit D bezeichnen:

$$\begin{aligned} D = \mathsf{E}\{&(-\Phi_x(X^*(t_e)))\, F(t_e, 0)\, \times \\ &\times \Big[\int_0^{t_e} G(t, 0)\, (a(X^*(t) + (\delta X)(t), U^*(t) + (\delta U)(t), t) \\ &- a(X^*(t), U^*(t), t))\, dt \\ &+ \int_0^{t_e} G(t, 0)\, (b(X^*(t) + (\delta X)(t), t) - b(X^*(t), t))\, dW(t)\Big]\}\,. \end{aligned}$$

Dabei sind die Restglieder R_4 bzw. R_5 durch

$$R_4 = \frac{1}{2}\,\mathsf{E}\Phi_{xx}(\tilde{X}(t))\,[(\delta X)\,(t)]^2, \qquad \tilde{X}(t) = X^*(t) + s\,(\delta X)\,(t)\,, \qquad s \in [0, 1]\,,$$

bzw.

$$R_5 = -R_1 + R_2 + R_3 + R_4$$

gegeben.

Um aus der Beziehung (10) das Maximumprinzip (3) abzuleiten, benötigen wir eine Abschätzung für das Restglied R_5. Dabei gehen wir schrittweise vor. Auf Grund der Voraussetzungen an die Funktionen $a(.,.,.)$, $b(.,.)$ und $\Phi(.)$, der Tatsache, daß die Lösungen der stochastischen Differentialgleichungen (6), (8) beschränkte Momente beliebig hoher Ordnung und die Lösungen der Gleichung (1) beschränkte Momente 4. Ordnung besitzen (vgl. A 3.4.3), erhalten wir nach Definition des Restgliedes R_1 unter mehrfacher Verwendung der schwarzschen Ungleichung

$$|R_1| \leqq \frac{1}{2}\,[\mathsf{E}\,|\Phi_x(X^*(t_e))\,F(t_e, 0)|^2 \times$$

$$\times\,\mathsf{E}\,|\int_0^{t_e} G(t, 0)\,b_x(X^*(t), t)\,b_{xx}(\tilde{X}(t), t)\,[(\delta X)\,(t)]^2\,\mathrm{d}t|^2]^{1/2}$$

$$\leqq K_1[\mathsf{E}\int_0^{t_e} |(\delta X)\,(t)|^8\,\mathrm{d}t]^{1/4}$$

mit $K_1 \in \mathbb{R}^1$. Entsprechend der Definition des Restgliedes R_2 ergibt sich in analoger Weise

$$|R_2| \leqq K_2[\mathsf{E}\int_0^{t_e} |(\delta X)\,(t)|^2\,\mathrm{d}t]^{1/4}$$

$$+\,K_3[\mathsf{E}\,|\int_0^{t_e} G(t, 0)\,b_{xx}(\tilde{X}(t), t)\,[(\delta X)\,(t)]^2\,\mathrm{d}W(t)|^2]^{1/2}\,,$$

K_2, $K_3 \in \mathbb{R}^1$. Eine Eigenschaft stochastischer Integrale (A, Satz 3.2.2) gestattet die Darstellung des 2. Momentes als Lebesgue-Integral. Die wiederholte Anwendung der schwarzschen Ungleichung ermöglicht die Abschätzung

$$|R_2| \leqq K_2(\mathsf{E}\int_0^{t_e} |(\delta X)\,(t)|^8\,\mathrm{d}t)^{1/4} + K_4(\mathsf{E}\int_0^{t_e} |(\delta X)\,(t)|^8\,\mathrm{d}t)^{1/4}$$

$$\leqq K_5(\mathsf{E}\int_0^{t_e} |(\delta X)\,(t)|^8\,\mathrm{d}t)^{1/4}\,, \qquad K_4, K_5 \in \mathbb{R}^1\,.$$

Mit Hilfe analoger Überlegungen ergeben sich die folgenden Ungleichungen

$$|R_3| \leqq K_6(\mathsf{E}\int_0^{t_e} |(\delta X)\,(t)|^8\,\mathrm{d}t)^{1/4}$$

und

$$|R_4| \leqq K_7(\mathsf{E}\int_0^{t_e} |(\delta X)\,(t)|^8\,\mathrm{d}t)^{1/4}\,, \qquad K_6, K_7 \in \mathbb{R}^1\,.$$

Wir erhalten insgesamt

$$|R_5| \leqq K_6(\mathsf{E}\int_0^{t_e} |(\delta X)\,(t)|^8\,\mathrm{d}t)^{1/4}\,, \qquad K_8 \in \mathbb{R}^1\,. \tag{11}$$

Nach Beziehung (9) gilt nun

$$\mathsf{E}\,|(\delta X)(t)|^8 = \mathsf{E}\,\Big|\int_0^t \big(a(X^*(s) + (\delta X)(s), U^*(s) + (\delta U)(s), s) - a(X^*(s), U^*(s), s)\big)\,ds + \int_0^t \big(b(X^*(s) + (\delta X)(s), s) - b(X^*(s), s)\,dW(s)\Big|^8 .$$

Schätzen wir diesen Ausdruck unter Berücksichtigung der Voraussetzungen an die Abbildungen $a(.,.,.)$ und $b(.,.)$, der schwarzschen bzw. einer elementaren Ungleichung[1]) und einer Eigenschaft stochastischer Integrale (A, Satz 3.2.2) ab, so erhalten wir

$$\mathsf{E}\,|(\delta X)(t)|^8 \leqq K_9\,\mathsf{E}\int_0^t |(\delta X)(s)|^8\,ds + K_{10}\mathsf{E}\Big(\int_0^t |(\delta U)(s)|\,ds\Big)^8$$

mit $K_9, K_{10} \in \mathbb{R}^1$. Aus dem Lemma von Bellman und Gronwall (siehe z.B. GICHMAN/SKOROCHOD [1]) ergibt sich dann

$$\mathsf{E}\,|(\delta X)(t)|^8 \leqq K_{11}\mathsf{E}\Big(\int_0^{t_e} |(\delta U)(s)|\,ds\Big)^8 , \tag{12}$$

$K_{11} \in \mathbb{R}^1$.

Im weiteren folgen wir einem Beweisgedanken von KUSHNER [1]. M bezeichne die (ω, t)-Menge, $\omega \in \Omega$, $t \in [0, t_e]$, für die das Maximumprinzip, d. h. die Ungleichung (3), nicht gilt. Offensichtlich ist diese Menge bez. des Produktmaßes von Wahrscheinlichkeits- und Lebesgue-Maß $\mathsf{P} \otimes \mu$ meßbar. Sind M_t bzw. M_ω die Schnitte von M für $t \in [0, t_e]$, $\omega \in \Omega$, so gilt $M_t \in \mathfrak{F}_t^{\mathsf{P}}$. Es existiert also eine zulässige Variation $(\delta U)(t)$ der optimalen Steuerung, die nur auf M von Null verschieden ist. Für eine hinreichend kleine positive Zahl ε existiert demnach eine meßbare Menge $M(\varepsilon) \subset M$ mit

$$\mathsf{E}[H(\Psi^*(t), X^*(t), U^*(t), t) - H(\Psi^*(t), X^*(t), U^*(t) + (\delta U)(t), t)\,|\mathfrak{F}_t^{\mathsf{P}}](\omega) < -\varepsilon$$

für $(\omega, t) \in M(\varepsilon)$.

Daher gilt einerseits

$$\mathsf{E}\int_0^{t_e} [H(\Psi^*(t), X^*(t), U^*(t), t) - H(\Psi^*(t), X^*(t), U^*(t) + (\delta U)(t), t)]\,dt < -\varepsilon(\mathsf{P} \otimes \mu)\,(M(\varepsilon)) .$$

Andererseits erhalten wir gemäß (11), (12)

$$|R_5| \leqq K_{12}(\mathsf{P} \otimes \mu)\,(M(\varepsilon)) \sup_\omega \mu(M_\omega(\varepsilon)) , \qquad K_{12} \in \mathbb{R}^1 ,$$

da eine zulässige Variation $(\delta U)(t)$ nach Voraussetzung beschränkt ist. Nach (10) gilt also

$$(-1)\,\mathsf{E}\{\Phi(X^*(t_e) + (\delta X)(t_e)) - \Phi(X^*(t_e))\} < [-\varepsilon + K_{12} \sup_\omega \mu\,(M_\omega(\varepsilon))]\,(\mathsf{P} \otimes \mu)\,(M(\varepsilon)) .$$

Wenn das Maximumprinzip auf allen hinreichend kleinen Teilmengen positiven Maßes von $M(\varepsilon)$ gültig ist, dann gilt es auch auf $M(\varepsilon)$. Wenn jedoch $\sup_\omega \mu(M_\omega(\varepsilon))$ hin-

[1]) $(c + d)^n \leqq 2^{n-1}(c^n + d^n)$, $n \in \mathbb{N}$, $c + d \geqq 0$.

reichend klein ist, so ist $[-\varepsilon + K_{12} \sup_\omega \mu(M_\omega(\varepsilon))]$ negativ und damit notwendig $(\mathsf{P} \otimes \mu)(M) = 0$. Da sich jede Menge $M(\varepsilon)$ für vorgegebenes $Z > 0$ in endlich viele Teilmengen $M^i(\varepsilon)$, $i = 1, \dots, N(Z)$, zerlegen läßt, so daß $\mu(M^i_\omega(\varepsilon)) < Z$, $\omega \in \Omega$, gilt, und sich die im Vorangehenden getroffenen Feststellungen auf die Mengen $M^i(\varepsilon)$ übertragen lassen, ist M eine Nullmenge. Damit ist der Beweis vollständig. ∎

4.4.2. Bemerkung. Mit der angewandten Beweismethode lassen sich ohne Schwierigkeiten auch Steuerprobleme behandeln, die durch Bewegungsgleichungen der Form

$$\begin{aligned} \mathrm{d}X(t) &= \big(C(t)\,X(t) + c(U(t), t)\big)\,\mathrm{d}t + \big(D(t)\,X(t) + d(U(t), t)\big)\,\mathrm{d}W(t) \\ &= \big(C(t)\,X(t) + c(U(t), t)\big)\,\mathrm{d}t + \sum_{i=1}^{n} \big(D_i(t)\,X(t) + d_i(U(t), t)\big)\,\mathrm{d}W_i(t) \\ X(0) &= X_a\,, \qquad t \in [0, t_e] \end{aligned}$$

und ein Zielfunktional

$$\mathsf{E}\big(a^{\mathsf{T}} X(t_e)\big)\,, \qquad a^{\mathsf{T}} = (a_1, \dots, a_n) \in \mathbb{R}^n\,,$$

definiert werden; d. h. also Systeme, die linear in den Zustandsvariablen sind und deren Diffusionsmatrix steuerungsabhängig sein kann. Für derartige lineare Systeme entfallen die Restglieder, und man erhält für eine optimale Steuerung $U^*(t)$ und eine beliebige zulässige Steuerung $U(t)$ folgende Ungleichung

$$\begin{aligned} &\mathsf{E}\int_0^{t_e} \Psi^*(t)^{\mathsf{T}} \big(c(U^*(t), t) - c(U(t), t)\big)\,\mathrm{d}t \\ &+ \mathsf{E}\, a^{\mathsf{T}} F(t_e, 0) \int_0^{t_e} \Big(\int_0^t \sum_{i=1}^{n} \big(d_i(U^*(s), s) - d_i(U(s), s)\big)\,\mathrm{d}W_i(s)\Big)\,\mathrm{d}G(t, 0) \geqq 0\,. \quad (13) \end{aligned}$$

Dabei gilt analog zu (5), (6), (8)

$$\begin{aligned} \Psi^*(t) &= F(t_e, t)^{\mathsf{T}} (-a) \quad \text{für} \quad 0 \leqq s < t \leqq t_e\,, \\ \mathrm{d}F(t, s) &= C(t)\,F(t, s)\,\mathrm{d}t + D(t)\,F(t, s)\,\mathrm{d}W(t) \\ &= C(t)\,F(t, s)\,\mathrm{d}t + \sum_{i=1}^{n} D_i(t)\,F(t, s)\,\mathrm{d}W_i(t)\,, \\ F(s, s) &= I \end{aligned}$$

und

$$\begin{aligned} \mathrm{d}G(t, 0) &= -C(t)^{\mathsf{T}} G(t, 0)\,\mathrm{d}t - D(t)^{\mathsf{T}} G(t, 0)\,\mathrm{d}W(t) + \sum_{i=1}^{n} [D_i(t)^{\mathsf{T}}]^2 G(t, 0)\,\mathrm{d}t \\ &= -C(t)^{\mathsf{T}} G(t, 0)\,\mathrm{d}t - \sum_{i=1}^{n} D_i(t)^{\mathsf{T}} G(t, 0)\,\mathrm{d}W_i(t) + \sum_{i=1}^{n} [D_i(t)^{\mathsf{T}}]^2 G(t, 0)\,\mathrm{d}t\,, \\ G(0, 0) &= I. \end{aligned}$$

Aber nur im Falle $D(t) \equiv 0$ (Nullmatrix) läßt sich mit der verwendeten Methode aus (13) die Ungleichung (3) für die Hamilton-Funktion

$$H(\Psi^*(t), U(t), t) := \Psi^*(t)\,c(U(t), t) + \sum_{i=1}^{n} \int_0^t b_i(U(s), s)\,\mathrm{d}W_i(s)\,\mathrm{d}\Psi^*(t)$$

herleiten, da nur in diesem Falle in (13) die Hilfsfunktion $\Psi^*(t)$ geschlossen darstellbar ist.

4.5. Der lineare Regulator

Als ein wichtiges Beispiel des im Abschnitt 4.2 eingeführten stochastischen steuerbaren Systems (4.2.1)

$$\mathrm{d}X(t) = a\big(X(t), U(t), t\big)\,\mathrm{d}t + b\big(X(t), U(t), t\big)\,\mathrm{d}W(t)$$

mit $X(0) = X_a$ über dem Steuerbereich $\mathcal{D} = \mathbb{R}^m$ behandeln wir das folgende spezielle lineare System

$$\mathrm{d}X(t) = \big(A(t)\,X(t) + B(t)\,U(t)\big)\,\mathrm{d}t + \sigma(t)\,\mathrm{d}W(t) \tag{1}$$

mit $X(0) = X_a \in \mathbb{R}^n$. Dabei sind $A(t)$, $B(t)$ bzw. $\sigma(t)$ (n, n)-, (n, m)- bzw. (n, n)-matrixwertige Funktionen, die als stückweise stetig auf $[0, t_e]$ vorausgesetzt werden. Für das Kostenfunktional

$$I(s, x, U) = \mathsf{E}_{s,x}\Big[\int_s^{t_e} L(X(t), U(t), t)\,\mathrm{d}t + \Phi(X(t_e))\Big], \tag{2}$$

$$s \in [0, t_e),\ x \in \mathbb{R}^n \text{ und } U \in \mathfrak{U}_{FB},$$

setzen wir folgende spezielle Struktur voraus:

$$L\big(X(t), U(t), t\big) = X(t)^{\mathsf{T}}\,M(t)\,X(t) + U(t)^{\mathsf{T}}\,N(t)\,U(t) \tag{2'}$$

und

$$\Phi\big(X(t_e)\big) = X(t_e)^{\mathsf{T}}\,EX(t_e)\,. \tag{2''}$$

Dabei bezeichnen $M(t)$ bzw. $N(t)$ (n, n)- bzw. (m, m)-matrixwertige stückweise stetige Funktionen. Weiterhin sei vorausgesetzt, daß E und $M(t)$, $t \in [0, t_e)$, symmetrisch und positiv semidefinit sind, sowie $N(t)$, $t \in [0, t_e)$, symmetrisch und gleichmäßig positiv ist, d. h.

$$E = E^{\mathsf{T}}\,, \qquad E \geqq 0\,, \quad M(t) = M(t)^{\mathsf{T}}\,, \qquad M(t) \geqq 0$$

sowie

$$N(t) = N(t)^{\mathsf{T}}\,, \qquad N(t) \geqq \varepsilon I \quad (\varepsilon > 0) \quad \text{für} \quad t \in [0, t_e)\,.$$

Das lineare stochastische steuerbare System (1) mit dem Kostenfunktional (4.2.2) in der speziellen Form (2'), (2''):

$$I(s, x, u) = E_{s,x}\Big[\int_s^{t_e} \{X(t)^{\mathsf{T}}\,M(t)\,X(t) + U(t)^{\mathsf{T}}\,N(t)\,U(t)\}\,\mathrm{d}t + X(t_e)^{\mathsf{T}}\,EX(t_e)\Big]\,,$$

$$s \in [0, t_e)\,, \qquad x \in \mathbb{R}^n \quad \text{und} \quad U \in \mathfrak{U}_{FB} \tag{3}$$

wird als *linearer Regulator* bezeichnet.

Dieses lineare stochastische System besitzt im Rahmen der Steuerungstheorie eine besondere Bedeutung, da es einerseits möglich ist, eine Reihe von praktischen Steueraufgaben mittels dieses Systems — zumindest näherungsweise — zu beschreiben und andererseits eine weit ausgebaute Lösungstheorie vorliegt.

Das lineare stochastische System (1) mit dem Kostenfunktional (3) ist dabei eine Verallgemeinerung des folgenden einfachen deterministischen gesteuerten Systems

$$\dot{x}(t) = ax(t) + bu(t) \qquad (a \neq 0) \tag{4}$$

mit $x(0) = x_a$, $t \in [0, t_e]$, und dem Kostenfunktional

$$I(u) = \int_0^{t_e} u^2(t)\,\mathrm{d}t + x^2(t_e)\,. \tag{5}$$

Dieses System (4), (5) beschreibt mittels einer linearen Bewegungsgleichung (4) einen Regelvorgang (d. h. einen steuerbaren Vorgang), bei dem der Zustand $x(t)$ des Systems unter Minimierung von (5), d. h. insbesondere bei minimalen Steueraufwand, einem Sollwert — beschrieben durch $x = 0$ — angenähert wird. Das System (4), (5) und ebenso das hier betrachtete verallgemeinerte System (1), (3) werden deshalb als linearer Regulator bezeichnet. Es sei noch bemerkt, daß die optimale Steuerung für das durch (4) und „$I(u) \to$ Minimum" gegebene deterministische Steuerproblem die Form

$$u(t) = -b\,\mathrm{e}^{-2at}\left(1 - \frac{b^2}{2a} + \frac{b^2}{2a}\,\mathrm{e}^{2a(t_e - t)}\right)^{-1} x(t) \tag{6}$$

mit

$$x(t) = \left(1 - \frac{b^2}{2a} + \frac{b^2}{2a}\,\mathrm{e}^{2a(t_e - t)}\right)\left(1 - \frac{b^2}{2a} + \frac{b^2}{2a}\,\mathrm{e}^{2a}\right)^{-1} x_a \tag{7}$$

besitzt (vgl. Dreyfuss [1]).

Zur Ermittlung einer optimalen Strategie $U^* \in \mathfrak{U}_{FB}$ für das durch (1) und (2′), (2″) gegebene lineare stochastische System mit dem Kostenfunktional I (2) wird der im Abschnitt 4.3 angegebene Verifikationssatz 4.3.1 herangezogen. Für $U^* \in \mathfrak{U}_{FB}$ gilt nämlich (vgl. (4.3.5))

$$W(x, s) = I(s, x, U^*)\,, \qquad s \in [0, t_e)\,, \qquad x \in \mathbb{R}^n\,, \tag{8}$$

mit (vgl. (4.3.2))

$$\frac{\partial W(x,s)}{\partial s} + \frac{1}{2}\,\mathrm{sp}[\sigma(s)\,\mathrm{grad}_x\,\mathrm{grad}_x^{\mathsf T}\,W(x,s)\,\sigma(s)^{\mathsf T}]$$
$$+ \min_{u \in \mathfrak{D}} \{[A(s)\,x + B(s)\,u]^{\mathsf T}\,\mathrm{grad}_x\,W(x,s) + x^{\mathsf T}M(s)\,x + u^{\mathsf T}N(s)\,u\} = 0 \tag{9}$$

und

$$\Phi(x) = x^{\mathsf T}Ex = W(x, t_e)\,. \tag{10}$$

Folglich ist durch

$$B(s)^{\mathsf T}\,\mathrm{grad}_x\,W(x,s) + 2N(s)\,u^0 = 0 \tag{11}$$

eine notwendige Bedingung für ein lokales Minimum von

$$\tfrac{1}{2}\,\mathrm{sp}\,[\sigma(s)\,\mathrm{grad}_x\,\mathrm{grad}_x^{\mathsf T}\,W(x,s)\,\sigma(s)^{\mathsf T}]$$
$$+ [A(s)\,x + B(s)\,u]^{\mathsf T}\,\mathrm{grad}_x\,W(x,s) + x^{\mathsf T}M(s)\,x + u^{\mathsf T}N(s)\,u$$

bei $u = u^0$ gegeben. Da nach Voraussetzung $N(s)$ für $s \in [0, t_e]$ gleichmäßig positiv definit ist, gilt

$$u^0 = u^0(s, x) = -\tfrac{1}{2}\,N(s)^{-1}\,B(s)^{\mathsf T}\,\mathrm{grad}_x\,W(x,s)\,, \tag{12}$$

und auf Grund von (4.3.2) erhält man

$$\frac{\partial W(x,s)}{\partial s} + \frac{1}{2}\,\mathrm{sp}\,[\sigma(s)\,\mathrm{grad}_x\,\mathrm{grad}_x^{\mathsf T}\,W(x,s)\,\sigma(s)^{\mathsf T}]$$
$$+ \left[A(s)\,x - \frac{1}{2}\,B(s)\,N(s)^{-1}\,B(s)^{\mathsf T}\,\mathrm{grad}_x\,W(x,s)\right]^{\mathsf T}\mathrm{grad}_x\,W(x,s)$$
$$+ x^{\mathsf T}M(s)\,x + \frac{1}{4}[N(s)^{-1}B(s)^{\mathsf T}\,\mathrm{grad}_x\,W(x,s)]^{\mathsf T}\,B(s)^{\mathsf T}\,\mathrm{grad}_x\,W(x,s) = 0\,. \tag{13}$$

Diese Gleichung ist nun mit dem Separationsansatz

$$W(x, s) = x^{\mathsf{T}} P(s)\, x + p(s) \tag{14}$$

lösbar (vgl. z.B. WONHAM [2]). Dabei bezeichnet $P(s)$, $s \in [0, t_e]$, eine (n, n)-matrixwertige differenzierbare Funktion, die sogar als symmetrisch vorausgesetzt werden kann, und $p(s)$, $s \in [0, t_e]$, eine differenzierbare reelle Funktion. Auf Grund von

$$\operatorname{grad}_x W(x, s) = 2P(s)\, x \tag{15}$$

und

$$\operatorname{grad}_x \operatorname{grad}_x^{\mathsf{T}} W(x, s) = 2P(s)$$

erhält man für (13) die Form

$$\begin{aligned} &x^{\mathsf{T}} \dot{P}(s)\, x + \dot{p}(s) + \operatorname{sp}\, [\sigma(s)^{\mathsf{T}} P(s)\, \sigma(s)] \\ &\quad + 2\{A(s)\, x - B(s)\, N(s)^{-1}\, B(s)^{\mathsf{T}}\, P(s)\, x\}^{\mathsf{T}}\, P(s)\, x + x^{\mathsf{T}} M(s)\, x \\ &\quad + \left(N(s)^{-1}\, B(s)^{\mathsf{T}}\, P(s)\, x\right)^{\mathsf{T}} B(s)^{\mathsf{T}}\, P(s)\, x = 0\,. \end{aligned} \tag{16}$$

Durch Koeffizientenvergleich ergibt sich zunächst

$$\dot{p}(s) + \operatorname{sp}\, [\sigma(s)^{\mathsf{T}}\, P(s)\, \sigma(s)] = 0 \tag{17}$$

und

$$\begin{aligned} &\dot{P}(s) + 2A(s)^{\mathsf{T}}\, P(s) - 2\left(B(s)\, N(s)^{-1}\, B(s)^{\mathsf{T}}\, P(s)\right)^{\mathsf{T}} P(s) \\ &\quad + M(s) + \left(N(s)^{-1}\, B(s)^{\mathsf{T}}\, P(s)\right)^{\mathsf{T}} B(s)^{\mathsf{T}}\, P(s) = 0\,. \end{aligned} \tag{18}$$

Auf Grund der Randbedingung $W(x, t_e) = x^{\mathsf{T}} E x$, d. h.

$$x^{\mathsf{T}} P(t_e)\, x + p(t_e) = x^{\mathsf{T}} E x \tag{19}$$

für $x \in \mathbb{R}^n$ folgt $p(t_e) = 0$, also gilt entsprechend (17)

$$p(s) = \int_s^{t_e} \operatorname{sp}\, \left(\sigma(s')^{\mathsf{T}}\, P(s')\, \sigma(s')\right) \mathrm{d}s'\,. \tag{20}$$

Weiter erhält man auf Grund der Symmetrie der Matrizen $P(s)$, $N(s)$ und $M(s)$ aus (18) die Beziehung

$$\begin{aligned} &\dot{P}(s) + 2P(s)\, \{A(s) - B(s)\, N(s)^{-1}\, B(s)^{\mathsf{T}}\, P(s)\} \\ &\quad + M(s) + P(s)\, B(s)\, N(s)^{-1}\, B(s)^{\mathsf{T}}\, P(s) = 0\,. \end{aligned} \tag{21}$$

Faßt man nun (18) und (21) zusammen, so ergibt sich die folgende Differentialgleichung erster Ordnung

$$\dot{P}(s) + P(s)\, A(s) + \left(A(s) - P(s)\, B(s)\, N(s)^{-1}\, B(s)^{\mathsf{T}}\right)^{\mathsf{T}} P(s) + M(s) = 0 \tag{21'}$$

mit $P(t_e) = E$.

Die Gleichung (21′) stellt eine verallgemeinerte Matrix-Riccati-Gleichung für $P(s)$, $s \in [0, t_e]$, dar. Methoden zur Lösung dieser Gleichung findet man z. B. bei WONHAM [1]. Die optimale Strategie $U^*(t)$, $t \in [0, t_e]$, hat dann entsprechend (11) die Form

$$U^*(t) = u^0\left(t, X^*(t)\right) = -N(t)^{-1}\, B(t)^{\mathsf{T}}\, P(t)\, X^*(t)\,, \qquad t \in [0, t_e]\,. \tag{22}$$

Wie im Fall des oben beschriebenen deterministischen dynamischen Systems (4), (5) ist auch hier die optimale Steuerung $U^*(t)$ zu jedem Teitpunkt $t \in [0, t_e]$ eine lineare Funktion (vgl. (6)) des Zustandes $X^*(t)$.

Wir kommen nun zur Behandlung des stochastisch gestörten linearen Regulators in der Formulierung des Steuerproblems 2 (vgl. Definition 4.2.4) mit Hilfe des Maximumprinzips (4.4.3). Der Regulator ist in diesem Fall durch die Bewegungsgleichung (1) und das Kostenfunktional

$$I(U) = \mathsf{E}\{\int_0^{t_e} [X(t)^\mathsf{T} M(t) X(t) + U(t)^\mathsf{T} N(t) U(t)] \, dt + X(t_e)^\mathsf{T} E X(t_e)\}, \quad (23)$$

$U \in \mathfrak{U}_{\mathfrak{F}\mathrm{P}}$ gegeben. Um Satz 4.4.1 auf diese Aufgabenstellung anwenden zu können, führen wir zunächst folgende Transformation durch:

$$X_{n+1}(t) := \int_0^t [X(s)^\mathsf{T} M(s) X(s) + U(s)^\mathsf{T} N(s) U(s)] \, ds . \quad (24)$$

Weiter seien $\overline{X}^\mathsf{T} := (X_1, \dots, X_n, X_{n+1})$, $\overline{W}^\mathsf{T} := (W_1, \dots, W_n, W_{n+1})$ ein $(n+1)$-dimensionaler standardisierter Wiener-Prozeß, dessen n erste Komponenten mit denen des Prozesses W übereinstimmen, und

$$\overline{\sigma}(t) := \begin{bmatrix} \sigma(t) & \begin{matrix} 0 \\ \vdots \\ 0 \end{matrix} \\ 0 \dots 0 & 0 \end{bmatrix}.$$

Mit Hilfe dieser Größen läßt sich das Steuerproblem (1), (23) in der Form

$$d\overline{X}(t) = \begin{bmatrix} A(t) X(t) + B(t) U(t) \\ X(t)^\mathsf{T} M(t) X(t) + U(t)^\mathsf{T} N(t) U(t) \end{bmatrix} dt + \overline{\sigma}(t) \, d\overline{W}(t) , \quad (1')$$

$$\overline{X}(0)^\mathsf{T} = (X_a^\mathsf{T}, 0) , \qquad t \in [0, t_e] ,$$

$$\begin{aligned} I(U) &= \mathsf{E}\{\Phi(\overline{X}(t_e))\} \\ &:= \mathsf{E}\{X_{n+1}(t_e) + X(t_e)^\mathsf{T} E X(t_e)\} \end{aligned} \quad (23')$$

angeben. Wenden wir auf diese Aufgabenstellung Satz 4.4.1 an, so erhalten wir für die Hilfsfunktionen (4.4.5)

$$\overline{\Psi}^*(t) = \overline{F}(t_e, t)^\mathsf{T} \left(-\mathrm{grad}_x \, \Phi(x)|_{x=\overline{X}^*(t_e)}\right)$$

mit

$$d\overline{F}(t, s) = \begin{bmatrix} A(t) & 2M(t) X^*(t) \\ 0 & 0 \end{bmatrix} \overline{F}(t, s) \, dt ,$$

$$\overline{F}(s, s) = I , \qquad t \in [s, t_e] \subset [0, t_e] .$$

Daraus folgt $\Psi^*_{n+1}(t) \equiv -1$, und mit $\Psi^{*\mathsf{T}} = (\Psi_1^*, \dots, \Psi_n^*)$ ergibt sich

$$\dot{\Psi}^*(t) = -A(t)^\mathsf{T} \Psi^*(t) + 2M(t) X^*(t) ,$$

$$\Psi^*(t_e) = -2\mathsf{E} E X^*(t_e) . \quad (25)$$

Die Hamilton-Funktion (4.4.4) hat die Gestalt

$$\begin{aligned} &H(\Psi^*(t), X^*(t), U(t), t) \\ &= \Psi^*(t)^\mathsf{T} (A(t) X^*(t) + B(t) U(t)) - (X^*(t)^\mathsf{T} M(t) X^*(t) + U(t)^\mathsf{T} N(t) U(t)) . \end{aligned}$$

Aus (4.4.3) ergibt sich nun für eine optimale Steuerung $U^* \in \mathfrak{U}_{\mathfrak{F}\mathrm{P}}$ die notwendige Bedingung

$$\mathsf{E}\{\Psi^*(t)^\mathsf{T} B(t) - 2N(t) U^*(t) \mid \mathfrak{F}_t^\mathrm{P}\} = 0 ,$$

d. h., eine optimale Steuerung hat die Gestalt

$$U^*(t) = \tfrac{1}{2} N(t)^{-1} B(t)^\mathsf{T} \mathsf{E}(\Psi^*(t) \mid \mathfrak{F}_t^\mathrm{P}) .$$

Mit dieser Darstellung erhalten wir aus (1) ,(25) folgendes Gleichungssystem für den optimalen Zustand $X^*(t)$ und für die Hilfsfunktionen $\Psi^*(t)$:

$$dX^*(t) = \left(A(t)\, X^*(t) + \tfrac{1}{2}\, B(t)^{\mathsf{T}}\, N(t)^{-1}\, B(t)\, E(t)\, \mathsf{E}(\Psi^*(t) \mid \mathfrak{F}_t^{\mathrm{P}})\right) dt + \sigma(t)$$
$$dW(t)\,, \tag{26}$$
$$X^*(0) = X_a\,,$$

$$d\Psi^*(t) = \left(-A(t)^{\mathsf{T}}\, \Psi^*(t) + 2M(t)\, X^*(t)\right) dt\,,$$
$$\Psi^*(t_e) = -2\mathsf{E}EX^*(t_e)\,. \tag{27}$$

Die Schwierigkeiten bei der Lösung dieses Systems sind einerseits mit dem Auftreten eines stochastischen Differentials in der ersten Beziehung und andererseits mit den Randbedingungen verbunden, die sowohl am Anfangs- als auch am Endzeitpunkt gestellt werden (sog. two-point-boundary-value-problem).

Um die erstgenannte Schwierigkeit zu umgehen, führen wir folgende Größen ein (vgl. Bensoussan/Hurst/Näslund [1]):

$$\hat{\Psi}_t^*(\tau) := \mathsf{E}(\Psi^*(\tau) \mid \mathfrak{F}_t^{\mathrm{P}})\,,$$
$$\hat{X}_t^*(\tau) := \mathsf{E}(X^*(\tau) \mid \mathfrak{F}_t^{\mathrm{P}})\,, \qquad 0 \leqq t \leqq \tau \leqq t_e\,.$$

Ist $R(.,.)$ die Fundamentalmatrix des Systems $\dot{x} = A(t)\,x$, so lassen sich die eben eingeführten Größen gemäß (26), (27) wie folgt darstellen (vgl. Arnold [1]):

$$\hat{X}_t^*(\tau) = R(\tau, t)\, \hat{X}_t^*(t) + \tfrac{1}{2}\int_t^\tau R(\tau, s)\, B(s)\, N(s)^{-1}\, B(s)\, \hat{\Psi}_t^*(s)\, ds\,,$$

$$\hat{\Psi}_t^*(\tau) = -R(t_e, \tau)^2\, \mathsf{E}E\hat{X}_t^*(t_e) - \int_\tau^{t_e} R(s, \tau)^{\mathsf{T}}\, 2M(s)\, \hat{X}_t^*(s)\, ds\,.$$

Zu beachten ist dabei, daß

$$\mathsf{E}\Big(\int_t^\tau R(\tau, s)\, \sigma(s)\, dW(s) \mid \mathfrak{F}_t^{\mathrm{P}}\Big) = 0$$

gilt (siehe hierzu A 3.2.3). Aus den vorstehenden Darstellungen ist ersichtlich, daß die Größen $\hat{X}_t^*(\tau)$ bzw. $\hat{\Psi}_t^*(\tau)$ Lösungen der Differentialgleichungen

$$\frac{d}{d\tau}\hat{X}_t^*(\tau) = A(\tau)\, \hat{X}_t^*(\tau) + \frac{1}{2}\, B(\tau)\, N(\tau)^{-1}\, B(\tau)^{\mathsf{T}}\, \hat{\Psi}_t^*(\tau)\,,$$
$$\hat{X}_t^*(t) = \mathsf{E}(X^*(t) \mid \mathfrak{F}_t^{\mathrm{P}}) \tag{28}$$

bzw.

$$\frac{d}{d\tau}\hat{\Psi}_t^*(\tau) = -A(\tau)^{\mathsf{T}}\, \hat{\Psi}_t^*(\tau) + 2M(\tau)\, \hat{X}_t^*(\tau)\,, \tag{29}$$

$$\hat{\Psi}_t^*(t_e) = -2\mathsf{E}E\hat{X}_t^*(t_e) \tag{29}$$

sind. Zur Lösung dieser Gleichungen verwenden wir in Analogie zu (14) den aus der Steuerungstheorie deterministischer Systeme bekannten Ansatz (vgl. z.B. Csáki [1])

$$\hat{\Psi}_t^*(\tau) = -2[P(\tau)\, \hat{X}_t^*(\tau)]\,.$$

Führen wir diese Darstellung in (28), (29) ein, so erhalten wir

$$-2P(\tau)\frac{d}{d\tau}\hat{X}_t^*(\tau) - 2\dot{P}(\tau)\, \hat{X}_t^*(\tau) = 2A(\tau)^{\mathsf{T}}\, P(\tau)\, \hat{X}_t^*(\tau) + 2M(\tau)\, \hat{X}_t^*(\tau)$$

bzw.

$$\frac{d}{d\tau} \hat{X}_t^*(\tau) = A(\tau)\, \hat{X}_t^*(\tau) + B(\tau)\, N(\tau)^{-1}\, B(\tau)^{\mathsf{T}} \left[-P(\tau)\, \hat{X}_t^*(\tau)\right].$$

Aus diesen Beziehungen folgt

$$\begin{aligned} &[-\dot{P}(\tau) - P(\tau)\, A(\tau) + P(\tau)\, B(\tau)\, N(\tau)^{-1}\, B(\tau)^{\mathsf{T}}\, P(\tau)]\, \hat{X}_t^*(\tau) = \\ &= [A(\tau)^{\mathsf{T}}\, P(\tau) + M(\tau)]\, \hat{X}_t^*(\tau)\,, \end{aligned}$$

d. h., die Matrix P genügt der bereits bekannten Riccati-Gleichung (21)

$$\dot{P}(\tau) + P(\tau)\, A(\tau)^{\mathsf{T}} + A(\tau)\, P(\tau) - P(\tau)\, B(\tau)\, B(\tau)^{-1}\, B(\tau)\, P(\tau) + M(\tau) = 0$$

mit der Randbedingung $P(t_e) = E$. Ist $P(.)$ eine Lösung dieser Gleichung, so läßt sich die optimale Steuerung wie folgt darstellen:

$$\begin{aligned} U^*(t) &= -N(t)^{-1}\, B(t)^{\mathsf{T}}\, P(t)\, \hat{X}_t^*(t) \\ &= -N(t)^{-1}\, B(t)^{\mathsf{T}}\, P(t)\, \mathsf{E}(X_t^*(t) \mid \mathfrak{F}_t^{\mathrm{P}})\,. \end{aligned} \tag{30}$$

Vergleichen wir dieses Ergebnis mit dem, welches im vorangehenden Abschnitt mit Hilfe der bellmanschen Theorie erhalten wurde, so stellen wir fest, daß von der Struktur her die gleiche Steuerung Anwendung findet, lediglich der jetzt unbekannte Zustand $X^*(t)$ wird ersetzt durch seine Schätzung bez. der Informations-σ-Algebra $\mathfrak{F}_t^{\mathrm{P}}$. Dieses Resultat deckt sich auch mit dem im folgenden Abschnitt für den Fall gefilterter Beobachtungen erhaltenen (4.6.32). Im Falle vollständiger Beobachtbarkeit stimmen die mit beiden Methoden erhaltenen optimalen Steuerungen überein, da der Prozeß $X^*(t)$ progressiv meßbar bez. $\mathfrak{F}_t^{\mathrm{P}}$ ist (vgl. A 3.4).

Damit ergibt sich in diesem Falle das Maximumprinzip als notwendige und hinreichende Bedingung für die Optimalität einer Steuerung.

4.6. Separationsprinzip

Während im vorangehenden Abschnitt bei der Behandlung des linearen Regulators mittels des Verifikationssatzes von der vollständigen Beobachtbarkeit des Prozesses $(X(t))_{t\in[0,t_e]}$ ausgegangen wurde, betrachten wir jetzt einen linearen Regulator mit unvollständiger Beobachtung[1]). Dabei wird von folgendem Modell ausgegangen:

$$dX(t) = \big(A(t)\, X(t) + B(t)\, U(t)\big)\, dt + \sigma(t)\, dW(t) \tag{1}$$

und

$$dY(t) = H(t)\, X(t)\, dt + \sigma^1(t)\, dW^1(t)\,, \qquad t \in [0, t_e]\,, \tag{2}$$

mit den Anfangsbedingungen $X(0) = X_a$ und $Y(0) = 0$. Hierbei bezeichnet X_a einen n-dimensionalen normalverteilten zufälligen Vektor und $A(t)$, $B(t)$, $\sigma(t)$, $H(t)$ bzw. $\sigma^1(t)$ sind (n, n)-, (n, m)-, (n, n)-, (k, n)- bzw. (k, k)-matrixwertige stückweise stetige Funktionen ($k, m, n \in \mathbb{N}$).

Es wird weiter vorausgesetzt, daß $\sigma^1(t)$ für alle $t \in [0, t_e]$ invertierbar ist, $(W(t))_{t\in[0,t_e]}$ und $(W_1(t))_{t\in[0,t_e]}$ voneinander unabhängige n- bzw. k-dimensionale standardisierte Wiener-Prozesse sind und X_a unabhängig von $(W_1(t))$ und $(W(t))$ ist. Wir bemerken,

---

[1]) Wir folgen hier weitgehend FLEMING/RISHEL [1].

daß unter diesen Voraussetzungen das stochastische Differentialgleichungssystem — bis auf stochastische Äquivalenz — eindeutig lösbar ist.

Der Prozeß $(Y(t))_{t\in[0,t_e]}$ wird hier als Beobachtungsprozeß interpretiert. Es wird nämlich davon ausgegangen, daß $(X(t))_{t\in[0,t_e]}$ selbst nicht unmittelbar beobachtbar ist, d. h. zur Ermittlung einer Steuerung damit nicht zur Verfügung steht. Es werden also Steuerungen $(U(t))_{t\in[0,t_e]}$ betrachtet, die zum Zeitpunkt t vom Verlauf des Beobachtungsprozesses $(Y(s))_{0\leq s\leq t}$ abhängig sind.

Die Menge der in Frage kommenden Steuerungen wird folgendermaßen definiert. Es sei $\mathfrak{U}$ die Menge aller Prozesse (Steuerungen) $(U(t))_{t\in[0,t_e]}$ mit Werten in $\mathfrak{D}$, für die

$$\mathsf{E}\int_0^{t_e} \|U(t)\|^l \,dt < \infty \quad \text{für alle} \quad l > 0 \tag{3}$$

gilt und $U(t)$ meßbar und progressiv meßbar bez.

$$\mathfrak{F}_t = \sigma\langle X_a;\, W^1(s),\, W(s): s \in [0, t]\rangle\,, \qquad t \in [0, t_e]\,,$$

ist. Bezeichne weiter

$$\mathfrak{G}(t, U) := \sigma\langle Y(s): s \in [0, t]\rangle \tag{4}$$

diejenige Familie von σ-Algebren, die durch die Lösung $Y(t)$, $t \in [0, t_e]$, von (2) erzeugt wird. Unter

$$\mathfrak{G}(t, 0) := \sigma\langle Y^0(s): s \in [0, t]\rangle$$

verstehen wir diejenige Familie von σ-Algebren, die durch die Lösung $Y^0(t)$, $t \in [0, t_e]$, von

$$dX^0(t) = A(t)\, X^0(t)\, dt + \sigma(t)\, dW(t) \tag{1'}$$

und

$$dY^0(t) = H(t)\, X^0(t)\, dt + \sigma^1(t)\, dW^1(t) \tag{2'}$$

mit $X^0(0) = X_a$ and $Y^0(0) = 0$ erzeugt wird.

Im weiteren betrachten wir nun ausschließlich die Teilmenge $\mathfrak{U}_{Y^0}$ von Steuerungen $U(t) \in \mathfrak{U}$, die bezüglich $\mathfrak{G}(t, 0)$ meßbar sind und für die

$$\mathfrak{G}(t, U) = \mathfrak{G}(t, 0)\,, \qquad t \in [0, t_e]\,, \tag{5}$$

gilt. Diese Voraussetzung (5) ist dabei folgendermaßen interpretierbar: Die für die Steuerung zur Verfügung stehende Menge von Informationen — beschrieben durch die σ-Algebren $\sigma\langle Y(s): s \in [0, t]\rangle$ — ist selbst steuerungsunabhängig. Über $\mathfrak{U}_{Y^0}$ betrachten wir nun die Steueraufgabe, das Funktional I mit

$$I(U) = \mathsf{E}\Big\{\int_0^{t_e} L\big(X(t), U(t), t\big)\, dt + \Phi\big(X(t_e)\big)\Big\} \tag{6}$$

(vgl. (4.2.2)) unter der durch (1) gegebenen Nebenbedingung zu minimieren.

Zur Lösung dieser Steueraufgabe beschäftigen wir uns zunächst mit der Struktur der bedingten Verteilung der Lösung $X(t)$ von (1) bez. des Beobachtungsprozesses $(Y(s))_{s\in[0,t]}$. Ohne Beweis geben wir die folgenden Aussagen an (vgl. z. B. Fleming/Rishel [1]).

4.6.1. Lemma. *Es sei $X^0(t)$ die Lösung von (1'). Dann gilt:*

a) *Die beste Schätzung $\hat{X}^0(t)$ von $X^0(t)$ bez. $\{Y^0(s): s \in [0, t]\}$ im Sinne des quadratischen Mittels*[1]) *ist*

$$\hat{X}^0(t) = \mathsf{E}\big(X^0(t) \mid \mathfrak{G}(t, 0)\big)\,, \qquad t \in [0, t_e]; \tag{7}$$

b) *$\hat{X}^0(t)$, $t \in [0, t_e]$, ist die Lösung von*

$$\mathrm{d}\hat{X}^0(t) = A(t)\,\hat{X}^0(t)\,\mathrm{d}t + F(t)\,\big(\mathrm{d}Y^0(t) - H(t)\,\hat{X}^0(t)\,\mathrm{d}t\big) \tag{8}$$

mit der Anfangsbedingung $\hat{X}^0(0) = \mathsf{E}X^0(0)$ und

$$F(t) = R(t)\,H(t)^{\mathsf{T}}\,\big(\sigma^1(t)\,\sigma^1(t)^{\mathsf{T}}\big)^{-1} \tag{9}$$

Dabei ist $R(t)$ seinerseits die Lösung der Matrix-Differentialgleichung vom Riccati-Typ

$$\begin{aligned}\dot{R}(t) = {} & A(t)\,R(t) + R(t)\,A(t)^{\mathsf{T}} \\ & - R(t)\,H(t)^{\mathsf{T}}\,\big(\sigma^1(t)\,\sigma^1(t)^{\mathsf{T}}\big)^{-1} H(t)\,R(t) + \sigma(t)\,\sigma(t)^{\mathsf{T}}\end{aligned} \tag{10}$$

mit $R(0) = \mathsf{E}\big(X^0(0) - \mathsf{E}X^0(0)\big)\big(X^0(0) - \mathsf{E}X^0(0)\big)^{\mathsf{T}}$.

c) *Die bedingte Verteilung von $X^0(t)$ unter der durch $\mathfrak{G}(t, 0) = \sigma\langle Y^0(s): s \in [0, t]\rangle$ gegebenen Bedingung ist eine Normalverteilung mit dem Erwartungswert $\hat{X}^0(t)$ und der Kovarianzmatrix $R(t)$.*

d) *$\hat{X}^0(t) - X^0(t)$ ist unabhängig von $\mathfrak{G}(t, 0)$ mit*

$$\mathsf{E}\big(\hat{X}^0(t) - X^0(t)\big)\,\big(\hat{X}^0(t) - X^0(t)\big)^{\mathsf{T}} = R(t)\,, \qquad t \in [0, t_e]\,. \tag{11}$$

e) *Für $\hat{X}^0(t)$, $t \in [0, t_e]$ ist*

$$Y^0(t) - \int_0^t H(s)\,\hat{X}^0(s)\,\mathrm{d}s = \int_0^t \sigma^1(s)\,\mathrm{d}\tilde{W}(s)\,, \tag{12}$$

wobei $\big(\tilde{W}(t)\big)_{t\in[0,t_e]}$ ein k-dimensionaler standardisierter Wiener-Prozeß ist, der bezüglich $\mathfrak{G}(t, 0)$ progressiv meßbar ist.

Sind $\xi(t)$ und $\eta(t)$, $t \in [0, t_e]$, die Lösungen des gewöhnlichen Differentialgleichungssystems

$$\dot{\xi}(t) = A(t)\,\xi(t) + B(t)\,U(t)\,, \tag{1''}$$

$$\dot{\eta}\,(t) = H(t)\,\xi(t) \tag{2''}$$

$t \in [0, t_e]$ mit $\xi(0) = \eta(0) = 0$, dann ergibt sich für die bedingte Verteilung der Lösung $\big(X(t)\big)_{t\in[0,t_e]}$ von (1) bez. $\{Y(s): s \in [0, t]\}$ der folgende

4.6.2. Satz. *Es sei $U \in \mathfrak{U}_{Y^0}$. Dann gilt für die Lösungen $X(t)$ und $Y(t)$, $t \in [0, t_e]$, von* (1) *und* (2):

a) *Die bedingte Verteilung von $X(t)$ unter der durch $\{Y(s): s \in [0, t]\}$ gegebenen Bedingung ist eine Normalverteilung.*

---

[1]) Als beste Schätzung von $X^0(t)$, $t \in [0, t_e]$, bez. einer isotonen Familie $(\mathfrak{F}_t)_{t\in[0,t_e]}$ im Sinne des quadratischen Mittels bezeichnet man bekanntlich einen $(\mathfrak{F}_t)_{t\in[0,t_e]}$ progressiv meßbaren Prozeß $\gamma(t)$ mit $\mathsf{E}\,\|\gamma(t)\|^2 < \infty$, so daß $\mathsf{E}(b^{\mathsf{T}}(X^0(t) - \gamma(t)))^2$ für jeden n-dimensionalen Vektor b minimal wird.
Die Aufgabe, eine beste Schätzung im Sinne des quadratischen Mittels für $X^0(t)$, $t \in [0, t_e]$, bez. $\mathfrak{F}_t = \sigma\langle Y^0(s): 0 \leq s \leq t\rangle$, $t \in [0, t_e]$, zu finden, wird als Filterproblem oder Filtrationsaufgabe bezeichnet. Das durch (1') und (2') gegebene System stochastischer Differentialgleichungen heißt in diesem Zusammenhang ein Kalman-Bucy-Filter.

b) *Für* $\hat{X}(t) = \mathsf{E}(X(t) \mid \mathfrak{G}(t, U)) = \mathsf{E}(X(t) \mid Y(s)\colon s \in [0, t])$ *bestehen die Beziehungen*

$$\hat{X}(t) = \hat{X}^0(t) + \xi(t)\,, \qquad t \in [0, t_e]\,, \tag{13}$$

und

$$\mathsf{E}((X(t) - \hat{X}(t))\,(X(t) - \hat{X}(t))^{\mathsf{T}} \mid \mathfrak{G}(t, U)) = R(t)\,, \tag{14}$$

wobei $R(t)$, $t \in [0, t_e]$, *die Lösung von* (10) *ist.*

c) *Der Prozeß* $(\hat{X}(t))_{t\in[0,t_e]}$ *genügt der stochastischen Differentialgleichung*

$$\mathrm{d}\hat{X}(t) = (A(t)\,\hat{X}(t) + B(t)\,U(t))\,\mathrm{d}t + F(t)\,\sigma_1(t)\,\mathrm{d}\tilde{W}(t) \tag{15}$$

mit $\hat{X}(0) = \mathsf{E}X^0(0)$, *wobei* $(\tilde{W}(t))_{t\in[0,t_e]}$ *ein k-dimensionaler standardisierter Wiener-Prozeß ist, der bez.* $\mathfrak{G}(t, U)$ *progressiv meßbar ist.*

Beweis: Zu a): Entsprechend der Definition der Prozesse $X^0(t)$ und $\xi(t)$ bzw. $Y^0(t)$ und $\eta(t)$ durch (1′) und (1″) bzw. (2′) und (2″) ergibt sich

$$X(t) = X^0(t) + \xi(t) \tag{16}$$

bzw.

$$Y(t) = Y^0(t) + \eta(t) \tag{17}$$

für $t \in [0, t_e]$. Wegen $\mathfrak{G}(t, U) = \mathfrak{G}(t, 0)$ ist nach Lemma 4.6.1.c) $X^0(t)$ unter der durch $\mathfrak{G}(t, U) = \sigma\langle Y(s)\colon s \in [0, t]\rangle$ gegebenen Bedingung normalverteilt. Da weiterhin $\xi(t)$ wegen der Meßbarkeit von $U(t)$ bez. $\mathfrak{G}(t, U)$ ebenfalls $\mathfrak{G}(t, U)$-meßbar ist, besitzt $X(t) = X^0(t) + \xi(t)$ unter $\mathfrak{G}(t, U)$ eine Normalverteilung.

Zu b): Wegen $\mathsf{E}(\xi(t) \mid \mathfrak{G}(t, U)) = \xi(t)$ ergibt sich

$$\mathsf{E}(X(t) \mid \mathfrak{G}(t, U)) = \mathsf{E}(X^0(t) \mid \mathfrak{G}(t, 0)) + \xi(t) = \hat{X}^0(t) + \xi(t)\,.$$

Weiterhin folgt nach Lemma 4.6.1.c) und d)

$$\begin{aligned}
&\mathsf{E}((X(t) - \hat{X}(t))\,(X(t) - \hat{X}(t))^{\mathsf{T}} \mid \mathfrak{G}(t, U))\\
&= \mathsf{E}((X^0(t) + \xi(t) - \hat{X}^0(t) - \xi(t))\,(X^0(t) + \xi(t) - \hat{X}^0(t) - \xi(t))^{\mathsf{T}} \mid \mathfrak{G}(t, U))\\
&= \mathsf{E}((X^0(t) - \hat{X}^0(t))\,(X^0(t) - \hat{X}^0(t))^{\mathsf{T}} \mid \mathfrak{G}(t, 0)) = R(t)\,.
\end{aligned}$$

Zu c): Entsprechend Lemma 4.6.1.b) ist

$$\mathrm{d}\hat{X}^0(t) = A(t)\,\hat{X}^0(t) + F(t)\,(\mathrm{d}Y^0(t) - H(t)\,\hat{X}^0(t)\,\mathrm{d}t)\,, \qquad t \in [0, t_e]\,,$$

und nach Definition von $\xi(t)$, $t \in [0, t_e]$, gilt

$$\mathrm{d}\xi(t) = (A(t)\,\xi(t) + B(t)\,U(t))\,\mathrm{d}t\,,$$

woraus sich

$$\begin{aligned}
\mathrm{d}\hat{X}(t) &= \mathrm{d}(\hat{X}^0(t) + \xi(t)) \qquad (15')\\
&= A(t)\,(\hat{X}^0(t) + \xi(t))\,\mathrm{d}t + B(t)\,U(t)\,\mathrm{d}t + F(t)\,(\mathrm{d}Y^0(t) - H(t)\,\hat{X}^0(t)\,\mathrm{d}t)
\end{aligned}$$

ergibt. Entsprechend Lemma 4.6.1.e) erhalten wir

$$\mathrm{d}Y^0(t) - H(t)\,\hat{X}^0(t)\,\mathrm{d}t = \sigma_1(t)\,\mathrm{d}\tilde{W}(t)\,, \qquad t \in [0, t_e]\,,$$

woraus (15) folgt. ∎

Ausgehend von diesen Resultaten betrachten wir nun ein Kostenfunktional $\hat{I}(U)$, das in folgender Weise definiert ist: Es bezeichnen

$$\varphi_n(x; \mu, R) := (2\pi)^{-n/2}\,(\det R)^{-1/2} \exp\{-\tfrac{1}{2}\,(x - \mu)^{\mathsf{T}}\,R^{-1}\,(x - \mu)\}\,, \qquad x \in \mathbb{R}^n\,, \tag{18}$$

die Dichte einer n-dimensionalen Normalverteilung mit dem Erwartungswertvektor μ und der Kovarianzmatrix R,

$$\hat{L}(\xi, u, t) = \int_{\mathbb{R}^n} L(x, u, t)\, \varphi_n(x; \xi, R(t))\, dx\,, \qquad \xi \in \mathbb{R}^n\,, \qquad u \in \mathcal{D}\,, \qquad t \in [0, t_e)\,, \tag{19}$$

$$\hat{\Phi}(\xi) = \int_{\mathbb{R}^n} \Phi(x)\, \varphi_n(x; \xi, R(t_e))\, dx\,, \qquad \xi \in \mathbb{R}^n\,, \tag{20}$$

sowie in Analogie zu (6)

$$\hat{I}(U) = \mathsf{E}\{ \int_0^{t_e} \hat{L}(\hat{X}(t), U(t), t)\, dt + \hat{\Psi}(\hat{X}(t_e)) \}\,, \tag{21}$$

wobei $\hat{X}(t)$, $t \in [0, t_e]$, durch die stochastische Differentialgleichung (15) und $R(t)$ durch (10) gegeben sind.

4.6.3. Satz. *Für jede Steuerung* $U \in \mathfrak{U}_{Y_0}$ *gilt*

$$I(U) = \hat{I}(U)\,. \tag{22}$$

Beweis: Da nach Voraussetzung $U(t)$ bez. $\mathfrak{G}(t, U)$ meßbar ist und $\mathfrak{G}(t, U) = \mathfrak{G}(t, 0)$ gilt, ergibt sich

$$\mathsf{E}(L(X(t), U(t), t) \mid \mathfrak{G}(t, 0)) = \int_{\mathbb{R}^n} L(x, U(t), t)\, \varphi_n(x; \hat{X}(t), R(t))\, dx\,,$$

da entsprechend Satz 4.6.2.a) und b) $X(t)$ unter $\mathfrak{G}(t, U)$ normalverteilt ist mit dem Erwartungswertvektor $\hat{X}(t)$ und der Kovarianzmatrix $R(t)$. Folglich gilt entsprechend (19)

$$\mathsf{E}(L(X(t), U(t), t) \mid \mathfrak{G}(t, 0)) = \hat{L}(\hat{X}(t), U(t), t)$$

für $t \in [0, t_e]$. Also erhält man

$$\mathsf{E}\int_0^{t_e} L(X(t), U(t), t)\, dt = \mathsf{E}(\int_0^{t_e} \mathsf{E}(L(X(t), U(t), t) \mid \mathfrak{G}(t, 0))\, dt \tag{23}$$

$$= \mathsf{E}\int_0^{t_e} \hat{L}(\hat{X}(t), U(t), t)\, dt\,.$$

Entsprechend ergibt sich

$$\mathsf{E}\Phi(X(t_e)) = \mathsf{E}\hat{\Phi}(\hat{X}(t_e))\,, \tag{24}$$

also folgt aus (23) und (24) die Behauptung. ∎

Damit ist die Möglichkeit für die Formulierung des Separationsprinzips gegeben. Dieses Prinzip besteht darin, zunächst den unvollständig beobachtbaren Zustandsprozeß $X(t)$ durch $\hat{X}(t) = \mathsf{E}(X(t) \mid Y(s) : s \in [0, t])$ zu schätzen und anschließend die Minimierung des Kostenfunktionals (6) unter (1) und (2) bei unvollständiger Beobachtung des Zustandsprozesses $(X(t))_{t \in [0, t_e]}$ auf eine Optimierungsaufgabe bez. I „bei vollständiger Beobachtung" des „neuen" Zustandsprozesses $(\hat{X}(t))_{t \in [0, t_e]}$ zurückzuführen. Dieser Prozeß $(\hat{X}(t))_{t \in [0, t_e]}$ ist seinerseits die Lösung der stochastischen Differentialgleichung (15).

Entscheidend für die im Satz 4.6.3 angegebene Aussage ist natürlich die Struktur der Menge $\mathfrak{U}_{Y^0}$ der betrachteten Steuerungen $U(t)_{t \in [0, t_e]}$. Im Hinblick auf die optimale Steuerung beim linearen Regulator im Falle der unvollständigen Beobachtung ist die folgende Methode zur Konstruktion derartiger Steuerungen von Bedeutung.

Es sei $\mathbf{C}_k = \mathbf{C}_k[0, t_e]$ der Banach-Raum der stetigen Funktion $f\colon [0, t_e] \to \mathbb{R}^k$ mit der Norm

$$\|f\|_{\mathbf{C}_k} := \sup_{t\in[0,t_e]} \|f(t)\| .$$

Weiter bezeichne $\mathfrak{C}$ die Menge der Funktionen $c\colon [0, t_e] \times \mathbf{C}_k \to \mathbb{R}^m$, die folgenden Bedingungen genügen:

(B1) Für $f, g \in \mathbf{C}_k$ mit $f(s) = g(s)$, $s \in [0, t]$, gilt

$$c(t, f) = c(t, g) .$$

(B2) Für jedes $c \in \mathfrak{C}$ existiert eine Konstante K_c mit

$$\|c(t, f) - c(t, g)\| \leqq K_c \|f - g\|_{\mathbf{C}_k} \qquad (f, g \in \mathbf{C}_k) .$$

(B3) Die Funktionen $c \in \mathfrak{C}$ sind borelmeßbar, und $c(t, 0)$, $t \in [0, t_e]$, ist beschränkt.

Für jedes $c \in \mathfrak{C}$ ist dann durch

$$U(t) = c\big(t, Y(.)\big) , \qquad t \in [0, t_e] , \tag{25}$$

für den durch (2) gegebenen Beobachtungsprozeß $Y\big((t)\big)_{t\in[0,t_e]}$ eine Steuerung $U \in \mathfrak{U}_{Y^0}$ gegeben, die wegen (B1) nicht vorgreifend (vgl. A. 3.2) ist.

Ausgehend von diesen Überlegungen behandeln wir nun abschließend die optimale Steuerung für einen linearen Regulator bei unvollständiger Beobachtung des Zustandsprozesses, d. h. die Optimierungsaufgabe, das Funktional

$$I(U) = \mathsf{E}\{ \int_0^{t_e} \big(X(t)^\mathsf{T} M(t) X(t) + U(t)^\mathsf{T} N(t) U(t)\big) \,\mathrm{d}t + X(t_e)^\mathsf{T} E X(t_e)\} \tag{26}$$

unter der Nebenbedingung (1) über $\mathfrak{U}_{Y^0}$ mit dem durch $\big(Y(t)\big)_{t\in[0,t_e]}$ (vgl. (2)) gegebenen Beobachtungsprozeß zu minimieren. Entsprechend der Struktur der optimalen Steuerung U^* beim linearen Regulator mit vollständig beobachtbarem Zustandsprozeß $X^*(.)$ (vgl. (4.5.22)), die durch

$$U^*(t) = u^0\big(t, X^*(t)\big) = -N(t)^{-1} B(t)^\mathsf{T} P(t) X^*(t)\ ^{1)}$$

gegeben ist, zeigen wir zunächst, daß sich die Steuerung

$$u^0\big(t, \hat{X}^*(t)\big) = -N(t)^{-1} B(t)^\mathsf{T} P(t) \hat{X}^*(t) , \tag{27}$$

$t \in [0, t_e]$, in der Form

$$u^0\big(t, \hat{X}^*(t)\big) = c^*\big(t, Y^*(.)\big)$$

mit $c^* \in \mathfrak{C}$ angeben läßt. Also ist $u^0\big(., X^*(.)\big) \in \mathfrak{U}_{Y^0}$, wie das folgende Lemma zeigt.

4.6.4. Lemma. *Es sei F die Fundamentalmatrix* (vgl. ARNOLD [1]) *des homogenen linearen Differentialgleichungssystems*

$$\frac{\mathrm{d}F(t, 0)}{\mathrm{d}t} = \big(A(t) - B(t) N(t)^{-1} B(t)^\mathsf{T} P(t) - R(t) H(t)^\mathsf{T} \big(\sigma^1(t) \sigma^1(t)^\mathsf{T}\big)^{-1} H(t)\big) F(t, 0) \tag{28}$$

mit $F(0, 0) = I$. Dann gilt für

$$c^*\big(t, Y^*(.)\big) = -N(t)^{-1} B(t)^\mathsf{T} P(t) \times \tag{29}$$

$$\times F(t, 0) \big(\mathsf{E}X^*(0) + \int_0^t (F(s, 0))^{-1} R(s) H(s)^\mathsf{T} \big(\sigma^1(s) \sigma^1(s)^\mathsf{T}\big)^{-1} \mathrm{d}Y^*(s)\big)$$

---

[1]) Zur Definition von $P(t)$, $t \in [0, t_e)$, siehe (4.5.15).

$(Y^*(t), t \in [0, t_e]$, — *Lösung von* (2) *für* $X^*(t), t \in [0, t_e])$:

a) $c^*(t, Y^*(.)) = -N(t)^{-1} B(t)^T P(t) \hat{X}^*(t)$,

b) $c^* \in \mathfrak{C}$, *d. h.* $u^0(., \hat{X}^*(.)) \in \mathfrak{U}_{Y^0}$.

Beweis: Zu a): Entsprechend Satz 4.6.2.c) genügt

$$\hat{X}^*(t) = \mathsf{E}(X^*(t) \mid \mathfrak{G}(t, u^0(., \hat{X}^*(.)))$$

mit

$$u_0(t, \hat{X}^*(t)) = -N(t)^{-1} B(t)^T P(t) \hat{X}^*(t)$$

der Differentialgleichung (15) in der Form

$$d\hat{X}^*(t) = (A(t) \hat{X}^*(t) - B(t) N(t)^{-1} B(t)^T P(t) \hat{X}^*(t)) dt + F(t) (dY^*(t) - H(t) \hat{X}^*(t) dt) .$$

Also ist entsprechend (9)

$$d\hat{X}^*(t) = ((A(t) - B(t) N(t)^{-1} B(t)^T P(t) - R(t) H(t))^T (\sigma^1(t) \sigma^1(t)^T)^{-1} H(t)) \hat{X}^*(t) dt + R(t) H(t)^T (\sigma^1(t) \sigma^1(t)^T)^{-1} dY^*(t) \quad (30)$$

$(t \in [0, t_e])$. Diese homogene lineare stochastische Differentialgleichung hat die Lösung (vgl. z.B. ARNOLD [1])

$$\hat{X}^*(t) = F(0, t) (\hat{X}^*(0) + \int_0^t (F(0, s))^{-1} R(s) H(s)^T (\sigma^1(s) \sigma^1(s)^T)^{-1} dY^*(s) , \quad (31)$$

$t \in [0, t_e]$. Wegen $\hat{X}^*(0) = \mathsf{E}X^*(0)$ erhalten wir nun

$$c^*(t, Y^*(.)) = -N(t)^{-1} B(t)^T P(t) \hat{X}^*(t) , \qquad t \in [0, t_e] .$$

Zu b): Die Funktion c^*, gegeben durch

$$c^*(t, f) = -N(t)^{-1} B(t) P(t) F(0, t) \times \times (\mathsf{E}X^*(0) + \int_0^t (F(0, s))^{-1} R(s) H(s)^T ((\sigma^1(s) \sigma^1(s)^T)^{-1} df(s)) ,$$

$(t, f) \in [0, t_e] \times \mathbf{C}_k$, erfüllt die oben angegebenen Bedingungen (B1), (B2) und (B3) zur Konstruktion zulässiger Steuerungen. Dies ist eine unmittelbare Folgerung aus der Beziehung

$$\int_0^t (F(0, s))\beta^{-1} R(s) H(s)^T (\sigma^1(s) \sigma^1(s)^T)^{-1} df(s) = = (F(0, s))^{-1} R(s) H(s)^T (\sigma^1(s) \sigma^1(s)^T)^{-1} f(s) \Big|_0^t - \int_0^t \frac{\partial}{\partial s} ((F(0, s))^{-1} R(s) H(s)^T (\sigma^1(s) \sigma^1(s)^T)^{-1}) f(s) ds ,$$

die sich durch partielle Integration ergibt. ▮

Damit kann nun das Separationsprinzip für einen linearen Regulator (1), (2) mit dem Kostenfunktional (26) bei unvollständiger Beobachtung explizit formuliert werden.

4.6.5. Satz. *Durch*

$$U^*(t) = -N(t)^{-1} B(t)^{\mathsf T} P(t) \hat{X}^*(t), \qquad t \in [0, t_e], \tag{32}$$

ist eine Steuerung des Systems (1), (2) *gegeben, die zu* $\mathfrak{U}_{Y^0}$ *gehört und die das Kostenfunktional* (26) *minimiert, also optimal ist. Dabei genügt* $\hat{X}^*(t)$ *der stochastischen Differentialgleichung*

$$\mathrm{d}\hat{X}^*(t) = \big(A(t)\,\hat{X}^*(t) + B(t)\,U^*(t)\big)\,\mathrm{d}t + R(t)\,H(t)^{\mathsf T}\big(\sigma^1(t)\,\sigma^1(t)^{\mathsf T}\big)^{-1}\big(\mathrm{d}Y^*(t) - H(t)\,\hat{X}^*(t)\,\mathrm{d}t\big),$$

$t \in [0, t_e]$, *mit der Anfangsbedingung*

$$\hat{X}^*(0) = \mathsf{E}X^*(0).$$

Beweis: a) Zunächst stellen wir fest, daß für $\xi \in \mathbb{R}^n$, $U \in \mathbb{R}^m$ und $t \in [0, t_e]$ die Beziehungen

$$\begin{aligned}\hat{L}(\xi, u, t) &= \int_{\mathbb{R}^n} \big(x^{\mathsf T}M(t)\,x + u^{\mathsf T}N(t)\,u\big)\,\varphi_n\big(x; \xi, R(t)\big)\,\mathrm{d}x\\ &= \int_{\mathbb{R}^n} \big(x^{\mathsf T}M(t)\,x + u^{\mathsf T}N(t)\,u\big)\,\varphi_n\big(x-\xi; 0, R(t)\big)\,\mathrm{d}x\\ &= \xi^{\mathsf T}M(t)\,\xi + u^{\mathsf T}N(t)\,u + \int_{\mathbb{R}^n} \big(\tilde{\xi}^{\mathsf T}M(t)\,\tilde{\xi}\big)\,\varphi_n\big(\tilde{\xi}; 0, TR(t)\big)\,\mathrm{d}\tilde{\xi}\end{aligned} \tag{33}$$

sowie

$$\begin{aligned}\hat{\Phi}(\xi) &= \int_{\mathbb{R}^n} (x^{\mathsf T}Ex)\,\varphi_n\big(x; \xi, R(t_e)\big)\,\mathrm{d}x\\ &= \int_{\mathbb{R}^n} (x^{\mathsf T}Ex)\,\varphi_n\big(x-\xi; 0, R(t_e)\big)\,\mathrm{d}x\\ &= \xi^{\mathsf T}|E\xi + \int_{\mathbb{R}^n} (\tilde{\xi}^{\mathsf T}|E\tilde{\xi})\,\varphi_n\big(\tilde{\xi}; 0, R(t_e)\big)\,\mathrm{d}\tilde{\xi}\end{aligned} \tag{34}$$

gelten. Das folgt unmittelbar aus

$$\int_{\mathbb{R}^n} \varphi_n\big(\tilde{\xi}; 0, R(t)\big)\,\mathrm{d}\tilde{\xi} = 1 \quad \text{und} \quad \int_{\mathbb{R}^n} \tilde{\xi}\varphi_n\big(\tilde{\xi}; 0, R(t)\big)\,\mathrm{d}\tilde{\xi} = 0.$$

Also ist entsprechend (21), (26), (33) und (34)

$$\hat{I}(U) = \mathsf{E}\Big\{\int_0^{t_e} \big(\hat{X}(t)^{\mathsf T}M(t)\,\hat{X}(t) + U(t)^{\mathsf T}N(t)\,U(t)\,\mathrm{d}t + \hat{X}(t_e)\,E\hat{X}(t_e)\Big\}$$
$$+ \mathsf{E}\Big\{\int_0^{t_e} \big(X(t) - \hat{X}(t)\big)^{\mathsf T}M(t)\,\big(X(t) - \hat{X}(t)\big)\,\mathrm{d}t + \big(X(t) - \hat{X}(t)\big)^{\mathsf T}E\big(X(t) - \hat{X}(t)\big)\Big\}.$$

b) Durch Vergleich von (1) und (15) ergibt sich, daß die Wahrscheinlichkeitsverteilung von $X(t) - \hat{X}(t)$ unabhängig von U: $U(t) = c\big(t, Y(.)\big)$ ist. Also unterscheiden sich $\hat{I}(U)$ bez. $\hat{X}(t)$, $t \in [0, t_e]$, und $I(u)$ bez. $X(t)$, $t \in [0, t_e]$, nur um eine steuerungsunabhängige Größe. Folglich können $X(t)$, $t \in [0, t_e]$, durch $\hat{X}(t)$, $t \in [0, t_e]$, und die stochastische Differentialgleichung (1) durch (15) ersetzt werden.

c) Da entsprechend Lemma für $U^* = c^*\big(., Y^*(.)\big)$ gilt $U^* \in \mathfrak{U}_{Y^0}$, ist (vgl. (32))

$$U^*\colon U^*(t) = -N(t)^{-1} B(t)^{\mathsf T} P(t)\,\hat{X}^*(t).$$

Damit liegt die im vorangehenden Abschnitt behandelte Situation eines linearen Regulators mit dem Zustandsprozeß $(\hat{X}^*(t))_{t\in[0,t_e]}$ und dem zu $\hat{I}(U)$ im obigen Sinne (vgl. b)) äquivalenten Kostenfunktional $I(U)$ vor. Wegen (4.5.22) ist also

$$U^*(t) = -N(t)^{-1}\, B(t)^{\mathsf{T}}\, P(t)\, \hat{X}^*(t)\,,$$

$t \in [0, t_e]$ eine optimale Steuerung. ▮

Wir bemerken abschließend, daß sich diese durch (32) gegebene optimale Steuerung als Spezialfall der unter (4.5.30) angegebenen optimalen Steuerung erweist. Die Beobachtung von $(Y(t))_{t\in[0,t_e]}$ beruht auf der Kenntnis einer speziellen Familie von σ-Algebren und ordnet sich also der im Abschnitt 4.4 beschriebenen allgemeinen Informationssituation unter.

5. Stoppen stochastischer Prozesse

Wir betrachten ein zeitlich diskretes Steuerproblem, bei dem in jedem Zeitpunkt genau zwei Entscheidungen zur Auswahl stehen. Es ist nämlich zu entscheiden, ob ein ablaufender Vorgang gestoppt werden soll oder nicht. Der Stopzeitpunkt ergibt sich dabei aus einer Stop-Entscheidungsregel und hängt vom bisherigen, nicht aber vom zukünftigen Verlauf des Vorgangs ab. Zum Stopzeitpunkt wird ein Ertrag ausgezahlt, der ebenfalls vom bisherigen Verlauf des Vorgangs sowie vom Stopzeitpunkt abhängt. Im Falle eines endlichen Zeitbereiches soll auch ein Ertrag ausgezahlt werden, falls bis zum Endzeitpunkt nicht gestoppt wurde. Das Ziel besteht nun darin, in einem solchen Zeitpunkt zu stoppen, so daß der mittlere Ertrag maximal ausfällt.

Steuerprobleme dieser Art werden mittels eines stochastischen Prozesses mathematisch beschrieben und als *Stopprobleme* bezeichnet. Stopprobleme haben einerseits ein großes theoretisches Interesse hervorgerufen, andererseits auch eine Vielzahl praktischer Anwendungen gefunden. Aus diesem Grunde wurde für das optimale Stoppen stochastischer Prozesse eine eigenständige Theorie entwickelt. Es sollen hier nur einige wichtige diesbezügliche Arbeiten benannt werden. Zu den ersten Beiträgen zählen die Untersuchungen von SNELL [1], in denen insbesondere die Zusammenhänge zur Martingaltheorie wesentlich benutzt werden. Stopprobleme bei stochastischen Prozessen mit diskreter Zeit und beliebigem Abhängigkeitsverhalten werden in einer Monografie von CHOW/ROBBINS/SIEGMUND [1] umfassend dargestellt. SCHIRJAJEW [2] erhält prinzipielle Resultate über das optimale Stoppen bei Markow-Prozessen mit diskreter und stetiger Zeit und wendet diese Resultate auf Probleme der (statistischen) Sequentialanalyse an. Er baut dabei u. a. auf Ergebnissen von DYNKIN [2] und GRIGELIONIS [1] auf. Eine Verschärfung gewisser Resultate von SCHIRJAJEW sowie eine tiefergehende Analyse des Verhaltens des zu stoppenden Prozesses im Unendlichen wird von ENGELBERT [2] und ENGELBERT/ENGELBERT [1] vorgenommen.

In der letzten Zeit erfolgte eine Verallgemeinerung des Stopproblems in verschiedener Hinsicht: Berücksichtigung von Kosten, die eine Bewertung des Prozeßverlaufes vor dem Stoppen vornehmen, optimales Stoppen und Steuern (FURUKAWA/IWAMOTO [1], ENGELBERT [3], [4], RIEDER [1]), mehrfaches optimales Stoppen (NIKOLAJEW [1]) sowie Stopspiele (VAN DER WAL [2]).

Im vorliegenden Kapitel wird abweichend von der in der Literatur üblichen Vorgehensweise die Theorie des optimalen Stoppens durch DS bzw. MDS (vgl. Kap. 1 und 2) beschrieben. Abschnitt 5.1 trägt definitorischen Charakter; in ihm wird ein Grundmodell eingeführt. Charakterisierung und Möglichkeiten zur Ermittlung optimaler Stopzeiten bei Prozessen mit beliebigem Abhängigkeitsverhalten sind Gegenstand von Abschnitt 5.2. Das optimale Stoppen von Markow-Ketten wird in Abschnitt 5.3 behandelt. Der Abschnitt 5.4 ist konkreten numerischen Lösungsverfahren bei Vorliegen einer endlichen Zustandsmenge gewidmet. Ein Anwendungsbeispiel für die Theorie des optimalen Stoppens ist das Problem der besten Wahl, es wird in Abschnitt 5.5 behandelt.

5.1. Grundmodell

Zur mathematischen Beschreibung eines Stopproblems gehen wir analog zur Einführung eines dynamischen Systems DS für die Behandlung gesteuerter stochastischer Prozesse (vgl. Abschnitt 1.1.1) von einem sogenannten Stopsystem

$$\text{StS}: (N, \mathcal{S}, \mathfrak{p}, \mathfrak{g}, \mathfrak{R}) \tag{1}$$

aus, dessen Bestandteile im folgender genauer gekennzeichnet werden:

Endzeitpunkt N: Ausgehend von dem vorliegenden diskreten Zeitbereich $T = \{0, 1, \dots, N\}$ bzw. $T = \{0, 1, \dots\}$ heißt N der Endzeitpunkt; im Falle $T = \{0, 1, \dots\}$ setzen wir $N = \infty$.

Zustandsmenge $\mathcal{S}$, abzählbar, $\mathcal{S} \neq \emptyset$.

Bewegungsgesetz $\mathfrak{p} = (p_n)_{n \geq 1}$: Folge von Wahrscheinlichkeitsverteilungen auf $\mathcal{S}$ $p_n(\cdot \mid \mathfrak{s}_{n-1})$, $\mathfrak{s}_{n-1} = (s_0, \dots, s_{n-1}) \in \mathcal{S}^n$, $n \geqq 1$.[1]) In Abhängigkeit von der Zustandsvergangenheit $\mathfrak{s}_{n-1}$ erfolgt im Falle des Nichtstoppens ein Übergang in einen Zustand $s' \in \mathcal{S}$ mit der Wahrscheinlichkeit $p_n(s' \mid \mathfrak{s}_{n-1})$.

Ertragsstruktur $\mathfrak{g} = (g_n)_{n \geqq 0}$: Folge von Ertragsfunktionen

$$g_n \mid \mathcal{S}^{n+1} \to \mathbb{R}, \quad n \geqq 0. \tag{2}$$

Wird zur Zeit n gestoppt, so ergibt sich in Abhängigkeit von der Zustandsvergangenheit $\mathfrak{s}_n$ der Ertrag $g_n(\mathfrak{s}_n)$. Im Falle $N < \infty$ wird zum Endzeitpunkt N der Ertrag $g_N(\mathfrak{s}_N)$ ausgezahlt, falls vorher nicht gestoppt wurde.

Menge $\mathfrak{R}$ *zulässiger Stopzeiten*: Die Beschreibung der Stop-Entscheidungsregel, die in Abhängigkeit von der jeweils vorliegenden Zustandsvergangenheit angibt, ob zu einem gegebenen Zeitpunkt gestoppt wird oder nicht, erfolgt mittels sogenannter Stopzeiten. Eine Stopzeit τ ist eine Funktion

$$\tau \mid \mathcal{S}^{N+1} \to \{0, 1, \dots, N\} \tag{3}$$

derart, daß für beliebige $\mathfrak{s}_N = (s_0, s_1, \dots)$ und $n \geqq 0$ aus $\tau(\mathfrak{s}_N) = n$ die Gültigkeit von $\tau(\mathfrak{s}'_N) = n$ für alle $\mathfrak{s}'_N = (s'_0, s'_1, \dots)$ mit $s_\nu = s'_\nu$, $\nu = 0, \dots, n$, folgt. Ob bei Vorliegen der konkreten Zustandsfolge $\mathfrak{s}_N$ auf Grund einer Stopzeit τ zur Zeit n gestoppt werden soll, hängt mithin nur vom Abschnitt $\mathfrak{s}_n = (s_0, s_1, \dots, s_n)$ dieser Folge ab.

Mit $\mathfrak{R}$ bezeichnen wir schließlich die Menge von Stopzeiten, die für das vorliegende Stopproblem zulässig sind.

Im folgenden wird eine Möglichkeit angegeben, ein Stopsystem (StS) in geeigneter Weise einem dynamischen System (DS, vgl. Abschnitt 1.1) anzupassen. Dies geschieht aus dem Grund, die in den Kapiteln 1 und 2 bereitgestellten Optimalitätsgleichungen sowie Aussagen über die Existenz (ε-)optimaler Strategien unmittelbar auf Stopprobleme anzuwenden. Die Bestandteile des sich ergebenden DS werden sich einerseits als einfach erweisen. Weil andererseits aber ein zu stoppender Vorgang eine vom Zufall abhängige Zeit lang abläuft, in einem DS jedoch nur nichtzufällige Zeitbereiche vorgesehen sind, ergeben sich bei der Anpassung gewisse Besonderheiten.

[1]) Die Angaben $n \geqq 0$ bzw. $n \geqq 1$ bedeuten im folgenden stets $n \in T$ bzw. $n \in T \setminus \{0\}$ und werden sowohl für $N < \infty$ als auch für $N = \infty$ verwendet, vergleiche z.B. die diesbezügliche Fußnote auf S. 14.

Es erfolgt nun die spezielle Festlegung der Bestandteile des DS (vgl. Abschnitt 1.1.1): *Endzeitpunkt* N und *Zustandsmenge* $\mathcal{S}$ wie im StS.

Entscheidungsmenge $\mathcal{D} = \{0, 1\}$. Die Entscheidung $d = 1$ bedeute hierbei das Stoppen, $d = 0$ das Nichtstoppen.

Anfangsverteilung $\tilde{p}_0$: Es existiere ein $s \in \mathcal{S}$, der *Anfangszustand*[1]), *mit* $\tilde{p}_0(s) = 1$, d. h., $\tilde{p}_0$ ist hier eine Einpunktverteilung.

Bewegungsgesetz $\tilde{\mathfrak{p}} = (\tilde{p}_n)$: Folge von Wahrscheinlichkeitsverteilungen $\tilde{p}_n(\cdot \mid h_{n-1}, d_{n-1})$ auf $\mathcal{S}$, $h_{n-1} = (s_0, d_0, s_1, \dots, d_{n-2}, s_{n-1}) \in \mathcal{H}_{n-1}$, $d_{n-1} \in \mathcal{D}$, $n \geqq 1$ (vgl. Abschnitt 1.1.1).

Für diejenigen Paare (h_{n-1}, d_{n-1}) mit $d_0 = \dots = d_{n-1} = 0$ — bezüglich derer also zu keinem Zeitpunkt eine Stopentscheidung erfolgte — setzen wir unter Verwendung der Bezeichnung $\mathfrak{s}_n = (s_0, s_1, \dots, s_n)$

$$\tilde{p}_n(s' \mid h_{n-1}, d_{n-1}) := p_n(s' \mid \mathfrak{s}_n), \qquad s' \in \mathcal{S}, \qquad n \geqq 1. \tag{4}$$

Für solche Paare (h_{n-1}, d_{n-1}), für die ein $\nu \in \{0, \dots, n-1\}$ mit $d_\nu = 1$ existiert, bezüglich derer also bereits eine Stopentscheidung erfolgte, vereinbaren wir

$$\tilde{p}_n(s' \mid h_{n-1}, d_{n-1}) := \delta_{s's_{n-1}}, \qquad n \geqq 1. \tag{5}$$

(5) bedeutet, daß das DS vom Stopzeitpunkt an bis zum Endzeitpunkt N den Zustand beibehält, den es zum Stopzeitpunkt erreicht hatte.

Kostenstruktur $\tilde{\mathfrak{k}}_n = (\tilde{k}_n)$: Folge kumulativer Kostenfunktionen $\tilde{k}_n \mid \mathcal{H}_n \to \mathbb{R}$, $n \geqq 1$. Wir setzen dabei speziell

$$\tilde{k}_n(s_0, 0, s_1, 0, \dots, 0, s_n) := 0, \qquad n = 1, 2, \dots; \qquad n < N, \tag{6}$$

und

$$\tilde{k}_m(s_0, 0, \dots, 0, s_n, 1, s_{n+1}, d_{n+1}, \dots, d_{m-1}, s_m) \tag{7}$$

$$:= \tilde{k}_{n+1}(s_0, 0, \dots, 0, s_n, 1, s_{n+1}) := -g_n(s_0, \dots, s_n), \qquad n < m \leqq N.$$

mit g_n aus (2).

(6) bedeutet, daß vor der ersten Stopentscheidung $d = 1$ nichts, (7) bedeutet, daß nach der ersten Stopentscheidung $d = 1$ nicht noch einmal etwas ausgezahlt wird. Die Größe $-\tilde{k}_{n+1}(s_0, 0, \dots, 0, s_n, 1, s_{n+1}), n \geqq 0$, stellt somit den beim Stoppen sich einmalig ergebenden Ertrag dar. Darüber hinaus ist $-\tilde{k}_N(s_0, 0, \dots, 0, s_N)$, $N < \infty$, der Ertrag, der zum Endzeitpunkt $N < \infty$ ausgezahlt wird, falls vorher nicht gestoppt wurde.

Menge Θ zulässiger Strategien: Zu jeder Stopzeit τ lassen sich Strategien $\vartheta = (\delta_n)$, $\delta_n \mid \mathcal{H}_n \to \mathcal{D}$, $n \geqq 0$, finden, die der betrachteten Stopzeit entsprechen. Mit den Bezeichnungen $\omega := \mathfrak{s}_N$, $k := \tau(\omega)$, $h_n = h_n^\vartheta(a_n\omega)$, $n \geqq 0$, (vgl. Abschnitt 1.1.2) leistet jedes $\vartheta = (\delta_n)$ mit

$$\delta_n(h_n) = 0, \qquad n = 0, 1, \dots, k-1, \qquad \delta_k(h_k) = 1 \qquad (k < N)$$

bzw.

$$\delta_n(h_n) = 0, \qquad n = 0, 1, \dots \qquad (k = N)$$

das Verlangte. Wir bemerken, daß die Zuordnung Stopzeit $\to$ Strategie i. allg. nicht eindeutig ist. Aus Gründen einer zweckmäßigen mathematischen Beschreibung wählen wir ausgehend von einer Stopzeit τ diejenige Strategie aus, die eine einmal getroffene Stopentscheidung in allen folgenden Zeitpunkten erneut ausweist, be-

[1]) Es ist sinnvoll, Stopprobleme, die sich nur durch den Anfangszustand unterscheiden, simultan zu behandeln.

zeichnen diese mit $\vartheta^\tau = (\delta_n^\tau)$, $n = 0, 1, \dots, n < N$, und nennen diese Strategie die zu τ *zugeordnete Strategie*. Mit den obigen Bezeichnungen gilt

$$\begin{aligned} &\delta_n^\tau(h_n) = 0\,, && n = 0, 1, \dots, k-1\,, \\ &\delta_k^\tau(h_k) = 1\,, && k < N\,, \\ &\delta_m^\tau(h_m) = 1\,, && k < m < N\,, \end{aligned} \tag{8}$$

bzw.

$$\delta_n^\tau(h_n) = 0\,, \qquad n = 0, 1, \dots, \qquad k = N\,. \tag{9}$$

Wir definieren nun Θ als die Menge zulässiger Strategien

$$\Theta := \{\vartheta : \vartheta = \vartheta^\tau, \tau \in \mathfrak{N}\}\,.$$

Im folgenden wird es auch nützlich sein, einer jeden Strategie $\vartheta = (\delta_n)$ durch

$$\tau^\vartheta(\omega) := \begin{cases} \min\{n : \delta_n(h_n) = 1\} & \text{falls} \quad \{n : \delta_n(h_n) = 1\} \neq \emptyset\,, \\ N & \text{falls} \quad \{n : \delta_n(h_n) = 1\} = \emptyset\,, \end{cases} \tag{10}$$

$\omega = \mathfrak{s}_N$, $h_n = h_n^\vartheta(a_n\omega)$, $n = 0, 1, \dots, n < N$, eine Stopzeit τ^ϑ zuzuordnen. Sie gibt den Zeitpunkt an, in dem ϑ (erstmals) eine Stopentscheidung bewirkt.

Wir betrachten die Stopzeit $\bar\tau := N$. Für die zu $\bar\tau$ zugeordnete Strategie $\bar\vartheta := \vartheta^{\bar\tau} = (\delta_n^{\bar\tau})$, $\delta_n^{\bar\tau} =: \bar\delta_n$ gilt nach (9) $\bar\delta_n(h_n) = 0$, $h_n = h_n^{\bar\vartheta}(a_n\omega)$, $n \geqq 0$, $\omega = (s_0, s_1, \dots)$. Auf Grund des Satzes von Ionescu-Tulcea (vgl. A. 2.2) existiert nun speziell für $\bar\vartheta$ nach der üblichen Konstruktion (vgl. Abschnitt 1.1) ein Wahrscheinlichkeitsraum $[\Omega, \mathfrak{F}, \mathsf{P}_{s,\bar\vartheta}]$, $\Omega = \mathcal{S}^{N+1}$, $\mathfrak{F} = (\mathfrak{P}(\mathcal{S}^{N+1}))$, $\mathsf{P}_{s,\bar\vartheta} =: \mathsf{P}_s$, s ist Anfangszustand des DS, sowie ein den Zustand des DS beschreibender stochastischer Prozeß $X := (X_n)_{n \geqq 0}$, über $[\Omega, \mathfrak{F}, \mathsf{P}_s]$. Wir nennen diesen Prozeß den *zu stoppenden Prozeß* oder *Durchlaufprozeß*. Für den Anfangszustand $s \in \mathcal{S}$ gilt $\mathsf{P}_s(X_0 = s) = 1$.

Von Bedeutung ist, daß sich für jedes $\vartheta \in \Theta$ das in analoger Weise nach dem Satz von Ionescu-Tulcea existierende Maß $\mathsf{P}_{s,\vartheta}$ eindeutig durch P_s beschreiben läßt. Wir betrachten dazu den zufälligen Prozeßabschnitt $\mathfrak{S}_n = (X_0, \dots, X_n)$ und eine Realisierung $\mathfrak{s}_n = (s_0, \dots, s_n) = \mathfrak{S}_n(\omega)$, $n \geqq 1$. Auf Grund der Eigenschaft von $\tau := \tau^\vartheta$ als Stopzeit liegt nun für alle ω mit $a_n\omega = \mathfrak{s}_n$ fest, ob $\tau(\omega) \geqq n$ oder $\tau(\omega) < n$ ist. Im ersten Fall gilt unmittelbar

$$\mathsf{P}_{s,\vartheta}(\{\omega : \mathfrak{S}_n(\omega) = \mathfrak{s}_n\}) = \mathsf{P}_s(\{\omega : \mathfrak{S}_n(\omega) = \mathfrak{s}_n\})\,. \tag{11}$$

Im zweiten Fall gibt es eine Zahl $k \in \{0, 1, \dots, n-1\}$, so daß $\tau(\omega) = k$ für alle ω mit $a_n\omega = \mathfrak{s}_n$ ist. Dann erhalten wir mit $\mathfrak{s}_k = a_k\mathfrak{s}_n$

$$\mathsf{P}_{s,\vartheta}(\{\omega : \mathfrak{S}_n(\omega) = \mathfrak{s}_n\}) = \mathsf{P}_s(\{\omega : \mathfrak{S}_k(\omega) = \mathfrak{s}_k\}) \prod_{\nu=k}^{n-1} \delta_{s_\nu, s_{\nu+1}}\,. \tag{12}$$

Damit sind durch (11) bzw. (12) die endlichdimensionalen Verteilungen von $\mathsf{P}_{s,\vartheta}$ durch die von P_s beschrieben. Für eine beliebige Stopzeit τ läßt sich nun durch

$$Y_n(\omega) := X_{\min(\tau(\omega), n)}(\omega)\,, \qquad n \geqq 0\,,$$

ein stochastischer Prozeß $X^\tau := (Y_n)_{n \geqq 0}$ über demselben Wahrscheinlichkeitsraum $[\Omega, \mathfrak{F}, \mathsf{P}_s]$ definieren. Der Prozeß X^τ, dessen endlichdimensionale Verteilungen durch P_s gegeben sind, heißt der *mittels* τ *gestoppte stochastische Prozeß*.

Wir bezeichnen weiter mit $\mathfrak{F}_n := \sigma(\mathfrak{S}_n)$, $\mathfrak{S}_n = (X_0, \dots, X_n)$, die von der zufälligen n-Vergangenheit des zu stoppenden Prozesses X erzeugte σ-Algebra, $n = 0, 1, \dots$,

$\mathfrak{F}_\infty := \sigma(\bigcup_{n=0}^{\infty} \mathfrak{F}_n)$. Offenbar gilt dabei $\mathfrak{F}_n \subset \mathfrak{F}_{n+1}$, $\mathfrak{F}_n \subset \mathfrak{F}$, $n \geqq 0$. Für die bedingten Erwartungen $\mathsf{E}_s(\cdot \mid \mathfrak{F}_n)$[1], $s \in \mathscr{S}$, $n \geqq 0$, schreiben wir auch $\mathsf{E}_s(\cdot \mid \mathfrak{S}_n)$.

Die nach (3) definierte Stopzeit τ erweist sich nunmehr als eine Zufallsgröße $\tau \mid [\Omega, \mathfrak{F}, \mathsf{P}_s]$ mit Werten in $\{0, 1, \dots, N\}$, für die überdies $\{\omega : \tau(\omega) = n\} \in \mathfrak{F}_n$ gilt. τ ist also eine Stopzeit bezüglich der durch die n-Vergangenheit des zu stoppenden Prozesses X erzeugten Folge $(\mathfrak{F}_n)_{n \geqq 0}$ von σ-Algebren im Sinne der Definition A. 1.2.10. Eine Stopzeit τ, für die $\mathsf{P}_s(\tau < \infty) = 1$, $s \in \mathscr{S}$, ist, wird *eigentliche Stopzeit* genannt. Aus der zufälligen n-Vergangenheit $\mathfrak{S}_n = (X_0, \dots, X_n)$ von X ergibt sich der *zufällige Ertrag*

$$G_n := g_n(X_0, \dots, X_n)\,, \qquad n \geqq 0\,. \tag{13}$$

Wir fordern stets

$$\mathsf{E}_s g_n^-(X_0, \dots, X_n) < \infty\,, \qquad s \in \mathscr{S}\,, \qquad n \geqq 1\,, \tag{14}$$

es existiert dann $\mathsf{E}_s g_n(X_0, \dots, X_n)$; gegebenenfalls ist $\mathsf{E}_s g_n(X_0, \dots, X_n) = \infty$ für gewisse $n \geqq 1$, $s \in \mathscr{S}$. Der mittels einer Stopzeit τ erzielte zufällige Ertrag G_τ ist nun definiert durch

$$G_\tau(\omega) := \begin{cases} G_n(\omega) & \text{auf } \{\omega : \tau(\omega) = n\}\,, \qquad n \geqq 0\,, \\ 0 & \text{auf } \{\omega : \tau(\omega) = \infty\}\,. \end{cases}$$

Wegen (13), (14) existiert $\mathsf{E}_s G_\tau$, $s \in \mathscr{S}$, ggf. ist $\mathsf{E}_s G_\tau = \infty$ für gewisse $s \in \mathscr{S}$.

Wir bezeichnen noch die folgenden Klassen von Stopzeiten:

$$\begin{aligned} \mathfrak{M} &:= \{\tau : \tau \text{ — eigentliche Stopzeit}\}\,, \\ \mathfrak{M}_n &:= \{\tau \in \mathfrak{M} : \mathsf{P}_s(n \leqq \tau) = 1, s \in \mathscr{S}\}\,, \qquad n \geqq 0\,, \\ \mathfrak{M}^m &:= \{\tau \in \mathfrak{M} : \mathsf{P}_s(\tau \leqq m) = 1, s \in \mathscr{S}\}\,, \qquad m \geqq 0\,, \\ \mathfrak{M}_n^m &:= \{\tau \in \mathfrak{M}_n : \mathsf{P}_s(\tau \leqq m) = 1, s \in \mathscr{S}\}\,, \qquad m \geqq n\,, \qquad n \geqq 0\,. \end{aligned} \tag{15}$$

Es gilt dann

$$\begin{aligned} &\mathfrak{M}_n^m = \{\tau \in \mathfrak{M} : \mathsf{P}_s(n \leqq \tau \leqq m) = 1, s \in \mathscr{S}\}\,, \qquad m \geqq n\,, \qquad n \geqq 0\,, \\ &\mathfrak{M}_0 = \mathfrak{M}\,, \\ &\mathfrak{M}_n^m \subset \mathfrak{M}_n^{m+1}\,, \qquad \mathfrak{M}_n^m \subset \mathfrak{M}_n\,, \qquad m \geqq n\,, \qquad n \geqq 0\,, \end{aligned} \tag{16}$$

für einen Endzeitpunkt $N < \infty$ ist $\mathfrak{M}_n^N = \mathfrak{M}_n$.

In der Literatur ist eine Charakterisierung eines Stopproblems — anstatt durch ein Stopsystem — durch das Tripel $(X, \mathfrak{N}, \mathfrak{g})$ allgemein üblich. Hierbei bedeuten $X = (X_n)_{n \geqq 0}$ ein auf einem beliebigen Wahrscheinlichkeitsraum $[\Omega, \mathfrak{F}, \mathsf{P}]$ definierter, zu stoppender stochastischer Prozeß mit Werten in einem beliebigen meßbaren Raum $[\mathscr{S}, \mathfrak{A}]$, $\mathfrak{N}$ eine Menge von Stopzeiten bezüglich $(\mathfrak{F}_n)_{n \geqq 0}$, $\mathfrak{F}_n = \sigma(X_0, \dots, X_n)$, (beispielsweise $\mathfrak{N} = \mathfrak{M}$) und $\mathfrak{g}$ eine Ertragsstruktur. O.B.d.A. kann jedoch Ω im Falle einer abzählbaren Zustandsmenge $\mathscr{S}$ und $\mathfrak{A} = \mathfrak{P}(\mathscr{S})$ von der Form $\Omega = \{\omega : \omega = (s_0, s_1, \dots), s_n \in \mathscr{S}, n \geqq 0\}$ und $X_n(\omega) = s_n, n \geqq 0$, $\omega = (s_0, s_1, \dots) \in \Omega$, angenommen werden (vgl. z.B. GICHMAN/SKOROCHOD [2], Kap. 1, § 4). Man sagt dann, der zu stoppende stochastische Prozeß liege in kanonischer Form vor.

Im Hinblick auf einen Anschluß an die Resultate von Kapitel 1 und 2 setzen wir einschränkend die Zustandsmenge $\mathscr{S}$ als abzählbar voraus und wählen $\mathfrak{A} = \mathfrak{P}(\mathscr{S})$. Bezüglich einer umfassenden Behandlung von Stopproblemen ohne diese Einschränkung, wobei X ein Markow-Prozeß ist, siehe z.B. SCHIRJAJEW [3].

---

[1] E_s ist der Erwartungswertoperator bez. des Maßes P_s.

Es sei $\mathfrak{s}_n = (s_0, s_1, \dots, s_n)$ eine bezüglich P_s wesentliche Prozeßvergangenheit, d. h., es gelte $\mathsf{P}_s(\mathfrak{S}_n) = \mathfrak{s}_n > 0$, $n \geqq 0$. (Insbesondere muß dabei notwendig $\mathfrak{s}_0 = (s)$, d. h. $s_0 = s$ sein.) Wir schreiben für diesen Sachverhalt analog zu Kapitel 1 $\mathfrak{s}_n \in (\mathcal{S}^{n+1})_s^+$. Der sich bei Vorliegen von $\mathfrak{s}_n$ durch eine Stopzeit $\tau \in \mathfrak{M}_n$ ergebende erwartete Ertrag

$$v_n^\tau(\mathfrak{s}_n) := \mathsf{E}_s(G_\tau \mid \mathfrak{S}_n = \mathfrak{s}_n) = \mathsf{E}_s g_\tau(\mathfrak{s}_n, X_{n+1}, \dots, X_n)\,, \tag{17}$$

$$\mathfrak{s}_n \in (\mathcal{S}^{n+1})_s^+\,, \qquad s \in \mathcal{S}\,, \qquad n \geqq 0\,,^{1)}$$

wird *Wert bezüglich τ ab n* genannt. Der speziell für $n = 0$ in Abhängigkeit vom Anfangszustand $s \in \mathcal{S}$ vorliegende erwartete Ertrag

$$v_0^\tau(s) = \mathsf{E}_s G_\tau \tag{18}$$

heißt *Wert bezüglich* τ, $\tau \in \mathfrak{M}$.

Zu den in Kapitel 1 eingeführten mittleren Restkosten $v_{n,\vartheta}$ für eine gegebene Strategie $\vartheta \in \Theta$, $\vartheta = (\delta_n)_{n\geq 0}$, besteht der folgende Zusammenhang: Für diejenigen ϑ mit $\mathfrak{s}_n = a_n\omega \in (\mathcal{S}^{n+1})_s^+$, für die die zugeordnete Stopzeit $\tau = \tau^\vartheta$ (vgl. (10)) einen Wert $\tau(\omega) \geqq n$ annimmt, entspricht $v_{n,\vartheta}(\mathfrak{s}_n)$ der Größe $v_n^\tau(\mathfrak{s}_n)$, $n \geqq 0$ (vgl. (17)), anderenfalls setzen wir $v_{n,\vartheta}(\mathfrak{s}_n) = 0$. In der Rekursionsformel

$$v_{n,\vartheta}(\mathfrak{s}_n) = \mathsf{E}_\vartheta(C_{n+1,\vartheta} \mid \mathfrak{S}_n = \mathfrak{s}_n) + \mathsf{E}_\vartheta(v_{n+1,\vartheta}(\mathfrak{S}_{n+1}) \mid \mathfrak{S}_n = \mathfrak{s}_n)\,,$$

$$\vartheta \in \Theta\,, \qquad \mathfrak{s}_n \in (\mathcal{S}^{n+1})_s^+\,, \qquad n \geqq 0\,, \tag{19}$$

(vgl. (1.3.1)) entspricht für ein solches $\mathfrak{s}_n = a_n\omega$ mit $\tau(\omega) = n$ den Schrittkosten $C_{n+1,\vartheta}$ der Ertrag G_n (vgl. (13), (2)), und es ist $v_{n+1,\vartheta} = 0$; für ein $\mathfrak{s}_n = a_n\omega$ mit $\tau(\omega) > n$ ist andererseits $C_{n+1,\vartheta} = 0$. Mit der der Stopzeit $\tau \in \mathfrak{M}_n$ zugeordneten Strategie $\vartheta^\tau = (\delta_n^\tau)_{n\geq 0}$ (vgl. (8)) und $h_n = h_n^{\vartheta^\tau}(\mathfrak{s}_n)$ folgt aus (1.3.2) für den Wert $v_n^\tau(\mathfrak{s}_n)$ ab n bezüglich dieser Stopzeit τ die Rekursionsformel

$$v_n^\tau(\mathfrak{s}_n) = \begin{cases} g_n(\mathfrak{s}_n)\,, & \delta_n^\tau(h_n) = 1\,, \\ \mathsf{E}_s(v_{n+1}^\tau(\mathfrak{S}_{n+1}) \mid \mathfrak{S}_n = \mathfrak{s}_n)\,, & \delta_n^\tau(h_n) = 0\,, \end{cases}$$

oder, in geschlossener Schreibweise

$$v_n^\tau(\mathfrak{s}_n) = \delta_n^\tau(h_n)\, g_n(\mathfrak{s}_n) + \big(1 - \delta_n^\tau(h_n)\big)\, \mathsf{E}_s\big(v_{n+1}^\tau(\mathfrak{S}_{n+1}) \mid \mathfrak{S}_n = \mathfrak{s}_n\big)\,,$$

$$\mathfrak{s}_n \in (\mathcal{S}^{n+1})_s^+\,, \qquad h_n = h_n^{\vartheta^\tau}(\mathfrak{s}_n)\,, \qquad n \geqq 0\,. \tag{20}$$

Nunmehr bezeichnen wir

$$v_n^*(\mathfrak{s}_n) := \sup_{\tau\in\mathfrak{M}_n} v_n^\tau(\mathfrak{s}_n)\,, \qquad \mathfrak{s}_n \in \mathcal{S}^{n+1}\,, \qquad n \geqq 0\,. \tag{21}$$

Die durch (21) definierte Funktion v_n^* heißt die (*reduzierte*) *optimale Wertfunktion*. (21) entspricht den minimalen mittleren Restkosten (1.2.1'). Die sich speziell für $n = 0$ in Abhängigkeit vom Anfangszustand $s \in \mathcal{S}$ ergebende Größe

$$v_0^*(s) := \sup_{\tau\in\mathfrak{M}} v_0^\tau(s)$$

wird *optimaler Wert* genannt.

Eine Stopzeit $\tau^* \in \mathfrak{M}_n$ heißt *optimal* in $\mathfrak{M}_n$, falls

$$v_n^{\tau^*}(\mathfrak{s}_n) = v_n^*(\mathfrak{s}_n) \tag{22}$$

für alle $\mathfrak{s}_n \in (\mathcal{S}^{n+1})_s^+$ gilt, $n \geqq 0$.

---

[1]) Der Wert $v_n^\tau(\mathfrak{s}_n)$ für eine bez. P_s unwesentliche Prozeßvergangenheit $\mathfrak{s}_n$ wird gemäß Vereinbarung gleich 0 gesetzt.

Allgemeiner heißt eine Stopzeit $\tau \in \mathfrak{M}_n$ *ε-optimal* in $\mathfrak{M}_n$, $\varepsilon \geqq 0$, falls für alle $\mathfrak{z}_n \in (\mathcal{S}^{n+1})_s^+$

$$v_n^\tau(\mathfrak{z}_n) \geqq v_n^*(\mathfrak{z}_n) - \varepsilon$$

gilt. Eine 0-optimale Stopzeit ist also optimal im Sinne von (22). Unter der Lösung eines Stopproblems werden wir im folgenden die Angabe des optimalen Wertes sowie einer in $\mathfrak{M}_n$ optimalen, ggf. auch für ein vorgegebenes $\varepsilon > 0$ einer in $\mathfrak{M}_n$ ε-optimalen Stopzeit verstehen.

Schließlich bezeichnen wir

$$V_n^* := \sup_{\tau \in \mathfrak{M}_n} \mathsf{E}_s(G_\tau \mid \mathfrak{S}_n)\,, \qquad n \geqq 0\,. \tag{23}$$

V_n^* stellt den optimalen Ertrag dar, der bei zufälliger n-Vergangenheit $\mathfrak{S}_n$ zu erwarten ist. Obwohl $\mathfrak{M}_n$ i. allg. eine überabzählbare Menge ist, erweist sich auf Grund der speziellen Voraussetzung eines abzählbaren Zustandsraumes die Größe V_n^* doch als eine meßbare Funktion auf Ω, d. h. als eine Zufallsgröße (vgl. Bemerkung A. 1.2.3). Überdies genügt es, die Supremumsbildung in (23) über eine abzählbare Teilmenge vorzunehmen (s. Beweis der Folgerung 1.2.5).

Für jedes ω mit $\mathfrak{z}_n = \mathfrak{S}_n(\omega) = \big(X_0(\omega), \dots, X_n(\omega)\big) \in (\mathcal{S}^{n+1})_s^+$ ergibt sich

$$v_n^*(\mathfrak{z}_n) = \sup_{\tau \in \mathfrak{M}_n} \mathsf{E}_s g_\tau(\mathfrak{z}_n, X_{n+1}, \dots, X_\tau) \tag{24}$$

$\big($vgl. (13), (15)$\big)$ als Realisierung $V_n^*(\omega)$ der Zufallsgröße V_n^* $\big($vgl. (23)$\big)$. V_n^* entspricht den zufälligen minimalen mittleren Restkosten (1.2.1). Wir bemerken noch, daß V_0^* eine Konstante ist.

5.2. Optimalität von Stopzeiten

5.2.1. Reaktionsfähigkeit von Stopzeiten

Der gesamte vorliegende Abschnitt hat die Herleitung einer Optimalitätsgleichung für das im vorigen Abschnitt beschriebene Stopproblem sowie die Angabe von Optimalitätskriterien für Stopzeiten zum Ziel. Dazu betrachten wir zunächst in diesem Unterabschnitt folgenden speziellen Sachverhalt.

5.2.1. Definition. Es sei $n \in T$. Eine Stopzeit $\tau \in \mathfrak{M}_n$ heißt *reaktionsfähig*[1]), wenn für alle $\omega \in \Omega$ mit $\mathfrak{z}_m = a_m\omega \in (\mathcal{S}^{m+1})_s^+$ und

$$\tau(\omega) > m$$

die Ungleichung

$$\mathsf{E}_s(G_\tau \mid \mathfrak{S}_m)\,(\omega) > G_m(\omega) \tag{1}$$

gilt, $m = n, n+1, \dots, s \in \mathcal{S}$.

5.2.2. Bemerkung. Im Falle einer reaktionsfähigen Stopzeit $\tau \in \mathfrak{M}_m$ folgt für alle $\omega \in \Omega$, deren Abschnitt $\mathfrak{z}_m = a_m\omega$ P_s-wesentlich ist und für die

$$\mathsf{E}_s g_\tau(\mathfrak{z}_m, X_{m+1}, \dots, X_\tau) \leqq g_m(\mathfrak{z}_m) \tag{2}$$

gilt, die Gleichung $\tau(\omega) = m$. Erbringt mithin eine wesentliche Prozeßvergangenheit zur Zeit m einen mindestens ebenso großen Ertrag gegenüber dem, den man beim

[1]) Diese Eigenschaft von Stopzeiten geht auf Chow/Robbins/Siegmund [1] zurück und wird dort "admissible" bezeichnet.

weiteren Fortführen des Prozesses erwarten würde, so stoppt eine reaktionsfähige Stopzeit zu dieser Zeit. Von Bedeutung ist hierbei lediglich der Fall der Gleichheit der beiden Seiten der Ungleichung (2), in dem es für die Zielstellung eigentlich belanglos ist, zu stoppen oder fortzusetzen. Eine reaktionsfähige Stopzeit fällt die letztere Entscheidung nicht.

Es sei $n \in \mathbb{N}$. Durch

$$\varrho(\tau) := \inf \{m : m \geqq n, \mathsf{E}_s(G_\tau \mid \mathfrak{S}_m) \leqq G_m\} \tag{3}$$

ordnen wir nun jeder Stopzeit $\tau \in \mathfrak{M}_n$ eine Stopzeit $\varrho(\tau)$ zu, von der sich erweisen wird, daß sie reaktionsfähig ist.

5.2.3. Satz (Chow/Robbins/Siegmund [1]). *Es sei $\tau \in \mathfrak{M}_n$. Dann gilt:*

a) $\varrho(\tau) \leqq \tau$,

b) $\varrho(\tau) \in \mathfrak{M}_n$,

c) $\mathsf{E}_s(G_{\varrho(\tau)} \mid \mathfrak{S}_n) \geqq \mathsf{E}_s(G_\tau \mid \mathfrak{S}_n)$, $s \in \mathscr{S}$,

d) $\varrho(\tau)$ *ist reaktionsfähig,*

e) $\varrho(\varrho(\tau)) = \varrho(\tau)$.

Beweis: a): Auf $\{\omega : \tau(\omega) = m\}$ ist $\mathsf{E}_s(G_\tau \mid \mathfrak{S}_m) = G_m$, da G_m auf dieser Menge $\mathfrak{F}_m$-meßbar ist, $m = n, n+1, \dots$. Aus (3) folgt somit aber $\varrho(\tau)(\omega) \leqq m$ auf dieser Menge. Da $m \in T$, $m \geqq n$, beliebig gewählt war, folgt a).

b): $\varrho(\tau) \geqq n$ erhält man unmittelbar aus (3). Wegen a) ist $\varrho(\tau)$ eigentlich, so daß b) gilt.

c): Weiterhin ist wegen (3)

$$\mathsf{E}_s(G_{\varrho(\tau)} \mid \mathfrak{S}_m) = \sum_{j=m}^{\infty} \mathsf{E}_s(G_j \mid \mathfrak{S}_m)\, \chi_{\{\varrho(\tau)=j\}}$$

$$\geqq \sum_{-j=m}^{\infty} \mathsf{E}_s(\mathsf{E}_s(G_\tau \mid \mathfrak{S}_j) \mid \mathfrak{S}_m)\, \chi_{\{\varrho(\tau)=j\}},$$

und nach den Rechenregeln mit bedingten Erwartungen ist

$$\mathsf{E}_s(G_{\varrho(\tau)} \mid \mathfrak{S}_m) \geqq \sum_{j=m}^{\infty} \mathsf{E}_s(G_\tau \mid \mathfrak{S}_m)\, \varrho_{\{\vartheta(\tau)=j\}} = \mathsf{E}_s(G_\tau \mid \mathfrak{S}_m), \tag{4}$$

$m = n, n+1, \dots$, so daß c) folgt.

d): Auf der Menge $\{\omega : \varrho(\tau)(\omega) > m\}$ ist nach (4) und (3)

$$\mathsf{E}_s(G_{\varrho(\tau)} \mid \mathfrak{S}_m) \geqq \mathsf{E}_s(G_\tau \mid \mathfrak{S}_m) > G_m,$$

und es gilt d), vgl. Definition 5.2.1.

e): Schließlich ist nach d)

$$\{\omega : \mathsf{E}_s(G_{\varrho(\tau)} \mid \mathfrak{S}_m)(\omega) \leqq G_m(\omega)\} \subset \{\omega : \varrho(\tau)(\omega) \leqq m\},$$

und damit gilt nach (3) und a)

$$\varrho(\varrho(\tau)) = \inf \{m \geqq n : \mathsf{E}_s(G_{\varrho(\tau)} \mid \mathfrak{S}_m) \leqq G_m\}$$

$$= \inf \{m \geqq n : \varrho(\tau) \leqq m\} = \varrho(\tau),$$

d. h. e). ∎

Wir bezeichnen nun $\mathfrak{M}'_n := \{\tau \in \mathfrak{M}_n : \tau \text{ ist reaktionsfähig}\}$, $\mathfrak{M}' := \mathfrak{M}'_0$. Stopzeiten aus $\mathfrak{M}'_n$ haben noch die folgende Eigenschaft:

5.2.4. Lemma. *Mit* $\tau_1, \tau_2 \in \mathfrak{M}'_n$ *ist auch* $\tau := \max\{\tau_1, \tau_2\} \in \mathfrak{M}'_n$, *und es gilt für jedes* $s \in \mathcal{S}$

$$\mathsf{E}_s(G_\tau \mid \mathfrak{S}_n) \geqq \max_{i=1,2} \mathsf{E}_s(G_{\tau_i} \mid \mathfrak{S}_n)\,, \qquad n \geqq 0\,, \qquad s \in \mathcal{S}\,. \tag{5}$$

Beweis: $\tau \in \mathfrak{M}_n$ ist offensichtlich erfüllt. Weiter gilt für $m \geqq n$

$$\mathsf{E}_s(G_\tau \mid \mathfrak{S}_m) = \sum_{j=m}^{\infty} \left(\mathsf{E}_s(G_\tau \mid \mathfrak{S}_m)\, \chi_{\{\tau_1=j,\tau_1<\tau\}} + \mathsf{E}_s\,(G_\tau \mid \mathfrak{S}_m)\chi_{\{\tau_1=j,\tau_1=\tau\}}\right)$$

$$= \sum_{j=m}^{\infty} \left(\mathsf{E}_s(G_{\tau_2} \mid \mathfrak{S}_m)\, \chi_{\{\tau_1=j,\tau_1<\tau\}} + \mathsf{E}_s(G_j \mid \mathfrak{S}_m)\, \chi_{\{\tau_1=j,\tau_1=\tau\}}\right)$$

$$= \sum_{j=m}^{\infty} \left(\mathsf{E}_s(\mathsf{E}_s(G_{\tau_2} \mid \mathfrak{S}_j) \mid \mathfrak{S}_m)\, \chi_{\{\tau_1=j,\tau_1<\tau\}} + \mathsf{E}_s(G_j \mid \mathfrak{S}_m)\, \chi_{\{\tau_1=j,\tau_1=\tau\}}\right).$$

Auf Grund der Reaktionsfähigkeit von τ_2 (vgl. (1)) gilt nunmehr

$$\mathsf{E}_s(G_\tau \mid \mathfrak{S}_m) \geqq \sum_{j=m}^{\infty} \left(\mathsf{E}_s(G_j \mid \mathfrak{S}_m)\, \chi_{\{\tau_1=j,\tau_1<\tau\}} + \mathsf{E}_s(G_j \mid \mathfrak{S}_m)\, \chi_{\{\tau_1=j,\tau_1=\tau\}}\right),$$

$$\mathsf{E}_s(G_\tau \mid \mathfrak{S}_m) \geqq \mathsf{E}_s(G_{\tau_1} \mid \mathfrak{S}_m) \tag{6}$$

und damit auch

$$\mathsf{E}_s(G_\tau \mid \mathfrak{S}_m) \geqq \mathsf{E}_s(G_{\tau_2} \mid \mathfrak{S}_m)\,, \tag{7}$$

so daß (5) folgt.

Schließlich tritt das Ereignis $\{\omega: \tau(\omega) > j\}$ genau dann ein, wenn eines der Ereignisse $\{\omega: \tau_i(\omega) > j\}$, $i = 1, 2$, eintritt, und somit erweist sich nach (6), (7) und Definition 5.2.1 auch τ als reaktionsfähig. ∎

5.2.5. Behauptung. *Ist* M' *in der Menge* N *der zulässigen Stopzeiten enthalten, d.h., gilt* $\Theta' \subset \Theta$ *für die zugeordneten Strategienmengen, so besitzt* Θ *die Eigenschaft der Vollständigkeit bez. paarweiser Dominierbarkeit (vgl. Definition* 1.2.4.a)); *im Hinblick auf die vorliegende Aufgabenstellung ist dabei die Relation* $\leqq$ *durch* $\geqq$ *und* min *durch* max *zu ersetzen.*

Beweis: Es seien $n \in T$, $\vartheta \in \Theta'$ und $\mathfrak{s}_n \in (\mathcal{S}^{n+1})^+(\vartheta)$, vgl. 1.1.3, vorgegeben. Es ist dann für je zwei Strategien $\vartheta_1, \vartheta_2 \in \Theta_n(\vartheta)$ (vgl. Bezeichnung 1.2.3.b)) die Existenz einer Strategie $\vartheta' \in \Theta_n(\vartheta)$ mit

$$v_{n+1,\vartheta'}(\mathfrak{s}_n, s') \geqq \max\{v_{n+1,\vartheta_1}(\mathfrak{s}_n, s'), v_{n+1,\vartheta_2}(\mathfrak{s}_n, s')\}$$

für alle $s' \in \mathcal{S}$ mit $p_{n+1,\vartheta}(s' \mid \mathfrak{s}_n) > 0$ zu zeigen. Offenbar genügt es, daß man sich dabei auf solche $\mathfrak{s}_n$ und ϑ beschränkt, bez. derer bis zur Zeit n noch keine Stopentscheidung gefällt wurde. Für die den Strategien ϑ_i zugeordneten Stopzeiten $\tau_i := \tau^{\vartheta_i}$ gilt dann nach Voraussetzung $\tau_i \in \mathfrak{M}'_{n+1}$, $i = 1, 2$, und wegen

$$v_{n+1,\vartheta_i}(\mathfrak{s}_{n+1}) = v^{\tau_i}_{n+1}(\mathfrak{s}_{n+1}) = \mathsf{E}_s(G_{\tau_i} \mid \mathfrak{S}_{n+1} = \mathfrak{s}_{n+1})$$

(vgl. (5.1.17)), $i = 1, 2$, $\mathfrak{s}_{n+1} = (\mathfrak{s}_n, s')$, folgt nach Lemma 5.2.4 die Behauptung; es ist dabei eine — offensichtlich existierende — Strategie ϑ' mit $\tau_{\vartheta'} = \tau$ zu wählen. ∎

5.2.2. Optimalitätsgleichung und Optimalitätskriterien

Nach den Vorbetrachtungen sind wir nun in der Lage, für das Stopsystem StS: $(N, \mathcal{S}, \mathfrak{p}, \mathfrak{g}, \mathfrak{M})$ (vgl. (1.1)) eine *Optimalitätsgleichung* aufzustellen.

5.2.6. Satz. *Für den optimalen Ertrag*

$$V_n^* = \sup_{\tau \in \mathfrak{M}_n} \mathsf{E}_s(G_\tau \mid \mathfrak{S}_n), \tag{8}$$

der bei zufälliger n-Vergangenheit $\mathfrak{S}_n$ *zu erwarten ist* (vgl. (5.1.23)), *gilt die bellmansche Optimalitätsgleichung*

$$V_n^* = \max \{G_n, \mathsf{E}_s(V_{n+1}^* \mid \mathfrak{S}_n)\}, \tag{9}$$

für jedes $\mathfrak{z}_n \in (\mathcal{S}^{n+1})_s^+$ *mithin*

$$v_n^*(\mathfrak{z}_n) = \max \{g_n(\mathfrak{z}_n), \sum_{s' \in \mathcal{S}} p_{n+1}(s' \mid \mathfrak{z}_n)\, v_{n+1}^*(\mathfrak{z}_n, s')\}, \qquad n \geqq 0. \tag{9'}$$

Für $N < \infty$ *gilt überdies*

$$V_N^* = G_N, \tag{10}$$

für jedes $\mathfrak{z}_N \in (\mathcal{S}^{N+1})_s^+$ *mithin*

$$v_N^*(\mathfrak{z}_N) = g_N(\mathfrak{z}_N). \tag{10'}$$

Beweis: Wegen Bemerkung 5.2.2 können wir uns offenbar bei der Betrachtung von (8) auf die Teilmenge $\mathfrak{M}_0' \supset \mathfrak{M}_0$ beschränken. Nach Behauptung 5.2.5 ist die Menge Θ' von Strategien des in Abschnitt 5.1 betrachteten DS, deren zugeordnete Stopzeiten die Menge $\mathfrak{M}_0'$ bilden, vollständig bez. paarweiser Dominierbarkeit, und wegen

$$\big(\mathsf{E}_s(G_\tau \mid \mathfrak{S}_n)\big)^- \leqq \mathsf{E}_s(G_\tau^- \mid \mathfrak{S}_n) < \infty \quad \text{für} \quad \tau \in \mathfrak{M}_n' \subset \mathfrak{M}_0'$$

gilt sinngemäß (im Hinblick auf die hier vorliegende Maximierung) die in den Voraussetzungen von Satz 1.4.1. angegebene Bedingung (V). Nach Satz 1.4.1 gilt die Optimalitätsgleichung

$$v_{\vartheta|n}^*(\mathfrak{z}_n) = \sup_{\eta \in \Theta_{n-1}(\vartheta)} \sum_{s' \in \mathcal{S}} p_{n+1,\eta}(s' \mid \mathfrak{z}_n) \big(c_{n+1,\eta}(\mathfrak{z}_n, s') + v_{\eta|n+1}^*(\mathfrak{z}_n, s')\big)$$

für jede zulässige Strategie $\vartheta \in \Theta$, für die speziell $\Theta_{n-1}(\vartheta) = \Theta_{n-1}(\bar{\vartheta})$ ist (vgl. Bezeichnung 1.2.3.b)), wobei $\bar{\vartheta}$ die nichtstoppende Strategie bedeutet. Nun ist die Entscheidungsfunktion δ_n einer jeden Strategie $\eta \in \Theta_{n-1}(\vartheta)$ nur der beiden Werte $d = 1$ (Stopentscheidung) und $d = 0$ (Nicht-Stopentscheidung) fähig, und $\sup_{\eta \in \Theta_{n-1}(\vartheta)}$ reduziert sich zu einer Maximierung über zwei Terme. Für $d = 1$ ist schließlich

$$p_{n+1,\eta}(s' \mid \mathfrak{z}_n) = \delta_{s's_n}$$

mit $\mathfrak{z}_n = (s_0, \dots, s_n)$ (vgl. (5.1.5)), $c_{n+1,\eta}(\mathfrak{z}_n, s') = g_n(\mathfrak{z}_n)$ (vgl. (5.1.2)) und $v_{\eta|n+1}^*(\mathfrak{z}_n, s') = 0$, währenddessen für $d = 0$ $c_{n+1,\eta}(\mathfrak{z}_n, s') = 0$ ist, so daß (9), (9′) folgen. (10), (10′) sind trivialerweise erfüllt. ▮

5.2.7. Bemerkung. Für $n = 0$ ergibt sich der bez. $\mathfrak{M}$ optimale Wert des Stopproblems zu $V^* := V_0^*$ mit der bez. P_s einzigen wesentlichen Realisierung $v^*(s) := v_0^*(\mathfrak{z}_0)$, $\mathfrak{z}_0 = (s)$ (vgl. die Ausführungen am Ende des Abschnitts 5.1), die — in Abhängigkeit vom Anfangszustand $s \in \mathcal{S}$ — die optimale Wertfunktion v^* darstellt. Wir definieren nun für ein $n \in T$ die Stopzeit

$$\hat{\tau}_n := \inf \{k \geqq n : V_k^* = G_k\}, \qquad n \geqq 0, \qquad \hat{\tau} := \hat{\tau}_0, \tag{11}$$

deren Realisierungen sich für jede wesentliche Prozeßrealisierung ω mit $\mathfrak{z}_k = a_k\omega$, $k = n, n+1, \dots$, zu

$$\hat{\tau}_n(\omega) = \inf \{k \geqq n : v_k^*(\mathfrak{z}_k) = g_k(\mathfrak{z}_k)\} \tag{11'}$$

ergeben. Aus der Definition von $v_k^*(\mathfrak{z}_k)$ (vgl. 5.1.21) sowie (9), (9′) ist zu erwarten, daß zwischen $\hat{\tau}_n$ und einer in $\mathfrak{M}_n$ optimalen Stopzeit τ_n^* ein enger Zusammenhang besteht.

5.2.8. Satz. *Im Falle $N < \infty$ ist $\hat{\tau}_n$ optimal in $\mathfrak{M}_n$, d. h., es gilt*

$$\mathsf{E}_s(G_{\hat{\tau}_n} \mid \mathfrak{S}_n) = V_n^* . \tag{12}$$

Ein Beweis hierfür kann durch Spezialisierung der dynamischen Optimierung für das DS vorgenommen werden (vgl. Abschnitt 1.6.2). Für den vorliegenden Spezialfall kann er aber unschwer auch unmittelbar mit vollständiger Induktion geführt werden. Für $n = N$ ist $\mathfrak{M}_n^N = \{\tau\}$ mit $\tau(\omega) = N$ für alle $\omega \in \Omega$, und nach Definition von V_n^* und (10) gilt (12) trivialerweise. Angenommen, (12) gelte für $n + 1 \leqq N$. Auf $\{\omega \colon \hat{\tau}_n(\omega) > n\}$ ist dann aber $\hat{\tau}_n = \hat{\tau}_{n+1}$ sowie $V_n^* > G_n$ (vgl. (11)), nach (9) mithin

$$V_n^* = \mathsf{E}_s(V_{n+1}^* \mid \mathfrak{S}_n) \tag{13}$$

und

$$\begin{aligned}
\mathsf{E}_s(G_{\hat{\tau}_n} \mid \mathfrak{S}_n) &= \mathsf{E}_s(G_{\hat{\tau}_n} \mid \mathfrak{S}_n)\, \chi_{\{\hat{\tau}_n = n\}} + \mathsf{E}_s(G_{\hat{\tau}_n} \mid \mathfrak{S}_n)\, \chi_{\{\hat{\tau}_n > n\}} \\
&= \mathsf{E}_s(G_n \mid \mathfrak{S}_n)\, \chi_{\{\hat{\tau}_n = n\}} + \mathsf{E}_s(G_{\hat{\tau}_{n+1}} \mid \mathfrak{S}_n)\, \chi_{\{\hat{\tau}_n > n\}} \\
&= G_n \chi_{\{\hat{\tau}_n = n\}} + \mathsf{E}_s(\mathsf{E}_s(G_{\hat{\tau}_{n+1}} \mid \mathfrak{S}_{n+1}) \mid \mathfrak{S}_n)\, \chi_{\{\hat{\tau}_n > n\}} .
\end{aligned}$$

Nach (11), der Induktionsannahme und (13) ist schließlich

$$\begin{aligned}
\mathsf{E}_s(G_{\hat{\tau}_n} \mid \mathfrak{S}_n) &= V_n^* \chi_{\{\hat{\tau}_n = n\}} + \mathsf{E}_s(V_{n+1}^* \mid \mathfrak{S}_n)\, \chi_{\{\hat{\tau}_n > n\}} \\
&= V_n^* \chi_{\{\hat{\tau}_n = n\}} + V_n^* \chi_{\{\hat{\tau}_n > n\}} = V_n^* . \blacksquare
\end{aligned}$$

5.2.9. Bemerkung. Die beiden folgenden Beispiele zeigen, daß im Fall $N = \infty$ die in (11) definierte Stopzeit $\hat{\tau}$ nicht zu $\mathfrak{M}$ zu gehören bzw. nicht optimal in $\mathfrak{M}$ zu sein braucht.

5.2.10. Beispiel (SCHIRJAJEW [3]). Seien $\mathscr{S} = \mathbb{N}_0 := \{0, 1, \ldots\}$

$$\mathfrak{s}_n = (s_0, \ldots, s_n) = a_n \omega , \qquad p_{n+1}(s' \mid \mathfrak{s}_n) = \delta_{s', s_n + 1}$$

(deterministische Bewegung um Eins nach rechts), $g_n(\mathfrak{s}_n) := g(s_n)$ $n \geqq 0$ mit $g(s') \geqq 0$ $g(s') < g(s'')$, $s', s'' \in \mathscr{S}$, $s' < s''$, $\lim\limits_{s' \to \infty} g(s') = K < \infty$. Offenbar hängt $v_k^*(\mathfrak{s}_k)$ nicht von k ufnd bez. des Argumentes $\mathfrak{s}_k$ nur von der letzten Komponente s_k ab. Wir schreiben vereinₖachend $v_k^*(\mathfrak{s}_k) =: v^*(s_k)$. Es gilt $v^*(s_k) = K$, jedoch ist $\tau(\omega) = \inf\{k \colon v^*(s_k) = g(s)\} = \infty$, also ist $\hat{\tau} \notin \mathfrak{M}$. Eine in $\mathfrak{M}$ optimale Stopzeit existiert für dieses Stopproblem offensichtlich nicht.

5.2.11. Beispiel (SCHIRJAJEW [3]). Seien $\mathscr{S}$ und $\mathfrak{s}_n$ wie in Beispiel 5.2.10,

$$p_{n+1}(s' \mid \mathfrak{s}_n) = \begin{cases} \frac{1}{2} , & s_n \neq 0 \wedge (s' = s_n - 1 \vee s' = s_n + 1) , \\ 1 , & s_n = 0 \wedge s' = 0 , \\ 0 & \text{sonst} \end{cases}$$

(symmetrische Irrfahrt auf $\mathscr{S}$ mit absorbierendem Zustand 0), $g_n(\mathfrak{s}_n) := g(s_n)$, $n \geqq 0$ mit $g(s) := \max\{1, s\}$, $s \in \mathscr{S}$. Auch hier hängt $v_k^*(\mathfrak{s}_k)$ nicht von k und bez. des Argumentes $\mathfrak{s}_k = (s_0, s_1, \ldots, s_k)$ nur von der letzten Komponente s_k ab; wir setzen $v_k^*(\mathfrak{s}_k) =: v^*(s_k)$. Für $s \in \mathscr{S}$ bezeichnen wir ferner mit τ_s die Stopzeit, die konstant gleich s ist. Bei Start in $s = 0$ ist $g(s) = v^*(s) = 1$. Wird in einem Zustand $s > 0$ gestartet, so erfolgt bei dieser Irrfahrt vor dem Zeitpunkt s keine Absorption, und es gilt offensichtlich $\mathsf{E}_s X_s = s$ sowie $\mathsf{P}_s(X_s = 0) = (\frac{1}{2})^s$. Dann ist

$$\begin{aligned}
v^*(s) &= \sup_{\tau \in \mathfrak{M}} \mathsf{E}_s g_\tau(s, X_1, \ldots, X_\tau) = \mathsf{E}_s g_{\tau_s}(s, X_1, \ldots, X_{\tau_s}) \\
&= \mathsf{E}_s g(X_s) = \mathsf{E}_s X_s + 1 \cdot \mathsf{P}_s(X_s = 0) = s + (\tfrac{1}{2})^s > s = g(s) .
\end{aligned}$$

Mit $\mathfrak{s}_k = a_k\omega$, $\mathfrak{s}_k = (s_0, \dots, s_k)$, $s_0 = s$ ist folglich

$$\hat{\tau}(\omega) = \inf\{k : v^*(s_k) = g(s_k)\} = \inf\{k : s_k = 0\},$$

aber

$$\mathsf{E}_s g_{\hat{\tau}}(s, X_1, \dots, X_{\hat{\tau}}) = g(0) = 1 < v^*(s), \quad s > 0, \tag{14}$$

d. h., $\hat{\tau}$ ist nicht optimal in $\mathfrak{M}$.

Als nicht schlechtere Stopzeit erweist sich sogar $\tau = 0$ (Stoppen im Anfangszustand) mit dem Ertrag $g(s) = \max\{1, s\}$.

Die in 5.2.1 eingeführte Eigenschaft der Reaktionsfähigkeit wird sich aber als hinreichend für die Optimalität von $\hat{\tau}$ erweisen.

5.2.12. Satz. *Ist $\hat{\tau}$ reaktionsfähig (gilt also $\hat{\tau} \in \mathfrak{M}'$), so ist $\hat{\tau}$ optimal in $\mathfrak{M}$.*

Beweis: Auf Grund der Definition von $\hat{\tau}$ (vgl. (11)) ist

$$V_n^* = G_n \quad \text{auf} \quad \{\omega : \hat{\tau}(\omega) = n\}. \tag{15}$$

Für eine beliebige Stopzeit $\tau \in \mathfrak{M}$ gilt hingegen

$$\mathsf{E}_s(G_\tau \mid \mathfrak{S}_n) \leqq V_n^* \quad \text{auf} \quad \{\omega : \tau(\omega) \geqq n\}. \tag{16}$$

Nach Voraussetzung erhalten wir aus Definition 5.2.1

$$\mathsf{E}_s(G_{\hat{\tau}} \mid \mathfrak{S}_n) > G_n \quad \text{auf} \quad \{\omega : \hat{\tau}(\omega) > n\}, \tag{17}$$

und es ist wegen (15), (16), (17) und unter Berücksichtigung von Rechenregeln für bedingte Erwartungen (man beachte insbesondere, daß die Ereignisse $\{\omega : \tau(\omega) = n, \tau(\omega) < \hat{\tau}(\omega)\}$ und $\{\omega : \hat{\tau}(\omega) = n, \hat{\tau}(\omega) \leqq \tau(\omega)\}$ $\mathfrak{F}_n$-meßbar sind)

$$\begin{aligned}
\mathsf{E}_s G_{\hat{\tau}} &= \mathsf{E}_s G_{\hat{\tau}} \chi_{\{\hat{\tau} \leqq \tau\}} + \mathsf{E}_s G_{\hat{\tau}} \chi_{\{\tau < \hat{\tau}\}} \\
&= \sum_{n=0}^{\infty} \mathsf{E}_s G_n \chi_{\{\hat{\tau}=n, \hat{\tau} \leqq \tau\}} + \sum_{n=0}^{\infty} \mathsf{E}_s G_{\hat{\tau}} \chi_{\{\tau<n, \tau<\hat{\tau}\}} \\
&= \sum_{n=0}^{\infty} \mathsf{E}_s V_n^* \chi_{\{\hat{\tau}=n, \hat{\tau} \leqq \tau\}} + \sum_{n=0}^{\infty} \mathsf{E}_s\big(\mathsf{E}_s(G_{\hat{\tau}} \mid \mathfrak{S}_n)\, \chi_{\{\tau=n, \tau<\hat{\tau}\}}\big) \\
&\geqq \sum_{n=0}^{\infty} \mathsf{E}_s\big(\mathsf{E}_s(G_\tau \mid \mathfrak{S}_n)\, \chi_{\{\hat{\tau}=n, \hat{\tau} \leqq \tau\}}\big) + \sum_{n=0}^{\infty} \mathsf{E}_s G_n \chi_{\{\tau=n, \tau<\hat{\tau}\}} \\
&= \sum_{n=0}^{\infty} \mathsf{E}_s G_\tau \chi_{\{\hat{\tau}=n, \hat{\tau} \leqq \tau\}} + \sum_{n=0}^{\infty} \mathsf{E}_s G_n \chi_{\{\tau=n, \tau<\hat{\tau}\}} \\
&= \mathsf{E}_s G_\tau \chi_{\{\hat{\tau} \leqq \tau\}} + \mathsf{E}_s G_\tau \chi_{\{\tau<\hat{\tau}\}} = \mathsf{E}_s G_\tau . \blacksquare
\end{aligned}$$

5.2.13. Bemerkung. Nach Satz 5.2.12 kann die in Beispiel 5.2.11 angegebene Stopzeit $\hat{\tau}$ nicht reaktionsfähig sein. Tatsächlich gibt es bei Start in $s \neq 0$ wesentliche Prozeßvergangenheiten $\mathfrak{s}_m = (s_0, \dots, s_m) = a_m\omega$, $s_0 = s$, mit $s_m = 1$ und $s_k \neq 0$, $k = 0, \dots, m-1$. Für diese ist $g(s_m) = 1$, aber auch

$$\mathsf{E}_s g_{\hat{\tau}}(\mathfrak{s}_m, X_{m+1}, \dots, X_{\hat{\tau}}) = 1$$

nach (14), hingegen gilt $\hat{\tau}(\omega) > m$ nach Definition von $\hat{\tau}$.

5.2.3. Approximation durch endlichstufige Probleme

Die numerische Berechnung des optimalen Werts $v_0^*(s)$ eines Stopproblems aus der Optimalitätsgleichung (9) — sowie darüber hinaus die Angabe einer optimalen Stopzeit — gelingt zumeist nur für $N < \infty$. In diesem Fall bildet die bellmansche rückschreitende Iteration (vgl. Abschnitt 1.6.2) ein prinzipielles Vorgehen: Ausgehend von (10') gewinnt man nach (9') sukzessive $v_n^*(\mathfrak{s}_n)$, $n = N,\ N-1, \dots, 1, 0$, insbesondere also $v_0^*(s)$.

Es liegt nahe zu versuchen, den Fall $N = \infty$ durch Grenzübergang bez. einer Folge von Stopsystemen mit $N < \infty$ zu behandeln, die ansonsten in allen weiteren Bestimmungsstücken übereinstimmen. Äquivalent dazu ist die Betrachtung des vorliegenden Stopsystems mit $N = \infty$, wobei jedoch nunmehr das Optimum des erwarteten Ertrags bezüglich der eingeschränkten Klassen $\mathfrak{M}_n^N$, $N = n, n+1, \dots$ (vgl. (5.1.15)) von Stopzeiten zu suchen ist. Zu diesem Zwecke bezeichnen wir analog zu (5.1.23), (5.1.24) für $N < \infty$

$$V_n^{N*} := \sup_{\tau \in \mathfrak{M}_n^N} \mathsf{E}_s(G_\tau \mid \mathfrak{S}_n) \tag{18}$$

mit den Realisierungen

$$v_n^{N*}(\mathfrak{s}_n) := \sup_{\tau \in \mathfrak{M}_n^N} \mathsf{E}_s g(\mathfrak{s}_n, X_{n+1}, \dots, X_\tau), \tag{18'}$$

$$\mathfrak{s}_n \in (\mathcal{S}^{n+1})_s^+, \qquad n = 0, 1, \dots, N.$$

Wir bemerken zunächst, daß für diese Größen die Optimalitätsgleichung

$$V_n^{N*} = \max\{G_n, \mathsf{E}_s(V_{n+1}^{N*} \mid \mathfrak{S}_n)\}, \tag{19}$$

entsprechend realisierungsweise,

$$v_n^{N*}(\mathfrak{s}_n) = \max\{g_n(\mathfrak{s}_n), \sum_{s' \in \mathcal{S}} p_{n+1}(s' \mid \mathfrak{s}_n)\, v_{n+1}^{N*}(\mathfrak{s}_n, s')\}, \tag{19'}$$

$$\mathfrak{s}_n \in (\mathcal{S}^{n+1})_s^+, \qquad n = 0, 1, \dots, N-1,$$

sowie die Gleichung

$$V_N^{N*} = G_N, \tag{20}$$

entsprechend realisierungsweise

$$v_N^{N*}(\mathfrak{s}_N) = g_N(\mathfrak{s}_N), \qquad \mathfrak{s}_N \in (\mathcal{S}^{N+1})_s^+, \tag{20'}$$

erfüllt sind (vgl. (9), (9'), (10), (10')).
Wegen $\mathfrak{M}_n^N \subset \mathfrak{M}_n^{N+1}$, $\mathfrak{M}_n^N \subset \mathfrak{M}_n$ gelten die Ungleichungen

$$V_n^{N*} \leqq V_n^{(N+1)*}, \qquad V_n^{N*} \leqq V_n^* \qquad \mathsf{P}_s\text{-f.s.},$$

entsprechend realisierungsweise

$$v_n^{N*}(\mathfrak{s}_n) \leqq v_n^{(N+1)*}(\mathfrak{s}_n), \qquad v_n^{N*}(\mathfrak{s}_n) \leqq v_n^*(\mathfrak{s}_n),$$

$$\mathfrak{s}_n \in (\mathcal{S}^{n+1})_s^+, \qquad n = 0, 1, \dots, N,$$

so daß der Grenzwert

$$V_n'^* := \lim_{N \to \infty} V_n^{N*} \qquad \mathsf{P}_s\text{-f.s.}, \tag{21}$$

entsprechend realisierungsweise

$$v_n'^*(\mathfrak{s}_n) := \lim_{N \to \infty} v_n^{N*}(\mathfrak{s}_n), \qquad \mathfrak{s}_n \in (\mathcal{S}^{n+1})_s^+, \qquad n \geqq 0, \tag{21'}$$

existiert. Dabei gilt $-\infty < V_n'^* \leqq \infty$ P_s-f.s. bzw.

$$-\infty < v_n'^*(\mathfrak{s}_n) \leqq \infty, \qquad \mathfrak{s}_n \in (\mathcal{S}^{n+1})_s^+, \qquad n \geqq 0,$$

sowie

$$V_n'^* \leqq V_n^* \quad \mathsf{P}\text{-f.s.} \tag{22}$$

bzw.

$$v_n'^*(\mathfrak{s}_n) \leqq v_n^*(\mathfrak{s}_n), \quad \mathfrak{s}_n \in (\mathcal{S}^{n+1})_s^+, \quad n \geqq 0. \tag{22'}$$

Nach dem Satz von Lebesgue über die monotone Konvergenz lassen sich Grenzübergang $N \to \infty$ und Erwartungswertbildung bez. P_s vertauschen, so daß $V_n'^*$ der Gleichung

$$V_n'^* = \max\{G_n, \mathsf{E}_s(V_{n+1}'^* \mid \mathfrak{S}_n)\}, \quad n \geqq 0, \tag{23}$$

d. h. der Optimalitätsgleichung des betrachteten Stopsystems mit unendlichem Zeitbereich genügt (vgl. (9), (19)).

Im allgemeinen kann jedoch $V_n'^* = V_n^*$ nicht gefolgert werden, wie das folgende Beispiel zeigt.

5.2.14. Beispiel (Chow/Robbins/Siegmund [1]). Sei $\mathcal{S} = \{\dots, -1, 0, 1, \dots\}$,

$$\mathfrak{s}_n = (s_0, \dots, s_n),\ s_0 = s,$$

$$p_{n+1}(s' \mid \mathfrak{s}_n) = \begin{cases} \frac{1}{2} & \text{für } s' = s_n - 1 \text{ oder } s' = s_n + 1, \\ 0 & \text{sonst} \end{cases}$$

(symmetrische Irrfahrt auf $\mathcal{S}$ ohne Absorption), $g_n(\mathfrak{s}_n) = s_n$. Offenbar ist $\mathsf{E}_s(X_{n+1} \mid \mathfrak{S}_n) = \frac{1}{2}(X_n + 1) + \frac{1}{2}(X_n - 1) = X_n$, somit bildet $(X_n)_{n \geqq 0}$ ein Martingal bez. $\mathfrak{F}_n$. Nach einem Satz über Martingale (vgl. Folgerung A. 2.6.5) gilt dann auch $\mathsf{E}_s(X_\tau \mid \mathfrak{S}_n) = X_n$ für jedes $\tau \in \mathfrak{M}_n^N$, $N \in \mathbb{N}$, also gilt $\mathsf{E}_s(G_\tau \mid \mathfrak{S}_n) = G_n$, $n \geqq 0$. Dann ist aber auch $V_n^{N*} = G_n$, $N \in \mathbb{N}$, und $V_n'^* = G_n$, $n \geqq 0$. Da hingegen der Prozeß $(X_n)_{n \geqq 0}$, P_s-f.s. in jeden Zustand $s' \in \mathcal{S}$ gelangt, ist z.B. $\tau^{(s')} = \inf\{k \geqq n : X_k = s'\}$ eine Stopzeit aus $\mathfrak{M}_n$. Für jedes $s' \in \mathcal{S}$ gilt dann aber $V_n^* = \sup_{\tau \in \mathfrak{M}_n} \mathsf{E}_s(G_\tau \mid \mathfrak{S}_n) \geqq \mathsf{E}_s(G_{\tau^{(s')}} \mid \mathfrak{S}_n) = s'$, und es ist $V_n^* = \infty > V_n'^*$.

Wir geben nun einige hinreichende Bedingungen an, unter denen jeweils $V_n'^* = V_n^*$ gültig und somit der optimale Ertrag V_n^* des Stopsystems mit unendlichem Zeitbereich als Limes $V_n'^*$ einer Folge optimaler Erträge V_n^{N*}, $N = n, n+1, \dots$, von Stopsystemen mit endlichem Zeitbereich approximierbar ist. Eine wesentliche Rolle spielt dabei der Begriff der gleichmäßigen P_s-Integrierbarkeit, vgl. A. 1.3.20.

5.2.15. Satz (Chow/Robbins/Siegmund [1]). *Ist die Folge $(V_n'^{*-}\chi_{\{\tau > n\}})_{n \geqq 0}$ für jede Stopzeit $\tau \in \mathfrak{M}$ gleichmäßig P_s-integrierbar, so gilt $V_n'^* = V_n^*$, $n \geqq 0$.*

Beweis: Aus der Optimalitätsgleichung (23) folgen die Ungleichungen

$$V_n'^* \geqq \mathsf{E}_s(V_{n+1}'^* \mid \mathfrak{S}_n), \tag{24}$$

$$V_n'^* \geqq G_n, \quad n \geqq 0. \tag{25}$$

$(V_n'^*)_{n \geqq 0}$ ist mithin ein Supermartingal bez. $(\mathfrak{F}_n)_{n \geqq 0}$, das $(G_n)_{n \geqq 0}$ majorisiert. Wegen der gleichmäßigen P_s-Integrierbarkeit ist dieses sogar regulär (vgl. Satz A. 2.6.7), und es gilt also

$$V_n'^* \geqq \mathsf{E}_s(V_\tau'^* \mid \mathfrak{S}_n), \quad \tau \in \mathfrak{M}_n,$$

mit (25)

$$V_n'^* \geqq \mathsf{E}_s(G_\tau \mid \mathfrak{S}_n), \quad \tau \in \mathfrak{M}_n,$$

so daß nach (5.1.23)

$$V_n'^* \geqq \sup_{\tau \in \mathfrak{M}_n} \mathsf{E}_s(G_\tau \mid \mathfrak{S}_n) = V_n^*,$$

wegen (22) also

$$V_n'^* = V_n^*$$

folgt. ∎

5.2.16. Bemerkung. Die Voraussetzung von Satz 5.2.15 ist zumeist schwer nachprüfbar. Aus (25) folgt jedoch $V_n'^{*-} \leqq G_n^-$, $n \geqq 0$, und eine einfacher feststellbare hinreichende Bedingung für die Gültigkeit von Satz 5.2.15 ist die gleichmäßige P_s-Integrierbarkeit der Folge $(G_n^- \chi_{\{\tau > n\}})_{n \geqq 0}$ für jede Stopzeit $\tau \in \mathfrak{M}$. Dafür wiederum genügt die gleichmäßige P_s-Integrierbarkeit von $(G_n^-)_{n \geqq 0}$ selbst.

In vielen praktischen Fällen ergibt sich der beim Stoppen erzielte Ertrag aus einem Gewinn, vermindert um gewisse Beobachtungskosten, die nichtnegativ und nichtfallend in n sind. In diesem Zusammenhang ist der folgende Satz von Interesse.

5.2.17. Satz (Chow/Robbins/Siegmund [1]). *Für den Ertrag G_n liege eine Zerlegung $G_n = G_n^{(1)} - G_n^{(2)}$ vor, $n \geqq 0$. Dabei sei die Folge $(G_n^{(1)-})_{n \geqq 0}$ gleichmäßig P_s-integrierbar, und es habe $(G_n^{(2)})_{n \geqq 0}$ eine nichtnegative, monoton nichtfallende Majorante $(Z_n)_{n \geqq 0}$ mit $\mathsf{E}_s Z_\tau < \infty$ für alle $\tau \in \mathfrak{M}$. Dann gilt*

$$V_n'^* = V_n^*, \qquad n \geqq 0.$$

Beweis: Es ist $G_n^- \leqq G_n^{(1)-} + G_n^{(2)+} \leqq G_n^{(1)-} + Z_n$ und

$$G_n^- \chi_{\{\tau > n\}} \leqq G_n^{(1)-} \chi_{\{\tau > n\}} + Z_n \chi_{\{\tau > n\}}.$$

Unter Beachtung der Monotonie von (Z_n) gilt weiter

$$G_n^- \chi_{\{\tau > n\}} \leqq G_n^{(1)-} \chi_{\{\tau > n\}} + Z_\tau \chi_{\{\tau > n\}},$$

so daß die Folge $(G_n^- \chi_{\{\tau < n\}})$, $\tau \in \mathfrak{M}$, eine gleichmäßig P_s-integrierbare Majorante besitzt, mithin selbst gleichmäßig P_s-integrierbar ist. Aus den Feststellungen in Bemerkung 5.2.16 folgt dann die Behauptung. ∎

5.2.4. Supermartingalcharakterisierung der optimalen Wertfunktion

Der Beweis von Satz 5.2.15 läßt bereits eine gewisse Charakterisierung der optimalen Wertfunktion als Supermartingal erkennen. Eine vollständige Charakterisierung wird nunmehr gegeben durch

5.2.18. Satz (Chow/Robbins/Siegmund [1])

a) $(V_n'^*)$ *ist das kleinste,*

b) (V_n^*) *ist das kleinste reguläre Supermartingal bez.* $(\mathfrak{F}_n)_{n \geqq 0}$, *das* $(G_n)_{n \geqq 0}$ *majorisiert.*

Beweis: a): Nach (24), (25) ist $(V_n'^*)$ ein Supermartingal, das (G_n) majorisiert. Sei (B_n) ebenfalls ein (G_n) majorisierendes Supermartingal. Wir betrachten jetzt ein Stopsystem mit $N < \infty$, dessen Bestimmungsstücke ansonsten aber denen des betrachteten Stopsystems mit $N = \infty$ entsprechen. Nach (20) gilt $G_N = V_N^{N*}$ und somit $B_N \geqq V_N^{N*}$. Angenommen, es sei $B_{n+1} \geqq V_{n+1}^{N*}$ für ein $n < N$ bereits gezeigt. Dann gilt $B_n \geqq \mathsf{E}_s(B_{n+1} \mid \mathfrak{S}_n) \geqq \mathsf{E}_s(V_{n+1}^{N*} \mid \mathfrak{S}_n)$, wegen $B_n \geqq G_n$ und (19) also auch $B_n \geqq V_n^{N*}$. Mittels Induktion folgt dann die Gültigkeit von $B_n \geqq V_n^{N*}$ für alle $n = 0, 1, \ldots, N$. Durch Grenzübergang $(N \to \infty)$ erhalten wir schließlich $B_n \geqq V_n'^*$, d. h. a).

b): Nach (9) ist weiterhin (V_n^*) ein Supermartingal, das (G_n) majorisiert. Sei (B_n) ein reguläres, (G_n) majorisierendes Supermartingal. Dann gilt nach Definition A. 2.6.6 $B_n \geqq \mathsf{E}_s(B_\tau \mid \mathfrak{S}_n) \geqq \mathsf{E}_s(G_\tau \mid \mathfrak{S}_n)$, $\tau \in \mathfrak{M}_n$, und damit $B_n \geqq \sup_{\tau \in \mathfrak{M}_n} \mathsf{E}_s(G_\tau \mid \mathfrak{S}_n) = V_n^*$, $n \geqq 0$. Es verbleibt die Regularität von (V_n^*) nachzuweisen. Angenommen, (V_n^*) sei nicht regulär. Dann existieren ein $n \in \mathbb{N}$, $\varepsilon > 0$, $\tau \in \mathfrak{M}_{n+1}$ und eine P_s-wesentliche Prozeßvergangenheit $\mathfrak{s}_n$, so daß nach Definition A. 2.6.6

$$\mathsf{E}_s(V_\tau^* \mid \mathfrak{S}_n = \mathfrak{s}_n) = \mathsf{E}_s v_\tau^*(\mathfrak{s}_n, X_{n+1}, \ldots, X_\tau) \geqq v_n^*(\mathfrak{s}_n) + \varepsilon \tag{26}$$

gilt. Andererseits finden wir zu jedem $m = n+1, n+2, \ldots$ auf Grund der Supremumseigenschaft von V_m^* (vgl. (5.1.24)) stets ein $\tau_m \in \mathfrak{M}_m$, so daß

$$\mathsf{E}_s g_{\tau_m}(\mathfrak{z}_n, X_{n+1}, \ldots, X_{\tau_m}) + \varepsilon/2^m \geqq \mathsf{E}_s v_m^*(\mathfrak{z}_n, X_{n+1}, \ldots, X_m) \tag{27}$$

ist. Mit der Folge $(\tau_m)_{m=n+1,n+2,\ldots}$ und τ bilden wir die Stopzeit $\tilde{\tau} := \tau_m$ auf $\{\omega : \tau(\omega) = m\}$, $m = n+1, n+2, \ldots$. Offenbar gilt $\tau \in \mathfrak{M}_{n+1}$, und nach (27) ist

$$\mathsf{E}_s g_{\tilde{\tau}}(\mathfrak{z}_n, X_{n+1}, \ldots, X_{\tilde{\tau}}) = \sum_{m=n+1}^{\infty} \mathsf{E}_s g_{\tau_m}(\mathfrak{z}_n, X_{n+1}, \ldots, X_{\tau_m})\, \chi_{\{\tau=m\}}$$

$$\geqq \sum_{m=n+1}^{\infty} (\mathsf{E}_s v_m^*(\mathfrak{z}_n, X_{n+1}, \ldots, X_m) - \varepsilon/2^m)\, \chi_{\{\tau=m\}}$$

$$\geqq \mathsf{E}_s v_\tau^*(\mathfrak{z}_n, X_{n+1}, \ldots, X_\tau) - \varepsilon/2\,,$$

so daß sich nach (26) für die wesentliche Prozeßvergangenheit $\mathfrak{z}_n$ und die Stopzeit $\tilde{\tau}$ $\mathsf{E}_s g_{\tilde{\tau}}(\mathfrak{z}_n, X_{n+1}, \ldots, X_{\tilde{\tau}}) \geqq v_n^*(\mathfrak{z}_n) + \varepsilon/2$ ergibt, im Widerspruch zur Definition von $v_n^*(\mathfrak{z}_n)$ als ein Supremum. ∎

5.2.5. Der monotone Fall

Wir betrachten noch einen speziellen Fall, in dem unter gewissen Zusatzbedingungen die optimale Wertfunktion und überdies eine optimale Stopzeit in einfacher Weise gefunden werden können. Wir gehen hierbei wieder von dem Wahrscheinlichkeitsraum $[\Omega, \mathfrak{F}, \mathsf{P}_s]$, dem zu stoppenden Prozeß $X = (X_n)_{n \geqq 0}$ und der Folge $(G_n)_{n \geqq 0}$ der (zufälligen) Erträge aus.

5.2.19. Definition. Wir bezeichnen

$$A_n := \{\omega : G_n(\omega) \geqq \mathsf{E}_s(G_{n+1} \mid \mathfrak{S}_n)(\omega)\} \tag{28}$$

und sagen, für das betrachtete Stopproblem liege der *monotone Fall* vor, wenn

$$A_n \subset A_{n+1}\,, \qquad n \geqq 0\,, \tag{29}$$

und

$$\mathsf{P}_s\Big(\bigcup_{n=0}^{\infty} A_n\Big) = 1\,, \quad \text{d. h.} \quad \lim_{n\to\infty} \mathsf{P}_s(A_n) = 1 \tag{30}$$

gilt. Das Ereignis A_n tritt genau dann ein, wenn sich beim Stoppen zur Zeit n ein mindestens so großer Ertrag ergibt, wie dies bei Fortsetzen des Prozesses um einen Schritt erwartet wird. Das Vorliegen des monotonen Falles besagt nun, daß daraus auf die Gültigkeit einer solchen Eigenschaft für alle folgenden Zeitpunkte geschlossen werden kann.

Wir verfolgen nun die Frage, ob die durch

$$\tilde{\tau}(\omega) := \inf\{n : \omega \in A_n\} \tag{31}$$

definierte Stopzeit optimal ist. Ohne Zusatzbedingungen gilt dies jedoch nicht. Um dies nachzuweisen, betrachten wir das folgende Beispiel.

5.2.20. Beispiel (Chow/Robbins/Siegmund [1]). Sei $(X_n)_{n \geqq 1}$ eine Folge unabhängiger, identisch verteilter Zufallsgrößen über $[\Omega, \mathfrak{F}, \mathsf{P}_s]$ mit Werten in $\mathscr{S} = \{-1, 1\}$ und $\mathsf{P}_s(X_n = -1) = \mathsf{P}_s(X_n = 1) = \frac{1}{2}$, $n \geqq 1$.[1]) Ferner sei die Folge $(G_n)_{n \geqq 1}$ der zufälligen Erträge gegeben durch

$$G_n = g_n(X_1, \ldots, X_n) = \frac{2n}{n+1} \prod_{k=1}^{n} (X_k + 1)\,, \qquad n \geqq 1; \tag{32}$$

[1]) Der Anfangszustand s kann beliebig festgelegt werden und ist hier ohne Belang.

der Vollständigkeit halber setzen wir noch

$$G_0 = -1\,. \tag{33}$$

Offenbar ist

$$G_n \geqq 0\,, \qquad n \geqq 1\,, \tag{34}$$

und

$$G_{n+1} = \frac{(n+1)^2}{n(n+2)}(X_{n+1}+1)\,G_n\,, \qquad n \geqq 1\,. \tag{35}$$

Wie aus (32) und (35) ersichtlich, ist G_n für hinreichend große n näherungsweise gleich dem Ertrag des bekannten Wettspiels „doppelt oder nichts". Nach (35) gilt nun

$$\mathsf{E}_s(G_{n+1} \mid \mathfrak{S}_n) = \frac{(n+1)^2}{n(n+2)} G_n\,, \qquad n \geqq 1\,,$$

und

$$A_n = \left\{\omega\colon G_n(\omega)\left(1 - \frac{(n+1)^2}{n(n+2)}\right) \geqq 0\right\} = \{\omega\colon -G_n(\omega) \geqq 0\}\,, \quad n \geqq 1\,, \tag{36}$$

wegen (34) ist

$$A_n = \{\omega\colon G_n(\omega) = 0\}\,. \tag{36}$$

Daraus folgt mit (35) in einfacher Weise (29). Auf Grund der Unabhängigkeit der Folge $(X_n)_{n\geqq 1}$ gilt nach dem Lemma von Borel-Cantelli (vgl. Lemma A. 1.4.3)

$$\mathsf{P}_s\big(\bigcup_{n=1}^{\infty} \{X_n = -1\}\big) = 1\,,$$

wegen (35) schließlich (30), so daß der monotone Fall vorliegt. Die Stopzeit $\tilde{\tau} = \inf\{n\colon G_n = 0\}$ (vgl. (31), (36)) liefert — vom Fall des unmittelbaren Stoppens zur Zeit 0 einmal abgesehen — den minimal möglichen (erwarteten) Ertrag 0. Die Stopzeit τ_1 mit $\tau_1(\omega) = 1$ für alle $\omega \in \Omega$ liefert hingegen einen Ertrag von 2 bzw. 0, jeweils mit Wahrscheinlichkeit $\frac{1}{2}$, also den erwarteten Ertrag 1. $\tilde{\tau}$ ist mithin nicht optimal.

Wir ermitteln noch den optimalen Wert $v_0^*(s) = \sup\limits_{\tau\in\mathfrak{M}} \mathsf{E}_s G_\tau$ des Stopproblems. Wegen (33) und (34) genügt es dabei, τ in $\mathfrak{M}_1$ variieren zu lassen. Für jedes $\tau \in \mathfrak{M}_1$ gilt wegen (32)

$$\mathsf{E}_s G_\tau = \sum_{n=1}^{\infty} \mathsf{E}_s(G_\tau \mid \tau = n)\,\mathsf{P}_s(\tau = n) = \sum_{n=1}^{\infty} \frac{2n}{n+1}\mathsf{P}_s(\tau = n) < 2\sum_{n=1}^{\infty} \mathsf{P}_s(\tau = n) = 2\,,$$

und es ist

$$v_0^*(s) = \sup_{\tau\in\mathfrak{M}_1} \mathsf{E}_s G_\tau \leqq 2\,.$$

Für die Stopzeiten τ_n, die konstant gleich n sind, gilt $v_0^{\tau_n}(s) = 2n/(n+1)$, damit $\lim\limits_{n\to\infty} v_0^{\tau_n}(s) = 2$, so daß $v_0^*(s) = 2$ ist. Offensichtlich gibt es im vorliegenden Beispiel keine optimale Stopzeit, jedoch ist für $n \geqq \dfrac{1}{\varepsilon} - 1$ die Stopzeit τ_n ε-optimal, $0 < \varepsilon < 1$.

Der folgende Satz gibt nun hinreichende Bedingungen an, unter denen sich $\tilde{\tau}$ als optimal erweist.

5.2.21. Satz. *Es liege der monotone Fall vor, und es gelte zugleich*

a) $\tilde{\tau} \in \mathfrak{M}$,
b) $(G_n^+ \chi_{\{\tilde{\tau}>n\}})_{n\geqq 0}$ *ist gleichmäßig* P_s*-integrierbar,*
c) $(G_n^- \chi_{\{\tau>n\}})_{n\geqq 0}$ *ist gleichmäßig* P_s*-integrierbar für jedes* $\tau \in \mathfrak{M}$.

Dann ist $\tilde{\tau}$ optimal.

Beweis: Gilt $\tilde{\tau}(\omega) > n$ für ein $n \in \mathbb{N}$, so ist $\omega \notin A_m$ für alle $m = 0, \dots, n$, und (vgl. (28)) $(G_m)_{m \geqq 0}$ ist ein Submartingal auf $\{\omega: \tilde{\tau}(\omega) > n\}$. Wegen b) ist das Submartingal regulär (vgl. Satz A. 2.6.7), und es gilt die Ungleichung

$$\mathsf{E}_s(G_{\tilde{\tau}} \mid \mathfrak{S}_n) \geqq G_n \quad \text{auf} \quad \{\omega: \tilde{\tau}(\omega) > n\}\,. \tag{37}$$

Ist andererseits $\tilde{\tau}(\omega) = m$, $m < n$, so ist keine Stopzeit τ mit $\tau(\omega) < \tilde{\tau}(\omega)$ optimal, da — nach Definition von $\tilde{\tau}$ (vgl. (31)) — $\omega \notin A_{m-1}$ ist, mithin das Fortführen des Prozesses zur Zeit $m - 1$ einen größeren mittleren Ertrag liefert als das Stoppen. Sei nunmehr $\tilde{\tau}(\omega) = n$. Weil der monotone Fall vorliegt, ist $(G_m)_{m=n,n+1,\dots}$ ein Supermartingal, wegen c) ist das Supermartingal regulär, und für eine beliebige Stopzeit $\tau \in \mathfrak{M}_n$ gilt

$$\mathsf{E}_s(G_\tau \mid \mathfrak{S}_n) \leqq G_n \quad \text{auf} \quad \{\omega: \tau(\omega) > n\}\,. \tag{38}$$

Entsprechend dem Beweisgang von Satz 5.2.12 (mit $\tilde{\tau}$ statt $\hat{\tau}$) folgt schließlich aus (37) und (38) $\mathsf{E}_s G_{\tilde{\tau}} \geqq \mathsf{E}_s G_\tau$. ∎

5.2.22. Bemerkung. Wir betrachten weiterhin Beispiel 5.2.20. Nach (31) und (36) ist $\tilde{\tau} = \inf\{k \geqq 1: G_k = 0\}$. Da dem Stopproblem ein Bernoulli-Schema mit der Erfolgswahrscheinlichkeit 1/2 zugrunde liegt, ist $\tilde{\tau} - 1$ geometrisch verteilt mit dem Parameter 1/2, d. h., es ist $\mathsf{P}_s(\tilde{\tau} > n) = 2^{-n}$, $n \geqq 0$. Damit ist Bedingung a) von Satz 5.2.21 erfüllt, c) gilt trivialerweise. Aus der Kenntnis der Nichtoptimalität von $\tilde{\tau}$ und Satz 5.2.21 folgt also, daß Bedingung b) von Satz 5.2.21 verletzt ist. Zwar konvergiert die Folge $(G_n^+ \chi_{\{\tilde{\tau}>n\}})$ P_s-f.s. gegen Null, doch es gilt

$$\mathsf{E}_s G_n^+ \chi_{\{\tilde{\tau}>n\}} = \mathsf{E}_s G_n \chi_{\{\tilde{\tau}>n\}} = 0 \cdot \mathsf{P}_s(\tilde{\tau} \leqq n) + \frac{2n}{n+1} 2^n\, \mathsf{P}_s(\tilde{\tau} > n) = \frac{2n}{n+1}$$

und $\lim\limits_{n\to\infty} \mathsf{E}_s G_n^+ \chi_{\{\tilde{\tau}>n\}} = 2$, so daß wegen Satz A. 1.3.22 $(G_n^+ \chi_{\{\tilde{\tau}>n\}})$ nicht gleichmäßig P_s-integrierbar ist.

Der monotone Fall erlaubt unter den Voraussetzungen des Satzes 5.2.21 in einfacher Weise (analog zu (11), (11′) für $N < \infty$) eine optimale Stopzeit (hier sogar ohne Zuhilfenahme von V^*) zu finden. — Eine Verallgemeinerung des monotonen Falles, die auch Stopprobleme mit stetiger Zeit zu betrachten gestattet, wurde von Irle [1] angegeben.

Abschließend diskutieren wir eine bekannte Aufgabenstellung, die sich als Beispiel für den monotonen Fall erweisen wird.

5.2.23. Beispiel. Sei $(X_n)_{n\geqq 1}$ eine Folge unabhängiger, identisch verteilter Zufallsgrößen über $[\Omega, \mathfrak{F}, \mathsf{P}_s]$[1]) mit Werten in der Menge $\mathcal{S}$ der rationalen Zahlen[2]), der Verteilungsfunktion $F(x) = \mathsf{P}_s(X_1 < x)$ und $\mathsf{E}_s X_1 = \int_{-\infty}^{\infty} x\, \mathrm{d}F(x) < \infty$. Ferner sei die Ertragsfunktion $G_n = G_n^{(1)} - cn$ gegeben mit $G_n^{(1)}(\omega) = \max\{X_1(\omega), \dots, X_n(\omega)\}$ und $c > 0$.

Das Beispiel beschreibt einen Vorgang, bei dem unter einem Kostenaufwand von $c > 0$ pro Versuch ein möglichst großer Wert des Versuchsausganges innerhalb einer Folge unabhängiger Versuche erzielt werden soll.

---

[1]) Der Anfangszustand s kann beliebig festgelegt werden und ist hier ohne Belang.

[2]) Das Vorliegen einer abzählbaren Zustandsmenge $\mathcal{S}$ wurde generell vorausgesetzt; der Fall $\mathcal{S} = \mathbb{R}$ ist jedoch ohne weiteres in der gleichen Weise zu behandeln, s. z.B. Chow/Robbins/Siegmund [1].

Da $G_n^{(1)}$ $\mathfrak{F}_n$-meßbar und X_{n+1} unabhängig von $\mathfrak{F}_n$ ist, kann nach (28) A_n in folgender Form geschrieben werden:

$$\begin{aligned} A_n &= \{\omega: G_n^{(1)}(\omega) \geqq \mathsf{E}_s(G_{n+1}^{(1)} \mid \mathfrak{S}_n)(\omega) - c\} \\ &= \{\omega: G_n^{(1)}(\omega) \geqq \mathsf{E}_s(\max\{G_n^{(1)}, X_{n+1}\} \mid \mathfrak{S}_n)(\omega) - c\} \\ &= \{\omega: \mathsf{E}_s(\max\{G_n^{(1)}, X_{n+1}\} - G_n^{(1)} \mid \mathfrak{S}_n)(\omega) \leqq c\} \\ &= \{\omega: \mathsf{E}_s\big((X_{n+1} - G_n^{(1)})^+ \mid \mathfrak{S}_n\big)(\omega) \leqq c\}, \qquad n \geqq 1 \ldots . \end{aligned} \tag{39}$$

Wir setzen noch $A_0 = \emptyset$. Nun betrachten wir $b_0 := \sup\{x: F(x) < 1\}$ und definieren durch $e(b) := \mathsf{E}_s(X_1 - b)^+ = \int\limits_b^\infty (x - b)\, \mathrm{d}F(x)$ auf dem offenen Intervall $-\infty < b < b_0$ eine Funktion e. Diese Funktion ist stetig, es gilt $\lim\limits_{b\to-\infty} e(b) = \infty$ und $\lim\limits_{b\to b_0} e(b) = 0$. Weiterhin is $\frac{\mathrm{d}}{\mathrm{d}b} e(b) = -\int\limits_b^\infty \mathrm{d}F(x) = -\big(1 - F(b)\big) < 0$, $-\infty < b < b_0$. Also ist e im Definitionsgebiet streng monoton fallend, so daß die Gleichung $e(b) = c$ für jedes $c \in (0, \infty)$ eine einzige Lösung $\tilde{b} := e^{-1}(c) \in (-\infty, b_0)$ besitzt. (39) kann dann einfach als

$$A_n = \{\omega: e\big(G_n^{(1)}(\omega)\big) \leqq \{c\} = \{\omega: G_n^{(1)}(\omega) \geqq \tilde{b}\}, \qquad n \geqq 1, \tag{40}$$

geschrieben werden, und wegen $G_n^{(1)}(\omega) \leqq G_{n+1}^{(1)}(\omega)$, $\omega \in \Omega$, gilt $A_n \subset A_{n+1}$, $n \geqq 1$. Für die Ereignisse $\{X_i < \tilde{b}\}$, $i \geqq 1$, liegt ein Bernoulli-Schema mit dem Parameter $p := F(\tilde{b})$, $0 < p < 1$, zugrunde, und für die in (31) eingeführte Stopzeit $\tilde{\tau}$ gilt

$$\mathsf{P}_s(\tilde{\tau} > n) = \mathsf{P}_s(\bar{A}_n) = \mathsf{P}_s(G_n^{(1)} < \tilde{b}) = \mathsf{P}_s(X_1 < \tilde{b}, \ldots, X_n < \tilde{b}) = p^n . \tag{41}$$

Somit ist $\tilde{\tau} - 1$ geometrisch verteilt mit dem Parameter p, und es gilt

$$\mathsf{P}_s\Big(\bigcup_{n=0}^\infty A_n\Big) = 1 - \lim_{n\to\infty} \mathsf{P}_s(\bar{A}_n) = 1,$$

so daß nach (29), (30) der monotone Fall vorliegt. Wegen

$$G_n^+ \chi_{\{\tilde{\tau}>n\}} \leqq G_n^{(1)+} \chi_{\{\tilde{\tau}>n\}} \leqq \tilde{b}^+ \chi_{\{\tilde{\tau}>n\}}, \; G_n^- \chi_{\{\tau>n\}} \leqq (X_1^- + c\tau)\, \chi_{\{\tau>n\}}$$

haben ferner $(G_n^+ \chi_{\{\tilde{\tau}>n\}})_{n\in\mathbb{N}}$, $(G_n^- \chi_{\{\tau>n\}})_{n\in\mathbb{N}}$ gleichmäßig P_s-integrierbare Majoranten, sind also selbst gleichmäßig P_s-integrierbar und erfüllen die Bedingungen b) und c) von Satz 5.2.21. a) gilt wegen (41), so daß nach Satz 5.2.21 die Stopzeit $\tilde{\tau}$ optimal ist. Weiterhin gilt

$$\begin{aligned} \mathsf{E}_s G_{\tilde{\tau}}^{(1)} &= \sum_{n=1}^\infty \mathsf{P}_s(\tilde{\tau} = n)\, \mathsf{E}_s\,(G_{\tilde{\tau}}^{(1)} \mid \tilde{\tau} = n)\,^{1)} \\ &= \sum_{n=1}^\infty \mathsf{P}_s(\tilde{\tau} = n)\, \mathsf{E}_s(\max\{X_1, \ldots, X_n\} \mid X_1 < \tilde{b}, \ldots, X_{n-1} < \tilde{b}, X_n \geqq \tilde{b}) \\ &= \sum_{n=1}^\infty \mathsf{P}_s(\tilde{\tau} = n)\, \mathsf{E}_s(X_n \mid X_1 < \tilde{b}, \ldots, X_{n-1} < \tilde{b}, X_n \geqq \tilde{b}) \\ &= \sum_{n=1}^\infty \mathsf{P}_s(\tilde{\tau} = n)\, \mathsf{E}_s(X_n \mid X_n = \tilde{b}) = \sum_{n=1}^\infty \mathsf{P}_s(\tilde{\tau} = n)\, \mathsf{E}_s(X_1 \mid X_1 \geqq \tilde{b}) \\ &= \mathsf{E}_s(X_1 \mid X_1 \geqq \tilde{b}) = \frac{\int\limits_{\tilde{b}}^\infty (x - \tilde{b})\, \mathrm{d}F(x) + \tilde{b} \int\limits_{\tilde{b}}^\infty \mathrm{d}F(x)}{\int\limits_{\tilde{b}}^\infty \mathrm{d}F(x)} = \frac{e(\tilde{b})}{1 - p} + \tilde{b}, \end{aligned}$$

[1]) Es ist $\mathsf{P}_s(\tilde{\tau} = 0) = 0$.

so daß man nach (41) schließlich

$$V^* = \mathsf{E}_s G_{\tilde{\tau}} = \mathsf{E}_s G_{\tilde{\tau}}^{(1)} - c\mathsf{E}_s \tilde{\tau} = \frac{e(\tilde{b})}{1-p} + \tilde{b} - \frac{c}{1-p} = \tilde{b}$$

erhält. $\tilde{b}$ ergibt sich hiermit nicht nur als optimale Abbruchschwelle, sondern auch als optimaler erwarteter Ertrag. Je höher die Kosten c pro Schritt sind, desto eher ist — bei optimaler Verfahrensweise — zu stoppen und desto geringer fällt der erwartete Ertrag aus, was auch plausibel erscheint. Das Beispiel führte zu einer Reihe von Verallgemeinerungen (Chow/Robbins/Siegmund [1], Karni/Schwartz [1]), die allerdings z. T. über den monotonen Fall hinausführen.

5.3. Der markowsche Fall

Das im Abschnitt 5.1 eingeführte Stopsystem StS: $(N, \mathcal{S}, \mathfrak{p}, \mathfrak{g}, \mathfrak{R})$ wird nunmehr unter Einbeziehung der Markow-Eigenschaft spezialisiert. Es können dadurch weiterreichende und auch einfachere Resultate als im allgemeinen Fall erzielt werden.

Wir sagen, es liege der markowsche Fall vor, wenn die Bestimmungsstücke $\mathfrak{p} = (p_n)$, $\mathfrak{g} = (g_n)$ und $\mathfrak{R}$ folgenden Bedingungen genügen:

a) Die Wahrscheinlichkeitsverteilungen $p_n(\cdot \mid \mathfrak{s}_{n-1})$, $n \geqq 1$, des *Bewegungsgesetzes* hängen bez. der Vergangenheit $\mathfrak{s}_{n-1} = (s_0, \dots, s_{n-1})$ nur vom zuletzt erreichten Zustand s_{n-1} ab.

Der in Abschnitt 5.1 eingeführte zu stoppende Prozeß $X = (X_n)_{n\geqq 0}$, dessen bedingte Verteilungen durch $\mathfrak{p} = (p_n)$ gegeben sind, ist folglich eine Markow-Kette.

b) Der *Ertrag*

$$g_n(\mathfrak{s}_n), \qquad \mathfrak{s}_n = (s_0, s_1, \dots, s_n), \qquad n \geqq 0 \tag{1}$$

(vgl. (5.1.2)), der realisiert wird, falls zum Zeitpunkt n gestoppt wird, hängt nur vom zuletzt erreichten Zustand s_n ab.

Wir schreiben vereinfachend $g_n(s_n)$ anstatt $g_n(\mathfrak{s}_n)$ und bezeichnen im folgenden eine Ertragsstruktur $(g_n)_{n\geqq 0}$, mit dieser Eigenschaft als markowsch.

c) Jede *Stopzeit* $\tau \in \mathfrak{R}, \tau \mid \mathcal{S}^{N+1} \to \{0, 1, \dots, N\}$ hat die Eigenschaft, daß für beliebige $\mathfrak{s}_N = (s_0, s_1, \dots)$ und $n \geqq 0$ aus $\tau(\mathfrak{s}_N) = n$ die Gültigkeit von $\tau(\mathfrak{s}'_N) = n$ für alle $\mathfrak{s}'_N = (s'_0, s'_1, \dots)$ mit $s'_n = s_n$ folgt.

Diese Eigenschaft, die über die Grundforderung an die in Abschnitt 5.1 definierte Stopzeit hinausgeht, wollen wir die *Markow-Eigenschaft einer Stopzeit* nennen. Jeder mittels einer Stopzeit $\tau \in \mathfrak{R}$ gestoppte stochastische Prozeß X^τ (s. Abschnitt 5.1) erweist sich unter den vorgenommenen Spezialisierungen ebenfalls als eine Markow-Kette.

Für das dem StS nach Abschnitt 5.1 angepaßte DS: $(N, \mathcal{S}, \mathcal{D}, \tilde{p}_0, \tilde{\mathfrak{p}}, \mathfrak{k}, \Theta)$ ergeben sich nunmehr im markowschen Fall u. a. folgende Besonderheiten:

1. Die Wahrscheinlichkeitsverteilungen $\tilde{p}_n(\cdot \mid h_{n-1}, d_{n-1})$, $n \geqq 1$, des *Bewegungsgesetzes* hängen bez. der Vergangenheit $h_{n-1} = (s_0, d_0, s_1, \dots, s_{n-1})$ nur vom zuletzt erreichten Zustand s_{n-1} ab. Wir bemerken, daß für solche Paare (h_{n-1}, d_{n-1}), für die ein $\nu \in \{0, \dots, n-1\}$ mit $d_\nu = 1$ existiert — bez. derer also bereits eine Stopentscheidung erfolgte — die in a) angegebene Eigenschaft bereits im allg. Fall vorliegt (vgl. 5.1).

2. Die *Menge Θ der zulässigen Strategien* besteht aus markowschen Strategien (vgl. Definition 2.1.1). Für eine Strategie $\vartheta \in \Theta$, $\vartheta = (\delta_n)_{n\geqq 0}$, hängen also die Ent-

scheidungen (Stoppen oder Nichtstoppen) $\delta_n(h_n)$ nur vom zuletzt erreichten Zustand ab. Mit $h_n = h_n^0(\mathfrak{s}_n)$, $\mathfrak{s}_n = (s_0, s_1, \dots, s_n)$ schreiben wir einfach $\delta_n(s_n)$ statt $\delta_n(h_n)$.

Es liegt nun nahe, das vorliegende Stopsystem auch als ein markowsches dynamisches System (MDS, vgl. (2.1.1)) darzustellen. Dabei tritt die folgende Besonderheit auf: Während sich im MDS in jedem Schritt zustands- und entscheidungsabhängige Erträge (bzw. Kosten) ergeben, ist beim Stopproblem nur eine einmalige Auszahlung vorgesehen. Wird auf die Registrierung des Sachverhaltes verzichtet, ob bereits einmal eine Stopentscheidung gefällt wurde oder nicht, so ist eine unmittelbare Beschreibung des StS als ein spezielles DS, jedoch nicht als ein MDS möglich.

Ein erster Schritt in der Anpassung eines Stopsystems mit den markowschen Bestimmungsstücken $(p_n)_{n \geq 1}$, $(g_n)_{n \geq 0}$ und $\mathfrak{N}$ an ein MDS besteht in einer Markierung jedes Zustands $s \in \mathcal{S}$ in Abhängigkeit davon, ob vor Erreichen desselben einmal die Stopentscheidung $d = 1$ gefällt worden ist oder nicht. Dies führt zur Vereinbarung neuer Zustände der Form (s, d), $s \in \mathcal{S}$, $d \in \{0, 1\}$.

Auf Grund der Gegebenheiten, daß das MDS nach einer Stopentscheidung in dem zuletzt erreichten Zustand verbleiben und daß in jedem Zustand $(s, 1)$ zu jedem Schritt derselbe Ertrag, nämlich Null, ausgezahlt werden soll, kann diese Beschreibung noch weiter vereinfacht werden, indem alle Zustände $(s, 1)$, $s \in \mathcal{S}$, in einem Zustand σ, dem sog. *Aus-Zustand*[1]), zusammengefaßt werden. Die Zustände $(s, 0)$ werden einfach wie vorher wieder mit s bezeichnet, $s \in \mathcal{S}$.

Damit ist ein Stopsystem mit den markowschen Bestimmungsstücken $(p_n)_{n \geq 1}$, $(g_n)_{n \geq 0}$ sowie der Menge $\mathfrak{N}$ sämtlicher markowscher Stopzeiten als ein

$$\text{MDS: } (N, \tilde{\mathcal{S}}, \mathcal{D}, (\tilde{p}_n), (\gamma_n), V_N, \beta)$$

darstellbar, wobei im einzelnen das folgende gilt:

$$N \leqq \infty,$$
$$\tilde{\mathcal{S}} = \mathcal{S} \cup \{\sigma\}, \qquad \sigma \notin \mathcal{S},$$
$$\mathcal{D} = \{0, 1\},$$
$$\tilde{p}_n(j \mid i, 0) = p_n(i, j), \qquad i, j \in \mathcal{S},$$
$$\tilde{p}_n(\sigma \mid i, 1) = 1, \qquad i \in \mathcal{S},$$
$$\tilde{p}_n(\sigma \mid \sigma, d) = 1, \qquad d \in \mathcal{D}, \qquad n \geqq 1,$$
$$\gamma_n(i, 0) = 0, \qquad i \in \mathcal{S},$$
$$\gamma_n(i, 1) = g_n(i), \qquad i \in \mathcal{S},$$
$$\gamma_n(\sigma, d) = 0, \qquad d \in \mathcal{D}, \qquad n \geqq 0,$$
$$V_N(i) = 0 \quad \text{für} \quad N = \infty, \qquad i \in \mathcal{S},$$
$$V_N(\sigma) = 0 \quad \text{für} \quad N \leqq \infty,$$
$$V_N(i) = g_N(i) \quad \text{für} \quad N < \infty, \qquad i \in \mathcal{S},$$
$$\beta = 1.$$

Es wird dabei erreicht, daß das MDS unmittelbar nach einer Stopentscheidung $d = 1$ mit Wahrscheinlichkeit 1 in den Aus-Zustand σ übergeht und dort bis zum Endzeitpunkt N verbleibt. Da die einem MDS zugrundeliegende Menge zulässiger Strategien maximal ist (vgl. Abschnitt 2.1), wird hier — allgemeiner als in Abschnitt 5.1 —

[1]) In der Literatur auch als Friedhof bezeichnet, vgl. z.B. KRAUSE [1].

formal auch für den Zustand σ die Entscheidung $d = 0$ zugelassen. Der Ertrag im Zustand σ ist aber von der Entscheidung unabhängig und gleich Null. Ist bei dem ursprünglich vorliegenden Stopsystem nur die Menge $\mathfrak{M}$ der eigentlichen Stopzeiten (vgl. (5.1.15)) zulässig, so ist im Falle $N = \infty$ die Menge der zulässigen zugeordneten Strategien nicht maximal, und es sind gesonderte Betrachtungen nötig.

Wir betrachten nun die optimale Wertfunktion v_n^{N*} (vgl. (5.2.18')) des Stopproblems bez. $\mathfrak{M}_n^N$, $N \leqq \infty$, $n \geqq 1$. Sie ist wegen der vorausgesetzten Markow-Eigenschaft von (p_n), (g_n) und $\mathfrak{N}$ als eine Funktion auf $\tilde{\mathscr{S}}$ definiert, und zwar durch

$$v_n^{N*}(s_n) := \sup_{\tau \in \mathfrak{M}_n^N} \mathsf{E}_s(g_n(X_\tau) \mid X_n = s_n)\,, \qquad s_n \in \mathscr{S}\,,$$

$$v_n^{N*}(\sigma) := 0\,, \qquad n = 0, 1, \ldots, N\,,$$

(vgl. (5.1.21)). Die Größe $v_n^{N*}(s_n)$ kennzeichnet den optimalen Ertrag, der (bis zur Zeit N noch) erwartet werden kann, wenn sich zur Zeit n der Prozeß im Zustand $s_n \in \tilde{\mathscr{S}}$, $n \geqq 0$, befindet. Den optimalen Wert $v_0^{N*}(s_0)$ im Anfangszustand $s = s_0 \in \mathscr{S}$ bezeichnen wir vereinfachend mit $v^{N*}(s)$. Des weiteren schreiben wir im Falle $N = \infty$ einfach v_n^* statt v_n^{N*} bzw. v^* statt v^{N*}. Schließlich setzen wir $v_n'^*(s_n) := \lim_{N\to\infty} v_n^{N*}(s_n)$, $n \geqq 0$, (bez. der Existenz vgl. (5.2.21')).

Da $v_n^{N*}(\sigma) = 0$ festgelegt ist, genügt es im folgenden häufig, die Einschränkung der Funktionen v_n^{N*}, v^{N*}, v_n^*, v^* bzw. v'^* auf $\mathscr{S}$ zu betrachten. Wir bezeichnen diese Einschränkungen wieder mit den gleichen Symbolen.

Wir gehen nun von der Funktionenklasse

$$\mathscr{L} := \{f \mid \mathscr{S} \to \mathbb{R} \cup \{\infty\} : \mathsf{E}_s(f^-(X_{n+1}) \mid X_n = s_n) < \infty,\ s_n \in \mathscr{S},\ n \geqq 0\} \tag{2}$$

aus. Für $f \in \mathscr{L}$ existiert damit $\mathsf{E}_s(f(X_{n+1}) \mid X_n = s_n)$ (ggf. $= \infty$). Im weiteren setzen wir stets $g_n \in \mathscr{L}$ für die Ertragsfunktionen g_n, $n \geqq 0$, voraus. Wir führen noch zwei Operatoren ein, die das folgende vereinfachen sollen.

5.3.1. Definition. a) Durch

$$(T_n f)(s_n) := \mathsf{E}_s(f(X_{n+1}) \mid X_n = s_n) = \sum_{s' \in \mathscr{S}} f(s')\, p_{n+1}(s_n, s')\,, \qquad s_n \in \mathscr{S}\,,$$

definieren wir einen linearen Operator T_n auf $\mathscr{L}$, $n \geqq 0$.

b) Für die Ertragsfunktion g_n definieren wir durch

$$(Q_n f)(s_n) := \max\{g_n(s_n), (T_n f)(s_n)\}\,, \qquad s_n \in \mathscr{S}\,, \tag{3}$$

einen Operator Q_n auf $\mathscr{L}$, $n \geqq 0$.

Unter der Annahme, daß der Ertrag $f(s')$ erzielt werden kann, falls das StS nach dem $(n+1)$-ten Schritt in den Zustand $s' \in \mathscr{S}$ gelangt ist, kennzeichnet $(T_n f)(s_n)$ den Ertrag, der im Fall des Nichtstoppens zum n-ten Schritt nach Ablauf des $(n+1)$-ten Schrittes erwartet wird; $(Q_n f)(s_n)$ gibt den größeren der beiden Erträge an, den man beim Stoppen erhält bzw. beim Nichtstoppen erwartet. Wir vermerken noch, daß die Operatoren T_n bzw. Q_n den Operatoren $L_n^{\delta_n}$ bzw. U_n aus Definition 2.2.7 entsprechen.

Wegen $g_n \in \mathscr{L}$ ist

$$\begin{aligned}
&\mathsf{E}_s((Q_n f)^-(X_{n+1}) \mid X_n = s_n)\\
&= \mathsf{E}_s((\max\{g_n(X_{n+1}), (T_n f)(X_{n+1})\})^- \mid X_n = s_n)\\
&= \mathsf{E}_s(\min\{g_n^-(X_{n+1}), (T_n f)^-(X_{n+1})\} \mid X_n = s_n)\\
&\leqq \mathsf{E}_s(g_n^-(X_{n+1}) \mid X_n = s_n) < \infty\,, \qquad s_n \in \mathscr{S}\,,
\end{aligned}$$

so daß mit $f \in \mathcal{L}$ auch $Q_n f \in \mathcal{L}$ gilt, und es Sinn hat, ausgehend von einem gewissen $f_0 \in \mathcal{L}$, die Folge $(f_n)_{n \geqq 1}$ als Ergebnis des (Wert-)Iterationsverfahrens

$$f_n(s) := (Q_n f_{n-1})(s), \qquad s \in \mathcal{S}, \qquad n \geqq 1, \tag{4}$$

zu betrachten.

Nach diesen Vorbemerkungen läßt sich nunmehr die Lösung des Stopproblems im Falle $N < \infty$ angeben.

5.3.2. Satz. *Es sei* $N < \infty$. *Dann gilt*:

a) $v_n^{N*}(s) = (Q_n Q_{n+1} \cdots Q_{N-1} g_N)(s)$, $s \in \mathcal{S}$, $n = 0, 1, \ldots, N-1$. *Speziell ergibt sich also der optimale Wert* $v_0^{N*}(s)$ *nach* N *Iterationsschritten ausgehend von* g_N *(vgl. (4)).*

b) $\hat{\tau}_n^N(\omega) := \min\{k : n \leqq k \leqq N : v_k^{N*}(s_k) = g_k(s_k)\}$ *mit* $\omega = (s_0, s_1, \ldots, s_N)$ *ist eine optimale Stopzeit in* $\mathfrak{M}_n^N$.

Der Beweis folgt einerseits unmittelbar aus den Sätzen 5.2.6 und 5.2.8 unter Beachtung von Definition 5.3.1. Andererseits kann a) auch aus Satz 2.2.10.b) hergeleitet werden.

Wir wenden uns nunmehr für $N = \infty$ dem sog. homogenen (markowschen) Fall zu, der dadurch charakterisiert ist, daß die Übergangswahrscheinlichkeiten p_n, die Entscheidungsfunktionen δ_n bzw. die Ertragsfunktionen g_n für alle betrachteten Werte von n einander gleich sind. Wir gebrauchen die einheitliche Bezeichnung p, δ bzw. g für p_n, δ_n bzw. g_n sowie $\vartheta = (\delta^\infty)$. ϑ ist damit eine stationäre Strategie im Sinne von Definition 2.1.2. Bevor wir zur Lösung des Stopproblems für den homogenen (markowschen) Fall kommen, führen wir noch einige Begriffe ein, die das folgende vereinfachen sollen.

Eine Teilmenge $\Gamma \subset \mathcal{S}$ von Zuständen mit

$$\Gamma = \{s \in \mathcal{S} : \delta(s) = 1\} \tag{5}$$

heißt *Stopmenge* bez. einer Entscheidungsfunktion δ bzw. der Strategie $\vartheta = (\delta^\infty)$. Die der Strategie $\vartheta = (\delta^\infty)$ zugeordnete Stopzeit $\tau := \tau^\vartheta$ ergibt sich dann für $\mathfrak{s}_n = a_n\omega$, $\mathfrak{s}_n = (s_0, \ldots, s_n)$, $\omega \in \Omega$, aus (5.1.10) zu

$$\tau(\omega) = \begin{cases} \min\{n : \delta(s_n) = 1\}, & \text{falls } \{n : \delta(s_n) = 1\} \neq \emptyset, \\ \infty, & \text{falls } \{n : \delta(s_n) = 1\} = \emptyset \end{cases} \tag{6}$$

oder — in Verbindung mit (5) — zu

$$\tau(\omega) = \begin{cases} \min\{n : s_n \in \Gamma\}, & \text{falls } \{n : s_n \in \Gamma\} \neq \emptyset, \\ \infty, & \text{falls } \{n : s_n \in \Gamma\} = \emptyset. \end{cases} \tag{7}$$

Für die nach (7) einer Stopmenge Γ zugeordnete Stopzeit τ schreiben wir mitunter auch τ^Γ.

Eine Stopmenge Γ heißt (ε-)*optimal*, wenn τ^Γ eine (ε-)optimale Stopzeit ist. Für die Stopmengen Γ bez. der Strategie $\vartheta = (\delta^\infty)$ mit $\delta(s) = 0$, $s \in \mathcal{S}$, bzw. $\delta(s) = 1$, $s \in \mathcal{S}$, (nichtstoppende bzw. unmittelbar stoppende Strategie) folgt offensichtlich $\Gamma = \emptyset$ bzw. $\Gamma = \mathcal{S}$ sowie $\tau^\Gamma = \infty$ bzw. $\tau^\Gamma = 0$ P_s-f.s. Der mittels τ (bzw. δ oder Γ) gestoppte stochastische Prozeß X^τ (vgl. Abschnitt 5.1) erweist sich als eine homogene Markow-Kette mit der Übergangsmatrix $P^\delta = (p^\delta(i,j))$, $i, j \in \mathcal{S}$,

$$p^\delta(i,j) := \begin{cases} p(i,j) & i \in \mathcal{S} \setminus \Gamma, \quad j \in \mathcal{S}, \\ 1 & i \in \Gamma, \quad j = i, \\ 0 & \text{sonst}, \end{cases} \tag{8}$$

wobei Γ die Stopmenge bez. δ bedeutet.

5.3.3. Bemerkung. Die in Definition 5.3.1. eingeführten Operatoren T_n bzw. Q_n sind im homogenen (markowschen) Fall für alle $n \geqq 0$ einander gleich, und wir gebrauchen die einheitliche Bezeichnung T[1]) bzw. Q für T_n bzw. Q_n.

Aus der Homogenität der Markow-Kette $(X_n)_{n \geqq 0}$ — des Durchlaufprozesses — folgt speziell

$$(Tf)(s) = \mathsf{E}_s(f(X_{n+1}) \mid X_n = s) = \mathsf{E}_s(f(X_1) \mid X_0 = s) = \mathsf{E}_s f(X_1)\,, \qquad f \in \mathscr{L}\,. \tag{9}$$

$(Tf)(s)$ sind Realisierungen der Zufallsgröße

$$(Tf)(X_n) = \mathsf{E}_s\big(f(X_{n+1}) \mid X_n\big)\,, \qquad n \geqq 0\,. \tag{10}$$

Für $h \in \mathscr{L}$ definieren wir Operatoren $Q_{(h)}$ durch

$$(Q_{(h)}f)(s) := \max\{h(s), (Tf)(s)\}\,, \qquad s \in \mathscr{S}\,, \qquad f \in \mathscr{L}\,. \tag{11}$$

Offenbar gilt $Q_{(g)} = Q$ (vgl. Definition 5.3.1. b)).

Für die Behandlung von Stopproblemen bei homogenen Markow-Ketten spielt der folgende Begriff eine wesentliche Rolle.

5.3.4. Definition. Eine Funktion $f \in \mathscr{L}$ heißt *exzessiv* (bez. T), wenn

$$(Tf)(s) \leqq f(s)\,, \qquad s \in \mathscr{S}\,,$$

gilt.

Es folgen einige wichtige Eigenschaften exzessiver Funktionen.

5.3.5. Satz. a) *$f = c =$ const. ist exzessiv.*

b) *Sind f_1 und f_2 exzessiv, so ist auch $f := \min\{f_1, f_2\}$ exzessiv.*

c) *f ist genau dann exzessiv, wenn die durch $F_n := f(X_n)$ definierte zufällige Folge ein Supermartingal bez. $(\mathfrak{F}_n)_{n \geqq 0}$, $\mathfrak{F}_n = \sigma(X_0, \dots, X_n)$, ist.*

d) *Für jedes $h \in \mathscr{L}$ ist $f := \lim\limits_{n\to\infty} Q^n_{(h)}h$ (vgl. (11)) die kleinste exzessive Majorante von h.*

Beweis: a) ergibt sich unmittelbar aus (9) und $\sum\limits_{j \in \mathscr{S}} p(i, j) = 1$, $i \in \mathscr{S}$.

b): Nach Voraussetzung gilt für exzessive Funktionen f_i

$$(Tf_i)(s) \leqq f_i(s)\,, \qquad s \in \mathscr{S}\,, \qquad i = 1, 2\,.$$

Wegen der Isotonie des Operators T ist damit

$$(Tf)(s) \leqq \min\{(Tf_1)(s), (Tf_2)(s)\} \leqq \min\{f_1(s), f_2(s)\} = f(s)\,, \qquad s \in \mathscr{S}\,.$$

c) folgt einfach aus

$$\mathsf{E}_s(F_{n+1} \mid \mathfrak{F}_n) = \mathsf{E}_s(f(X_{n+1}) \mid X_n) = (Tf)(X_n) \leqq f(X_n) = F_n\,, \qquad n \geqq 0$$

(vgl. (10)).

d): Nach (11) und wegen der Isotonie des Operators T ist $(Q^n_{(h)}h)_{n \geqq 0}$ eine monoton wachsende Folge aus $\mathscr{L}$ und besitzt folglich einen Grenzwert $f := \lim\limits_{n\to\infty} Q^n_{(h)}h$; dieser ist offenbar eine Majorante von h. Nach Satz A. 1.3.18 von Levi über die monotone Konvergenz ist

$$\begin{aligned}(Tf)(s) &= \mathsf{E}_s f(X_1) = \mathsf{E}_s\,(\lim_{n\to\infty} Q^n_{(h)}h)(X_1) = \lim_{n\to\infty} \mathsf{E}_s(Q^n_{(h)}h)(X_1) \\ &= \lim_{n\to\infty}(TQ^n_{(h)}h)(s) \leqq \lim_{n\to\infty}(Q^{n+1}_{(h)}h)(s) = f(s)\,,\end{aligned}$$

[1]) Eine Verwechslung mit dem Symbol T für den Zeitbereich ist inhaltlich nicht zu befürchten.

also ist f exzessiv. Ist $f' \in \mathcal{L}$ irgendeine exzessive Majorante von h, so ist $(Tf')(s) \leqq f'(s)$ und $h(s) \leqq f'(s)$, also ist $(Q_{(f')}f')(s) = \max\{f'(s), (Tf')(s)\} = f'(s)$. Wegen der Isotonie von T folgt nun

$$f'(s) = (Q^n_{(f')}f')(s) \geqq (Q^n_{(h)}h)(s), \qquad \forall n \geqq 0,$$

so daß $f'(s) \geqq f(s)$ gilt und f die kleinste exzessive Majorante ist.

Nach diesen Vorbetrachtungen sind wir nun in der Lage, den optimalen Wert $v_0^*(s) = v^*(s)$ des vorliegenden Stopproblems mit dem Anfangszustand $s \in \mathcal{S}$ zu charakterisieren.

5.3.6. Satz (Schirjajew [2]). *Wir bezeichnen $G_n := g(X_n)$, $n \geqq 0$. Für jede Stopzeit $\tau \in \mathfrak{M}$ sei die Folge $(G_n^- \chi_{\{\tau > n\}})_{n \geqq 0}$ gleichmäßig P_s-integrierbar (vgl. Definition* A. 1.3.20). *Dann gilt:*

a) *Die durch das (Wert-)Iterationsverfahren* (4) *ausgehend von $f_0 = g$ konstruierte Folge $(f_n)_{n \geqq 0}$ konvergiert gegen die optimale Wertfunktion v^*, d. h., es ist*

$$v^*(s) = \lim_{n \to \infty} (Q^n g)(s), \qquad s \in \mathcal{S},$$

b) *v^* ist die kleinste exzessive Majorante von g,*

c) $v^*(s) = \max\{g(s), (Tv^*)(s)\}, \qquad s \in \mathcal{S}.$ (12)

Beweis: Auf Grund von Satz 5.3.2, a) gilt

$$v'^*(s) = \lim_{N \to \infty} (Q^N g)(s), \qquad s \in \mathcal{S},$$

(vgl. (5.2.21')). Nach Bemerkung 5.2.16 ist aber $v'^*(s) = v^*(s)$, $s \in \mathcal{S}$, somit gilt a). Wegen Satz 5.2.18 und Satz 5.3.5, c)—d) folgt b), aus Satz 5.2.6 schließlich c). ▮

5.3.7. Bemerkung. a): Gleichung (12) entspricht der Struktur nach einer Bellman-Gleichung. Für den allgemeinen Fall von dynamischen Systemen bzw. Stopsystemen vgl. Satz 1.4.1 bzw. Satz 5.2.6.

b) Die durch $v^*(s)$, $s \in \mathcal{S}$, gegebene optimale Wertfunktion ist (unter den Bedingungen des Satzes 5.3.6) nicht die einzige Lösung der Gleichung (12). Wegen $v^*(s) \leqq \sup_{s' \in \mathcal{S}} g(s')$ ist beispielsweise jede Konstante $c \geqq \sup_{s' \in \mathcal{S}} g(s')$ Lösung dieser Gleichung.

c) Die Voraussetzungen in Satz 5.3.6 sind praktisch schwer nachprüfbar. Offensichtlich ist die gleichmäßige P_s-Integrierbarkeit der Folge $(G_n^-)_{n \geqq 0}$ für die Gültigkeit von Satz 5.3.6 hinreichend. Nach Bemerkung A. 1.3.21, (4) ist dafür wiederum $\mathsf{E}_s \sup_n G_n^- < \infty$, $s \in \mathcal{S}$, hinreichend.

Für eine Kennzeichnung (ε-)optimaler Stopzeiten zum vorliegenden Stopproblem geben wir noch das folgende Lemma an.

5.3.8. Lemma (Schirjajew [2]). *Sei f eine exzessive Funktion bez. T, die der Gleichung*

$$f(s) = \max\{g(s), (Tf)(s)\}, \qquad s \in \mathcal{S}, \tag{13}$$

genügt. Hinsichtlich der Stopzeit

$$\tau_\varepsilon := \inf\{n : f(X_n) \leqq g(X_n) + \varepsilon\}, \qquad \varepsilon \geqq 0, \tag{14}$$

gilt dann

$$\mathsf{E}_s f(X_{\min\{\tau_\varepsilon, n\}}) = f(s), \qquad n \geqq 0, \tag{15}$$

für alle die $s \in \mathcal{S}$, für die $f(s) < \infty$ ist.

Beweis: Für $n = 0$ ist (15) wegen $\mathsf{P}_s(X_0 = s) = 1$ richtig. Angenommen, (15) gelte für $n - 1$. Da $f(s) < \infty$ vorausgesetzt wurde, ist die folgende Zerlegung möglich:

$$f(s) = \mathsf{E}_s f(X_{\min\{\tau_\varepsilon, n-1\}}) \chi_{\{\tau_\varepsilon \leqq n-1\}} + \mathsf{E}_s f(X_{\min\{\tau_\varepsilon, n-1\}}) \chi_{\{\tau_\varepsilon > n-1\}}$$
$$= \mathsf{E}_s f(X_{\tau_\varepsilon}) \chi_{\{\tau_\varepsilon \leqq n-1\}} + \mathsf{E}_s f(X_{n-1}) \chi_{\{\tau_\varepsilon > n-1\}} \,.$$

Für $\tau_\varepsilon > n - 1$ ist jedoch nach Definition von τ_ε

$$f(X_{n-1}) \geqq g(X_{n-1}) \,,$$

nach (13) und (10) mithin

$$f(X_{n-1}) = (Tf)(X_{n-1}) = \mathsf{E}_s\big(f(X_n) | X_{n-1}\big)$$

und nach den Rechenregeln für bedingte Erwartungen

$$\mathsf{E}_s f(X_{n-1}) = \mathsf{E}_s\big(f(X_{n-1}) \mid X_0 = s\big) = \mathsf{E}_s\big(\mathsf{E}_s(f(X_n) \mid X_{n-1}) \mid X_0 = s\big)$$
$$= \mathsf{E}_s\big(f(X_n) \mid X_0 = s\big) = \mathsf{E}_s \; f(X_n) \,.$$

Damit ist

$$f(s) = \mathsf{E}_s f(X_{\tau_\varepsilon}) \chi_{\{\tau_\varepsilon \leqq n-1\}} + \mathsf{E}_s f(X_n) \chi_{\{\tau_\varepsilon > n-1\}}$$
$$= \mathsf{E}_s f(X_{\tau_\varepsilon}) \chi_{\{\tau_\varepsilon < n\}} + \mathsf{E}_s f(X_{\tau_\varepsilon}) \chi_{\{\tau_\varepsilon = n\}} + \mathsf{E}_s f(X_n) \chi_{\{\tau_\varepsilon > n\}}$$
$$= \mathsf{E}_s f(X_{\min\{\tau_\varepsilon, n\}}) \,,$$

und es ist (15) auch für n richtig. ∎

5.3.9. Satz (Schirjajew [2]). *Es sei die Voraussetzung von Satz* 5.3.6 *erfüllt, und außerdem gelte* $\mathsf{E}_s \sup_n G_n^+ < \infty$, $s \in \mathcal{S}$. *Dann gilt:*

a) $v^*(s) < \infty$, $s \in \mathcal{S}$.

b) *Für beliebiges* $\varepsilon > 0$ *ist* $\tau_\varepsilon := \inf\{n : v'^*(X_n) \leqq g(X_n) + \varepsilon\}$ *eine Stopzeit in* $\mathfrak{M}$.

c) *Für beliebiges* $\varepsilon > 0$ *ist* τ_ε *eine* ε*-optimale Stopzeit in* $\mathfrak{M}$ *und* $\Gamma^\varepsilon := \{s \in \mathcal{S} : v'^*(s) \leqq g(s) + \varepsilon\}$ *eine* ε*-optimale Stopmenge.*

d) *Es sei* $\tau_0 := \inf\{n : v'^*(X_n) = g(X_n)\}$. *Ist* $\tau_0 \in \mathfrak{M}$, *so ist* τ_0 *eine optimale Stopzeit in* $\mathfrak{M}$ *und* $\Gamma^0 := \{s \in \mathcal{S} : v'^*(s) = g(s)\}$ *eine optimale Stopmenge.*

Beweis: a): Nach Lemma 5.2.4 kann eine monotone Folge $(\tau_k)_{k \geqq 0}$ von Stopzeiten aus $\mathfrak{M}$ angegeben werden (die überdies reaktionsfähig sind), so daß $\mathsf{E}_s G_{\tau_k}$ monoton gegen $v^*(s)$ konvergiert. Damit ist

$$v^*(s) = \sup_{\tau \in \mathfrak{M}} \mathsf{E}_s G_\tau = \sup_{k \geqq 0} \mathsf{E}_s G_{\tau_k} \leqq \sup_{k \geqq 0} \mathsf{E}_s G_{\tau_k}^+$$
$$\leqq \mathsf{E}_s \sup_{k \geqq 0} G_{\tau_k}^+ = \mathsf{E}_s \sup_{k \geqq 0} \sum_{m=0}^{\infty} G_{\tau_k}^+ \chi_{\{\tau_k = m\}}$$
$$= \mathsf{E}_s \sup_{k \geqq 0} \sum_{m=0}^{\infty} G_m^+ \chi_{\{\tau_k = m\}}$$
$$\leqq \mathsf{E}_s \sup_{k \geqq 0} \sup_{n \geqq 0} G_n^+ \sum_{m=0}^{\infty} \chi_{\{\tau_k = m\}} = \mathsf{E}_s \sup_n G_n^+ < \infty \,, \qquad s \in \mathcal{S} \,, \tag{16}$$

womit a) bewiesen ist.

b): Für $m \geqq 0$ definieren wir die Zufallsgrößen

$$\Psi_m := \sup_{j \geqq m} G_j \,, \qquad \Phi_n^m = \mathsf{E}_s(\Psi_m \mid \mathfrak{F}_n) \,, \qquad n \geqq m \,.$$

Nach Beispiel A. 2.6.3 bildet die Folge $(\Phi_n^m)_{n \geqq m}$ ein Martingal und damit erst recht ein Supermartingal bez. $(\mathfrak{F}_n)$, das wegen

$$\Phi_n^m \geqq \mathsf{E}_s(G_n \mid \mathfrak{F}_n) = G_n\,, \qquad n \geqq m\,,$$

die Folge (G_n) majorisiert. Nach Satz 5.2.18 ist aber $(V_n'^*)$ mit $V_n'^* := v'^*(X_n)$ das kleinste (G_n) majorisierende Supermartingal, also gilt

$$V_n'^* \leqq \Phi_n^m\,, \qquad n = m\,,\ m+1\,, \ldots \tag{17}$$

Nach Voraussetzung ist weiterhin

$$\mathsf{E}_s\Phi_n^{m+} = \mathsf{E}_s\big(\mathsf{E}_s(\Psi_m \mid \mathfrak{F}_n)^+\big) \leqq \mathsf{E}_s\big(\mathsf{E}_s(\Psi_m^+ \mid \mathfrak{F}_n)\big)$$
$$= \mathsf{E}_s\Psi_m^+ = \mathsf{E}_s \sup_{n \geqq m} G_n^+ < \infty\,, \qquad s \in \mathscr{S}\,,$$

so daß nach Satz A. 2.6.10 $\lim\limits_{n\to\infty} \Phi_n^m$ P_s-f.s. existiert, und es ist

$$\lim_{n\to\infty} \Phi_n^m \leqq \mathsf{E}_s(\Psi_m \mid \mathfrak{F}_\infty) \tag{18}$$

mit $\mathfrak{F}_\infty := \sigma\left(\bigcup\limits_{n=0}^{\infty} \sigma(\mathfrak{S}_n)\right)$. Nun ist aber Ψ_m $\mathfrak{F}_\infty$-meßbar, so daß einfach

$$\mathsf{E}_s(\Psi_m \mid \mathfrak{F}_\infty) = \Psi_m \tag{19}$$

gilt, und aus (17), (18) und (19) folgt

$$\overline{\lim_{n\to\infty}}\, V_n'^* \leqq \Psi_m\,, \qquad m \geqq 0\,.$$

Hieraus erhalten wir

$$\overline{\lim_{n\to\infty}}\, V_n'^* \leqq \inf_m \Psi_m = \inf_m \sup_{k \geqq m} G_k = \overline{\lim_{n\to\infty}}\, G_n\,.$$

Da $V_n'^*$ eine Majorante von G_n ist, gilt schließlich

$$\overline{\lim_{n\to\infty}}\, V_n'^* = \overline{\lim_{n\to\infty}}\, G_n \quad \mathsf{P}_s\text{-f.s.} \tag{20}$$

Sei nun $A := \{\omega : \tau_\varepsilon(\omega) = \infty\}$. Auf A ist demzufolge

$$V_n'^* > G_n + \varepsilon\,, \qquad n \geqq 0\,. \tag{21}$$

Für positive ε erhalten wir hieraus nach Übergang zum limes superior mit

$$\overline{\lim_{n\to\infty}}\, V_n'^* > \overline{\lim_{n\to\infty}}\, G_n\,,$$

wiederum eine strenge Ungleichung, die jedoch wegen (20) nur für $\mathsf{P}_s(A) = 0$ gelten kann. Für $\varepsilon > 0$ ist also

$$\mathsf{E}(\tau_\varepsilon < \infty) = 1\,, \tag{22}$$

und es gilt $\tau_\varepsilon \in \mathfrak{M}$.

c): Im Beweis von Satz 5.3.6 wurde bereits $v'^*(s) = v^*(s)$ gezeigt, $s \in \mathscr{S}$. Da v'^* eine exzessive Funktion ist, die der Optimalitätsgleichung (12) genügt, kann wegen a) Lemma 5.3.8 auf v^* angewandt werden, und es gilt

$$v^*(s) = \mathsf{E}_s\, v^*(X_{\tau_\varepsilon})\, \chi_{\{\tau_\varepsilon \leqq n\}} + \mathsf{E}_s v^*(X_n)\, \chi_{\{\tau_\varepsilon > n\}}\,, \qquad s \in \mathscr{S}\,. \tag{23}$$

Nun ist wegen

$$v^*(X_n) = \sup_{\tau \in \mathfrak{M}_n} \mathsf{E}_s(G_\tau \mid \mathfrak{S}_n) \leqq \mathsf{E}_s \sup_n G_n^+$$

(vgl. (16)) die Folge $\left(v^*(X_n)\,\chi_{\{\tau_\varepsilon > n\}}\right)$ gleichmäßig P_s-integrierbar, nach (21) und dem Lemma von Fatou (vgl. Satz A. 1.3.19) existiert $\mathsf{E}_s \overline{\lim_{n\to\infty}}\, v^*(X_{\tau_\varepsilon})\,\chi_{\{\tau_\varepsilon \leqq n\}} = \mathsf{E}_s v^*(X_{\tau_\varepsilon})$, und es gilt nach Definition von τ_ε

$$-\infty < v^*(s) \leqq \mathsf{E}_s v^*(X_{\tau_\varepsilon}) \leqq \mathsf{E}_s g(X_{\tau_\varepsilon}) + \varepsilon\,, \tag{24}$$

und τ_ε erweist sich als ε-optimal in $\mathfrak{M}$.

d) folgt entsprechend unter der Voraussetzung $\tau_0 \in \mathfrak{M}$. Die Aussagen über Γ^ε, $\varepsilon \geqq 0$, ergeben sich dabei aus (7). ∎

5.3.10. Bemerkung. Die in Bemerkung 5.3.7. c) an die Folge $(G_n)_{n\geqq 0}$ der (zufälligen) Ertragsfunktionen gestellte Bedingung $\mathsf{E}_s \sup_n G_n^- < \infty$ gewährleistet, daß der optimale Wert $v^*(s)$ des Stopproblems durch das in den Sätzen 5.3.2 und 5.3.6 angegebene Iterationsverfahren approximierbar ist. Diese Bedingung kann, wie Bemerkung 5.3.7.c) entnommen werden kann, weiter abgeschwächt werden.

Sofern nicht weitere Voraussetzungen getroffen werden, kann allerdings für gewisse $s \in \mathcal{S}$ der Fall $v^*(s) = \infty$ auftreten. Die in Satz 5.3.9 an die Folge $(G_n)_{n\geqq 0}$ gestellte Bedingung $\mathsf{E}_s \sup_n G_n^+ < \infty$ gewährleistet jedoch die Endlichkeit des optimalen Wertes $v^*(s)$, so daß in sinnvoller Weise von ε-optimalen Stopzeiten gesprochen werden kann, $\varepsilon \geqq 0$.

Die folgenden Betrachtungen zeigen, daß die hinreichende Bedingung $\mathsf{E}_s \sup_n G_n^+ < \infty$ nicht überflüssig ist. Für das in Beispiel 5.2.11 angegebene Stopproblem, bei dem der homogene markowsche Fall vorliegt, weisen wir die Gültigkeit von $\mathsf{E}_s \sup_n G_n^+ = \infty$, $s \in \mathcal{S} \setminus \{0\}$, nach und betrachten dazu vorbereitend eine Folge $\xi_1, \xi_2, \ldots$ unabhängiger, identisch verteilter Zufallsgrößen auf dem Wahrscheinlichkeitsraum $(\Omega, \mathfrak{F}, \mathsf{P}_s)$ mit $\mathsf{P}_s(\xi_1 = 1) = \mathsf{P}_s(\xi_1 = -1) = \frac{1}{2}$ und $S_n = \sum_{k=1}^{n} \xi_k$, $n \geqq 1$, $S_0 = 0$. Ferner sei l eine ganze Zahl und $t(l) := \inf\{k \geqq 0 : S_k = l\}$.

5.3.11. Lemma (Chow/Teicher [1]). *Für festes $m \geqq 0$ gilt*

$$\mathsf{P}_s\Big(\sup_{k=0,1,\ldots,t(-m)} S_k \geqq n\Big) = \frac{m}{m+n}\,, \qquad n \geqq 0\,, \qquad m + n > 0\,.$$

Beweis: Wir bezeichnen $r := m + n$ und

$$y_n := \mathsf{P}_s\Big(\sup_{k=0,\ldots,t(n-r)} S_k \geqq n\Big)\,, \qquad n \geqq 0\,.$$

Es ist $y_0 \geqq \mathsf{P}_s(S_0 \geqq 0) = 1$, also

$$y_0 = 1\,. \tag{25}$$

Wegen $r > 0$ ist

$$y_r = \mathsf{P}_s(S_0 \geqq r) = 0\,. \tag{26}$$

Nun gilt

$$\begin{aligned} y_n &= \mathsf{P}_s\Big(\xi_1 = 1,\ \sup_{k=1,\ldots,t(n-r-1)} (S_k - 1) \geqq n - 1\Big) \\ &\quad + \mathsf{P}_s\Big(\xi_1 = -1,\ \sup_{k=1,\ldots,t(n-r+1)} (S_k + 1) \geqq n + 1\Big) \\ &= \tfrac{1}{2}\,(y_{n-1} + y_{n+1})\,, \qquad n = 1, \ldots, r - 1\,, \end{aligned}$$

so daß $y_{n+1} - y_n = y_n - y_{n-1} = c = \text{const.}$, $n = 1, \ldots, r-1$, folgt. Also ist $y_n = cn + y_0$, wegen (25) und (26)

$$y_n = \frac{r-n}{r} = \frac{m}{m+n}\,. \blacksquare$$

Lemma 5.3.11 gibt die Wahrscheinlichkeit dafür an, daß ein Spieler mit einem Ausgangsvermögen von m Mark im Verlauf einer Folge fairer Spiele mit einer Auszahlung von je 1 Mark während seines besten Vermögensstandes mindestens noch n Mark dazugewonnen hat, bevor er ruiniert ist.

5.3.12. Beispiel. Wir betrachten Beispiel 5.2.11. Zwischen den dort angegebenen Zufallsgrößen X_n und den Zufallsgrößen S_n aus Lemma 5.3.11 besteht der Zusammenhang $X_n = S_n + s$, $n = 0, 1, \ldots, t(-s)$. Ferner gilt $g(s) = s > 0$, $s \in \mathscr{S} \setminus \{0\}$. Damit ist

$$\begin{aligned}\mathsf{E}_s \sup_n G_n^+ &= \mathsf{E}_s \sup_n g^+(X_n) = \mathsf{E}_s \sup_n X_n \\ &= s + \mathsf{E}_s \sup_{n=0,1,\ldots,t(-s)} S_n = s + \sum_{n=1}^{\infty} n\, \mathsf{P}_s\Big(\sup_{k=0,1,\ldots,t(-s)} S_k = n\Big)\,.\end{aligned}$$

Nach Lemma 5.3.11 ist nunmehr

$$\begin{aligned}\mathsf{E}_s \sup_n G_n^+ &= s + \sum_{n=1}^{\infty} n \left(\frac{s}{s+n} - \frac{s}{s+n+1}\right) \\ &= s + \sum_{n=1}^{\infty} \frac{ns}{(s+n)(s+n+1)} = \infty\,, \qquad s \in \mathscr{S} \setminus \{0\}\,.\end{aligned}$$

Wir bemerken noch, daß für die uneingeschränkte Irrfahrt auf Grund der Symmetrie alle Zustände aus $\mathscr{S}$ eine einzige Rekurrenzklasse bilden. Der Zustand 0 wird folglich von jedem $s \in \mathscr{S}$ ausgehend P_s-f.s. in endlicher Zeit erreicht. Für die in Beispiel 5.2.11 angegebene Stopzeit $\hat{\tau} = \inf\{n : X_n = 0\}$ gilt also $\hat{\tau} \in \mathfrak{M}$. Es wurde jedoch festgestellt, daß $\hat{\tau}$ (bei weitem) nicht optimal ist.

Wir wollen nun die optimale Wertfunktion v^* für Beispiel 5.2.11 berechnen und untersuchen dazu das in (4) angegebene Iterationsverfahren

$$f_n(s) = (Qf_{n-1})(s) = \max\big(g(s), (Tf_{n-1})(s)\big)\,, \qquad n \geqq 1\,, \qquad f_0(s) = g(s)\,,$$

mit den Operatoren T und Q aus Bemerkung 5.3.3 und $g(s) = \max\{1, s\}$, $s \in \mathscr{S}$. Offenbar ist $(Tf_n)(0) = \mathsf{E}_0 f_n(X_1) = f_n(0) = g(0) = 1$. Weiter gelten wegen $f_n(s) \geqq g(s)$, $n \geqq 1$, $s \in \mathscr{S}$, die Ungleichungen

$$\begin{aligned}(Tf_n)(1) &= \mathsf{E}_1 f_n(X_1) = \tfrac{1}{2}\big(f_n(0) + f_n(2)\big) \geqq \tfrac{1}{2}\big(1 + g(2)\big) > g(1)\,, \\ (Tf_n)(s) &= \mathsf{E}_s f_n(X_1) = \tfrac{1}{2}\big(f_n(s-1) + f_n(s+1)\big) \geqq \tfrac{1}{2}\big(g(s-1) + g(s+1)\big) \\ &= g(s)\,, \qquad s = 2, 3, \ldots,\end{aligned}$$

so daß $(Tf_n)(s) \geqq g(s)$ für alle $s \in \mathscr{S}$ gilt. Damit ist aber $Qf_n = Tf_n$ und somit $Q^n g = T^n g$, $n \geqq 1$.
Nun ist wegen

$$\begin{aligned}\mathsf{E}_s(X_n \mid X_{n-1}) &= \mathsf{E}_s(X_n \mid X_{n-1})\,\chi_{\{X_{n-1}=0\}} + \mathsf{E}_s(X_n \mid X_{n-1})\,\chi_{\{X_{n-1}\neq 0\}} \\ &= X_{n-1}\chi_{\{X_{n-1}=0\}} + \big(\tfrac{1}{2}(X_{n-1} - 1) + (X_{n-1} + 1)\big)\,\chi_{\{X_{n-1}\neq 0\}} \\ &= X_{n-1}\,.\end{aligned}$$

die Folge $(X_n)_{n\geq 0}$ ein Martingal, und nach Satz A. 2.6.4 gilt $\mathsf{E}_s X_n = \mathsf{E}_s X_0 = s$, $s \in \mathcal{S}$. Speziell ist

$$(Q^n g)(1) = (T^n g)(1) = \mathsf{E}_1 g(X_n) = \mathsf{E}_1 X_n + 1 \cdot \mathsf{P}_1(X_n = 0) = 1 + \mathsf{P}_1(X_n = 0)$$

und

$$v'^*(1) = \lim_{n\to\infty} (Q^n g)(1) = 1 + 1 = 2\,.$$

Wegen $v'^*(0) = 1$, $v'^*(s) = \frac{1}{2}\left(v'^*(s-1) + v'^*(s+1)\right)$ und Satz 5.3.6 ergibt sich schließlich $v^*(s) = v'^*(s) = s + 1$, $s \in \mathcal{S}$. Wir bemerken, daß Aussage 5.3.9.a) gilt, obwohl die Bedingung $\mathsf{E}_s \sup_n G_n^+ < \infty$ verletzt ist. Hingegen ist für $\varepsilon \in [0, 1)$ die Stopmenge $\Gamma^\varepsilon = \{s : v'^*(s) \leqq g(s) + \varepsilon\} = \{0\}$ nicht ε-optimal.

Der folgende Satz stellt fest, daß es unter geeigneten Bedingungen eine Stopzeit gibt, für die die Eigenschaft der ε-Optimalität wenigstens für einzelne Zustände gilt, ohne daß $\mathsf{E}_s \sup_n G_n^+ < \infty$ erfüllt zu sein braucht.

5.3.13. (Satz Schirjajew [2]). *Es gelte die Voraussetzung von Satz* 5.3.6. *Dann existiert für jeden Zustand* $s \in \mathcal{S}$, *für den* $v^*(s) < \infty$ *ist, und jedes* $\varepsilon > 0$ *eine eigentliche Stopzeit* $\tau_\varepsilon(s)$, *so daß*

$$\mathsf{E}_s g(X_{\tau_\varepsilon(s)}) \geqq v^*(s) - \varepsilon$$

gilt.

Beweis: Wir approximieren das zugrundeliegende Stopsystem durch eine Schar von Stopsystemen, die sich nur durch ihre Ertragsfunktion unterscheiden; diese sei durch $g^{(M)}(s) := \min\{M, g(s)\}$, $M > 0$, gegeben. Wir bezeichnen $v^{*(M)}(s) := \sup_{\tau\in\mathfrak{M}} \mathsf{E}_s\, g^{(M)}(X_\tau)$. Offenbar gilt dann $v^{*(M)}(s) \uparrow v^*(s)$, $s \in \mathcal{S}$, für $M \to \infty$, und nach Voraussetzung gibt es für jedes $\varepsilon > 0$ eine Zahl $\widetilde{M} := \widetilde{M}(s, \varepsilon)$, so daß für alle $M \geqq \widetilde{M}$ die Ungleichung

$$v^*(s) - v^{*(M)}(s) \leqq \frac{\varepsilon}{2} \tag{27}$$

gilt. Für die beschränkten Ertragsfunktionen $g^{(M)}$ sind nun alle Voraussetzungen von Satz 5.3.9 erfüllt, und nach Satz 5.3.9 ist die Stopzeit

$$\tau_\varepsilon(s) := \inf\left\{n : v^{*(\widetilde{M})}(X_n) \leqq g^{(\widetilde{M})}(X_n) + \frac{\varepsilon}{2}\right\}$$

eigentlich und $\varepsilon/2$-optimal für $g^{(M)}$, d. h., es gilt

$$\mathsf{E}_s g^{(\widetilde{M})}(X_{\tau_\varepsilon(s)}) \geqq v^{*(\widetilde{M})}(s) - \frac{\varepsilon}{2}.$$

Damit ist aber

$$v^*(s) \geqq \mathsf{E}_s g(X_{\tau_\varepsilon(s)}) \geqq \mathsf{E}_s g^{(\widetilde{M})}(X_{\tau_\varepsilon(s)}) \geqq v^{*(\widetilde{M})}(s) - \varepsilon/2 \geqq v^*(s) - \varepsilon\,. \;\blacksquare$$

5.3.14. Beispiel. Unter Benutzung der Bezeichnungen im Beweis des vorhergehenden Satzes berechnen wir die optimale Wertfunktion $v^{*(M)}$ für Beispiel 5.3.12 und konstruieren daraus die Stopmenge $\Gamma^{\tau_\varepsilon(s)}$, $s \in \mathcal{S}$. Wir beschränken uns dabei auf ganzzahlige M. Offenbar ist $v^{*(M)}(0) = 1$. Im Fall einer symmetrischen Irrfahrt, wie sie in diesem Beispiel vorliegt, sind die Eigenschaften exzessiv und konkav wegen $(Tf)(s) = \frac{1}{2}\left(f(s+1) + f(s-1)\right) \leqq f(s)$, $s \in \mathcal{S} \setminus \{0\}$, $(Tf)(0) = f(0)$ gleichwertig.

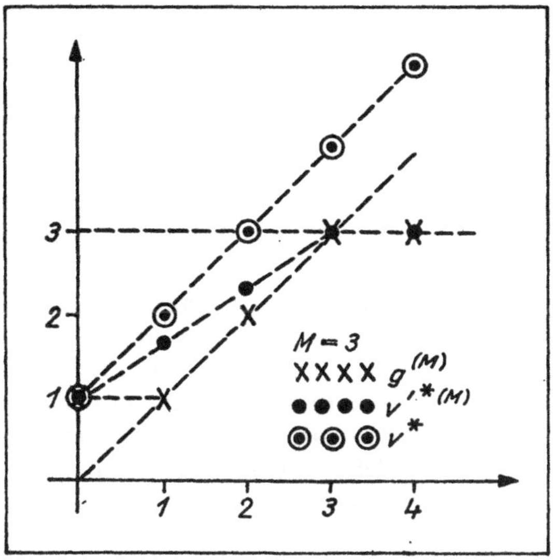

Abb. 1

Die kleinste konkave Majorante von $g^{(M)}$ ist nun die durch

$$v'^{*(M)}(s) = \begin{cases} 1 + s(M-1)/M\,, & s = 0, 1, \dots, M\,,\\ M\,, & s = M+1, M+2, \dots\,,\end{cases}$$

angegebene Funktion (vgl. Abb. 1), diese ist nach Satz 5.3.6 die optimale Wertfunktion $v^{*(M)}$ des Stopproblems mit der Ertragsfunktion $g^{(M)}$. Für $\varepsilon \in (0, 1)$ ist nun nach (27) M als die kleinste ganze Zahl wählbar, die größer oder gleich $2s/\varepsilon$ ist, und die der Stopzeit $\tau_\varepsilon(s)$ zugeordnete Stopmenge ergibt sich zu

$$\begin{aligned} \Gamma^{\tau_\varepsilon(s)} &:= \{s' : v^{*(M)}(s') \leqq g^{(M)}(s') + \varepsilon/2\} \\ &= \{s' : 1 + s'(M-1)/M \leqq s' + \varepsilon/2\} \cup \{0\} \\ &= \{s' : s' \geqq (2/\varepsilon - 1)\, s\} \cup \{0\}\,. \end{aligned}$$

Ausgehend von einem Zustand $s \in \mathcal{S}$ wird bei beliebigem $\varepsilon \in (0, 1)$ dadurch ε-optimal gestoppt, indem man den Prozeß so lange laufen läßt, bis man erstmalig in 0 oder in einen Zustand $s' \geqq (2/\varepsilon - 1)\, s$ gelangt.

Wir geben noch einige weitere Bemerkungen zu Satz 5.3.9 an.

5.3.15. Bemerkung. a) In Satz 5.3.9. b) ist $\varepsilon > 0$ wesentlich, und $\tau_0 \in \mathfrak{M}$ kann i. allg. nicht gefolgert werden, So gilt in Beispiel 5.2.10, in dem der homogene markowsche Fall vorliegt, $\hat{\tau} = \tau_0$ und $\mathsf{P}_s(\tau_0 = \infty) = 1$, also $\tau_0 \notin \mathfrak{M}$.

b) In Satz 5.3.9. d) erweist sich die Stopzeit τ_0 als erste Eintrittszeit in die zu τ_0 gehörende Stopmenge Γ^0. Wir bezeichnen

$$\mathfrak{C} := \{\tau \in \mathfrak{M} : \exists \Gamma \subset \mathcal{S} : \tau = \min\{n : X_n \in \Gamma\}\}\,.$$

Wegen $\mathfrak{C} \subset \mathfrak{M}$ gilt (unter den Voraussetzungen von Satz 5.3.9, speziell also auch unter $\tau_0 \in \mathfrak{M}$)

$$v^*(s) = \mathsf{E}_s g(X_{\tau_0}) \leqq \sup_{\tau \in \mathfrak{C}} \mathsf{E}_s\, g(X_\tau) \leqq \sup_{\tau \in \mathfrak{M}} \mathsf{E}_s g(X_\tau) = v^*(s)$$

die Beziehung

$$v^*(s) = \sup_{\tau \in \mathfrak{C}} g(X_\tau)\,,$$

so daß es genügt, optimale Stopzeiten in $\mathfrak{C}$ zu ermitteln und durch ihre zugehörigen Stopmengen zu beschreiben. Eine entsprechende Aussage gilt für die ε-optimalen Stopzeiten τ_ε, $\varepsilon > 0$.

c) Es sei $m \geqq 1$. Unter der Voraussetzung $\tau_0 \in \mathfrak{M}$ gilt auf der Menge $\{\omega: \tau_0(\omega) > m\}$ die Beziehung

$$\mathsf{E}_s(G_{\tau_0} \mid X_m) = V_m^* > G_m$$

(vgl. (5.1.23)). τ_0 erweist sich also nach Definition 5.2.1 als eine reaktionsfähige Stopzeit.

Satz 5.3.6 und 5.3.9 geben eine Charakterisierung der optimalen Wertfunktion und (ε-)optimaler Stopzeiten eines homogenen markowschen Stopproblems an. Die numerische Auswertung dieses Problems erfordert jedoch bei einer großen Zustandsanzahl i. allg. erheblichen Aufwand. Aus den Rekurrenzeigenschaften der zu stoppenden Markow-Kette lassen sich im Hinblick auf optimale Wertfunktion und (ε-)optimale Stopzeiten ggf. einige grundlegende Schlüsse ziehen. Dies wurde bereits auch bei der Behandlung des vorangehenden Beispiels bemerkt.

In diesem und im nächsten Abschnitt betrachten wir nur noch rekurrente und transiente Markow-Ketten (vgl. Definition A. 2.3.4). Das ist keine wesentliche Einschränkung. Startet beispielsweise die Kette in einem rekurrenten Zustand, so verbleibt sie in der Rekurrenzklasse, der der Startzustand angehört, und alle Zustände außerhalb dieser Klasse brauchen nicht weiter betrachtet zu werden. Startet andererseits die Kette in einem transienten Zustand, so verhält sie sich bis zu ihrem Übergang in einen rekurrenten Zustand wie eine transiente Kette.

Hinsichtlich der Auswertung von Stopproblemen erweisen sich die rekurrenten Ketten gegenüber den transienten als die bedeutend einfacheren.

5.3.16. Satz. *Sei die zu stoppende Markow-Kette* $(X_n)_{n\geqq 0}$ *rekurrent mit genau einer Rekurrenzklasse, und die aus der Auszahlungsfunktion g gebildete Folge* $\left(g^-(X_n)\right)_{n\geqq 0}$ *sei gleichmäßig* P_s*-integrierbar. Dann gilt:*

a) *Die optimale Wertfunktion* v^* *ist eine Konstante:*

$$v^*(s) = \sup_{s'\in\mathscr{S}} g(s') = \text{const}\,. \tag{28}$$

b) *Gelten die Bedingungen des Satzes* 5.3.9. *und ist* $\Gamma := \{s: g(s) = \sup_{s'\in\mathscr{S}} g(s')\} \neq \emptyset$, *d. h., existiert ein* $s \in \mathscr{S}$ *mit* $v^*(s) = g(s)$, *so ist* Γ *eine optimale Stopmenge und* $\tau^* :=$ $:= \min\{n: X_n \in \Gamma\}$ *eine optimale Stopzeit in* $\mathfrak{M}$.

Beweis: a): Nach Satz 5.3.6 ist v^* die kleinste exzessive Majorante von g, nach Satz 5.3.5. c) bildet also die Folge $\left(v^*(X_n)\right)_{n\geqq 0}$ ein Supermartingal. Aus der gleichmäßigen Integrierbarkeit von $\left(g^-(X_n)\right)$ folgt auch $\sup_n \mathsf{E}_s g^-(X_n) < \infty$, und wegen $\sup_n \mathsf{E}_s v^{*-}(X_n) \leqq \sup_n \mathsf{E}_s g^-(X_n)$ existiert nach Satz A. 2.6.8 $\lim_{n\to\infty} v^*(X_n)$ P_s-f.s. Angenommen, v^* sei nicht konstant. Dann existieren $s', s'' \in \mathscr{S}$, $s' \neq s''$, mit $v^*(s') \neq$ $\neq v^*(s'')$. Weil die Markow-Kette (X_n) jedoch rekurrent ist, hält sie sich sowohl in s' als auch in s'' P_s-f.s. unendlich oft auf, im Widerspruch zur Konvergenz von $\left(v^*(X_n)\right)_{n\geqq 0}$. Also ist v^* konstant. Die kleinste konstante Majorante von g ist aber die in (28) angegebene, und es gilt a).

b): Ist $\Gamma \neq \emptyset$ und bezeichnet s^* einen Zustand aus Γ, so erreicht (X_n) diesen Zustand wegen der Rekurrenz P_s-f.s. in endlicher Zeit, also gilt $\tau^* \in \mathfrak{M}$. Dann folgt b) aus Satz 5.3.9. d) mit $\tau_0 = \tau^*$. ∎

Auf Möglichkeiten einer einfachen Behandlung transienter Markow-Ketten wird in Abschnitt 5.4 eingegangen.

Um abschließend einen Spezialfall zu betrachten, gehen wir nochmals auf die in Satz 5.3.9 angegebene optimale Stopmenge $\Gamma^0 = \{s\colon v'^*(s) = g(s)\}$ ein. Da nach Definition 5.3.1 die Folge $(Q^n g)_{n \in N_0}$ isoton in n ist, gilt

$$g(s) \leqq (Qg)(s) \leqq (Q^2 g)(s) \leqq \ldots \leqq \lim_{n\to\infty} (Q^n g)(s) = v'^*(s)$$

und somit

$$\Gamma^0 \subset \{s\colon (Qg)(s) = g(s)\} = \{s\colon (Tg)(s) \leqq g(s)\} =: \Gamma_1 . \qquad (29)$$

5.3.17. Satz. *Gilt zusätzlich zu den Bedingungen des Satzes* 5.3.9 *für jedes* $s \in \Gamma_1$ *die Ungleichung*

$$(Tg)(X_1) \leqq g(X_1) \qquad \mathsf{P}_s\text{-f.s.}, \qquad (30)$$

so folgt sogar die Gleichheit

$$\Gamma^0 = \Gamma_1 . \qquad (31)$$

Beweis: Es sei $s \in \Gamma_1$. Auf Grund der Homogenität der Markow-Kette (X_n) gilt nach Voraussetzung auch $(Tg)(X_n) \leqq g(X_n)$ P_s-f.s. und nach (3)

$$(Qg)(X_n) = g(X_n) \qquad \mathsf{P}_s\text{-f.s.} \qquad (32)$$

Angenommen, wir haben gezeigt, daß überdies

$$(Q^k g)(X_n) = g(X_n) \qquad \mathsf{P}_s\text{-f.s.}, \qquad n \geqq 0 , \qquad (33)$$

für ein $k \geqq 1$ gilt. Dann folgt auf Grund der Markow-Eigenschaft und wegen (10), (11) und (33)

$$\begin{aligned}(Q^{k+1} g)(X_n) &= \max\{g(X_n), (TQ^k g)(X_n)\}\\ &= \max\{g(X_n), \mathsf{E}_s((Q^k g)(X_{n+1}) \mid X_n)\}^{1)}\\ &= \max\{g(X_n), \mathsf{E}_s(g(X_{n+1}) \mid X_n)\}^{1)}\\ &= \max\{g(X_n), (Tg)(X_n)\} = g(X_n) \qquad \mathsf{P}_s\text{-f.s.}\end{aligned}$$

Speziell für $n = 0$ gilt also $(Q^k g)(s) = g(s)$, $k \geqq 1$, und $v'^*(s) = \lim_{k\to\infty} (Q^k g)(s) = g(s)$, mithin ist $s \in \Gamma^0$. ∎

5.3.18. Bemerkung. Es liegt hier der monotone Fall im Sinne von Definition 5.2.19 vor. Für die Gültigkeit von (30) braucht nur nachgeprüft zu werden, ob für jedes $s \in \Gamma_1$ und alle $s' \in \mathscr{S}$ mit $p(s, s') > 0$ auch $s' \in \Gamma_1$ gilt. Dann ist Γ_1 — unter den Bedingungen des Satzes 5.3.9 — eine optimale Stopmenge.

Bedingung (30) ist trivialerweise erfüllt, wenn die Ertragsfunktion g bereits eine exzessive Funktion ist; i. allg. stellt (30) jedoch eine wesentliche Einschränkung dar.

5.4. Numerische Lösung von Stopproblemen bei Markow-Ketten mit endlichem Zustandsraum

Das Vorliegen eines endlichen Zustandsraumes $\mathscr{S}$ der zu stoppenden Markow-Kette $X = (X_n)_{n \geqq 0}$ gestattet ohne zusätzliche Bedingungen zumindest prinzipiell die Lösung des Stopproblems. Dies bedeutet die Berechnung der optimalen Wertfunktion v^*

[1]) Wir bemerken, daß die angegebenen Größen vom Anfangszustand s unabhängig sind.

und die Angabe einer optimalen Stopzeit bzw. -menge. Nach Satz 5.3.6 ist v^* die kleinste exzessive Majorante von g. Diese kann mit dem dort angegebenen, auch numerisch brauchbaren (Wert-)Iterationsverfahren ermittelt werden. Nach Satz 5.3.9 ist für jedes $\varepsilon > 0$ $\tau_\varepsilon = \inf\{n: v^*(X_n) \leqq g(X_n) + \varepsilon\}$ eine ε-optimale Stopzeit in $\mathfrak{M}$. Für

$$\varepsilon < \min\{|g(s) - g(s')| : s, s' \in \mathcal{S}, g(s) \neq g(s')\}, \quad \text{falls } g \text{ nicht konstant ist,}$$

$$\varepsilon \text{ beliebig}, \quad \text{falls } g \text{ konstant ist}$$

gilt überdies $\tau_\varepsilon = \tau_0 = \inf\{n: v^*(X_n) = g(X_n)\}$, und es ist τ_0 optimal in $\mathfrak{M}$.

Neben dem Wertiterationsverfahren werden in diesem Abschnitt zwei weitere, unter bestimmten Voraussetzungen zweckmäßigere Lösungsverfahren vorgestellt. Die folgenden Betrachtungen bereiten diese vor. Am Ende dieses Abschnitts wird ein Beispiel mit allen drei Verfahren behandelt.

Durch $\mathcal{S} = A_1 \cup A_2 \cup \dots \cup A_r \cup B$ zerlegen wir nun den Zustandsraum in die Rekurrenzklassen $A_j, j = 1, \dots, r$, und die Menge B transienter Zustände (vgl. Definition A. 2.3.4) bezüglich der zu stoppenden Markow-Kette X. Diesbezügliche Algorithmen wurden beispielsweise von Tankó [1] und Uebe [1] angegeben. Da sich die Markow-Kette X in einem transienten Zustand P_s-f.s. nur endlich viele Male aufhalten kann, muß es bei endlichem Zustandsraum und unendlichem Zeitbereich mindestens einen rekurrenten Zustand geben, d. h., es gilt $r > 0$. Da der Fall rekurrenter Ketten in Satz 5.3.16 bereits behandelt worden ist, gehen wir nunmehr von der Existenz transienter Zustände aus, d. h. $m := \operatorname{card}(B) > 0$. Im Hinblick auf das folgende bezeichnen wir die Elemente von B mit $r+1, r+2, \dots, r+m$. Durch Umordnung der Zustände entsprechend der Reihenfolge $A_1, A_2, \dots, A_r, B$ — innerhalb der A_j bleibt die Reihenfolge der Elemente beliebig — läßt sich nunmehr die Übergangsmatrix P in die kanonische Blockstruktur

$$P = \left(\begin{array}{ccc|c} P_1 & & \mathbf{0} & 0 \\ & \ddots & & \vdots \\ \mathbf{0} & & P_r & 0 \\ \hline R_1 & \cdots & R_r & S \end{array}\right) \tag{1}$$

bringen. Durch die Transformation $\varphi \mid \mathcal{S} \to \hat{\mathcal{S}}$, $\hat{\mathcal{S}} := A \cup B$, $A := \{1, \dots, r\}$, $B = \{r+1, \dots, r+m\}$,

$$\varphi(s) = \begin{cases} j & \text{für } s \in A_j, \quad j = 1, \dots, r, \\ s & \text{für } s \in B, \end{cases} \tag{2}$$

gehen wir jetzt zu einer neuen Markow-Kette

$$\hat{X} = (\hat{X}_n), \qquad \hat{X}_n := \varphi(X_n), \qquad n \geqq 0, \tag{3}$$

über, indem wir für jedes j alle Zustände aus A_j in jeweils einem Zustand zusammenfassen. $\hat{X}$ erweist sich als eine transiente Markow-Kette mit der Übergangsmatrix

$$\hat{P} := \begin{pmatrix} I & 0 \\ R & S \end{pmatrix}. \tag{4}$$

Mit den Bezeichnungen $R = (r(i,j))$, $i \in B, j \in A$, $R_j = (r_j(i,l))$, $i \in B$, $l \in A_j$, $j = 1, \dots, r$, ergibt sich $r(i,j) = \sum_{l \in A_j} r_j(i,l)$, $i \in B, j \in A$. $S = (s(i,j))$, $i, j \in B$, stimmt dabei mit dem Blockelement S aus (1) überein. S ist substochastisch in dem Sinne, daß $s(i,j) \geqq 0$, $i, j \in B$, $\sum_{j \in B} s(i,j) \leqq 1$, $i \in B$, gilt und mindestens ein $i_0 \in B$ mit

$\sum_{j \in B} s(i_0, j) < 1$ existiert. Gelangt der zu stoppende Prozeß einmal in die Rekurrenzklasse A_j, so ist wegen der Endlichkeit des Zustandsraumes $\mathscr{S}$ nach Satz 5.3.16 der Ertrag $\max_{s' \in A_j} g(s')$ in endlicher Zeit erreichbar, $j = 1, \dots, r$. Im Hinblick auf die Maximierung der Ertragsfunktion führen wir durch

$$\hat{g}(j) := \begin{cases} \max_{s' \in A_j} g(s') , & j = 1, \dots, r , \\ g(j) , & j = r + 1, \dots, r + m , \end{cases} \tag{5}$$

eine neue, der Transformation (2) angepaßte Ertragsfunktion ein und bezeichnen $\hat{G}_n := \hat{g}(\hat{X}_n)$, $n \geqq 0$. Für die durch $\hat{v}^*(s) := \sup_{\tau \in \mathfrak{M}} \mathsf{E}_s \hat{G}_\tau$, $s \in \hat{\mathscr{S}}$, gegebene optimale Wertfunktion des durch (2), (4) und (5) transformierten Stopproblems gilt wegen (4)

$$\hat{v}^*(s) = \hat{g}(s) , \qquad s \in A . \tag{6}$$

Für das ursprüngliche Stopproblem ergibt sich daraus

$$v^*(s) = \begin{cases} \max_{s' \in A_j} g(s') , & s \in A_j , \quad j = 1, \dots, r , \\ \hat{v}^*(s) , & s \in B . \end{cases}$$

5.4.1. Wertiterationsverfahren

Wir gehen von der transienten Markow-Kette $\hat{X}$ (vgl. (3)) aus und betrachten das in (5.3.4) angegebene Iterationsverfahren $f_n := Qf_{n-1}$, $n \in \mathbb{N}$, $f_0 = g$, zur Ermittlung der optimalen Wertfunktion $\hat{v}^*$. Wir fassen dabei die Elemente $f \mid A \cup B \to \mathbb{R}$, $A = \{1, \dots, r\}$, $B = \{r + 1, \dots, r + m\}$ als Vektoren $f \in \mathbb{R}^{r+m}$ auf. Mit f_A bzw. f_B bezeichnen wir die Einschränkungen von f auf A bzw. B; es ist also $f_A := (f(1), \dots, f(r))^\mathsf{T}$, $f_B := (f(r + 1), \dots, f(r + m))^\mathsf{T}$. Nach (5.3.9), (5.3.11) und (4) gilt dann

$$Q\begin{pmatrix} f_A \\ f_B \end{pmatrix} = \max\left\{\begin{pmatrix} \hat{g}_A \\ \hat{g}_B \end{pmatrix}, \hat{P}\begin{pmatrix} f_A \\ f_B \end{pmatrix}\right\} = \max\left\{\begin{pmatrix} \hat{g}_A \\ \hat{g}_B \end{pmatrix}, \begin{pmatrix} f_A \\ Rf_A + Sf_B \end{pmatrix}\right\}, \tag{7}$$

wobei die Maximierung komponentenweise zu verstehen ist. Speziell ist

$$Q\begin{pmatrix} \hat{g}_A \\ \hat{g}_B \end{pmatrix} = \begin{pmatrix} \hat{g}_A \\ \max\{\hat{g}_B, R\hat{g}_A + S\hat{g}_B\} \end{pmatrix}. \tag{8}$$

Für die optimale Wertfunktion $\hat{v}^*$ gilt entsprechend die Zerlegung

$$\hat{v}^* = \begin{pmatrix} \hat{v}_A^* \\ \hat{v}_B^* \end{pmatrix}. \tag{9}$$

Wegen $\hat{v}^* = \lim_{n \to \infty} Q^n \hat{g}$ (vgl. Satz 5.3.6.a)) folgt aus (8) die schon bekannte Tatsache (vgl. (6)), daß $\hat{v}_A^* = \hat{g}_A^*$ ist. Deshalb betrachten wir nur noch den zweiten Teilvektor von (7). Wir ändern ihn überdies ab und definieren für ein festes $\hat{g} = \begin{pmatrix} \hat{g}_A \\ \hat{g}_B \end{pmatrix}$ einen Operator Q_B durch

$$Q_B f := \max\{\hat{g}_B, R\hat{g}_A + Sf\} , \qquad f \in \mathbb{R}^m . \tag{10}$$

Wir bezeichnen noch mit $s^{(n)}(i, j)$ die Elemente der Matrix S^n,

$$q(n) := \max_{i \in B} \sum_{j \in B} s^{(n)}(i, j) , \qquad n \geqq 1 , \tag{11}$$

weiter sei

$$k_0 := \inf\{n > 0 \colon q(n) < 1\} . \tag{12}$$

Wir verwenden im folgenden die Norm $\|f\| := \max_{s \in B} |f(s)|, f \in \mathbb{R}^m$. Es ist dann $q(n) = \|S^n\|, n \geqq 1$. Der nun folgende Satz beinhaltet grundlegende Aussagen über das Wertiterationsverfahren:

5.4.1. Satz. a) *Es ist $k_0 < \infty$ und damit $q(k_0) < 1$.*

b) *$Q_B^{k_0}$ ist eine Kontraktion mit der Kontraktionskonstanten $q(k_0)$, d. h., es gilt $\|Q_B^{k_0} f_1 - Q_B^{k_0} f_2\| \leqq q(k_0)\, \|f_1 - f_2\|, f_1, f_2 \in \mathbb{R}^m$.*

c) *Q_B besitzt genau einen Fixpunkt, dieser ist gleich $\hat{v}_B^*$, vgl.* (9).

d) *Das Wertiterationsverfahren*

$$v_n := Q_B v_{n-1}\,, \qquad n = 1, 2, \dots, \tag{13}$$

konvergiert bei beliebigem v_0 gegen $\hat{v}_B^*$.

e) *Für ein beliebiges $\varepsilon > 0$ ist $\|\hat{v}_B^* - v_n\| < \varepsilon$ für*

$$n \geqq n_0 := \operatorname{ent}\left(\frac{k_0}{\ln q} \ln \frac{\varepsilon(1-q)}{\|v_0 - Q_B v_0\|\, k_0}\right) + 1\,, \qquad n \geqq 0\,, q := q(k_0)\,.$$

Für $v_0 = \hat{v}_B^*$ gilt $n_0 = 0$.

Beweis: a): Nach KEMENY/SNELL/KNAPP [1] ist der Erwartungswert der Anzahl der Aufenthalte der Markow-Kette $\hat{X} = (\hat{X}_n)_{n \geqq 0}$ in j bei Start in i durch das Element der Matrix $\sum_{k=0}^{\infty} \hat{P}^k$ mit den Indizes (i, j) gegeben. In unserem Fall ist (vgl. (4))

$$\hat{P}^k = \begin{pmatrix} I & 0 \\ R_k & S^k \end{pmatrix}$$

mit gewissen Blockelementen R_k. Nach Definition eines transienten Zustandes ist

$$\sum_{k=0}^{\infty} s^{(k)}(i, j) < \infty\,, \qquad i, j \in B\,,$$

also gilt $\lim_{k \to \infty} s^{(k)}(i, j) = 0, i, j \in B$. Auf Grund der Endlichkeit von B gibt es also eine natürliche Zahl n mit $q(n) < 1$, und es folgt a).

b): Wir beschreiben das vorliegende Stopproblem als ein stationäres markowsches dynamisches System MDS (vgl. den Anfang von Abschnitt 5.3) und benutzen Aussagen aus Abschnitt 5.2.2 zum Beweis von b). Wir betrachten zunächst eine Entscheidungsfunktion $\delta \mid B \to \{0, 1\}$ und definieren einen Operator $\tilde{L}^\delta$ durch

$$(\tilde{L}^\delta f)(i) = \begin{cases} \hat{g}_B(i) & \text{für } \delta(i) = 1\,, \\ (R\hat{g}_A)(i) + (Sf)(i) & \text{für } \delta(i) = 0\,, \end{cases} \qquad i \in B\,, \qquad f \in \mathbb{R}^m\,. \tag{14}$$

$\tilde{L}^\delta$ entspricht dem in Definition 2.2.7 (vgl. auch Lemma 2.2.8) durch $L^\delta f = \gamma^\delta + P^\delta f$, $P^\delta = \big(p(j \mid i, \delta(i))\big)$, angegebenen Operator L^δ, wenn

$$\begin{aligned} \gamma^\delta(i) &= \begin{cases} \hat{g}_B(i) & \text{für } \delta(i) = 1\,, \\ (R\hat{g}_A)(i) & \text{für } \delta(i) = 0\,, \end{cases} \\ p\big(j \mid i, \delta(i)\big) &= \begin{cases} 0 & \text{für } \delta(i) = 1\,, \\ s(i, j) & \text{für } \delta(i) = 0\,, \end{cases} \qquad j \in B\,, \end{aligned} \tag{15}$$

gesetzt wird. Der Operator Q_B entspricht dann — bei der getroffenen Vereinbarung einer Maximierung statt einer Minimierung — dem Operator U nach Definition 2.2.8 (vgl. auch Lemma 2.2.9). Weiter betrachten wir die k_0-stufigen Strategien $\vartheta = (\delta_0, \ldots, \delta_{k_0-1})$, $\delta_n \mid B \to \{0, 1\}$, $n = 0, \ldots, k_0 - 1$, und setzen $\widetilde{\mathfrak{B}}^{\vartheta} f := \tilde{L}^{\delta_0} \tilde{L}^{\delta_1} \ldots \tilde{L}^{\delta_{k_0-1}} f$, $f \in \mathbb{R}^m$. Wegen der Endlichkeit von B und von k_0 gilt $Q_B^{k_0} f = \max_{\vartheta} \widetilde{\mathfrak{B}}^{\vartheta} f$ (vgl. Satz 2.2.10), und für beliebige $f_1, f_2 \in \mathbb{R}^m$ existieren maximierende Strategien ϑ^1, ϑ^2 mit $Q_B^{k_0} f_1 = \widetilde{\mathfrak{B}}^{\vartheta^1} f_1$, $Q_B^{k_0} f_2 = \widetilde{\mathfrak{B}}^{\vartheta^2} f_2$, so daß

$$||Q_B^{k_0} f_1 - Q_B^{k_0} f_2|| = ||\widetilde{\mathfrak{B}}^{\vartheta^1} f_1 - \widetilde{\mathfrak{B}}^{\vartheta^2} f_2|| \tag{16}$$

folgt. Nun gilt

$$\widetilde{\mathfrak{B}}^{\vartheta^1} f_1 - \widetilde{\mathfrak{B}}^{\vartheta^2} f_2 \leqq \widetilde{\mathfrak{B}}^{\vartheta^1} f_1 - \widetilde{\mathfrak{B}}^{\vartheta^1} f_2 \,,$$
$$\widetilde{\mathfrak{B}}^{\vartheta^2} f_2 - \widetilde{\mathfrak{B}}^{\vartheta^1} f_1 \leqq \widetilde{\mathfrak{B}}^{\vartheta^2} f_2 - \widetilde{\mathfrak{B}}^{\vartheta^2} f_1 \,,$$

so daß sich aus (14), (15), (16) und wegen $s(i, j) \geqq 0$, $i, j \in B$,

$$\begin{aligned} ||Q_B^{k_0} f_1 - Q_B^{k_0} f_2|| &\leqq \max_{\vartheta} ||\widetilde{\mathfrak{B}}^{\vartheta} f_1 - \mathfrak{B}^{\vartheta} f_2|| \leqq ||S^{k_0}(f_1 - f_2)|| \\ &\leqq ||S^{k_0}|| \, ||f_1 - f_2|| = q(k_0) \, ||f_1 - f_2|| \,, \end{aligned} \tag{17}$$

mit a) schließlich b) ergibt.

c): Wegen a) und b) folgt aus dem banachschen Fixpunktsatz (s. z. B. P. H. MÜLLER [1]) die Existenz genau eines Fixpunktes für den Operator Q_B. Nach Satz 5.3.6. c) ist

$$Q \begin{pmatrix} \hat{v}_A^* \\ \hat{v}_B^* \end{pmatrix} = \max \left\{ \begin{pmatrix} \hat{g}_A \\ \hat{g}_B \end{pmatrix}, \begin{pmatrix} \hat{v}_A^* \\ R\hat{v}_A^* + S\hat{v}_B^* \end{pmatrix} \right\} = \begin{pmatrix} \hat{v}_A^* \\ \hat{v}_B^* \end{pmatrix},$$

und wegen $\hat{v}_A^* = \hat{g}_A$ ist $(Q\hat{v}^*)_B = Q_B \hat{v}_B^* = \hat{v}_B^*$, also gilt c).

d) kann ebenfalls aus dem banachschen Fixpunktsatz gefolgert werden.

e): Es sei nun $v_0 \in \mathbb{R}^m$ beliebig, $v_n = Q_B v_{n-1}$, $n \in \mathbb{N}$. Sei weiterhin $p \in \mathbb{N}$, $l := \operatorname{ent}(n/k_0)$, $l' := \operatorname{ent}(p/k_0)$ und $q = q(k_0)$. Dann ist entsprechend (17)

$$\begin{aligned} ||v_{n+1} - v_n|| &= ||Q_B^{k_0} v_{n-k_0+1} - Q_B^{k_0} v_{n-k_0}|| \leqq q \, ||v_{n-k_0+1} - v_{n-k_0}|| \leqq \ldots \\ &\leqq q^l \, ||v_{n-lk_0+1} - v_{n-lk_0}|| \,, \end{aligned} \tag{18}$$

und wegen

$$||v_{j+1} - v_j|| = ||Q_B v_j - Q_B v_{j-1}|| \leqq ||v_j - v_{j-1}|| \tag{19}$$

gilt

$$||v_{n+1} - v_n|| \leqq q^l \, ||v_1 - v_0|| \,. \tag{20}$$

Aus der Dreiecksungleichung folgt

$$||v_{n+p} - v_n|| \leqq \sum_{r=0}^{p-1} ||v_{n+p-r} - v_{n+p-r-1}|| \,,$$

und mit der Darstellung $p = l'k_0 + \varrho$

$$||v_{n+p} - v_n|| \leqq \sum_{\nu=0}^{\varrho-1} ||v_{n+p-\nu} - v_{n+p-\nu-1}|| + \sum_{\mu=1}^{l'} \sum_{\nu=0}^{k_0-1} ||v_{n+\mu k_0-\nu} - v_{n+\mu k_0-\nu-1}|| \,.$$

Entsprechend (19) und (18) ist nun

$$\begin{aligned} ||v_{n+p} - v_n|| &\leqq k_0 \sum_{\lambda=0}^{l'} ||v_{n+\lambda k_0+1} - v_{n+\lambda k_0}|| \leqq k_0 \, ||v_{n+1} - v_n|| \sum_{\lambda=0}^{l'} q^\lambda \\ &\leqq k_0 \, ||v_{n+1} - v_n|| \sum_{\lambda=0}^{\infty} q^\lambda \,, \end{aligned}$$

mit (20)

$$\|v_{n+p} - v_n\| \leqq k_0 q^l \, \|v_1 - v_0\|/(1-q)\,,$$

und es ist

$$\|\hat{v}_B^* - v_n\| = \lim_{p\to\infty} \|v_{n+p} - v_n\| \leqq k_0 q^l \, \|v_1 - v_0\|/(1-q)\,.$$

Schließlich gilt

$$\|\hat{v}_B^* - v_n\| < \varepsilon\,, \quad \text{wenn} \quad q^l \leqq \varepsilon(1-q) \,/\, k_0 \, \|v_1 - v_0\|\,,$$

d. h.

$$l \geqq \ln[\varepsilon(1-q)/k_0 \, \|v_1 - v_0\|]/\ln q\,, \quad \text{also} \quad n \geqq n_0\,.$$

Damit ist auch e) bewiesen. ∎

5.4.2. Lineare Optimierung

Die Verfahren der linearen Optimierung können bei verhältnismäßig allgemeinen dynamischen Systemen zur Ermittlung von optimaler Wertfunktion und optimalen Strategien eingesetzt werden. DE GHELLINCK und EPPEN [1] wiesen auf diesen Sachverhalt hin, eine diesbezügliche Übersichtsarbeit wurde von HEILMANN [2] verfaßt. Im Gegensatz zum Wertiterationsverfahren ist die lineare Optimierung eine in endlich vielen Schritten zum Ziel führende, allerdings häufig numerisch ziemlich aufwendige Methode.

Stopprobleme bei endlichen Markow-Ketten lassen sich besonders einfach als lineare Optimierungsprobleme formulieren.

5.4.2. Satz. *Es bezeichne $P = \big(p(i,j)\big)$, $i, j \in \mathcal{S}$ die Übergangsmatrix der zu stoppenden Markow-Kette X, g die Ertragsfunktion und v^* die optimale Wertfunktion des Stopproblems. Dann ist v^* Lösung des linearen Optimierungsproblems*

$$\sum_{i\in\mathcal{S}} v(i) \to \min! \tag{21}$$

unter

$$\sum_{j\in\mathcal{S}} p(i,j)\, v(j) \leqq v(i)\,, \qquad i \in \mathcal{S}\,,$$

$$g(i) \leqq v(i)\,, \qquad i \in \mathcal{S}\,. \tag{22}$$

Beweis: Aus (22) ergibt sich, daß v eine exzessive Majorante von g ist, vgl. (5.3.9) und Definition 5.3.4. Zur Vervollständigung des Beweises ist nur noch zu zeigen, daß die kleinste exzessive Majorante (vgl. Satz 5.3.6) auch eine exzessive Majorante mit der kleinsten „Komponentensumme" ist. Es bezeichne v' eine Funktion mit der zuletzt genannten Eigenschaft. Dann gilt

$$v(i) \leqq v'(i)\,, \qquad i \in \mathcal{S}\,, \tag{23}$$

und

$$\sum_{i\in\mathcal{S}} v(i) \geqq \sum_{i\in\mathcal{S}} v'(i)\,. \tag{24}$$

Durch Summation von (23) folgt mit (24) schließlich

$$v(i) = v'(i)\,, \qquad i \in \mathcal{S}\,. \;∎$$

5.4.3. Bemerkungen. a) Die Aussage des Satzes 5.4.2 gilt für beliebige Zielfunktionen der Form $\sum_{i\in\mathcal{S}} c(i)\, v(i)$ mit $c(i) > 0$ in Verallgemeinerung zu (21).

b) Liegt eine transiente Markow-Kette mit der Menge A von absorbierenden Zuständen vor, so gilt $v^*(i) = g(i)$, $i \in A$ (vgl. (6)). Die Summanden in (21) sowie die Ungleichungen in (22) für $i \in A$ können dann weggelassen werden. Für die Gültigkeit von Satz 5.4.2 braucht jedoch die Markow-Kette nicht transient zu sein.

c) Eine Lösung des linearen Optimierungsproblems kann mit der dualen Simplexmethode (s. z.B. BIALY/OLBRICH [1]) vorgenommen werden.

d) Wie am Anfang des Abschnittes bemerkt, ergibt sich mit

$$\tau_0 = \min\{n: v^*(X_n) = g(X_n)\}$$

eine optimale Stopzeit,

$$\Gamma^0 = \{s \in \mathcal{S}: v^*(s) = g(s)\}$$

ist eine optimale Stopmenge (vgl. Satz 5.3.9).

5.4.3. Stopmengenerweiterungsverfahren

In diesem Unterabschnitt wollen wir ein numerisches Verfahren zur Lösung von Stopproblemen vorstellen, das seinem Wesen nach ein Strategieiterationsverfahren ist. (Entsprechende Vorgehensweisen finden sich in Kap. 2). Wir nehmen an, daß auf die zugrundeliegende Markow-Kette bereits die Transformation (vgl. (2)) angewandt worden ist, bezeichnen aber die transformierte Kette wieder mit $X = (X_n)_{n\geq 0}$, entsprechend Auszahlungs- bzw. optimale Wertfunktion mit g bzw. v^*. Wegen der Endlichkeit des Zustandsraumes $\mathcal{S}$ ist die Menge $\Gamma_0 := \{i \in \mathcal{S}: p(i, i) = 1\}$ nichtleer. Das Verfahren besteht in einer sukzessiven Erweiterung von Γ_0 so lange, bis man eine optimale Stopmenge erhält. Die Überlegungen gehen auf EMRICH [1], [2][1]) zurück und stützen sich auf den Exzessivitätsbegriff zur Überprüfung, ob eine Stopmenge bereits optimal ist. Wir folgen hier einer von KOGELSCHATZ [1] angegebenen Darstellung des Verfahrens.

Bei der Bestimmung einer optimalen Stopzeit können wir uns wegen Bemerkung 5.3.15. b) auf Zeiten

$$\tau^\Gamma = \begin{cases} \min\{n: X_n \in \Gamma\}, & \text{falls } \{n: X_n \in \Gamma\} \neq \emptyset, \\ N, & \text{falls } \{n: X_n \in \Gamma\} = \emptyset, \end{cases}$$

des ersten Eintretens in eine Teilmenge $\Gamma \subset \mathcal{S}$ von Zuständen beschränken (vgl. (5.3.7)). Γ wird in diesem Zusammenhang als Stopmenge bezeichnet. Die durch

$$v^{\tau^\Gamma}(s) := \mathsf{E}_s g(X_{\tau^\Gamma}), \qquad s \in \mathcal{S},$$

definierte Wertfunktion v^{τ^Γ} (vgl. (5.1.17)) bezeichnen wir im weiteren vereinfachend mit v^Γ. Für die optimale Wertfunktion v^* gilt (wegen der Endlichkeit des Zustandsraums)

$$v^*(s) = \max_{\Gamma: \Gamma_0 \subset \Gamma \subset \mathcal{S}} v^\Gamma(s); \tag{25}$$

wegen $\Gamma \supset \Gamma_0$ in (25) ist dabei $\mathsf{P}_s(\tau^\Gamma < \infty) = 1$, $s \in \mathcal{S}$.

Wir bezeichnen nun die in (5.3.8) eingeführte Übergangsmatrix der mittels τ^Γ gestoppten Markow-Kette $X^\Gamma := X^{\tau^\Gamma}$ mit P^Γ. Durch geeignete Permutation der Zustände aus $\mathcal{S}$ kann P^Γ in der kanonischen Blockstruktur

$$P^\Gamma = \begin{pmatrix} I & 0 \\ R^\Gamma & S^\Gamma \end{pmatrix}_{\;\Gamma \;\; \bar\Gamma}^{\;\Gamma \atop \bar\Gamma}, \qquad \bar\Gamma := \mathcal{S} \setminus \Gamma, \tag{26}$$

mit gewissen Blockelementen $R^\Gamma = (r^\Gamma(i,j))$, $i \in \bar\Gamma, j \in \Gamma$, $S^\Gamma = (s^\Gamma(i,j))$, $i, j \in \bar\Gamma$, angegeben werden. Da dem Stoppen beim erstmaligen Eintritt in die Stopmenge Γ

[1]) EMRICH [1], [2] entwickelte überdies ein in umgekehrter Richtung wirkendes Verfahren, das sog. Stopmengeneinschränkungsverfahren.

die Absorption der Markow-Kette X^Γ entspricht, nennen wir Γ in Übereinstimmung mit der Literatur auch Absorptionsmenge. Γ ist die Menge der absorbierenden, $\overline{\Gamma}$ die Menge der transienten Zustände von X^Γ.

Entsprechend Satz 5.4.1 a) gibt es eine natürliche Zahl k so, daß

$$\|(S^\Gamma)^k\| < 1 \tag{27}$$

gilt.

Es bezeichne nun h_{ij}^Γ, $i, j \in \mathcal{S}$, die Wahrscheinlichkeit dafür, daß die durch τ^Γ gestoppte Markow-Kette $X^\Gamma = (Y_n)_{n\geq 0}$ ausgehend von i in j absorbiert wird, und $H^\Gamma := (h_{ij}^\Gamma)$, $i, j \in \mathcal{S}$, sei die sog. *Absorptionsmatrix* (vgl. KEMENY/SNELL [1], BHAT [1]). h_{ij}^Γ kann als Wahrscheinlichkeit interpretiert werden, daß X^Γ ausgehend von i beim (erstmaligen) Eintritt in Γ in den Zustand j gelangt. Offenbar gilt $h_{ij}^\Gamma = \delta_{ij}$ für $i, j \in \Gamma$; wir setzen $h_{ij}^\Gamma = 0$ für $i \in \mathcal{S}, j \in \overline{\Gamma}$. Für $i \in \overline{\Gamma}, j \in \Gamma$ ist

$$\begin{aligned} h_{ij}^\Gamma &= \mathsf{P}_i\Big(\bigcup_{n=0}^{\infty} (Y_{n+1} = j)\Big) \\ &= \sum_{l\in\overline{\Gamma}} \mathsf{P}_i\Big(\bigcup_{n=0}^{\infty} ((Y_{n+1} = j) \cap (Y_n = l))\Big) \\ &= \sum_{l\in\overline{\Gamma}} \sum_{n=0}^{\infty} \mathsf{P}_i(Y_n = l)\, \mathsf{P}_i(Y_{n+1} = j \mid Y_n = l) \\ &= \sum_{l\in\overline{\Gamma}} \sum_{n=0}^{\infty} s^{\Gamma,n}(i, l)\, r^\Gamma(l, j)\ ^{1)}, \end{aligned}$$

so daß wegen (27)

$$H^\Gamma = \begin{pmatrix} I & 0 \\ M^\Gamma R^\Gamma & 0 \end{pmatrix} \begin{matrix} \Gamma \\ \overline{\Gamma} \end{matrix} \quad (\text{Spalten: } \Gamma,\ \overline{\Gamma}) \tag{28}$$

mit

$$M^\Gamma = \sum_{n=0}^{\infty} (S^\Gamma)^n = (I - S^\Gamma)^{-1} \tag{29}$$

gilt. M^Γ heißt die *Fundamentalmatrix* der Markow-Kette X^Γ, die Elemente von M^Γ bezeichnen wir mit m_{ij}^Γ, $i, j \in \overline{\Gamma}$. Im Hinblick auf das folgende geben wir noch eine wichtige Eigenschaft von Absorptionsmatrizen an:

5.4.4. Lemma (KEMENY/SNELL/KNAPP [1]). *Für zwei Mengen Γ, $\Gamma' \subset \mathcal{S}$ mit $\Gamma_0 \subset \Gamma \subset \Gamma'$ gilt — unter den vorangehenden Bezeichnungen —*

$$H^\Gamma = H^{\Gamma'} H^\Gamma. \tag{30}$$

Auf die Angabe eines Beweises wollen wir verzichten. Die Aussage des Lemmas ist überdies plausibel: Eine Absorption der Markow-Kette X^Γ in Γ ergibt sich, indem die Kette zunächst in die umfassendere Menge Γ' eintritt und danach in Γ absorbiert wird.

Die Wertfunktion v^Γ läßt sich nun wegen der Eigenschaft von Γ als Absorptionsmenge einfach als Erwartungswert des Ertrages bez. der Wahrscheinlichkeitsverteilung interpretieren, die durch die jeweilige Teile der Absorptionsmatrix H^Γ gegeben ist:

$$v^\Gamma(i) = \sum_{j\in\Gamma} h_{ij}^\Gamma g(j), \quad i \in \mathcal{S}. \tag{31}$$

---

1) Es ist $s_{\tau,n}(i, l)$ das Element der Matrix $(S^\Gamma)^n$ mit den Indizes $i, l \in \overline{\Gamma}$.

Das folgende Lemma gibt einen Zusammenhang zwischen den Wertfunktionen v^{Γ} und $v^{\Gamma'}$ bez. zweier Stopmengen Γ, Γ' mit $\Gamma_0 \subset \Gamma \subset \Gamma'$ an.

5.4.5. Lemma. *Für zwei Mengen* $\Gamma, \Gamma' \subset \mathscr{S}$ *mit* $\Gamma_0 \subset \Gamma \subset \Gamma'$ *gilt*

$$v^{\Gamma'}(i) = v^{\Gamma}(i) + \sum_{j \in \Gamma' \setminus \Gamma} h_{ij}^{\Gamma'}\big(g(j) - v^{\Gamma}(j)\big), \qquad i \in \mathscr{S}. \tag{32}$$

Beweis: Für $i \in \Gamma'$ ist wegen (31) und (28) die Aussage offensichtlich. Es sei nun $i \in \overline{\Gamma}'$. Aus (30) und (28) folgt dann

$$h_{ij}^{\Gamma} = h_{ij}^{\Gamma'} + \sum_{l \in \Gamma' \setminus \Gamma} h_{il}^{\Gamma'} h_{lj}^{\Gamma}, \qquad j \in \Gamma. \tag{33}$$

Multiplizieren wir (33) mit $g(j)$ und summieren wir über $j \in \Gamma$, so erhalten wir wegen (31)

$$v^{\Gamma}(i) = v^{\Gamma'}(i) - \sum_{j \in \Gamma' \setminus \Gamma} h_{ij}^{\Gamma'} g(j) + \sum_{l \in \Gamma' \setminus \Gamma} h_{ij}^{\Gamma'} v^{\Gamma}(l),$$

und es folgt die Behauptung. ∎

Das Stopmengenerweiterungsverfahren besteht nun — ausgehend von der gegebenen Menge $\Gamma_0 = \{i \in \mathscr{S} : p(i, i) = 1\}$ — in der Konstruktion der folgenden Mengen:

$$\Delta_0 := \{i \in \mathscr{S} : g(i) = \max_{j \in \mathscr{S}} g(j)\}, \tag{34}$$

$$\Gamma_1 := \Gamma_0 \cup \Delta_0,$$

$$\Delta_k := \{i \in \mathscr{S} : g(i) - v^{\Gamma_k}(i) = \max_{j \in \mathscr{S}} \big(g(j) - v^{\Gamma_k}(j)\big)\}, \tag{35}$$

$$\Gamma_{k+1} := \Gamma_k \cup \Delta_k, \qquad k = 1, 2, \ldots .$$

Wir bezeichnen noch $\Gamma^* := \{i \in \mathscr{S} : v^*(i) = g(i)\}$. Nach Satz 5.3.9 ist Γ^* eine optimale Stopmenge.

Der folgende Satz charakterisiert die durch das Stopmengenerweiterungsverfahren sukzessiv angegebenen Mengen Γ_k, $k \geqq 1$, hinsichtlich ihrer Eigenschaft als optimale Stopmengen.

5.4.6. Satz. *Es sei ein Stopproblem mit endlichem Zustandsraum* $\mathscr{S}$, *homogenem markowschen Bewegungsgesetz und der Ertragsfunktion* g *gegeben.*

Für die in (34), (35) *angegebenen Mengen* Γ_k, $k \geqq 0$, *und* Γ^* *gilt dann:*

a) $\Gamma_k \subset \Gamma^*$, $k \geqq 0$.

b) *Existiert eine natürliche Zahl* k *mit* $v^{\Gamma_k}(i) \geqq g(i)$ *für alle* $i \in \mathscr{S}$, *so ist* Γ_k *eine optimale Stopmenge des vorliegenden Stopproblems.*

c) *Ist* Γ_k *eine optimale Stopmenge, so ist*

$$\Gamma_{k+1} = \Gamma_{k+2} = \ldots = \Gamma^*.$$

d) *Der Algorithmus* (34), (35) *führt nach endlich vielen Schritten zur optimalen Stopmenge* Γ^*.

Beweis: a) Nach (25) gilt $\Gamma_0 \subset \Gamma^*$. Für jedes $i \in \Delta_0$ ist unter Beachtung von (31)

$$v^*(i) = \sum_{j \in \Gamma^*} h_{ij}^{\Gamma^*} g(j) \leqq \max_{j \in \mathscr{S}} g(j) = g(i),$$

nach (5.3.12) mithin $v^*(i) = g(i)$, also $i \in \Gamma^*$. Wegen (34) ist dann auch $\Gamma_1 \subset \Gamma^*$. Angenommen, es gilt $\Gamma_k \subset \Gamma^*$. Dann ist nach (32) mit $\Gamma = \Gamma_k$, $\Gamma' = \Gamma^*$ für jedes $i \in \mathscr{S}$

$$v^*(i) - v^{\Gamma_k}(i) = \sum_{j \in \Gamma^* \setminus \Gamma_k} h_{ij}^{\Gamma^*}\big(g(j) - v^{\Gamma_k}(j)\big). \tag{36}$$

Für jedes $i \in \Delta_k$ (vgl. (35)) gilt mithin

$$v^*(i) - v^{\Gamma_k}(i) \leqq \max_{j \in \mathcal{S}} \left(g(j) - v^{\Gamma_k}(j)\right) = g(i) - v^{\Gamma_k}(i) ,$$

nach (5.3.12) wiederum $v^*(i) = g(i)$, also $i \in \Gamma^*$. Damit ist auch $\Gamma_{k+1} \subset \Gamma^*$.

b) Gilt für ein k nun $v^{\Gamma_k}(j) \geqq g(j), j \in \mathcal{S}$, so ist nach (36) und wegen $h_{ij}^{\Gamma_k} \geqq 0$ auch $v^*(i) \leqq v^{\Gamma_k}(i)$, nach (25) also $v^*(i) = v^{\Gamma_k}(i)$, und Γ_k ist eine optimale Stopmenge.

c) Wegen $v^*(j) \geqq g(j)$ für alle $j \in \mathcal{S}$ und

$$v^{\Gamma_k}(i) = g(i) , \qquad i \in \Gamma_k , \tag{37}$$

(vgl. (28), (31)) ist

$$\max_{j \in \mathcal{S}} \left(g(j) - v^{\Gamma_k}(j)\right) = \max \left\{ \max_{j \in \Gamma_k} \left(g(j) - v^{\Gamma_k}(j)\right), \max_{j \in \mathcal{S} \setminus \Gamma_k} \left(g(j) - v^{\Gamma_k}(j)\right) \right\} ,$$

nach Voraussetzung

$$\max_{j \in \mathcal{S}} \left(g(j) - v^{\Gamma_k}(j)\right) = \max \left\{ 0, \max_{j \in \mathcal{S} \setminus \Gamma_k} \left(g(j) - v^*(j)\right) \right\} = 0 ,$$

so daß $v^*(i) = g(i)$ für jedes $i \in \Delta_k$, also $\Delta_k = \Gamma^*$, wegen $\Gamma_k \subset \Gamma^*$ mithin $\Gamma_{k+1} = \Gamma^*$ gilt. Hieraus folgt $v^{\Gamma_k} = v^{\Gamma_{k+1}} = \dots = v^*$, $\Delta_k = \Delta_{k+1} = \dots = \Gamma^*$ und schließlich die Behauptung.

d) Wegen der Endlichkeit von $\mathcal{S}$ gibt es eine natürliche Zahl k mit $\Gamma_k = \Gamma_{k+1}$, also $\Delta_k \subset \Gamma_k$. Nach (37) und (35) ist aber dann $\max_{j \in \mathcal{S}} \left(g(j) - v^{\Gamma_k}(j)\right) = 0$, damit $g(i) - v^{\Gamma_k}(i) \leqq 0, i \in \mathcal{S}$, und wegen b) und c) folgt die Behauptung. ▮

Für den Ablauf des Stopmengenerweiterungsverfahrens wurde der Ablaufplan 5.4.1 angegeben.

Ablaufplan 5.4.1.

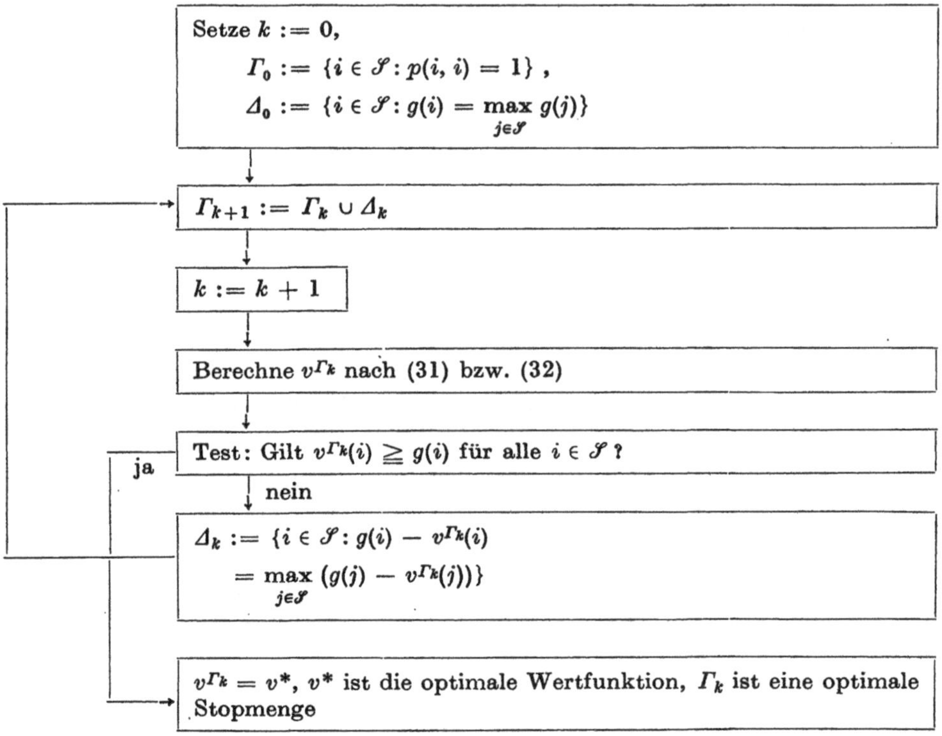

5.4.7. Bemerkung. a) Wenn Γ_k eine optimale Stopmenge ist, so ist auch Γ_{k+1} eine solche, doch braucht nicht $\Gamma_k = \Gamma_{k+1}$ zu gelten. Notwendig und hinreichend für $\Gamma_k \subset \Gamma_{k+1}$, $\Gamma_k \neq \Gamma_{k+1}$ ist in diesem Falle wegen (32) mit $\Gamma = \Gamma_k$, $\Gamma' = \Gamma_{k+1}$ die Gültigkeit von $v^{\Gamma_k}(j) = g(j)$, $j \in \Gamma_{k+1} \setminus \Gamma_k$.

b) Aus Satz 5.4.6. c) folgt unmittelbar: Existiert eine natürliche Zahl k mit $\Gamma_k = \Gamma_{k+1}$, so ist die Stopmenge Γ_k optimal und gleich Γ^*. Statt der Bedingung $v^{\Gamma_k}(i) \geqq g(i)$, $i \in \mathcal{S}$, kann auch die Bedingung $\Gamma_k = \Gamma_{k+1}$ im Ablaufplan als Abbruchkriterium dienen. Die letztere führt zu der optimalen Stopmenge Γ^*, der größten optimalen Stopmenge, für die die zugehörige Stopzeit $\tau^{\Gamma^*} = \min\{n : g(X_n) = v^*(X_n)\}$ überdies reaktionsfähig ist (vgl. Bemerkung 5.3.15. c)). Ein Nachteil dieser Vorgehensweise besteht darin, daß ein Zyklus mehr durchlaufen werden muß.

5.4.4. Beispiel

Gegeben sei eine zu stoppende Markow-Kette X mit dem Zustandsraum $\mathcal{S} = \{s^{(1)}, s^{(2)}, s^{(3)}, s^{(4)}, s^{(5)}, s^{(6)}\}$ und der Übergangsmatrix

$$P = \begin{pmatrix} 1 & 0 & 0 & 0 & 0 & 0 \\ 0 & 0{,}9 & 0{,}1 & 0 & 0 & 0 \\ 0 & 0{,}5 & 0{,}5 & 0 & 0 & 0 \\ 0{,}2 & 0{,}1 & 0{,}1 & 0{,}2 & 0{,}2 & 0{,}2 \\ 0 & 0 & 0{,}5 & 0{,}5 & 0 & 0 \\ 0{,}5 & 0 & 0 & 0 & 0{,}2 & 0{,}3 \end{pmatrix},$$

die Ertragsfunktion sei durch den Vektor $g = (0, 0, 5, 3, 4, 1)^{\mathsf{T}}$ definiert. Offensichtlich hat P bereits die kanonische Blockstruktur (1). Es liegen $r = 2$ Rekurrenzklassen $A_1 := \{s^{(1)}\}$ und $A_2 := \{s^{(2)}, s^{(3)}\}$ vor; die übrigen $m = 3$ Zustände sind transient und werden in der Menge B zusammengefaßt. Entsprechend der am Anfang des Abschnittes getroffenen Vereinbarung bezeichnen wir die Elemente $s^{(4)}$, $s^{(5)}$ bzw. $s^{(6)}$ mit 3, 4 bzw. 5. Durch die in (2) angegebene Transformation φ erhalten wir eine neue Kette $\hat{X}$. Die Zustände der Rekurrenzklasse A_j werden dabei in einen Zustand j zusammengefaßt, $j = 1, 2$. Es liegt dann der Zustandsraum $\hat{\mathcal{S}} = \{1, 2, 3, 4, 5\}$ und die Übergangsmatrix

$$\hat{P} = \left(\begin{array}{cc:ccc} 1 & 0 & 0 & 0 & 0 \\ 0 & 1 & 0 & 0 & 0 \\ \hdashline 0{,}2 & 0{,}2 & 0{,}2 & 0{,}2 & 0{,}2 \\ 0 & 0{,}5 & 0{,}5 & 0 & 0 \\ 0{,}5 & 0 & 0 & 0{,}2 & 0{,}3 \end{array}\right) \tag{38}$$

(vgl. (4)) vor, nach (5) erhalten wir $\hat{g} = (0, 5, 3, 4, 1)^{\mathsf{T}}$. Im folgenden betrachten wir nur noch das transformierte Problem. Entsprechend der in (38) angegegebenen Blockstruktur von $\hat{P}$ zerlegen wir die Vektoren $\hat{g}$ bzw. $\hat{v}^*$, die die Ertragsfunktion bzw. die optimale Wertfunktion angeben, in zwei Teilvektoren: $\hat{g} = (\hat{g}_A, \hat{g}_B)^{\mathsf{T}}$, $\hat{v}^* = (\hat{v}_A^*, \hat{v}_B^*)^{\mathsf{T}}$. Nach (6) ist $\hat{v}_A^*$ bereits bekannt, es ist $\hat{v}_A^* = \hat{g}_A = (0; 5)^{\mathsf{T}}$.

Zur Anwendung des Wertiterationsverfahrens (13) ermitteln wir nach (11) $q(1) = 0{,}6$, nach (12) ist also $k_0 = 1$. Wählen wir z.B. den Startvektor $v_0 = \hat{g}_B = (3, 4, 1)^{\mathsf{T}}$ und $\varepsilon = 0{,}02$, so ist nach Satz 5.4.1 eine Approximation aller Komponenten von $\hat{v}_B^*$

bis auf ε wegen

$$R\hat{g}_A = \begin{pmatrix} 0{,}2 & 0{,}2 \\ 0 & 0{,}5 \\ 0{,}5 & 0 \end{pmatrix} \begin{pmatrix} 0 \\ 5 \end{pmatrix} = \begin{pmatrix} 1 \\ 2{,}5 \\ 0 \end{pmatrix},$$

$$v_1 = Q_B v_0 = \max \left\{ \begin{pmatrix} 3 \\ 4 \\ 1 \end{pmatrix}, \quad \begin{pmatrix} 1 \\ 2{,}5 \\ 0 \end{pmatrix} + \begin{pmatrix} 1{,}6 \\ 1{,}5 \\ 1{,}1 \end{pmatrix} \right\} = \begin{pmatrix} 3 \\ 4 \\ 1{,}1 \end{pmatrix},$$

$$\|v_0 - v_1\| = 0{,}1$$

nach höchstens

$$n_0 = \operatorname{ent}\left(\frac{1}{\ln 0{,}6} \ln \frac{0{,}02 \cdot 0{,}4}{0{,}1 \cdot 1} \right) + 1 = 5$$

Schritten gesichert. Wir erhalten durch das Wertiterationsverfahren (13)

$$v_2 = Q_B v_1 = (3, 4, 1{,}13)^{\mathsf{T}}, \qquad v_3 = (3, 4, 1{,}139)^{\mathsf{T}},$$
$$v_4 = (3, 4, 1{,}1417)^{\mathsf{T}}, \qquad v_5 = (3, 4, 1{,}14251)^{\mathsf{T}}.$$

Das Beispiel ist so beschaffen, daß nur noch die letzte Komponente variiert und man dadurch zu einer exakten Lösung gelangt. Mit (10) gilt nämlich

$$\begin{aligned} v_n(5) &= 0{,}5 \cdot 0 + 0 \cdot 5 + 0 \cdot 3 + 0{,}2 \cdot 4 + 0{,}3 \cdot v_{n-1}(5) \\ &= 0{,}8 + 0{,}3 \cdot v_{n-1}(5), \qquad n = 1, 2, \ldots . \end{aligned}$$

Hieraus ergibt sich

$$\hat{v}^*(5) = 0{,}8 + 0{,}3 \cdot \hat{v}^*(5), \qquad \hat{v}^*(5) = \tfrac{8}{7} \approx 1{,}1428$$

und damit die exakte Lösung $\hat{v}^* = (0, 5, 3, 4, \frac{8}{7})^{\mathsf{T}}$. Eine Annäherung bis auf $\varepsilon = 0{,}02$ wird durch das Verfahren schon nach zwei Schritten erreicht. Für die optimale Stopmenge $\Gamma^* = \{s \in \hat{\mathcal{S}} : \hat{v}^*(s) = \hat{g}(s)\}$ (vgl. Satz 5.3.9) ergibt sich die Menge $\{1, 2, 3, 4\}$.

Das dem Stopproblem entsprechende lineare Optimierungsproblem (21), (22) lautet unter Berücksichtigung von Bemerkung 5.4.3. b)

$$z := v(3) + v(4) + v(5) \to \min! \tag{39}$$

unter

$$\begin{aligned} 0{,}2 \cdot 0 + 0{,}2 \cdot 5 + 0{,}2 \cdot v(3) + 0{,}2 \cdot v(4) + 0{,}2 \cdot v(5) &\leqq v(3) \\ 0 \cdot 0 + 0{,}5 \cdot 5 + 0{,}5 \cdot v(3) + 0 \cdot v(4) + 0 \cdot v(5) &\leqq v(4) \\ 0{,}5 \cdot 0 + 0 \cdot 5 + 0 \cdot v(3) + 0{,}2 \cdot v(4) + 0{,}3 \cdot v(5) &\leqq v(5) \\ 3 &\leqq v(3) \\ 4 &\leqq v(4) \\ 1 &\leqq v(5) . \end{aligned} \tag{40}$$

Die Lösung des Problems wird mit der dualen Simplexmethode vorgenommen (s. z.B. Bialy/Olbrich [1]). Zu diesem Zwecke führen wir die Schlupfvariablen $w(1), \ldots, w(6)$ als Differenz zwischen der rechten und der linken Seite der 6 Ungleichungen (40) ein und wählen diese als Basisvariable des ersten Simplextableaus (vgl. Tabelle 5.4.1). Werden die durch □ gekennzeichneten Elemente als Pivotelemente gewählt, so ergibt sich nach der jeweiligen Anwendung des Austauschverfahrens die angegebene weitere Abfolge der Tableaus. An der Tatsache, daß im 4. Tableau die mit „1“ gekennzeichnete Spalte nur nichtnegative Elemente enthält, erkennt man, daß die Rechnung

Tabelle 5.4.1. Simplextableaus

	$v(3)$	$v(4)$	$v(5)$	1
$w(1)$	$\frac{4}{5}$	$-\frac{1}{5}$	$-\frac{1}{5}$	-1
$w(2)$	$-\frac{1}{2}$	$\boxed{1}$	0	$-\frac{5}{2}$
$w(3)$	0	$-\frac{1}{5}$	$\frac{7}{10}$	0
$w(4)$	1	0	0	-3
$w(5)$	0	1	0	-4
$w(6)$	0	0	1	-1
z	1	1	1	0
K	$\frac{1}{2}$	*	0	$\frac{5}{2}$

	$v(3)$	$w(2)$	$v(5)$	1
$w(1)$	$\frac{7}{10}$	$-\frac{1}{5}$	$-\frac{1}{5}$	$-\frac{3}{2}$
$v(4)$	$\frac{1}{2}$	1	0	$\frac{5}{2}$
$w(3)$	$-\frac{1}{10}$	$-\frac{1}{5}$	$\frac{7}{10}$	$-\frac{1}{2}$
$w(4)$	$\boxed{1}$	0	0	-3
$w(5)$	$\frac{1}{2}$	1	0	$-\frac{3}{2}$
$w(6)$	0	0	1	-1
z	$\frac{3}{2}$	1	1	$\frac{5}{2}$
K	*	0	0	3

	$w(4)$	$w(2)$	$v(5)$	1
$w(1)$	$\frac{7}{10}$	$-\frac{1}{5}$	$-\frac{1}{5}$	$\frac{3}{5}$
$v(4)$	$\frac{1}{2}$	1	0	4
$w(3)$	$-\frac{1}{10}$	$-\frac{1}{5}$	$\boxed{\frac{7}{10}}$	$-\frac{4}{5}$
$v(3)$	1	0	0	3
$w(5)$	$\frac{1}{2}$	1	0	0
$w(6)$	0	0	1	-1
z	$\frac{3}{2}$	1	1	7
K	$\frac{1}{7}$	$\frac{2}{7}$	*	$\frac{8}{7}$

	$w(4)$	$w(2)$	$w(3)$	1
$w(1)$	$\frac{47}{70}$	$-\frac{9}{35}$	$-\frac{2}{7}$	$\frac{13}{35}$
$v(4)$	$\frac{1}{2}$	1	0	4
$v(5)$	$\frac{1}{7}$	$\frac{2}{7}$	$\frac{10}{7}$	$\frac{8}{7}$
$v(3)$	1	0	0	3
$w(5)$	$\frac{1}{2}$	1	0	0
$w(6)$	$\frac{1}{7}$	$\frac{2}{7}$	$\frac{10}{7}$	$\frac{1}{7}$
z	$\frac{23}{14}$	$\frac{9}{7}$	$\frac{10}{7}$	$\frac{57}{7}$

beendet ist. Die Lösung des Optimierungsproblems und damit auch des Stopproblems läßt sich unmittelbar ablesen und beträgt $\hat{v}^*(3) = 3$, $\hat{v}^*(4) = 4$, $\hat{v}^*(5) = \frac{8}{7}$, $z = \frac{57}{7}$. Da $\hat{v}^*(s) = \hat{g}(s)$, $s = 1, 2$, bereits vorher bekannt war, ergibt sich $\Gamma^* = \{s\colon \hat{v}^*(s) = \hat{g}(s)\} = \{1, 2, 3, 4\}$.

Bei Anwendung des Stopmengenerweiterungsverfahrens ergibt sich $\Gamma_0 = \{1, 2\}$, $\Delta_0 = \{2\}$ und folglich $\Gamma_1 = \{1, 2\}$. Die Matrix $P^{\Gamma_1} = \hat{P}$ (vgl. (38)) liegt bereits in der Blockstruktur

$$P^{\Gamma_1} = \begin{pmatrix} I & 0 \\ R^{\Gamma_1} & S^{\Gamma_1} \end{pmatrix}$$

vor, es ist

$$M^{\Gamma_1} = (I - S^{\Gamma_1})^{-1} = \frac{1}{47}\begin{pmatrix} 70 & 18 & 20 \\ 35 & 56 & 10 \\ 10 & 16 & 70 \end{pmatrix}, \qquad M^{\Gamma_1}R^{\Gamma_1} = \frac{1}{47}\begin{pmatrix} 24 & 23 \\ 12 & 35 \\ 37 & 10 \end{pmatrix},$$

und nach (31) und (28) ist

$$v^{\Gamma_1} = \begin{pmatrix} I & 0 \\ M^{\Gamma_1}R^{\Gamma_1} & 0 \end{pmatrix}\begin{pmatrix} \hat{g}_A \\ \hat{g}_B \end{pmatrix} = \begin{pmatrix} 0 \\ 5 \\ 2{,}45 \\ 3{,}72 \\ 1{,}06 \end{pmatrix}.$$

Da nicht für alle $s \in \hat{\mathcal{S}}$ die Ungleichung $v^{\Gamma_1}(s) \geqq g(s)$ erfüllt ist, bestimmen wir Δ_1; es ergibt sich $\Delta_1 = \{3\}$ und damit $\Gamma_2 = \{1, 2, 3\}$. Weiter ist

$$P^{\Gamma_2} = \begin{pmatrix} I & 0 \\ R^{\Gamma_2} & S^{\Gamma_2} \end{pmatrix}$$

mit

$$R^{\Gamma_2} = \begin{pmatrix} 0 & 0{,}5 & 0{,}5 \\ 0{,}5 & 0 & 0 \end{pmatrix}, \qquad S^{\Gamma_2} = \begin{pmatrix} 0 & 0 \\ 0{,}2 & 0{,}3 \end{pmatrix},$$

daraus ergibt sich

$$M^{\Gamma_2} = (I - S^{\Gamma_2})^{-1} = \frac{1}{7}\begin{pmatrix} 7 & 0 \\ 2 & 10 \end{pmatrix}, \quad M^{\Gamma_2}R^{\Gamma_2} = \frac{1}{7}\begin{pmatrix} 0 & 3{,}5 & 3{,}5 \\ 5 & 1 & 1 \end{pmatrix},$$

$$v^{\Gamma_2} = (0, 5, 3, 4, \tfrac{8}{7})^T .$$

Wegen $v^{\Gamma_2}(s) \geqq \hat{g}(s)$ für alle $s \in \hat{\mathscr{S}}$ ist $v^{\Gamma_2} = \hat{v}^*$, und $\Gamma_2 = \{1, 2, 3\}$ ist eine optimale Stopmenge. Wir bemerken, daß wir im Unterschied zu den anderen beiden Verfahren nicht die Menge $\Gamma^* = \{1, 2, 3, 4\}$ erhalten. Dies würde sich erst nach einem weiteren Schritt des Verfahrens ergeben (vgl. auch Bemerkung 5.4.7).

5.5. Das Problem der besten Wahl

Das sogenannte „Problem der besten Wahl" stellt ein wichtiges Beispiel zur Theorie des optimalen Stoppens eines stochastischen Prozesses dar. Es besitzt in seinen verschiedenen Modifikationen vielfältige interessante Anwendungen und ist ausgehend von spezifischen Betrachtungen auch eigenständig, d. h. ohne direkten Bezug auf die Theorie des optimalen Stoppens diskutiert worden. Das Grundanliegen kann verbal — bevor wir eine genaue mathematische Formulierung vornehmen — wie folgt beschrieben werden. Gegeben sind N Objekte, die ihrer Güte entsprechend bewertbar sind, indem von zwei Objekten stets entschieden werden kann, welches das bessere ist. Die Objekte werden in einer hinsichtlich ihrer Güte unbekannten, zufälligen Reihenfolge gesichtet. Es soll nun eine bezüglich der Güte möglichst günstige Auswahl eines der N Objekte vorgenommen werden, wobei der Beobachter bei jedem Objekt sofort und endgültig über seine Annahme oder Ablehnung zu entscheiden hat, ein späterer Rückgriff auf ein bereits abgelehntes Objekt also nicht zugelassen ist. Je nach möglichen Interpretationen wird dieses Problem in der Literatur z.B. auch als „Sekretärinnen-" oder „Motel-Problem" bezeichnet.

Ausgehend von dieser Fragestellung wurde eine Vielzahl von Erweiterungen betrachtet, z.B. zufällige unbekannte Objektanzahl (Rasmussen [1]), zufällige (zeitstetige) Ankunft der Objekte bei unbekannter (zufälliger) Objektanzahl (Cowan/Zabczyk [1]), Auswahl eines oder mehrerer der m besten Objekte ($m < N$) (Gusein-Sade [1], Bartoszyński [1]), Berücksichtigung von Inspektionskosten (Bartoszyński [1], Govindarajulu [1]) und schließlich die Erweiterung der Problemstellung auf Rückgriffsmöglichkeit (Yang [1], Govindarajulu [1], Gołdys [1]).

Eine ausführliche Darstellung der derzeitig vorliegenden Ergebnisse ist im Rahmen dieses Abschnittes nicht möglich. Wir wollen hier ein Modell betrachten, das insbesondere die Resultate aus Müller/Platen [1], [2] berücksichtigt und dabei die allgemeine Problematik hinreichend charakterisiert. Da vorausgesetzt ist, daß bei je zwei verschiedenen dieser Objekte stets entschieden werden kann, welche das bessere ist, lassen sich den einzelnen N Objekten sogenannte *absolute Rangzahlen* zuordnen: Dem Objekt mit der höchsten Qualität wird die Rangzahl N, dem zweitbesten die Rangzahl $N - 1$ und entsprechend fortfahrend schließlich dem Objekt mit der geringsten Qualität die Rangzahl 1 zugeordnet. Weiter wird angenommen, daß sich bei der Auswahl eines Objektes ein von dessen absoluter Rangzahl abhängiger Elementarertrag realisiert. Im Verlauf der vorangehend beschriebenen sequentiellen Sichtung können die bereits beobachteten Objekte zwar hinsichtlich ihrer Qualität geordnet, ihre absoluten Rangzahlen jedoch nicht eindeutig festgestellt werden. Vielmehr ergibt sich eine Beschreibungsmöglichkeit der absoluten Rangzahlen durch Zufallsgrößen. Die Auswahl eines Objektes soll in Abhängigkeit von der relativen Rangfolge der bereits beobachteten Objekte erfolgen, und zwar derart, daß der Erwartungswert des von der zufälligen absoluten Rangzahl abhängigen Elementarertrages des ausgewählten Objektes maximal ausfällt.

Die Zeitpunkte für die Inspektion der einzelnen Objekte werden durch die Menge $T = \{1, \dots, N\}$ gekennzeichnet. Weiter bezeichne R_n den absoluten Rang des n-ten beobachteten Objektes. Den N nacheinander zu sichtenden Objekten entspricht somit eine zufällige Permutation $R_1, R_2, \dots, R_N$ der natürlichen Zahlen $1, \dots, N$. Dem in der Reihenfolge an n-ter Stelle stehenden Objekt wird dessen absoluter Rang bezüglich der ersten n Objekte als *relativer Rang* Y_n zugeordnet; mit anderen Worten bezeichnet die Zufallsgröße $Y_n - 1$, $n \in T$, die Anzahl derjenigen bis zum Zeitpunkt n gesichteten Objekte, die schlechter als das n-te Objekt sind. Offenbar gilt in jedem Fall $Y_1 = 1$.

Wir gehen nun von der Vorstellung aus, daß die Qualität der bereits gesichteten Objekte keinerlei Aufschluß über die noch verbleibenden Objekte gibt, und wir setzen weiterhin voraus, daß alle n Möglichkeiten der Einordnung des n-ten Objektes in die Rangfolge der bereits gesichteten $n - 1$ Objekte gleichwahrscheinlich sind. Somit gilt für alle $n \in T \setminus \{1\}$, $y \in \mathcal{S}_n := \{1, \dots, n\}$

$$\mathsf{P}(Y_n = y \mid Y_{n-1} = y_{n-1}, \dots, Y_1 = y_1) = \mathsf{P}(Y_n = y)^{1)} \tag{1}$$

sowie für alle $y \in \mathcal{S}_n$, $1 \leqq n \leqq N$

$$\mathsf{P}(Y_n = y) = 1/n\,. \tag{2}$$

Für die weiteren Überlegungen führen wir noch folgende Zufallsgrößen ein: R_k^n, $1 \leqq k \leqq n$, $1 \leqq n \leqq N$, bezeichne den absoluten Rang des zum Zeitpunkt k gesichteten Objektes bezüglich der ersten n Objekte. Einen Zusammenhang zu den vorangehend definierten relativen bzw. absoluten Rängen Y_k bzw. R_k, $k = 1, \dots, N$, beinhaltet das folgende

5.5.1. Lemma. *Es gilt für* $1 \leqq j \leqq n$, $1 \leqq n \leqq N$

a) $1 \leqq R_j^n \leqq n$, $R_n^n = Y_n$, $R_j^N = R_j$,

b) R_j^n *bestimmt sich eindeutig aus* $Y_j, \dots, Y_n$: $R_j^n = R_j^n(Y_j, \dots, Y_n)$.

Es bestehen eineindeutige funktionelle Beziehungen zwischen den n-Tupeln, $1 \leqq n \leqq N$,

c) $(R_1^n, \dots, R_n^n)$ *und* $(R_1^{n-1}, \dots, R_{n-1}^{n-1}, Y_n)$,

d) $(R_1^n, \dots, R_n^n)$ *und* $(Y_1, \dots, Y_n)$.

Beweis: a) ergibt sich unmittelbar aus der Definition der betrachteten Größen. Der Beweis von b) erfolgt durch vollständige Induktion. Nach a) gilt $R_j^j = Y_j$, also ist b) für $n = j$ gültig. Für den Schluß von n auf $n + 1$ treffen wir die Fallunterscheidung $R_j^n < Y_{n+1}$ und $R_j^n \geqq Y_{n+1}$. Im ersten Fall ist das $(n + 1)$-te Objekt besser als das j-te, so daß das j-te Objekt unter den $(n + 1)$ ersten Objekten denselben Rang R_j^{n+1} wie unter den n ersten besitzt, d. h., es gilt $R_j^{n+1} = R_j^n$. Im zweiten Fall ist das $(n + 1)$-te Objekt schlechter als das j-te, so daß das j-te Objekt unter den $n + 1$

1) Da der Anfangszustand s stets gleich 1 ist, wird gegenüber den vorangehenden Abschnitten anstelle von P_s und E_s einfach nur P und E geschrieben.

ersten Objekten einen um Eins größeren Rang R_j^{n+1} als unter den n ersten besitzt, d. h., es gilt $R_j^{n+1} = R_j^n + 1$. Also ergibt sich in jedem Fall R_j^{n+1} aus R_j^n und Y_{n+1}, und aus der Gültigkeit von $R_j^n = R_j^n(Y_j, \dots, Y_n)$ folgt also auch $R_j^{n+1} = R_j^{n+1}(Y_j, \dots, Y_{n+1})$. — Daß die in c) und d) rechts stehenden n-Tupel sich eindeutig aus den links stehenden ergeben, ist eine einfache Folgerung der Definition der betrachteten Zufallsgrößen, wobei für c) noch $R_n^n = Y_n$ beachtet wird. Die umgekehrte Abhängigkeit folgt für c) aus dem Beweis und für d) direkt aus der Aussage von b).

Aus dem Vorangehenden ergibt sich für $n \in T$, $y_n \in \mathcal{S}_n$, $r \in \{1, \dots, N\}$ die Beziehung

$$\mathsf{P}(R_n = r \mid Y_n = y_n, Y_{n-1} = y_{n-1}, \dots, Y_1 = y_1) = \mathsf{P}(R_n = r \mid Y_n = y_n)\,. \quad (3)$$

Es ist nämlich Y_j für $2 \leqq k \leqq j \leqq N$ auf Grund von (1) stochastisch unabhängig von $Y_1, \dots, Y_{k-1}$, und nach a) und b) des Lemmas 5.5.1 mit $n = N$ also auch $R_k = R_k(Y_k, \dots, Y_N)$ unabhängig von $Y_1, \dots, Y_{k-1}$.

Wir können nun mit Hilfe von Lemma 5.5.1 zeigen, daß auf Grund der Voraussetzungen (1) und (2) jede der $N!$ Permutationen der natürlichen Zahlen $1, \dots, N$ als Folge absoluter Rangzahlen $R_1, \dots, R_N$ für die gesichteten Objekte mit gleicher Wahrscheinlichkeit in Frage kommt.

5.5.2. Behauptung. *Für jede der Permutationen $(r_1, \dots, r_N)$ der natürlichen Zahlen $1, \dots, N$ gilt*

$$\mathsf{P}(R_1 = r_1, \dots, R_N = r_N) = 1/N!\,.$$

Beweis. Es sei $(r_1^{k+1}, \dots, r_{k+1}^{k+1})$ für $1 \leqq k + 1 \leqq N$ eine beliebige Permutation der Zahlen $1, \dots, k + 1$ und $r_1^k, \dots, r_k^k, y_{k+1}$ die nach c) zugeordnete Zahlenfolge; weiter sei $(y_1, \dots, y_k)$ die $(r_1^k, \dots, r_k^k)$ nach d) zugeordnete Zahlenfolge. Dann gilt wegen c) und d)

$$\mathsf{P}(R_1^{k+1} = r_1^{k+1}, \dots, R_k^{k+1} = r_k^{k+1}, R_{k+1}^{k+1} = r_{k+1}^{k+1})$$

$$= \mathsf{P}(R_1^k = r_1^k, \dots, R_k^k = r_k^k, Y_{k+1} = y_{k+1})$$

$$= \mathsf{P}(Y_{k+1} = y_{k+1} \mid R_1^k = r_1^k, \dots, R_k^k = r_k^k)\, \mathsf{P}(R_1^k = r_1^k, \dots, R_k^k = r_k^k)$$

$$= \mathsf{P}(Y_{k+1} = y_{k+1} \mid Y_1 = y_1, \dots, Y_k = y_k)\, \mathsf{P}(R_1^k = r_1^k, \dots, R_k^k = r_k^k)\,,$$

auf Grund von (1) und (2) also

$$\mathsf{P}(R_1^{k+1} = r_1^{k+1}, \dots, R_{k+1}^{k+1} = r_{k+1}^{k+1}) = \frac{1}{k+1} \mathsf{P}(R_1^k = r_1^k, \dots, R_k^k = r_k^k)\,.$$

Die Behauptung ergibt sich nun durch vollständige Induktion: Nach a) gilt $\mathsf{P}(R_1^1 = 1) = 1$, und aus

$$\mathsf{P}(R_1^k = r_1^k, \dots, R_k^k = r_k^k) = 1/k!$$

folgt

$$\mathsf{P}(R_1^{k+1} = r_1^{k+1}, \dots, R_{k+1}^{k+1} = r_{k+1}^{k+1}) = \frac{1}{(k+1)!},$$

für $k + 1 = N$ also die Behauptung. ∎

Wir vermerken noch die Gültigkeit von

$$\mathsf{P}(R_n = r) = 1/N\,, \qquad r, n \in \{1, \dots, N\}\,.$$

Dieser Wert ergibt sich als Randverteilung von $(R_1, \dots, R_N)$, indem bei $R_n = r$ entsprechend der Anzahl der Permutationen der übrigen $N - 1$ Komponenten über

$(N-1)!$ Summanden summiert wird, von denen ein jeder nach Behauptung 5.5.2 den Wert $1/N!$ besitzt.

Unsere nächsten Überlegungen gelten im Anschluß an (3) einem expliziten formelmäßigen Zusammenhang zwischen dem relativen und dem absoluten Rang eines Objektes. Hierfür überlegt man sich unschwer die folgende Beziehung:

$$\mathsf{P}(R_n = r \mid Y_n = y) = \binom{r-1}{y-1}\binom{N-r}{n-y}\Big/\binom{N}{n}, \tag{4}$$

$$r \in \{1, \dots, N\}, \qquad y \in \mathcal{S}_n, \qquad n = 1, \dots, N.$$

Zunächst gibt es $\binom{N}{n}$ Möglichkeiten für die Zuordnung absoluter Rangzahlen zu den n ersten Objekten. Für den in (4) betrachteten Fall kommen nur diejenigen Möglichkeiten in Frage, bei denen aus den $r-1$ absoluten Rangzahlen, die kleiner als r sind, eine Aufteilung auf die $y-1$ Objekte, deren relative Rangzahlen kleiner als y sind, erfolgt, und gleichzeitig $n-y$ von den $N-r$ restlichen absoluten Rangzahlen für die restlichen $n-y$ Objekte ausgewählt werden.

Die durch (4) gegebene Wahrscheinlichkeitsverteilung ist übrigens in der Literatur auch als „Verteilung der Überschreitungen" oder „negative hypergeometrische Verteilung" bekannt, s. SARKADI [1], GUENTHER [1].

Als nächstes beweisen wir zwei im folgenden benötigte Lemmata, denen der einleuchtende Sachverhalt zugrunde liegt, wonach von einem größeren relativen Rang auch mit größerer Wahrscheinlichkeit auf einen hohen absoluten Rang geschlossen werden kann.

5.5.3. Lemma. *Für $n \in T$, $y \in \{1, \dots, n-1\}$, $r \in \{1, \dots, N\}$ gilt*

$$\mathsf{P}(R_n \leqq r \mid Y_n = y+1) \leqq \mathsf{P}(R_n \leqq r \mid Y_n = y).$$

Beweis: Nach (4) gilt

$$\mathsf{P}(R_n = k \mid Y_n = y+1) = \binom{k-1}{y}\binom{N-k}{n-y-1}\Big/\binom{N}{n} =$$

$$= \binom{k-1}{y-1}\frac{k-y}{y}\binom{N-k}{n-y}\frac{n-y}{N-k-n+y+1}\Big/\binom{N}{n}$$

$$= \mathsf{P}(R_n = k \mid Y_n = y)\,\frac{k + \frac{y}{n}(y-n-k)}{\left(y\frac{N+1}{n} + \frac{y}{n}(y-n+k)\right)}.$$

Also ist

$$\mathsf{P}(R_n = k \mid Y_n = y+1) \leqq \mathsf{P}(R_n = k \mid Y_n = y)$$

äquivalent zu

$$k \leqq \frac{N+1}{n}\,y.$$

Für $r \leqq \operatorname{ent}\left(\frac{N+1}{n}\,y\right)$ folgt

$$\mathsf{P}(R_n \leqq r \mid Y_n = y+1) = \sum_{k=1}^{r} \mathsf{P}(R_n = k \mid Y_n = y+1) \leqq \sum_{k=1}^{r} \mathsf{P}(R_n = k \mid Y_n = y)$$

$$= \mathsf{P}(R_n \leqq r \mid Y_n = y),$$

und für $r > \operatorname{ent}\left(\frac{N+1}{n} y\right)$ folgt

$$\mathsf{P}(R_n \leqq r \mid Y_n = y+1) = 1 - \sum_{k=r+1}^{N} \mathsf{P}(R_n = k \mid Y_n = y+1)$$

$$\leqq 1 - \sum_{k=r+1}^{N} \mathsf{P}(R_n = k \mid Y_n = y) = \mathsf{P}(R_n \leqq r \mid Y_n = y),$$

also gilt in jedem Fall die Behauptung des Lemmas. ▮

5.5.4. Lemma. *Es sei u eine auf* $\{1, \ldots, N\}$ *definierte monotone reellwertige Funktion. Dann ist der bedingte Erwartungswert* $\mathsf{E}(u(R_n) \mid Y_n = y)$ *als Funktion von* $y \in \mathcal{S}_n$, $n \in T$, *in gleichem Sinne monoton.*

Beweis: Nach Lemma 5.5.3 gilt für $n \in T$, $y \in \{1, \ldots, n-1\}$ und $r \in \{1, \ldots, N\}$

$$\sum_{k=r}^{N} \mathsf{P}(R_n = k \mid Y_n = y) \leqq \sum_{k=r}^{N} \mathsf{P}(R_n = k \mid Y_n = y+1).$$

Hiernach folgt im Fall einer isotonen Funktion u mit $u(0) := 0$

$$\big(u(r) - u(r-1)\big) \sum_{k=r}^{N} \mathsf{P}(R_n = k \mid Y_n = y)$$

$$\leqq \big(u(r) - u(r-1)\big) \sum_{k=r}^{N} \mathsf{P}(R_n = k \mid Y_n = y+1)$$

und wegen

$$\sum_{r=1}^{N} \big(u(r) - u(r-1)\big) \sum_{k=r}^{N} \mathsf{P}(R_n = k \mid Y_n = y)$$

$$= \sum_{k=1}^{N} \mathsf{P}(R_n = k \mid Y_n = y) \sum_{r=1}^{k} \big(u(r) - u(r-1)\big) = \sum_{k=1}^{N} u(k)\, \mathsf{P}(R_n = k \mid Y_n = y)$$

schließlich

$$\sum_{k=1}^{N} u(k)\, \mathsf{P}(R_n = k \mid Y_n = y) = \sum_{k=1}^{k} u(k)\, \mathsf{P}(R_n = k \mid Y_n = y+1),$$

d. h. aber

$$\mathsf{E}\big(u(R_n) \mid Y_n = y\big) \leqq \mathsf{E}\big(u(R_n) \mid Y_n = y+1\big).$$

Entsprechend verläuft der Beweis, wenn u antiton ist. ▮

Wir formulieren nun das voranstehend beschriebene „Problem der besten Wahl" mittels der beobachteten relativen Ränge Y_n als ein Stopproblem für den Prozeß $(Y_n)_{n=1,\ldots,N}$, wobei wir uns auf die Darstellung in den Abschnitten 5.1 und 5.3 beziehen. Dabei ist es für den jetzt vorliegenden Fall sinnvoll, als Anfangspunkt nicht 0, sondern 1 zu wählen. Die Menge der Inspektionszeitpunkte kennzeichnen wir mittels der bereits benutzten Bezeichnung $T = \{1, \ldots, N\}$. Die Menge $\mathcal{S} = \{1, \ldots, N\}$ der möglichen absoluten Ränge erweitern wir wie in Abschnitt 5.3 zu $\tilde{\mathcal{S}} = \mathcal{S} \cup \{\sigma\}$, wobei $\sigma \notin \mathcal{S}$ gilt und σ den sog. *Aus-Zustand* bezeichnet, in den der Prozeß nach erfolgter Stopentscheidung übergeht und dann nicht wieder verläßt. Die Entscheidungsmenge ist durch $\mathcal{D} = \{0, 1\}$ gegeben; dabei kennzeichnet $d = 1$ das Auswählen, also Stoppen, und $d = 0$ das Nichtauswählen, also Fortsetzen. Die Anfangsverteilung wird wegen $Y_1 = 1$ durch $p_1(1) = 1$ festgelegt. Als Bewegungsgesetz definieren wir mit $\mathscr{S}_n = \{1, \ldots, n\}$, $n \in T$, und unter Beachtung von (1) und (2)

$$p_n(y \mid y_{n-1}, 0) := \begin{cases} \dfrac{1}{n}, & (y \in \mathscr{S}_n) \wedge (y_{n-1} \in \mathscr{S}_{n-1}), \quad (5a) \\ 0, & (y \in \widetilde{\mathscr{S}} \setminus \mathscr{S}_n) \vee (y_{n-1} \in \mathscr{S} \setminus \mathscr{S}_{n-1}), \quad (5b) \end{cases}$$

$$\widetilde{p}_n(y \mid y_{n-1}, 0) := p_n(y \mid y_{n-1}, 0), \qquad (y \in \mathscr{S}_n) \wedge (y_{n-1} \in \mathscr{S}_{n-1})^{1)}, \tag{5c}$$

$$\widetilde{p}_n(\sigma \mid y_{n-1}, 1) := 1, \qquad y_{n-1} \in \mathscr{S}, \qquad n = 2, \ldots, N. \tag{5d}$$

$$\widetilde{p}_n(\sigma \mid \sigma, d) := 1, \qquad d \in \mathscr{D},$$

Damit erweist sich der Prozeß $(Y_n)_{n=1,\ldots,N}$, betrachtet auf der Zustandsmenge $\widetilde{\mathscr{S}}$, als eine Markow-Kette. Eine Information über den absoluten Rang eines Objektes ist nach (4) auf Grund seines relativen Ranges gegeben, wegen (3) und (1) nicht aber durch die relativen Ränge der vorangehend gesichteten Objekte. Deshalb ist es hinreichend, hinsichtlich einer Entscheidung über Stoppen oder Fortsetzen nur den letzten Zustand, also den relativen Rang des gerade gesichteten Objektes zu berücksichtigen. Eine zulässige Strategie $\vartheta = (\delta_n)$ ist also durch eine Folge von Entscheidungsfunktionen $\delta_n \mid \widetilde{\mathscr{S}} \to \mathscr{D}$, $n = 1, \ldots, N$, definiert.[2]) Wegen der Beziehungen (5a) bis (5d) ist dabei lediglich eine Festlegung von δ_n auf $\mathscr{S}_n$ von Bedeutung; die Definition von δ_n auf $\widetilde{\mathscr{S}} \setminus \mathscr{S}_n$ kann beliebig erfolgen und ist für das weitere ohne Einfluß. Die Entscheidungsfunktion δ_n besitzt genau dann den Wert Eins, wenn $\tau = n$ ist. Da außerdem in jedem Fall das im Endzeitpunkt N auftretende Objekt genommen werden soll, sofern nicht vorher die Auswahl eines Objektes erfolgte, gilt stets $\delta_N(y) = 1$ für jedes $y \in \mathscr{S}$. Die somit charakterisierten Strategien bilden die Menge Θ der zulässigen Strategien.

Die Bewertung eines ausgewählten Objektes erfolgt in Abhängigkeit von seinem absoluten Rang mittels einer nichtnegativen Funktion $u_n \mid \mathscr{S} \to \mathbb{R}^1$, $n = 1, \ldots, N$. Für die Ertragsfunktion

$$g_n(y) := \mathsf{E}\big(u_n(R_n) \mid Y_n = y\big), \qquad n = 1, \ldots, N, \qquad y \in \mathscr{S}_n, \tag{6}$$

gilt nach (4)

$$g_n(y) = \sum_{r=1}^{N} u_n(r) \binom{r-1}{y-1} \binom{N-r}{n-y} \bigg/ \binom{N}{n}, \qquad y \in \mathscr{S}_n, \qquad n \in T, \tag{6'}$$

wobei wegen $\mathsf{P}(R_N = y \mid Y_N = y) = 1$ speziell $g_N(y) = u_N(y)$ ist. Wir vervollständigen die Definition noch formal durch $g_n(y) = 0$ für $y \in \widetilde{\mathscr{S}} \setminus \mathscr{S}_n$.

Es sei $v_{n,\vartheta}(y)$, $n \in T$, die in (5.1.17), vgl. auch (1.1.13'), eingeführte (reduzierte) Wertfunktion, d. h. der mittlere Ertrag ab Zeitpunkt n bei Verwendung der Strategie ϑ, $\vartheta \in \Theta$, und für $y \in \widetilde{\mathscr{S}}$. Nach (5a) bis (5d) können für $n \in T$ nur Zustände $y \in \mathscr{S}_n \cup \{\sigma\}$ mit positiver Wahrscheinlichkeit auftreten. Weiterhin realisiert sich ein Ertrag, und zwar gemäß (6) bzw. (6'), lediglich bei der Auswahl eines Objektes. Beachten wir noch auf Grund von (1) die Gültigkeit von

$$\mathsf{E}\big(v_{n+1,\vartheta}(Y_{n+1}) \mid Y_n = y\big) = \mathsf{E}\big(v_{n+1,\vartheta}(Y_{n+1})\big), \qquad y \in \mathscr{S}_n,$$

[1]) Wir beachten hierbei die Festlegung $\mathsf{P}(\cdot \mid A) := 0$ für $\mathsf{P}(A) = 0$.

[2]) Gegenüber den Modellen in 1.1.1. und in den Abschnitten 5.1 und 5.3 besteht hier die geringfügige Modifikation, daß im Endzeitpunkt N noch eine Entscheidung getroffen wird. Eine formale Angleichung kann z.B. dadurch erfolgen, daß der Zeitbereich um den Zeitpunkt $N + 1$ erweitert wird und der Prozeß im Zeitpunkt $N + 1$ mit Wahrscheinlichkeit 1 in den Aus-Zustand σ übergeht.

so folgt

$$v_{n,\vartheta}(y) = \begin{cases} \mathsf{E}(u_n(R_n) \mid Y_n = y) & \text{für} \quad y \in \mathcal{S}_n \quad \text{und} \quad \delta_n(y) = 1\,, & (7\text{a}) \\ \mathsf{E}(v_{n+1,\vartheta}(Y_{n+1})) & \text{für} \quad y \in \mathcal{S}_n \quad \text{und} \quad \delta_n(y) = 0\,, & (7\text{b}) \\ 0 & \text{für} \quad y \in \tilde{\mathcal{S}} \setminus \mathcal{S}_n\,. & (7\text{c}) \end{cases}$$

Somit gilt für die reduzierten Wertfunktionen in Übereinstimmung mit (5.1.20) die Rekursionsformel

$$\begin{aligned} &v_{n,\vartheta}(y) = \delta_n(y)\, \mathsf{E}(u_n(R_n) \mid Y_n = y) + (1 - \delta_n(y))\, \mathsf{E}(v_{n+1,\vartheta}(Y_{n+1})) \\ &\text{für} \quad y \in \mathcal{S}_n\,, \qquad n = 1, \dots, N-1\,, \\ &v_{N,\vartheta}(y) = u_N(y)\,, \qquad y \in \mathcal{S}_N\,, \\ &v_{n,\vartheta}(\sigma) = 0\,, \qquad n = 2, \dots, N\,. \end{aligned} \tag{8}$$

Wegen $Y_1 = 1$ setzen wir noch $v_{1,\vartheta}(y) =: v_{1,\vartheta}$.

Da die Menge Θ der zulässigen Strategien offensichtlich endlich ist, existiert die Größe $\max\limits_{\vartheta \in \Theta} v_{1,\vartheta} =: v_1^*$. v_1^* heißt *optimaler Wert*, und eine Strategie ϑ^* heißt *optimal*, falls $v_{1,\vartheta^*} = v_1^*$ gilt. Für eine optimale Strategie ϑ^* folgt nach (5.1.22) und auf Grund des Optimalitätsprinzips (s. auch Abschnitt 1.5) für alle $y \in \mathcal{S}_n$ und $n \in T$

$$\max_{\vartheta \in \Theta} v_{n,\vartheta}(y) = v_{n,\vartheta^*}(y) =: v_n^*(y)\,. \tag{9}$$

Die optimalen (reduzierten) Wertfunktionen v_n^* (vgl. auch (5.1.21)) genügen nach (8) den Optimalitätsgleichungen (s. (5.2.8) bis (5.2.10'))

$$\begin{aligned} &v_n^*(y) = \max\,\{\mathsf{E}(u_n(R_n) \mid Y_n = y),\ \mathsf{E}(v_{n+1}^*(Y_{n+1}^*))\} \\ &\text{für} \quad y \in \mathcal{S}_n\,, \qquad n = 1, \dots, N-1\,, \\ &v_N^*(y) = u_N(y)\,, \qquad y_N \in \mathcal{S}\,, \\ &v_n^*(\sigma) = 0\,, \qquad n = 2, \dots, N\,. \end{aligned} \tag{10}$$

Hieraus ergibt sich für eine optimale Strategie die Entscheidungsregel

$$\delta_n^*(y) = \begin{cases} 0\,, & \text{falls} \quad \mathsf{E}(u_n(R_n) \mid Y_n = y) < \mathsf{E}(v_{n+1}^*(Y_{n+1}))\,, \\ 1\,, & \text{falls} \quad \mathsf{E}(u_n(R_n) \mid Y_n = y) \geqq \mathsf{E}(v_{n+1}^*)Y_{n+1}))\,, \\ & \qquad y \in \mathcal{S}_n\,, \quad n = 1, \dots, N-1\,, \\ 1 & \text{für} \quad n = N \quad \text{und} \quad y \in \mathcal{S}_N\,. \end{cases} \tag{11}$$

Neben dem in (6) bzw. (6') angegebenen Wert für $\mathsf{E}(u_n(R_n) \mid Y_n = y)$ gilt für $\mathsf{E}(v_n^*(Y_n))$ unter Beachtung von (2)

$$\mathsf{E}(v_n^*(Y_n)) = \sum_{y=1}^{n} v_n^*(y)\, \mathsf{P}(Y_n = y) = \frac{1}{n} \sum_{y=1}^{n} v_n^*(y) =: \nu_n^*\,. \tag{12}$$

Auf Grund von Satz 1.7.5 würde die Benutzung gemischter Strategien keine besseren, d. h. größeren Werte der optimalen Wertfunktion liefern. Wir können weiter zeigen, daß bei den optimalen Strategien unseres Problems die Annahme eines gesichteten Objektes genau dann erfolgt, wenn dessen relativer Rang mindestens gleich einem bestimmten Wert ist.

5.5.5. Definition. Eine Strategie $\vartheta = (\delta_n) \in \Theta$ heißt *einfach*, wenn es ein N-Tupel $(\varkappa_1, \dots, \varkappa_N)$ natürlicher Zahlen gibt, die nicht notwendig sämtlich verschieden und höchstens gleich N sind, so daß

$$\delta_n(y) = \begin{cases} 0\,, & \text{falls} \quad y < \varkappa_n\,, \\ 1\,, & \text{falls} \quad y \geqq \varkappa_n\,, \qquad y \in \mathcal{S}_n\,, \qquad n \in T\,. \end{cases} \tag{13}$$

Dabei heißt $\varkappa_n$ die *kritische Rangzahl* im Zeitpunkt n. Wegen der für jede zulässige Strategie gültigen Beziehung $\delta_N(y) = 1$, $y \in \mathcal{S}$, gilt stets $\varkappa_N = 1$.

Im Anschluß an (11) führen wir noch die Stopmengen

$$\Gamma_n := \{y \in \mathcal{S}_n : \mathsf{E}(u_n(R_n) \mid Y_n = y) - v_{n+1}^* \geqq 0\}, \qquad n = 1, \dots, N-1, \tag{14}$$

ein und beweisen nun den folgenden

5.5.6. Satz. *Ist jede der Ertragsfunktionen* $r \to u_n(r)$, $n \in T$, *isoton bezüglich* $r \in \mathcal{S}$, *so ist die durch* (11) *festgelegte optimale Strategie einfach, und es gilt mit* (14) *für* $n = 1, \dots, N-1$

$$\varkappa_n = \begin{cases} \min\{y : y \in \Gamma_n\}, & \text{falls } \Gamma_n \neq \emptyset, \\ n+1 & \text{sonst}. \end{cases} \tag{15}$$

(*Wie vorangehend festgestellt wurde, gilt stets* $\varkappa_N = 1$.) *Für die optimalen reduzierten Wertfunktionen* $v_n^*(y)$, $y \in \mathcal{S}_n$, $n = 1, \dots, N-1$, *folgt in Verbindung mit* (10) *und* (12)

$$v_n^*(y) = \begin{cases} \dfrac{1}{n+1} \displaystyle\sum_{\eta=1}^{n+1} v_{n+1}^*(\eta) = v_{n+1}^*, & \text{falls } y < \varkappa_n, \\ \displaystyle\sum_{r=y}^{N-n+y} u_n(r) \binom{r-1}{y-1} \binom{N-r}{n-y} \Big/ \binom{N}{n}, & \text{falls } y \geqq \varkappa_n. \end{cases} \tag{16}$$

Beweis: Es ist $\delta_n^*(y) = 0$, $y \in \mathcal{S}_n$, nach (11), (12) und (14) äquivalent zu $y \notin \Gamma_n$. Für $\Gamma_n \neq \emptyset$ ist dies wiederum wegen der vorausgesetzten Isotonie der Funktionen u_n und mit (15) äquivalent zu $y < \varkappa_n$. Im Fall $\Gamma_n = \emptyset$ werden die Objekte aus $\mathcal{S}_n$ sämtlich nicht angenommen, was — wiederum wegen der Isotonie und nach (15) — der Annahmebedingung $y \geqq n+1$ entspricht. Die Formel (16) ergibt sich nun unschwer aus dem Zusammenhang von (10), (11), (12), (13) und (15) unter Beachtung von (6) und (6').

Wir demonstrieren die erhaltenen Resultate an zwei Beispielen für spezielle Ertragsfunktionen.

5.5.7. Beispiel. Die Bewertung des ausgewählten Objektes erfolge unmittelbar durch seinen absoluten Rang: $u_n(r) = r$, $r = 1, \dots, N$. Dann folgt für (6), (6') und unter Beachtung von (4) zunächst

$$g_n(y) = \mathsf{E}(R_n \mid Y_n = y) = \sum_{r=1}^{N} r \binom{r-1}{y-1} \binom{N-r}{n-y} \Big/ \binom{N}{n}. \tag{17}$$

Nun gilt für $n = 1, \dots, N$

$$\mathsf{E}(R_n - y \mid Y_n = y) = \frac{1}{\binom{N}{n}} \sum_{r=1}^{N} (r-y) \binom{r-1}{y-1} \binom{N-r}{n-y}$$

$$= \frac{y}{\binom{N}{n}} \sum_{r=1}^{N} \frac{(r-1)(r-2)\dots(r-y+1)(r-y)}{(y-1)!\,y} \binom{N-r}{n-y}$$

$$= \frac{y}{\binom{N}{n}} \sum_{r=1}^{N} \binom{r-1}{y} \binom{N-r}{n-y},$$

und wegen

$$\sum_{r=1}^{N} \binom{r-1}{y}\binom{N-r}{n-y} = \binom{N}{n+1},$$

dies ergibt sich z.B. aus (4), weiter

$$\mathsf{E}(R_n - y \mid Y_n = y) = y\binom{N}{n+1}\Big/\binom{N}{n} = y\,\frac{(N-n)}{n+1},$$

und somit schließlich

$$g_n(y) = \mathsf{E}(R_n \mid Y_n = y) = y + y\,(N-n)/(n+1) = y(N+1)/(n+1)\,. \quad (17')$$

Die Berechnung der optimalen Wertfunktionen, der kritischen Rangzahlen sowie der optimalen Entscheidungen erfolgt nun nach den Formeln (12), (16), (15), (14) und (17′) durch rückschreitende Iteration. Wegen $\varkappa_N = 1$, also $\delta_N^*(y) = 1$ für alle $y \in \mathscr{S}$, folgt gemäß (13), (17), (17′) $v_N^*(y) = y$ für alle $y \in \mathscr{S}$ und somit nach (12) $v_N^* = \frac{1}{N}\sum_{y=1}^{N} y = (N+1)/2$. Damit erhält man für $n = N-1$ nach (14) und (15) $\varkappa_{N-1} = \operatorname{ent}(N/2)$ und nach (16)

$$v_{N-1}^*(y) = \begin{cases} y(N+1)/2 & \text{für} \quad y < \operatorname{ent}(N/2)\,, \\ y\,(N+1)/N & \text{für} \quad y \geqq \operatorname{ent}(N/2)\,, \end{cases}$$

sowie für gerade und asymptotisch für große N den Wert

$$v_{N-1}^* = (N+1)(5N-6)/8(N-1)\,.$$

Durch Fortsetzung dieser Rückwärtsrechnung ergeben sich zu jedem N die Folgen (s_n) und $(v_n^*(y))$, $n = N, N-1, \ldots, 1$, wodurch die Lösung des Problems ermittelt ist.

Tabelle 5.5.1. Illustration der Rückwärtsrechnung

n	1	2	3	4	5	6	7	8	9	10
$\varkappa_n$	2	3	4	4	5	5	6	6	5	1
v_n^*	8,4	8,4	8,4	8,4	8,3	8,1	7,8	7,4	6,7	5,5

Zur Illustration sind in Tabelle 5.5.1 die entsprechenden Zahlenwerte für $N = 10$ angegeben. Diese Werte lassen sich nun wie folgt interpretieren: Die ersten drei Objekte werden grundsätzlich nicht genommen und dienen der Schaffung einer Vergleichsbasis. Das vierte sowie fünfte Objekt wird gewählt, sofern es das bisher beste ist. Im weiteren Verlauf werden die Anforderungen an die relativen Ränge für eine Auswahl immer geringer. So wird z.B. das an achter Stelle gesichtete Objekt schon gewählt, wenn es mindestens das bisher drittbeste ist. Das an zehnter, also an letzter Stelle auftretende Objekt wird, sofern bisher noch keine Auswahl erfolgte, auf jeden Fall genommen. Verfährt man nach diesem Auswahlprinzip, so besitzt das jeweils ausgewählte Objekt im Mittel den absoluten Rangwert $v_1^* = 8{,}4$, was also grob gesagt bedeutet, daß man im Mittel ein Objekt erhält, welches das zweit- oder drittbeste ist.

5.5.8. Beispiel. Es soll das beste Objekt mit maximaler Wahrscheinlichkeit ausgewählt werden. Dann folgt mit $u_n(r) = \chi_{\{N\}}(r)$ nach (6) für $1 \leqq n \leqq N$

$$g_n(y) = \mathsf{E}\big(u_n(R_n) \mid Y_n = y\big) = \sum_{r=1}^{N} u_n(r)\,\mathsf{P}(R_n = r \mid Y_n = y) = \mathsf{P}(R_n = N \mid Y_n = y)\,,$$

und somit lautet wegen (4) die Zielfunktion

$$g_n(y) = \begin{cases} \frac{n}{N} & \text{für} \quad y = n\,, \\ 0 & \text{für} \quad y < n\,. \end{cases}$$

Hieraus folgen nach (12), (14) und (15) für die Stopmengen und die kritischen Rangzahlen

$$\Gamma_n := \left\{ y : \frac{y}{n} - \frac{1}{n} \sum_{y=1}^{n} v_n^*(y) \geqq 0, y \in \mathcal{S}_n \right\},$$

$$\varkappa_n = \begin{cases} \min \{y : y \in \Gamma_n\} & \text{falls} \quad \Gamma_n \neq \emptyset\,, \\ n + 1 & \text{sonst}\,, \end{cases} \qquad n \in \{1, \dots, N\}\,.$$

Die optimalen Entscheidungen bestimmen sich nach (13), und für die optimalen (reduzierten) Wertfunktionen gilt mit (16)

$$v_n^*(y) = \begin{cases} \frac{y}{N} & \text{für} \quad y \in \Gamma_n\,, \\ \frac{1}{n+1} \sum_{y=1}^{n+1} v_{n+1}^*(y) & \text{für} \quad y \notin \Gamma_n\,, \end{cases} \qquad n = 1, \dots, N-1\,,$$

$$v_N^*(y) = \frac{1}{N}, \qquad y \in \mathcal{S}\,.$$

Die weitere numerische Auswertung kann mittels der „Rückwärtstechnik" entsprechend Beispiel 5.5.7 vollzogen werden.

Anhang

Nachfolgend sind in gestraffter Form einige wesentliche Grundbegriffe und Aussagen der Wahrscheinlichkeitstheorie (Abschnitt A. 1), der Theorie stochastischer Prozesse (Abschnitt A. 2) und der stochastischen Analysis (Abschnitt A.3) zusammengestellt, die in den einzelnen Kapiteln verwendet werden und für die Darstellung von Bedeutung sind. Sie ersetzen freilich nicht eine wünschenswerte allgemeine Vertrautheit mit den Grundtatsachen der Stochastik, und sie werden auch nur in der in diesem Buch benötigten Form gebracht. Für detailliertere Auskünfte sei auf einige im Literaturverzeichnis angegebene einschlägige Bücher verwiesen: Bauer [1], Bellach/Franken/Warmuth/Warmuth [1], Loève [1], Müller [2], Neveu [1], Nollau [1] und — besonders zur Thematik von Abschnitt A. 3 — Arnold [1], Fleming H./Rishel [1], Friedman [1], Gichman/Skorochod [3].

A. 1. Wahrscheinlichkeitstheorie

A. 1.1. Wahrscheinlichkeitsraum

Der Wahrscheinlichkeitsraum ist der mathematische Ausgangspunkt bei der Beschreibung zufälliger Erscheinungen; es handelt sich somit um einen zentralen Begriff der Wahrscheinlichkeitstheorie.

1.1.1. Definition. Ein Tripel $[\Omega, \mathfrak{A}, \mathsf{P}]$, bestehend aus

Ω nichtleere Menge (die Menge der sog. *Elementarereignisse* $\omega \in \Omega$)

$\mathfrak{A}$ σ-Algebra von Teilmengen der Menge Ω (die Menge der sog. *zufälligen Ereignisse* $A \in \mathfrak{A}$)

P endliches Maß auf $\mathfrak{A}$ mit $\mathsf{P}(\Omega) = 1$ (ein sog. *Wahrscheinlichkeitsmaß*),

heißt *Wahrscheinlichkeitsraum.*

Für $\mathfrak{A}$ gelten die folgenden Aussagen:

(1) $\emptyset \in \mathfrak{A}$, $\Omega \in \mathfrak{A}$ ($\emptyset$ heißt *unmögliches Ereignis, Ω sicheres Ereignis*).

(2) Aus $A \in \mathfrak{A}$, $B \in \mathfrak{A}$ folgt $A \cup B \in \mathfrak{A}$, $A \cap B \in \mathfrak{A}$.

(3) Aus $A \in \mathfrak{A}$ folgt $\bar{A} \in \mathfrak{A}$ ($\bar{A}$ heißt zu A *komplementäres Ereignis*).

(4) Aus $A_n \in \mathfrak{A}$, $n = 1, 2, \ldots$, folgt $\bigcup_{n=1}^{\infty} A_n \in \mathfrak{A}$.

Einfache Beispiele von σ-Algebren sind $\{\emptyset, \Omega\}$ und die Potenzmenge $\mathfrak{P}(\Omega)$ (das System aller Teilmengen von Ω). Ist $\mathfrak{C}$ irgendein System von Teilmengen von Ω, so bezeichnet $\sigma(\mathfrak{C})$ die kleinste σ-Algebra, die $\mathfrak{C}$ umfaßt.

Für $\Omega = \mathbb{R}^1$ (Menge der reellen Zahlen) bzw. $\Omega = \mathbb{R}^n$ (Menge aller n-Tupel reeller Zahlen) bezeichnet $\mathfrak{B}^1$ bzw. $\mathfrak{B}^n$ die σ-Algebra der Borel-Mengen; dabei gilt insbesondere $\mathfrak{B}^1 = \sigma(\{(-\infty, a): a \in \mathbb{R}^1\})$.

Ein Paar $[\Omega, \mathfrak{A}]$, wobei also Ω eine nichtleere Menge und $\mathfrak{A}$ eine σ-Algebra von Teilmengen von Ω ist, nennt man einen *meßbaren Raum* und — in diesem Zusammenhang — die Elemente von $\mathfrak{A}$ *meßbare Mengen.*

Für P bestehen die folgenden Aussagen:

(1) $0 \leqq \mathsf{P}(A) \leqq 1$ für alle $A \in \mathfrak{A}$.

(2) $\mathsf{P}(\emptyset) = 0$, $\mathsf{P}(\Omega) = 1$.

(3) Aus $A_n \in \mathfrak{A}$, $n = 1, 2, \ldots$, $A_i \cap A_j = \emptyset$ für $i \neq j$, folgt

$$\mathsf{P}(\bigcup_{n=1}^{\infty} A_n) = \sum_{n=1}^{\infty} \mathsf{P}(A_n) \qquad (\sigma\textit{-Additivität})\,.$$

(4) Aus $A_n \in \mathfrak{A}$, $n = 1, 2, \ldots$, $\lim\limits_{n\to\infty} A_n = A$ folgt

$$\lim_{n\to\infty} \mathsf{P}(A_n) = \mathsf{P}(A) \qquad (\textit{Stetigkeit})\,.$$

Die Eigenschaften (1) bis (3) beinhalten das kolmogorowsche Axiomensystem; (3) und (4) sind äquivalent.

Ein einfaches Beispiel eines Wahrscheinlichkeitsraumes ist durch $\Omega = \mathbb{N} = \{0, 1, 2, \ldots\}$, $\mathfrak{A} = \mathfrak{P}(\mathbb{N})$, $\mathsf{P}(A) = \sum_{k\in A} p_k$, $A \subset \mathbb{N}$, wobei die Zahlen p_k nichtnegativ sind und $\sum_{k=0}^{\infty} p_k = 1$ gilt, gegeben (*diskretes Wahrscheinlichkeitsmaß*).

Man kann stets davon ausgehen, daß ein betrachteter Wahrscheinlichkeitsraum $[\Omega, \mathfrak{A}, \mathsf{P}]$ *vollständig* ist, d. h., daß aus $A \in \mathfrak{A}$, $\mathsf{P}(A) = 0$, $B \subset A$ stets $B \in \mathfrak{A}$ (und damit $\mathsf{P}(B) = 0$) folgt. Gilt für ein zufälliges Ereignis $A \in \mathfrak{A}$ die Aussage $\mathsf{P}(A) = 1$ bzw. $\mathsf{P}(A) = 0$, so sagt man, das Ereignis A sei P-*fast sicher* (P-f.s.) bzw. P-*fast unmöglich*, wobei — wenn Mißverständnisse nicht zu befürchten sind — das P auch weggelassen wird.

1.1.2. Definition. Es seien $[\Omega, \mathfrak{A}, \mathsf{P}]$ ein Wahrscheinlichkeitsraum und B ein zufälliges Ereignis positiver Wahrscheinlichkeit ($B \in \mathfrak{A}$, $\mathsf{P}(B) > 0$). Dann heißt

$$\mathsf{P}_B(A) = \mathsf{P}(A \mid B) := \frac{\mathsf{P}(A \cap B)}{\mathsf{P}(B)}, \qquad A \in \mathfrak{A}\,,$$

bedingte Wahrscheinlichkeit des Ereignisses A unter der Bedingung (oder auch: *unter der Hypothese*) *B*.

Die durch $A(\in \mathfrak{A}) \to \mathsf{P}_B(A)$ gegebene Funktion P_B erweist sich als ein Wahrscheinlichkeitsmaß auf $\mathfrak{A}$ mit den folgenden speziellen Eigenschaften:

(1) Gilt $B \subset A$ (d. h., zieht das Eintreten von B das Eintreten von A nach sich), so gilt $\mathsf{P}_B(A) = 1$.

(2) Gilt $A \cap B = \emptyset$ (d. h., ist das gemeinsame Eintreten von A und B unmöglich, sind also A und B unvereinbar), so gilt $\mathsf{P}_B(A) = 0$.

(3) Für $B = \Omega$ gilt $\mathsf{P}_B = \mathsf{P}$.

Aus der obigen Definition ergibt sich unmittelbar die folgende Formel zur Berechnung der Wahrscheinlichkeit des Produkts zufälliger Ereignisse $A_1, \ldots, A_n$:

$$\mathsf{P}(\bigcap_{i=1}^{n} A_i) = \mathsf{P}(A_1) \prod_{j=2}^{n} \mathsf{P}(A_j \mid \bigcap_{k=1}^{j-1} A_k)\,.$$

Von Bedeutung — und zwar sowohl unter dem Gesichtspunkt der praktischen Nutzung als auch in theoretischer Hinsicht — sind die im folgenden Satz vorkommenden Formeln.

1.1.3. Satz. *Es seien* $[\Omega, \mathfrak{A}, \mathsf{P}]$ *ein Wahrscheinlichkeitsraum und* $(B_j)_{j=1,2,\ldots}$ *eine disjunkte Zerlegung des sicheren Ereignisses (d. h., es gelte* $\bigcup_j B_j = \Omega$, $B_i \cap B_k = \emptyset$ *für* $i \neq k$*) mit* $\mathsf{P}(B_j) > 0$, $j = 1, 2, \ldots$. *Dann gelten für jedes beliebige zufällige Ereignis* A

(1) *die Formel der totalen Wahrscheinlichkeit*

$$\mathsf{P}(A) = \sum_j \mathsf{P}(A \mid B_j)\, \mathsf{P}(B_j)\,,$$

(2) *die bayessche Formel*

$$\mathsf{P}(B_k \mid A) = \frac{\mathsf{P}(A \mid B_k)\, \mathsf{P}(B_k)}{\sum_j \mathsf{P}(A \mid B_j)\, \mathsf{P}(B_j)}\,, \qquad k = 1, 2, \ldots .$$

In verschiedenen Anwendungssituationen erweist sich die Betrachtung von Produkträumen und Produktmaßen als nützlich. Es seien also $[\Omega_1, \mathfrak{A}_1]$ und $[\Omega_2, \mathfrak{A}_2]$ meßbare Räume. Dann ist $[\Omega, \mathfrak{A}]$ mit

$$\Omega := \Omega_1 \times \Omega_2 = \{\omega = (\omega_1, \omega_2) \colon \omega_1 \in \Omega_1, \omega_2 \in \Omega_2\}\,,$$

$$\mathfrak{A} := \mathfrak{A}_1 \otimes \mathfrak{A}_2 = \sigma(\{A = A_1 \times A_2 \colon A_1 \in \mathfrak{A}_1, A_2 \in \mathfrak{A}_2\})$$

ein meßbarer Raum, der sog. *meßbare Produktraum*; dabei wird Ω als kartesisches Produkt von Ω_1 und Ω_2 bezeichnet, und $\mathfrak{A}$ wird das Produkt von $\mathfrak{A}_1$ und $\mathfrak{A}_2$ genannt.

1.1.4. Satz. *Es seien* $[\Omega_1, \mathfrak{A}_1, \mathsf{P}_1]$ *und* $[\Omega_2, \mathfrak{A}_2, \mathsf{P}_2]$ *Wahrscheinlichkeitsräume. Dann existiert genau ein Wahrscheinlichkeitsmaß* P *auf* $\mathfrak{A} = \mathfrak{A}_1 \otimes \mathfrak{A}_2$ *mit*

$$\mathsf{P}(A_1 \otimes A_2) = \mathsf{P}_1(A_1)\, \mathsf{P}_2(A_2)\,, \qquad A_1 \in \mathfrak{A}_1\,, \qquad A_2 \in \mathfrak{A}_2\,.$$

Es gelten dann insbesondere die Beziehungen

$$\left.\begin{aligned} &\mathsf{P}(A_1 \times \Omega_2) = \mathsf{P}_1(A_1), \qquad \mathsf{P}(\Omega_1 \times A_2) = \mathsf{P}_2(A_2)\,,\\ &\mathsf{P}\big((A_1 \times \Omega_2) \cap (\Omega_1 \times A_2)\big) = \mathsf{P}_1(A_1)\, \mathsf{P}_2(A_2)\,, \end{aligned}\right. \qquad A_1 \in \mathfrak{A}_1\,, \qquad A_2 \in \mathfrak{A}_2\,.$$

Das Maß P wird als *Produktmaß* von P_1 und P_2 bezeichnet und gelegentlich mit $\mathsf{P}_1 \otimes \mathsf{P}_2$ symbolisiert.

Die Verallgemeinerung obiger Begriffe auf den Fall einer beliebigen endlichen Anzahl von Faktoren liegt nahe: Sind $[\Omega_i, \mathfrak{A}_i]$, $i = 1, 2, \ldots, n$, meßbare Räume, so setzt man

$$\Omega := \mathop{\times}_{i=1}^{n} \Omega_i = \{\omega = (\omega_1, \ldots, \omega_n) \colon \omega_i \in \Omega_i, i = 1, \ldots, n\}$$

$$\mathfrak{A} := \bigotimes_{i=1}^{n} \mathfrak{A}_i = \sigma(\{A = \mathop{\times}_{i=1}^{n} A_i \colon A_i \in \mathfrak{A}_i, i = 1, \ldots, n\})$$

und erhält mit $[\Omega, \mathfrak{A}]$ den sog. *meßbaren Produktraum.*

Für $\Omega_i = \tilde{\Omega}$ bzw. $\mathfrak{A}_i = \tilde{\mathfrak{A}}$, $i = 1, \ldots, n$, schreibt man anstelle von $\mathop{\times}_{i=1}^{n} \Omega_i$ bzw. $\bigotimes_{i=1}^{n} \mathfrak{A}_i$ einfach $\tilde{\Omega}^n$ bzw. $\tilde{\mathfrak{A}}^n$. In diesem Sinne gelten dann die Beziehungen $(\mathbb{R}^1)^n = \mathbb{R}^n$ und $(\mathfrak{B}^1)^n = \mathfrak{B}^n$. Sind $[\Omega_i, \mathfrak{A}_i, \mathsf{P}_i]$, $i = 1, \ldots, n$, Wahrscheinlichkeitsräume, so gilt eine dem obigen Satz entsprechende Aussage; es gibt also genau ein Wahrscheinlichkeitsmaß P auf $\mathfrak{A} = \bigotimes_{i=1}^{n} \mathfrak{A}_i$ — das sog. *Produktmaß* —, für das

$$\mathsf{P}(A_1 \times \dots \times A_n) = \mathsf{P}_1(A_1) \dots \mathsf{P}_n(A_n) \qquad A_i \in \mathfrak{A}_i\,, \qquad i = 1, \dots, n\,,$$

gilt.

Allgemein setzt man für den Fall unendlich vieler meßbarer Räume $[\Omega_j, \mathfrak{A}_j]$, $j = 1, 2, \dots$, $\Omega := \times_j \Omega_j = \{\omega = (\omega_1, \omega_2, \dots) : \omega_j \in \Omega_j,\ j = 1, 2, \dots\}$ und verwendet als σ-Algebra $\mathfrak{A}$ die kleinste σ-Algebra von Ω, die alle sog. Zylindermengen von Ω enthält, d. h. alle Mengen der Form $\times_j A_j$, wobei $A_j \in \mathfrak{A}_j$ für alle Indices j gilt und für höchstens endlich viele Indices j die Aussage $A_j \neq \Omega_j$ besteht (Bezeichnung: $\mathfrak{A} = \bigotimes_j \mathfrak{A}_j$). Das Paar $[\Omega, \mathfrak{A}]$ wird dann als *meßbarer Produktraum* der meßbaren Räume $[\Omega_j, \mathfrak{A}_j]$, $j = 1, 2, \dots$, bezeichnet. Sind noch Wahrscheinlichkeitsmaße P_j auf $\mathfrak{A}_j$ für $j = 1, 2, \dots$ gegeben, so existiert genau ein Wahrscheinlichkeitsmaß P auf $\mathfrak{A}$ — das wiederum als *Produktmaß* bezeichnet wird —, für das

$$\mathsf{P}(\times_j A_j) = \prod_j \mathsf{P}_j(A_j)$$

gilt, wobei $\times_j A_j$ eine beliebige Zylindermenge ist.

A. 1.2. Meßbarkeit, Zufallsgröße, Stopzeit

Bei der zahlenmäßigen Beschreibung des Ausgangs zufälliger Experimente spielen Zufallsgrößen eine wesentliche Rolle; mathematisch ist eine Zufallsgröße charakterisiert als eine reellwertige, auf einer Menge von Elementarereignissen definierte Funktion, deren besondere Eigenschaft die sog. Meßbarkeit ist.

1.2.1. Definition. Es seien $[\Omega, \mathfrak{A}]$ und $[\Omega', \mathfrak{A}']$ meßbare Räume. Eine Funktion $f \colon \Omega \to \Omega'$ heißt $(\mathfrak{A}, \mathfrak{A}')$-*meßbar*, wenn für jedes $A' \in \mathfrak{A}'$ das Urbild $f^{-1}(A') = \{\omega \in \Omega : f(\omega) \in A'\}$ zu $\mathfrak{A}$ gehört. (In diesem Zusammenhang heißt der meßbare Raum $[\Omega', \mathfrak{A}']$ auch Bildraum von f.)

Wenn klar ist, um welche σ-Algebren es sich handelt, schreibt man anstelle „$(\mathfrak{A}, \mathfrak{A}')$-meßbar" oft einfach „meßbar". Ist $\mathfrak{A}' = \mathfrak{B}^n$ (= σ-Algebra der Borel-Mengen des $\mathbb{R}^n$, n beliebige natürliche Zahl), so schreibt man anstelle „$(\mathfrak{A}, \mathfrak{A}')$-meßbar" auch „$\mathfrak{A}$-meßbar". Im Falle $\mathfrak{A} = \mathfrak{B}^m$, $\mathfrak{A}' = \mathfrak{B}^n$ (m, n beliebige natürliche Zahlen) heißt eine $(\mathfrak{A}, \mathfrak{A}')$-meßbare Funktion *borelmeßbar*.

Ist f eine $(\mathfrak{A}, \mathfrak{A}')$-meßbare Funktion, so nennt man die σ-Algebra $\sigma(f) := f^{-1}(\mathfrak{A}') = \{A \subset \Omega$: Es existiert $A' \in \mathfrak{A}'$ mit $A = f^{-1}(A')\}$ die *von f in Ω erzeugte* σ-Algebra; $\sigma(f)$ ist die kleinste σ-Algebra ($\subset \mathfrak{A}$), bezüglich der die Funktion f meßbar ist ($\mathfrak{A}'$ fest). Entsprechend bezeichnet man für eine Familie $(f_j)_{j \in J}$ — J beliebige nichtleere Indexmenge — $(\mathfrak{A}, \mathfrak{A}')$-meßbarer Funktionen $f_j, j \in J$, mit $\sigma(f_j : j \in J)$ die kleinste σ-Algebra ($\subset \mathfrak{A}$), bezüglich derer die Funktionen $f_j, j \in J$, sämtlich meßbar sind.

Für den praktischen Umgang mit reellwertigen meßbaren Funktionen sind die in dem folgenden Satz enthaltenen Aussagen nützlich.

1.2.2. Satz. *Es seien $[\Omega, \mathfrak{A}]$ ein meßbarer Raum, $\overline{\mathbb{R}}^1 = \mathbb{R}^1 \cup \{\infty\}$, $\overline{\mathfrak{B}}^1$ die σ-Algebra der Borel-Mengen von $\overline{\mathbb{R}}^1$, f, g, f_n, $n = 1, 2, \dots$, meßbare Funktionen und a eine beliebige* *reelle Zahl. Dann sind auch die folgenden Funktionen meßbar:*

(1) $af, f + g, f - g, f \cdot g, \frac{f}{g}$ (falls $g(\omega) \neq 0$ für alle $\omega \in \Omega$),

(2) $\sup_n f_n, \inf_n g_n$,

(3) $\max\{f, g\}$, $\min\{f, g\}$, (*insbesondere* $f^+ := \max\{f, 0\}$, $f^- := \max\{-f, 0\}$),

(4) $\underline{\lim}_{n\to\infty} f_n$, $\overline{\lim}_{n\to\infty} f_n$.

1.2.3. Bemerkung. Ist J eine beliebige Indexmenge und $(f_j)_{j\in J}$ eine Familie meßbarer Funktionen, so ist $\sup_{j\in J} f_j$ im allgemeinen nicht meßbar. Hinreichend für die Meßbarkeit von $\sup_{j\in J} f_j$ ist die Abzählbarkeit von J — vgl. obigen Satz — oder andererseits auch die Abzählbarkeit von Ω.

Ausgangspunkt der folgenden Definitionen und Aussagen ist ein Wahrscheinlichkeitsraum; der Bildraum der dabei betrachteten Funktionen ist die Menge der reellen Zahlen mit der σ-Algebea $\mathfrak{B}^1$ der Borel-Mengen.

1.2.4. Definition. Es sei $[\Omega, \mathfrak{A}, P]$ eine Wahrscheinlichkeitsraum. Eine auf Ω definierte reellwertige Funktion f, die $(\mathfrak{A}, \mathfrak{B}^1)$-meßbar ist, heißt eine *Zufallsgröße* (über dem Wahrscheinlichkeitsraum $[\Omega, \mathfrak{A}, \mathsf{P}]$).

Es ist üblich, Zufallsgrößen durch große lateinische Buchstaben X, Y, ... zu kennzeichnen.

1.2.5. Bemerkung. Ist $g\colon \mathbb{R}^1 \to \mathbb{R}^1$ eine borelmeßbare Funktion, so ist mit X auch die durch $\big(g(X)\big)(\omega) := g\big(X(\omega)\big)$, $\omega \in \Omega$, definierte Funktion $g(X)$ eine Zufallsgröße.

Das durch $\mathsf{P}_X(B) := \mathsf{P}\big(X^{-1}(B)\big)$, $B \in \mathfrak{B}^1$, auf dem meßbaren Raum $[\mathbb{R}^1, \mathfrak{B}^1]$ definierte Wahrscheinlichkeitsmaß P_X heißt *Wahrscheinlichkeitsverteilung* (auch: *Verteilungsgesetz* oder *Verteilung*) der Zufallsgröße X.

Die durch $F_X(x) := \mathsf{P}_X\big((-\infty, x)\big) = \mathsf{P}(X < x)$, $x \in \mathbb{R}^1$, auf der Menge der reellen Zahlen definierte Funktion F_X heißt *Verteilungsfunktion* der Zufallsgröße X; sie besitzt folgende Eigenschaften:

(1) $\lim_{x\to-\infty} F_X(x) = 0$, $\lim_{x\to\infty} F_X(x) = 1$.

(2) F_X ist linksseitig stetig $\big($d. h. $\lim_{\xi\uparrow x} F_X(\xi) = F_X(x)\big)$.

(3) F_X ist monoton nichtfallend $\big($d. h., aus $x_1 < x_2$ folgt $F_X(x_1) \leqq F_X(x_2)\big)$.

Mitunter wird die Verteilungsfunktion auch durch $F_X(x) := \mathsf{P}(X \leqq x)$, $x \in \mathbb{R}^1$, definiert; sie besitzt ebenfalls die Eigenschaften (1) und (3), und in (2) ergibt sich anstelle der linksseitigen die rechtsseitige Stetigkeit.

Eine Zufallsgröße X heißt *diskret*, wenn die Verteilungsfunktion von X eine Treppenfunktion ist; hat diese Treppenfunktion nur an den (höchstens abzählbar unendlich vielen) Stellen x_m Sprünge der Höhe p_m, so nimmt die Zufallsgröße X die Werte x_m mit den Wahrscheinlichkeiten p_m an $\big(\mathsf{P}(X = x_m) = p_m,\ p_m \geqq 0,\ \sum_m p_m = 1\big)$. Eine Zufallsgröße X heißt *stetig*, wenn die Verteilungsfunktion F_X absolutstetig ist, d. h., es existiert die Ableitung $f_X(x) := F'_X(x)$ für alle $x \in \mathbb{R}^1$ mit Ausnahme einer Menge vom Lebesgue-Maß Null; es gilt also $F_X(x) = \int_{-\infty}^{x} f_X(t)\,dt$. Die Funktion f_X heißt

Wahrscheinlichkeitsdichte (auch *Verteilungsdichte* oder *Dichte*) von X und besitzt die Eigenschaften $f_X(x) \geqq 0$, $\int_{-\infty}^{\infty} f_X(x)\,dx = 1$.

Als besonders wichtiges Beispiel sei die *Normalverteilung* erwähnt: Eine Zufallsgröße X besitzt eine Normalverteilung (mit den Parametern μ und σ^2), wenn die Wahrscheinlichkeitsdichte f_X die Gestalt $f_X(x) = \frac{1}{\sqrt{2\pi}\,\sigma} \exp\left\{-\frac{(x-\mu)^2}{2\sigma^2}\right\}$, $-\infty < x < \infty$, hat, wobei μ eine reelle und σ eine reelle positive Zahl ist.

1.2.6. Definition. Es seien $[\Omega, \mathfrak{A}, \mathsf{P}]$ ein Wahrscheinlichkeitsraum und X und Y Zufallsgrößen (über diesem Wahrscheinlichkeitsraum). Die Zufallsgrößen X und Y heißen P-*äquivalent*, wenn $\mathsf{P}(\{\omega \in \Omega: X(\omega) \neq Y(\omega)\}) = 0$ gilt, d. h., wenn das Ereignis $(X = Y) = \{\omega \in \Omega: X(\omega) = Y(\omega)\}$ P-fast sicher ist. Man schreibt dafür $X = Y$ P-fast sicher (auch: P-f.s., f.s. mit Wahrscheinlichkeit 1). Entsprechend bedeutet $X \leqq Y$ P-f.s., daß $\{\omega \in \Omega: X(\omega) \leqq Y(\omega)\}$ P-fast sicher ist.

Es folgen nun einige Definitionen und Aussagen zur Konvergenz einer Folge von Zufallsgrößen.

1.2.7. Definition. Es seien $[\Omega, \mathfrak{A}, \mathsf{P}]$ ein Wahrscheinlichkeitsraum, $(X_n)_{n=1,2,\ldots}$ eine Folge von Zufallsgrößen und X eine weitere Zufallsgröße über diesem Wahrscheinlichkeitsraum.

(1) Die Folge $(X_n)_{n=1,2,\ldots}$ *konvergiert in Wahrscheinlichkeit* (oder: *konvergiert stochastisch*) gegen die Zufallsgröße X, wenn für jedes $\varepsilon > 0$

$$\lim_{n\to\infty} \mathsf{P}(\{\omega \in \Omega: |X_n(\omega) - X(\omega)| > \varepsilon\}) = 0$$

gilt (Schreibweise: $X_n \xrightarrow[n\to\infty]{\mathsf{P}} X$; $\mathsf{P}\text{-}\lim_{n\to\infty} X_n = X$).

(2) Die Folge $(X_n)_{n=1,2,\ldots}$ *konvergiert mit Wahrscheinlichkeit* 1 (oder: *konvergiert fast sicher*) gegen die Zufallsgröße X, wenn

$$\mathsf{P}(\{\omega \in \Omega: \lim_{n\to\infty} X_n(\omega) = X(\omega)\}) = 1$$

gilt (Schreibweise: $X_n \xrightarrow[n\to\infty]{\mathsf{P}\text{-f.s.}} X$; $\lim_{n\to\infty} X_n = X$ P-f.s.).

1.2.8. Satz. *Es seien $(X_n)_{n=1,2,\ldots}$ eine Folge von Zufallsgrößen und X eine weitere Zufallsgröße. Dann gelten die Aussagen*

(1) *Aus* $X_n \xrightarrow[n\to\infty]{\mathsf{P}\text{-f.s.}} X$ *folgt* $X_n \xrightarrow[n\to\infty]{\mathsf{P}} X$.

(2) *Aus* $X_n \xrightarrow[n\to\infty]{\mathsf{P}} X$ *folgt* $g(X_n) \xrightarrow[n\to\infty]{\mathsf{P}} g(X)$ *für jede stetige Funktion* $g: \mathbb{R}^1 \to \mathbb{R}^1$.

Der Begriff der Zufallsgröße besitzt verschiedene Verallgemeinerungen.

1.2.9. Definition. Es seien $[\Omega, \mathfrak{A}, \mathsf{P}]$ ein Wahrscheinlichkeitsraum und $[\mathcal{S}, \mathfrak{S}]$ ein beliebiger meßbarer Raum. Eine Funktion $X: \Omega \to \mathcal{S}$, die $(\mathfrak{A}, \mathfrak{S})$-meßbar ist, heißt *zufällige Variable* (über dem Wahrscheinlichkeitsraum $[\Omega, \mathfrak{A}, \mathsf{P}]$, mit dem Bildraum $[\mathcal{S}, \mathfrak{S}]$). Gilt speziell $\mathcal{S} = \mathbb{R}^n$, $\mathfrak{S} = \mathfrak{B}^n$, so spricht man von einem (n-dimensionalen) *zufälligen Vektor* und kennzeichnet ihn in der Form $(X_1, X_2, \ldots, X_n)$, wobei X_i eine Zufallsgröße (über dem Wahrscheinlichkeitsraum $[\Omega, \mathfrak{A}, \mathsf{P}]$) ist, die die i-te Komponente des zufälligen Vektors beschreibt ($i = 1, 2, \ldots, n$).

Der Begriff der Wahrscheinlichkeitsverteilung wird für eine zufällige Variable analog wie für eine Zufallsgröße definiert. Im Falle eines (n-dimensionalen) zufälligen

Vektors $(X_1, X_2, \dots, X_n)$ verwendet man zur Kennzeichnung der Wahrscheinlichkeitsverteilung die durch

$$F_{(X_1, X_2, \dots, X_n)}(x_1, x_2, \dots, x_n) := \mathsf{P}(X_1 < x_1, X_2 < x_2, \dots, X_n < x_n),$$

$(x_1, x_2, \dots, x_n) \in \mathbb{R}^n$, definierte ($n$-dimensionale) *Verteilungsfunktion* des zufälligen Vektors $(X_1, X_2, \dots, X_n)$.

In der Theorie des Stoppens stochastischer Prozesse ist der Begriff der sog. *Stopzeit* wesentlich.

1.2.10. Definition. Es seien $[\Omega, \mathfrak{A}, \mathsf{P}]$ ein Wahrscheinlichkeitsraum, $(\mathfrak{A}_n)_{n=0,1,2,\dots}$ eine Folge monoton wachsender Teil-σ-Algebren $\mathfrak{A}_n$ von $\mathfrak{A}$ ($\mathfrak{A}_n \subset \mathfrak{A}_{n+1}$, $\mathfrak{A}_n \subset \mathfrak{A}$, $n = 0, 1, 2, \dots$). Eine auf Ω definierte Funktion τ mit Werten in $\overline{\mathbb{N}} = \mathbb{N} \cup \{\infty\}$ heißt eine *Stopzeit* bezüglich $(\mathfrak{A}_n)_{n=0,1,2,\dots}$, wenn

$$\{\omega \in \Omega : \tau(\omega) = n\} \in \mathfrak{A}_n, \qquad n = 0, 1, 2, \dots,$$

gilt.

A.1.3. Integrierbarkeit, Erwartungswert

In diesem Abschnitt wird der Begriff des Integrals einer Zufallsgröße bezüglich des zugrunde liegenden Wahrscheinlichkeitsmaßes (= Erwartungswert) dargestellt; im Anschluß daran werden einige wesentliche Aussagen im Zusammenhang mit Erwartungswerten angegeben.

Es seien $[\Omega, \mathfrak{A}, \mathsf{P}]$ ein Wahrscheinlichkeitsraum und X eine diskrete Zufallsgröße über $[\Omega, \mathfrak{A}, \mathsf{P}]$, die die Werte x_m mit den Wahrscheinlichkeiten p_m annimmt. Dann gilt

$$X(\omega) = \sum_m x_m \chi_{A_m}(\omega), \qquad \omega \in \Omega;$$

dabei bezeichnet χ_A die Indikatorfunktion einer Menge A $\left(\chi_A(\omega) = 1 \text{ für } \omega \in A,\ \chi_A(\omega) = 0 \text{ für } \omega \in \overline{A}\right)$, und es wurde $A_m = \{\omega \in \Omega : X(\omega) = x_m\}$ gesetzt ($A_m \in \mathfrak{A}$, $\mathsf{P}(A_m) = p_m$, $\bigcup_m A_m = \Omega$, $A_i \cap A_j = \emptyset$ für $i \neq j$).

1.3.1. Definition. Als *Integral* oder *Erwartungswert* einer nichtnegativen diskreten Zufallsgröße X,

$$X(\omega) = \sum_m x_m \chi_{A_m}(\omega), \qquad \omega \in \Omega, \qquad x_m \geqq 0,$$

bezeichnet man die Zahl

$$\mathsf{E}X = \int X \, d\mathsf{P} = \int X(\omega) \, \mathsf{P}(d\omega) := \sum_m x_m \mathsf{P}(A_m),$$

falls $\sum_m x_m \mathsf{P}(A_m) < \infty$; im Falle $\sum_m x_m \mathsf{P}(A_m) = \infty$ setzt man $\int X \, d\mathsf{P} = \infty$. Entsprechend bezeichnet man für beliebiges $A \in \mathfrak{A}$ den Ausdruck

$$\int_A X \, d\mathsf{P} = \int_A X(\omega) \, \mathsf{P}(d\omega) := \int X(\omega) \, \chi_A(\omega) \, \mathsf{P}(d\omega) = \mathsf{E}(X\chi_A)$$

als *Integral der* (nichtnegativen diskreten) *Zufallsgröße X über der Menge A.*

1.3.2. Bemerkung. Für $X = \chi_B$ $(B \in \mathfrak{A})$ ergibt sich $\int X \, d\mathsf{P} = \mathsf{P}(B)$, $\int_A X \, d\mathsf{P} = \mathsf{P}(A \cap B)$ $(A \in \mathfrak{A})$.

1.3.3. Definition. Als *Integral* oder *Erwartungswert* einer nichtnegativen beschränkten Zufallsgröße X bezeichnet man die Zahl

$$\mathsf{E}X = \int X \, \mathsf{dP} = \int X(\omega) \, \mathsf{P}(d\omega) := \lim_{n\to\infty} \int X_n \, \mathsf{dP};$$

dabei ist $(X_n)_{n=1,2,\ldots}$ eine Folge nichtnegativer diskreter Zufallsgrößen X_n mit $X_n < X$ und $\lim\limits_{n\to\infty} X_n = X$ P-f.s.

1.3.4. Bemerkung. Eine Folge $(X_n)_{n=1,2,\ldots}$ mit den angegebenen Eigenschaften existiert stets; die Definition ist von der speziellen Wahl dieser Folge unabhängig.

1.3.5. Definition. Als *Integral* oder *Erwartungswert* einer beschränkten Zufallsgröße X bezeichnet man die Zahl

$$\mathsf{E}X = \int X \, \mathsf{dP} = \int X(\omega) \, \mathsf{P}(d\omega) := \int X^+ \, dP - \int X^- \, \mathsf{dP};$$

dabei bezeichnet X^+ bzw. X^- den sog. Positiv- bzw. Negativteil von X:

$$X^+(\omega) = \begin{cases} X(\omega) & \text{für } \omega \text{ mit } X(\omega) \geqq 0\,, \\ 0 & \text{für } \omega \text{ mit } X(\omega) < 0\,, \end{cases}$$

$$X^-(\omega) = \begin{cases} 0 & \text{für } \omega \text{ mit } X(\omega) \geqq 0\,, \\ -X(\omega) & \text{für } \omega \text{ mit } X(\omega) < 0\,. \end{cases}$$

1.3.6. Bemerkung. Auch für beliebige beschränkte Zufallsgröße X versteht man unter

$$\int_A X \, \mathsf{dP} = \int_A X(\omega) \, \mathsf{P}(d\omega) := \int X(\omega) \, \chi_A(\omega) \, \mathsf{P}(d\omega) = \mathsf{E}(X\chi_A)$$

das *Integral von X über der Menge A* ($\in \mathfrak{A}$).
Damit kann schließlich der Begriff des Integrals für Zufallsgrößen X einer noch größeren Klasse erklärt werden.

1.3.7. Definition. Ist X eine nichtnegative Zufallsgröße, so heißt

$$\mathsf{E}X = \int X \, \mathsf{dP} = \int X(\omega) \, \mathsf{P}(d\omega) := \lim_{n\to\infty} \int_{(X \leqq n)} X \, \mathsf{dP} = \lim_{n\to\infty} \int_{\{\omega\in\Omega:\, X(\omega)\leqq n\}} X(\omega) \, \mathsf{P}(d\omega)$$

Integral oder *Erwartungswert* von X. Falls die rechte Seite eine endliche Zahl ist, sagt man, daß das Integral $\mathsf{E}X$ existiert und daß X *P-integrierbar* (oder einfach integrierbar) ist; anderenfalls — d. h., wenn $\mathsf{E}X = \infty$ gilt — sagt man, daß X *P-quasiintegrierbar* (oder einfach: quasiintegrierbar) ist.

1.3.8. Definition. Ist X eine beliebige Zufallsgröße, für die mindestens eines der Integrale $\mathsf{E}X^+$ oder $\mathsf{E}X^-$ existiert, so heißt

$$\mathsf{E}X = \int X \, \mathsf{dP} = \int X(\omega) \, \mathsf{P}(d\omega) := \mathsf{E}X^+ - \mathsf{E}X^-$$

Integral oder *Erwartungswert* von X. Insbesondere sagt man, daß $\mathsf{E}X$ *existiert,* wenn die beiden Integrale $\mathsf{E}X^+$ und $\mathsf{E}X^-$ existieren, und daß X *P-integrierbar* (oder einfach: integrierbar) ist; anderenfalls — d. h., wenn $\mathsf{E}X = \infty$ oder $\mathsf{E}X = -\infty$ gilt — sagt man, daß X *P-quasiintegrierbar* (oder einfach: quasiintegrierbar) ist.

1.3.9. Bemerkungen. 1. Man setzt auch in diesen Fällen für beliebige $A \in \mathfrak{A}$

$$\int_A X \, \mathsf{dP} = \int_A X(\omega) \, \mathsf{P}(d\omega) := \int X(\omega) \, \chi_A(\omega) \, \mathsf{P}(d\omega) = \mathsf{E}(X\chi_A)\,,$$

sofern dies — entsprechend obigen Definitionen — einen Sinn hat.

2. Aus der Existenz von $\mathsf{E}X$ folgt offenbar die Existenz des Integrals von X über eine beliebige Menge $A \in \mathfrak{A}$, und es gilt $\mathsf{E}X = \sum_j \mathsf{E}(X\chi_{A_j})$, wobei die A_j zufällige Ereignisse aus $\mathfrak{A}$ mit $\bigcup_j A_j = \Omega$ und $A_i \cap A_k = \emptyset$ für $i \neq k$ sind.

Typische Eigenschaften des Integralbegriffs sind in dem folgenden Satz als Aussagen für Erwartungswerte formuliert.

1.3.10. Satz. *Es seien X und Y Zufallsgrößen (über einem gemeinsamen Wahrscheinlichkeitsraum $[\Omega, \mathfrak{A}, \mathsf{P}]$) mit den Erwartungswerten $\mathsf{E}X$ und $\mathsf{E}Y$, und a sei eine beliebige reelle Zahl. Dann gelten die folgenden Aussagen:*

1) $\mathsf{E}(X + Y) = \mathsf{E}X + \mathsf{E}Y$.
2) $\mathsf{E}(aX) = a\mathsf{E}X$.
3) *Aus* $X \leqq Y$ P-*f.s. folgt* $\mathsf{E}X \leqq \mathsf{E}Y$; *insbesondere folgt aus* $X \leqq 0$ P-*f.s. und* $\mathsf{E}X \geqq 0$ *die Aussage* $X = 0$ P-*f.s.*
(4) $|\mathsf{E}X| \leqq \mathsf{E}\,|X|$.
(5) X *integrierbar* $\Leftrightarrow$ $|X|$ *integrierbar.*

Der folgende Satz enthält eine häufig verwendete Formel zur Berechnung des Erwartungswertes von Funktionen einer Zufallsgröße, diese wird gelegentlich auch als Transformationsregel für Erwartungswerte bezeichnet.

1.3.11. Satz. *Es seien $g\colon \mathbb{R}^1 \to \mathbb{R}^1$ eine borelmeßbare Funktion, X* eine *Zufallsgröße (über dem Wahrscheinlichkeitsraum $[\Omega, \mathfrak{A}, \mathsf{P}]$) und $Y := g(X)$. Genau dann ist Y P-integrierbar, d. h., es existiert $\mathsf{E}Y = \int Y \,\mathrm{d}\mathsf{P} = \int Y(\omega)\, \mathsf{P}(\mathrm{d}\omega) = \int g\big(X(\omega)\big)\, \mathsf{P}(\mathrm{d}\omega)$, wenn g P_X-integrierbar ist, d. h., es existiert $\int g \,\mathrm{d}\mathsf{P}_X = \int g(x)\, \mathsf{P}_X(\mathrm{d}x)$, und es gilt*

$$\mathsf{E}Y = \int g \,\mathrm{d}\mathsf{P}_X\,.$$

1.3.12. Bemerkung. Bezeichnet F_X die Verteilungsfunktion von X, so schreibt man anstelle von $\int g(x)\, \mathsf{P}_X(\mathrm{d}x)$ bzw. $\int g \,\mathrm{d}\mathsf{P}_X$ auch $\int_{-\infty}^{\infty} g(x)\, F_X(\mathrm{d}x)$ bzw. $\int_{-\infty}^{\infty} g \,\mathrm{d}F_X$ und nennt dieses Integral das *Lebesgue-Stieltjes-Integral* von g bezüglich F_X.

1.3.13. Spezialfälle

(1) Ist X eine diskrete Zufallsgröße (Werte: x_m, Wahrscheinlichkeiten: p_m) und existiert $\mathsf{E}g(X)$, so gilt

$$\mathsf{E}g(X) = \sum_m g(x_m)\, p_m\,.$$

Speziell ergibt sich damit für den Erwartungswert einer diskreten Zufallsgröße die Formel

$$\mathsf{E}X = \sum_m x_m p_m\,.$$

(2) Ist X eine stetige Zufallsgröße (Wahrscheinlichkeitsdichte f_X), und existiert $\mathsf{E}g(X)$, so gilt

$$\mathsf{E}g(X) = \int_{-\infty}^{\infty} g(x)\, f_X(x)\, \mathrm{d}x\,.$$

Speziell ergibt sich damit für den Erwartungswert einer stetigen Zufallsgröße die Formel

$$\mathsf{E}X = \int_{-\infty}^{\infty} x f_X(x)\, \mathrm{d}x\,.$$

Von besonderer Bedeutung bei der Beurteilung der Wahrscheinlichkeitsverteilung einer Zufallsgröße X sind — neben dem Erwartungswert $\mathsf{E}X$, der einen in gewissem Sinne durchschnittlichen Wert der Zufallsgröße darstellt — die auf den Erwartungswert bezogenen sog. k-ten *zentralen Momente* $\mathsf{E}(X - \mathsf{E}X)^k$, für die auf Grund obiger Transformationsregel die Formel

$$\mathsf{E}(X - \mathsf{E}X)^k = \int (x - \mathsf{E}X)^k \, \mathsf{P}_X(dx) = \int_{-\infty}^{\infty} (x - \mathsf{E}X)^k \, F_X(dx) \,, \quad k = 0, 1, 2, \ldots,$$

gilt. (Dabei ist die Existenz der sog. *absoluten zentralen Momente* $\mathsf{E}\,|X - \mathsf{E}X|^k$ vorausgesetzt, und aus der Existenz von $\mathsf{E}(X - \mathsf{E}X)^k$ folgt die von $\mathsf{E}(X - \mathsf{E}X)^j$ für jedes $j < k$.) Unter diesen ist das zweite zentrale Moment

$$\mathsf{D}^2X := \mathsf{E}(X - \mathsf{E}X)^2 = \int (x - \mathsf{E}X)^2 \, \mathsf{P}_X(dx) = \int_{-\infty}^{\infty} (x - \mathsf{E}X)^2 \, F_X(dx)$$

hervorzuheben; es wird als *Streuung* der Zufallsgröße X bezeichnet und kennzeichnet die mittlere quadratische Abweichung der Werte der Zufallsgröße X von dem durch den Erwartungswert $\mathsf{E}X$ gekennzeichneten Zentrum der Wahrscheinlichkeitsverteilung dieser Zufallsgröße. Im Spezialfall einer diskreten bzw. stetigen Zufallsgröße X ergibt sich also für die Streuung D^2X — falls diese existiert —

$$\mathsf{D}^2X = \sum_m (x_m - \mathsf{E}X)^2 \, p_m \quad \text{bzw.} \quad \mathsf{D}^2X = \int_{-\infty}^{\infty} (x - \mathsf{E}X)^2 f_X(x) \, dx \,.$$

1.3.14. Beispiel. Es sei X eine mit den Parametern μ und σ^2 normalverteilte Zufallsgröße. Dann gilt $\mathsf{E}X = \mu$ und $\mathsf{D}^2X = \sigma^2$.

Eine entsprechende Bedeutung besitzen für einen zufälligen Vektor $X = (X_1, \ldots, X_n)$ der sog. *Erwartungswertvektor*

$$\mathsf{E}X := (\mathsf{E}X_1, \mathsf{E}X_2, \ldots, \mathsf{E}X_n)$$

und die sog. *Kovarianzmatrix*

$$\mathsf{E}(X - \mathsf{E}X)^{\mathsf{T}} (X - \mathsf{E}X) := \big(\mathsf{E}(X_i - \mathsf{E}X_i)\,(X_j - \mathsf{E}X_j)\big)_{\substack{i=1,2,\ldots,n\\ j=1,2,\ldots,n}},$$

die in der Hauptdiagonalen die Streuungen der Komponenten X_i, $i = 1, 2, \ldots, n$, angibt und außerhalb der Hauptdiagonalen das Abhängigkeitsverhältnis der Komponenten untereinander ausdrückt.

Ist f eine nichtnegative P-integrierbare Funktion (über dem Wahrscheinlichkeitsraum $[\Omega, \mathfrak{A}, \mathsf{P}]$) mit dem Erwartungswert $\mathsf{E}f = 1$, so wird durch

$$\mathsf{Q}(A) := \int_A f(\omega) \, \mathsf{P}(d\omega) \,, \qquad A \in \mathfrak{A} \,,$$

ein Wahrscheinlichkeitsmaß auf dem meßbaren Raum $[\Omega, \mathfrak{A}]$ definiert, das absolutstetig bezüglich P ist (d. h., aus $\mathsf{P}(A) = 0$ folgt stets $\mathsf{Q}(A) = 0$). Der folgende Satz zeigt, daß umgekehrt jedes bezüglich P absolutstetige Wahrscheinlichkeitsmaß Q auf dem meßbaren Raum $[\Omega, \mathfrak{A}]$ eine Integraldarstellung obiger Form besitzt.

1.3.15. Satz (Radon-Nikodym). *Es sei* $[\Omega, \mathfrak{A}, \mathsf{P}]$ *ein Wahrscheinlichkeitsraum. Dann existiert zu jedem bezüglich* P *absolutstetigen Wahrscheinlichkeitsmaß* Q *eine nichtnegative Funktion* $f\colon \Omega \to \mathbb{R}^1$ *mit*

$$\mathsf{Q}(A) = \int_A f(\omega) \, \mathsf{P}(d\omega) \,, \qquad A \in \mathfrak{A} \,.$$

Man schreibt dann auch $d\mathsf{Q} = f \, d\mathsf{P}$ oder $f = \frac{d\mathsf{Q}}{d\mathsf{P}}$ und nennt f die *Radon-Nikodym-Ableitung* (oder *Radon-Nikodym-Dichte*) von Q nach P.

1.3.16. Bemerkung. f ist bis auf P-Äquivalenz eindeutig bestimmt (d. h., ist g eine weitere Funktion mit $Q(A) = \int_A g(\omega)\, P(d\omega)$, $A \in \mathfrak{A}$, so gilt $P(\{\omega \in \Omega : g(\omega) \neq f(\omega)\}) = 0$, d. h., $f = g$ P-f.s.).

In den folgenden Sätzen liege ein Wahrscheinlichkeitsraum $[\Omega, \mathfrak{A}, P]$ zugrunde, auf dem Zufallsgrößen X_n, $n = 1, 2, \dots$, X und Y definiert sind.

1.3.17. Satz (Lebesgue). *Es gelte* $X_n \xrightarrow[n\to\infty]{P} X$ *und* $|X_n| \leqq Y$ P-f.s. *Existiert* EY, *so existiert auch* EX, *und es gilt*

$$\lim_{n\to\infty} EX_n = EX .$$

1.3.18. Satz (Beppo Levi). *Es gelte* $X_n \xrightarrow[n\to\infty]{\text{P-f.s.}} X$, $0 \leqq X_n \leqq X_{n+1}$ *P-f.s.* $(n = 1, 2, \dots)$. *Dann gilt*

$$\lim_{n\to\infty} EX_n = EX .$$

1.3.19. Satz (Lemma von Fatou). *Es gelte P-f.s.* $X_n \geqq 0$ *und* $EX_n < \infty$, $n = 1, 2, \dots$ *Dann gilt*

$$\varliminf_{n\to\infty} EX_n \geqq E \varliminf_{n\to\infty} X_n .$$

(*Im Falle* $\varliminf_{n\to\infty} EX_n < \infty$ *erweist sich also* $\varliminf_{n\to\infty} X_n$ *als integrierbar.*)

Eine in der Theorie des Stoppens stochastischer Prozesse häufig verwendete Eigenschaft einer Folge von Zufallsgrößen ist die der sog. gleichmäßigen Integrierbarkeit.

1.3.20. Definition. Eine Folge $(X_n)_{n=1,2,\dots}$ von Zufallsgrößen X_n (über dem Wahrscheinlichkeitsraum $[\Omega, \mathfrak{A}, P]$, $n = 1, 2, \dots$) heißt *gleichmäßig P-integrierbar* (oder einfach: *gleichmäßig integrierbar*), wenn

$$\lim_{a\to\infty} \sup_n E(|X_n| \, \chi_{(|X_n|>a)}) = 0 ,$$

d. h.

$$\lim_{a\to\infty} \sup_n \int_{\{\omega\in\Omega : |X_n(\omega)|>a\}} |X_n(\omega)| \, P(d\omega) = 0$$

gilt.

1.3.21. Bemerkungen. 1. Ist die Folge $(X_n)_{n=1,2,\dots}$ gleichmäßig integrierbar, so gilt $\sup_n E\,|X_n| < \infty$, d. h., die Folge $(EX_n)_{n=1,2,\dots}$ der Erwartungswerte ist beschränkt.

2. Existiert zu einer Folge $(X_n)_{n=1,2,\dots}$ von Zufallsgrößen eine gleichmäßig integrierbare Folge $(Y_n)_{n=1,2,\dots}$ von Zufallsgrößen mit $|X_n| \leqq |Y_n|$ P-f.s. $(n = 1, 2, \dots)$, so ist die Folge $(X_n)_{n=1,2,\dots}$ gleichmäßig integrierbar.

3. Eine Folge $(X_n)_{n=1,2,\dots}$ ist dann gleichmäßig integrierbar, wenn eine integrierbare Zufallsgröße X mit $|X_n| \leqq X$ P-f.s. $(n = 1, 2, \dots)$ existiert.

4. Ist $\sup_n |X_n|$ integrierbar, so ist die Folge $(X_n)_{n=1,2,\dots}$ gleichmäßig integrierbar.

Die folgenden Sätze werden in der Theorie des Stoppens stochastischer Prozesse verwendet; sie gehören zum gleichen Problemkreis wie der Satz von Beppo Levi und das Lemma von Fatou.

1.3.22. Satz. *Es sei* $(X_n)_{n=1,2,\dots}$ *eine Folge nichtnegativer P-integrierbarer Zufallsgrößen (über einem Wahrscheinlichkeitsraum* $[\Omega, \mathfrak{A}, P]$*), die mit Wahrscheinlichkeit 1 gegen die Zufallsgröße* X *konvergiert (d. h.* $X_n \geqq 0$ *P-f.s.,* $EX_n < \infty$, $n = 1, 2, \dots$,

$X_n \xrightarrow[n\to\infty]{\text{P-f.s.}} X$). *Genau dann gilt* $\lim_{n\to\infty} \mathsf{E}X_n = \mathsf{E}X$, *wenn die Folge* $(X_n)_{n=1,2,\ldots}$ *gleichmäßig* P-*integrierbar ist.*

1.3.23. Satz. *Es sei* $(X_n)_{n=1,2,\ldots}$ *eine Folge von Zufallsgrößen (über einem Wahrscheinlichkeitsraum* $[\Omega, \mathfrak{A}, \mathsf{P}]$), *für die die Folge* $(X_n^+)_{n=1,2\ldots}$ *gleichmäßig* P-*integrierbar und* $\overline{\lim_{n\to\infty}} X_n$ P-*integrierbar ist. Dann gilt*

$$\mathsf{E} \overline{\lim_{n\to\infty}} X_n \geqq \overline{\lim_{n\to\infty}} \mathsf{E}X_n .$$

A. 1.4. Stochastische Unabhängigkeit

Die stochastische Unabhängigkeit zweier zufälliger Ereignisse A und B positiver Wahrscheinlichkeit drückt sich in den Gleichungen $\mathsf{P}(A \mid B) = \mathsf{P}(A)$, $\mathsf{P}(B \mid A) = \mathsf{P}(B)$ aus; jede dieser Gleichungen ist äquivalent zu $\mathsf{P}(A \cap B) = \mathsf{P}(A)\,\mathsf{P}(B)$. Diese Beziehung bildet den Ausgangspunkt für die folgende Definition.

1.4.1. Definition. $[\Omega, \mathfrak{A}, \mathsf{P}]$ sei ein Wahrscheinlichkeitsraum.

(1) Die zufälligen Ereignisse $A_1, A_2, \ldots, A_n (\in \mathfrak{A})$ heißen (*vollständig oder in ihrer Gesamtheit*) *unabhängig* (auch: *stochastisch unabhängig*), wenn für jede beliebige Zahl $r \in \{2, \ldots, n\}$ und beliebige Indizes $i_1, \ldots, i_r$ mit $1 \leqq i_1 < i_2 < \ldots < i_r \leqq n$ die Beziehung

$$\mathsf{P}\Big(\bigcap_{k=1}^{r} A_{i_k}\Big) = \prod_{k=1}^{r} \mathsf{P}(A_{i_k})$$

besteht. Gilt eine entsprechende Aussage für $r = 2$, so heißen die Ereignisse $A_1, \ldots, A_n$ *paarweise unabhängig.*

(2) Die zufälligen Ereignisse $A_j (\in \mathfrak{A})$ einer Familie $(A_j)_{j\in J}$ (wobei J eine beliebige Indexmenge ist) heißen *unabhängig*, wenn jede endliche Teilmenge dieser Familie aus unabhängigen Ereignissen besteht.

(3) Die σ-Algebren $\mathfrak{A}_j$ ($\subset \mathfrak{A}$) einer Familie $(\mathfrak{A}_j)_{j\in J}$ (wobei J eine beliebige Indexmenge ist) heißen *unabhängig*, wenn für jede Auswahl $A_j \in \mathfrak{A}_j$, $j \in J$, diese zufälligen Ereignisse A_j, $j \in J$, unabhängig sind.

1.4.2. Bemerkungen. 1. Aus der paarweisen Unabhängigkeit von n (> 2) zufälligen Ereignissen folgt nicht deren vollständige Unabhängigkeit.

2. Die zufälligen Ereignisse A und B sind genau dann unabhängig, wenn die σ-Algebren $\sigma(\{A\}) = \{\emptyset, A, \bar{A}, \Omega\}$ und $\sigma(\{B\}) = \{\emptyset, B, \bar{B}, \Omega\}$ unabhängig sind.

3. Sind die Ereignisse A und B für jedes Ereignis $B \in \mathfrak{B}$ ($\subset \mathfrak{A}$) unabhängig, so sagt man auch, daß A und $\mathfrak{B}$ unabhängig sind.

In gewissem Zusammenhang zum Begriff der Unabhängigkeiten zufälliger Ereignisse steht die folgende Aussage.

1.4.3. Lemma (Borel-Cantelli). *Es sei* $[\Omega, \mathfrak{A}, \mathsf{P}]$ *ein Wahrscheinlichkeitsraum;* $A_1, A_2, \ldots (\in \mathfrak{A})$ *seien zufällige Ereignisse.*

a) *Gilt* $\sum_{k=1}^{\infty} \mathsf{P}(A_k) < \infty$, *so ist* $\mathsf{P}\Big(\bigcap_{n=1}^{\infty} \bigcup_{i=n}^{\infty} A_i\Big) = 0$, *d. h., es treten mit Wahrscheinlichkeit* 1 *höchstens endlich viele der Ereignisse* A_k *ein.*

b) *Gilt* $\sum_{k=1}^{\infty} \mathsf{P}(A_k) = \infty$ *und sind die Ereignisse* A_k *paarweise unabhängig, so ist* $\mathsf{P}(\bigcap_{n=1}^{\infty} \bigcup_{i=n}^{\infty} A_i) = 1$, *d. h., es treten mit Wahrscheinlichkeit* 1 *unendlich viele der Ereignisse* A_k *ein.*

Die Definition der stochastischen Unabhängigkeit von zufälligen Variablen erfolgt unter Bezugnahme auf die Definition der stochastischen Unabhängigkeit von σ-Algebren.

1.4.4. Definition. Es seien $[\Omega, \mathfrak{A}, \mathsf{P}]$ ein Wahrscheinlichkeitsraum und $X_j, j \in J$ (wobei J eine beliebige Indexmenge ist), zufällige Variable über diesem Wahrscheinlichkeitsraum mit dem Bildraum $[\mathcal{S}_j, \mathfrak{S}_j]$. Die zufälligen Variablen X_j der Familie $(X_j)_{j \in J}$ heißen *unabhängig*, wenn die σ-Algebren $\sigma(X_j) = X_j^{-1}(\mathfrak{S}_j)$ unabhängig sind.

Insbesondere sind n Zufallsgrößen $X_1, \ldots, X_n$ genau dann unabhängig, wenn für alle $(x_1, \ldots, x_n) \in \mathbb{R}^n$

$$F_{(X_1,\ldots,X_n)}(x_1, \ldots, x_n) = F_{X_1}(x_1) \ldots F_{X_n}(x_n)$$

gilt, d. h., wenn das aus den Wahrscheinlichkeitsmaßen $\mathsf{P}_{X_1}, \ldots, \mathsf{P}_{X_n}$ gebildete Produktmaß P zugleich auch das Verteilungsgesetz $\mathsf{P}_{(X_1 \ldots X_n)}$ des zufälligen Vektors $(X_1, \ldots, X_n)$ ist. In diesem Falle ist also die Wahrscheinlichkeitsverteilung des zufälligen Vektors $(X_1, \ldots, X_n)$ vollständig durch die Wahrscheinlichkeitsverteilungen $\mathsf{P}_{X_1}, \ldots, \mathsf{P}_{X_n}$ — die in diesem Zusammenhang als eindimensionale Randverteilungen des zufälligen Vektors $(X_1, \ldots, X_n)$ bezeichnet werden — bestimmt.

Für den Umgang mit unabhängigen Zufallsgrößen sind die in dem folgenden Satz angegebenen Aussagen oft sehr nützlich.

1.4.5. Satz. *Es seien X und Y unabhängige Zufallsgrößen (über dem Wahrscheinlichkeitsraum* $[\Omega, \mathfrak{A}, \mathsf{P}]$*) und* g_i *borelmeßbare Funktionen* $(i = 1, 2)$. *Dann gelten die folgenden Aussagen.*

(1) *Die Zufallsgrößen* $g_1(X)$ *und* $g_2(Y)$ *sind unabhängig.*

(2) *Existieren die Erwartungswerte* $\mathsf{E}X$ *und* $\mathsf{E}Y$, *so existiert auch* $\mathsf{E}(XY)$, *und es gilt*

$$\mathsf{E}(XY) = \mathsf{E}X\mathsf{E}Y\,.$$

(3) *Existieren die Sreuungen* D^2X *und* D^2Y, *so existiert auch* $\mathsf{D}^2(X + Y)$, *und es gilt*

$$\mathsf{D}^2(X + Y) = \mathsf{D}^2X + \mathsf{D}^2Y\,.$$

A. 1.5. Bedingte Erwartung

Der Begriff der bedingten Erwartung ist ein zentraler Begriff in der Wahrscheinlichkeitstheorie und auch in der Theorie zur Steuerung und des Stoppens stochastischer Prozesse unentbehrlich.

1.5.1. Definition. Es seien $[\Omega, \mathfrak{A}, \mathsf{P}]$ eine Wahrscheinlichkeitsraum, $\mathfrak{C} \subset \mathfrak{A}$ eine σ-Algebra und X eine nichtnegative Zufallsgröße (über dem Wahrscheinlichkeitsraum $[\Omega, \mathfrak{A}, \mathsf{P}]$) mit dem Erwartungswert $\mathsf{E}X$, $0 < \mathsf{E}X < \infty$. Unter der *bedingten Erwartung* $\mathsf{E}(X \mid \mathfrak{C})$ *von X bezüglich* $\mathfrak{C}$ versteht man eine Zufallsgröße (über dem Wahrscheinlichkeitsraum $[\Omega, \mathfrak{A}, \mathsf{P}]$), die die folgenden Eigenschaften hat:

(1) $\mathsf{E}(X \mid \mathfrak{C})$ ist $(\mathfrak{C}, \mathfrak{B}^1)$-meßbar.

(2) Es gilt $\int_C \mathsf{E}(X \mid \mathfrak{C})(\omega)\, \mathsf{P}(d\omega) = \int_C X(\omega)\, \mathsf{P}(d\omega)$ für jedes $C \in \mathfrak{C}$.

Für eine beliebige P-integrierbare Zufallsgröße X setzt man

$$\mathsf{E}(X \mid \mathfrak{C}) := \mathsf{E}(X^+ \mid \mathfrak{C}) - \mathsf{E}(X^- \mid \mathfrak{C}).$$

1.5.2. Bemerkung. Eine Funktion mit den in der Definition genannten Eigenschaften existiert nach dem Satz von Radon-Nikodym stets und ist bis auf P-Äquivalenz eindeutig bestimmt. (Wenn nachfolgend von der bedingten Erwartung die Rede ist, so ist immer irgendeine Funktion mit den entsprechenden Eigenschaften gemeint.) Die bedingte Erwartung von X bezüglich $\mathfrak{C}$ ist also eine Zufallsgröße, die wegen

$$\int_\Omega \mathsf{E}(X \mid \mathfrak{C})(\omega)\,\mathsf{P}(d\omega) = \mathsf{E}\big(\mathsf{E}(X \mid \mathfrak{C})\big) = \int X(\omega)\,\mathsf{P}(d\omega) = \mathsf{E}X$$

den Erwartungswert $\mathsf{E}X$ besitzt.

1.5.3. Spezialfälle

(1) Für $\mathfrak{C} = \{\emptyset, \Omega\}$ gilt $\mathsf{E}(X \mid \mathfrak{C}) = \mathsf{E}X$ P-f.s.

(2) Für $\mathfrak{C} = \mathfrak{A}$ gilt $\mathsf{E}(X \mid \mathfrak{C}) = X$ P.-f.s.

Ist Y eine Zufallsgröße (oder allgemeiner: eine zufällige Variable mit dem Bildraum $[\mathscr{S}, \mathfrak{S}]$) und gilt $\mathfrak{C} = \sigma(Y) = Y^{-1}(\mathfrak{B}^1)$ $\big($bzw. $\mathfrak{C} = \sigma(Y) = Y^{-1}(\mathfrak{S})\big)$, so bezeichnet man die bedingte Erwartung von X bezüglich $\mathfrak{C}$ mit $\mathsf{E}(X \mid Y)$ — es gilt also definitionsgemäß $\mathsf{E}(X \mid Y) = \mathsf{E}\big(X \mid \sigma(Y)\big)$ — und folglich

$$\int_{Y^{-1}(B)} \mathsf{E}(X \mid Y)(\omega)\,\mathsf{P}(d\omega) = \int_{Y^{-1}(B)} X(\omega)\,\mathsf{P}(d\omega), \qquad B \in \mathfrak{B}^1 \text{ (bzw. } B \in \mathfrak{S}),$$

insbesondere also die Beziehung $\mathsf{E}\big(\mathsf{E}(X \mid Y)\big) = \mathsf{E}X$.

Ist $A \in \mathfrak{A}$, $0 < \mathsf{P}(A) < 1$, und gilt $\mathfrak{C} = \sigma(\chi_A) = \{\emptyset, A, \bar{A}, \Omega\}$, so ist

$$\mathsf{E}(X \mid \chi_A)(\omega) = \begin{cases} \dfrac{1}{\mathsf{P}(A)} \displaystyle\int_A X\,d\mathsf{P} & \text{für } \omega \in A, \\[2ex] \dfrac{1}{\mathsf{P}(\bar{A})} \displaystyle\int_{\bar{A}} X\,d\mathsf{P} & \text{für } \omega \in \bar{A}. \end{cases}$$

1.5.4. Definition. $\mathsf{E}(X \mid A) := \dfrac{1}{\mathsf{P}(A)} \displaystyle\int_A X\,d\mathsf{P}$ heißt *bedingter Erwartungswert von X unter der Bedingung* (oder *Hypothese*) A.

1.5.5. Satz. *Es seien $[\Omega, \mathfrak{A}, \mathsf{P}]$ ein Wahrscheinlichkeitsraum, X eine Zufallsgröße (über diesem Wahrscheinlichkeitsraum) mit dem Erwartungswert* $\mathsf{E}X$, $-\infty < \mathsf{E}X < \infty$, *und $(A_j)_{j=1,2,\dots}$ eine disjunkte Zerlegung des sicheren Ereignisses* $\big(\bigcup_j A_j = \Omega$, $A_i \cap A_k = \emptyset$ für $i \neq k$, $A_j \in \mathfrak{A}$, $\mathsf{P}(A_i) > 0$; $i, j, k = 1, 2, \dots\big)$. *Dann gilt*

$$\mathsf{E}X = \sum_j \mathsf{E}(X \mid A_j)\,\mathsf{P}(A_j).$$

Ist $X = \chi_A$ (= Indikatorfunktion von $A \in \mathfrak{A}$), so bezeichnet man die bedingte Erwartung von X bezüglich $\mathfrak{C}$ mit $\mathsf{P}(A \mid \mathfrak{C})$ — es gilt also definitionsgemäß $\mathsf{P}(A \mid \mathfrak{C}) = \mathsf{E}(\chi_A \mid \mathfrak{C})$ —, und man nennt $\mathsf{P}(A \mid \mathfrak{C})$ die *bedingte Wahrscheinlichkeit von A unter $\mathfrak{C}$*. Es bestehen folglich die Aussagen

$$\int_C \mathsf{P}(A \mid \mathfrak{C})(\omega)\,\mathsf{P}(d\omega) = \int_C \chi_A(\omega)\,\mathsf{P}(d\omega) = \mathsf{P}(A \cap C), \qquad C \in \mathfrak{C},$$

$$\mathsf{E}\mathsf{P}(A \mid \mathfrak{C}) = \mathsf{P}(A),$$

$$\mathsf{P}(A) = \int \mathsf{P}(A \mid \mathfrak{C})(\omega)\,\mathsf{P}(d\omega);$$

die zuletzt aufgeführte Formel wird dabei als *allgemeine Formel der totalen Wahrscheinlichkeit* bezeichnet.

Ist Y eine Zufallsgröße (oder allgemeiner: eine zufällige Variable) und gilt $\mathfrak{C} = \sigma(Y)$, so bezeichnet man die bedingte Wahrscheinlichkeit von A unter $\mathfrak{C}$ — also die Größe $\mathsf{P}(A \mid \sigma(Y))$ — durch $\mathsf{P}(A \mid Y)$.

Ist nun noch B ein zufälliges Ereignis ($B \in \mathfrak{A}$) mit $0 < \mathsf{P}(B) < 1$ und gilt $Y = \chi_B$ (folglich $\mathfrak{C} = \sigma(\{B\}) = \{\emptyset, B, \bar{B}, \Omega\}$), so erhält man

$$\mathsf{E}(\chi_A \mid \chi_B)(\omega) = \mathsf{P}(A \mid \chi_B)(\omega) = \begin{cases} \dfrac{\mathsf{P}(A \cap B)}{\mathsf{P}(B)} = \mathsf{P}(A \mid B) & \text{für} \quad \omega \in B\,, \\[2ex] \dfrac{\mathsf{P}(A \cap \bar{B})}{\mathsf{P}(\bar{B})} = \mathsf{P}(A \mid \bar{B}) & \text{für} \quad \omega \in \bar{B}\,. \end{cases}$$

Abschließend werden einige Eigenschaften und Rechenregeln für bedingte Erwartungen und bedingte Wahrscheinlichkeiten zusammengestellt; dabei seien $[\Omega, \mathfrak{A}, \mathsf{P}]$ ein Wahrscheinlichkeitsraum, X, Y, Z Zufallsgrößen (über diesem Wahrscheinlichkeitsraum) mit (endlichen) Erwartungswerten, $(X_n)_{n=1,2,\ldots}$ eine Folge von Zufallsgrößen X_n (über $[\Omega, \mathfrak{A}, \mathsf{P}]$) mit (endlichen) Erwartungswerten $\mathsf{E}X_n$ ($n = 1, 2, \ldots$), $\mathfrak{C}, \mathfrak{C}_1, \mathfrak{C}_2$ σ-Algebren ($\subset \mathfrak{A}$) und a und b reelle Zahlen. Alle Aussagen verstehen sich P-f.s.

1.5.6. Eigenschaften und Rechenregeln für die bedingte Erwartung

(1) $X \geqq 0 \Rightarrow \mathsf{E}(X \mid \mathfrak{C}) \geqq 0$,

(2) $\mathsf{E}(aX + bY \mid \mathfrak{C}) = a\mathsf{E}(X \mid \mathfrak{C}) + b\mathsf{E}(Y \mid \mathfrak{C})$,

(3) X $(\mathfrak{C}, \mathfrak{B}^1)$-meßbar $\Rightarrow \mathsf{E}(X \mid \mathfrak{C}) = X$,

(4) $X \geqq Y \Rightarrow \mathsf{E}(X \mid \mathfrak{C}) \geqq \mathsf{E}(Y \mid \mathfrak{C})$,

(5) $a \leqq X \leqq b \Rightarrow a \leqq \mathsf{E}(X \mid \mathfrak{C}) \leqq b$,

(6) $\lim\limits_{n\to\infty} X_n = X$, $|X| \leqq Z \Rightarrow \lim\limits_{n\to\infty} \mathsf{E}(X_n \mid \mathfrak{C}) = \mathsf{E}(X \mid \mathfrak{C})$,

(7) Y $(\mathfrak{C}, \mathfrak{B}^1)$-meßbar und beschränkt $\Rightarrow \mathsf{E}(XY \mid \mathfrak{C}) = Y\mathsf{E}(X \mid \mathfrak{C})$,

(8) $\mathfrak{C}_1 \subset \mathfrak{C}_2 \Rightarrow \mathsf{E}(\mathsf{E}(X \mid \mathfrak{C}_2) \mid \mathfrak{C}_1) = \mathsf{E}(X \mid \mathfrak{C}_1)$,

(9) X unabhängig von $\mathfrak{C}$ (d. h. $\sigma(X)$ und $\mathfrak{C}$ unabhängig) $\Rightarrow \mathsf{E}(X \mid \mathfrak{C}) = \mathsf{E}X$.

1.5.7. Eigenschaften und Rechenregeln für die bedingte Wahrscheinlichkeit

(1) $0 \leqq \mathsf{P}(A \mid \mathfrak{C}) \leqq 1$,

(2) $A \supset B \Rightarrow \mathsf{P}(A \mid \mathfrak{C}) \geqq \mathsf{P}(B \mid \mathfrak{C})$,

(3) A unabhängig von $\mathfrak{C}$ (d. h. $\{\emptyset, A, \bar{A}, \Omega\}$ und $\mathfrak{C}$ unabhängig) $\Rightarrow \mathsf{P}(A \mid \mathfrak{C}) = \mathsf{P}(A)$,

(4) $A \in \mathfrak{C} \Rightarrow \mathsf{P}(A \mid \mathfrak{C}) = \chi_A$,

(5) $\begin{array}{l} A_n \in \mathfrak{B},\ n = 1, 2, \ldots \\ A_i \cap A_k = \emptyset,\ i \neq k \end{array} \Rightarrow \mathsf{P}(\bigcup\limits_n A_n \mid \mathfrak{C}) = \sum\limits_n \mathsf{P}(A_n \mid \mathfrak{C})$.

A. 2. Stochastische Prozesse

A. 2.1. Definitionen

Es seien $[\Omega, \mathfrak{A}, \mathsf{P}]$ ein Wahrscheinlichkeitsraum, $[\mathcal{S}, \mathfrak{S}]$ ein meßbarer Raum und T eine nichtleere Menge. Dann heißt jede Familie $(X_t)_{t \in T}$[1]) von zufälligen Variablen (über $[\Omega, \mathfrak{A}, \mathsf{P}]$, mit Werten in $[\mathcal{S}, \mathfrak{S}]$) ein *stochastischer Prozeß* (über dem Wahrscheinlichkeitsraum $[\Omega, \mathfrak{A}, \mathsf{P}]$, mit dem Zustandsraum — auch: *Phasenraum* — $[\mathcal{S}, \mathfrak{S}]$). Man kennzeichnet einen stochastischen Prozeß $(X_t)_{t \in T}$ gelegentlich auch kürzer durch X_T.

Allgemein bezeichnet man auch dann noch eine Familie $(X_t)_{t \in T}$ von zufälligen Variablen über einem gemeinsamen Wahrscheinlichkeitsraum als stochastischen Prozeß, wenn der Bildraum von X_t von t abhängt.

Für den Wert von X_t an der Stelle $\omega \in \Omega$ schreibt man $X_t(\omega)$ (oder auch $X(t, \omega)$). Die für $\omega \in \Omega$ durch $t \to X_t(\omega)$, $t \in T$, definierte Funktion heißt eine *Realisierung* oder *Trajektorie* des stochastischen Prozesses X_T.

Gilt $T \subset \mathbb{R}^1$, so interpretiert man die Elemente von T häufig als Zeitpunkte. Ist dabei die Indexmenge T abzählbar, so spricht man von einem stochastischen Prozeß mit *diskreter* Zeit oder von einer *zufälligen Folge*; ist T ein (beschränktes oder unbeschränktes) Intervall der reellen Achse, so spricht man von einem Prozeß mit *stetiger* Zeit.

Im Falle $\mathcal{S} = \mathbb{R}^n$, $\mathfrak{S} = \mathfrak{B}^n$ spricht man genauer von einem *n-dimensionalen reellwertigen stochastischen Prozeß*.

Das wahrscheinlichkeitstheoretische Verhalten eines stochastischen Prozesses $(X_t)_{t \in T}$ wird mit den sog. endlichdimensionalen Verteilungen beschrieben. Unter einer *endlichdimensionalen Verteilung* versteht man dabei ein zu beliebiger natürlicher Zahl n und beliebigen Indizes $t_1, \dots, t_n$ aus T gehöriges Wahrscheinlichkeitsmaß $\mathsf{P}_{t_1, \dots, t_n}$ auf $[\mathcal{S}^n, \mathfrak{S}^n]$, das durch

$$\mathsf{P}_{t_1, \dots, t_n}(B_1 \times \dots \times B_n) = \mathsf{P}(\{\omega \in \Omega : X_{t_1}(\omega) \in B_1, \dots, X_{t_n}(\omega) \in B_n\})$$
$$(B_i \in \mathfrak{S},\ i = 1, \dots, n)$$

bestimmt ist. Für die Familie $(\mathsf{P}_{t_1, \dots, t_n})_{n \in \mathbb{N}, t_1 \in T, \dots, t_n \in T}$ der endlichdimensionalen Verteilungen gelten die sog. *Kolmogorowschen Verträglichkeitsbedingungen*:

$$\mathsf{P}_{t_1, \dots, t_n}(B_1 \times \dots \times B_{n-1} \times S) = \mathsf{P}_{t_1, \dots, t_{n-1}}(B_1 \times \dots \times B_{n-1})$$
$$\mathsf{P}_{t_1, \dots, t_n}(B_1 \times \dots \times B_n) = \mathsf{P}_{t_{i_1}, \dots, t_{i_n}}(B_{i_1} \times \dots \times B_{i_n})$$

(für jedes $n \in \mathbb{N}$, für alle $t_1, \dots, t_n \in T$, und alle $B_1, \dots, B_n \in \mathfrak{S}$ und jede Permutation $(i_1, \dots, i_n)$ von $(1, \dots, n)$).

Wichtige Kenngrößen eines (eindimensionalen reellwertigen) stochastischen Prozesses $(X_t)_{t \in T}$ sind die durch

$$t (\in T) \to m(t) := \mathsf{E} X_t$$

gegebene sog. *Erwartungswertfunktion* — dabei wird die Existenz der Erwartungswerte $\mathsf{E}X_t$ vorausgesetzt — und die durch

$$(s, t)\ (\in T^2) \to B(s, t) := \mathsf{E}(X_s - \mathsf{E}X_s)\,(X_t - \mathsf{E}X_t)$$

gegebene sog. *Kovarianzfunktion* — dabei wird $\mathsf{E}X_t^2 < \infty$ vorausgesetzt —, die einerseits (für $s = t$) die Streuungen der Zufallsgrößen X_t angibt und andererseits

[1]) Häufig findet man anstelle von X_t auch die Schreibweise $X(t)$.

(für $s \neq t$) ein gewisses Maß für die (lineare) Abhängigkeit der Zufallsgrößen X_s und X_t darstellt.

A. 2.2. Satz von Ionescu-Tulcea

Das Anliegen besteht in der Konstruktion eines Wahrscheinlichkeitsraumes aus einer Folge meßbarer Räume, für die Übergangsgesetze formuliert sind; hierauf gründet sich wesentlich die Möglichkeit, den Ablauf eines dynamischen Systems durch einen stochastischen Prozeß zu beschreiben.

Voraussetzungen: (1) $([\Omega_n, \mathfrak{A}_n])_{n=0,1,2,\dots}$ sei eine Folge meßbarer Räume,

$$\Omega := \mathop{\times}_{n=0}^{\infty} \Omega_n, \qquad \mathfrak{A} = \bigotimes_{n=0}^{\infty} \mathfrak{A}_n$$

(Ω besteht also aus allen Folgen $(\omega_n)_{n=0,1,2,\dots}$ mit $\omega_n \in \Omega_n$, $n = 0, 1, \dots$; $\mathfrak{A}$ ist die kleinste σ-Algebra, die alle Zylindermengen ($\subset \Omega$) enthält.)

(2) $(p_n)_{n=1,2,\dots}$ sei eine Folge von Funktionen p_n mit dem Definitionsbereich

$$(\mathop{\times}_{j=0}^{n-1} \Omega_j) \times \mathfrak{A}_n = \{(\omega_0, \dots, \omega_{n-1}; A_n) : \omega_j \in \Omega_j, j = 0, 1, \dots, n-1, A_n \in \mathfrak{A}_n\}$$

und dem (gemeinsamen) Wertebereich $[0, 1]$, die folgende Eigenschaften besitzen:

a) Für jedes n-Tupel $(\omega_0, \dots, \omega_{n-1}) \in \mathop{\times}_{j=0}^{n-1} \Omega_j$ ist die Funktion $p_n(\omega_0, \dots, \omega_{n-1}; .)$ (d. h. die Zuordnung $A_n \to p_n(\omega_0, \dots, \omega_{n-1}; A_n)$, $A_n \in \mathfrak{A}_n$) ein Wahrscheinlichkeitsmaß auf $[\Omega_n, \mathfrak{A}_n]$.

b) Für jedes $A_n \in \mathfrak{A}_n$ ist die Funktion $(p_n(.; A_n)$ (d. h. die Zuordnung $(\omega_0, \dots, \omega_{n-1}) \to p_n(\omega_0, \dots, \omega_{n-1}; A_n)$, $(\omega_0, \dots, \omega_{n-1}) \in \mathop{\times}_{j=0}^{n-1} \Omega_j)$ $(\bigotimes_{j=0}^{n-1} \mathfrak{A}_j, \mathfrak{B}^1)$-meßbar ($n = 1, 2, \dots$).

(3) p_0 sei ein Wahrscheinlichkeitsmaß auf $[\Omega_0, \mathfrak{A}_0]$.

Aussagen: *Es existiert genau ein Wahrscheinlichkeitsmaß* P *auf* $[\Omega, \mathfrak{A}]$, *dessen Werte auf Zylindermengen der Form* $A_0 \times \dots \times A_n \times \Omega_{n+1} \times \dots$ $(A_j \in \mathfrak{A}_j, j = 0, 1, \dots, n;$ $n = 0, 1, 2, \dots)$ *durch*

$$\begin{aligned}&\mathsf{P}(A_0 \times A_1 \times \dots \times A_n \times \Omega_{n+1} \times \dots) = \\ &= \int_{A_0} \int_{A_1} \dots \int_{A_n} p_n(\omega_0, \dots, \omega_{n-1}; d\omega_n) \dots p_1(\omega_0; d\omega_1)\, p_0(d\omega_0)\end{aligned}$$

gegeben sind.

Gilt speziell

$$p_0(A_0) = \begin{cases} 1 & \textit{für} \quad \omega_0 \in A_0, \qquad A_0 \in \mathfrak{A}_0, \\ 0 & \textit{für} \quad \omega_0 \in \bar{A}_0 \end{cases}$$

(Einpunktverteilung im Punkte $\omega_0 \in \Omega_0$), *so existiert also genau ein Wahrscheinlichkeitsmaß* P_{ω_0} *auf* $[\Omega, \mathfrak{A}]$ *mit*

$$\begin{aligned}&\mathsf{P}_{\omega_0}(A_0 \times A_1 \times \dots \times A_n \times \Omega_{n+1} \times \dots) = \\ &= \chi_{A_0}(\omega_0) \int_{A_1} \dots \int_{A_n} p_n(\omega_0, \dots, \omega_{n-1}; d\omega_n) \dots p_1(\omega_0; d\omega_1),\end{aligned}$$

und es gilt

$$\mathsf{P}(A_0 \times A_1 \times \dots \times A_n \times \Omega_{n+1} \times \dots)$$
$$= \int_{A_0} \mathsf{P}_{\omega_0}(A_1 \times \dots \times A_n \times \Omega_{n+1} \times \dots)\, p_0(d\omega_0)\,,$$
$$A_j \in \mathfrak{A}_j, j = 0, 1, \dots, n, \quad n = 0, 1, \dots .$$

Die durch $X_n(\omega) := \omega_n$ für $\omega = (\omega_0, \omega_1, \dots) \in \Omega$ definierten Funktionen $X_n\colon \Omega \to \Omega_n$, $n = 0, 1, \dots$ — diese Funktionen werden gelegentlich auch als Koordinatenvariable bezeichnet — sind offenbar $(\mathfrak{A}, \mathfrak{A}_n)$-meßbar; mithin ist $(X_n)_{n=0,1,2,\dots}$ ein stochastischer Prozeß (über dem Wahrscheinlichkeitsraum $[\Omega, \mathfrak{A}, \mathsf{P}]$ mit dem Zustandsraum $[\Omega_n, \mathfrak{A}_n]$ zur Zeit n). Dabei gilt insbesondere

$$\mathsf{P}(X_0 \in A_0) = p_0(A_0)\,, \qquad A_0 \in \mathfrak{A}_0\,,$$

und

$$\mathsf{P}_n(X_n \in A_n \mid X_0 = \omega_0, \dots, X_{n-1} = \omega_{n-1}) = p_n(\omega_0, \dots, \omega_{n-1}; A_n)$$

für $A_n \in \mathfrak{A}_n$, $\omega_j \in \Omega$, $j = 0, 1, \dots, n-1$, falls $\{\omega_j\} \in \mathfrak{A}_j$, $j = 0, \dots, n-1$ und $\mathsf{P}(X_0 = \omega_0, \dots, X_{n-1} = \omega_{n-1}) > 0$ $(n = 1, 2, \dots)$.

A. 2.3. Markow-Ketten

Die Eigenschaft eines stochastischen Prozesses markowsch zu sein, bedeutet — grob gesprochen —, daß Vergangenheit und Zukunft bei bekannter Gegenwart voneinander unabhängig sind, daß also die Gegenwart alle Informationen aus der Vergangenheit für die Zukunft enthält; markowsche Prozesse sind in diesem Sinne Prozesse „ohne Nachwirkung“, besitzen „kein Gedächtnis“. Wesentliche Beispiele markowscher Prozesse sind die nachfolgend definierten *Markow-Ketten* und die *Diffusionsprozesse*, insbesondere der *Wiener-Prozeß.*

Es seien $[\Omega, \mathfrak{A}, \mathsf{P}]$ ein Wahrscheinlichkeitsraum, $\mathcal{S}$ eine nichtleere endliche oder abzählbar unendliche Menge, $\mathfrak{S}$ die Potenzmenge von $\mathcal{S}$ und $(X_n)_{n=0,1,2,\dots}$ ein stochastischer Prozeß mit diskreter Zeit (über $[\Omega, \mathfrak{A}, \mathsf{P}]$, mit den Zuständen $s \in \mathcal{S}$).

2.3.1. Definition. $(X_n)_{n=0,1,2,\dots}$ heißt eine *Markow-Kette,* wenn

$$\mathsf{P}(X_{n+1} = s_{n+1} \mid X_n = s_n, \dots, X_0 = s_0) = \mathsf{P}(X_{n+1} = s_{n+1} \mid X_n = s_n)$$

für alle $s_i \in \mathcal{S}$, $i = 0, 1, \dots, n+1$, mit $\mathsf{P}(X_0 = s_0, \dots, X_n = s_n) > 0$ und $n = 0, 1, 2, \dots$ gilt.

Das stochastische Verhalten einer Markow-Kette ist durch die *Übergangswahrscheinlichkeiten* $\mathsf{P}(X_{n+1} = s' \mid X_n = s)$, $s \in \mathcal{S}$, $s' \in \mathcal{S}$, $n = 0, 1, 2, \dots$, und die *Anfangsverteilung* $\mathsf{P}(X_0 = s)$, $s \in \mathcal{S}$, festgelegt.

Die Übergangswahrscheinlichkeiten $p_n(s, s') := \mathsf{P}(X_n = s' \mid X_{n-1} = s)$ faßt man zur Matrix P_n zusammen:

$$P_n = \big(p_n(s, s')\big)_{s, s' \in \mathcal{S}} \qquad n = 1, 2, \dots .$$

Es gilt also $p_n(s, s') \geqq 0$ und $\sum_{s' \in \mathcal{S}} p_n(s, s') = 1$ für jedes $s \in \mathcal{S}$, d. h., die Matrix P_n ist stochastisch $(n = 1, 2, \dots)$. Für die Matrix $P^{(n)} = \big(p^{(n)}(s, s')\big)_{s, s' \in \mathcal{S}}$ der sog. *n-Schritt-Übergangswahrscheinlichkeiten*

$$p^{(n)}(s, s') = \mathsf{P}(X_n = s' \mid X_0 = s)\,, \qquad s \in \mathcal{S}\,, \qquad s' \in \mathcal{S}\,,$$

gilt dann $P^{(n)} = P^{(n-1)} P_n$ $(n = 1, 2, \dots;\ P^{(0)} = I = \text{Einheitsmatrix})$; diese Gleichung ist eine spezielle Form der sog. *Chapman-Kolmogorow-Gleichung* und bedeutet ausführlich

$$p^{(n)}(s, s') = \sum_{s'' \in \mathcal{S}} p^{(n-1)}(s, s'')\, p_n(s'', s')\,,$$

$$s \in \mathcal{S},\ s' \in \mathcal{S},\ n = 1, 2, \ldots\,.$$

Besonders einfach gestalten sich die Verhältnisse dann, wenn die Übergangswahrscheinlichkeiten „taktunabhängig" sind, d. h. im Falle einer sog. homogenen Markow-Kette.

2.3.2. Definition. Eine Markow-Kette $(X_n)_{n=0,1,2,\ldots}$ heißt *homogen*, wenn

$$P_n = P_{n+1}\,, \qquad n = 1, 2, \ldots,$$

gilt.

Mit $P := P_1 (= P_2 = \ldots)$ gilt dann für die Matrix $P^{(n)}$ der n-Schritt-Übergangswahrscheinlichkeiten die Gleichung $P^{(n)} = P^n$; dabei bezeichnet P^n die n-te Potenz der Matrix P (Gleichung von Chapman-Kolmogorow für den hier betrachteten Fall einer homogenen Markow-Kette).

Bezeichnet p_n den (Zeilen-)Vektor mit den Komponenten $p_n(s) = \mathsf{P}(X_n = s)$, $s \in \mathcal{S}$, so ergibt sich

$$p_n = p_{n-1}P = \ldots = p_0 P^n\,, \qquad n = 1, 2, \ldots\,.$$

Gilt insbesondere $p_n = p_0$, $n = 1, 2, \ldots$, so heißt p_0 eine *stationäre Anfangsverteilung*. Offenbar ergibt sich jede stationäre Anfangsverteilung als Lösung des Gleichungssystems $p = pP$ mit $p(s) \geqq 0$ für alle $s \in \mathcal{S}$ und $\sum_{s \in \mathcal{S}} p(s) = 1$.

Bei homogenen Markow-Ketten ist eine Einteilung der Zustände in Äquivalenzklassen üblich, deren begriffliche Grundlagen in der folgenden Definition enthalten sind.

2.3.3. Definition. Es sei $(X_n)_{n=0,1,2,\ldots}$ eine homogene Markow-Kette.

(1) Der Zustand $s \in \mathcal{S}$ heißt *absorbierend*, wenn $p(s, s) = 1$ gilt.

(2) Der größte gemeinsame Teiler d_s der natürlichen Zahlen $n \geqq 1$ mit $p^{(n)}(s, s) > 0$ heißt die *Periode* von $s \in \mathcal{S}$. (Ist $p^{(n)}(s, s) = 0$ für alle $n \geqq 1$, so setzt man $d_s = 0$.) Gilt $d_s = 1$ für alle $s \in \mathcal{S}$, so heißt die Markow-Kette *aperiodisch*.

(3) Der Zustand $s' \in \mathcal{S}$ heißt *Nachfolger* des Zustandes $s \in \mathcal{S}$ (oder: s' heißt *von s aus erreichbar*), wenn es eine natürliche Zahl n mit $p^{(n)}(s, s') > 0$ gibt.

(4) Die Zustände $s \in \mathcal{S}$ und $s' \in \mathcal{S}$ heißen *verbunden*, wenn s' Nachfolger von s und s Nachfolger von s' ist.

(5) Der Zustand $s \in \mathcal{S}$ heißt *wesentlich*, wenn jeder von s aus erreichbare Zustand den Zustand s als Nachfolger besitzt; anderenfalls heißt s *unwesentlich*.

Die unter (4) angegebene Relation ist eine Äquivalenzrelation, bewirkt also eine Einteilung der Menge der Zustände einer homogenen Markow-Kette in Äquivalenzklassen verbundener Zustände. Die Zustände einer Äquivalenzklasse sind entweder sämtlich wesentlich oder sämtlich unwesentlich, und sie besitzen alle die gleiche Periode. Die Markow-Kette heißt *irreduzibel*, wenn alle Zustände wesentliche Zustände sind.

Eine weitere Kennzeichnung der Zustände einer homogenen Markow-Kette basiert auf dem Rekurrenzverhalten, ausgedrückt mittels der (bedingten) Wahrscheinlichkeiten $\pi_n(s, s')$ dafür, daß die Markow-Kette — ausgehend vom Zustand $s \in \mathcal{S}$ —

nach n Schritten erstmalig den Zustand $s' \in \mathcal{S}$ erreicht,

$$\pi_n(s, s') = \mathsf{P}(X_n = s', X_{n-1} \neq s', \ldots, X_1 \neq s' \mid X_0 = s) .$$

2.3.4. Definition. Es sei $(X_n)_{n=0,1,2,\ldots}$ eine homogene Markow-Kette. Der Zustand $s \in \mathcal{S}$ heißt *rekurrent*, wenn

$$\pi^*(s, s) := \sum_{n=1}^{\infty} \pi_n(s, s) = 1$$

gilt; anderenfalls — d. h., falls $\pi^*(s, s) < 1$ gilt — heißt der Zustand s *transient*.

Die Zustände einer Äquivalenzklasse sind sämtlich rekurrent oder sämtlich transient; in diesem Zusammenhang heißt eine Äquivalenzklasse rekurrenter Zustände auch Rekurrenzklasse.

Die Menge $\mathcal{S}$ der Zustände einer homogenen Markow-Kette zerfällt also in Rekurrenzklassen und eine Menge transienter Zustände. Ein rekurrenter Zustand $s \in \mathcal{S}$ heißt *positiv-rekurrent*, wenn

$$\mu(s) := \sum_{n=1}^{\infty} n\pi_n(s, s) < \infty$$

gilt — $\mu(s)$ ist dann offenbar als mittlere Rückkehrzeit zum Zustand s zu deuten —; im Falle $\sum_{n=1}^{\infty} n\pi_n(s, s) = \infty$ heißt s *null-rekurrent*.

Sind alle Zustände rekurrent bzw. positiv-rekurrent, so heißt die Markow-Kette selbst *rekurrent* bzw. *positiv-rekurrent*; sind alle rekurrenten Zustände absorbierend, so heißt die Markow-Kette *transient*.

2.3.5. Bemerkung. Ist $\mathcal{S}$ endlich, so existiert mindestens ein rekurrenter Zustand. Außerdem ist jeder rekurrente Zustand auch positiv-rekurrent.

Über die Existenz genau einer stationären Anfangsverteilung gibt der folgende Satz Auskunft:

2.3.6. Satz. *Ist die homogene Markow-Kette* $(X_n)_{n=0,1,2,\ldots}$ *aperiodisch, irreduzibel und positiv-rekurrent, so gilt*

$$\lim_{n\to\infty} p^{(n)}(s, s') = \frac{1}{\mu(s)}$$

für alle $s \in \mathcal{S}$, $s' \in \mathcal{S}$, *und der (Zeilen-)Vektor* π *mit den Komponenten* $\pi(s) = \dfrac{1}{\mu(s)}$, $s \in \mathcal{S}$, *ist die einzige stationäre Anfangsverteilung.*

2.3.7. Bemerkungen. 1. Die in obigem Satz formulierten Eigenschaften einer homogenen Markow-Kette werden häufig unter dem Begriff *ergodisch* zusammengefaßt.

2. Die Aussage des Satzes besteht insbesondere dann, wenn die Menge $\mathcal{S}$ der Zustände endlich ist und eine natürliche Zahl m existiert, so daß die Matrix P^m eine Spalte mit ausschließlich positiven Zahlen enthält.

A. 2.4. Semimarkowsche Prozesse

Semimarkowsche Prozesse stellen eine unmittelbare Verallgemeinerung der Markow-Ketten (in der hier angegebenen Form) dar, indem sie Systemabläufe beschreiben, deren stochastischer Zustandswechsel die Markow-Eigenschaft hat, dieser Wechsel aber in zufälligen Zeitpunkten erfolgt.

2.4.1. Definition. Es seien $[\Omega, \mathfrak{A}, \mathsf{P}]$ ein Wahrscheinlichkeitsraum, $\mathcal{S}$ eine nichtleere endliche oder abzählbar unendliche Menge, $\mathfrak{S} = \mathfrak{P}(\mathcal{S})$, $(X_n)_{n=0,1,2,\dots}$ ein stochastischer Prozeß mit diskreter Zeit (über $[\Omega, \mathfrak{A}, \mathsf{P}]$, mit Werten in $\mathcal{S}$), $(V_n)_{n=0,1,2,\dots}$ eine Folge von nichtnegativen Zufallsgrößen (über $[\Omega, \mathfrak{A}, \mathsf{P}]$) und

$$\tau_n := \sum_{k=0}^{n-1} V_k\,, \quad n = 1, 2, \dots\,, \quad \tau_0 := 0\,, \quad \tau(t) := \max\{n \in \mathbb{N} \colon \tau_n \leqq t)\,, \quad t \geqq 0\,.$$

Der durch

$$X_t := X_{\tau(t)}\,, \qquad t \geqq 0\,,$$

gegebene stochastische Prozeß $(X_t)_{t\geqq 0}$ heißt ein *semimarkowscher Prozeß*, wenn für alle $n \in \mathbb{N}$, $x \in \mathcal{S}$ und jedes $t \geqq 0$ P-fast sicher die Beziehungen

$$\mathsf{P}(X_{n+1} = x, V_n \leqq t \mid X_n, \dots, X_0, V_{n-1}, \dots, V_0) = \mathsf{P}(X_{n+1} = x, V_n \leqq t \mid X_n)$$

und

$$\mathsf{P}(X_{n+1} = x, V_n \leqq t \mid X_n) = \mathsf{P}(X_1 = x, V_0 \leqq t \mid X_0)$$

gelten.

Der stochastische Prozeß $(X_n)_{n=0,1,2,\dots}$ erweist sich damit als homogene Markow-Kette mit den Übergangswahrscheinlichkeiten

$$p(x, y) := \mathsf{P}(X_{n+1} = y \mid X_n = x) = \lim_{t\to\infty} \mathsf{P}(X_{n+1} = y, V_n \leqq t \mid X_n = x)\,,$$

($x \in \mathcal{S}$, $y \in \mathcal{S}$) und wird die (im semimarkowschen Prozeß $(X_t)_{t\geqq 0}$) *eingebettete Markow-Kette* genannt.

Die Matrix $Q(t) = \big(Q_{xy}(t)\big)_{x,y\in\mathcal{S}}$ mit

$$Q_{xy}(t) := \mathsf{P}(X_{n+1} = y, V_n \leqq t \mid X_n = x)\,, \qquad x \in \mathcal{S}\,, \qquad y \in \mathcal{S}\,, \qquad t \geqq 0\,,$$

heißt *semimarkowsche Matrix*, die Zahl $Q_{xy}(t)$ ist als Wahrscheinlichkeit dafür zu interpretieren, daß der nach x erreichte Zustand der Zustand y ist und der Aufenthalt in x nicht länger als t (Zeiteinheiten) dauert.

Für die durch

$$F_{xy}(t) = \mathsf{P}(V_n \leqq t \mid X_{n+1} = y, X_n = x)\,, \quad x \in \mathcal{S}\,, \quad y \in \mathcal{S}\,, \quad n \in \mathbb{N}\,, \quad t \geqq 0\,,$$

definierten sog. *bedingten Verweilzeitverteilungsfunktionen* F_{xy} gilt

$$F_{xy}(t) = \frac{Q_{xy}(t)}{p(x, y)}\,.$$

Das stochastische Verhalten eines semimarkowschen Prozesses ist durch die Matrizen $Q(t)$, $t \geqq 0$, und eine Anfangsverteilung $\mathsf{P}(X_0 = x)$, $x \in \mathcal{S}$, festgelegt (wobei letztere natürlich zugleich Anfangsverteilung der eingebetteten Markow-Kette ist). Ebenso bestimmen die Übergangswahrscheinlichkeiten und die Anfangsverteilung der eingebetteten Markow-Kette im Verein mit den bedingten Verweilzeitverteilungsfunktionen das stochastische Verhalten des semimarkowschen Prozesses vollständig.

2.4.2. Definition. Es sei $(X_t)_{t\geqq 0}$ ein semimarkowscher Prozeß. Die durch

$$Z_x(t) := \sum_{k=0}^{\tau(t)} \delta_{X_k x}{}^{1)}\,, \qquad x \in \mathcal{S}\,, \qquad t \geqq 0\,,$$

[1]) δ_{xy} bezeichnet das Kronecker-Symbol,

$$\delta_{xy} = \begin{cases} 1 & \text{für} \quad x = y\,, \\ 0 & \text{für} \quad x \neq y\,. \end{cases}$$

definierten stochastischen Prozesse $(Z_x(t))_{t\geqq 0}$, $x \in \mathcal{S}$, werden als *Zählprozesse* bezüglich des semimarkowschen Prozesses $(X_t)_{t\geqq 0}$ bezeichnet.

Die durch

$$G_{xx}(t) := \mathsf{P}(Z_x(t) > 0 \mid X_0 = x)\,, \qquad t \geqq 0\,,$$

für $x \in \mathcal{S}$ definierte Funktion G_{xx} wird als *Verteilungsfunktion der x-Erneuerungen* bezeichnet. Entsprechend definiert man für $x \in \mathcal{S}$, $y \in \mathcal{S}$ eine Funktion G_{xy} durch

$$G_{xy}(t) := \mathsf{P}(Z_y(t) > 0 \mid X_0 = x)\,, \qquad t \geqq 0\,.$$

2.4.3. Bemerkung. *Im Falle der Endlichkeit von $\mathcal{S}$ gelten für*

$$\nu_1(x, y) := \int_0^\infty t F_{xy}(\mathrm{d}t)^{1)}\,, \qquad \nu_2(x, y) := \int_0^\infty t^2 F_{xy}(\mathrm{d}t)\,,$$

$$\mu_1(x, y) := \int_0^\infty t G_{xy}(\mathrm{d}t)\,, \qquad \mu_2(x, y) := \int_0^\infty t^2 G_{xy}(\mathrm{d}t)$$

($x \in \mathcal{S}$, $y \in \mathcal{S}$) *die folgenden Aussagen:*

a) *Ist $\pi = (\pi(x))_{x\in\mathcal{S}}$ stationäre Anfangsverteilung der eingebetteten Markow-Kette, so gilt*

$$\mu_1(x, x) = \frac{1}{\pi(x)} \sum_{y\in\mathcal{S}} \pi(y)\, \nu_1(y)\,, \qquad x \in \mathcal{S}\,,$$

mit

$$\nu_1(y) := \sum_{z\in\mathcal{S}} p(y, z)\, \nu_1(y, z)\,, \qquad y \in \mathcal{S}\,.$$

b) $\mu_1(x, z) = \sum\limits_{\substack{y\in\mathcal{S}\\ y\neq z}} p(x, y)\,[\mu_1(y, z) + \mu_0(y, z)]\, \nu_1(x, y) + p(x, z)\, \nu_1(x, z)\,, \quad x \in \mathcal{S}\,, \quad z \in \mathcal{S}\,,$

mit

$$\mu_0(y, z) := \int_0^\infty G_{yz}(\mathrm{d}t) = \lim_{t\to\infty} G_{yz}(t)\,, \qquad y \in \mathcal{S}\,, \qquad z \in \mathcal{S}\,.$$

c) $\mu_2(x, z) = \sum\limits_{\substack{y\in\mathcal{S}\\ y\neq z}} \sum\limits_{r=0}^{2} \binom{2}{r} p(x, y)\, \nu_r(x, y)\, \mu_{2-r}(y, z) + p(x, z)\, \nu_2(x, z)\,,$

$$x \in \mathcal{S}\,, \qquad z \in \mathcal{S}\,,$$

mit

$$\nu_0(x, y) := 1 \quad \textit{für alle} \quad x \in \mathcal{S}\,, \qquad y \in \mathcal{S}\,.$$

2.4.4. Bemerkung. *Bezeichnet*

$$M_{xy}(t) := \mathsf{E}\Big(\sum_{k=1}^{\tau(t)} \delta_{X_{k_x}} \mid X_0 = x\Big)\,, \qquad x \in \mathcal{S}\,, \qquad y \in \mathcal{S}\,, \qquad t \geqq 0\,,$$

die mittlere Anzahl der Übergänge in den Zustand y durch die eingebettete Markow-Kette $(X_n)_{n=0,1,2,\ldots}$ bei Start im Zustand x, so besteht für die Laplace-Stieltjes-Transformierten

$$\tilde{M}_{xy}(s) := \int_0^\infty \mathrm{e}^{-st}\, M_{xy}(\mathrm{d}t)\,, \qquad x \in \mathcal{S}\,, \qquad y \in \mathcal{S}\,, \qquad t \geqq 0\,,$$

und

$$\tilde{Q}_{xy}(s) := \int_0^\infty \mathrm{e}^{-st}\, Q_{xy}(\mathrm{d}t)\,, \qquad x \in \mathcal{S}\,, \qquad y \in \mathcal{S}\,, \qquad t \geqq 0\,,$$

---

[1]) Die hier und nachfolgend ohne besonderen Kommentar angegebenen Integrale sind als Riemann-Stieltjes-Integral zu verstehen.

die Beziehung

$$I - \tilde{Q}(s) = (I + \tilde{M}(s))^{-1},$$

wobei $\tilde{Q}(s) = (\tilde{Q}_{xy}(s))_{x,y\in\mathcal{J}}$, $\tilde{M}(s) = (\tilde{M}_{xy}(s))_{x,y\in\mathcal{J}}$ *gesetzt wurde und* I *die entsprechende Einheitsmatrix bezeichnet.*

A. 2.5. Erneuerungsprozesse

2.5.1. Definition. Es sei $(X_n)_{n=1,2,\ldots}$ eine Folge unabhängiger nichtnegativer Zufallsgrößen X_k, $k = 1, 2, \ldots$, und es gelte $S_n = X_1 + \ldots + X_n$, $n = 1, 2, \ldots$

a) Gilt für die Verteilungsfunktionen F_k der Zufallsgrößen X_k, $k = 1, 2, \ldots$, $F_1 = F_2 = \ldots =: F$ (d. h., sind die Zufallsgrößen X_k identisch nach F verteilt), so heißt $(S_n)_{n=1,2,\ldots}$ *(einfacher) Erneuerungsprozeß.*

b) Gilt für die Verteilungsfunktion F_k der Zufallsgrößen X_k, $k = 1, 2, \ldots$, $F_2 = F_3 = \ldots =: F$ und $F \neq F_1$, so heißt $(S_n)_{n=1,2,\ldots}$ *verallgemeinerter Erneuerungsprozeß.*

2.5.2. Bemerkung. Beschreibt X_k die (zufällige) Lebensdauer eines Bauelements, Teiles, Gerätes, ..., das nach Ausfall sofort wieder durch ein gleichartiges ersetzt wird, so gibt S_n die Zeit bis zur n-ten Erneuerung an.

Einen wichtigen Begriff bei der Untersuchung von Erneuerungsprozessen stellt die durch

$$H(t) := \mathsf{E}(\max\{n: S_n \leqq t\}), \qquad t \geqq 0,$$

definierte sog. *Erneuerungsfunktion* H dar; $H(t)$ ist als durchschnittliche Anzahl der bis zum Zeitpunkt t stattfindenden Erneuerungen zu interpretieren. Zentrale Aussagen der Erneuerungstheorie kommen in dem unten angegebenen Satz — der als Hauptsatz der Erneuerungstheorie oder auch als Haupterneuerungssatz bezeichnet wird — und in der im Anschluß daran angegebenen Folgerung zum Ausdruck. Vorangestellt werden zwei Definitionen, die bei der Formulierung dieser Aussagen von Bedeutung sind.

2.5.3. Definition. Eine Zufallsgröße, die höchstens die Werte $a + mh$ (a reell, $h > 0$, $m = 0, \pm 1, \pm 2, \ldots$) mit positiver Wahrscheinlichkeit annehmen kann, heißt *gitterförmig verteilt.* Die zu einer gitterförmig verteilten Zufallsgröße gehörige Verteilungsfunktion wird als gitterförmig bezeichnet, und die Zahl h heißt *Gitterkonstante.*

2.5.4. Definition. Eine auf der Menge der nichtnegativen reellen Zahlen definierte reellwertige Funktion g heißt *direkt riemannintegrierbar,* falls die Reihen

$$\underline{\sigma}^h = h \sum_{n=1}^{\infty} \underline{m}_n^h \quad \text{und} \quad \bar{\sigma}^h = h \sum_{n=1}^{\infty} \bar{m}_n^h$$

absolut konvergieren, wobei $h > 0$ und

$$\underline{m}_n^h = \inf\{g(x) : (n-1)\,h \leqq x < nh\},$$
$$\bar{m}_n^h = \sup\{g(x) : (n-1)\,h \leqq x < nh\}, \qquad n = 1, 2, \ldots$$

ist und zu jedem $\varepsilon > 0$ ein $h > 0$ existiert, so daß $\bar{\sigma}^h - \underline{\sigma}^h < \varepsilon$ gilt.

2.5.5. Satz (Hauptsatz der Erneuerungstheorie, Haupterneuerungssatz). *Für jede auf der Menge der reellen Zahlen definierte reellwertige Funktion* g *mit* $g(x) = 0$ *für* $x < 0$*, die direkt riemannintegrierbar ist, gilt mit* $\mu = \int_0^\infty tF(\mathrm{d}t)$ $(= \mathsf{E}X_i,\ i = 2, 3, \ldots)$

a) *im Falle, daß F nicht gitterförmig ist*

$$\lim_{t\to\infty} \int_0^t g(t-\tau)\, H(d\tau) = \frac{1}{\mu} \int_0^\infty g(\tau)\, d\tau\,,$$

b) *im Falle, daß F gitterförmig ist (mit der Gitterkonstanten h) für jedes* $t > 0$

$$\lim_{n\to\infty} \int_0^{t+nh} g(t+nh-\tau)\, H(d\tau) = \frac{h}{\mu} \sum_{k=0}^{\infty} g(t+kh)\,.$$

Die folgenden Aussagen ergeben sich hieraus unmittelbar (durch spezielle Wahl von g).

2.5.6. Folgerung. *Es sei F nicht gitterförmig, und es bezeichne*

$$\mu_1 = \int_0^\infty t F_1(dt)\ (= \mathsf{E}X_1)\,, \qquad \mu = \int_0^\infty t F(dt)\ (= \mathsf{E}X_i,\ i = 2, 3, \ldots)\,,$$

$$\sigma^2 = \int_0^\infty (t-\mu)^2\, F(dt)\ (= \mathsf{D}^2 X_i,\ i = 2, 3, \ldots)\,.$$

Dann gilt für $\mu > 0$

a) $\lim\limits_{t\to\infty} \dfrac{H(t)}{t} = \dfrac{1}{\mu}$ *(elementares Erneuerungstheorem),*

b) $\lim\limits_{t\to\infty} \big(H(t+\alpha) - H(t)\big) = \dfrac{\alpha}{\mu}$ *für jedes* $\alpha > 0$ *(Theorem von Blackwell),*

c) $\lim\limits_{t\to\infty} \left(H(t) - \dfrac{t}{\mu}\right) = \dfrac{\sigma^2 + \mu^2}{2\mu^2} - \dfrac{\mu_1}{\mu}\,.$

A. 2.6. Martingale

Es seien $[\Omega, \mathfrak{A}, \mathsf{P}]$ ein Wahrscheinlichkeitsraum, $(\mathfrak{A}_n)_{n=0,1,2,\ldots}$ eine Folge monoton wachsender Teil-σ-Algebren $\mathfrak{A}_n$ von $\mathfrak{A}$ ($\mathfrak{A}_n \subset \mathfrak{A}_{n+1}$, $\mathfrak{A}_n \subset \mathfrak{A}$, $n = 0, 1, 2, \ldots$) und $(X_n)_{n=0,1,2,\ldots}$ ein eindimensionaler reellwertiger stochastischer Prozeß mit diskreter Zeit (über $[\Omega, \mathfrak{A}, \mathsf{P}]$).

2.6.1. Definition. $(X_n)_{n=0,1,2,\ldots}$ heißt ein *Martingal* (bezüglich $(\mathfrak{A}_n)_{n=0,1,2,\ldots}$), wenn für $n = 0, 1, 2, \ldots$

(1) X_n P-integrierbar und $(\mathfrak{A}_n, \mathfrak{B}^1)$-meßbar ist und

(2) $\mathsf{E}(X_{n+1} \mid \mathfrak{A}_n) = X_n$ P-f.s. gilt.

Gilt in (2) anstelle des Gleichheitszeichens das Zeichen $\geqq$ bzw. $\leqq$, so heißt $(X_n)_{n=0,1,2,\ldots}$ ein *Submartingal* bzw. *Supermartingal* $\big($bezüglich $(\mathfrak{A}_n)_{n=0,1,2,\ldots}\big)$.

2.6.2. Bemerkung. $(X_n)_{n=0,1,2,\ldots}$ ist offenbar genau dann ein Submartingal, wenn $(-X_n)_{n=0,1,2,\ldots}$ einsupermartingal ist. Man kann sich deshalb in der Hauptsache auf die Untersuchung von Martingalen und Supermartingalen beschränken.

2.6.3. Beispiel. Es sei X eine Zufallsgröße (über dem Wahrscheinlichkeitsraum $[\Omega, \mathfrak{A}, \mathsf{P}]$) mit $\mathsf{E}\,|X| < \infty$. Dann bildet die Folge $(X_n)_{n=0,1,2,\ldots}$, $X_n := \mathsf{E}(X \mid \mathfrak{A}_n)$, $n = 0, 1, 2, \ldots$, ein Martingal $\big($bezüglich $(\mathfrak{A}_n)_{n=0,1,2,\ldots}\big)$. Gilt $\mathsf{E}X^- < \infty$, dann bildet die Folge $(X_n)_{n=0,1,2,\ldots}$ ein Supermartingal (bezüglich $(\mathfrak{A}_n)_{n=0,1,2,\ldots}$).

Die im folgenden Satz zusammengestellten Aussagen ergeben sich unmittelbar aus Eigenschaften und Rechenregeln für bedingte Erwartungen.

2.6.4. Satz. *Es sei* $(X_n)_{n=0,1,2,\dots}$ *ein Martingal bzw. ein Supermartingal (bezüglich* $(\mathfrak{A}_n)_{n=0,1,2,\dots}$*). Dann gilt für* $n = 0, 1, 2, \dots$

(1) $\mathsf{E}X_{n+1} = \mathsf{E}X_n$ *bzw.* $\mathsf{E}X_{n+1} \leqq \mathsf{E}X_n$ *und*

(2) $\mathsf{E}(X_m \mid \mathfrak{A}_n) = X_n$ *bzw.* $\mathsf{E}(X_m \mid \mathfrak{A}_n) \leqq X_n$ P*-f.s. für* $m > n$.

2.6.5. Folgerung. *Sind* $(X_n)_{n=0,1,2,\dots}$ *ein Martingal bzw. ein Supermartingal (bezüglich* $(\mathfrak{A}_n)_{n=0,1,2,\dots}$*) und* τ *eine (nach oben) beschränkte Stopzeit bezüglich* $(\mathfrak{A}_n)_{n=0,1,2,\dots}$, *so gilt auf der Menge* $\{\omega \in \Omega : \tau(\omega) \geqq n\}$ *die Beziehung*

$$\mathsf{E}(X_\tau \mid \mathfrak{A}_n) = X_n \quad \textit{bzw.} \quad \mathsf{E}(X_\tau \mid \mathfrak{A}_n) \leqq X_n$$

$(n = 0, 1, 2, \dots)$; *dabei ist* $(X_\tau)(\omega) = (X_{\tau(\omega)})(\omega)$, $\omega \in \Omega$.

Die in der Folgerung angegebenen Aussagen gelten nicht für beliebige Stopzeiten. Dies führt zu folgender Definition.

2.6.6. Definition. Ein Martingal bzw. Supermartingal $(X_n)_{n=0,1,2,\dots}$ (bezüglich $(\mathfrak{A}_n)_{n=0,1,2,\dots}$) heißt *regulär,* wenn für jede Stopzeit τ bezüglich $(\mathfrak{A}_n)_{n=0,1,2,\dots}$ auf jeder der Mengen $\{\omega \in \Omega : \tau(\omega) \geqq n\}$, $n = 0, 1, 2, \dots$, die Beziehung

$$\mathsf{E}(X_\tau \mid \mathfrak{A}_n) = X_n \quad \text{bzw.} \quad \mathsf{E}(X_\tau \mid \mathfrak{A}_n) \leqq X_n$$

gilt.

Ein reguläres Martingal bzw. Supermartingal erfüllt also die Martingal- bzw. Supermartingaleigenschaft nicht nur für konstante Zeiten, sondern auch für zufällige Zeiten. Dies legt die Frage nach hinreichenden Bedingungen für die Regularität eines Martingals bzw. Supermartingals nahe.

2.6.7. Satz. *Ein Martingal bzw. Supermartingal* $(X_n)_{n=0,1,2,\dots}$, *für das die Folge* $(X_n)_{n=0,1,2,\dots}$ *bzw.* $(X_n^-)_{n=0,1,2,\dots}$ *gleichmäßig-*P*-integrierbar ist, ist regulär.*

Martingale bzw. Supermartingale sind innerhalb der Theorie stochastischer Prozesse vor allem auch wegen ihrer Konvergenzeigenschaften von besonderer Bedeutung. Die nachfolgend angegebenen Konvergenzsätze gehen auf Snell [1] zurück.

2.6.8. Satz. *Es sei* $(X_n)_{n=0,1,2,\dots}$ *ein Martingal bzw. Supermartingal (bezüglich* $(\mathfrak{A}_n)_{n=0,1,2,\dots}$*) mit*

$$\inf_{k\in N} \sup_{n\in N} \mathsf{E}(|X_n| \mid \mathfrak{A}_k) < \infty \quad \textit{bzw.} \quad \inf_{k\in N} \sup_{n\in N} \mathsf{E}(X_n^- \mid \mathfrak{A}_k) < \infty\,.$$

Dann konvergiert die Folge $(X_n)_{n=0,1,2,\dots}$ *mit Wahrscheinlichkeit* 1.

2.6.9. Bemerkung. Die zur Martingal- bzw. Supermartingaleigenschaft zusätzlich angegebene Bedingung in obigem Satz ist insbesondere dann erfüllt, wenn

$$\sup_{n\in N} \mathsf{E}\,|X_n| < \infty \quad \text{bzw.} \quad \sup_{n\in N} \mathsf{E}(X_n^-) < \infty$$

gilt.

2.6.10. Satz. *Es sei* X *eine Zufallsgröße über dem Wahrscheinlichkeitsraum* $[\Omega, \mathfrak{A}, \mathsf{P}]$ *mit* $\mathsf{E}\,|X| < \infty$ *bzw.* $\mathsf{E}X^- < \infty$ *und* $(\mathfrak{A}_n)_{n=0,1,2,\dots}$ *eine Folge monoton wachsender Teil-*σ*-Algebren* $\mathfrak{A}_n$ *von* $\mathfrak{A}$. *Dann ist das Martingal bzw. das Supermartingal* $(X_n)_{n=0,1,2,\dots}$,

$X_n := \mathsf{E}(X \mid \mathfrak{A}_n)$, $n = 0, 1, 2, \ldots$, *mit Wahrscheinlichkeit* 1 *konvergent, und für den Limes* $Y := \lim_{n\to\infty} X_n$ *gilt*

$$Y = \mathsf{E}(X \mid \mathfrak{A}_\infty) \quad bzw. \quad Y \geqq \mathsf{E}(X \mid \mathfrak{A}_\infty);$$

dabei ist $\mathfrak{A}_\infty = \sigma(\bigcup_{n=0}^{\infty} \mathfrak{A}_n)$.

A. 3. Stochastische Analysis

A. 3.1. Der Wiener-Prozeß

Es seien $[\Omega, \mathfrak{F}, \mathsf{P}]$ ein Wahrscheinlichkeitsraum, t_e eine positive Zahl und $(W(t))_{t\in[0,t_e]}$ ein eindimensionaler reellwertiger stochastischer Prozeß (über $[\Omega, \mathfrak{F}, \mathsf{P}]$), der P-f.s. stetige Trajektorien besitzt. $(W(t))_{t\in[0,t_e]}$ heißt ein *eindimensionaler Wiener-Prozeß*, falls zusätzlich folgende Bedingungen erfüllt sind:

(1) Für beliebige natürliche Zahl m und beliebige Zahlen $t_1, \ldots, t_m$ mit der Eigenschaft $0 < t_1 < \ldots < t_m < t_e$ sind die Zufallsgrößen $W(t_m) - W(t_{m-1}), \ldots, W(t_1) - W(0)$, $W(0)$ stochastisch unabhängig.

(2) Die „Zuwächse" $W(t) - W(s)$, $t, s \in [0, t_e]$, sind normalverteilt mit $\mathsf{E}(W(t) - W(s)) = 0$ und $\mathsf{D}^2(W(t) - W(s)) = \sigma^2 |t - s|, \sigma > 0$.

(3) Es gilt $W(0) = 0$ P-f.s.

Speziell ist also die Zufallsgröße $W(t)$ normalverteilt mit dem Erwartungswert 0 und der Streuung $\sigma^2 t$, $t \in [0, t_e]$. Im Falle $\sigma = 1$ spricht man von einem *standardisierten eindimensionalen Wiener-Prozeß*.

Von besonderer Bedeutung ist die Tatsache, daß fast alle Trajektorien eines Wiener-Prozesses — definitionsgemäß — stetig, aber — wie man zeigen kann — nirgends differenzierbar und demzufolge auch von unbeschränkter Variation sind.

Unter einem *n-dimensionalen* (standardisierten) *Wiener-Prozeß* versteht man einen n-dimensionalen stochastischen Prozeß, dessen n Komponenten unabhängige (standardisierte) eindimensionale Wiener-Prozesse sind; dabei nennt man allgemein stochastische Prozesse $(X_t^j)_{t\in T_j}$, $j \in J$ mit einer beliebigen nichtleeren Indexmenge J stochastisch unabhängig, wenn die σ-Algebren $\sigma(X_t^j : t \in T_j)$, $j \in J$, unabhängig sind.

A. 3.2. Das stochastische Ito-Integral

Es sei $W = (W_t)_{t\in[0,t_e]}$ ein n-dimensionaler standardisierter Wiener-Prozeß über dem Wahrscheinlichkeitsraum $[\Omega, \mathfrak{F}, \mathsf{P}]$. Eine Familie $(\mathfrak{F}_t)_{t\in[0,t_e]}$ von Teil-σ-Algebren $\mathfrak{F}_t (\subset \mathfrak{F})$ heißt *nichtvorgreifend bezüglich des Wiener-Prozesses W* (oder: *begleitende Familie des Wiener-Prozesses W*), wenn sie die folgenden Eigenschaften besitzt:

(1) Aus $0 \leqq s \leqq t \leqq t_e$ folgt $\mathfrak{F}_s \subset \mathfrak{F}_t$.

(2) Für jedes $t \in [0, t_e]$ gilt $\sigma(W(s) : 0 \leqq s \leqq t) \subset \mathfrak{F}_t$.

(3) Für jedes $s \in [0, t_e]$ ist $\mathfrak{F}_s$ unabhängig von $\sigma(W(t) - W(s) : s \leqq t \leqq t_e)$.

Die kleinstmögliche begleitende Familie des Wiener-Prozesses W ist also die von diesem Wiener-Prozeß gemäß $\mathfrak{F}_t := \sigma(W(s) : 0 \leqq s \leqq t)$, $t \in [0, t_e]$, erzeugte Familie $(\mathfrak{F}_t)_{t\in[0,t_e]}$ von Teil-σ-Algebren $\mathfrak{F}_t \subset \mathfrak{F}$.

Es seien $t \in [0, t_e]$ und $m \geqq 1$ eine natürliche Zahl. Eine auf der Menge $[0, t] \times \Omega$ definierte meßbare[1]) Funktion b, deren Werte $b(s, \omega)$ mit $s \in [0, t], \omega \in \Omega$ $m \times n$-Matrizen von reellen Zahlen $b_{ij}(s, \omega)$, $i = 1, \dots, m, j = 1, \dots, n$, sind,

$$b\colon (s, \omega) \in [0, t] \times \Omega \to b(s, \omega) = \big(b_{ij}(s, \omega)\big)_{\substack{i=1,\dots,m\\ j=1,\dots,n}},$$

heißt nichtvorgreifend bezüglich der begleitenden Familie $(\mathfrak{F}_\tau)_{\tau\in[0,t_e]}$ des Wiener-Prozesses W, wenn für jedes $s \in [0, t]$ die durch $\omega \to b(s, \omega)$, $\omega \in \Omega$, gegebene Funktion $b(s)$ $\mathfrak{F}_s$-meßbar ist. $M_2^{m,n}[0, t]$ bezeichne die Menge aller solchen Funktionen b, für die überdies

$$\int_0^t ||b(s)||^2 \, ds < \infty \qquad \text{P-f.s.}$$

gilt; dabei ist das Integral im lebesgueschen Sinne zu verstehen und die Norm einer $m \times n$-Matrix $a = (a_{ij})_{\substack{i=1,\dots,m\\ j=1,\dots,n}}$ reeller Zahlen durch

$$||a|| = \Big(\sum_{i=1}^m \sum_{j=1}^n a_{ij}^2\Big)^{1/2} = (\operatorname{sp} aa^{\mathsf T})^{1/2}\ ^{2)}$$

gegeben.

Eine Funktion $b \in M_2^{m,n}[0, t]$ wird als Treppenfunktion bezeichnet, wenn es eine natürliche Zahl $k \geqq 1$ und Zahlen $t_0, \dots, t_k$ mit $0 = t_0 < t_1 < \dots < t_k = t$ gibt, so daß $b(s) = b(t_{i-1})$ P-f.s. für jedes s mit $t_{i-1} \leqq s < t_i$ gilt, $i = 1, \dots, k$.

Unter dem stochastischen Ito-Integral einer Treppenfunktion b bezüglich W versteht man den m-dimensionalen zufälligen Vektor

$$\int_0^t b(s) \, dW(s) := \sum_{i=1}^k b(t_{i-1}) \big(W(t_i) - W(t_{i-1})\big).$$

Die Aussagen des folgenden Hilfssatzes gestatten es, das stochastische Ito-Integral für beliebige Funktionen $b \in M_2^{m,n}[0, t]$ zu definieren.

3.2.1. Hilfssatz. (1) *Zu jeder Funktion $b \in M_2^{m,n}[0, t]$ gibt es eine Folge $(b_l)_{l=1,2,\dots}$ von Treppenfunktionen $b_l \in M_2^{m,n}[0, t]$ mit*

$$\lim_{l\to\infty} \int_0^t ||b(s) - b_l(s)||^2 \, ds = 0 \qquad \text{P-f.s.}$$

(2) *Ist $b \in M_2^{m,n}[0, t]$ eine Treppenfunktion, so gilt für jede Zahl $N > 0$ und jede Zahl $c > 0$ die Ungleichung*

$$\mathsf P\Big(\Big|\Big|\int_0^t b(s) \, dW(s)\Big|\Big| > c\Big) \leqq \frac{N}{c^2} + \mathsf P\Big(\int_0^t ||b(s)||^2 \, ds > N\Big).$$

Ist nun $b \in M_2^{m,n}[0, t]$ beliebig und $(b_l)_{l=1,2,\dots}$ eine Folge von Treppenfunktionen mit der genannten Eigenschaft (1), so gilt erst recht $\text{P-}\lim_{l\to\infty} \int_0^t ||b(s) - b_l(s)||^2 \, ds = 0$, was auf Grund des Teiles (2) des Hilfssatzes die stochastische Konvergenz der Folge der stochastischen Ito-Integrale $\int_0^t b_l(s) \, dW(s)$, $l = 1, 2, \dots$, gegen einen m-dimensionalen

---

[1]) Überall dort, wo keine σ-Algebra explizit ausgewiesen ist, ist die σ-Algebra der entsprechenden Borel-Mengen gemeint.

[2]) $a^{\mathsf T}$ bezeichnet die zu a gehörige transponierte Matrix; „sp“ steht für „Spur“ (d. h. die Summe der Elemente in der Hauptdiagonalen der entsprechenden quadratischen Matrix).

zufälligen Vektor impliziert, der nicht von der speziell gewählten Folge $(b_l)_{l=1,2,\dots}$ abhängt, durch $\int_0^t b(s)\,\mathrm{d}W(s)$ bezeichnet und *stochastisches Ito-Integral von b bezüglich W* genannt wird:

$$\int_0^t b(s)\,\mathrm{d}W(s) := \mathsf{P}\text{-}\lim_{l\to\infty} \int_0^t b_l(s)\,\mathrm{d}W(s)\,.$$

Im folgenden Satz sind einige wesentliche Eigenschaften und Rechenregeln für das stochastische Ito-Integral zusammengestellt.

3.2.2. Satz. *Es seien* $W = \big(W(t)\big)_{t\in[0,t_e]}$ *ein n-dimensionaler standardisierter Wiener-Prozeß, m* $\geqq 1$ *eine natürliche Zahl und* $t \in [0, t_e]$. *Das stochastische Ito-Integral bezüglich W besitzt folgende Eigenschaften:*

(1) *Für beliebige matrixwertige Funktionen* $b', b'' \in \boldsymbol{M}_2^{m,n}[0, t]$ *und beliebige Zahlen c, d* $\in \mathbb{R}$ *gilt*

$$\int_0^t \big(cb'(s) + db''(s)\big)\,\mathrm{d}W(s) = c\int_0^t b'(s)\,\mathrm{d}W(s) + d\int_0^t b''(s)\,\mathrm{d}W(s)\,.$$

(2) *Für eine beliebige matrixwertige Funktion* $b \in \boldsymbol{M}_2^{m,n}[0, t]$ *gilt*

$$\Big(\int_0^t b(s)\,\mathrm{d}W(s)\Big)_i = \sum_{l=1}^n \int_0^t b_{il}\,\mathrm{d}W_l(s)\,;$$

dabei kennzeichnet die linke Seite die i-te Komponente des stochastischen Ito-Integrals von b bezüglich W, und W_l *bedeutet die l-te Komponente von W.*

(3) *Ist* $b \in \boldsymbol{M}_2^{m,n}[0, t]$ *mit* $\int_0^t \mathsf{E}\,\|b(s)\|^2\,\mathrm{d}s < \infty$, *so gilt für den Erwartungswertvektor des stochastischen Ito-Integrals von b bezüglich W*

$$\mathsf{E}\Big(\int_0^t b(s)\,\mathrm{d}W(s)\Big) = 0$$

und für die Kovarianzmatrix des stochastischen Ito-Integrals von b bezüglich W

$$\mathsf{E}\Big(\int_0^t b(s)\,\mathrm{d}W(s)\Big)\,\Big(\int_0^t b(s)\,\mathrm{d}W(s)\Big)^\mathsf{T} = \int_0^t \mathsf{E}b(s)\,b(s)^\mathsf{T}\,\mathrm{d}s\,,$$

speziell also

$$\mathsf{E}\,\Big\|\int_0^t b(s)\,\mathrm{d}W(s)\Big\|^2 = \int_0^t \mathsf{E}\,\|b(s)\|^2\,\mathrm{d}s\,.$$

3.2.3. Bemerkung. Betrachtet man (analog definierte) stochastische Ito-Integrale der Form $\int_r^t b(s)\,\mathrm{d}W(s)$, $r \in [0, t]$, so bleiben die Aussagen im letzten Teil des obigen Satzes gültig, falls anstelle des Erwartungswertes die bedingte Erwartung bezüglich $\mathfrak{F}_r$ gebildet wird.

A. 3.3. Stochastische Differentiale, Ito-Formel

Es seien $W = \big(W(t)\big)_{t\in[0,t_e]}$ ein n-dimensionaler standardisierter Wiener-Prozeß; $(\mathfrak{F}_t)_{t\in[0,t_e]}$ eine begleitende Familie des Wiener-Prozesses W; $m \geqq 1$ eine natürliche Zahl; X_0 ein $\mathfrak{F}_0$-meßbarer m-dimensionaler zufälliger Vektor; a eine auf $[0, t_e] \times \Omega$

definierte meßbare Funktion mit Werten in $\mathbb{R}^m$, die nichtvorgreifend ist (d. h. also, bei der für jedes $s \in [0, t_e]$ die durch $\omega \to a(s, \omega)$, $\omega \in \Omega$, gegebene Funktion $a(s)$ $\mathfrak{F}_s$-meßbar ist) und für die $\int_0^{t_e} \|a(s)\|\, ds < \infty$ P-f.s. gilt und b eine Funktion aus $M_2^{m,n}[0, t_e]$. Dann ist der durch

$$X(t, \omega) := X_0(\omega) + \int_0^t a(s, \omega)\, ds + \int_0^t b(s, \omega)\, dW(s, \omega)$$

gegebene stochastische Prozeß $X = \big(X(t)\big)_{t \in [0, t_e]}$ nicht vorgreifend (d. h. $X(t)$ ist $\mathfrak{F}_t$-meßbar, $t \in [0, t_e]$), und dieser Prozeß besitzt P-f.s. stetige Trajektorien. Man sagt nun, daß der Prozeß $\big(X(t)\big)_{t \in [0, t_e]}$ ein *stochastisches Differential* $a(t)\, dt + b(t)\, dW(t)$ besitzt, und schreibt

$$dX(t) = a(t)\, dt + b(t)\, dW(t)\,, \qquad t \in [0, t_e]\,, \qquad X(0) = X_0\,.$$

Es handelt sich dabei also um eine verkürzte Schreibweise für den oben definierten Zusammenhang zwischen a, b, W, X_0 und X.

Der folgende Satz beinhaltet, daß hinreichend „glatte" Funktionen eines stochastischen Prozesses, der ein stochastisches Differential bezüglich eines Wiener-Prozesses besitzt, ebenfalls ein stochastisches Differential besitzen — und zwar bezüglich desselben Wiener-Prozesses —, und er gibt darüber hinaus mit der sog. Ito-Formel Auskunft über die spezielle Gestalt dieses stochastischen Differentials.

3.3.1. Satz (von K. Ito, *Ito-Formel*). *Ist u eine auf $\mathbb{R}^m \times [0, t_e]$ definierte Funktion mit Werten in $\mathbb{R}^k$ ($k \geq 1$), die stetige partielle Ableitungen*

$$\frac{\partial u}{\partial t} =: u_t\,, \qquad \frac{\partial u}{\partial x_i} =: u_{x_i}\,, \qquad \frac{\partial^2 u}{\partial x_i \partial x_j} =: u_{x_i x_j}$$

$$(i, j = 1, \ldots, m;\ x = (x_1, \ldots, x_m))$$

besitzt, und ist $\big(X(t)\big)_{t \in [0, t_e]}$ ein m-dimensionaler stochastischer Prozeß mit dem stochastischen Differential

$$dX(t) = a(t)\, dt + b(t)\, dW(t)\,,$$

dann besitzt der durch $Y(t) := u\big(X(t), t\big), t \in [0, t_e]$, definierte k-dimensionale stochastische Prozeß $Y = \big(Y(t)\big)_{t \in [0, t_e]}$ ebenfalls ein stochastisches Differential bezüglich desselben Wiener-Prozesses W. Dieses Differential hat die Form

$$\begin{aligned} dY(t) = \Big(&u_t(X(t), t) + u_x\big(X(t), t\big)\, a(t) \\ &+ \frac{1}{2} \sum_{i=1}^m \sum_{j=1}^m u_{x_i x_j}(X(t), t)\, \big(b(t)\, b(t)^{\mathsf{T}}\big)_{ij}\Big)\, dt \\ &+ u_x\big(X(t), t\big)\, b(t)\, dW(t) \end{aligned}$$

oder — etwas anders geschrieben —

$$dY(t) = u_t\, dt + u_x\, dX(t) + \frac{1}{2} \operatorname{sp}\big(b(t)\, b(t)^{\mathsf{T}}\, u_{xx}\big)\, dt;$$

hierbei ist $u_x = (u_{x_1}, \ldots, u_{x_m})$ eine $k \times m$-Matrix, und $u_{xx} = (u_{x_i x_j})_{\substack{i=1,\ldots,m \\ j=1,\ldots,m}}$ ist eine $m \times m$-Matrix, deren Elemente k-dimensionale Vektoren sind.

3.3.2. Bemerkung. Aus der Ito-Formel ergibt sich im Fall $n = 1$, $m = 2$, $k = 1$, $u(x, t) = x_1x_2$ speziell, daß aus der Gültigkeit von

$$\begin{aligned} dX_1(t) &= a_1(t)\,dt + b_1(t)\,dW(t)\,, \\ dX_2(t) &= a_2(t)\,dt + b_2(t)\,dW(t)\,, \end{aligned} \qquad t \in [0, t_e]\,,$$

die Beziehung $d\big(X_1(t)\,X_2(t)\big) = X_1(t)\,dX_2(t) + X_2(t)\,dX_1(t) + b_1(t)\,b_2(t)\,dt$ folgt. Dies ist die *Regel für die partielle Integration* stochastischer Ito-Integrale und bedeutet also

$$X_1(t)\,X_2(t) = X_1(0)\,X_2(0) + \int_0^t X_1(s)\,dX_2(s) + \int_0^t X_2(s)\,dX_1(s) + \int_0^t b_1(s)\,b_2(s)\,ds\,,\ t \in [0, t_e]\,.$$

A. 3.4. Itosche stochastische Differentialgleichungen

Es seien $W = \big(W(t)\big)_{t\in[0,t_e]}$ ein n-dimensionaler standardisierter Wiener-Prozeß; $(\mathfrak{F}_t)_{t\in[0,t_e]}$ eine begleitende Familie des Wiener-Prozesses W; $m \geqq 1$ eine natürliche Zahl; X_0 ein $\mathfrak{F}_0$-meßbarer, m-dimensionaler zufälliger Vektor; a eine auf $\mathbb{R}^m \times [0, t_e]$ definierte meßbare Funktion mit Werten in $\mathbb{R}^m$ und b eine auf $\mathbb{R}^m \times [0, t_e]$ definierte Funktion, deren Werte $m \times n$-Matrizen sind.

Ein stochastisches Differential der Form

$$dX(t) = a\big(X(t), t\big)\,dt + b\big(X(t), t\big)\,dW(t)\,, \qquad t \in [0, t_e]\,, \qquad X(0) = X_0$$

heißt *itosche stochastische Differentialgleichung* und X_0 *Anfangswert.*

Ein stochastischer Prozeß $\big(X(t)\big)_{t\in[0,t_e]}$ mit P-f.s. stetigen Trajektorien heißt eine *Lösung* dieser itoschen stochastischen Differentialgleichung, wenn er die folgenden Eigenschaften besitzt:

(1) $\big(X(t)\big)_{t\in[0,t_e]}$ ist nichtvorgreifend (d. h., X_t ist $\mathfrak{F}_t$-meßqar, $t \in [0, t_e]$).

(2) Für die durch $\bar{a}(t, \omega) := a\big(X(t, \omega), t\big)$ definierte nichtvorgreifende Funktion $\bar{a}$ gilt

$$\int_0^{t_e} ||\bar{a}(s)||\,ds \geqq \infty \text{ P-f.s.}$$

(3) Für die durch $\bar{b}(t, \omega) := b\big(X(t, \omega), t\big)$ definierte nichtvorgreifende Funktion $\bar{b}$ gilt

$$\int_0^{t_e} ||\bar{b}(s)||^2\,ds < \infty \text{ P-f.s.}$$

(4) Es gilt für jedes $t \in [0, t_e]$

$$X(t) = X_0 + \int_0^t \bar{a}(s)\,ds + \int_0^t \bar{b}(s)\,dW(s) \qquad \text{P-f.s.}$$

Die Existenz von Lösungen und die eindeutige Lösbarkeit itoscher stochastischer Differentialgleichungen können — analog zur Theorie gewöhnlicher Differentialgleichungen — durch Wachstumsbeschränkungen und Lipschitz-Bedingungen an die Koeffizienten a und b gesichert werden.

3.4.1. Satz (*Existenz- und Eindeutigkeitssatz*). *Es existiere eine Konstante* $K < 0$, *so daß*

a) $||a(x, t)|| + ||b(x, t)|| \leqq K(1 + ||x||)$ *für alle* $(x, t) \in \mathbb{R}^m \times [0, t_e]$,

b) $||a(x, t) - a(y, t)|| + ||b(x, t) - b(y, t)|| \leqq K\,||x - y||$
für alle $(x, t) \in \mathbb{R}^m \times [0, t_e]$, $(y, t) \in \mathbb{R}^m \times [0, t_e]$

gilt. Dann besitzt die itosche stochastische Differentialgleichung

$$dX(t) = a\big(X(t), t\big)\,dt + b\big(X(t), t\big)\,dW(t)\,, \qquad t \in [0, t_e]\,, \qquad X(0) = X_0$$

genau eine Lösung $X = \big(X(t)\big)_{t\in[0,t_e]}$.

3.4.2. Bemerkung. Die Einzigkeit der Lösung ist dabei in dem Sinne gegeben, daß für jede andere Lösung $Y = (Y(t))_{t \in [0, t_e]}$ die Aussage $\mathsf{P}\big(\sup_{t \in [0, t_e]} \|X(t) - Y(t)\| > 0\big) = 0$ gilt (d. h., daß zwei verschiedene Lösungen mit Wahrscheinlichkeit 1 dieselben Trajektorien haben).

3.4.3. Bemerkung. Gilt für eine natürliche Zahl $k \geqq 1$ die Aussage $\mathsf{E}\,\|X_0\|^{2k} < \infty$, so gilt für die Lösung $(X(t))_{t \in [0, t_e]}$ die Aussage

$$\mathsf{E}\,\|X(t)\|^{2k} \leqq (1 + \mathsf{E}\,\|X_0\|^{2k}) \exp(Ct_e)$$

mit einer nur von k und K abhängigen Konstanten C.

3.4.4. Bemerkung. Eine der Aussage des obigen Satzes entsprechende Aussage gilt auch für den — bisher nicht betrachteten — Fall zufallsabhängiger nichtvorgreifender Koeffizienten a und b. Dabei wird vorausgesetzt, daß a eine auf $\mathbb{R}^m \times [0, t_e] \times \Omega$ definierte, meßbare und für jedes $(x, s) \in \mathbb{R}^m \times [0, t_e]$ bezüglich $(\mathfrak{F}_t)_{t \in [0, t_e]}$ nichtvorgreifende Funktion mit Werten in $\mathbb{R}^m$ ist, daß b eine auf $\mathbb{R}^m \times [0, t_e] \times \Omega$ definierte, meßbare und für jedes $(x, s) \in \mathbb{R}^m \times [0, t_e]$ bezüglich $(\mathfrak{F}_t)_{t \in [0, t_e]}$ nichtvorgreifende Funktion ist, deren Werte $m \times n$-Matrizen sind, und daß mit einer Konstanten $K > 0$ die in obigem Satz unter a) und b) angegebenen Ungleichungen P-f.s. erfüllt sind.

A. 3.5. Dynkinsche Formel

Es sei $(X(t))_{t \in [0, t_e]}$ Lösung der itoschen stochastischen Differentialgleichung

$$\mathrm{d}X(t) = a\big(X(t), t\big)\,\mathrm{d}t + b\big(X(t), t\big)\,\mathrm{d}W(t)\,, \qquad t \in [0, t_e], \qquad X(0) = X_0\,,$$

deren Koeffizienten a und b den Voraussetzungen des obigen Existenz- und Eindeutigkeitssatzes genügen und stetig sein sollen. Weiter sei Ψ eine auf $\mathbb{R}^m \times [0, t_e]$ definierte reellwertige Funktion mit stetigen partiellen Ableitungen

$$\frac{\partial \Psi}{\partial t}, \qquad \frac{\partial \Psi}{\partial x_i}, \qquad \frac{\partial^2 \Psi}{\partial x_i \partial x_j} \qquad (i, j = 1, \dots, m)$$

und polynomialem Wachstum (d. h., es existieren Konstanten $K > 0$ und $k \geqq 1$, so daß $|\Psi(x, s)| \leqq K(1 + \|x\|^k)$ für alle $(x, s) \in \mathbb{R}^m \times [0, t_e]$ gilt).

Ist nun für alle $(x, s) \in \mathbb{R}^m \times [0, t_e]$ die Bedingung

$$\mathsf{E}_{s,x}\left(\int_s^{t_e} \left| \frac{\partial \Psi(X(t), t)}{\partial t} + A(t)\,\big(\Psi(X(t), t)\big) \right| \mathrm{d}t\right) < \infty^{1)}$$

erfüllt, wobei

$$A(t)\,\big(\Psi(x, t)\big) = \frac{1}{2} \sum_{i=1}^m \sum_{j=1}^m \frac{\partial^2 \Psi(x, t)}{\partial x_i \partial x_j} \big(b(x, t)\, b(x, t)^{\mathsf{T}}\big)_{ij} + \sum_{i=1}^m \frac{\partial \Psi(x, t)}{\partial x_i}\, a_i(x, t)$$

gesetzt wurde, dann gilt für jedes $t \in [s, t_e]$ die sog. *dynkinsche Formel*

$$\mathsf{E}_{s,x}(\Psi(X(t), t)) - \Psi(x, s) = \mathsf{E}_{s,x}\left(\int_s^t \left(\frac{\partial \Psi(X(r), r)}{\partial r} + A(r)\,\big(\Psi(X(r), r)\big)\right) \mathrm{d}r\right).$$

[1]) $\mathsf{E}_{s,x}(.)$ steht für $\mathsf{E}(.\mid X(s) = x)$.

Literaturverzeichnis

Im folgenden bedeutet:

AMS — Annals of Mathematical Statistics
JMAA — Journal of Mathematical Analysis and Applications
MOS — Mathematische Operationsforschung und Statistik
ZAMM — Zeitschrift für Angewandte Mathematik und Mechanik
ZOR — Zeitschrift für Operations Research

ANTHONISSE, J. / TIJMS, H. C.
[1]: Exponential convergence of products of stochastic matrices, JMAA **59** (1977), 360—364.
AOKI, M.
[1]: Optimal control of partially observable Markovian systems, J. Franklin Inst. **280** (1965), 367—386.
[2]: Optimization of stochastic systems, Academic Press, New York 1967.
ARNOLD, L.
[1]: Stochastische Differentialgleichungen, Oldenbourg, München 1973.
ÅSTRÖM, K.
[1]: Introduction to stochastic control theory, Academic Press, New York 1970.

BAUER, H.
[1]: Wahrscheinlichkeitstheorie und Grundzüge der Maßtheorie, Walter de Gruyter, Berlin 1974.
BARTMANN, D.
[1]: A method of bisection for discounted Markov decision problems, ZOR **23** (1979), 275—287.
BARTOSZYŃSKI, R.
[1]: Some remarks on the secretary problem, Ann. Soc. Math. Polon., Ser. I: Comm. Math. **19** (1976), 15—22.
BATHER, J.
[1]: Optimal decision procedures for finite Markov chains, I. Adv. Appl. Probab. **5** (1973), 328—339.
[2]: Optimal decision procedures for finite Markov chains, II. Adv. Appl. Probab. **5** (1973), 521—553.
BELLACH, J. / FRANKEN, P. / WARMUTH, E. / WARMUTH, W.
[1]: Maß, Integral und bedingter Erwartungswert, Akademie-Verlag, Berlin 1978.
BELLMAN, R.
[1]: Dynamic programming, Princeton University Press, Princeton 1957.
[2]: A Markovian decision process, J. Math. Mech. **6** (1957), 679—684.
BELLMAN, R. / DREYFUSS, S.
[1]: Applied dynamic programming, Princeton University Press, Princeton 1962.
BENSOUSSAN, A. / HURST, E. G. / NÄSLUND, B.
[1]: Management Applications of Modern Control Theory, North Holland, Amsterdam 1974.
BERTSEKAS, D. P.
[1]: Convergence of discretization procedures in dynamic programming, IEEE Trans. Autom. Control **20** (1975), 415—419.

[2]: Dynamic programming and stochastic control, Academic Press, New York 1976.
[3]: On error bounds for successive approximation methods, IEEE Trans. Autom. Control **21** (1976), 394—399.
Bertsekas, D. P. / Shreve, S. E.
[1]: Stochastic optimal control. The discrete time case, Academic Press, New York 1978.
Bhat, U. N.
[1]: Elements of applied stochastic processes, Wiley, New York—London 1972.
Bialy, H. / Olbrich, M.
[1]: Optimierung, Fachbuchverlag, Leipzig 1975.
Blackwell, D.
[1]: Discrete dynamic programming, AMS **33** (1962), 719—726.
[2]: Discounted dynamic programming, AMS **36** (1965), 226—235.
Bliss, G. A.
[1]: Lectures on the calculus of variations, University of Chicago Press, Chicago 1946.
Bojdecki, T.
[1]: Martyngały z czasem dyskretnym. Zarys teorii i przykłady zastosowań. Wydawnictwa Uniwersytetu Warszawskiego, Warszawa 1977.

Caratheodory, C.
[1]: Funktionentheorie, I., Birkhäuser, Basel 1950.
Cayley, A.
[1]: Mathematical questions and their solutions, Educat. Times **22** (1875), 18—19.
Chernoff, H.
[1]: Optimal stochastic control, Sankhyā **50** (1968), 221—252.
Chow, Y. S. / Robbins, H. / Siegmund, D.
[1]: Great expectations: The theory of optimal stopping, Houghton Mifflin, Boston 1971.
Chow, Y. S. / Teicher, H.
[1]: Probability theory. Independence, interchangeability, martingales, Springer, New York 1978.
Cochlar, J.
[1]: Optimum stopping rules on the sequence of statistically dependent vectors, Kybernetika **16** (1980), 13—35.
Cowan, R. / Zabczyk, J.
[1]: A new version of the best choice problem, Bull. Acad. Polon. Sci., Ser. Sci. Math. Astron. Phys. **24** (1976), 773—778.
Csáki, F.
[1]: Modern control theories, Akadémiai Kiadó, Budapest 1972.

de Ghellinck, G. T. / Eppen, G. D.
[1]: Linear programming solutions for separable Markovian decision problems, Managem. Sci. **13** (1967), 371—394.
Denardo, E. V.
[1]: Contraction mappings in the theory underlying dynamic programming, SIAM Review **9** (1967), 165—177.
Denardo, E. V. / Fox, B. L.
[1]: Multichain Markov renewal programs, SIAM J. Appl. Math. **16** (1968), 468—487.
Denardo, E. V. / Miller, B. L.
[1]: An optimality condition for discrete dynamic programming with no discounting, AMS **39** (1968), 1220—1227.
Deppe, H.
[1]: On the existence of average optimal policies in semiregenerative decision models, Preprint no. 476, Univ. Bonn, 1981.
[2]: Semiregenerative processes with costs, Preprint no. 475, Univ. Bonn, 1981.
Derman, C.
[1]: On sequential decisions and Markov chains, Managem. Sci. **2** (1962), 16—24.
[2]: Denumerable state Markovian decision processes — average cost criterion, AMS **37** (1966), 1545—1554.
[3]: Finite state Markovian decision processes, Academic Press, New York 1970.
Derman, C. / Veinott, A. F.
[1]: A solution to a countable system of equations arising in Markovian decision processes, AMS **38** (1967), 582—584.

DIETZ, H.-M.
[1]: Untersuchungen zu Markovschen Entscheidungsprozessen mit abzählbarem Zustandsraum, Diss., TU Dresden 1979.
DIETZ, H.-M. / NOLLAU, V.
[1]: Markov decision processes with countable state space, Akademie-Verlag, Berlin 1983.
DOOB, J. L.
[1]: Stochastic processes, Wiley, New York 1953.
DREYFUSS, S. E.
[1]: Introduction to stochastic optimization and control, in: KARREMAN, F. H. (ed)., Stochastic optimization and control, Wiley, New York 1968.
DYNKIN, E. B. — Дынкин, Е. Б.
[1]: Марковские процессы, Fismatlit, Moskau 1963.
[2]: Оптимальный выбор момента остановки марковского процесса, Dokl. Akad. Nauk **150** (1963) 2, 238—240.
[3]: Управляемые случайные последовательности, Teor. Verojatn. Prim. **10** (1965) 1, 3—18.
DYNKIN, E. B. / JUSCHKEWITSCH, A. A.
[1]: Sätze und Aufgaben über Markoffsche Prozesse, Springer, Berlin 1969.
[2]: Controlled Markov processes, Springer, Berlin 1979.

EATON, J. / ZADEH, L.
[1]: Optimal pursuit strategies in discrete-state probabilistic systems, Trans. ASME, Ser. D, J. Basic Engen., **84** (1962), 23—29.
EMRICH, O.
[1]: Algorithmen zur Bestimmung optimaler Stoppregeln bei endlichen Markov-Ketten, Diss., TH Karlsruhe 1971.
[2]: Optimales Stoppen von endlichen Markov-Ketten, Proc. Oper. Res. **1** (1972), 604—617.
ENGELBERT, A. / ENGELBERT, H.-J.
[1]: Optimal stopping and almost sure convergence of random sequences, Z. Wahrsch. Verw. Geb. **48** (1979) 3, 309—325.
ENGELBERT, H.-J. — Энгельберт, Г. Ю.
[1]: К теории марковских управляемых процессов, Teor. Verojatn. Prim. **16** (1971) 4, 696—702.
[2]: К теории оптимальных правил остановки марковских процессов, Teor. Verojatn. Prim. **18** (1973) 2, 312—320.
[3]: О марковских управляемых процессах (дискретное время, часть I), Math. Nachr. **60** (1974), 219—232.
[4]: О марковских управляемых процессах (дискретное время, часть II) Math. Nachr. **60** (1974), 233—244.
[5]: О построении цены $s(x)$ в задаче об оптимальной остановке марковской последовательности, MOS **6** (1975) 3, 493—498.
[6]: О конструкции марковских управляемых процессов, Math. Nachr. **74** (1976), 37—62.

FEDERGRUEN, A. / SCHWEITZER, P. J.
[1]: A survey of asymptotic valueiteration for undiscounted Markovian decision processes, Preprint BW 104/79 (Math. Centrum), Amsterdam 1979.
FEDERGRUEN, A. / HORDIJK, A. / TIJMS, H. C.
[1]: Denumerable state semi-Markov decision processes with unbounded costs, average cost criterion, Stoch. Proc. Appl. **9** (1979), 223—235.
FEDERGRUEN, A. / SCHWEITZER, P. J. / TIJMS, H. C.
[1]: Contraction mapping, underlying Markovian decision problems, JMAA **65** (1978), 711—730.
FELLER, W.
[1]: An introduction to probability theory and its application, Vol. II, Wiley, New York 1966.
FLEMING, W. H.
[1]: Optimal continuous-parameter stochastic control, SIAM Review **11** (1969), 470—509.
FLEMING, W. H. / RISHEL, R. W.
[1]: Deterministic and stochastic optimal control, Springer, New York 1975.

Fox, B. L.
[1]: Finite state approximations to denumerable state dynamic programs, JMAA **34** (1971), 665—670.
[2]: Discretizing dynamic programs, J. Optim. Theory Appl. **11** (1973), 228—234.
Friedman, A.
[1]: Stochastic differential equations, I and II, Academic Press, New York 1975.
Furukawa, N. / Iwamoto, S.
[1]: Stopped decision processes on complete separable metric spaces, JMAA **31** (1970), 615—658.

Gichman, I. I. / Skorochod, A. W. — Гихман, И. И. / Скороход, А. В.
[1]: Введение в теорию случайных процессов, Fismatgis, Moskau 1965.
[2]: Теория случайных процессов, т. I, Nauka, Moskau 1971.
[3]: Stochastische Differentialgleichungen, Akademie-Verlag, Berlin 1971.
[4]: Управляемые случайные процессы, Naukowa Dumka, Kiew 1977.
Girlich, H. J.
[1]: Diskrete stochastische Entscheidungsprozesse, Teubner, Leipzig 1973.
Gl ogner, S. / Hahnewald-Busch, A.
[1] A selection algorithm for ε-optimal policies in undiscounted Markovian decision problems, MOS, Ser. Opt. **12** (1981) 3, 437—451.
Gołdys, B.
[1]: The secretary problem — The case with memory for one step, Demonstr. Math. **11** (1978), 789—799.
Govindarajulu, Z.
[1]: The secretary problem: optimal selection with interview cost, Univ. Kentucky, Techn. Report No. 82 (1975), 1—18.
Grecksch, W. / Müller, P. H.
[1]: Zur näherungsweisen Ermittlung optimaler stochastischer Steuerungen durch Diskretisierung, MOS, Ser. Stat. **9** (1978) 3, 383—393.
Grigelionis, B. I. — Григелионис, Б. И.
[1]: Об оптимальной остановке марковских процессов, Lit. Mat. Sbornik **7** (1967) 2, 265—279.
Grinold, R.
[1]: Elimination of suboptimal actions in Markovian decision problems, Oper. Res. **21** (1973), 848—851.
Groh, J.
[1]: Optimal control of one-dimensional quasi-diffusion processes with finite lifetime, WSS-06/79, Berlin 1979.
Guenther, W. C.
[1]: The inverse hypergeometric — a useful model, Statist. Neerland. **29** (1975) 4, 129—144.
Gusein-Sade, S. M. — Гусейн-Заде, С. М.
[1]: Задача выбора и оптимальное правило остановки последовательности независимых испытаний, Teor. Verojatn. Prim. **11** (1966) 3, 534—537.

Haggstrom, G.
[1]: Optimal stopping and experimental design, AMS **37** (1966), 7—29.
Hahnewald-Busch, A. / Nollau, V.
[1]: An approximation procedure for stochastic dynamic programming in countable state space, MOS, Ser. Opt. **9** (1978), 100—117.
[2]: A method of clustering for discounted Markovian decision problems, MOS, Ser. Opt. **12** (1981), 137—147.
Hastings, N.
[1]: Some notes on dynamic programming and replacement, Oper. Res. Quart. **19** (1968), 453—464.
[2]: Bounds on the gain of a Markov decision process, Oper. Res. **19** (1971), 240—244.
[3]: A test for nonoptimal actions in undiscounted finite Markov decision chains, Managem. Sci. **23** (1976), 87—92.
Hastings, N. A. J. / Mello, J. M. C.
[1]: Tests for suboptimal actions in discounted Markov programming, Managem. Sci. **19** (1972/73), 1019—1022.

HASTINGS, N. A. J. / VAN NUNEN, J. A. E. E.
[1]: The action elimination algorithm for Markow decision processes, in: Markov decision problems (ed. by H. C. TIJMS / J. WESSELS), Math. Centre Tracts 93, Amsterdam 1977.
HAUSSMANN, U. G.
[1]: On the optimal long-run control of Markov renewal processes, JMAA **36** (1971), 123—140.
HEILMANN, W. R.
[1]: Solving stochastic dynamic programming problems by linear programming, ZOR **22** (1978), 33—42.
[2]: Solving stochastic dynamic programming problems by linear programming. An annotated bibliography, ZOR **22** (1978), 43—53.
HINDERER, K.
[1]: Foundations of non-stationary dynamic programming with discrete time-parameter, Lecture Notes in Oper. Res. and Math. Syst., Vol. 33, Springer, Berlin 1970.
[2]: Bounds for stationary finite stage dynamic programs with unbounded reward functions, Report Univ. Hamburg, Inst. f. Stochastik, 1975.
[3]: Estimates for finite-stage dynamic programs, JMAA **55** (1976), 207—238.
[4]: Does the value iteration for finite-stage discrete dynamic programs hold "always"?, in: Bonner Math. Schriften Nr. 98 (1977), 41—56.
HINDERER, K. / HÜBNER, G.
[1]: An improvement of J. F. Shapiro's turnpike theorem for the horizon of finite-stage, discrete dynamic programming, Trans. 7th Prague Conf. 1974, 245—255.
HODGSON, T. J. / KOEHLER, G. J.
[1]: Computation techniques for large scale undiscounted Markov decision processes, Naval Res. Log. Quart. **26** (1979) 4, 587—594.
HORDIJK, A.
[1]: Dynamic programming and Markov potential theory, Math. Centre Tracts No. 51, Amsterdam 1974.
HORDIJK, A. / SLADKY, K.
[1]: Sensitive optimality criteria in countable state dynamic programming, Math. Oper. Res. **2** (1977), 1—14.
HORDIJK, A. / TIJMS, H. C.
[1]: The method of successive approximation on Markovian decision problems, Oper. Res. **22** (1974), 519—521.
[2]: A modified form of the iterative method of dynamic programming, Ann. Stat. **3** (1975), 203—208.
HOWARD, R. A.
[1]: Dynamic programming and Markovian processes, MIT Press, Cambridge 1960.
[2]: Research in semi-Markovian decision structures, J. Oper. Res. Soc. Jap. **6** (1964), 169—199.
[3]: Dynamic probabilistic systems. Vol. 2: Semi-Markov and decision processes, Wiley, New York 1971.
HÜBNER, G.
[1]: Extrapolation und Ausschließung suboptimaler Aktionen in endlich-stufigen stationären Markoffschen Entscheidungsmodellen, Habilitationsschrift, Univ. Hamburg 1975.
[2]: Extrapolation in finite-stage MDP with error bounds depending on the unknown planning horizon, Oper. Res. Verfahren **25** (1976), 485—487.
[3]: On the fixed points of the optimal reward operator in stochastic dynamic programming with discount factor greater than one, ZAMM **56** (1976), 348—349.
[4]: Bounds and good policies in stationary finite-stage Markovian decision problems, Adv. Appl. Prob. **12** (1980), 154—173.

IRLE, A.
[1]: Monotone stopping problems and continuous time processes, Z. Wahrsch. verw. Geb. **48** (1979), 49—56.
IRLE, A. / SCHMITZ, N.
[1]: Recent developments in the theory of optimal stopping. Modern applied mathematics: Optimization and operations research, North-Holland, Amsterdam 1980.

IWAMOTO, S.
[1]: Stopped decision processes on compact metric spaces, Bull. Math. Statist. **14** (1970), 51—60.
JAQUETTE, S.
[1]: Markov decision processes with a new optimality criterion: small interest rate, AMS **43** (1972), 1894—1901.
JEWELL, W. S.
[1]: Markov-renewal programming, I, Op. Res. **11** (1963), 938—948.
[2]: Markov-renewal programming, II, Op. Res. **11** (1963), 949—971.

KARNI, E. / SCHWARTZ, A.
[1]: Search theory: The case of search with uncertain recall, J. Econom. Theory **16** (1977) 1, 38—52.
KEMENY, J. G. / SNELL, J. L.
[1]: Finite Markov chains, Van Nostrand, Princeton 1960.
KEMENY, J. G. / SNELL, J. L. / KNAPP, A. W.
[1]: Denumerable Markov chains, Springer, New York 1976.
KIRCHHEIM, A. / MATZKE, H. / MÜLLER, K. H.:
[1]: Zur Steuerung halbmarkovscher Prozesse über einem unendlichen Zeitraum, in: Math. Structure — Computational Mathematics — Math. Modelling, Sofia 1975, 303—314.
KOGELSCHATZ, H.
[1]: Über ein Verfahren zur Bestimmung optimaler Stoppregeln, Proc. Oper. Res. **2** (1973), 267—277.
KOLONKO, M.
[1]: Dynamische Optimierung unter Unsicherheit in einem Semi-Markoff-Modell mit abzählbarem Zustandsraum, Diss., Univ. Bonn 1980.
[2]: A countable Markov chain with reward structure, Preprint No. 415, Univ. Bonn 1980.
[3]: The average-optimal adaptive control of a Markov renewal model in presence of an unknown parameter, Preprint No. 430, Univ. Bonn 1981.
KOUTSKÝ, Z.
[1]: Zwei Probleme Markowscher und halb-Markowscher Optimierung, Acta Techn. ČSAV **4** (1968), 597—603.
KRAUSE, U.
[1]: Kennzeichnung und Behandlung von Markoffprozessen als Operatoren, Diss., Univ. Erlangen-Nürnberg 1967.
KRYLOW, N. W. — Крылов, Н. В.
[1]: Управляемые процессы диффузионного типа, Nauka, Moskau 1977.
KUSHNER, H. J.
[1]: On the stochastic maximum principle — fixed time of control, JMAA **11** (1965), 78—92.
[2]: Stochastic stability and control, Academic Press, New York 1967.
[3]: Computational procedures for optimal stopping problems for Markov chains, JMAA **25** (1969), 607—615.
[4]: Introduction to stochastic control, Holt, Rinehardt and Winston, New York 1971.

LASRIEWA, N. L. — Лазриева, Н. Л.
[1]: О решениях уравнения Вальда-Беллмана, Lit. Mat. Sbornik **14** (1974) 2, 79—88.
LIPPMAN, S. A.
[1]: Maximal average-reward policies for semi-Markov decision processes with arbitrary state and action space, AMS **42** (1971) 5, 1717—1726.
[2]: On dynamic programming with unbounded rewards, Managem. Sci. **21** (1975), 1225—1233.
LOÈVE, M.
[1]: Probability theory, Van Nostrand, New York 1955.

MAITRA, A.
[1]: Dynamic programming for countable state systems, Sankhyā, Ser. A, **27** (1965), 259—266.

MANDL, P.
[1]: Analytical methods in the theory of controlled Markov processes, Trans. 4th Prague Conf. 1967, 44—53.
[2]: On the control of the Wiener process with restricted number of switchings, Theory Probab. Appl. **12** (1967), 68—76.
[3]: Analytical treatment of one-dimensional Markov processes, Springer, Berlin 1968.
MANNE, A.
[1]: Linear programming and sequential decisions, Managem. Sci. **6** (1960), 259—267.
McQUEEN, J.
[1]: A modified dynamic programming method for Markovian decision problems, JMAA **14** (1966), 38—43.
[2]: A test for suboptimal actions in Markovian decision problems, Oper. Res. **15** (1967), 559—561.
MEINHARDT, H.
[1]: Praktische Lösung von Stopp-Problemen für Markov-Ketten, Diss., TU Dresden 1979.
MINE, H. / OSAKI, S.
[1]: Markovian decision processes, Elsevier, New York 1970.
MITTEN, L.
[1]: Composition principles synthese of optimal multistage processes, Oper. Res. **12** (1964), 610—619.
MORTON, T.
[1]: On the asymptotic convergence rate of cost differences for Markovian decision processes, Oper. Res. **19** (1971), 244—248.
MÜLLER, H.-O.
[1]: Behandlung eines stochastischen Steuerproblems mit Hilfe eines abstrakten Maximumprinzips von Spremann, ZAMM **59** (1979), 27—35.
[2]: Herleitung eines stochastischen Maximumprinzips mit Variationsmethoden, MOS, Ser. Opt. **10** (1979) 2, 243—255.
MÜLLER, H.-O. / NOLLAU, V.
[1]: Zur exakten Bestimmung der optimalen Steuerung eines linearen Regulators mit endlich vielen diskreten zufälligen Störungen mittels des stochastischen Maximumprinzips von H. J. Kushner, Wiss. Z. Techn. Univ. Dresden **24** (1975), 939—943.
MÜLLER, P. H.
[1]: Höhere Analysis I, Akademie-Verlag, Berlin 1972.
MÜLLER, P. H. (Herausgeber)
[2]: Lexikon der Stochastik, 4. Auflage, Akademie-Verlag, Berlin 1983.
MÜLLER, P. H. / PLATEN, E.
[1]: Rangstrategien bei sequentiellen Auswahlproblemen, Wiss. Z. Techn. Univ. Dresden **23** (1974) 5, 1069—1076.
[2]: Das asymptotische Verhalten optimaler Rangstrategien beim „Problem der besten Wahl", Wiss. Z. Techn. Univ. Dresden **24** (1975) 5, 933—937.

NEVEU, J.
[1]: Mathematische Grundlagen der Wahrscheinlichkeitstheorie, Oldenbourg, München 1969.
NIKOLAJEW, M. L. — Николаев, М. Л.
[1]: Обобщенные последовательные процедуры, Lit. Mat. Sbornik **19** (1979) 3, 35—44.
NOLLAU, V.
[1]: Semi-Markovsche Prozesse, Akademie-Verlag, Berlin 1980.
NOLLAU, V. / EWERS, T.
[1]: Zur Steuerung halb-Markovscher Prozesse und ihrer Anwendung bei der Ermittlung optimaler Bedienungsstrategien in einem Mehrmaschinensystem, I, Wiss. Z. Techn. Univ. Dresden **24** (1975) 3/4, 555—562.
[2]: Zur Steuerung halb-Markovscher Prozesse und ihrer Anwendung bei der Ermittlung optimaler Bedienungsstrategien in einem Mehrmaschinensystem, II, Wiss. Z. Techn. Univ. Dresden **25** (1976) 4, 787—790.
[3]: Zur Steuerung halb-Markovscher Prozesse und ihrer Anwendung bei der Ermittlung optimaler Bedienungsstrategien in einem Mehrmaschinensystem, III, Wiss. Z. Techn. Univ. Dresden **26** (1977) 1, 109—114.

NOLLAU, V. / HAHNEWALD-BUSCH, A.
[1]: An approximation procedure for stochastic dynamic programming based on clustering of state and action spaces, MOS, Ser. Opt. **10** (1979) 1, 121—130.
NOLLAU, V. / HEINRICH, L.
[1]: Ein Kriterium zur direkten Integrierbarkeit reeller Funktionen, Math. Nachr. **95** (1980), 149—155.
NOLLAU, V. / JANNUSCH, E.
[1]: Zur Verallgemeinerung eines sukzessiven Approximationsalgorithmus von van der Wal auf semi-Markovsche Entscheidungsprozesse, MOS, Ser. Opt. **12** (1981) 4, 300—307.

ODONI, A.
[1]: On finding the maximal gain for Markov decision problems, Oper. Res. **17** (1969), 857—860.

PONTRJAGIN, L. S. / BOLTJANSKI, W. T. / GAMKRELIDSE, R. W. / MISCHENKO, E. F. — Понтрягин, Л. С. / Болтянский, В. Т. / Гамкрелидзе, Р. В. / Мищенко, Е. Ф.,
[1]: Математическая теория оптимальных процессов, Fismatgis, Moskau 1961.
PORTEUS, E.
[1]: Some bounds for discounted sequential decision processes, Managem. Sci. **18** (1971), 7—11.
[2]: Bounds and transformations for discounted finite Markov decision chains, Oper. Res. **23** (1975), 761—784.

QUELLE, G.
[1]: Dynamic programming of expectation and variance, JMAA **55** (1976), 239—252.

RASMUSSEN, W. T.
[1]: A generalized choice problem, J. Opt. Theory Appl. **15** (1975), 311—325.
REETZ, D.
[1]: Solution of a Markovian decision problem by successive overrelaxation, ZOR **17** (1973), 29—32.
[2]: A decision exclusion algorithm for a class of Markovian decision processes, ZOR **20** (1976), 125—131.
RIEDER, U.
[1]: On stopped decision processes with discrete time parameter, Stoch. Proc. Appl. **3** (1975), 365—383.
RISHEL, R.
[1]: Control optimal from time t onward and dynamic programming for systems of controlled jump processes, in: Stochastic Systems: Modelling, Identification and Optimization, II, North Holland, Amsterdam 1976, 125—153.
ROMANOWSKY, I. V.
[1]: The turnpike theorem for semi-Markov decision processes, in: LINNIK, J. V., (ed.), Theor. Probl. in Math. Statist., Providence 1972, 249—267.
ROSONOER, L. I. — Розоноэр, Л. И.
[1]: Принцип максимума Л. С. Понтрягина в теории оптимальных систем, Awtom. i Telem. **20** (1959), 10—12, 1320—1334, 1441—1458, 1561—1578.
ROSS, S. M.
[1]: Non-discounted denumerable Markovian decision models, AMS **39** (1968), 412—423.
[2]: Applied probability models with optimization applications, Holden Day, San Francisco 1970.
[3]: Average cost semi-Markov decision processes, J. Appl. Prob. **7** (1970), 649—656.
ROSS, S. M. / FISHER, L.
[1]: An example in denumerable decision processes, AMS **39** (1968), 674—675.

SARKADI, K.
[1]: On the number of exceedances, AMS **28** (1957), 1021—1023.
SCHÄL, M.
[1]: On continuous dynamic programming with discrete time-parameter. Z. Wahrsch. Verw. Geb. **21** (1972), 279—288.
[2]: Stochastic dynamic programming, Preprint No. 326, Univ. Bonn 1980.
[3]: Conditions for optimality in dynamic programming and for the limit of n-stage optimal policies to be optimal, Z. Wahrsch. Verw. Geb. **32** (1975), 179—196.

SCHELLHAAS, H.
[1]: Semi-regenerative processes with unbounded rewards, Math. Op. Res. **4** (1979) 1, 70—78.
[2]: Markov renewal decision processes with finite horizon, OR-Spektrum **2** (1980), 33—40.
SCHIRJAJEW, A. N. — Ширяев, А. Н.
[1]: К теории решающих функций и управлению процессом наблюдения по неполным данным, in: Trans. 3rd Prague Conf., 657—681, Prag 1962.
[2]: Статистический последовательный анализ, 1. Auflage, Nauka, Moskau 1969.
[3]: [2], 2. Auflage, Nauka, Moskau 1976.
SCHWEITZER, P. J.
[1]: Perturbation theory and undiscounted Markov renewal programming, Oper. Res. **17** (1969), 716—727.
[2]: Multiple policy improvement in undiscounted Markov renewal processes, Oper. Res. **19** (1971), 784—793.
[3]: Iterative solution of the functional equations of undiscounted Markov renewal programming, IMAA **34** (1971), 495—501.
SCHWEITZER, P. J. / FEDERGRUEN, A.
[1]: Foolproof convergence in multichain policy iteration, I. B. M. Th. J. Watson Research Center Report RC 5894 (1976).
[2]: The functional equation of undiscounted Markov renewal programming, Preprint BW 71/77 (Stichting Mathematical Centrum Amsterdam), 1977.
[3]: The asymptotic behavior of undiscounted value iteration in Markov decision problems, Preprint No. R-263 (Univ. of Rochester), 1978.
SHAPIRO, J. E.
[1]: Turnpike planning horizons for a Markovian decision model, Managem. Sci. **14** (1968), 292—300.
SIELER, H.
[1]: Zur Theorie der optimalen Steuerung von Markowschen steuerbaren Prozessen mit diskreter Zeit, Diss., Univ. Jena 1978.
SLADKY, K.
[1]: On the set of optimal controls for Markov chains with reward, Kybernetika **10** (1974) 4, 350—367.
[2]: On dynamic programming recursions for multiplicative Markov decision chains, Math. Programm. Study **6** (1979), 216—226.
SNELL, J. L.
[1]: Applications of martingale system theorems, Trans. Amer. Math. Soc. **73** (1952), 293—312.
SNIEDOVICH, M.
[1]: Dynamic programming and principles of optimality, JMAA **65** (1978), 586—606.
SPREMANN, K. / GESSNER, P.
[1]: Algorithmus 21. Bewertete Markovprozesse im stationären Zustand — ein neuer Algorithmus mit Beispiel, Computing **13** (1974), 173—181.
STOER, J. / BULIRSCH, R.
[1]: Einführung in die numerische Mathematik, II, Springer, Berlin 1973.
STRATONOVICH, R. L.
[1]: A new representation for stochastic integrals and equations, SIAM J. Control **4** (1966), 362—371.
STRAUCH, R. E.
[1]: Negative dynamic programming, AMS **37** (1966), 871—890.

TANKÓ, J.
[1]: A simple algorithm to determine the ergodic classes of a Markov chain. Progress in Statistics, in: Colloq. Math. Soc. János Bolyai, Vol. 9, North-Holland, Amsterdam 1974, 803—812.
TAYLOR, H.
[1]: Markovian sequential replacement processes, AMS **36** (1965), 1677—1694.
[2]: Optimal stopping in a Markov process, AMS **39** (1968), 1333—1344.
TIJMS, H. C. / WESSELS, J. (eds.)
[1]: Markov decision theory, Math. Centre Tracts 93, Amsterdam 1977.

UEBE, G.
[1]: Classifying the states of a finite Markov chain, Proc. Oper. Res. **1** (1972), 587—603.

VAN DER WAL, J.
[1]: A successive approximation algorithm for an undiscounted Markov decision process, Computing **17** (1976), 157—162.
[2]: The method of successive approximations for the discounted Markov game, Intern. J. Game Theory **6** (1977) 1, 11—22.
[3]: Stochastic dynamic programming, Math. Centre Tracts 139. Amsterdam 1981.
VAN NUNEN, J. A. E. E.
[1]: Contracting Markov decision processes, Math. Centre Tracts 71, Amsterdam 1976.
[2]: A set of successive approximation methods for discounted Markovian decision problems, ZOR **20** (1976), 203—208.
VAN NUNEN, J. A. E. E. / WESSELS, J.
[1]: A note on dynamic programming with unbounded rewards, Managem. Sci. **24** (1978) 5, 576—580.
VARGA, R. S.
[1]: Matrix iterative analysis, Englewood Cliffs, Prentice Hall 1962.
VEINOTT, A.F.
[1]: On finding optimal policies in discrete dynamic programming with no discounting, AMS **37** (1966), 1284—1294.
[2]: Discrete dynamic programming with sensitive discount optimality criteria, AMS **40** (1969), 1635—1660.
VERMES, D.
[1]: A necessary and sufficient condition of optimality for Markovian control problems, Acta Sci. Math. Szeged **34** (1973), 401—413.
[2]: On optimal control of semi-Markov processes, Acta Scient. Math. **36** (1973) 3/4, 345—356.

WESSELS, J.
[1]: Markov programming by successive approximation with respect to weighted supremum norms, JMAA **58** (1977), 326—335.
WHITE, D. J.
[1]: Dynamic programming, Markov chains, and the method of successive approximations, JMAA **6** (1963), 373—376.
[2]: Elimination of non-optimal actions in Markov decision processes, Notes in Decision Theory No. 31, Univ. Manchester 1977.
[3]: Finite state approximations for denumerable state infinite horizon discounted Markov decision processes, Notes in Decision Theory No. 43, Univ. Manchester 1977.
[4]: Finite dynamic programming, Wiley, New York 1978.
[5]: Approximating bounds and policies in Markov decision processes, Notes in Decision Theory No. 54, Univ. Manchester 1978.
WHITT, W.
[1]: Approximations of dynamic programs, I, Math. Oper. Res. **3** (1978), 231—243.
[2]: Approximations of dynamic programs, II, Math. Oper. Res. **4** (1979), 179—185.
[3]: A priori bounds for approximations of Markov programs, JMAA **71** (1979), 297—302.
WONHAM, W. M.
[1]: On a matrix Riccati equation of stochastic control, SIAM J. Control **6** (1968), 681—697.
[2]: Random differential equations in control theory, in: BHARUCHA-REID, A. T. (ed.), Probabilistic methods in applied mathematics, Vol. 2, Academic Press, New York 1970 131—212.

YANG, W. C. K.
[1]: Recognizing the maximum of a random sequence based on relative rank with backward solicitation, J. Appl. Prob. **11** (1974), 504—512.
YASUDA, M.
[1]: Semi-Markov decision processes with countable state space and compact action space, Bull. Math. Statist. **18** (1978) 1/2, 35—54.

ZELLER, K.
[1]: Theorie der Limitierungsverfahren, Springer, Göttingen 1958.

Namenverzeichnis

Sachverzeichnis

Bei Fragen zur Produktsicherheit wenden Sie sich bitte an:
If you have any questions regarding product safety,
please contact:

Walter de Gruyter GmbH
Genthiner Straße 13
10785 Berlin
productsafety@degruyterbrill.com